《环境监测》编写委员

主　编　鲜啟鸣　孙　成

编　委（按姓名汉语拼音排序）

邓月华　龚婷婷　刘廷凤　马长文　宋　敏

孙　成　鲜啟鸣　杨林军　于南洋　章婷曦

绿色环保领域普通高等教育教学丛书

环 境 监 测

（第二版）

鲜啟鸣　孙　成　主编

科 学 出 版 社

北　京

内 容 简 介

本书是在我国全面推进美丽中国建设、加强生态环境保护的背景下，以及环境监测方法、技术、标准不断发展的新形势下编写的。本书简要介绍环境监测常用仪器分析方法，以环境介质（水、空气、土壤、固体废物、生物）的监测方案为主线，重点阐述了污染物的实验室监测和在线监测方法，也介绍了物理污染监测和环境应急监测的内容，并对环境监测的质量保证体系作了较系统的论述。本书注重环境监测新方法与新技术介绍，并通过实际监测案例使读者进一步了解监测方法和技术的应用场景。考虑本书内容和知识点较多，为使读者更好地理解和掌握要点，每章附有思考题与习题。

本书可供高等学校环境科学与工程等相关专业学生使用，也可作为环境工作者的参考用书。

图书在版编目（CIP）数据

环境监测 / 鲜啟鸣，孙成主编. -- 2版. -- 北京 : 科学出版社，2025. 3. -- （绿色环保领域普通高等教育教学丛书）. -- ISBN 978-7-03-080733-5

Ⅰ. X83

中国国家版本馆CIP数据核字第2024YA9388号

责任编辑：赵晓霞 / 责任校对：王 瑞

责任印制：张 伟 / 封面设计：有道文化

科 学 出 版 社 出版

北京东黄城根北街16号

邮政编码：100717

http://www.sciencep.com

北京天宇星印刷厂印刷

科学出版社发行 各地新华书店经销

*

2021年12月第 一 版 开本：787×1092 1/16

2025年 3 月第 二 版 印张：26

2026年 1 月第五次印刷 字数：640 000

定价：89.00元

（如有印装质量问题，我社负责调换）

第二版前言

本书第一版自出版以来，得到了许多高校师生的好评。根据教育部“十四五”普通高等教育本科国家级规划教材建设实施方案以及绿色环保新兴领域“十四五”高等教育教材体系建设工作的要求，以立德树人作为根本任务，教材要充分体现作为人才培养关键要素的作用。在此背景下，本书编写组于2023年12月成立。

本次修编的原则主要有：补充数字教学资源；修正第一版教材中的不妥和错误；更新涉及的规范、标准和方法；针对新时期我国生态环境保护对监测技术的要求，尤其是新污染物治理行动和实现“双碳”目标的需求，增加监测新技术与方法，并删去一些陈旧的内容。编写过程中编写组召开了几次研讨会，针对修编内容进行了广泛交流和讨论，并听取了从事环境监测一线教学教师的意见和建议，又经过多次修改与润色，以期编写一本新颖且可读性强的《环境监测》教材。

全书共10章，包括绪论、仪器分析方法、水和废水监测、空气与废气监测、土壤环境监测、固体废物监测、环境生物及生态监测、物理污染监测、环境应急监测、环境监测的质量保证。每章最后都附有思考题与习题。

本书第1章由鲜啟鸣编写，第2章由宋敏、龚婷婷、孙成、鲜啟鸣编写，第3章由章婷曦编写，第4章由杨林军编写，第5、6章由刘廷凤编写，第7章由于南洋编写，第8章由邓月华编写，第9、10章由马长文编写，于南洋还参与了部分书稿的修改工作，最后由鲜啟鸣负责全书统稿和定稿。

由于编者水平有限，加之编写时间仓促，书中疏漏和不妥之处在所难免，恳请广大读者批评指正。

编　者

2024年6月

第一版前言

科学出版社立项的重大项目“普通高等学校环境科学与工程类专业系列教材”由钱易院士任顾问，郝吉明院士任总主编，旨在建设出版一批环境类专业的精品教材，南京大学孙成教授接受了主编《环境监测》教材的任务。在此背景下《环境监测》教材编写组于2015年11月成立。

自20世纪80年代我国高校开设环境类专业课程以来，多所高校编写过《环境监测》教材或教案，其中奚旦立教授的《环境监测》多次再版或更新版面，影响面较广。20世纪90年代南京大学的周玳老师曾经编写过一本《环境监测》教材，有一定特色，特别强调基础方法学，在教学中受到广泛好评，可惜该书已多年未再版。此外，编者根据多年的环境监测教学实践体会到，我国现有《环境监测》教材中大多缺乏环境监测的实际案例。为满足我国环境保护的迫切需要，一些新的环境标准及监测方法不断发布和更新，教材内容需要切合环境监测的实际发展需求，因此在新形势下很有必要编写一部新的《环境监测》教材。

在编写过程中编写组召开了几次研讨会，针对编写内容广泛交流和讨论，并听取了从事环境监测一线教学教师的意见和建议，初稿于2018年4月完成，送科学出版社初审，并根据编审意见进行了针对性的修改，后又经过多次修改与润色，以期给读者一本新颖且可读性强的《环境监测》教材。

全书共10章，包括：绪论、仪器分析方法、水和废水监测、空气与废气监测、土壤环境污染监测、固体废物监测、环境生物及生态监测、物理污染监测、环境应急监测、环境监测的质量保证。每章后面都附有思考题与习题。

本书第1章由鲜啟鸣编写，第2章由王京平、宋敏、龚婷婷、孙成编写，第3章由王玉萍编写，第4章由杨林军编写，第5、6章由刘廷凤、李久海编写，第7、8章由刘廷凤编写，第9、10章由马长文编写，刘廷凤还参与了部分书稿的修改工作，最后由孙成、鲜啟鸣负责全书统稿和定稿。

由于编者水平有限，编写时间仓促，书中疏漏和不妥之处在所难免，恳请广大读者批评指正。希望在不久的将来，在教学使用后，听取各方意见，对本书进行一次修改，以弥补不足。

编　者

2018年10月

目　　录

第 1 章

绪　论

本章导读

人类活动排放的污染物进入周边水、空气、土壤等环境中，导致环境质量不断变化，反过来影响人类的身体健康和社会的可持续发展，因此需要通过对环境要素的监测、环境质量的评价，为环境保护政策、法律法规的制定提供决策依据。本章简要介绍了环境监测的概念、发生和发展的历史、环境监测的分类和目的、环境监测技术的概述、环境标准体系的组成和作用、环境监测管理的相关要求，目的是让读者对环境监测所涉及的内容有一个整体的了解，更好地完成本书其他章节的学习。

环境(environment)是指周围的条件，针对不同的对象和学科，环境的内容也不同。一般来说，环境科学中的环境是指环绕于人类周围的所有物理、化学、生物和社会因素的总和。而监测(monitoring)是指通过一定的技术手段仔细观察和检查一定时间内一种状态的变化和发展，可以理解为监察、测量、监控等。环境监测作为环境科学与工程学科中一个重要分支学科，可定义为：通过对影响环境质量因素代表值的测定，确定环境质量(或污染程度)及其变化趋势；也可表示为用科学的方法监控和测定代表环境质量及发展变化趋势的各种数据的全过程。环境监测是其他环境学科的基础，如环境化学、环境工程学、环境管理学、环境地学、环境医学、环境法学、环境经济学等都需要在了解、评价环境质量及其变化趋势的基础上，才能进行各项研究和制定相关的法律法规和管理政策。因此，环境监测对于环境保护、社会和经济发展都有着非常重要的意义。

环境监测最早主要针对工业污染源，到今天已经逐步发展为对整个大环境的监测。监测对象从污染源和污染事故，发展到环境质量的监测；监测手段从开始的物理、化学的分析方法，发展到利用生物的测试手段和平台，从开始的被动监测，发展到主动监测和自动监测；监测目的从污染源的调查，发展到环境质量的评价，以及环境变化的预测和预警。环境监测已经从某一地点、某一时间对某一污染物的监测发展到对全过程的监测，包括发现问题→制订监测方案→样品采集→运送保存(样品预处理)→按标准分析方法进行分析测试→数据处理→综合评价的过程。同时，环境监测作为环境管理中的一个信息系统，包含环境信息的收集→调查→数据的传递→评价→预测，为环境管理服务(图 1-1)。

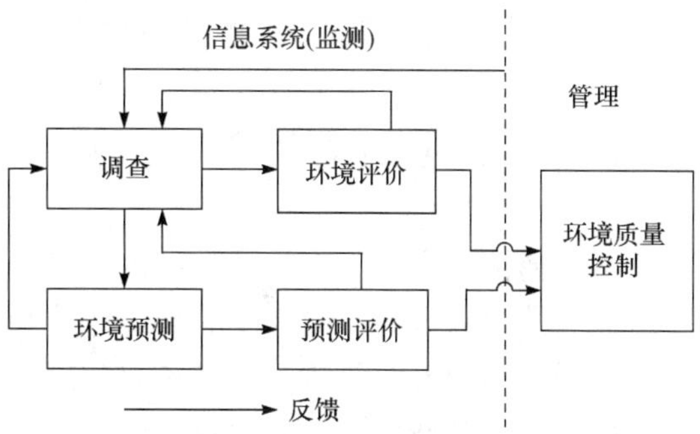

图 1-1　环境监测的作用

环境监测是一门理论和实践结合的应用学科，综合了物理、化学和生物学等学科的相关原理，并在实践中不断发展，以适应社会发展的需要。

1.1 环境监测的目的及意义

环境监测是通过对人类活动产生环境影响物质的含量、排放量的检测，跟踪环境质量的变化，确定环境质量水平，为环境管理、污染治理等工作提供基础和保证。通常包括明确目的、制订方案、优化布点、现场采样、样品运送、实验室分析、数据收集、分析综合等过程。

环境监测的总目的是：准确、及时、全面地反映环境质量现状及发展趋势，为环境管理、污染源控制、环境规划等提供科学依据。具体包括：

(1) 根据环境质量标准，评价环境质量。

(2) 根据污染物特点、排放特征和环境条件，开展污染源监控，提供污染变化趋势，为实现监督管理、控制污染提供依据。

(3) 收集本底数据，积累长期监测资料，为研究环境容量、实施总量控制和目标管理、预测预报环境质量提供数据。

(4) 为环境污染事故的应急处置提供依据。

(5) 为保护人类健康、保护环境，合理使用自然资源，制定环境法规、标准、规划等服务。

环境监测的意义概括起来有以下几点：

(1) 通过环境监测，提供代表环境质量现状的数据，判断环境质量是否符合国家制定的环境质量标准，揭示当前主要的环境问题。

(2) 查明环境污染最严重的区域及其重要的污染因子，作为主要管理对象，评价该区域环境污染防治对策和措施的实际效果。

(3) 通过环境监测，评价环保设施的性能，为综合防治对策提供基础数据。

(4) 通过环境监测，追踪污染物的污染特征和污染源，判断各类污染源所造成的环境影响，预测污染的发展趋势。

(5) 通过环境监测，验证和建立环境污染模式，对新污染源的环境影响进行评价。

(6) 积累长期监测资料，为研究环境容量、实施总量控制提供基础数据。

(7) 通过积累大量的不同地区的环境监测数据，并结合当前和今后一段时间我国科学技术和经济发展水平，制定切实可行的环境保护法规和环境质量标准。

(8) 通过环境监测，不断发现新的污染因子和环境问题，研究污染成因、污染物迁移和转化规律，为环境保护和科学研究提供可靠的数据。

(9) 通过对污染事故的监测，快速制订处置方案，减少环境危害，保护人类健康。

1.2 环境监测的发展历程

环境监测从针对重大污染事故的环境分析开始，但真正意义上的环境监测始于联合国环境规划署成立后世界各国开展的环境保护和环境监测项目。1972 年联合国人类环境会议在瑞典斯德哥尔摩召开，发表了《斯德哥尔摩人类环境会议宣言》：人类只有一个地球，人类必须控制自己的某些行动，以拯救我们赖以生存的地球。1992 年巴西里约热内卢的联合国环境与发展会议提出了可持续发展的道路。1997 年 12 月《联合国气候变化框架公约》第 3 次缔约方大会在日本京都召开，149 个国家和地区的代表通过了旨在限制发达国家温室气体排放量以抑制全球变暖的《京都议定书》。2001 年 5 月，联合国环境规划署在斯德哥尔摩组织召开了《关于持久性有机污染物的斯德哥尔摩公约》的全权代表外交会议，并最终通过了《斯德哥尔摩公约》，这是人类社会为保护全球环境而通过的第三个旨在采取全球性减排行动的国际公约，是国际社会对有毒化学品采取优先控制的一步重要行动。2015 年 12 月《联合国气候变化框架公约》近 200 个缔约方在巴黎气候变化大会上达成《巴黎协定》，其长期目标是将全球平均气温较前工业化时期上升幅度控制在 2℃以内，并努力将温度上升幅度限制在 1.5℃以内。这是继《京都议定书》后第二份有法律约束力的气候协议，为 2020 年后全球应对气候变化行动做出了安排。环境监测经历了从开始的被动监测到主动监测和自动监测的发展过程。

1) 被动监测阶段

环境污染虽然自古就有，但环境科学作为一门学科是在 20 世纪 50 年代才开始发展起来的。早期人们认识到危害较大的环境污染事件可能主要是由化学毒物引起的，如世界“八大公害”，都是由化学污染物所引起的(表 1-1)。因此，对环境样品进行化学分析以确定其组成和含量的环境分析就产生了。由于环境污染物通常是痕量级甚至更低的水平，并且具有基体复杂、流动性和变异性大、存在时间和空间变化的特点，所以对分析的灵敏度、准确度、分辨率和分析速度等提出了很高要求。因此，环境分析实际上推动了分析化学的发展。这一阶段主要是针对污染事故开展监测，又称为污染监测阶段或被动监测阶段。

表 1-1 20 世纪全球重大环境污染事件——“八大公害”

公害事件名称(国家)	时间(年或年.月)	污染物	死亡人数
马斯河谷烟雾事件(比利时)	1930.12	烟尘、二氧化硫	60 多人
多诺拉烟雾事件(美国)	1948.10	烟尘、二氧化硫	17 人
伦敦烟雾事件(英国)	1952.12	烟尘、二氧化硫	约 4000 人
洛杉矶光化学烟雾事件(美国)	1943.8	光化学烟雾	约 400 人
水俣病事件(日本)	1956	甲基汞	约 50 人
痛痛病事件(日本)	1931～1972	镉	约 80 人
四日市哮喘事件(日本)	1961～1970	重金属粉尘	约 30 人
米糠油事件(日本)	1968	多氯联苯	十几人

2) 主动监测阶段

到 20 世纪 70 年代，随着科学的发展，人们逐渐认识到影响环境质量的因素不仅有化学因素，还有物理因素和生物因素等。物理因素有噪声、光、热、电磁辐射、放射性等，生物因素有植物、动物、细菌、病毒等。某一化学毒物的含量仅是影响环境质量的因素之一，环境中各种污染物之间、污染物与其他物质、其他因素之间还存在着相加和拮抗作用。而用生物(动物、植物)的生态、群落、受害症状等的变化作为判断环境质量的标准更为科学合理。环境分析只是环境监测的一部分，环境监测的手段除了化学的，还有物理的、生物的。环境监测逐渐从对点源污染的监测发展到对区域性甚至全球性的监测，这一阶段称为主动监测或者有目的监测阶段。

3) 自动监测阶段

随着监测手段的提高和监测范围的扩大，人类的整体监测能力和质量有了显著的提高，但由于受采样方法、采样频率、采样数量、分析速度、数据处理速度等限制，仍不能及时地监视环境质量变化，预测变化趋势，难以根据监测结果发布或采取应急措施的指令。20世纪80年代初，发达国家相继建立了自动连续监测系统，使用了遥感手段，监测仪器用电子计算机遥控，数据用有线或无线传输的方式发送到监测中心控制室，经计算机处理，自动生成特定的表格，并分析污染态势、浓度分布，这样可以在较短时间内连续观察空气、水体污染浓度变化，预测预报未来的环境质量。当污染因子接近或超过环境标准时，系统会及时发布指令、通告并采取保护措施。这一阶段的监测主要通过在线连续监测系统来实现，称为自动监测阶段。

4) 环境监测发展趋势

环境监测由目前以人工采样和实验室分析为主，向以自动化、智能化和网络化为主的监测方向发展；由局部监测向区域及全球监测的方向发展；由单纯的地面环境监测向与遥感环境监测相结合的方向发展。环境监测技术向物理、化学、生物、电子、光学等技术综合应用的高技术领域发展。环境监测仪器将向高质量、多功能、集成化、自动化、系统化和智能化的方向发展。

1.3 环境监测的分类与特点

1.3.1 环境监测的分类

由于环境污染物种类复杂、性质各异，污染物在环境中的形态多样、迁移转化比较复杂，污染源具有多样性，环境介质及被污染对象复杂又多样，以及环境监测的目的与任务有多层次的要求等多种因素的存在，因此环境监测的类型也具有多样性。下面是几种常用的分类方式。

1. 按环境监测的社会属性分类

按环境监测任务来源的社会属性分类是最基本的分类方法。环境监测可分为政府授权的公益型环境监测和非政府组织的公共事务环境监测。

政府授权的公益型环境监测由国家统一组织、统一规划，严格按照程序，由各级政府所辖环保局、各级监测站执行，具体可分为监视性监测、特定目的性监测及研究性监测。非政府组织的公共事务环境监测主要包括咨询性监测，为科研机构、生产单位及个人提供服务性监测，如室内环境空气监测、生产性研究监测等。这类环境监测可以由各级环境监测站进行，或是通过严格考核得到授权的有资质的相关监测单位进行。

2. 按监测目的分类

1) 监视性监测

监视性监测(又称例行监测或常规监测)是对指定的有关项目进行定期的、长时间的监测，以确定环境质量及污染源状况、评价控制措施的效果，衡量环境标准实施情况和环境保护工作的进展。这是监测工作中量最大、涉及面最广的工作，是政府发布的纵向指令性任务，是各级监测站的首要任务，其工作质量是环境监测水平的主要标志。监视性监测包括对污染源(污染物浓度、排放总量、污染趋势等)的监督监测和环境质量(所在地区的空气、水质、噪声、土壤等)的监督监测。

2) 特定目的性监测

根据特定的目的，环境监测可分为以下四种：

(1) 污染事故监测：在发生污染事故时进行应急监测，以确定污染物扩散方向、速度和危及范围，为控制污染提供依据。这类监测常采用流动监测(车、船等)、简易监测、低空航测、遥感等手段。应急监测包括定点监测和动态监测。

(2) 仲裁监测：主要针对污染事故纠纷、环境法执行过程中所产生的矛盾进行监测。仲裁监测应由国家指定的具有权威的部门进行，以提供具有法律效力的数据(公证数据)，供执法部门、司法部门仲裁。

(3) 考核验证监测：包括监测技术人员的业务考核、检测方法的验证和污染治理项目竣工时的验收监测。

(4) 咨询服务监测：为政府部门、科研机构、生产单位或个人提供的服务性监测。例如，建设新企业应进行环境影响评价，需要按评价要求进行监测；个人或群体受到或感到某种环境因素引起的伤害、不安或损失，可以请相关有资质的环境监测单位或企业，进行某些特定的环境要素监测。

3) 研究性监测

研究性监测(又称科研监测)是针对特定目的科学研究而进行的高层次的监测。例如，环境本底值的监测及研究；有毒有害物质对从业人员的影响研究；为监测工作本身服务的科研工作的监测，如统一方法、标准分析方法的研究，标准物质的研制等。

4) 本底值监测

环境本底值是指在环境要素未受污染影响的情况下环境质量的代表值，简称本底值。本底值监测(又称背景值监测)是一类特殊的研究性监测，是环境科学的一项重要的基础工作，能为污染物阈值的确定、环境质量的评价和预测、污染物在环境中迁移转化规律的研究和环境标准的制定等提供依据。

3. 按监测介质对象分类

按监测介质对象分类可分为水质监测、空气监测、土壤监测、固体废物监测、生物监测、噪声和振动监测、电磁辐射监测、放射性监测、热监测、光监测、卫生(病原体、病毒、寄生虫等)监测等。

4. 按目标污染物的性质分类

按目标污染物的性质分类可分为：对包括无机污染物和有机污染物两大类污染物的定性、定量和形态分析的化学监测；对各种物理因子如噪声、振动、电磁辐射、热能和放射性等的强度、能量和状态进行测试的物理监测；对病毒、寄生虫及霉菌等引起污染的生物监测。

5. 按环境监测的工作性质分类

环境监测按工作性质可分为环境质量监测和污染源监测。

环境质量监测分为大气、水、土壤、生物等环境要素及固体废物的环境质量的监测，主要由各级环境监测站负责，并有一系列环境质量标准及环境质量监测技术规范等。

污染源监测又称排放污染物监测，按污染源的类型可分为工业污染源、农业污染源、生活污染源、集中式污染治理设施和其他产生排放污染源的设施，由各级监测站和企业本身负责。

按环境监测的专业部门分类，可分为气象监测、卫生监测、生态监测、资源监测等。

6. *按污染物分布范围分类*

按监测污染物的分布范围分类，可分为局部、区域及全球性的环境监测。例如，局部监测是企业、事业单位对本单位内部污染源及总排放口的监测，各单位自设的监测站主要从事这部分工作。区域监测是全国或某地区环保部门对水体、大气、流域、风景区等环境的监测。全球性的环境监测主要任务是监测全球环境并对环境组成要素的状况进行定期评价。

1.3.2 环境监测的特点

环境污染具有污染物种类繁多、污染物浓度低，污染物随时空不同而分布，各污染因子对环境的影响具有综合效应的特点。据此，环境监测主要具有以下六个特点。

1) 综合性

环境监测的综合性主要表现在以下几个方面：

(1) 监测手段包括化学、物理、生物等一切可以表征环境因子的方法。

(2) 监测对象包括水、大气、土壤、固体废物、生物等，只有对它们进行综合分析，才能确切描述环境质量状况。

(3) 对监测数据进行统计处理、综合分析时，需涉及该地区的自然、社会发展状况，因此必须综合考虑才能科学阐明数据的内涵。

2) 连续性

污染源排放的污染物或污染因子的强度随时间而变化，污染物和污染因子进入环境后，随空气和水的流动而被稀释、扩散，其扩散速度取决于污染因子的性质。污染因子的时空分布性决定了环境监测必须坚持长期连续测定。只有坚持长期测定，才能从大量的数据中揭示污染因子的分布和变化规律，进而预测其变化趋势。数据越多，连续性越好，预测的准确度越高，所以监测网络、监测点的选择一定要有科学性，而且一旦监测点的代表性和监测频次得到确认，必须坚持长期监测。

3) 追踪性

环境监测是一个复杂而又内部互相联系的系统，包括监测项目的确定，监测方案的制订，样品的采集、运送、处理，实验室测定和数据处理等程序，每一步骤都将对结果产生影响。特别是区域性的大型监测项目，参与监测的人员、实验室和仪器各不相同，为使数据具有可比性、代表性和完整性，保证监测结果的准确性，必须建立一个量值追踪体系予以监督。为此，建立完善的环境监测质量保证体系是十分必要的。

4) 复杂性

环境和环境污染的特点决定了环境监测的复杂性，主要包括：

(1) 监测项目繁多。这主要是由于环境体系具有多样性、复杂性、动态性，环境样品组分复杂、性质各异且呈现多种形态，监测项目繁多。

(2) 待测物含量低、基体复杂。由于很多污染物阈值很低，在环境中属于微量级甚至痕量级、超痕量级，分析测定时会有基体干扰。这就要求环境监测方法具有高灵敏度、高准确度和高分辨率。

(3) 不确定性。由于环境因素十分复杂，不同污染物环境行为差异很大，其不确定性与污染物的性质、浓度及排放方式有关。这些不确定性要求环境监测不仅需要对污染物进行定性、定量监测，还要对污染物的形态、变化等进行监测。

5) 时效性

无论是环境事故监测还是目前的大气环境监测，都需要及时地获取数据，向管理部门或公众及时发布环境信息，如我国目前大气污染的预报主要依据大气环境的监测数据与气象条件的变化，必须及时获得预报区域乃至周边的大气环境数据，才能给出预报数据。对环境事故监测更需要及时、准确，甚至快速，因为只有准确提供事故中主要污染物及其造成的危害、波及的范围等的监测数据，管理部门与应急处理人员才能做出正确的抉择。

6) 规范性

无论是政府授权的公益型环境监测还是非政府组织的公共事务环境监测，环境监测的数据往往具有一定的法律效力。环境监测的数据要具有代表性、准确性、完整性、可比性及精密性，而其精密性又可通过重复性、平行性及再现性得到保证。环境监测的全过程都需要严格规范。

1.4　环境监测技术概述

环境监测是一门新兴的且综合性较强的学科，主要运用化学、物理学及生物学的技术原理，以环境为对象，对自然环境中的污染物及其相关组成进行定量、定性、综合性分析，揭示环境质量及其变化规律。环境监测技术包括采样技术、样品前处理技术、分析技术和数据处理技术等。对环境监测技术总的要求是：准确可靠、快速灵敏、选择性好。

1.4.1　常用的环境监测技术

1) 采样技术

采样技术可分为主动采样技术、被动采样技术和自动采样技术。主动采样技术是指用人力或者动力进行环境样品的采集，往往采集瞬时环境样品；被动采样技术是相对主动采样技术，一般无须人力或者动力进行的采样，主要基于环境介质(水、气)中污染物的扩散原理，被动采样过程能同时完成样品的采集和富集；自动采样技术是指根据设计好的程序自动进行样品的采集，一般用于自动连续监测系统。

2) 样品前处理技术

样品前处理技术包括样品的制备、样品的分离和净化等技术。样品的制备是指将采集的样品制备成适合进行分析的样品，一般包含水样的过滤、离心，土样的干燥、分装等。样品的分离和净化是通过物理、化学等手段将待测组分从复杂的样品基质中分离出来，以便后续的检测，如消解、萃取、蒸馏、层析、离子交换等。

3) 分析技术

在实验室，对污染物的成分、结构及形态分析主要采用化学分析法和仪器分析法。化学分析法主要包括滴定分析法和重量法两类，其中滴定分析法又包括氧化还原滴定法、酸碱滴定法、沉淀滴定法和配位滴定法。滴定分析法用于水中酸度、碱度、溶解氧、硫化物、氰化物的测定；重量法则常用于降尘、油类、残渣及硫酸盐化速率等的测定。化学分析法具有仪器简单、准确度高、分析成本低等优点，目前仍被广泛使用。仪器分析法是以物理和化学方法原理为基础的分析方法，主要包括光谱分析法，如可见光分光光度法、紫外分光光度法、原子吸收光谱法、原子发射光谱法、荧光分析法及化学发光分析法等；色谱分析法，如气相色谱法、高效液相色谱法、离子色谱法、薄层色谱法、色谱-质谱联用法等；电化学分析法，如溶出伏安法、电导分析法、电位分析法、库仑分析法等；放射分析法，如同位素稀释法、中子活化分析法；以及流动注射分析法等。仪器分析法目前被广泛用于环境中污染物的定量及定性分析。

除了物理和化学分析技术，近年来，生物监测技术在环境监测领域的应用得到了长足发展。生物监测技术是利用植物和动物在污染的环境中所产生的各种反应信息来评价环境质量的一种最直接的综合方法，包括生物的生理生化反应、生物体污染物含量的测定、生物群落结构和种类变化等，如利用指示植物在环境中的受害症状来判断空气和水中污染物的种类和水平。

4) 数据处理技术

环境监测产生大量的数据，这些海量的数据必须经过科学合理的数据处理，获得有意义的结论，才能为环境保护的政策和法律法规的制定、污染治理的效果判断提供重要的科学依据。数据处理一般包括数据的收集和数据的分析，数据的分析包括有效数据的确认、可疑数据的取舍、数据的归纳和解析，最终形成分析报告。数据处理技术也经历了人工数据处理—自动数据处理—计算机数据处理—信息技术处理的发展过程。

1.4.2 环境监测技术的发展

1) 环境监测技术发展趋势

伴随着各个领域科学技术的发展，环境监测技术也得到了快速的发展，许多新技术在环境监测过程中已经被广泛应用。被动采样技术和连续自动采样技术发展迅速。高效快速样品前处理技术，如加速溶剂萃取、自动索氏提取、固相微萃取技术得到了快速发展。在无机污染物的监测方面，电感耦合等离子体-原子发射光谱能够同时分析几十种元素；离子色谱的应用范围从开始分析少数几种阴离子，发展到不仅能分析大多数无机阴离子，而且能分析许多有机化合物。在有机污染物的分析方面，色谱-质谱联用技术用于各类有机污染物，特别是持久性有机污染物(POPs)的分析；离子色谱应用于水中可吸附有机卤素(AOX)、总有机卤素(TOX)的分析；化学发光分析应用于超痕量物质的分析。在生物监测技术方面，发光菌、流式细胞术、基于生物标志物检测的生物传感器都已经在环境监测领域得到应用。

对于污染事故的监测，需要发展简便快速的监测技术，主要包括试纸法、化学测试组件法、速测管法及便携式、车载式分析仪器测试法等。

对于区域甚至全球范围的监测和管理，其监测网络及布点的研究，监测方法的标准化、连续自动监测系统，数据传送和处理的信息化、可视化的研究应用也发展很快。这种技术以在线自动分析仪器为核心，主要运用自动采样、自动测量、自动控制、数据传输和处理等技术，对环境质量或污染源进行连续监测。这种技术已应用于环境空气质量连续自动监测、固定污染源烟气排放连续自动监测、大气酸沉降连续自动监测、沙尘暴连续自动监测、污水连续自动监测、地表水水质连续自动监测等。此外，基于遥感技术(RS)、地理信息系统(GIS)和全球定位系统(GPS)的“3S”技术形成了对地球环境空间观测、空间定位及空间分析的完整技术体系，为扩大环境监测范围和功能、提高其信息化水平及对环境突发事件的快速监测和评估提供了强大的技术支持。

2) 我国环境监测技术现状与发展

我国的环境监测技术从整体上来讲起步相对较晚，但是发展较快，目前不管是在环境监测管理、监测能力方面，还是在物质基础等方面，都有了质的飞跃，在技术水平方面也取得了较大的成就。总的来讲，我国环境监测技术已经逐渐形成了物理监测、化学监测、生物监测、遥感、生态监测及卫星监测等多项监测技术的监测体系。“十四五”时期，我国生态环境保护坚持监测先行，更加突出监测对精准、科学、依法治污的支撑、服务和引领作用，强化监测网络、技术标准和制度保障的前瞻布局，用科学的手段发现问题。坚持监测灵敏，更加突出现代感知、大数据等新技术的融合应用，实现环境感知灵敏、污染追踪灵敏、应急响应灵敏，提供高水平决策支持。坚持监测准确，更加突出监测质量生命线，客观反映真实情况、科学评判治理成效，实现指标导向准确、数据评价准确、预警追责准确，保证家底清、动态明。

尽管我国环境监测技术有了很大的发展，但是在许多方面依旧存在着不足。“十四五”时期，生态环境监测面向更加艰巨复杂的污染防治攻坚任务，面向日新月异的现代科技发展，监测服务供给、体制机制、基础能力还存在诸多短板和挑战，一些新兴领域和关键环节的监测支撑薄弱甚至空白，亟须进一步巩固和拓展。

1.5 优先污染物

1.5.1 优先污染物及其筛选方法

有毒有害化学污染物的存在和控制无疑是环境监测的重点。世界已知的化学物质超过700万种，进入环境的化学物质已达10万种，以目前的人力、财力状况，不可能对所有污染物进行监测。但是，选择什么样的污染物进行监测和控制需要确定一个筛选原则，对环境中存在的污染物进行分级排序，从中筛选出潜在危险性大，在环境中出现频率高、残留高，检测方法成熟的化学物质，将其定义为环境优先污染物，简称优先污染物(priority pollutants)。对优先污染物进行的监测称为优先监测。

优先污染物的筛选原则主要基于污染物的毒性、物化性质、检出频率等因素，考虑污染物的危害性和风险性，主要包括：①优先选择具有较大生产量、使用量或排放量的污染物；②优先选择广泛存在于环境中，具有较高的检出率和稳定性的污染物；③优先选择具有环境与健康危害性，在水中难以降解，具有生物累积性和水生生物毒性的污染物；④优先选择已经具备一定监测条件，存在可用于定性和定量分析的化学标准物质的污染物；⑤采取分期、分批建立优先污染物名单的方法。

优先污染物筛选的核心是污染物在环境中的存在和对暴露人群健康的危害性(hazard)评估和风险性(risk)评估。不同的优先筛选方案采用不同的评估方法，一般可以分为危害性评估和风险性评估两大类。前者是考虑污染物固有危害性，但是不考虑其在环境中的水平和暴露情况，而风险性评估则是在危害性评估的基础上进一步考虑其暴露性。目前国际上普遍采用的优先污染物的筛选方法大致可以分为定量评分方法和半定量评分方法。

定量评分方法主要包括基于多介质环境目标值的评分，如污染物毒性、暴露情况、环境健康等的得分。该方法的最大优点在于考虑的影响因素较全面，能够进行量化，有利于今后筛选过程的数字化，但其缺点也正是由于考虑的参数较多，因此对各参数选择的准确性及代表性也有较高的要求。例如，美国环境保护署(USEPA)、美国毒物和疾病登记署(ATSDR)对国家优先污染物名录(national priorities list, NPL)的优先排序方法，是以 NPL 监测点数据为基础，计算污染物出现频率得分。毒性得分采用可通报量(reportable quantity, RQ)的方法，对缺乏 RQ 值的污染物采用与计算 RQ 类似的方法确定毒性/环境得分(toxicity/environment score, TES)。人群潜在暴露得分的计算主要依据一系列毒性数据库，如美国国家医学图书馆(NLM)在线 TOXNET 数据库。该方法的优点在于：①以污染最严重地点数据为基础筛选出的优先污染物，能够反映出对健康危害最大的污染物；②根据污染物在 NPL 监测点出现的频率、污染物毒性及人群的暴露潜势进行综合评分，所得结果能够较全面地反映污染物对人类健康的影响；③排序名单每两年更新一次，能够及时反映环境污染的变化情况。但该方法也存在一定问题：①NPL 监测点的设立受各方利益影响，并不一定能够充分反映污染最严重的地点及污染的变化；②评分中所需参数较多，有些参数需要采用模型估计值；③没有考虑生态毒性；④需要在各监测点进行大量的分析监测，成本较高。另外，还有一些优先污染物评分分级方法，主要有潜在危害指数法、密切值法、综合评分法、模糊评判系统等。

半定量评分方法虽然也给出了污染物的得分，但最终优先污染物名单主要是依靠专家评判确定的。例如，欧盟的 COMMPS(combined monitoring-based and modeling-based priority setting scheme)法，该方法首先以相对风险为基础进行自动排序，然后交由专家判断。对于水环境中的有机污染物，其自动排序过程中产生两个独立的排序名单，对沉积物中污染物根据沉积物监测数据单独进行排序，对于重金属则基于多种情景的模型产生多个排序名单。该方法对监测数据的要求也较高，在数据的准备阶段就对数据提交的格式进行了规范，并对采样点位水平监测浓度的可靠性进行检验，剔除不可靠数据。

另外还有一种评分方法为哈斯(Hasse)图解法，该方法通过向量来描述污染物的危害性，以图形的方式展示污染物危害性的相对大小及它们之间的逻辑，向量中的各元素代表污染物暴露和毒性大小等指标的测量值，化合物之间的相对危害性大小通过一对一比较向量中相应元素的数据来确定。该方法的最大优点在于可以直观地展示污染物相对危害的大小及不同指标间的矛盾，将危害性最大和最小的污染物置于显著位置，以便作出合理决策。

USEPA 考虑到的污染物环境与健康危害性表征参数主要包括急性毒性、慢性毒性、毒性产生的环境效应和生物效应(降解性和累积性)、检出频率、检出限等。ATSDR 在计算污染物总得分时主要包括 3 个方面：NPL 监测点出现的频率得分、污染物的毒性得分及人群的暴露潜势得分。欧盟对候选污染物在各成员国的检出频率作了要求，其暴露得分的计算包括两部分：基于监测数据的暴露得分，即任一介质中某污染物的暴露得分；基于模型的暴露得分中化学品的暴露，包括向环境的排放量、向水环境的分配比例及在水环境中的降解 3 个因子。在效应评估中既考虑了污染物的直接毒性效应，又考虑了其间接效应，即生物富集潜力及致癌性、致突变性、生殖毒性等。我国早期的 68 种优先污染物的筛选工作主要考虑的因素包括污染物在环境中的检出率、产品产量、“三致”毒性、慢性毒性、急性毒性、水生生物毒性、生物降解性及监测条件的可行性等。

1.5.2 优先污染物名单

美国是最早建立优先污染物名单的国家，20 世纪 70 年代中期就在《清洁水法案》中明确提出水中 129 种优先污染物名单(114 种有机物和 15 种金属化合物/元素)，它一方面要求排放优先污染物的工厂采用最佳可利用技术(BAT)，控制点源污染排放；另一方面制定环境质量标准，对各水域进行优先监测。其后又提出了 43 种空气优先污染物名单。随后其他一些国家和地区也针对各地区的环境污染状况开展了环境优先控制污染物的研究工作。欧盟在 1975 年提出的《关于水质的排放标准》的技术报告，提出了所谓的“黑名单”(black list)和“灰名单”(gray list)。

我国的优先控制污染物研究工作起步较晚，1989 年国家环境保护局通过了“水中优先控制污染物黑名单”，包括 14 个类别 68 种污染物，其中有机物就有 12 类 58 种，见表 1-2。目前距离第一个黑名单产生已经 30 多年，我国工业化学品的种类和环境污染物都发生了很大的改变，新的黑名单正在研究和制订中。

表 1-2　水中优先控制污染物黑名单

化学类别	名称
挥发性卤代烃类	二氯甲烷；三氯甲烷*；四氯化碳*；1, 2-二氯乙烷；1, 1, 1-三氯乙烷；1, 1, 2-三氯乙烷*；1, 1, 2, 2-四氯乙烷；三氯乙烯*；四氯乙烯*；三溴甲烷*(溴仿)
苯系物	苯*；甲苯*；乙苯*；邻二甲苯；间二甲苯；对二甲苯
氯代苯类	氯苯*；邻二氯苯*；对二氯苯*；六氯苯*
多氯联苯	多氯联苯*
酚类	苯酚*；间甲酚*；2, 4-二氯酚*；2, 4, 6-三氯酚*；五氯酚*；对硝基酚*
硝基苯类	硝基苯*；对硝基甲苯*；2, 4-二硝基甲苯；三硝基甲苯；对硝基氯苯*；2, 4-二硝基氯苯*
苯胺类	苯胺*；二硝基苯胺*；对硝基苯胺*；2, 6-二硝基苯胺
多环芳烃类	萘；荧蒽；苯并[b]荧蒽；苯并[k]荧蒽；苯并[a]芘*；茚并[1, 2, 3-c, d]芘；苯并[g, h, i]芘
酞酸酯类	酞酸二甲酯；酞酸二丁酯*；酞酸二辛酯*
农药	六六六*；滴滴涕*(DDT)；敌敌畏*；乐果*；对硫磷*；甲基对硫磷*；除草醚*；敌百虫*
丙烯腈	丙烯腈
亚硝胺类	*N*-亚硝基二乙胺；*N*-亚硝基二正丙胺
氰化物	氰化物
重金属及其化合物	砷及其化合物*；铍及其化合物*；镉及其化合物*；铬及其化合物*；铜及其化合物*；铅及其化合物*；汞及其化合物*；镍及其化合物*；铊及其化合物

注：标有“*”的是推荐近期实施名单。

1.6　环境法规与环境标准

1.6.1　环境法规

环境法规是国家制定或认可，并由国家强制保证执行的关于保护环境和自然资源，防治污染和其他公害的法律规范的总称。环境法规由一系列相关的法律、法规和规章组成。《中华人民共和国宪法》第九条、第十条、第二十二条、第二十六条规定了环境与资源保护，具体的法律法规分以下几方面。

环境保护方面：包括《中华人民共和国环境保护法》《中华人民共和国水污染防治法》《中华人民共和国大气污染防治法》《中华人民共和国固体废物污染环境防治法》《中华人民共和国环境噪声污染防治法》《中华人民共和国海洋环境保护法》。

资源保护方面：包括《中华人民共和国森林法》《中华人民共和国草原法》《中华人民共和国渔业法》《中华人民共和国农业法》《中华人民共和国矿产资源法》《中华人民共和国土地管理法》《中华人民共和国水法》《中华人民共和国水土保持法》《中华人民共和国野生动物保护法》《中华人民共和国煤炭法》。

环境与资源保护方面：主要有《中华人民共和国水污染防治法实施细则》《中华人民共和国大气污染防治法实施细则》《中华人民共和国防治陆源污染物污染损害海洋环境管理条例》《中华人民共和国防治海岸工程建设项目污染损害海洋环境管理条例》《中华人民共和国自然保护区条例》《放射性同位素与射线装置安全和防护条例》《化学危险品安全管理条例》《淮河流域水污染防治暂行条例》《中华人民共和国海洋石油勘探开发环境保护管理条例》《中华人民共和国陆生野生动物保护实施条例》《风景名胜区条例》《基本农田保护条例》。《中华人民共和国刑法》在第二编分则第六章“妨害社会管理秩序罪”中增加了破坏环境资源保护的相关罪名。

2014 年第十二届全国人民代表大会常务委员会第八次会议审议通过了《中华人民共和国环境保护法(2014 修订)》，并于 2015 年正式实施。《中华人民共和国环境保护法(2014 修订)》规定了环境监测活动和统一监督管理的职责职能及相关法律责任，明确了依法监测管理的方向。《中华人民共和国环境保护法(2014 修订)》进一步明确了环境监测制度是国务院环保主管部门的一项职权，具体包括制定监测规范，组织监测网络，统一规划国家监测站(点)的设置，建立数据共享机制，加强对环境监测的管理。

1.6.2 环境标准

环境标准是标准中的一类，它是为了保护人群健康、防治环境污染、促使生态良性循环，同时又为了合理利用资源、促进经济发展而制定的，它依据环境保护法和有关政策，对环境的各项工作(如有害成分含量及其排放源规定的限量阈值和技术规范)作出规定。环境标准是环境法规的具体体现。

环境标准的作用：既是环境保护和有关工作的目标，又是环境保护的手段；是判断环境质量和衡量环保工作优劣的准绳；是执法的依据；是组织现代化生产的重要手段。

环境标准的组成：由于世界各国国情不同，各个国家的环境标准的组成和分级体系也不完全相同。我国的环境标准主要有：环境质量标准，污染物排放标准(或污染控制标准)，环境方法标准，环境标准物质标准，环境基础标准，环保仪器、设备标准等六类。

环境质量标准：为了保护人类健康，维持生态良性平衡和保障社会物质财富，并考虑技术条件，对环境中有害物质和因素所作的限制性规定。

污染物排放标准：为实现环境质量目标，结合经济技术条件和环境特点，对排入环境的有害物质或有害因素所作的限制性规定。

环境方法标准：在环境保护工作范围内以全国普遍适用的实验、检查、分析、抽样、统计、作业等方法为对象而制定的标准。

环境标准物质标准：在环境保护工作中，对用来标定仪器、验证测量方法进行量值传递或质量控制的材料或物质，必须达到的要求所作的规定。它是检验方法标准是否准确的主要手段。

环境基础标准：在环境保护工作范围内，对有指导意义的符号、指南、导则等的规定，是制定其他环境标准的基础。

环保仪器、设备标准：为了保证污染治理设备的效率和环境监测数据的可靠性及可比性，对环保仪器、设备的技术要求所作的规定。

在环境标准体系中，环境质量标准和污染物排放标准是环境标准的核心，环境方法标准和环境标准物质标准是环境标准体系的支持系统，环境基础标准是环境标准体系的基础。我国环境标准体系的分级有三级：国家标准、行业标准和地方标准。环境基础标准、环境方法标准和环境标准物质标准等只有国家标准，并尽可能与国际标准接轨。

尽管各类环境标准的内容不同，但制定标准的出发点和目的是相同的。为了使每个标准制定得既有科学依据，又符合我国经济发展的技术水平，充分体现科学性和现实性的统一，制定环境标准应遵循下述基本原则：

(1) 遵循法律依据和科学规律。

环境标准的制定应以国家环境保护大政方针、法律、法规为依据，以保护人类健康和改善环境质量为目标，促进环境效益、经济效益和社会效益三者之间的统一。环境标准值中指标值的确定是以科学研究的结果作为依据的。制定监测方法标准要确保方法的准确度及精密度，并对干扰因素及各种方法的比较进行实验。制定控制标准的技术措施和指标，要考虑它们的成熟度、可行性和预期效果等。

(2) 区别对待原则。

制定环境标准要具体分析环境功能、企业类型及污染物的危害程度等因素。例如，按环境功能不同，对自然保护区、饮用水源保护地等地区的标准制定必须严格，对一般功能环境，可放宽标准限制。按照污染物危害程度的不同，标准的严格程度也不同，对剧毒物要从严控制，而制定污染物排放标准则是以环境保护优化经济增长为原则，依据环境容量和产业政策的要求，确定标准的适用范围和控制项目，并对标准中的排放限制进行成本效益分析。

(3) 可行性与适用性原则。

环境标准的制定不仅要依据生物生存和发展的需要，同时也要考虑经济上是否合理及技术上的可行性；适用性则要求标准的内容有针对性、能够解决实际问题、标准的实施能够获得预期的效益。这两点都要求从实际出发做到切实可行，要对社会为执行标准所花的总费用和收到的总效益进行分析，使得环境标准既能达到满足人群健康和维护生态平衡的要求，又能使防治费用最小。

(4) 环境标准协调配套原则。

环境质量标准与污染物排放标准、污染物排放标准与排污收费标准、国内环境标准与国际环境标准之间，以及相关的环境标准、规范、环保制度之间应该相互协调和配套。协调配套的原则使相关部门的执法工作有法可依，统一管理。

(5) 时效性原则。

环境标准并不是一成不变的，它要与一定时期的技术经济水平及环境污染与危害的状况相适应，它须随着经济技术的发展、环境保护要求的提高、环境监测技术的不断进步及仪器普及程度的提高及时进行调整，通常几年修订一次。修订时，标准的标准号不变，只有标准的年号和内容变化，如《地表水环境质量标准》(GB 3838—2002)替代了《地面水环境质量标准》(GB 3838—1988)。

(6) 与国际接轨。

一个国家的标准能够综合反映国家的技术、经济和管理水平。在国家标准的制定、修改或更新时，积极逐步采用或等效采用国际标准，是我国重要的技术经济政策，也是技术引进的重要部分，它能体现当前国际先进技术水平和发展趋势。逐步做到环境保护基础标准和通用方法标准与国际相关标准的统一，也可以避免国际合作等过程中执行标准时可能产生的责任不明确事件的发生。

1. 环境质量标准

环境质量标准是制定环境政策的目标和环境管理工作的依据，也是制定污染物的控制标准的依据，是评价我国各地环境质量的标尺和准绳。环境质量标准按环境要素分，有水质量标准、大气质量标准、土壤质量标准和生物质量标准四类，每一类又按不同用途或控制对象分为各种质量标准，下面主要介绍前三类标准。

1) 水质量标准

水质量标准是对水中污染物或其他物质的最大容许浓度所作的规定。水质量标准按水体类型分为地表水质量标准、海水质量标准和地下水质量标准等；按水资源的用途分为生活饮用水水质标准、渔业用水水质标准、农业用水水质标准、娱乐用水水质标准和各种工业用水水质标准等。由于各种标准制定的目的、适用范围和要求的不同，同一污染物在不同标准中规定的标准值也是不同的。例如，铜的标准值在中国的《生活饮用水卫生标准》、《工业企业设计卫生标准》和《渔业水质标准》中分别规定为 1.0 mg/L、0.1 mg/L 和 0.01 mg/L。

《地表水环境质量标准》(GB 3838—2002)包含物理、化学、微生物指标共 24 项，适用于全国江河、湖泊、水库等具有使用功能的地表水水域。依据地表水水域使用目的和保护目标将其划分为五类：

Ⅰ类：主要适用于源头水、国家自然保护区。

Ⅱ类：主要适用于集中式生活饮用水地表水源地一级保护区、珍稀水生生物栖息地、鱼虾类产卵场、仔稚幼鱼的索饵场等。

Ⅲ类：主要适用于集中式生活饮用水地表水源地二级保护区、鱼虾类越冬场、洄游通道、水产养殖区等渔业水域及游泳区。

Ⅳ类：主要适用于一般工业用水区及人体非直接接触的娱乐用水区。

Ⅴ类：主要适用于农业用水区及一般景观要求水域。

《生活饮用水卫生标准》(GB 5749—2022)是从保护人群身体健康和保证人类生活质量出发，对饮用水中与人群健康的各种因素(物理、化学和生物)，以法律形式所作的量值规定，以及为实现量值所作的有关行为规范的规定，经国家有关部门批准，以一定形式发布的法定卫生标准。水质指标由 GB 5749—2006 版的 106 项指标调整为 GB 5749—2022 版的 97 项，包含 43 项常规指标和 54 项扩展指标，规定了生活饮用水水质卫生要求、生活饮用水水源水质卫生要求、集中式供水单位卫生要求、二次供水卫生要求、涉及生活饮用水卫生安全产品卫生要求、水质监测和水质检验方法。《海水水质标准》(GB 3097—1997)是指为贯彻《中华人民共和国环境保护法》和《中华人民共和国海洋环境保护法》、防止和控制海水污染、保护海洋生物资源和其他海洋资源、有利于海洋资源的可持续利用、维护海洋生态平衡、保障人体健康而制定的水质标准，海水水质根据用途分为 4 类，指标共 35 项。《渔业水质标准》(GB 11607—1989)是为了防止和控制渔业水域水质污染，保证鱼、贝、藻类正常生长、繁殖和水产品的质量制定的标准。《农田灌溉水质标准》(GB 5084—2021)是为了防止土壤、地下水和农产品污染，保障人体健康，维护生态平衡，促进经济发展而制定的标准。

回用水标准主要根据生活杂用、行业和生产工艺要求来制定，在美国有近 30 种回用水水质标准，我国已经制定颁布的回用水标准有《城市污水再生利用 景观环境用水水质》(GB/T 18921—2019)、《城市污水再生利用 城市杂用水水质》(GB/T 18920—2020)和《城市污水再生利用 工业用水水质》(GB/T 19923—2024)等。

2) 大气质量标准

目前世界上已有 80 多个国家颁布了大气质量标准。世界卫生组织(WHO)在 1963 年提出二氧化硫、飘尘、一氧化碳和氧化剂的大气质量标准。大气环境质量标准分为三级：

一级标准：为保护自然生态和人群健康，在长期接触情况下，不发生任何危害影响的空气质量要求。

二级标准：为保护人群健康和城市、乡村的动植物，在长期和短期接触情况下，不发生伤害的空气质量要求。

三级标准：为保护人群不发生急、慢性中毒和城市一般动植物(敏感者除外)正常生长的空气质量要求。

我国根据各地区的地形地貌、气候、生态、政治、经济和大气污染程度，于 1982 年颁布了《大气环境质量标准》(GB 3095—1982)，列入的污染物包括总悬浮微粒(TSP)、飘尘、二氧化硫、氮氧化物、一氧化碳和光化学氧化剂(臭氧)，后经几次修订，最新修订的《环境空气质量标准》(GB 3095—2012)中将二氧化硫、二氧化氮、一氧化碳、臭氧、PM_{10} 和 $PM_{2.5}$ 列入环境空气质量污染物基本项目，并将环境空气功能区由原先的三类变成两类：

一类区：为自然保护区、风景名胜区和其他需要特殊保护的区域。

二类区：为居住区、商业交通居民混合区、文化区、工业区和农村地区。

标准规定一类区适用一级浓度限值；二类区适用二级浓度限值。

2002 年 11 月由中华人民共和国国家质量监督检验检疫总局、中华人民共和国国家环境保护总局、中华人民共和国卫生部制定了我国第一部《室内空气质量标准》(GB/T 18883—2002)，适用于已投入使用的建筑物，并于 2003 年 3 月 1 日正式实施，标准中包括物理、化学、生物和放射性污染物的指标，共 19 项。此外，还有一种大气质量标准是规定工厂企业生产车间或劳动场所空气中有害气体或污染物的最高容许浓度的。这类标准是为了保护劳动者在间歇(只在工作时间内)的长期暴露中不发生急性或慢性中毒。美国、俄罗斯等国家对不同行业的劳动生产场所的空气中污染物规定有最高容许浓度。中国《工业企业设计卫生标准》(GBZ 1—2010)规定了生产及作业地带空气中有毒气体、蒸气和粉尘的最高容许浓度，列有氨、苯等项目。

3) 土壤质量标准

土壤质量标准是土壤中污染物的最高容许浓度。污染物在土壤中的残留积累，以不致造成作物的生育障碍、在籽粒或可食部分中的过量积累(不超过食品卫生标准)或影响土壤、水体等环境质量为界限。土壤中污染物主要通过水、食用植物、动物进入人体，因此土壤质量标准中所列的主要是在土壤中不易降解和危害较大的污染物。

我国 1995 年制定的《土壤环境质量标准》(GB 15618—1995)主要根据土壤应用功能和保护目标，把土壤环境质量划分为三类，分别规定了土壤中污染物的最高允许浓度指标值及相应的监测方法。

随着我国社会经济与城镇化的发展，土壤质量的管控日显必要，因此中华人民共和国生态环境部于 2018 年颁布了《土壤环境质量 农用地土壤污染风险管控标准(试行)》(GB 15618—2018)与《土壤环境质量 建设用地土壤污染风险管控标准(试行)》(GB 36600—2018)替代《土壤环境质量标准》，以满足我国对农用地与建设用地的土壤污染控制需求。具体而言，农用地土壤在监测项目中仍为基本项目与选测项目，但项目内容有所增加；关键是根据土壤土地利用类型(如水田、果园等)的 pH 给出了风险筛选值，特别是对 5 种元素(镉、汞、砷、铅、铬)给出了风险管控值。对建设用地土壤监测项目特别增加了多项挥发性有机污染物的风险筛选值与管控值，并把建设用地分为与人居住密切相关的第一类用地和工业、广场等第二类用地，以便于精准管控。

2. *污染物排放标准*

污染物排放标准也称污染物控制标准，是为实现环境质量目标，结合经济技术条件和环境特点，对人为污染源排入环境的有害物质或有害因素所作的控制规定。其目的是通过控制污染源排污量的途径来实现环境质量标准或环境目标。

污染物排放标准按污染物形态分为：液态污染物排放标准，规定废水(废液)中所含的油类、有机物、有毒金属化合物、放射性物质和病原体等的容许排放量；气态污染物排放标准，规定二氧化硫、氮氧化物、一氧化碳、硫化氢、氯、氟及颗粒物等的容许排放量；固态污染物排放标准，规定填埋、堆存和进入农田等的固体废物中的有害物质的容许含量。

污染物排放标准按适用范围分为综合排放标准和行业排放标准。

1) 综合排放标准

污染物综合排放标准规定一定范围(全国或一个区域)内普遍存在或危害较大的各种污染物的容许排放量，适用于各个行业。有的综合排放标准按不同排向(如水污染物按排入下水道、河流、湖泊、海域)分别规定容许排放量。综合排放标准有《污水综合排放标准》(GB 8978—1996)、《大气污染物综合排放标准》(GB 16297—1996)和《一般工业固体废物贮存、处置场污染控制标准》(GB 18599—2020)等。

2) 行业排放标准

行业的污染物排放标准规定某一行业所排放的各种污染物的容许排放量，只对该行业有约束力。因此，同一污染物在不同行业中的容许排放量可能不同。行业的污染物排放标准还可以按不同生产工序规定污染物容许排放量，如钢铁工业的废水排放标准可按炼焦、烧结、炼铁、炼钢、酸洗等工序分别规定废水中 pH、悬浮物总量和油等的容许排放量。

在污水排放标准体系中，行业性排放标准主要包括：《电子工业水污染物排放标准》(GB 39731—2020)，《制浆造纸工业水污染物排放标准》(GB 3544—2008)，《船舶水污染物排放控制标准》(GB 3552—2018)，《海洋石油勘探开发污染物排放浓度限值》(GB 4914—2008)，《纺织染整工业水污染物排放标准》(GB 4287—2012)，《肉类加工工业水污染物排放标准》(GB 13457—1992)，《合成氨工业水污染物排放标准》(GB 13458—2013)，《钢铁工业水污染物排放标准》(GB 13456—2012)，《航天推进剂水污染物排放标准》(GB 14374—1993)，《兵器工业水污染物排放标准》(GB 14470.1～14470.2—2002)，《弹药装药行业水污染物排放标准》(GB 14470.3—2011)，《磷肥工业水污染物排放标准》(GB 15580—2011)，《烧碱、聚氯乙烯工业污染物排放标准》(GB 15581—2016)等，其他水污染物排放均执行污水综合排放标准。

中国现有的国家大气污染物排放标准体系中，行业性排放标准主要有《石灰、电石工业大气污染物排放标准》(GB 41618—2022)、《锅炉大气污染物排放标准》(GB 13271—2014)、《工业炉窑大气污染物排放标准》(GB 9078—1996)、《火电厂大气污染物排放标准》(GB 13223—2011)、《炼焦化学工业污染物排放标准》(GB 16171—2012)、《水泥工业大气污染物排放标准》(GB 4915—2013)、《恶臭污染物排放标准》(GB 14554—1993)、《轻型汽车污染物排放限值及测量方法(中国第六阶段)》(GB 18352.6—2016)和《摩托车和轻便摩托车排气污染物排放限值及测量方法(双怠速法)》(GB 14621—2011)等，其他大气污染物排放均执行大气污染物综合排放标准。

1.6.3 环境基准

环境基准是指环境中污染物对特定对象(人或其他生物等)不产生不良或有害影响的最大剂量(无作用剂量)或浓度。其分类按环境要素可分为大气质量基准、水质量基准和土壤质量基准等；按保护对象可分为环境卫生基准、水生生物基准、植物基准等。同一污染物在不同的环境要素中或对不同的保护对象有不同的基准值。环境基准和环境标准是两个不同的概念，前者是由污染物同特定对象之间的剂量-反应关系确定的，不考虑社会、经济、技术等人为因素，不具有法律效力；后者是以前者为依据，并考虑社会、经济、技术等因素，经过综合分析制定的，由国家管理机关颁布，一般具有法律的强制性。但二者又有密切的关系，前者是制定环境质量标准的科学依据，环境标准规定的污染物容许剂量或浓度原则上应小于或等于相应的基准值。

1.7 环境监测管理

1.7.1 环境监测管理制度

环境监测管理是实现环境保护的基本工作之一，目的是提高环境监测质量管理水平，规范环境监测管理工作，确保监测数据和信息的准确、可靠，为环境管理提供科学、准确的依据。最新的《中华人民共和国环境保护法》第二章第十七条规定：国家建立、健全环境监测制度。国务院环境保护主管部门制定监测规范，会同有关部门组织监测网络，统一规划国家环境质量监测站(点)的设置，建立监测数据共享机制，加强对环境监测的管理。有关行业、专业等各类环境质量监测站(点)的设置应当符合法律法规规定和监测规范的要求。监测机构应当使用符合国家标准的监测设备，遵守监测规范。监测机构及其负责人对监测数据的真实性和准确性负责。

(1) 县级以上环境保护部门应当按照数据准确、代表性强、方法科学、传输及时的要求，建设先进的环境监测体系，为全面反映环境质量状况和变化趋势、及时跟踪污染源变化情况、准确预警各类环境突发事件等环境管理工作提供决策依据。

(2) 县级以上环境保护部门所属环境监测机构具体承担下列主要环境监测技术支持工作：①开展环境质量监测、污染源监督性监测和突发环境污染事件应急监测；②承担环境监测网建设和运行，收集、管理环境监测数据，开展环境状况调查和评价，编制环境监测报告；③负责环境监测人员的技术培训；④开展环境监测领域科学研究，承担环境监测技术规范、方法研究以及国际合作和交流；⑤承担环境保护部门委托的其他环境监测技术支持工作。

(3) 排污者必须按照县级以上环境保护部门的要求和国家环境监测技术规范，开展排污状况自我监测。

排污者按照国家环境监测技术规范，并经县级以上环境保护部门所属环境监测机构检查符合国家规定的能力要求和技术条件的，其监测数据作为核定污染物排放种类、数量的依据。不具备环境监测能力的排污者，应当委托环境保护部门所属环境监测机构或者经省级环境保护部门认定的环境监测机构进行监测；接受委托的环境监测机构所从事的监测活动，所需经费由委托方承担，收费标准按照国家有关规定执行。

(4) 经省级环境保护部门认定的环境监测机构，是指非环境保护部门所属的、从事环境监测业务的机构，可以自愿向所在地省级环境保护部门申请证明其具备相适应的环境监测业务能力认定，经认定合格者，即为经省级环境保护部门认定的环境监测机构。

1.7.2 环境监测管理的内容和原则

环境监测管理是以环境监测质量、效率为主对环境监测系统整体进行全过程的科学管理。具体的内容包括监测标准的管理、采样技术的管理、监测方法的管理、监测数据的管理、监测质量的管理、监测站(点)的管理、监测综合管理及监测网络管理等，其核心内容是环境监测的质量保证。

环境监测管理要遵循以下原则：

(1) 实用原则：监测不是目的，而是手段；监测数据不是越多越好，而要实用；监测手段不是越先进越好，而要准确、可靠、实用。

(2) 经济原则：确定监测技术路线和技术装备，要经过技术经济论证，进行费用-效益分析。

1.7.3 监测实验室基础

要使监测质量达到规定水平，必须要有合格的实验室和合格的分析操作人员，包括仪器的正确使用和定期校正；化学试剂和溶剂的选用；溶液的配制和标定、试剂的提纯；实验室的清洁度和安全工作；分析操作人员的操作技术等。

1. 实验用水

由于实验目的不同，对水质各有一定的要求，如仪器的洗涤、溶液的配制，以及大量的化学反应和分析及生物组织培养，对水质的要求都有所不同。天然水中常常溶有钠、钙、镁的碳酸盐、硫酸盐，沙土，氯化物，某些气体及有机物等杂质和一些微生物，这样的水不符合实验要求。因此，制备和选择合格的实验用水是环境监测质量的基本保证。表 1-3 是分析实验室用水标准。

表 1-3 分析实验室用水标准(GB/T 6682—2008)

指标名称	一级	二级	三级
pH 范围(25℃)	—	—	5.0～7.5
电导率(25℃)/(mS/m)	≤0.01	≤0.10	≤0.50
可氧化物质含量(以 O 计)/(mg/L)	—	≤0.08	≤0.40
吸光度(254 nm, 1 cm 光程)	≤0.001	≤0.01	—
可溶性硅(以 SiO_2 计)/(mg/L)	≤0.01	≤0.02	—
蒸发残渣[(105±2)℃]/(mg/L)	—	≤1.0	≤2.0

1) 自来水

自来水的来源不同，所含成分也不同。一般含有钙、镁、铁、铝等元素的氯化物、硫酸盐、碳酸盐及硅酸盐等，此外还含有各种有机物和无机物。这些物质在一定程度上会干扰分析测定，因此自来水一般只用作器皿的洗涤水、冷凝水或实验用水。

2) 蒸馏水

蒸馏水是实验室最常用的一种纯水，虽然制备设备便宜，但极其耗能和费水且制水速度慢，应用逐渐减少。蒸馏水已经除去自来水内大部分的杂质，但挥发性的杂质无法去除，如二氧化碳、氨及一些有机物。新鲜的蒸馏水是无菌的，但储存后细菌易繁殖。蒸馏水储存容器的材质须稳定，若是非惰性的物质，离子和容器中的成分会析出造成二次污染。蒸馏水的质量因蒸馏器的材料与结构不同而有所差别，包括金属蒸馏器、玻璃蒸馏器、石英蒸馏器、亚沸蒸馏器。

3) 去离子水

用阳离子交换树脂和阴离子交换树脂以一定形式组合进行原水处理可得到去离子水。用离子交换树脂制备去离子水易于操作、设备简单、出水量大、出水水质好，可去除水中绝大部分盐类、碱和游离酸，适用于配制痕量金属分析用的试液。但因含有微量树脂浸出物和树脂崩解微粒，所以不适用于配制有机分析溶液。通常用自来水作为原水时，由于自来水含有一定余氯，能氧化破坏树脂使之很难再生，因此进入交换器前必须充分曝气。湖水、河水和塘水作为原水应仿照自来水先做沉淀、过滤等净化处理。含有大量矿物质、硬度很高的井水应先经蒸馏或电渗析等步骤去除大量无机盐，以延长树脂使用寿命。离子交换法制备去离子水的缺点是离子交换柱的再生处理较烦琐。

4) 特殊要求的纯水

(1) 无氯水：加入亚硫酸钠等还原剂，将自来水中的余氯还原为氯离子，以联邻甲苯胺检查不显色，用附有缓冲球的全玻璃蒸馏器进行蒸馏制得。制备后的无氯水可用如下方法检验：取 10 mL 无氯水，加 2～3 滴(1+1)硝酸，2～3 滴 0.1 mol/L 硝酸银溶液，摇匀，无白色浑浊现象者为合格。

(2) 无氨水：向水中加入硫酸至其 pH 小于 2，使水中各种形态的氨或胺都变成不挥发的铵盐类，用全玻璃蒸馏器进行蒸馏，即可制得无氨纯水(注意避免实验室空气中含氨的二次污染，应在无氨气的实验室中进行蒸馏)。

(3) 无二氧化碳水：它的制备有两种方法。一是煮沸法，将蒸馏水或去离子水煮沸至少 10 min(水多时)，或使水量蒸发 10%以上(水少时)，加盖放冷即可制得无二氧化碳的纯水；二是曝气法，将惰性气体或纯氮通入蒸馏水或去离子水至饱和，即得无二氧化碳水。制得的无二氧化碳水应储存于附有碱石灰管的橡皮塞盖严的瓶中。

(4) 无砷水：一般水或去离子水多能达到基本无砷的要求。应注意避免使用软质玻璃(钠钙玻璃)制成的蒸馏器。进行痕量砷的分析时，须使用石英蒸馏器及聚乙烯的离子交换树脂柱和储水瓶。

(5) 无重金属水：将蒸馏水通过氢型强酸性阳离子交换树脂可得无重金属水，也可以在 1 L 蒸馏水中加入 2 mL 浓硫酸用亚沸蒸馏器蒸馏得到。制得的水应存放于事先用 6 mol/L 硝酸溶液浸泡过夜后再用无重金属水洗净的容器中。

(6) 无酚水：它的制备也有两种方法。一是加碱蒸馏法，向水中加入氢氧化钠至 pH 大于 11，使水中酚生成不挥发的酚钠后，用全玻璃蒸馏器蒸馏制得(蒸馏之前，可同时加入少量高锰酸钾溶液使水呈紫红色，再进行蒸馏)。二是活性炭吸附法，将活性炭粒在 150～170℃烘烤 2 h 以上进行活化，放在干燥器内冷却至室温。装入预先盛有少量水(避免活性炭粒间存在气泡)的层析柱中，使蒸馏水或去离子水缓慢通过柱床。其流速视柱容大小而定，一般每分钟以不超过 100 mL 为宜。开始流出的水(略多于装柱时预先加入的水量)需再次返回柱中，然后正式收集。此柱所能净化的水量一般约为所用活性炭粒表观容积的 1000 倍。

(7) 不含有机物的水：调节水的 pH 使其呈碱性，加入少量高锰酸钾溶液使其呈紫红色，再用全玻璃蒸馏器进行蒸馏即可。在整个蒸馏过程中应始终保持水呈紫红色，否则应随时补加高锰酸钾。

(8) 不含亚硝酸盐的水：1 L 水中加入 1 mL 浓硫酸和 0.2 mL 35%的硫酸锰溶液，再加 1～3 mL 0.04%的高锰酸钾溶液，水呈红色进行蒸馏即得。

2. 实验室的用气

监测实验室经常使用压缩或液化气体，如氮气、氧气、乙炔气、二氧化碳、液化石油气等，一旦使用不当或者受热时，易发生爆炸，因此务必妥善管理，确保安全使用。

储于钢瓶内的气体有的呈液态，有的呈气态。钢瓶内气体性质各异，其中部分具有易燃、易爆、助燃或剧毒的特性。由于储气钢瓶内压力较高，当遇撞击、日晒时易发生爆炸。氧气瓶严禁与油脂接触，以防起火或爆炸，可用四氯化碳擦去钢瓶上的油脂。氯气、乙炔等气体比空气重，泄漏后往往沉积于地面低洼处，不易扩散，增加了危险性。了解压缩气体、液化气体的特性，有助于安全用气。

1) 压缩气体、液化气体

按其性质可分为以下四类：

(1) 剧毒气体，如一氧化碳、二氧化硫等，这类气体毒性极强，吸入后可引发中毒或死亡。部分剧毒气体同时具有可燃性。

(2) 易燃气体，如一氧化碳、乙炔、氢气等，这类气体极易燃烧，与空气混合可形成爆炸性混合物。部分易燃气体同时具有毒性。

(3) 助燃气体，如氧气、压缩空气等。

(4) 不燃气体，如二氧化碳、氩气、氮气等，其中有些不燃气体为窒息性气体。

2) 高压气瓶的安全使用和管理

(1) 高压气瓶应存放于防火仓库，氧气钢瓶与可燃性气体钢瓶不得存放在一起。钢瓶应避免日晒、受热，远离明火，室温应低于 35℃，并有必要的通风设施。放置要平稳，避免震动，运输时不应在地面上滚动。

(2) 使用中，高压气瓶应固定牢靠，减压器应专用，安装时要紧固螺口，并检查是否漏气，严禁敲击阀门。

(3) 为防止气体直冲人体，开启高压气瓶时应站在接口的侧面操作。

(4) 瓶内气体不得用尽。永久性气体气瓶的残压不得小于 0.05 MPa，液化气体瓶内余气应大于规定充装量的 1.0%。

(5) 气瓶应定期检验。

(6) 在可能造成回流的情况下，所用设备必须配置防止倒灌的装置，如单向阀、逆止阀、缓冲罐等。

(7) 不得对载气钢瓶进行挖补修焊。

(8) 不同类型的气体钢瓶外表所漆颜色、标记颜色等应符合国家统一规定。

3. 试剂与试液

在监测分析过程中，化学试剂是实验室必不可少的物质。在实验过程中，实验人员应根据实际需要合理选用试剂，按照规格正确配制。试剂和试液应按照规格分类存放，妥善保管，注意空气、温度、光、杂质等因素的影响，还要避免交叉污染。另外，还要注意保存时间，一般浓溶液稳定性较好，稀溶液稳定性较差。通常，浓度约为 1×10^{-3} mol/L 较稳定的试剂溶液可储存一个月以上，浓度为 1×10^{-4} mol/L 的溶液只能储存一周，而浓度为 1×10^{-5} mol/L 的溶液需当日配制。因此，许多试液常配成浓的储存液，使用时稀释成所需浓度。配制溶液均需注明配制日期和配制人员，以备核查追溯。有时需对试剂进行提纯和精制，以保证分析质量。化学试剂一般分为四级，其规格见表 1-4。

表 1-4 化学试剂的规格

级别	名称	代号	标签颜色
一级试剂	优级纯	GR	绿色
二级试剂	分析纯	AR	红色
三级试剂	化学纯	CP	蓝色
四级试剂	实验试剂	LR	黄色

一级试剂用于精密的分析工作，主要用于配制标准溶液；二级试剂常用于配制定量分析中的普通试液，如无注明，环境检测所用试剂均应为二级或二级以上；三级试剂只能用于配制半定量、定性分析中的试液和清洁液等；四级试剂杂质含量较高，但比工业品的纯度高，主要用于一般的化学实验。

除了上述四个级别外，目前市场上尚有：

基准试剂(primary reagent, PT)：专门作为基准物用，可直接配制标准溶液。

光谱纯试剂(spectrum pure, SP)：表示光谱纯净。但由于有机物在光谱上显示不出，所以有时主成分达不到 99.9%以上，使用时必须注意，特别是作基准物时，必须进行标定。

质量高于一级品的高纯试剂(超纯试剂)目前国际上无统一的规格，常以“9”的数目表示产品的纯度。例如，4 个 9 表示纯度为 99.99%，杂质总含量不大于 1×10^{-2}%；5 个 9 表示纯度为 99.999%，杂质总含量不大于 1×10^{-3}%；6 个 9 表示纯度为 99.9999%，杂质总含量不大于 1×10^{-4}%；依此类推。

在环境监测工作中，选择试剂的纯度除了要与所用方法匹配外，其他如实验用的水、操作器皿也要与之相匹配。若试剂都选用优级纯的，则不宜使用普通的蒸馏水或去离子水，而应使用经两次蒸馏制得的重蒸馏水。所用器皿的质地也要求较高，使用过程中不应有物质溶解到溶液中，以免影响测定的准确度。另外，优级纯和分析纯试剂虽然是市售试剂中的纯品，但有时会由于包装不慎而混入杂质，或在运输过程中发生变化，或由于储存过久而变质，所以还应具体情况具体分析。对所用试剂的规格有所怀疑时应该进行鉴定。在有些特殊情况下，市售的试剂纯度不能满足要求时，分析者应自己动手精制。

一般来说，分析要求的准确度越高，采用的试剂越纯。当然也不能过分强调使用高纯试剂，而忽视实际实验中所要求的准确度和方法所能达到的准确度，应避免造成不必要的浪费或贻误正常工作。原则上来讲，在不影响分析结果准确度的前提下，应尽量选用级别较低的试剂，这是最为经济的。

4. 仪器设备

分析仪器是开展监测分析工作不可缺少的基本工具。实验室应当配备实施监测项目所需要的所有仪器设备，以确保达到监测工作的规定要求。凡国家强制检定的，或者需要自行校准的仪器设备，均应贴上统一的格式标志，也就是合格、准用或停用。各类标志的内容主要是仪器编号、检定日期、检定结论和下次检定日期等内容。同时，每台仪器还必须分别建立档案，并由专人负责仪器设备的检定及管理和维护工作。

1) 仪器的检定

仪器性能和质量的好坏将直接影响分析结果的准确性,因此必须对仪器设备定期进行检定。

监测实验室所用分析天平的分度值常为万分之一克或十万分之一克，其精度应不低于三级天平和三级砝码的规定，天平的计量性能应进行定期检定(每年由计量部门按相关规程至少检定一次)，检验合格方可使用。

新的玻璃器皿(如容量瓶、吸液管、滴定管等)在使用前均应对其进行检定，检验的指标包括量器的密合性、水流出时间、标准误差等，检验合格的方可使用。有些仪器只是示值存在较大误差，经校准后也可使用。

监测分析仪器(如分光光度计、电导仪、气相色谱仪等)也必须定期检定，确保测定结果的准确。

如果仪器设备在使用过程中出现了过载或错误操作，或显示的结果可疑，或在检定时发现有问题，应立即停止使用，并加以明显标识。修复的仪器设备必须经校准、检定，证明仪器的功能指标已经恢复后方可使用。

2) 仪器设备的管理与维护

实验室监测仪器是环境监测工作的主要装备，各类仪器的精度、使用环境、使用条件、校正方法及日常维护要求都不尽相同，因此在监测仪器的管理中必须采取相应的措施，才能保证仪器设备的完好和监测工作的质量。具体要求如下：

(1) 每台仪器应有固定标识牌，包括仪器名称、仪器型号、仪器出厂号、固定资产号、购置日期、仪器管理人员等。

(2) 每台仪器由仪器管理人员建立仪器档案。内容包括仪器使用说明书、生产厂家、生产日期、购进时间、启用时间、验收报告、调试报告、使用登记、维护和维修记录、仪器故障记录及检定记录(检定合格证书)，交由档案员存档。

(3) 仪器使用人员要经过严格培训，要能独立熟练地操作仪器。其中仪器责任人要负责仪器的日常维护。

(4) 所有仪器设备应配备相应的设施与操作环境，保证仪器设备的安全处置、使用和维护，确保仪器设备正常运转，避免仪器设备损坏或污染。

(5) 所有仪器在使用过程中发现有异常现象发生时，应立即停止使用，终止测试，按仪器设备的维护和维修程序申请维修。在维修期间应加“停用”标识，避免其他使用人员误用。

5. 实验室环境条件

实验室应实行规范化管理，改善工作环境，使实验室环境条件更好地满足分析工作的要求，并减少环境对工作人员的身心健康危害。实验室环境应当满足工作任务的要求，对于要求比较高的监测空间，应当建立环境条件记录。监测所用的各类器皿与试剂要分类存放，备用试剂则应当有专门的存储仓库，剧毒试剂必须存储在保险柜中，并由专人保管。待测样品必须存放在专用的样品存储室中，以防止其受到各类污染；要强化仪器设备管理。

1) 一般实验室

一般实验室应有良好的照明、通风及采暖等设施，还应配备停电、停水、防火等应急的安全设施，以免影响监测工作质量。实验室应配备监测所需要的基本仪器、设备，如分析天平、分光光度计、各种玻璃器皿和量器。实验室的环境条件还应符合人体健康和环保要求，大型精密仪器实验室中应配置相应的空调设备和除湿、除尘设备。

2) 清洁实验室

实验室空气中往往含有固态、液态的气溶胶和污染气体等物质，对于一些常规项目的监测不会产生太大的影响，但对痕量分析和超痕量分析会造成较大的误差。因此，在进行痕量和超痕量分析及需要使用某些高灵敏度的仪器时，对实验室空气的清洁度就有较高的要求。

实验室空气清洁度分为三个级别：100 号、10000 号和 100000 号。它是根据室内悬浮固体颗粒的大小和数量来分类的，见表 1-5。

表 1-5 空气清洁度的分类

清洁度分类	工作面上最大污染颗粒数/(个/m^2)	颗粒直径/μm
100 号	100	<0.5
	0	≥5.0
10000 号	10000	<0.5
	65	≥5.0
100000 号	100000	<0.5
	700	≥5.0

超净实验室：清洁度为 100 号，空气进口用高效过滤器过滤，效率为 85%～95%。超净实验室一般较小，并有缓冲室，四壁涂环氧树脂油漆，桌面用聚四氟乙烯膜，地板用整块塑料地板，门窗密闭，配置空调，室内略带正压，采用层流通风柜。

没有超净实验室条件的可采用一些其他措施。例如，样品的预处理、蒸干、消解等操作最好在专用的通风柜中进行，并与一般实验室、仪器室分开。几种分析同时进行时应注意避免相互交叉污染。

6. 实验室的管理及岗位责任制

1) 对监测分析人员的要求

(1) 环境监测分析人员应具有相当于中专以上的文化水平，经培训、考试合格，方能承担监测分析任务。

(2) 熟练掌握本岗位的监测分析技术，对承担的监测项目要做到理解原理、操作正确、严守规程、准确无误。

(3) 接受新项目前，应在测试工作中达到规定的各种质量控制实验要求，才能进行项目的监测。

(4) 认真做好分析测试前的各项技术准备工作，实验用水、试剂、标准溶液、器皿、仪器等均应符合要求，方能进行分析测试。

(5) 负责填报监测分析结果，做到书写清晰、记录完整、校对严格、实事求是。

(6) 及时完成分析测试后的实验室清理工作，做到现场环境整洁，工作交接清楚，做好安全检查。

(7) 树立高尚的科研和实验道德，热爱本职工作，钻研科学技术，培养科学作风，谦虚谨慎，遵守实验室纪律。

2) 对监测质量保证人员的要求

环境监测站内要有指定专人负责监测质量保证工作。监测质量保证人员应熟悉质量保证的内容、程序和方法，了解监测环节中的技术关键，具有相关的数理统计知识，协助监测站的技术负责人员进行以下各项工作：

(1) 负责监督和检查环境监测质量，保证各项内容的实施情况。

(2) 组织有关的技术培训和技术交流，帮助解决所辖监测站有关质量保证方面的技术问题。

(3) 按隶属关系定期组织实验室内及实验室间分析质量控制工作，向上级单位报告质量保证工作执行情况，并根据上级单位的有关工作部署、安排组织实施。

3) 药品使用管理制度

(1) 化学药品保管室要阴凉、通风、干燥，有防火、防盗设施。禁止吸烟和使用明火，有火源(如电炉通电)时，必须有人看守。

(2) 化学药品要由可靠的、有化学专业知识的人专管，分类存放，定期检查使用和管理情况。

(3) 化学药品应按性质分类存放，并采用科学的保管方法。例如，受光易变质的应装在避光容器内；易挥发、溶解的，要密封；长期不用的，应蜡封；装碱的玻璃瓶不能用玻璃塞等。易燃、易爆试剂要随用随领，不得在实验室内大量积存。保存在实验室内的少量易燃品和危险品应严格控制、加强管理。

(4) 剧毒试剂应有专人负责管理，存放于保险柜中，须经批准方可使用，两人共同称量，登记用量。

(5) 取用化学试剂的器皿必须分开，每种试剂用一件器皿，须洗净后再用，不得混用。

(6) 不得在酸性条件下使用氰化物，使用时，要严防溅洒沾污。氰化物废液必须经处理再倒入下水道，并用大量水冲洗。其他剧毒试液也应注意经适当转化处理后再排放。

(7) 使用有机溶剂和挥发性强的试剂的操作应在通风良好的地方或在通风橱内进行。任何情况下，都不允许用明火直接加热有机溶剂。稀释浓酸试剂时，应按规定要求操作。

4) 实验室安全管理

实验室是环境监测数据分析的重要场所，实验室的安全管理是实验室工作正常进行的基本保证。实验室安全管理制度的建立是不可或缺的环节。

(1) 实验室内必须设有安全标志，安全设施(通风柜、防尘罩、排气管道、灭火器材等)必须齐全有效。做好防火、防盗、防毒、防泄漏等安全工作，配备消防、防毒等安全设施。

(2) 实验室供电线路的安装必须符合安全用电的有关规定，定期检查，及时维修。

(3) 凡进入实验室工作、学习的人员，必须遵守实验室有关规章制度，不得擅自动用实验室的仪器设备和安全设施，不准在实验室吸烟、就食，不准随地吐痰。保持实验室安静，自觉维护实验环境。

(4) 实验室人员必须认真学习有关安全条例和安全技术操作规程。学习消防、防毒等知识。

(5) 每日最后离开实验室的人员要负责检查门、窗、水、电等设施的关闭情况，确认安全无误，方可离开。节假日前各室人员应进行安全检查，并做好记录。

5) 样品管理制度

(1) 样品的管理：样品的采集、保存和运送等各环节都必须严格遵守有关规定，以保证其真实性和代表性。

(2) 对工作人员的要求：监测站的技术负责人和采样人员、测试人员共同议定详细的工作计划，周密地安排采样和实验室测试间的衔接、协调，以保证自采样开始到结果报出的全过程中，样品都合格。

(3) 样品容器的处理：样品容器除了特殊处理外，应由实验室负责进行处理。对需要在现场处理的样品，应注明处理方法和注意事项，所需试剂和仪器应准备好，同时提供给采样人员。对采样有特殊要求时，应对采样人员进行培训。样品容器的材质要符合监测分析的要求，容器应密塞、不渗不漏。

(4) 样品的登记、验收和保存要按以下规定执行：

实验室应有专人负责样品的登记、验收，其中内容有：样品名称和编号、样品的采集方式(定时样、不定时样或者混合样)、样品采集点的详细地址和现场特征、监测分析项目、样品保存所用保存剂的名称及浓度、样品的包装和保管情况、采样日期和时间等。

采好的样品应及时贴好样品标签，填写好采样记录。样品、样品登记表、送样单要在规定的时间内送交指定的实验室。填写样品标签和采样记录需使用防水墨汁。

如需对采集的样品进行分类，分样的容器应与样品容器材质相同，并填写相同的样品标签，注明“分样”字样。同时对“空白”和“副样”也都要分别注明。

样品应按规定方法妥善保管，并在规定时间内安排测试，不得无故拖延。

样品验收过程中，若发现编号错乱、标签缺损、字迹不清、监测项目不明、数量不足、规格不符及采样不合要求等，可拒收并建议补采样品。若无法重采，应经有关领导批准方可收样，完成测试后，应在报告中注明。

采样记录、样品登记表、送样单和现场测试的原始记录应完整、齐全、清晰，并与实验室测试记录汇总保存。

1.7.4 实验室认可和计量认证

1992 年起，我国各级环境监测站按照原中华人民共和国环境保护局的要求开展了计量认证工作，使环境监测数据更具有科学性和权威性。随着 2003 年 11 月《中华人民共和国认证认可条例》的颁布实施及 2007 年 1 月《实验室资质认定评审准则》的实施，国家认证认可监督管理委员会统一管理此项工作，我国实验室认证认可工作进入了一个新的历史阶段。

实验室认证认可工作的意义在于推进实验室和检查机构按照国际规范要求，不断提高技术和管理水平；促进实验室和检查机构以公正的行为、科学的手段、准确的结果，更好地为社会各界提供服务；统一对实验室和检查机构的评价工作，促进国际贸易。

计量认证是由政府计量行政部门对第三方产品合格认证机构或其他技术机构的检定、测试能力和可靠性的认证。根据《中华人民共和国计量法》、《中华人民共和国认证认可条例》和《实验室资质认定评审准则》等相应条款的规定，为社会提供公证数据的产品质量检验机构，其计量测定、测试能力和可靠性，必须经省级以上人民政府计量行政部门考核合格，取得计量认证合格证书。这里所称的“公证数据”指数据除了具有真实性和科学性外，还具有合法性。计量认证是对检测机构的法制性强制考核，是政府权威部门对检测机构进行规定类型检测所给予的正式承认，其标记是 CMA(China metrology accreditation)。

1. 实验室认可与计量认证的关系

中国合格评定国家认可委员会(CNAS)是根据《中华人民共和国认证认可条例》的规定，由国家认证认可监督管理委员会批准设立并授权的国家认可机构，统一负责对认证机构、实验室和检查机构等相关机构的认可工作。

实验室认可是实验室认可机构对实验室有能力进行规定类型的检测和(或)校准所给予的一种正式承认。按照国际惯例，申请实验室认可是实验室的自愿行为。实验室为完善其内部质量体系和技术保证能力向认可机构申请认可，由认可机构对其质量体系和技术保证能力进行评审，进而作出是否符合认可准则的评价结论。如获得认可证书，则证明其具备向用户、社会及政府提供自身质量保证的能力。

计量认证是通过计量立法，对为社会出具公证数据的检验机构(实验室)进行强制考核的一种手段，也可以说计量认证是具有中国特色的政府对实验室的强制认可。审查认可(验收)是政府质量管理部门对依法设置或授权的承担产品质量检验任务的检验机构的设立条件、界定任务范围、检验能力考核、最终授权(验收)的强制性管理手段。这种最终授权(验收)前的评审，当然也完全可以建立在计量认证/审查认可评审或实验室认可评审的基础上。这样就可以减少对实验室的重复评审，将计量认证和审查认可(验收)评审内容统一是必然趋势。

计量认证/审查认可(验收)是法律法规规定的强制性行为，其管理模式为国家和省两级管理，以维护国家法制的需要，其考核工作是在注重国际通行做法的基础上充分考虑我国国情和计量认证/审查认可(验收)实践的基础上而实施的。实验室认可工作是我国完全与国际惯例接轨的一套国家实验室认可体系，目前已有亚太、欧洲、南非和南美洲等地区实验室认可机构承认其认可结果。

2. 实验室认可的原则和依据

1) 实验室认可的原则

实验室自愿申请认可，认可机构组织专家进行评审，满足要求的实验室将获得国家认可。实验室认可应具备以下条件：

(1) 具有明确的法律地位，具备承担法律责任的能力。

(2) 符合 CNAS 颁布的认可准则。

(3) 遵守 CNAS 认可规范文件的有关规定，履行相关义务。

(4) 符合有关法律法规的规定。

2) 实验室认可的基本准则

开展实验室认可活动主要依据以下基本准则：

(1) CNAS-CL01：2018 《检测和校准实验室能力认可准则》(2019-02-20 第一次修订)。

(2) CNAS-CL01: 2006 《检测和校准实验室能力认可准则》(2019-02-20 第二次修订)。

(3) CNAS-CL02：2012 《医学实验室质量和能力认可准则》(2019-02-20 第二次修订)。

(4) CNAS-CL03：2010 《能力验证提供者认可准则》(2019-02-20 第二次修订)。

(5) CNAS-CL04: 2017 《标准物质-标准样品生产者能力认可准则》(2019-02-20 第一次修订)。

(6) CNAS-CL05：2009 《实验室生物安全认可准则》(2019-02-20 第二次修订)。

(7) CNAS-CL09：2019 《科研实验室认可准则》。

详细内容可登录中国合格评定国家认可委员会官方网站查看。

3. 实验室认可的流程

对于实验室的初次认可，其认可工作流程如下：

1) 意向申请

申请人可以用任何方式向 CNAS 秘书处表示认可意向，CNAS 秘书处应向申请人提供最新版本的认可规则和其他有关文件。

2) 正式申请

(1) 申请人应按 CNAS 秘书处的要求提供申请资料，并交纳申请费用。

(2) CNAS 秘书处审查申请人正式提交的申请资料，经核查通过后可予以正式受理，进入评审流程。

3) 评审准备

4) 现场评审

5) 认可评定

评定结果可以是以下四种类型之一：同意认可；部分认可；不予认可；补充证据或信息，再行评定。

6) 批准发证

(1) CNAS 向获准认可机构颁发有 CNAS 授权人签章的认可证书，以及认可决定通知书和认可标识章，阐明批准的认可范围和授权签字人。认可证书有效期为 5 年。

(2) CNAS 秘书处负责将获得认可的机构及其被认可范围列入获准认可机构名录，予以公布。

4. 计量认证的内容及特点

1) 计量认证的内容

计量认证的内容主要包括如下五个方面：计量检定、测试设备的性能，主要技术指标必须达到计量认证的要求；计量检定、测试设备的工作环境和人员的操作技能，均应适应测试工作的需要；使用测试设备和测试手段的人员，其理论知识和操作技能必须考核合格；环境监测机构应具有保证量值统一、量值溯源和量值传递准确、可靠的措施及测试数据公正可靠的管理制度；测试样品的时空代表性、采样的频次、样品的保管与运输等应该符合监测技术规范的要求，可作为检查内容。

2) 计量认证的特点

计量认证的特点在于：具有权威性；坚持考核和帮助、促进相结合的工作方法；处理好管理和技术间相互关系；计量认证是第三方认证。

5. 计量认证的实施步骤

计量认证的实施一般包括以下六个基本步骤。

1) 申请

提出包括机构名称、地址、技术负责人情况、各类技术人员数目等内容的计量认证申请书。同时提供仪器设备一览表。

2) 受理

有关人民政府计量行政部门在接到计量认证申请书和申报材料后，在 30 天内审核完毕并发出是否接受申请的通知。

3) 准备

被认证单位在申请被批准之后，必须立即进行以下准备工作：编制质量管理手册、检定仪器设备、进行量值溯源和人员的培训与考核及环境条件的整顿等。

4) 初查和预审

计量行政部门同意接受申请后，将派人到申请单位商定认证考核计划，解答问题。

5) 正式评审

现场评审的评审组一般由计量部门的专家与被认证业务的行业方面的专家及业务管理方面的专家组成(一般为 5～8 人)。评审工作严格按质量检验机构计量认证评审内容及评定方法规定要求进行，若认证通过，则填写产品质量检验机构计量认证评审报告，上报国家市场监督管理总局计量司审批。

6) 审批发证

计量行政部门审核、批准后向被计量认证单位颁发计量认证合格证书及通过的检测项目表，并同意其使用统一的计量认证标志。对于不合格的，将考核评审结果发给被计量认证单位。

思考题与习题

1. 环境监测的主要目的有哪些？
2. 根据环境污染的特点说明发展环境监测的要求。
3. 环境监测与环境分析化学有什么区别与联系？
4. 简述我国环境标准体系的组成和作用。
5. 制定污染物的排放标准应遵循的原则有哪些？
6. 优先污染物的确定原则有哪些？
7. 简述无重金属水的制备方法和原理。
8. 环境监测管理主要包括哪些内容？其核心是什么？
9. 环境样品的管理包含哪些内容？
10. 怎样做好实验室仪器设备的管理和维护？
11. 实验室计量认证与实验室认可有什么不同？

第 2 章

仪器分析方法

本章导读

快速发展的现代仪器分析技术已经成为环境监测技术与方法的重要组成。本章简要介绍了环境监测中三类常用的仪器分析方法，包括光谱分析法、色谱分析法和电化学分析法的原理、定性定量方法和应用范围，目的是通过学习和熟悉这些仪器分析方法，帮助读者更好地掌握和应用相关的环境监测技术与方法。同时，在后续章节中凡涉及这些仪器分析方法时不再详细介绍，仅介绍这些方法在环境监测中的实际应用。

现代仪器分析技术具有灵敏度高、准确度高、分析速度快等特点，已经成为污染物监测的重要手段。现代仪器分析技术在我国环境监测领域的应用，有力地推动了我国环境保护工作的开展。目前，原子吸收光谱、电感耦合等离子体质谱法、气相色谱、色谱-质谱联用等检测技术已经在环境监测领域得到普遍应用，极大地提高了监测数据的准确度和监测机构的监测能力，保证了环境管理工作的顺利推进。

以往的环境监测教材大多把仪器分析技术结合到具体污染物分析中，其结果是方法介绍分散在不同章节中，且多处重复，更突出的问题是对仪器分析方法不能详述到方法原理，仅仅是仪器应用而且较为陈旧，不利于教学。本书为解决这一问题，把主要仪器分析方法，尤其是在环境监测中已普遍使用的仪器分析技术，如光谱分析法、色谱分析法、电化学分析法等，作为单独一章，对基本原理、仪器设备、应用特点等作较为详细的论述，为教学提供较为系统的仪器分析技术方法，并节省后续章节的篇幅。

2.1 分子光谱法

2.1.1 分子光谱法的基本原理

分子和原子一样，有它的特征分子能级。分子内部的运动可分为价电子运动、分子内原子在平衡位置附近的振动和分子绕其中心的转动，因此分子具有电子(价电子)能级、振动能级和转动能级。双原子分子的电子、振动、转动能级如图 2-1 所示。图中 A 和 B 是电子能级，在同一电子能级 A，分子的能级还因振动能量的不同而分为若干“支级”，称为振动能级，图中 $\nu'=0$，1，2，…为

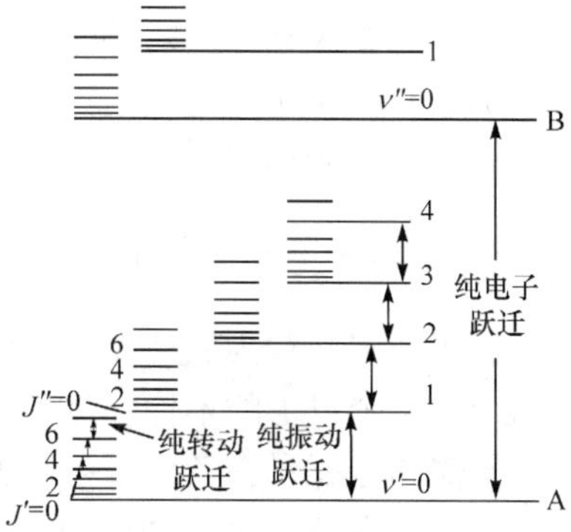

图 2-1 双原子分子的能级跃迁

电子能级A的各振动能级，而$\nu''=0, 1, 2, \cdots$为电子能级B的各振动能级。分子在同一电子能级和同一振动能级时，它的能量还因转动能量的不同而分为若干“分级”，称为转动能级，图中$J'=0, 1, 2, \cdots$为A电子能级和$\nu'=0$振动能级的各转动能级。所以分子的能量E等于下列三项之和：

$$E = E_e + E_v + E_r \tag{2-1}$$

式中，E_e、E_v、E_r分别为电子能、振动能和转动能。

分子从外界吸收能量后，就能引起分子能级的跃迁，即从基态能级跃迁到激发态能级。分子吸收能量具有量子化的特征，即分子只能吸收等于两个能级之差的能量：

$$\Delta E = E_2 - E_1 = h\nu = \frac{hc}{\lambda} \tag{2-2}$$

式中，ΔE为能级差；h为普朗克常量；c为光速；λ为波长。

由于三种能级跃迁所需能量不同，所以需要不同波长的电磁辐射使它们跃迁，即在不同的光学区出现吸收谱带。

电子能级跃迁所需的能量较大，其能量一般在1～20 eV。如果是5 eV，则由式(2-2)计算相应的波长。

已知

$$h = 6.624 \times 10^{-34}\ \text{J} \cdot \text{s} = 4.136 \times 10^{-15}\ \text{eV} \cdot \text{s}$$

$$c(\text{光速}) = 2.998 \times 10^{10}\ \text{cm/s}$$

$$\lambda = \frac{hc}{\Delta E} = \frac{4.136 \times 10^{-15}\ \text{eV} \cdot \text{s} \times 2.998 \times 10^{10}\ \text{cm/s}}{5\ \text{eV}} = 2.48 \times 10^{-5}\ \text{cm} = 248\ \text{nm}$$

可见，由于电子能级跃迁而产生的吸收光谱主要处于紫外-可见光区(200～760 nm)。这种分子光谱称为电子光谱或紫外-可见光谱。

分子的转动能级差一般在0.005～0.05 eV。产生此能级的跃迁，需吸收波长为25～250 μm的远红外光，由此得到的吸收光谱称为远红外光谱或转动光谱。

分子的振动能级差一般在0.05～1 eV，相当于红外光的能量。因此，用红外光照射分子，可引起分子振动能级间的跃迁。由于分子的同一振动能级中还有间隔很小的转动能级，因而在发生振动能级之间跃迁的同时，还伴随着转动能级之间的跃迁，得到的不是对应于振动能级差的一条谱线，而是一组很密集的谱线组成的光谱带，这种光谱又称振动-转动光谱。

在电子能级跃迁时不可避免地要产生振动能级的跃迁。振动能级的能量差一般在0.05～1 eV。如果能量差是0.1 eV，则它为5 eV的电子能级间隔的2%，所以电子跃迁并不是产生一条波长为248 nm的线，而是产生一系列的线，其波长间隔为$248\ \text{nm} \times 2\% \approx 5\ \text{nm}$。

实际上观察到的光谱要复杂得多，这是因为转动能级跃迁。转动能级的间隔小于0.05 eV。如果间隔是0.005 eV，则为5 eV的0.1%，波长间隔是$248\ \text{nm} \times 0.1\% \approx 0.25\ \text{nm}$。

1. 紫外-可见分光光度计的工作原理

电子光谱又称为紫外-可见吸收光谱。这种光谱应用于含有不饱和键的化合物，往往需要有两个或两个以上的不饱和键形成共轭体系。这些不饱和键的π电子比较活泼。其电子能级递升时所需的光能量在紫外及可见光谱的范围内。而分子中的其他电子受的束缚很大，所需的能量太高，在紫外-可见光区难以实现吸收，对分子内不含共轭π电子的有机物，在这个范围内一般都不予吸收。紫外-可见吸收光谱的测定需要对应的分光光度计。

紫外-可见分光光度计的基本结构有光源、单色器、吸收池、检测器和信号处理及显示系统，如图 2-2 所示。

图 2-2　紫外-可见分光光度计的基本结构示意图

1) 光源

光源的作用是提供激发能，供待测分子吸收。要求光源能够提供足够强的连续光谱，有良好的稳定性和较长的使用寿命，且辐射能量随波长无明显变化。由于光源本身的发射特性及各波长的光在分光器内的损失不同，辐射能量随波长变化。通常采用能量补偿措施，使照射到吸收池上的辐射能量在各波长基本保持一致。常用的光源有热辐射光源和气体放电光源。利用固体灯丝材料高温放热产生的辐射为光源的是热辐射光源，如钨灯、卤钨灯，均在可见光区(320～2500 nm)使用。卤钨灯的使用寿命长、发光效率高，已代替了钨灯。气体放电光源是指在低压直流电条件下，氢或氘气放电所产生的连续辐射，在紫外光区(180～375 nm)使用。在同样的工作条件下，氘灯产生的光谱强度为氢灯的 3～5 倍，且寿命时间更长，因此取代了氢灯。在紫外-可见光区(190～800 nm)可工作的有氙灯。

2) 单色器

单色器是能从复合光中分出波长可调的单色光的光学装置，其性能直接影响入射光的单色性，从而影响测定的灵敏度、选择性及准确性等。

单色器通常由入射狭缝、准直透镜、色散元件、聚焦透镜和出射狭缝等几个部分组成(图 2-3)。核心是起分散作用的色散元件，包括棱镜和光栅两种。光栅在整个波长区具有良好的均匀一致的分辨能力，且成本低，便于保存。入射狭缝用于限制杂散光进入单色器。准直透镜的作用是将入射光束变成平行光束后使其进入色散元件。出射狭缝在决定单色器性能上起着重要作用，狭缝宽度过大时，谱带宽度太大，入射光单色性差；狭缝宽度小时，又会减弱光强。

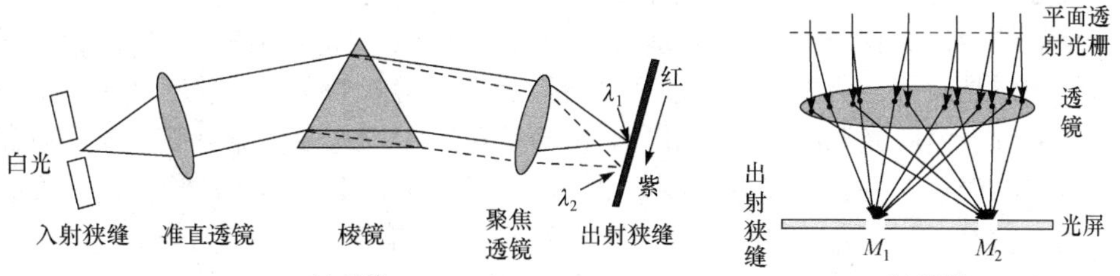

图 2-3　单色器原理图

3) 吸收池

吸收池用于盛放待测溶液，主要有石英池和玻璃池两种，在紫外区必须采用石英池，因玻璃池在紫外区有吸收，干扰分析。吸收池最常用的尺寸(宽度)是 1 cm。

4) 检测器

检测器是用于检测单色光通过溶液后的透射光的强度，并将这种信号转变为电信号的装置。良好的检测器应有较宽的波长响应范围，响应的线性关系好，对不同波长的辐射具有相同的响应可靠性，噪声低、稳定性好等特点。

目前常用的检测器是光电倍增管、硅光电二极管。光电倍增管的特点是在紫外-可见区灵敏度高、响应速度快，但强光照射会引起不可逆的损害，因此不宜用来检测高强度光。硅光电二极管的优点是响应速度快、暗电流低、结电容小、灵敏度高。

外光电效应所释放的电子打在物体上能释放出更多的电子的现象称为二次电子倍增。光电倍增管就是根据二次电子倍增现象制造的。它由一个光阴极、多个打拿极和一个阳极所组成，每一个电极保持比前一个电极高得多的电压(如 100 V)。当入射光照射到光阴极而释放出电子时，电子在高真空中被电场加速，打到第一打拿极上。一个入射电子的能量给予打拿极中的多个电子，从而每一个入射电子平均使打拿极表面发射几个电子。二次发射的电子又被加速打到第二打拿极上，电子数目再度通过二次发射过程倍增，如此逐级进一步倍增，直到电子聚集到管子阳极为止。通常光电倍增管约有十二个打拿极，电子放大系数(或称增益)可达 10^8，特别适合于对微弱光强的测量，普遍为光电直读光谱仪所采用。光电倍增管的窗口可分为侧窗式和端窗式两种。

5) 信号处理及显示系统

由检测器进行光电转换后，信号经适当放大，用记录仪进行记录或数字显示。目前的信号处理及显示基本为计算机系统，兼具操作控制、吸收信号读取、记录与存储等功能。

2. 紫外-可见分光光度计

1) 单光束分光光度计

单光束分光光度计只有一条光路。通过一次放入参比池和样品池，使它们分别进入光电系统进行测定。首先用参比溶液将透光率调为 100%，然后对样品溶液进行测定并读数。这种分光光度计结构简单，价格低廉，容易维修，适用于定量分析，但每换一波长，就需调整参比液透光率为 100%。国产 722 型、751 型、724 型、英国 SP500 型及 Beckman DU-8 型等均属于此类光度计。

2) 双光束分光光度计

双光束分光光度计在单色器与吸收池之间加了一个斩光器。单色器的光被斩光器分为频率和强度相等的两束交替光，一束通过参比溶液，一束通过样品溶液，然后由检测器交替接收参比信号和样品信号，测得的是透过样品溶液和参比溶液的光信号强度之比。由于有两束光，所以能部分抵消对光源波动、杂散光、噪声等影响。双光束仪器克服了单光束仪器由于光源不稳引起的误差，并且可以方便地对全波段进行扫描，但并不能消除参比造成的影响。这类仪器国产的有 710 型、730 型、740 型等，进口的有日立 220 系列、岛津-210、英国 UNICAMSP-700 等。双光束分光光度计测量示意图如图 2-4 所示。

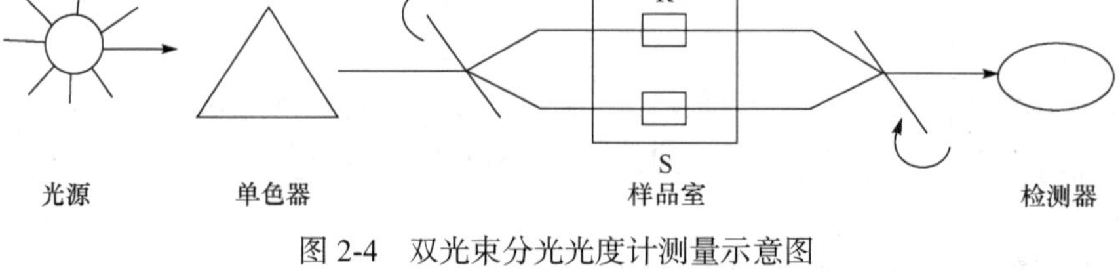

图 2-4 双光束分光光度计测量示意图

R 与 S 分别为参比池与样品池

3) 双波长分光光度计

由同一光源发出的光被分成两束，分别经过两个单色器，得到两束不同波长的单色光，它们交替照射同一溶液，然后经过光电倍增管和电子控制系统，这样得到的信号是两波长的吸收光之差 $\Delta A = A_{\lambda_1} - A_{\lambda_2}$ ，其基本光路图如图 2-5 所示。试液中被测组分的浓度与此吸光度差成正比是双光度测定的基础。

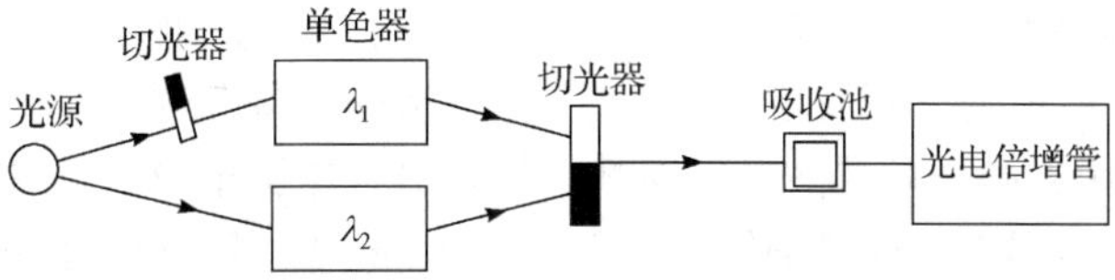

图 2-5　双波长分光光度计示意图

双波长分光光度计不仅能测定高浓度试样、多组分混合试样，而且能测定一般分光光度计不宜测定的浑浊试样。双波长法测定相互干扰的混合试样时，不仅操作比单波长法简单，而且精度高。用双波长法测量时，两个波长的光通过同一吸收池，可以消除因吸收池参数不同、位置不同等带来的误差，能使准确度提高。而且，该方法还可以减少因光源电压变化产生的影响，得到高灵敏度和低噪声的信号。

4) 多通道分光光度计

多通道分光光度计使用了光电二极管阵列作多通道检测器。多通道分光光度计是由计算机控制的单光束紫外-可见分光光度计，具有快速扫描吸收光谱的特点。

多通道分光光度计的光路图如图 2-6 所示，由于光源发出的复合光先通过样品池后再经全息光栅色散，色散后的单色光由光电二极管接收，能同时检测 190～900 nm 波长范围，波长分辨率达 2 nm。该类仪器信噪比高于单通道仪器，测量速度快，特别适用于进行快速反应动力学研究和多组分混合物的分析，也已被用作高效液相色谱和毛细管电泳仪的检测器。

5) 光导纤维探头式分光光度计

光导纤维探头式分光光度计中探头由两根相互隔离的光导纤维组成。钨灯发射的光由其中一根光纤传导至试样溶液，再经反射镜反射后由另一根光纤传导，通过干涉滤光片后由光电二极管接收转变为电信号。这类光度计不需要吸收池，直接将探头插入样品溶液中进行原位检测，不受外界光线的影响，常用于环境和过程分析。

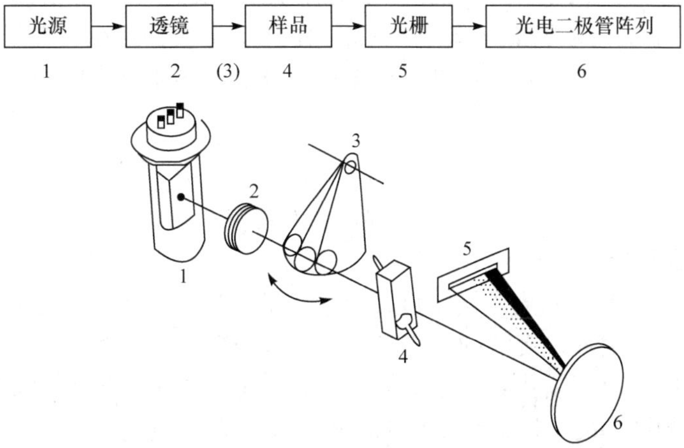

图 2-6　多通道分光光度计的光路图

3. 紫外-可见分光光度法的应用

紫外-可见分光光度法是对物质进行定性、结构分析、纯度检验和定量分析的一种手段，而且可以测定某些化合物的物理化学参数，如摩尔质量、配合物的配合比和稳定常数及酸碱电离常数等。

1) 定性分析

(1) 化合物定性鉴定。

利用紫外-可见分光光度法对化合物进行定性分析的主要依据是化合物的吸收光谱特征，如吸收光谱曲线的形状、吸收峰数及各吸收峰的波长位置和相应的摩尔吸光系数等。定性分析时，通常把相同化学环境与测量条件下测得的试样光谱与标样光谱进行比较，当浓度和溶剂相同时，两者谱图也相同，则两者可能为同一化合物；再换另一种溶剂后分别测绘其光谱图，若两者谱图仍相同，则可认为它们是同一物质。常用的标准图谱和电子光谱数据表有：①Sadtler Research Laboratories. *Sadtler Standard Spectra* (*Ultraviolet*). London: Heyden, 1978。萨特勒图谱共收集了 46000 种化合物的紫外吸收光谱。②Kenzo Hirayama. *Handbook of Ultraviolet and Visible Absorption Spectra of Organic Compounds*. New York: Plenum, 1967。该书收集了各种紫外-可见吸收光谱数据。

具有相同紫外吸收光谱的不一定是同一种化合物，但是不同结构的化合物，它们的吸收系数一定有差别。仅仅依靠紫外-可见分光光度法来鉴定化合物还存在较大的局限性，要准确鉴定化合物还必须和其他方法相结合。

(2) 化合物纯度鉴定。

如果化合物在紫外区没有吸收峰，而其中的杂质有强吸收时，就可以方便地测定该化合物中的杂质。例如，鉴定乙醇中的杂质苯，可利用乙醇在近紫外无吸收，苯在 256 nm 处有最大吸收，若在 256 nm 处测定，即可鉴定微量苯的存在。

如果一化学物质，在可见区或紫外区有较强的吸收带，也可以用摩尔吸光系数来检查其纯度。例如，标准菲的氯仿溶液在 296 nm 处有强吸收，$\varepsilon = 1.23\times10^4$ L/(mol·cm)；精制的菲，熔点 100℃，沸点 340℃，似乎已经很纯，但用紫外吸收光谱测定，在相同波长处测得 ε 比标准菲低 10%，实际含量只有 90%，说明可能存在蒽等杂质。

2) 定量分析

紫外-可见分光光度法是进行定量分析最有用的工具之一。定量分析的依据是比尔定律[式(2-3)]，这是光谱法定量分析的基础，也称朗伯-比尔定律，即在一定波长处，被测物质的吸光度与其浓度呈线性关系。因此，可以根据特定波长下物质对光的吸收，计算出该物质的浓度或者含量。

$$A = Kbc \tag{2-3}$$

式中，A 为吸光度；K 为常数；b 为样品厚度；c 为浓度。

(1) 单组分定量分析。

a. 标准曲线法。配制一系列不同浓度的标准溶液，以不含被测组分的空白溶液为参比，在相同测试条件下，测定标准溶液的吸光度，绘制标准曲线。在相同条件下测定未知试样的吸光度，从标准曲线上就可以找到与之对应的未知试样的浓度。该方法属于常规分析方法，不适用于组分复杂的样品的分析，复杂样品对分析结果要求较高。

b. 直接比较法。先配制一种已知浓度的标准溶液 $c_{标}$，测其吸光度 $A_{标}$，再在其相同条件下测得样品溶液的吸光度 $A_{样}$，则可求得样品浓度 $c_{样}=A_{样}c_{标}/A_{标}$。该法是标准曲线法的简化，可不作标准曲线，但要求溶液中的待测物严格符合光的吸收定律，而且样品溶液和标准溶液的吸光度值较为接近，这种方法的测定误差比标准曲线法要大一些。

c. 标准加入法。采用标准曲线法必须使未知样与标准样保持一致，但实际中并不是总能做到，采用标准加入法可以弥补这一缺点。方法是把未知样品溶液分成体积相同的若干份，使其中的一份不加入待测组分的标准物质，而其他几份中都分别加入不同量的标准物质。然后测定各试液的吸光度，绘制各测量值标准曲线。由于每份溶液中都含有待测组分，因此，标准曲线不经过原点。将标准曲线外延与横坐标交于一点，则此点到原点的长度所对应的浓度值就是待测组分的浓度(具体方法见 3.5.4 小节中 2. 镉的测定中的原子吸收光谱法中的标准加入法)。

(2) 多组分分析法。

根据吸光度具有加和性的特点，在同一试样中可以测定两个以上的组分，最简单的双组分的测定，分为以下两种情况。

a. 吸收光谱互相不重叠。

被测组分 X 和 Y 互相不重叠、不干扰，可以不经分离，选择适当的波长，按单组分的方法进行分析。

b. 吸收光谱双向重叠。

被测组分 X 和 Y 相互重叠，一般是找出波长 λ_1 和 λ_2，在这两个波长下，两组分的吸光度差值为 ΔA_1 和 ΔA_2。然后用 X 和 Y 的纯组分别在 λ_1 和 λ_2 求出 ε_{X_1}、ε_{X_2} 和 ε_{Y_1}、ε_{Y_2} 值，再用混合物于 λ_1 和 λ_2 测定吸光度 A_1 和 A_2，由于吸光度值具有加和性，列出联立方程组：

$$A_1=\varepsilon_{X_1}bc_X+\varepsilon_{Y_1}bc_Y \tag{2-4}$$

$$A_2=\varepsilon_{X_2}bc_X+\varepsilon_{Y_2}bc_Y \tag{2-5}$$

式中，c_X、c_Y 分别为 X 和 Y 的浓度。

若是待测溶液有 n 个组分，其吸收曲线相互重叠，可在 n 个波长处测定其吸光度的加和值，然后解 n 元一次方程组，则可分别求得各组分含量，但是随着测量组分的增多，实验结果的误差也将增大。

(3) 导数分光光度法。

导数光谱是解决干扰物质与被测组分光谱重叠、消除胶体等散射影响和背景吸收、提高光谱分辨率的一种数据处理技术。对吸收光谱曲线进行一阶或高阶求导，即可求得各种光谱曲线。

3) 紫外-可见分光光度法在环境监测中的应用

紫外-可见分光光度法就是利用分子对特定范围内的电磁波产生一个吸收作用的方法，电磁波的范围在 200～760 nm，这种方法的应用可包括对分析物质的定性、定量和结构分析。它具备操作简单、方便、快捷的特点，并且能够很好地提高准确性，同时其具备很好的重现性。在环境监测中主要应用于如下几方面。

(1) 有机污染化合物测定。

紫外-可见分光光度法主要是对一些单个指标进行测定。能够对水体中含有的有机污染物的含量进行测量，如石油、苯胺、硝基苯、挥发酚等，这些都可以通过紫外-可见分光光度法进行测定。

(2) 水体富营养化物质。

在生物生长过程中，所必需的元素为 N、P，但是，如果这种物质在水中超标，就会使水中出现富营养化，导致水质受到污染。因此，对这两种指标进行科学测定已经成为水质检测中的一项重要内容，同时也是必须测定的内容。在水环境中，含有的 N 的表现形式主要是硝酸/亚硝酸盐氮、氨氮、有机氮等物质，这些物质可以通过直接比色，或经过转化后比色测定。水体中所含的 P 形式主要包括总磷、溶解性总磷及溶解性正磷酸盐等，这些物质均可以通过一定的处理后转变为正磷酸盐，利用紫外-可见分光光度计进行分析。

(3) 水体中重金属元素测定。

在自然环境中，重金属污染物主要有 Pb、Hg、Cr 及类金属元素 As 等，这些元素可以在生物体中存在并积累，会导致生物或人体慢性中毒。我国对重金属在水体或生物中的含量制定了相应规定。紫外-可见分光光度法可以对水体与生物中存在的这些重金属物质进行测定。

(4) 大气污染物含量测定。

在对大气污染物进行测定时，可以根据大气污染物的实际情况分为气态污染物和气溶胶污染物两种。根据我国空气污染物来判断，对 SO_2 和 NO_2 及可吸入颗粒等无机污染物指标进行测定时，可以通过紫外-可见吸收法进行详细的检测。

(5) 与高灵敏度试剂的联合。

利用紫外-可见分光光度法对环境污染进行检测时，可以与高灵敏度试剂相结合，这样可以使紫外-可见分光光度法监测环境污染物的灵敏性大大提高。目前，经常使用的高灵敏度试剂主要有偶氮类、卟啉类、冠状类等化合物，其中偶氮类的化合物含有吡啶环。这样的结构导致这种化合物产生吸电子基团，很容易使其表观摩尔系数远超过 1×10^5，从而可以在对水体中的二价铁离子、铜离子及铅离子等进行测定时，具备非常高的灵敏性。

2.1.2 红外光谱分析法

1. 红外光谱分析法的基本原理

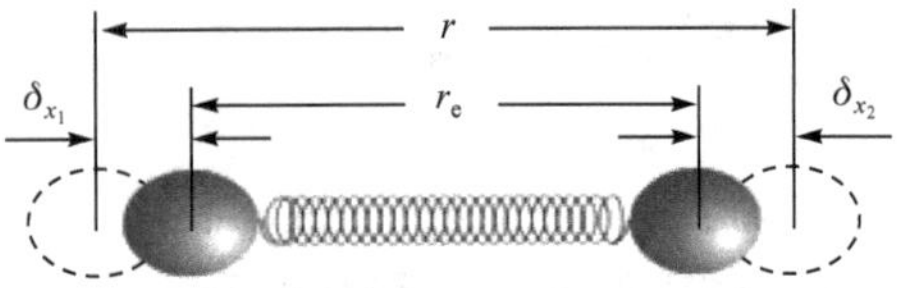

图 2-7 谐振子模型

1) 红外光谱的产生机理

红外光谱是由分子振动能级的跃迁(同时伴有转动能级跃迁)而产生的，即分子中的原子以平衡位置为中心做周期性振动，其振幅非常小。这种分子的振动通常被想象为由一根弹簧连接的两个小球体系，称为谐振子模型(图 2-7)。这就是最简单的双原子分子情况。

量子力学证明，上述双原子分子体系振动的总能量为

$$E_{振} = \left(V + \frac{1}{2}\right)h\nu \tag{2-6}$$

式中，V 为振动量子数，可以是 0，1，2，…；ν为基本振动频率，当用波数(σ)为单位时，其振动频率可以表示为

$$\nu(\mathrm{cm}^{-1}) = \frac{1}{2\pi c} \times \sqrt{\frac{K}{\mu}} \tag{2-7}$$

$$\mu=\frac{m_A \cdot m_B}{m_A+m_B} \tag{2-8}$$

式中，K 为键力常数，表示小球由平衡位置伸长 1 cm 后的恢复力，N/cm；μ 为折合质量；m_A 和 m_B 为两原子的质量。

式(2-7)又称为振动方程式。由此式可以看出，折合质量与键力常数是影响基本振动频率的直接因素。键力常数越大，折合质量越小，化学键的振动频率越高，吸收峰将出现在高波数区；反之，则出现在低波数区。在讨论影响基团红外吸收的因素时，就是以此式作为依据的，这也是振动方程的意义。

实际上双原子分子不是理想的谐振子，成键两原子振动势能曲线与谐振子的势能曲线在高能级产生偏差，而且势能越高，这种偏差越大。两原子间距离较近时，核间存在库仑排斥力(与恢复力同方向)，使势能放大。在低能量时，两条曲线大致吻合，可以用谐振子模型来描述实际势能。因此只有当 V 较小时，振动情况才与谐振子振动比较近似。在常温下，分子几乎处于基态，红外吸收光谱主要讨论从基态跃迁到第一激发态所产生的光谱，对应的吸收峰称为基频峰，因此可以用谐振运动规律近似地讨论化学键的振动。

其次，非谐性表现在：真实分子振动能级不仅可以在相邻能级间跃迁，而且可以一次跃迁两个或多个能级。因而，在红外吸收光谱中，除了有基频吸收峰外，还有其他类型的吸收峰。

倍频峰是分子的振动能级从基态跃迁至第二振动激发态、第三振动激发态等高能态时所产生的吸收峰。由于相邻能级差不完全相等，因此倍频峰的频率不能严格地等于基频峰频率的整数倍。倍频峰一般很弱，只有第一倍频峰具有实际意义，其频率近似等于基频峰的两倍。

在多原子分子中，非谐性使分子的各种振动间相互作用，而形成组合频峰，其频率等于两个或者更多个基频峰的和或差，前者称为合频峰，后者称为差频峰。合频峰指分子吸收一个光子，同时使分子中原子的两种振动类型分别向高能态跃迁，吸收光子的能量值等于对应两种能级间距之和。差频峰指分子吸收一个光子使两种振动类型中有一个向高能态跃迁，另一个向低能态跃迁，对应的两种能级间距的差值等于吸收光子的能量值。

2) 多原子分子的振动形式及光谱

双原子分子的振动是简单的，多原子分子的振动比双原子分子振动复杂得多。双原子分子振动只能发生在连接两个原子的直线方向上，并且只有一种振动形式，即两原子的相对伸缩振动。而多原子分子由于组成原子数目增多，组成分子的键、基团和空间结构不同，其振动光谱比双原子分子要复杂得多。一般将振动形式分为两种：伸缩振动和变形振动。

(1) 伸缩振动。

原子沿键轴方向伸缩，键长发生变化而键角不变的振动称为伸缩振动，用符号μ表示。它又分为对称伸缩振动和不对称伸缩振动，对同一基团来说，不对称伸缩振动的频率高于对称伸缩振动，这是因为不对称伸缩振动所需的能量比对称伸缩振动所需的能量高。

(2) 变形振动。

变形振动又称弯曲振动，基团键角发生周期性变化而键长不变的振动称为变形振动。它可分为面内弯曲振动、面外弯曲振动、对称变形振动和不对称变形振动。

a. 面内弯曲振动。弯曲振动发生在由几个原子构成的平面内，称为面内弯曲振动，它可分为两种：振动中键角的变化类似剪刀的开闭的剪式振动；基团作为一个整体在平面内摇动的面内摇摆。

b. 面外弯曲振动。弯曲振动垂直于几个原子构成的平面，称为面外弯曲振动。它可分为两种：两个 X 原子同时向面下或面上的面外摇摆振动；一个 X 原子在面上，一个 X 原子在面下的卷曲振动。

c. 对称变形振动和不对称变形振动。AX_3 基团分子的变形振动有对称和不对称之分，故可分为：三个 AX 键与轴线的夹角同时变大的对称变形振动；三个 AX 键与轴线的夹角不同时变大或减小的不对称的变形振动。

一般来说，键长的改变比键角的改变需要更大的能量，因此伸缩振动出现在高频区，而变形振动出现在低频区。

3) 振动自由度

多原子分子中原子之间的振动状态相当复杂，但它们都可以分解为若干简单的基本振动。基本振动又称简正振动，分子的实际振动是各种简正振动的叠加。因为分子中每一个原子可沿三维坐标 x、y、z 轴运动，也就是说在空间每个原子有三个自由度，因此 N 个原子组成的分子有 $3N$ 个自由度，相当于 $3N$ 种运动状态。其中有三个自由度是分子作为一个整体的平移运动，还有三个是转动的自由度(对应线性分子只有两个转动自由度，因为当旋转轴和键轴重合时，分子的转动不改变原子的空间坐标，这种转动不能算作转动自由度，所以线性分子仅有两个转动自由度)，这 6(2×3)种运动不受化学键的约束，与物质的红外吸收没有关系。由此可知，非线性分子在化学键力作用下的振动有 $3N-6$ 个自由度，与红外光谱吸收有关的简正振动有 $3N-6$ 种。对于线性分子因为围绕分子轴的转动相应地变为弯曲振动，因此在化学键力作用下的振动有 $3N-5$ 个自由度，与红外光谱吸收相关的简正振动有 $3N-5$ 种。例如，水分子是非线性分子，其中振动数为 3×3−6=3，故水分子有 3 种振动形式；CO_2 分子是线性分子，基本振动数为 3×3−5=4，故有 4 种基本振动形式。

理论上，有机分子有多种简正振动方式，每种简正振动都有一定能量，可以在特定的频率发生吸收，每种简正振动对应一种基频峰，因此其红外光谱中基频峰数应等于简正振动数，即应有 $3N-6$ 或 $3N-5$ 个基频吸收峰，也就是说，每一个振动自由度(基本振动)在红外吸收光谱中出现一个吸收峰，分子振动自由度数目越多，则在红外吸收光谱中出现的峰数越多。但是，实际峰数一般少于基本振动数，其原因如下：

(1) 对称性分子在振动过程中不发生瞬间偶极矩的变化，不引起红外吸收。例如，CO_2 分子中的对称伸缩振动为 1388 cm^{-1}，但该振动没有偶极矩的变化，是非红外活性的，因此 CO_2 的红外光谱中没有波数为 1388 cm^{-1} 的吸收峰。

(2) 不同振动形式振动频率相等产生简并，如 CO_2 分子的面内变形振动和面外变形振动。

(3) 振动能级对应的吸收波长不在中红外区。

(4) 仪器分辨率不高，对一些频率很接近的吸收峰分不开，一些较弱的峰可能由于仪器灵敏度差而检测不出。

当然，也有峰数多于简正振动的情况：在中红外吸收光谱中，除了基团由基态向第一振动能级跃迁所产生的基频峰外，还有倍频峰、合频峰、差频峰等，谱带一般较弱，多数出现在近红外区，但它的存在使光谱变得复杂，增加了光谱对分子结构特征性的表征。

2. 红外光谱仪

1) 红外光谱仪的组成

红外光谱仪主要由光源、分光系统、样品池、检测器与记录系统五部分组成。

(1) 光源。

红外光源能够发射高强度连续红外光。高温黑体最符合这个条件，但是并不实际。通常用的有能斯特(Nernst)灯和硅碳棒。各种光源见表 2-1。

表 2-1　红外光谱仪常用光源

名称	测量波数范围/cm^{-1}	备注
能斯特灯	5000～400	ZrO_2、ThO_2
碘钨灯	10000～5000	—
硅碳棒	5000～400	需用水冷却
炽热镍铬丝圈	5000～200	—

(2) 分光系统。

色散型红外光谱仪的分光系统包括入射狭缝到出射狭缝这一部分。它主要由反射镜、狭缝和色散元件构成，即一个或几个色散元件(棱镜或光栅，目前多采用反射型平面衍射光栅)，宽度可变的入射和出射狭缝，以及用于聚焦和反射光束的反射镜。这是红外光谱仪的关键部分，其作用是将通过样品池和参比池后的复式光分解成单色光。分光系统也称单色器。为了避免产生色差，红外仪器中一般不采用透镜。由于玻璃、石英可吸收几乎全部红外线，应根据不同的工作波长区域选用不同的透光材料来制作棱镜及吸收池窗口、检测器窗口等。

(3) 样品池。

红外样品池一般可分为气体样品吸收池和液体样品吸收池，其重要的部分是红外透光窗片，通常用 NaCl 晶体(非水溶液)或 CaF_2(水溶液)等红外透光材料制作窗片。

对于固体样品，若能制成溶液，可装入液体吸收池内测定，也可将样品分散在 KBr 晶体中并加压制成透光薄片后测定。对于热熔性的高聚物样品，也可制成薄膜供分析测定。

(4) 检测器。

红外光谱区的光子能量较弱，不足以引起光电子发射，因此电信号输出很小，不能用光电管和光电倍增管作为检测器。常用的红外检测器有真空热电偶、热释电检测器和汞镉碲检测器。

检测器应具备以下几个条件：具有灵敏的红外光接收面，热容量低，响应快，因电子的热波动产生的噪声小，对红外光的吸收没有选择。

(5)记录系统。

红外光谱仪一般都由记录仪自动记录谱图。现在的仪器都配有计算机，用来控制仪器的操作、谱图的检索等。

2) 红外光谱仪的种类

目前主要有两类红外光谱仪，它们是色散型红外光谱仪和傅里叶变换红外光谱仪。下面依次介绍这两种红外光谱仪。

(1) 色散型红外光谱仪。

色散型红外光谱仪的原理图如图 2-8 所示。从光源发出的红外辐射分成两束，一束通过样品池，一束通过参比池，然后进入单色器。在单色器内先通过以一定频率转动的扇形镜(斩光器)，其作用与其他的双光束光度计一样，周期性地切割两束光，使试样光束和参比光束交替进入单色器中的色散棱镜或光栅，最后进入检测器。随着扇形镜的转动，检测器就交替地接收这两束光。假定从单色器发出的某波数的单色光，而该单色光不被试样吸收，此时两束光的强度相等，检测器不产生交流信号；改变波数，若试样对该波束的光产生吸收，则两束光的强度有差异，此时就在检测器上产生一定频率的交流信号(其频率取决于斩光器的转动功率)。通过交流放大器放大，此信号即可通过伺服系统驱动参比光路上的光楔(光学衰减器)进行补偿，此时减弱参比光路的光强，使投射在检测器上的光强等于试样光路的光强。试样对某一波数的红外光吸收越多，光楔也就越多地遮住参比光路以使参比光强同样程度地减弱，使两束光重新处于平衡。试样对各种不同波数的红外辐射的吸收有多少，参比光路上的光楔也相应地按比例移动以进行补偿。记录笔与光楔同步，因而光楔部位的改变相当于试样的透光率，它作为纵坐标直接被描绘在记录纸上。单色器内棱镜或光栅的转动，使单色光的波数连续地发生改变，并与记录纸的移动同步，这就是横坐标，在记录纸上就可描绘出透光率 T/% 对波数(或波长)的红外光谱吸收曲线。当然，现在计算机已普及，记录主要是利用计算机的存储功能实现，无须记录纸。

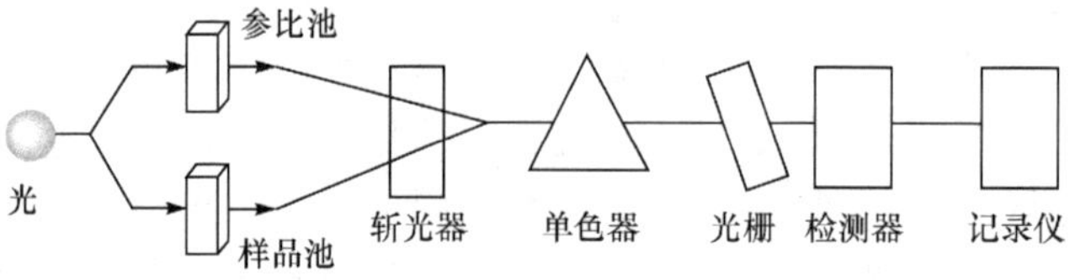

图 2-8　色散型红外光谱仪原理图

图 2-8 是双光束光学自动平衡系统的原理。也有采用双光束电学自动平衡系统来进行工作的仪器。这时不是采用光楔来使两束光达到平衡，而是测量两个电信号的比率。

红外光谱仪与紫外-可见分光光度计类似，也是由光源、单色器、吸收池、检测器和记录系统等部分组成。但由于红外光谱仪与紫外-可见分光光度计工作的波段范围不同，因此光源、透光材料及检测器等都有很大的差异。

(2) 傅里叶变换红外光谱仪。

前述以棱镜或光栅作为色散元件的红外光谱仪器，由于采用了狭缝，这类色散型仪器的能量受到严格限制，扫描时间长，且灵敏度、分辨率和准确度都较低。随着计算方法和计算技术的发展，20 世纪 70 年代出现新一代的红外光谱测量技术及仪器——傅里叶变换红外光谱仪(Fourier transform infrared spectrometer, FT-IR)。它没有色散元件，主要由光源、迈克尔孙干涉仪(Michelson interferometer)、检测器和计算机等组成，如图 2-9 所示。这种新技术具有以

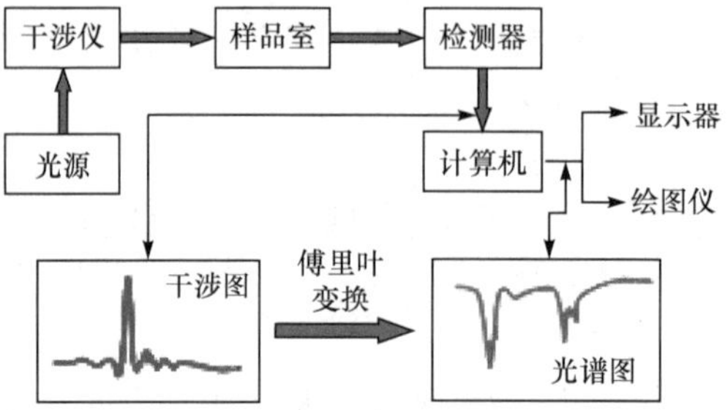

图 2-9　傅里叶变换红外光谱仪示意图

下优点：分辨率高，波数精度高，在整个光谱范围内波数精度可达到 0.005～0.1 cm^{-1}，扫描速率快(一般在 1s 内可完成全谱扫描)，测量光谱速度要比色散型仪器快数百倍，光谱范围宽，测量范围可达 10～1000 cm^{-1}，灵敏度高，检测极限可达 1×10^{-3}～1.0 mg/m^2，对微量组分的测定非常有利，特别适用于弱红外光谱测定。傅里叶变换红外光谱的快速测定及与色谱联用等技术的迅速发展及应用，将使其取代色散型红外光谱仪。

FT-IR 与前述的色散型仪器的工作原理有很大不同，其工作原理为光源发出的红外辐射，经干涉仪转变成干涉光，通过试样后得到含试样信息的干涉图，由计算机采集，并通过快速傅里叶变换，得到吸收强度或透光度随频率或波数变化的红外光谱图。

3. 红外光谱分析法的应用

有机物由于分子结构不同，各基团在分子中所处化学环境各异，它们的键力常数和折合质量也有一定差异，因此它们就有不同的吸收频率，使红外光谱具有特征性。正是基于这一点，利用从红外光谱获得的大量信息来进行结构分析。红外光谱法广泛应用于有机物的定性分析和定量分析。

1) 定性分析

(1) 已知物的鉴定。

将试样的谱图与标样的谱图进行对照，或者与文献上的标准谱图进行对照。如果两张谱图各吸收峰的位置和形状完全相同，峰的相对强度一样，就可以认为样品是该种标准物。如果两张谱图不一样，或峰位不一致，则说明两者不为同一物，或样品中有杂质。若用计算机进行谱图检索，则采用相似度来判别。使用文献上的谱图，应当注意试样的物态、结晶状态、溶剂、测定条件及所用仪器类型均应与标准谱图相同。

(2) 未知物结构的测定。

未知物的结构是红外光谱法定性分析的一个重要用途。如果未知物不是新化合物，可以通过两种方式利用标准谱图进行查对：一种是查阅标准谱图的谱带索引，寻找与试样光谱吸收带相同的标准谱图；另一种是进行光谱解析，判断试样的可能结构，然后由化学分类索引查找标准谱图对照核实。

(3) 几种标准谱图集。

最常见的标准谱图集有 3 种：①萨特勒(Sadtler)标准红外光谱集；②奥德里奇(Aldrich)红外光谱库；③西格玛傅里叶(Sigma Fourier)红外光谱图库。

2) 定量分析

红外光谱定量分析是依据物质组分的吸收峰强度来进行的，它的理论基础是比尔定律。用红外光谱作定量分析的优点是有许多谱带可供选择，有利于排除干扰；对于物理和化学性质相近，而用气相色谱法进行定量分析又存在困难的试样(如沸点高或气化时会分解的试样)往往可采用红外光谱法定量；而且气体、液体和固体物质均可用红外光谱法测定。

测量时由于试样池的窗片对辐射的反射和吸收，以及试样的散射会引起辐射损失，因此必须对这种损失进行补偿或者校正。此外，试样的处理方法和制备的均匀性等都必须严格控制，以使其一致。

2.1.3 荧光光谱分析法

1. 分子荧光分析的基本原理

荧光属于光致发光，任何发荧光的分子都具有两个特征光谱，即激发光谱和发射光谱，它们是采用荧光分子进行定量分析和定性分析的基本参数和依据。

1) 激发光谱

通过测量荧光体的发光通量(即强度)随激发光波长的变化而获得的光谱，称为激发光谱。激发光谱是因其荧光的激发辐射在不同波长的相对效率而产生的。激发光谱的具体测定方法是：把荧光样品放入光路中，选择合适的发射波长和狭缝宽度，使之固定不变，通过激发单色器扫描，使不同波长的入射光照射激发荧光体，发出的荧光通过特定波长发射单色器照射到检测器，检测其荧光强度，最后通过记录仪记录光强度与激发光波长的关系曲线，即为激发光谱。激发光谱的形状与测量时选择的发射波长无关，但其相对强度与所选择的发射波长有关。发射波长固定在峰位时，所得的激发光强度最大。通过激发光谱选择激发波长，发射荧光强度最大的激发波长常用 λ_{ex} 表示。

2) 发射光谱

与激发光谱密切相关的是荧光发射光谱，它是分子吸收辐射后再发射的结果。通过测量荧光体的发光通量(强度)随发射光波长的变化而获得的光谱，称为荧光光谱。具体测定方法是，把荧光样品放入光路中，选择合适的激发波长和狭缝，使之固定不变，扫描发射光的波长，记录发射光强度与发射光波长的关系曲线，即为发射光谱。通过发射光谱选择最佳的发射波长，发射荧光强度最大的发射波长常用 λ_{em} 表示。磷光发射波长比荧光发射波长要长(在此不作介绍，可以参考有关书籍)。

3) 定性分析

激发光谱既反映了不同波长激发光引起物质发射某一波长荧光的相对效率，可供鉴别荧光物质；又能反映样品对激发光的吸收特性，与物质的吸收光谱有密切关系，仪器经过校正所获得的样品真实荧光激发光谱与其吸收光谱在形状上比较相似。

荧光光谱表示荧光物质所发射的荧光在各种波长下的相对强度，可供鉴别荧光物质，并作为荧光测定时选择适当的测定波长或滤光片的依据。发射光谱反映样品的一定结构特性，往往有些样品吸收结构相似，而发射结构不同，定性分析样品的荧光光谱较单靠吸收光谱增加了判别样品的信息量，这就是荧光分析特异性好的原因。荧光光谱和吸收光谱的形状虽相似，却呈镜像对称关系。

4) 定量分析

荧光物质单组分定量分析通常采用直接比较法和标准曲线法。

在进行混合物多组分定量分析时，当混合物中各组分的荧光峰相距很远，彼此干扰很小时，可分别在不同发射波长下测定各组分的荧光强度。倘若混合物中各组分的荧光峰相近，彼此严重重叠，但它们的激发光谱却有显著的差别，这时可选择不同的激发波长进行校正。

在选择激发波长和发射波长之后仍无法实现混合物中各组分的分别测定时，可仿照分光光度法中联合测定并解联立方程式的方法。也可采用同步荧光光谱分析法、三维荧光光谱分析法及化学计量学的方法，来达到分别测定或同时测定的目的。

2. 荧光分光光度计

常用的荧光光谱仪即荧光分光光度计，主要由光源、样品池、单色器、检测器和记录显示装置等五个部分组成，如图 2-10 所示。

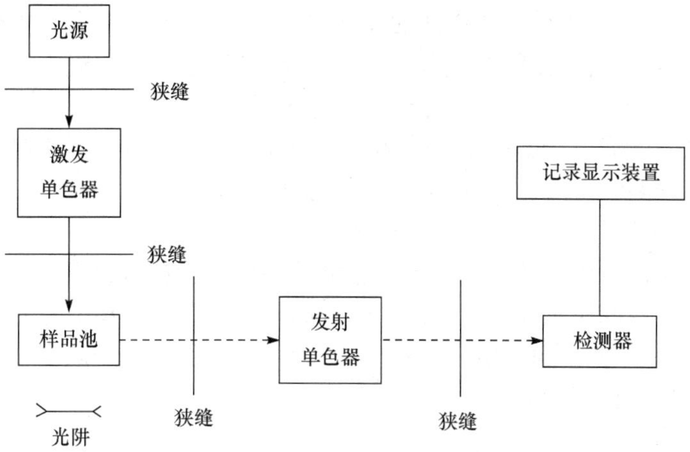

图 2-10　荧光分光光度计结构示意图

1) 光源

为了便于选择激发光的波长，要求激发光源是能够在很宽的波长范围内发光的连续光源。激光器，特别是可调谐染料激光器，是发光分析的理想光源。染料激光器的应用波长范围为 330～1020 nm，即从近紫外到近红外范围。

2) 样品池

荧光光谱仪的样品池材料要求无荧光发射，通常用熔融石英，样品池的四壁均光洁透明。对于固体样品，通常将样品固定于样品夹的表面。

3) 单色器

单色器一般为光栅和干涉滤光片，需要有两个，一个用于选择激光发射波长，另一个用于分离选择荧光发射波长。

4) 检测器

荧光的强度通常比较弱，因此要求检测器要有较高的灵敏度。一般为光电管或光电倍增管、二极管阵列检测器，电荷耦合器件及光子计数器等高功能检测器也已得到应用。

3. 荧光分析法的应用

荧光分析法的灵敏度很高，对气体和痕量金属离子的检出限都可达 μg/L 级。大多数反应是氧化还原反应，因此具有氧化还原特性的物质都有可能用荧光分析法测定。

1) 痕量分析

虽然能发荧光的试样不多，但可以通过一些间接的方法实现无机离子和有机分子的痕量测定。例如，有些阴离子如 F^-、CN^-等能使荧光减弱，其减弱程度与猝灭剂的浓度有关，因此可以利用荧光猝灭剂测定这些阴离子。另外，也可将被测物质与能发荧光的试剂形成衍生物，通过测定衍生物的荧光强度间接得到被测物的浓度，这些荧光试剂(也称荧光探针)的使用，大大拓宽了荧光分析法的应用范围。

为了提高测定的灵敏度和选择性，近年来发展了多种荧光分析新技术。例如，激光诱导荧光光谱分析法，采用单色性好、强度大的激光作为光源，同时采用多通道检测的电荷耦合装置、单光子二极管或单光子光电倍增管等作为检测器，大大提高了荧光分析法的灵敏度，甚至可以实现单分子检测，使之成为分析超低浓度物质的有效方法。时间分辨荧光分析法则是根据不同物质的荧光寿命及衰减特性的差异进行选择测定的一种新技术。该方法采用脉冲激光作为光源，通过选择合适的延缓时间，可测定被测组分的荧光而不受其他组分、杂质的荧光及瑞利散射等杂散光的影响，荧光测定的选择性大为提高。

由于荧光探针及荧光分析新技术的使用，目前荧光分析法可用于测定多种无机物和有机物，在生物分析、医药和环境科学等领域应用日益广泛。

2) 联用技术的检测器

荧光分析法可与高效液相色谱、毛细管电泳等多种分析技术联用，作为这些分离分析方法的检测器。例如，食品中黄曲霉素的测定采用高效液相色谱分离、荧光检测器检测。荧光分析法特别是激光诱导荧光分析法灵敏度高、选择性好，因此成为微型化分析方法如基因芯片、微流控芯片的理想检测手段。

3) 分子结构性能测定

荧光激发光谱、发射光谱及荧光强度等荧光参数与分子结构及其所处环境密切相关，因此荧光分析法不仅可以进行定量测定，而且能为分子结构及分子间相互作用的研究提供有用的信息。例如，将蛋白质与一些荧光探针结合生成发荧光的蛋白质衍生物，使蛋白质分子的荧光强度发生变化，激发光谱和发射光谱产生移位，荧光偏振也可能发生变化，根据这些参数的变化，可以推测蛋白质分子的物理特性和构象变化等。

4) 荧光光谱法在水质监测中的应用

荧光光谱法的优点是为复杂环境样品中微量及痕量物质的分析提供了新手段。例如，2007年夏天，无锡太湖中的蓝藻暴发，采用波长 290 nm 的紫外光分别监测太湖水、普通自来水和纯水三种试样，测量其产生的荧光光谱，并绘于同一坐标系中，太湖水显示了强而宽的荧光光谱，主要来自于藻类污染物，荧光光谱的差异是反映水质污染的一种有效手段。当然，该方法只能粗略地分析水质。近年来，同步荧光测定、荧光偏振测定、荧光免疫测定、低温荧光测定、三维荧光光谱技术，以及与其他技术联用的方法得以不断涌现和完善，可为环境监测提供更加多样的检测手段。

2.2 原子光谱法

2.2.1 原子吸收光谱法的基本原理

1. 原子吸收光谱理论基础

1) 原子吸收光谱的产生

处于基态原子核外层电子，如果外界所提供特定能量(E)的光辐射恰好等于核外层电子基态与某一激发态(i)之间的能量差(ΔE_i)时，核外层电子将吸收特征能量的光辐射由基态跃迁到相应激发态，从而产生原子吸收光谱。表 2-2 是 Na 原子的$(3s)^1$电子从基态($3^2s_{1/2}$)或亚稳态($3^2p_{1/2}$或$3^2p_{3/2}$)向较高激发态跃迁时，所需吸收光辐射的能量(波长)。

表 2-2　Na^*的$(3s)^1$基态和亚稳态与部分激发态的光谱项

基态	激发态	波长/nm	亚稳态	激发态	波长/nm	亚稳态	激发态	波长/nm
	$3^2p_{1/2}$	589.59		$4^2s_{1/2}$	1140.42		$3^2d_{3/2.5/2}$	818.33
	$3^2p_{3/2}$	588.99		$4^2f_{7/2.5/2}$	819.48		$4^2s_{1/2}$	1138.24
	$3^2d_{3/2.5/2}$	342.11		$5^2s_{1/2}$	616.07		$4^2d_{3/2.5/2}$	568.27
$3^2s_{1/2}$	$4^2p_{1/2}$	330.29	$3^2p_{3/2}$	$4^2d_{3/2.5/2}$	568.82	$3^2p_{1/2}$	$5^2s_{1/2}$	615.42
	$4^2p_{3/2}$	330.23		$6^2s_{1/2}$	515.36		$6^2s_{1/2}$	514.91
	$5^2p_{1/2}$	258.30		$5^2d_{3/2.5/2}$	498.29			
	$5^2p_{3/2}$	258.28						

＊$Na(1s)^2(2s)^2(2p)^6(3s)^1$。

激发态原子核外层电子在瞬间(10^{-8} s)以光辐射或热辐射的形式释放能量回到基态或低能态，原子核外层电子从基态跃迁至第一激发态时所吸收的谱线称为共振吸收线(简称共振线)，如表 2-2 中 $3^2s_{1/2}\rightarrow3^2p_{1/2}$(589.59 nm)和 $3^2s_{1/2}\rightarrow3^2p_{3/2}$(588.99 nm)两条谱线。核外层电子从激发态返回基态时所发射的谱线称为共振发射线，如表 2-2 中 $3^2p_{1/2}\rightarrow3^2s_{1/2}$(589.59 nm)和 $3^2p_{3/2}\rightarrow3^2s_{1/2}$ (588.99 nm)两条谱线。

由于基态与第一激发态之间能量差最小，跃迁概率最大，故第一共振吸收线的吸光度最大及第一共振发射线的发射强度最强。对于多数元素的原子吸收光谱法分析，首先选用共振吸收线作为吸收谱线，只有共振吸收线受到光谱干扰时才选用其他吸收谱线。

2) 原子吸收谱线的轮廓

(1) 谱线的轮廓。

原子吸收和发射谱线并非严格的几何线，其谱线强度随频率(ν)分布急剧变化，通常以吸收系数(K_ν)为纵坐标和频率(ν)为横坐标的 K_ν-ν 曲线描述，如图 2-11 原子吸收光谱轮廓示意图所示。图中，ν 为入射光的频率，当一束频率不同、强度为 I_0 的平行光通过厚度为 L 的原子蒸气时，一部分光会被吸收。由于原子内部不存在振动和转动，所发生的仅仅是单一的电子能级跃迁，因而原子吸收理论上产生的是线状光谱。由于受到多种因素的影响，通常谱线会变宽，并存在吸收最强点。K_ν-ν 曲线中 K_ν 的极大值处称为峰值吸收系数(K_0)，与其相对应的称为中心频率(ν_0)，K_ν-ν 曲线又称为吸收谱线轮廓，吸收谱线轮廓的宽度以半宽度($\Delta\nu$)表示。K_ν-ν 曲线反映出原子核外层电子对不同频率的光辐射具有选择性吸收特性。

图 2-11(a)为原子吸收谱线轮廓示意图。设透过光强度最小处光的频率为 ν_0，此时原子蒸气对频率为 ν_0 的光吸收最大，ν_0 又称为吸收线的中心频率或中心波长。

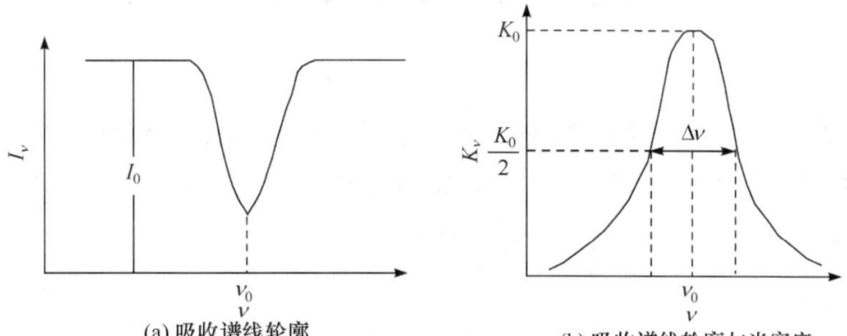

(a) 吸收谱线轮廓　　(b) 吸收谱线轮廓与半宽度

图 2-11　原子吸收谱线轮廓与半宽度

原子吸收谱线轮廓以原子吸收谱线的中心频率(或中心波长)和半宽度表征。中心频率由原子能级决定；半宽度是中心频率位置，吸收系数极大值一半处，谱线轮廓上两点之间频率或波长的距离[图 2-11(b)]。透过光的强度 I_ν服从吸收定律[式(2-9)]：

$$I_\nu = I_0\exp(-K_\nu L) \tag{2-9}$$

式中，K_ν为基态原子对频率为ν的光的吸收系数。不同元素原子吸收不同频率的光，透过光强度对吸收光频率作图，如图 2-11(a)所示。

(2) 谱线的变宽因素。

原子吸收谱线变宽的原因，一方面是由激发态原子核外层电子的性质决定，如自然宽度；另一方面是由于外界因素影响，如多普勒(Doppler)变宽、碰撞变宽、场致变宽和自吸变宽等。

a. 自然宽度。

自然宽度($\Delta\nu_N$)与原子核外层电子激发态的平均寿命有关，平均寿命越长，吸收谱线的$\Delta\nu_N$越窄。若原子核外层电子激发态平均寿命为 10^{-8} s，对于多数元素的共振吸收线，$\Delta\nu_N$ 约为 10^{-5} nm 数量级。

b. Doppler 变宽。

Doppler 变宽($\Delta\nu_D$)也称热变宽，主要是自由原子无规则热运动引起的。$\Delta\nu_D$ 与温度 $T^{1/2}$ 成正比，与 $A_r^{1/2}$ 成反比，其中 A_r 为元素的相对原子质量。在 1500～3000 K 原子化器中，$\Delta\nu_D$ 约为 10^{-3}nm 数量级，比 $\Delta\nu_N$ 大了约 2 个数量级。

c. 碰撞变宽。

碰撞变宽($\Delta\nu_C$)也称压力变宽，包括洛伦兹(Lorentz)变宽和霍尔兹马克(Holtsmark)变宽。其中 Lorentz 变宽($\Delta\nu_L$)是指来源于待测元素的原子与其他共存元素原子相互碰撞，$\Delta\nu_L$ 随原子化器中原子蒸气压的增大而增大，在 101.325 kPa 及 2000～3000 K 原子化器中，$\Delta\nu_L$ 约为 10^{-3} nm 数量级，与 $\Delta\nu_D$ 的数量级相同；Holtsmark 变宽($\Delta\nu_R$)是由待测元素原子自身的相互碰撞引起的，一般在原子化器中，待测元素原子密度很低，$\Delta\nu_R$ 约为 10^{-5} nm 数量级。

d. 场致变宽。

在外界电场或磁场的作用下，引起原子核外层电子能级分裂而使谱线变宽的现象称为场致变宽。

e. 自吸变宽。

光源发射共振谱线被周围同种原子冷蒸气吸收，使共振谱线在ν_0 处发射强度减弱，这种现象称为谱线的自吸收，所产生的谱线变宽称为自吸变宽。灯电流越大，自吸变宽越严重。

综上所述，原子吸收谱线变宽主要是受 Doppler 变宽和 Lorentz 变宽的影响，当其他共存元素原子的密度很低时，主要是受 Doppler 变宽的影响。

2. 定量基础

通过原子吸收定量测定原子的浓度，首先必须准确测定原子吸收的能量。在吸收谱线轮廓内，按吸收定律求得各相应的吸收系数，就可绘制出相应的积分吸收曲线，将这条曲线进行积分即 $\int K_\nu \mathrm{d}\nu$ ，就可得到谱线轮廓内的总面积。

1) 积分吸收

对图 2-11(b)的 K_ν-ν 曲线进行积分后得到的总吸收称为面积吸收系数或积分吸收，它表示吸收的全部能量。理论上积分吸收与吸收光辐射的基态原子数成正比。积分公式为

$$\int_0^\infty K_\nu \mathrm{d}\nu = \frac{\pi e^2}{mc} f N_0 \tag{2-10}$$

式中，e 为电子电荷；m 为电子质量；c 为光速；f 为振子强度；N_0 为单位体积原子蒸气中基态原子数。

2) 积分吸收的限制

要对半宽度约为 10^{-3} nm 的吸收谱线进行积分，需要极高分辨率的光学系统和极高灵敏度的检测器，目前还难以做到。这就是早在 19 世纪初就发现了原子吸收的现象，却难以用于分析化学的原因。

3) 峰值吸收

Walsh 提出，在使用锐线光源和温度不太高的稳定火焰中，K_0 与 N_0 也成正比。若仅考虑气态原子 Doppler 变宽时，K_ν 与 K_0 的数学关系式为

$$K_\nu = K_0 \exp\left\{-\left[\frac{2\sqrt{\ln 2}(\nu-\nu_0)}{\Delta\nu_\mathrm{D}}\right]^2\right\} \tag{2-11}$$

将式(2-11)代入式(2-10)积分后得

$$\int_0^\infty K_\nu \mathrm{d}\nu = \frac{1}{2}\sqrt{\frac{\pi}{\ln 2}} K_0 \Delta\nu_\mathrm{D} \tag{2-12}$$

合并式(2-10)与式(2-12)后得

$$\frac{\pi e^2}{mc} f N_0 = \frac{1}{2}\sqrt{\frac{\pi}{\ln 2}} K_0 \Delta\nu_\mathrm{D} \tag{2-13}$$

整理后得

$$K_0 = \frac{2}{\Delta\nu_\mathrm{D}}\sqrt{\frac{\ln 2}{\pi}} \frac{\pi e^2}{mc} f N_0 \tag{2-14}$$

由式(2-14)可以得出 K_0 与 N_0 也成正比。

根据光吸收定律

$$A = -\lg T = -\lg(I_t / I_0) = -\lg[\exp(-K_0 L)] \tag{2-15}$$

式中，T 为透射比；I_0 为入射光强度；I_t 为透过光强度；K_0 为峰值吸收系数；L 为原子蒸气吸收光程。

将式(2-14)代入式(2-15)，经 $\mathrm{e}^{-K_0 L}$ 级数展开和忽略级数展开项中高幂次方项后，得到

$$A = 0.43 \frac{2}{\Delta\nu_\mathrm{D}} \sqrt{\pi \ln 2} \frac{e^2}{mc} f N_0 L = K N_0 L \tag{2-16}$$

因为 N_0 正比于 c(c 为试样溶液中待测元素的浓度)，所以

$$A = Kc \tag{2-17}$$

式(2-17)是原子吸收光谱法定量分析的理论依据。在仪器条件、原子化条件和测定元素及其浓度恒定时，K 为常数，即 A-c 线性方程的斜率。

3. 仪器结构与功能

原子吸收光谱仪又称原子吸收分光光度计，由光源、原子化器、单色器、检测器和数据

处理器组成，其工作流程及仪器基本结构如图 2-12 所示。光源发射待测元素的特征锐线光谱，同时样品中的待测元素通过原子化系统转化为基态原子；基态原子吸收特征共振谱线；吸收后减弱的混合光由单色器分离出待测元素的共振谱线；然后由检测器将光信号转换为电信号并放大；最后由数据处理器显示出所需数据。

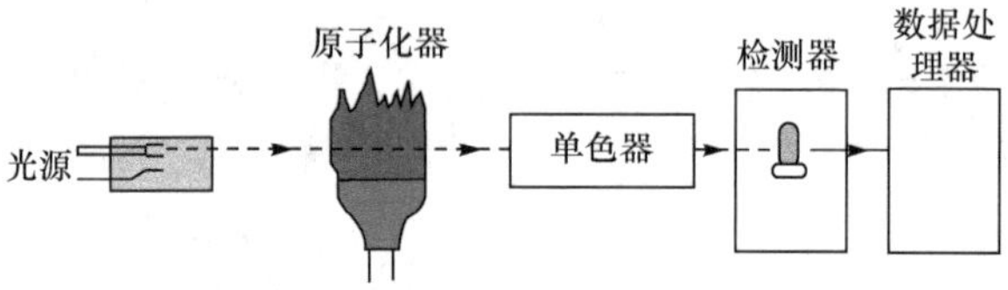

图 2-12　原子吸收光谱仪的工作流程和基本结构

1) 光源

光源的作用是发射被测元素的特征共振辐射。原子吸收光谱分析的误差主要是光源，因此选择光源时应尽量满足以下要求：发射共振辐射的半宽度应明显小于吸收线的半宽度(即锐线光源)；辐射强度大、辐射光强稳定；随样品浓度微小变化检出信号有较大变化；低检出限，能对微量和痕量成分进行检测；谱线强度与背景强度之比大(信噪比大)；结构简单、容易操作、安全、使用寿命长；自吸收效应小，校准曲线的线性范围宽。目前符合上述要求的理想光源有空心阴极灯、高强度空心阴极灯、无极放电灯、蒸气放电灯等，其中空心阴极灯应用最广。

2) 原子化器

原子化器的功能是使待测元素从样品中不同形态转化成基态原子，通常整个原子化的过程包括试样干燥、灰化、原子化和净化等几个过程，此过程需要提供能量。同时，入射光束在这里被基态原子吸收，因此也可把它视为“吸收池”。为了确保检测精准性，原子化器必须具有足够高的原子化效率、良好的稳定性和重现性、操作简单及干扰低等特点。常用的原子化器有火焰原子化器和非火焰原子化器，其中火焰原子化器是目前广泛应用的一种方式。

(1) 火焰原子化器。

火焰原子化器由雾化器(又称喷雾器)、雾化室和燃烧器 3 部分组成(图 2-13)。整个原子化过程包括：样品，一般指澄清的液体样品，经喷雾器形成雾粒；这些雾粒在雾化室中与气体，包括燃烧气与助燃气均匀混合；除去大液滴后，再进入燃烧器形成火焰；样品在火焰中产生原子蒸气。

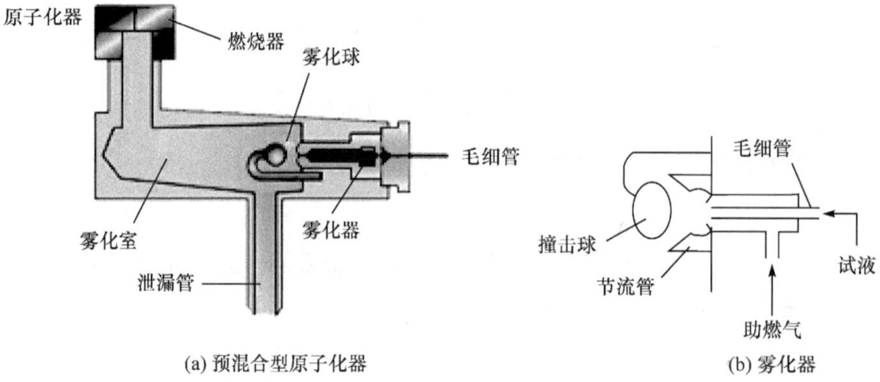

图 2-13　预混合型原子化器与雾化器

(2) 非火焰原子化器。

非火焰原子化器常用的是高温石墨炉原子化器。石墨炉原子化的过程包括将样品注入石墨管中间位置，用大电流(400～600 A)通过高阻值的石墨管产生 2000～3000℃的高温使样品干燥、蒸发和原子化。

(3) 低温原子化技术。

低温原子化法的原子化温度为室温至数百摄氏度，原子化过程借助化学反应完成，故而又称化学原子化法，主要包括汞低温原子化法和氢化法。汞的沸点为 357℃，在室温下就有一定的蒸气压，只要对样品进行化学预处理(通常用氯化亚锡或盐酸羟胺作为还原剂)还原出汞原子蒸气，由载气(Ar 或 N_2)将汞蒸气送入吸收池内测定。该方法又称冷原子吸收法。

3) 单色器

原子吸收光谱仪光学系统中最重要的部件就是分光系统，即单色器。单色器由入射和出射狭缝、反射镜和色散元件组成。色散元件一般为光栅。单色器的作用是将被测元素的共振吸收线与邻近谱线分开。

4) 检测器

原子吸收光谱仪中检测器通常使用光电倍增管。光电倍增管的工作电源应有较高的稳定性。如果工作电压过高、照射的光过强或光照时间过长，都会引起仪器的疲劳效应。

4. 原子吸收光谱法的应用

1) 原子吸收光谱法在环境样品分析中的应用

原子吸收光谱法(atomic absorption spectrometry, AAS)不太适用于定性研究，而多用于元素的定量测定，是微量元素定量测定的常用方法，在地质、冶金、机械、化工、农业、食品、轻工、生物医药、环境保护、材料科学等各个领域都有广泛的应用。

在环境监测方面，尤其适用于多种重金属的检测，如 Ni、Zn、Pb、Cd、Cr、Cu、Co 等，只要原子吸收分光光度计带有这些元素的空心阴极灯，就可以对这些元素进行准确测定。

2) 火焰原子吸收法测定底质中的总 Cu、Pb、Zn、Cd、Cr

(1) 概述。

由于底质结构和人为影响的不同，河流底质中各种重金属元素的含量差异较大，加之在原子吸收分析中元素之间分析灵敏度的差异，使通常在底质总 Cu、Pb、Zn、Cd、Cr 的测定中，需分别采用直接火焰原子吸收、萃取火焰原子吸收和无火焰原子吸收等不同的方法。这样，同一底质样品必须取样消解 2～3 次、分析 2～3 次才能满足要求。本方法改用一次取样消解，运用直接喷样、标尺扩展和适当稀释等方法，实现了河流底质中总 Cu、Pb、Zn、Cd、Cr 的一次直接火焰原子吸收法的测定。

(2) 主要试剂。

硝酸、高氯酸、盐酸、氢氟酸为优级纯试剂，氯化铵为分析纯试剂。Cu、Pb、Zn、Cd、Cr 的标准储备液为 1.00 g/L 的各自标准溶液，根据标准系列浓度从标准储备液中移取一定量的溶液，稀释成对应的工作溶液。

(3) 仪器与工作条件。

原子吸收分光光度计，Cu、Pb、Zn、Cd、Cr 空心阴极灯。仪器工作条件见表 2-3，在 Pb 和 Cr 的测定时使用标尺扩展。

表 2-3　测定 Cu、Pb、Zn、Cd、Cr 的仪器工作条件

元素	波长/nm	狭缝/nm	火焰类型	灯电流/mA	标准系列浓度/(mg/L)
Zn	213.9	0.7	空气-乙炔(贫燃)	8	0.00、0.05、0.10、0.20、0.40
Cu	324.8	0.7	空气-乙炔(贫燃)	6	0.00、0.25、0.50、1.00、2.00
Pb	283.3	0.7	空气-乙炔(贫燃)	8	0.00、0.50、1.00、2.00、4.00
Cd	228.8	0.7	空气-乙炔(贫燃)	4	0.00、0.025、0.05、0.10、0.20
Cr	357	0.7	空气-乙炔(富燃)	8	0.00、0.50、1.00、2.00、4.00

(4) 分析步骤。

a. 样品溶液的制备。

称取 1.000 g 风干的河流底质样品，置于 100 mL $(C_2F_4)_n$(聚四氟乙烯)烧杯中，加入王水 10 mL，盖上表面皿，在室温下放置过夜；然后置于低温电热板上加热分解 2～4 h，其间不断补加适量王水直至溶液透明；加入 HF 5 mL，加热煮沸 10 min，冷却后加入 5 mL $HClO_4$，蒸发至近干，再加入 2 mL $HClO_4$，蒸发至近干，冷却；加入 1%的 HNO_3 25 mL，煮沸使残渣溶解，将消解液移至 50 mL 容量瓶中，加入 1 mL 10%的 NH_4Cl 溶液和 5 mL 3 mol/L 的 HCl，用 1%的 HNO_3 定容、摇匀，用于 Cu、Pb、Cd、Cr 的测定。另移取 10 mL 上述溶液于 50 mL 容量瓶中，用 1%的 HNO_3 定容，用于 Zn 的测定。全程序同做空白实验。

b. Cu、Pb、Zn、Cd、Cr 混合标准溶液的配制。

在配制标准溶液时，于 50 mL 容量瓶中加入 1 mL 10%的 NH_4Cl 溶液和 5 mL 3 mol/L 的 HCl，然后用标准储备液以 1%的 HNO_3 稀释配制而成。混合标准溶液的标准系列浓度见表 2-3。

c. 校正曲线的绘制及样品的测定。

按表 2-3 中的工作条件调好仪器，待稳定后，测定混合标准溶液的吸光度，绘制校正曲线。样品分析按与作校正曲线完全相同的仪器工作条件，测定样品消解稀释液的吸光度，根据校正曲线分别计算底质样品中 Cu、Pb、Zn、Cd、Cr 的含量。

2.2.2　电感耦合等离子体发射光谱分析法

1. 概述

电感耦合等离子体(inductively coupled plasma，ICP)的发展起源于原子发射光谱，原子发射光谱法(atomic emission spectroscopy，AES)是利用物质在热激发或电激发下，每种元素的原子或离子发射特征光谱来判断物质的组成，而进行元素的定性与定量分析。原子发射光谱法可对约 70 种元素(金属元素及 P、Si、As、C、B 等非金属元素)进行分析。在一般情况下，用于 1%以下含量的组分测定，检出限可达 ppm($1\ \text{ppm} = 10^{-6}$)，精密度为±10%，线性范围约 2 个数量级。

原子发射光谱法是根据处于激发态的待测元素原子回到基态时发射的特征谱线对待测元素进行分析的方法。在正常状态下，原子处于基态，原子在受到热(火焰)或电(电火花)激发时，由基态跃迁到激发态，返回基态时，发射出特征光谱(线状光谱)。原子发射光谱法包括三个主要的过程：①由光源提供能量使样品蒸发，形成气态原子，并进一步使气态原子激发而产生光辐射；②将光源发出的复合光经单色器分解成按波长顺序排列的谱线，形成光谱；③用检

测器检测光谱中谱线的波长和强度。

由于待测元素原子的能级结构不同，因此发射谱线的特征不同，据此可对样品进行定性分析；而根据待测元素原子的浓度不同，因此发射强度不同，可实现元素的定量测定。

原子发射光谱仪主要由光源、单色器、检测器和读数器件组成。早期的光源主要有直流电弧、交流电弧与电火花，这些光源基本上都是对固体样品直接作用，用于矿物、合金等样品分析，难以对痕量元素特别是液体样品进行分析。而后来的原子吸收分光光度法的发展直接限制了传统的原子发射光谱法的应用。而等离子体(plasma)原子发射光谱的产生与应用使得原子发射光谱法获得新生。

等离子体原子发射光谱法从 20 世纪 60 年代产生并发展出一类新型发射光谱分析光源，其主要类型有直流等离子体(direct current plasma jet, DCP)、微波诱导等离子体(microwave induced plasma torch, MIP)、电感耦合等离子体，其中尤以电感耦合等离子体因其突出的优点而在发射光谱分析中得到广泛应用。以电感耦合等离子体为光源的原子发射光谱法称为电感耦合等离子体原子发射光谱法，简称 ICP-AES。

2. ICP-AES 的基本原理与分析性能

1) 基本原理

元素在受到 ICP 光源激发时，由基态跃迁到激发态，返回基态时，发射出特征光谱，依据特征光谱进行定性、定量的分析方法。

ICP-AES 的三个主要过程：ICP 光源使得样品蒸发、原子化、原子激发并产生光辐射；通过分光系统进行分光，形成按波长顺序排列的光谱；最后通过检测器检测光谱中谱线的波长和强度。

ICP 光源是指高频电磁通过电能(感应线圈)耦合到等离子体所得到的外观上类似火焰的高频放电光源。而等离子体是一种电离度大于 0.1%的电离气体，由电子、离子、原子和分子组成，整体呈现电中性。

2) 分析性能

(1) 蒸发、原子化和激发能力强。

ICP-AES 在轴向通道气体温度高达 7000～8000 K，具有较高的电子密度和激发态氩原子密度，同时在等离子体中样品的停留时间较长，这两者的结合结果使得即使难熔难挥发样品粒子，也可进行充分的挥发和原子化，并能得到有效的激发。

(2) 元素的检出限低。

在光谱分析中，检出限表征了能以适当的置信水平检测出某元素所必需的最小浓度。ICP-AES 有较低的检出限，大多数元素的检出限为 0.1～100 μg/L，碱土元素的检出限均小于 10^{-9} 数量级。

(3) 分析准确度和精密度高。

准确度是对各种干扰效应所引起的系统误差的度量，ICP-AES 是各种分析方法中干扰较小较轻的一种，准确度较高，相对误差一般在 10%以下。精密度主要反映随机误差影响的大小，通常用相对标准偏差表示。在一般情况下，相对标准偏差≤10%，当分析物浓度≥100 倍检出限时，相对标准偏差≤1%。

(4) 线性分析范围宽。

ICP-AES 的线性分析范围一般可达 5～6 个数量级，因而可以用一条标准曲线分析某一元素从痕量到较高浓度的环境样品，从而使分析操作十分方便。

(5) 干扰效应小。

在 Ar-ICP 光源中，分析物在高温和氩气(Ar)气氛中进行原子化、激发，基体干扰小。在一定条件下，可以减少参比样品需严格匹配的麻烦，一般可不用内标法。甚至配制一系列混合标准溶液，可以分析不同基体合金的元素。Ar-ICP 光源电离干扰小，即使分析样品中存在容易电离的元素，参比样品也不用匹配含有该元素的成分。

(6) 同时或顺序测定多元素能力强。

同时分析多元素能力是发射光谱法的共同特点，非 ICP-AES 所特有。但是经典法因样品组成影响较严重，欲对样品中多种成分进行同时测量，参比样品的匹配和参比元素的选择都会遇到困难；同时由于分馏效应和预燃效应，造成谱线强度-时间分布曲线的变化，无法进行顺序多元素分析。而 ICP-AES 具有低干扰和时间分布的高度稳定性及宽的线性分析范围，因而可以方便地同时或顺序进行多元素测定。

总体而言，ICP-AES 的优点是：①可多元素同时检测；②分析速度快；③选择性高；④检出限较低；⑤准确度较高；⑥性能优越。缺点是：非金属元素不能检测或灵敏度低。

3. ICP-AES 的仪器装置

ICP-AES 的仪器是由高频发生器、等离子体炬管、试样雾化器和光谱系统构成，如图 2-14 所示。

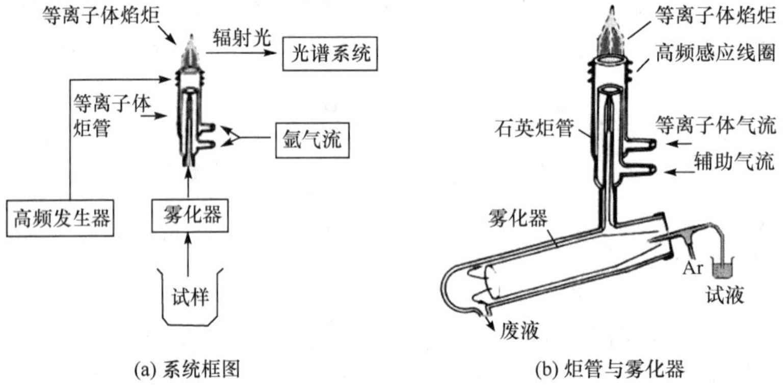

图 2-14　ICP-AES 分析仪组成

1) ICP 的结构

ICP 装置原理见图 2-14(a)，它是由高频发生器和高频感应线圈、等离子体炬管和供气系统、雾化器及试样引入系统三部分组成。

(1) 晶体控制高频发生器。

高频发生器的作用是产生高频磁场以供给等离子体能量，频率大多为 27～50 MHz，最大输出功率通常是 2～4 kW。感应线圈一般是以圆形或方形铜管绕成的 2～5 匝水冷线圈。

石英晶体作为振源，经电压和功率放大，产生具有一定频率和功率的高频信号，用来产生和维持等离子体放电。石英晶体固有振荡频率为 6.78 MHz，一次倍频后为 13.56 MHz，二次倍频后为 27.12 MHz，经电压和功率放大后，功率为 1～2 kW。

(2) 炬管与雾化器。

等离子体炬管由三层同轴石英炬管组成[图 2-14(b)]，最外层石英炬管通冷却气(Ar)，沿切线方向引入，并螺旋上升，目的是将等离子体吹离外层石英炬管的内壁，可保护石英炬管不被烧毁；利用离心作用在炬管中心产生低气压通道，以利于引入样品溶液。同时，这部分 Ar 也参与放电过程。中层石英炬管做成喇叭形，通入 Ar(工作气体)用来点燃等离子体，起维持等离子体的作用。内层石英炬管内径为 1～2 mm，以 Ar 为载气，把经过雾化器的试样溶液以气溶胶形式引入等离子体中。三层同轴石英炬管放在高频感应线圈内，感应线圈与高频发生器连接。

(3) ICP 的形成。

当高频发生器接通电源后，高频电流 I 通过感应线圈，并在炬管的轴线方向产生一个高频磁场，管外的磁场方向为椭圆形，产生交变磁场(图 2-15)。管内因为 Ar 会有少量电离而产生电离粒子，在高频交流电场的作用下，带电粒子高速运动、碰撞，形成放电，产生等离子体气流，当这些电离粒子多至足以使气体有足够的电导率时，在垂直于磁场方向的截面上产生环形涡电流，并在管口形成一个火炬状的稳定的等离子炬。

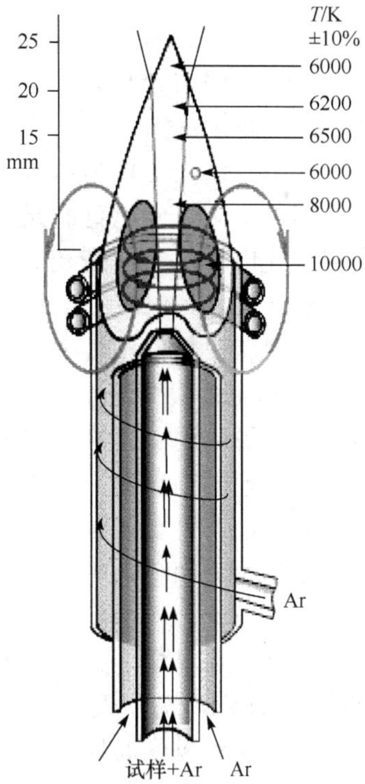

图 2-15　等离子体炬示意图

(4) ICP 的温度分布。

ICP 光源外观像火焰，但它不是化学燃烧火焰而是气体放电。它分为焰心区、内焰区和尾焰区三个区域，如图 2-15 所示。焰心区温度最高达 10000 K，试样气溶胶在此区域被预热和蒸发。内焰区温度为 6000～8000 K，试样在此被原子化和激发发射光谱。尾焰区温度低于 6000 K，只能发射激发电位较低的谱线。样品气溶胶在高温焰心区经历了较长时间(约 2 ms)的加热，在内焰区的平均停留时间约为 1 ms，比在电弧、电火花光源中平均停留时间(10^{-2}～10^{-3} ms)长得多。

(5) ICP 光源的特点。

a. 激发温度高，有利于难熔化合物的分解和难激发元素的激发，因此对大多数元素有很高的灵敏度。

b. 高频感应电流可形成环流，进而形成一个环形加热区，其中心是一个温度较低的中心通道。样品集中在中心通道，外围没有低温的吸收层，因此自吸和自蚀效应小，分析校正曲线的线性范围大，可达 4～6 个数量级。

c. 由于电子密度很高，测定碱金属时电离干扰很小。

d. ICP 是无极放电，没有电极污染。

e. ICP 的载气流速很低(通常为 0.5～2 L/min)，有利于试样在中心通道中充分激发，而且耗样量也小。

f. ICP 以 Ar 为工作气体，由此产生的光谱背景干扰较少。

以上这些特点，使得 ICP 的灵敏度高，检出限低(10^{-9}～10^{-11} g/L)，精密度好(相对标准偏差一般为 0.5%～2%)，工作曲线线性范围宽。此光源可用于测定元素周期表中绝大多数元素(70 多种)，并可对高含量(百分之几十)的元素进行测定。

2) 分光系统

根据光的折射现象进行分光，即波长不同的光折射率不同，经色散系统(棱镜、光栅)色散后按波长顺序被分开。

3) 检测系统

光电直读光谱仪是指应用光电转换接收方法作多元素同时分析的发射光谱仪器，根据测量方式的不同，光电直读光谱仪又分为多通道直读光谱仪、单通道直读光谱仪和全谱直读光谱仪。光电转换器件是光电光谱仪接收系统的核心部分，主要是利用光电效应将不同波长的辐射能转换成光电流的信号。

光电转换器件种类很多，但在光电光谱仪中的光电转换器件要求在紫外至可见光谱区域(160～800 nm)很宽的波长范围内有很高的灵敏度和信噪比、宽的线性响应范围、短的响应时间。目前可应用于光电光谱仪的光电转换器件有以下两类：光电倍增管和固体成像器件。

(1) 光电倍增管。

光电倍增管已在 2.1 节中介绍，这里不再重复。

(2) 固态成像器件。

固态成像器件是新一代的光电转换检测器，它是一类以半导体硅片为基材的光敏元件制成的多元阵列集成电路式的焦平面检测器，这一类的成像器件目前较成熟的主要是电荷耦合器件(CCD)和电荷注入器件(CID)。

在这两种成像器件中，由光子产生的电荷被收集并储存在金属-氧化物-半导体(MOS)电容器中，从而可以准确地进行像素寻址且滞后极微，它们是具有随机或准随机像素寻址功能的二维检测器。CCD 的整个工作过程是一种电荷耦合过程，结构如图 2-16 所示。CID 的基本结构与 CCD 相似，当栅极施加电压时，表面形成少数载流子(电子)的势阱，入射光子在势阱邻近被吸收时，产生的电子被收集在势阱内，其积分过程与 CCD 一样。

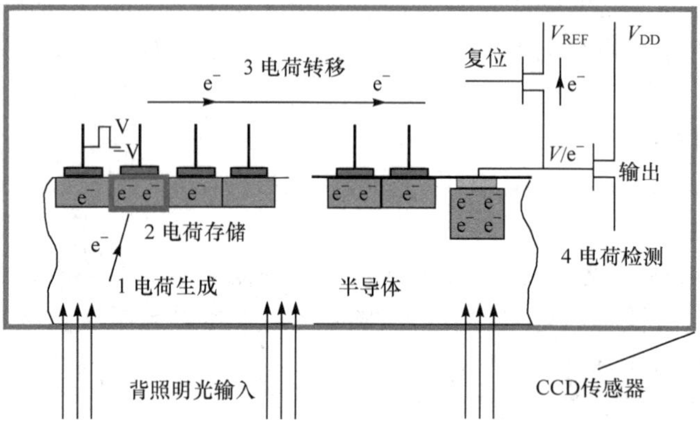

图 2-16　CCD 结构示意图

CCD 与 CID 的主要区别在于读出过程，在 CCD 中，信号电荷必须经过转移才能读出，信号一经读取即刻消失。而在 CID 中，信号电荷不用转移，而是直接注入体内形成电流来读出的，这种读出方式称为非破坏性读取。

在原子发射光谱中采用 CCD 的主要优点是这类检测器具有同时多谱线检测能力，以及借助计算机系统快速处理光谱信息的能力，它极大地提高了发射光谱分析的速度。例如，采用这一检测器设计的全谱直读等离子体发射光谱仪可在 1 min 内完成试样中多达 70 种元素的测定。此外，它的动态响应范围和灵敏度均有可能达到甚至超过光电倍增管，且其性能稳定、体积小、比光电倍增管更结实耐用，因此在发射光谱中有广泛的应用前景。

4. 多道直读光谱仪

图 2-17 是多道直读光谱仪的示意图。从光源发出的光经透镜聚焦后，在入射狭缝上成像并进入狭缝。进入狭缝的光投射到凹面光栅上，凹面光栅将光色散，聚焦在焦面上，焦面上安装有一组出射狭缝，每一条狭缝允许一条特定波长的光通过，投射到狭缝后的光电倍增管上进行检测，最后经计算机进行数据处理。

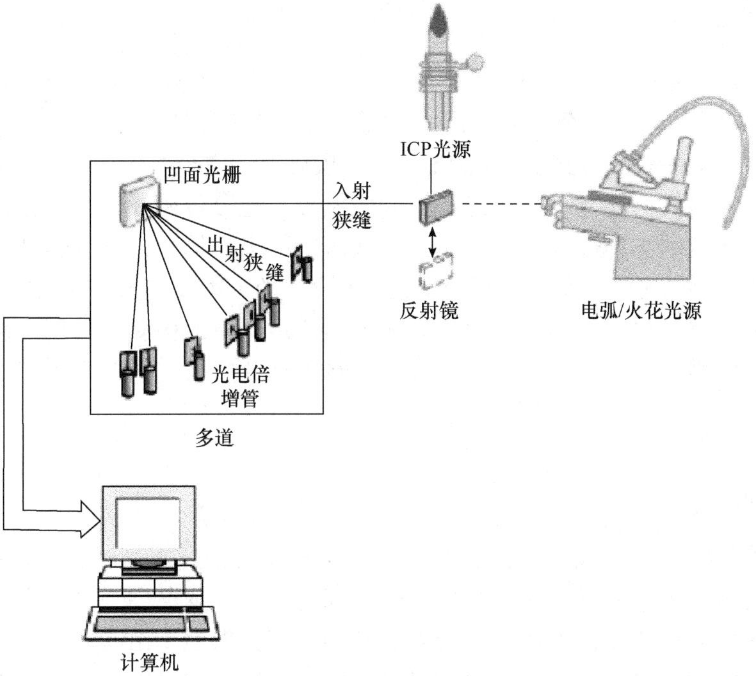

图 2-17　多道直读光谱仪示意图

多道直读光谱仪的优点是分析速度快、准确度优于摄谱法；光电倍增管信号放大能力强，可同时分析含量差别较大的不同元素；适用于较宽的波长范围。但由于仪器结构限制，多道直读光谱仪的出射狭缝间存在一定距离，使利用波长相近的谱线有困难。

多道直读光谱仪适合固定元素的快速定性、半定量和定量分析，如目前在钢铁冶炼中常用于炉前快速监控 C、S、P 等元素。

5. 全谱直读光谱仪

图 2-18 为带面阵型 CCD 检测器的中阶梯光栅全谱直读等离子体发射光谱仪。光源发出的光通过两个曲面反光镜聚焦于入射狭缝，入射光经抛物面准直镜反射成平行光，照射到中阶梯光栅上使光在 x 方向上色散，再经另一个光栅

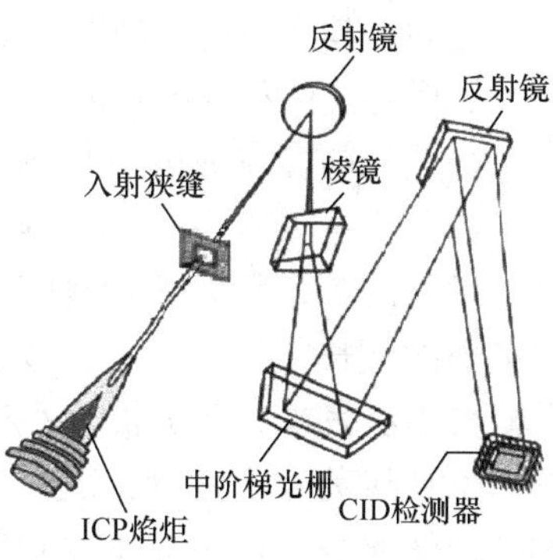

图 2-18　全谱直读等离子体发射光谱仪

(Schmidt 光栅)在 y 方向上进行二次色散，使光谱分析线全部色散在一个平面上，并经反射镜反射进入面阵型 CCD 检测器检测。由于该 CCD 是紫外型检测器，对可见光区的光谱不敏感，因此在 Schmidt 光栅的中央开一个孔洞，部分光线穿过孔洞后经棱镜进行 y 方向二次色散，然后经反射镜反射进入另一个 CCD 检测器对可见光区的光谱(400～780 nm)进行检测。

全谱直读光谱仪不仅克服了多道直读光谱仪谱线少和单道扫描光谱仪速度慢的缺点，而且所有的元件都牢固地安置在机座上成为一个整体，没有任何活动的光学器件，因此具有较好的波长稳定性。

全谱直读光谱仪多配有计算机来完成数据采集、信号处理、数据分析、结果输出。

6. ICP-AES 的应用

ICP-AES 广泛应用于环境保护、半导体、生物、医学、冶金、石油、核材料分析等领域，如在金属材料、合金、新型掺杂材料分析等方面，尤其是半导体、高纯金属(电极)、高纯试剂(酸、碱、有机物)、Si 晶片、光刻胶和清洗剂等的超痕量杂质分析。在医药及生理学方面，它用于头发、全血、血清、尿样、生物组织等的微量金属组分分析，也用于医药研究、药品质量控制、药理药效等的生物过程研究。在公安法医、进出口物品检验等领域，它用于射击残留物分析、特征材料的定性、来源分析、毒性分析等。在环境研究中，它用于饮用水、海水、环境水资源、大气颗粒物、土壤、污泥、固体废物微量金属的检测，特别是微量、痕量重金属的分析。它还应用于食品、卫生防疫、烟草、酒类质量控制、鉴别真伪等。

2.2.3 原子荧光光谱法

1. 理论基础

原子吸收能量(电能、光能、热能或化学能等)会被激发跃迁至高能级的激发态，部分元素在返回基态时会将多余的能量以光子的形式向外辐射，这种现象称为“发光”。当激发能量为光能时，这种发光现象就称为荧光或磷光。其中，荧光发射是由激发单重态最低振动能级跃迁到基态的各振动能级的光辐射，去激发过程较短；而磷光发射是由三重态的最低振动能级跃迁到基态的各振动能级的光辐射，发生磷光所需时间较长。

原子在不同情况下发射的荧光不同，主要有几种情况：气态自由原子吸收共振线被激发后，再发射出与原激发辐射波长相同的辐射即为共振荧光；它的特点是激发线与荧光线的高低能级相同，其产生过程如图 2-19 中 a 所示；若原子受激发处于亚稳态，再吸收辐射进一步激发，然后再发射相同波长的共振荧光，此种原子荧光称为热助共振荧光，如图 2-19 中 b 所示。

当荧光与激发光的波长不相同时，产生非共振荧光。非共振荧光又分为直跃线荧光(Stokes 荧光)、反斯托克斯(anti-Stokes)荧光和阶跃线荧光。如果激发态原子跃迁回高于基态的亚稳态时所发射的荧光称为直跃线荧光[图 2-20(a)]，由于荧光能级间隔小于激发线的能级间隔，因此荧光的波长大于激发线的波长，又称为斯托克斯荧光；反之，称为反斯托克斯荧光，其荧光能大于激发能，荧光波长小于激发线波长[图 2-20(c)]。

阶跃线荧光有两种情况，正常阶跃线荧光为被光照激发的原子，以非辐射形式去激发返回到较低能级，再以辐射形式返回基态而发射的荧光[图 2-20(b)中 a]，其荧光波长大于激发线波长。热助阶跃线荧光为被光致激发的原子跃迁至中间能级，又发生热激发至高能级，然后返回至低能级发射的荧光[图 2-20(b)中 b]。

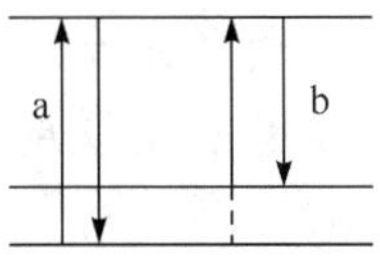

图 2-19　共振荧光示意图

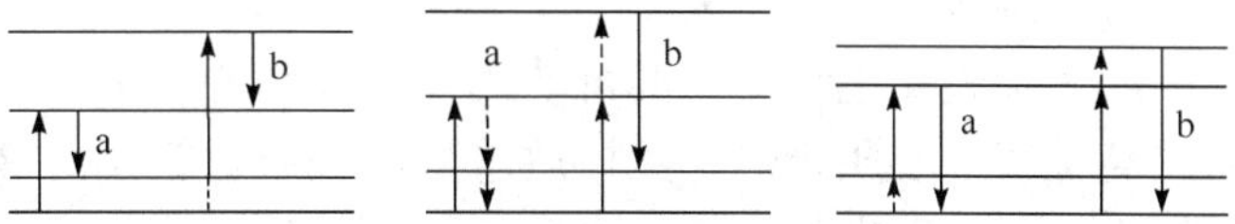

(a) 直跃线荧光　(b) 阶跃线荧光　(c) 反斯托克斯荧光

图 2-20　非共振荧光示意图

受光激发的原子与另一种原子碰撞时，把激发能传递给另一个原子使其激发，后者再以辐射形式去激发而发射的荧光即为敏化荧光。

2. 定量基础

原子荧光光谱法定性、定量的依据是荧光的最大激发波长和所发射的最强荧光波长，即共振荧光。共振荧光的荧光强度 I_f 正比于基态原子对某一频率激发光的吸收强度 I_a，即

$$I_f = \Phi I_a \tag{2-18}$$

式中，Φ 为荧光量子效率，表示单位时间内发射荧光光子数与吸收激发光量子数之比。

若激发光源是稳定的，入射光是平行而均匀的光束，自吸收可忽略不计，则基态原子对光吸收强度 I_a 用吸收定律表示：

$$I_a = \Phi A I_0 (1 - e^{-\varepsilon L N}) \tag{2-19}$$

式中，I_0 为原子化器内单位面积上接受的光源强度；A 为受光源照射在检测器系统中观察到的有效面积；L 为吸收光程长；ε 为峰值吸收系数；N 为单位体积内的基态原子数。式(2-19) $e^{-\varepsilon L N}$ 按泰勒级数展开，忽略高幂次方项后，可得

$$I_f = \Phi A I_0 (\varepsilon L N) \tag{2-20}$$

当仪器与操作条件一定时，除 N 外，其他均为常数，N 与试样中被测元素的浓度 c 成正比，则有如下式关系：

$$I_f = Kc \tag{2-21}$$

式(2-21)为原子荧光定量分析的基础。该式仅适用于低浓度的原子荧光分析。

3. 仪器结构与功能

原子荧光光度计分为非色散型和色散型，这两类仪器在结构上除单色器外基本相似。原子荧光光度计与原子吸收分光光度计在很多组件上也很接近，如原子化器(火焰和石墨炉原子化器)，用切光器及交流放大器来消除原子化器中直流发射信号的干扰，检测器为光电倍增管等。两者的主要区别见图 2-21。

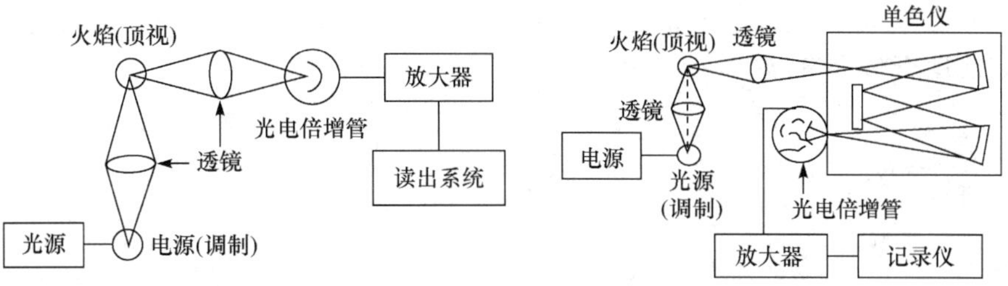

(a) 非色散型　(b) 色散型

图 2-21　原子荧光光度计示意图

1) 光源

原子荧光光度计的光源可使用高强度空心阴极灯、无极放电灯、激光和等离子体等。目前以高强度空心阴极灯、无极放电灯两种最为常用。高强度空心阴极灯是在普通空心阴极灯中加上一对辅助电极。辅助电极的作用是产生第二次放电，从而大大提高金属元素的共振线强度，但对其他谱线的强度增加不大；无极放电灯比高强度空心阴极灯的亮度高、自吸小、寿命长，特别适用于分析短波区内有共振线的易挥发元素。

2) 光路

在原子荧光光度计中，为了检测荧光信号，避免待测元素本身发射的谱线，要求光源、原子化器和检测器三者处于直角状态。而原子吸收分光光度计中，这三者处于一条直线上。尽管如此，仍可能有一些干扰光进入光路系统，这样再加一个分光装置就可以完全去除其他干扰，这也就是色散型光路的优势。

4. 原子荧光光谱法的应用

原子荧光光谱法(AFS)在环境样品分析中的应用主要是和氢化物发生法联用，即氢化物发生-原子荧光光谱(HG-AFS)法测定样品中的 As、Se、Hg 等微量元素。

HG-AFS 法的基本原理是：在酸性介质(通常使用 HCl)中，样品中的待测元素分别被还原剂 KBH_4 或 $NaBH_4$(溶液碱度控制在 0.5%～1.0%以维持溶液稳定性)还原为挥发性产物(多为共价氢化物)，如 As 还原为 AsH_3、Sb 还原为 SbH_3、Bi 还原为 BiH_3、Pb 还原为 PbH_4、Hg 还原为原子态 Hg，这些还原产物在载气的带动下进入原子化器。在特制脉冲空心阴极灯的发射光激发下，基态原子被激发后去活化回到基态时，以光辐射的形式发射出特征波长的荧光，荧光的强度与被测元素含量成正比。与单纯的 AFS 法相比，HG-AFS 法最大的优点就是痕量元素的定量分析。其根本原因就是氢化物发生法能够将待测元素充分预富集，原子化效率高，几乎接近 100%。而分析元素形成气态氢化物还可以与易干扰基体分离，降低光谱干扰。

需要注意的是，不同元素不同价态具有不同的氢化物反应速率。例如，Se(Ⅳ)、As(Ⅲ)的灵敏度比相同浓度的 Se(Ⅵ)、As(Ⅴ)高约 1.5 倍，Se(Ⅵ)甚至不产生荧光信号。为避免测定结果偏低，可以在测定前加还原剂(如硫脲-抗坏血酸混合液)将 Se(Ⅵ)、As(Ⅴ)分别预还原为 Se(Ⅳ)、As(Ⅲ)。利用不同价态元素氢化物发生的条件不同，可以对 As 等特殊元素进行元素价态分析。此外，还原剂及其浓度对测量结果影响很大，用量通常应不小于 2%(冷原子荧光法测定 Hg 时，还原剂浓度在 0.05%左右)，最佳浓度一般需通过实验确定。

总体而言，HG-AFS 法谱线简单、灵敏度高、精密度好、线性范围宽(达 3 个数量级)、可同时测定多种元素，特别是检出限低(一般为 μg/L 级甚至更低)这一优点给环境样品的分析带来了极大的便利。未受污染的自来水和原水中 As、Se、Hg、Sb、Bi、Ge、Sn、Pb 等元素含量均极低，火焰 AAS、石墨炉 AAS、ICP 等都无法满足直接分析的需要，而 HG-AFS 法能对上述元素方便地进行痕量分析。

2.3 色谱法

2.3.1 概述

色谱法是俄国植物学家茨维特(Michael Tswett)在 1901 年首先创建的，作为一种分析技术已有 100 多年的历史，广泛用于复杂混合物的分离和分析。

在色谱分离过程中(图 2-22)，固定不动的相称为固定相，而携带试样混合物流过固定相的流体(气体或液体)称为流动相。当流动相中携带的混合物流经固定相时，其与固定相会发生相互作用。由于混合物中各组分在性质和结构上的差异，与固定相之间产生的作用力的大小、强弱不同，随着流动相的移动，混合物在两相间经过反复多次的分配平衡，使得各组分被固定相保留的时间不同，从而按一定次序由固定相中流出。再与适当的柱后检测方法结合，实现混合物中各组分的分离与检测，两相及混合物各组分在两相中的不断分配构成了色谱法的基础。

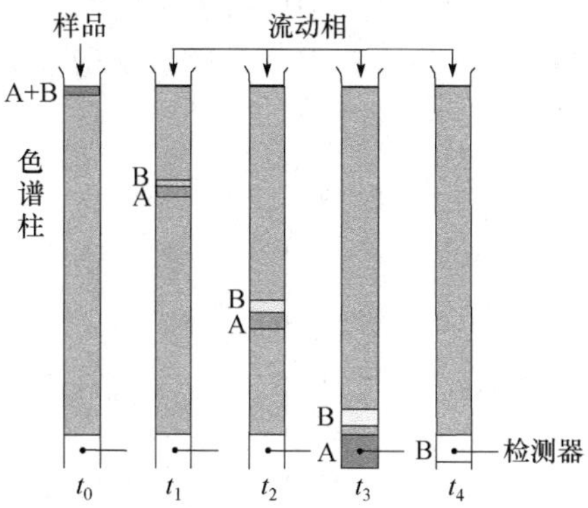

图 2-22　色谱分离过程

1. 色谱法的分类和特点

1) 色谱法的分类

(1) 按两相状态分类。

以流动相状态来分类，用气体作为流动相的色谱法称为气相色谱法(gas chromatography, GC)；用液体作为流动相的色谱法称为液相色谱法(liquid chromatography, LC)。

(2) 按样品组分在两相间分离机理分类。

利用组分在流动相和固定相之间的分离原理不同而划分的分类方法包括吸附色谱法、分配色谱法、凝胶渗透色谱法、离子色谱法和超临界流体色谱法等。

(3) 按固定相存在形式分类。

根据固定相在色谱分离系统中存在的形状，可分为柱色谱法、平面色谱法。而柱色谱法又分为填充柱色谱法和开管柱色谱法；平面色谱法又分为纸色谱法和薄层色谱法。

(4) 按色谱技术分类。

为提高组分的分离效能和选择性而采取的技术措施，如程序升温气相色谱法、裂解气相色谱法、顶空气相色谱法、毛细管气相色谱法、多维气相色谱法、制备色谱法等方法。

(5) 按色谱动力学过程分类。

根据流动相洗脱的动力学过程不同而进行分类的色谱法，如冲洗色谱法、顶替色谱法和迎头色谱法等。

2) 色谱法的特点

分离效率高，灵敏度高，分析速度快，应用范围广。

2. 色谱流出曲线和术语

1) 色谱流出曲线——色谱图

试样中各组分经色谱柱分离后，随流动相依次流出色谱柱，经过检测器转换为电信号，由记录系统记录下来，得到一条各组分响应信号随时间变化的曲线，如图 2-23 所示。

2) 色谱图相关术语

(1) 基线：无试样通过检测器时，检测到的信号-时间曲线。

(2) 时间保留值：保留时间(t_R)，组分从进样到柱后出现浓度极大值时所需时间；死时间

(t_M)，不与固定相作用的气体(如空气)保留时间；调整保留时间(t'_R)，$t'_R = t_R - t_M$；相对保留值 r_{21}，组分 2 与组分 1 调整保留值之比，即

$$r_{21} = t'_{R_2} / t'_{R_1} = V'_{R_2} / V'_{R_1} \tag{2-22}$$

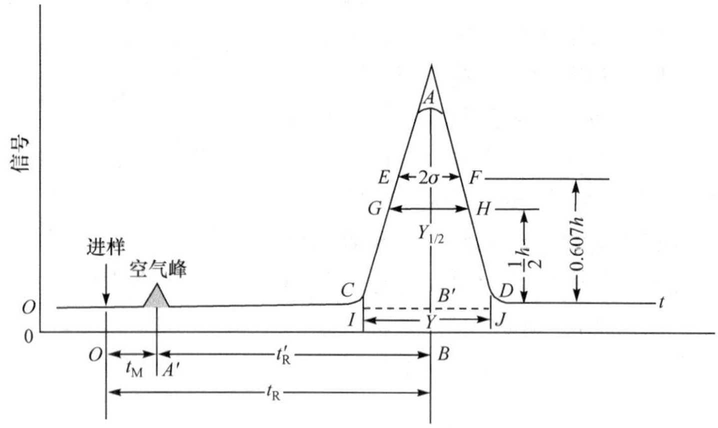

图 2-23　色谱流出曲线

2.3.2　色谱法的基本原理

1. 色谱的基本参数

1) 分配系数 K

在一定温度下，组分在固定相和流动相间发生的吸附、脱附或溶解、挥发分配达到平衡时的浓度(单位：g/mL)比，称为分配系数，用 K 表示[式(2-23)]：

$$K = \frac{\text{组分在固定相中的浓度}}{\text{组分在流动相中的浓度}} = \frac{c_s}{c_m} \tag{2-23}$$

2) 分配比 k

在实际工作中，也常用分配比来表征色谱分配平衡过程。分配比是指在一定温度下，组分在两相间分配达到平衡时的质量比[式(2-24)]：

$$k = \frac{\text{组分在固定相中的质量}}{\text{组分在流动相中的质量}} = \frac{m_s}{m_m} \tag{2-24}$$

3) 分配系数与分配比的关系[式(2-25)]：

$$k = \frac{m_s}{m_m} = \frac{\frac{m_s}{V_s} V_s}{\frac{m_m}{V_m} V_m} = \frac{c_s}{c_m} \cdot \frac{V_s}{V_m} = \frac{K}{\beta} \tag{2-25}$$

式中，V_m 为流动相体积；V_s 为固定相体积；β 为相比。通常填充柱相比为 6～35，毛细管柱的相比为 50～1500。

2. 塔板理论和速率理论

1) 塔板理论——柱分离效能指标

塔板理论是将色谱分离过程比拟为蒸馏过程，将连续的色谱分离过程分割成多次平衡过

程的重复，类似于蒸馏塔塔板上的平衡过程。其假设：①每一个平衡过程间隔内，平衡可迅速达到；②将载气看作脉动(间歇)过程；③试样沿色谱柱方向的扩散可忽略；④每次分配的分配系数相同。设色谱柱长为 L，虚拟塔板间距为 H，色谱柱的理论塔板数为 n，则 $n=L/H$；在色谱中，理论塔板数与色谱参数之间的关系可由式(2-26)表示：

$$n_{理}=5.54\left(\frac{t_{\mathrm{R}}}{Y_{1/2}}\right)^2=16\left(\frac{t_{\mathrm{R}}}{W_{\mathrm{b}}}\right)^2 \tag{2-26}$$

式中，W_{b} 为被分离物质的色谱峰底宽。保留时间 t_{R} 包含死时间，但组分在死时间内不参与柱内分配，需引入有效塔板数和有效塔板高度[式(2-27)、式(2-28)]：

$$n_{有效}=5.54\left(\frac{t'_{\mathrm{R}}}{Y_{1/2}}\right)^2=16\left(\frac{t'_{\mathrm{R}}}{W_{\mathrm{b}}}\right)^2 \tag{2-27}$$

$$H_{有效}=\frac{L}{n_{有效}} \tag{2-28}$$

2) 速率理论——影响柱效的因素

Van Deemter 在 1956 年导出速率理论方程，如式(2-29)所示：

$$H=A+B/u+C\cdot u \tag{2-29}$$

式中，H 为理论塔板高度；u 为载气的线速度，cm/s；A 为涡流扩散项；B/u 为分子扩散项；$C\cdot u$ 为传质阻力项。

(1) 涡流扩散项(A)。

涡流扩散所带来的色谱区带扩张是源于溶质分子通过填充柱内长短不同的多种迁移路径。由于柱填料粒径大小不同及填充不均匀，形成宽窄、弯曲度不同的路径(图 2-24)。流动相携带组分分子沿柱内各路径形成紊乱的涡流运动，有些分子沿较窄或较直的路径快速通过色谱柱，先到达柱出口；而另一些分子沿较宽或弯曲的路径以较慢的速度通过色谱柱，后到达柱出口，导致色谱区带展宽。涡流扩散项可以用式(2-30)表示：

$$A=2\lambda d_{\mathrm{p}} \tag{2-30}$$

式中，d_{p} 为固定相的平均颗粒直径；λ 为固定相的填充不均匀因子。

由式(2-30)可知，固定相颗粒直径越小，填充得越均匀，涡流扩散越小，理论塔板高度越小，理论塔板数 n 越大，表现在涡流扩散所引起的色谱峰变宽现象减轻，色谱峰较窄。

(2) 分子扩散项(B/u)。

浓度扩散是分子自发运动过程。色谱柱内组分在流动相和固定相都存在分子扩散，但组分分子在固定相中纵向扩散可以忽略。样品进入柱子后，不是立即充满全部柱子，而是形成浓度梯度，分子从高浓度向低浓度扩散，这种扩散沿柱的纵向进行，称为分子扩散，它使色谱区带展宽，如图 2-25 所示。

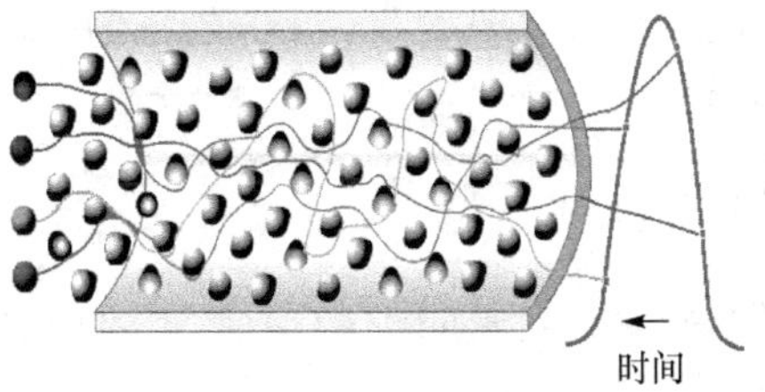

图 2-24　涡流扩散

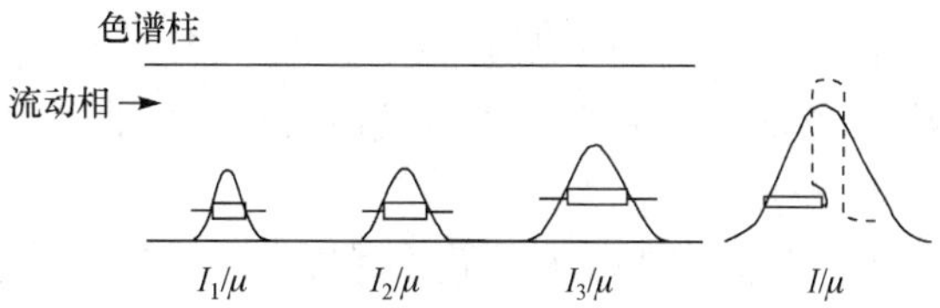

图 2-25　分子扩散

分子扩散项可用式(2-31)表示：

$$\frac{B}{u}=2\nu\frac{D_m}{u} \tag{2-31}$$

式中，ν 为弯曲因子(填充柱色谱 $\nu<1$)；D_m 为组分分子在流动相中的扩散系数，cm^2/s。

式(2-31)说明分子扩散项与流速有关，流速减小，滞留时间增大，扩散增大；扩散系数 D_m 与 $M_{载气}^{-1/2}$ 成正比；$M_{载气}$ 增大，分子扩散减小。

(3) 传质阻力项($C \cdot u$)。

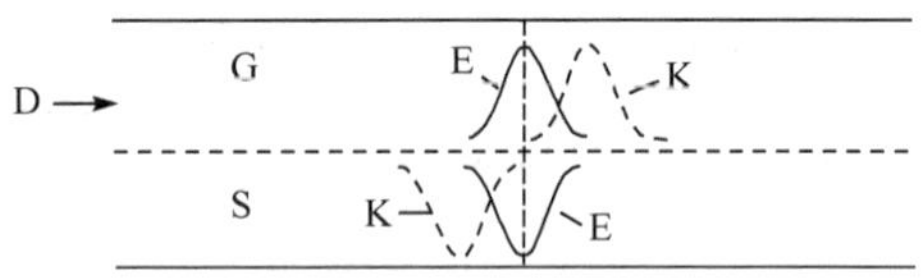

图 2-26 传质阻力

D. 气相流动方向；E. 平衡状态；K. 实际状态；S. 固定相；G. 气相

传质阻力能使组分在固定相和流动相中的浓度产生偏差，包括流动相传质阻力和固定相传质阻力。传质阻力就是组分分子从流动相到固定相两相相界间进行交换时的传质阻力，其会使柱子的横断面上的浓度分配不均匀，传质阻力越大，组分离开色谱柱所需的时间就越长，浓度分配就越不均匀，峰扩展就越严重。传质阻力 $C=C_m+C_s$，如图 2-26 所示。

流动相传质阻力 C_m 和固定相传质阻力 C_s，如式(2-32)～式(2-34)所示：

$$C_m=\frac{0.01k^2}{(1+k)^2}\cdot\frac{d_p^2}{D_m} \tag{2-32}$$

$$C_s=\frac{2}{3}\cdot\frac{k}{(1+k)^2}\cdot\frac{d_f^2}{D_s} \tag{2-33}$$

$$C=C_m+C_s \tag{2-34}$$

式中，k 为分配比；D_m、D_s 分别为组分在流动相和固定相的扩散系数；d_p 为固定相的平均颗粒直径；d_f 为载体上固定液的厚度。由式(2-32)～式(2-34)可知减小载体粒度，选择相对分子质量小的气体作为载气，可降低传质阻力。

速率理论的要点：①涡流扩散、分子扩散及传质阻力是造成色谱峰扩展、柱效下降的主要原因。②通过选择适当的固定相粒度、载气种类、液膜厚度及载气流速可提高柱效。③速率理论为色谱分离和操作条件选择提供了理论指导，阐明了流速和柱温对柱效及分离的影响。④各种因素相互制约，例如，载气流速增大，分子扩散项的影响减小，使柱效提高，但同时传质阻力项的影响增大，又使柱效下降；柱温升高，有利于传质，但又加剧了对分子扩散的影响，选择最佳条件，才能使柱效达到最高。

3) 分离度

塔板理论和速率理论都难以描述难分离物质对的实际分离程度。难分离物质对的分离度大小受色谱过程中两种因素的综合影响：保留值之差代表色谱过程的热力学因素影响；色谱峰宽度代表色谱过程的动力学因素影响，如图 2-27 所示。

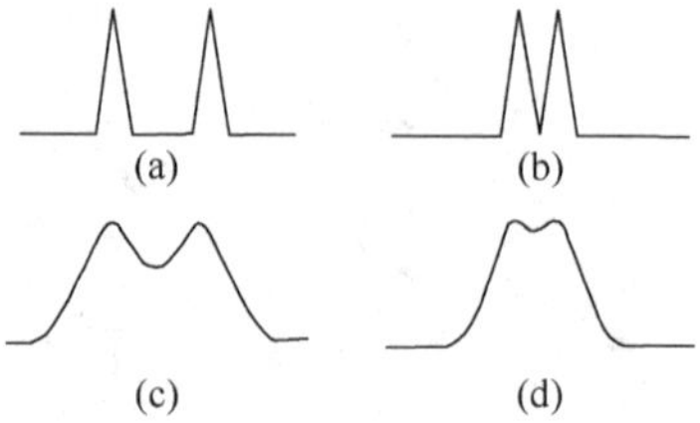

图 2-27 色谱峰分离情况对比

色谱分离中的四种情况分别为：图 2-27(a)中柱效较高，ΔK 较大，完全分离；图 2-27(b)中 ΔK 不是很大，柱效较高，峰较窄，基本上完全分离；图 2-27(c)中柱效较低，ΔK 较大，但分离效果不好；图 2-27(d)中 ΔK 小，柱效低，分离效果更差。

分离度(R)的表达式如式(2-35)所示：

$$R = \frac{2(t_{R_2} - t_{R_1})}{W_{b_2} + W_{b_1}} = \frac{2(t_{R_2} - t_{R_1})}{1.699\left[Y_{(1/2)_2} + Y_{(1/2)_1}\right]} \tag{2-35}$$

当 R=0.8 时，分离程度为 89%；当 R=1 时，分离程度为 98%；当 R=1.5 时，分离程度达 99.7%，完全分离。当相邻两峰的峰底宽近似相等，即 $W_{b_1} = W_{b_2} = W$，导出分离方程，如式(2-36)所示：

$$n_{有效} = 16R^2\left(\frac{r_{21}}{r_{21}-1}\right)^2 \tag{2-36}$$

可见，分离度与柱效的平方根成正比，r_{21} 一定时，增加柱效，可提高分离度，但组分保留时间增加且峰扩展，分析时间延长；增大 r_{21} 是提高分离度的最有效方法，而增大 r_{21} 的最有效方法则是选择合适的固定液。

2.3.3　气相色谱法

气相色谱法是一种以气体为流动相的色谱分离技术。它是由惰性气体(载气)携带气化后的试样进入色谱柱，试样分子在载气的推动下与固定相接触，最终达到分离的目的。气相色谱法的主要研究对象为永久性的气体、低沸点的化合物，或者沸点较低、热稳定性好、在操作温度下呈气态的化合物。其具有原理简单、操作方便、分离效率高、分析速度快、灵敏度高等特点，现已成为应用最为广泛的仪器分析方法之一，广泛应用于石油化工、环境保护、食品安全等领域。

1. 气相色谱仪的结构

气相色谱仪包括载气系统、进样系统、分离系统、检测系统和温度控制系统，其装置的流程见图 2-28。

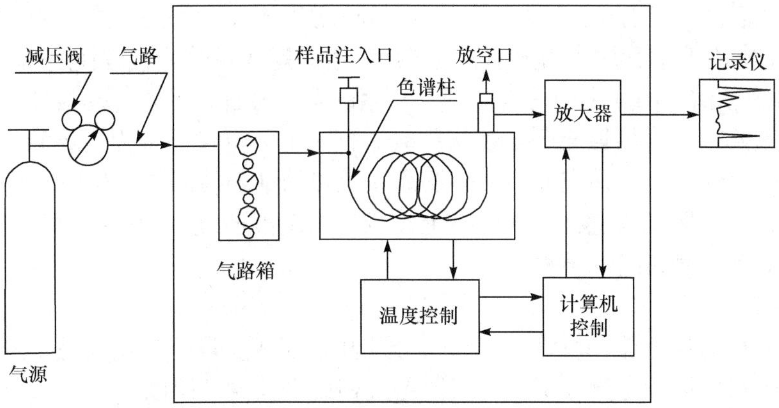

图 2-28　气相色谱流程示意图

气相色谱的流动相为载气，由高压气体钢瓶提供。高压气体经减压阀降压后，通过净化器，由气流调节阀调节到所需压力，再由转子流量计保持稳定流量的载气流过气化室、色谱柱、检测器，最后放空。待测样品通常用微量进样器注入气化室，气化后的试样由载气携带进入色谱柱进行分离，被分离的组分依次流入检测器进行检测，给出的电信号由记录仪记录。

1) 载气系统

载气系统一般由气源、净化器、压力表、流量计和供载气连续运行的密闭管路组成。常用的载气有氢气、氮气、氦气等。

2) 进样系统

进样系统是将气体、液体或固体溶液试样引入色谱柱前瞬间气化、快速定量转入色谱柱的装置，包括气化室和进样器两部分。气化室常用内衬有玻璃管的金属管制成，见图 2-29。液体样品通常使用微量进样器进样，气体样品可用旋转式六通阀进样，固体样品一般溶解在液体溶剂中，按液体进样。其中六通阀是由不锈钢制成，图 2-30(a)为准备状态，样品取好后，将阀转动 60°，图 2-30(b)为进样状态，样品随载气进入色谱柱。

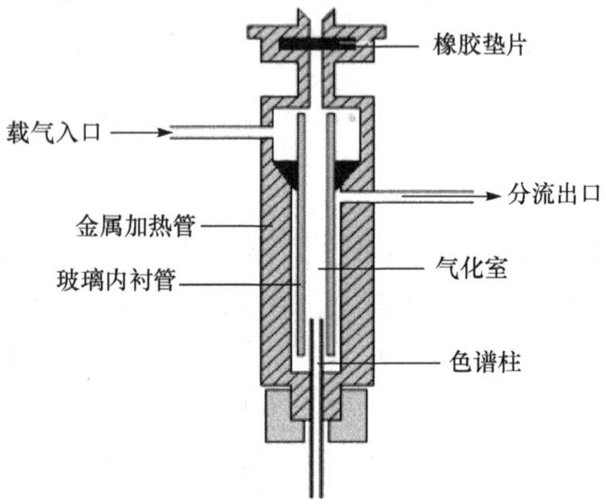

图 2-29　气化室结构示意图

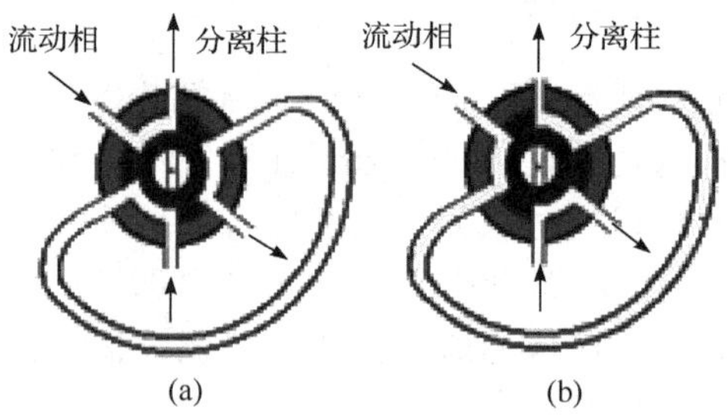

图 2-30　旋转式六通阀进样

3) 分离系统(色谱柱)

色谱柱是色谱仪的核心部件，分为填充柱和毛细管柱两类，均由固定相和柱管构成。填充柱内径 3～6 mm，柱长 1～6 m，弯制成 U 形或螺旋形。毛细管柱内径 0.1～0.5 mm，柱长 30～100 m。毛细管柱渗透性好、分离效率高、分析速度快，但柱容量低、进样量小，要求检测器灵敏度高，常用毛细管柱作为分离柱。气相色谱固定相可分为气-固色谱固定相和气-液色谱固定相。气-固色谱中的固定相为吸附剂，常用的有非极性活性炭、弱极性氧化铝、强极性硅胶等，经活化处理后直接填充到空色谱柱管中使用，分析对象多为气体和低沸点物质。对于填充柱，气-液色谱固定相是表面涂渍一层薄固定液的细颗粒固体，故由固定液和担体组成。对于毛细管柱，是将固定液直接涂在管壁上，或将固定液通过化学反应键合在管壁上或交联在一起，使柱效和柱寿命进一步提高。

4) 检测系统

检测系统常称为检测器，可将各分离组分及其浓度或质量的变化以易于测量的电信号显示出来，从而进行定性、定量分析。检测器是气相色谱仪的“眼睛”。

(1) 检测器的分类。

气相色谱检测器可分为浓度型检测器和质量型检测器。检测器的响应值取决于载气中组分的浓度，简称浓度型检测器，如热导检测器(TCD)、电子捕获检测器(ECD)等。当检测器的响应值取决于单位时间内进入检测器的组分量时，简称质量型检测器，如氢火焰离子化检测器(FID)、氮磷检测器(NPD)、火焰光度检测器(FPD)、质谱检测器(MSD)等。气相色谱检测器也可根据对被检测物质响应情况的不同分为通用型检测器和专属型检测器。通用型检测器对不同类型化合物的响应值基本相当，如 TCD、FID；专属型检测器是当检测器对某类化合物的响应值比另一类大十倍以上时为选择性检测器，对特定物质有高灵敏响应，如 FPD、ECD、NPD。

(2) 氢火焰离子化检测器。

氢火焰离子化检测器又称氢焰检测器，属于通用型、质量型检测器，由于它对绝大部分有机物有很高的灵敏度，因此，氢火焰离子化检测器在有机分析中得到广泛的应用。氢火焰离子化检测器的最小检出量可达 10^{-12} g，线性范围约为 1×10^{7}。

氢火焰离子化检测器是根据气相色谱流出物中可燃性有机物在氢-氧火焰中发生电离的原理而制成的。氢和氧燃烧所生成的火焰为有机物分子提供燃烧和发生电离作用的条件。有机物分子在氢-氧火焰中燃烧时其离子化程度比在一般条件下要大得多，生成的离子在电场中做定向移动而形成离子流。

氢火焰离子化检测器的构造比较简单，如图 2-31 所示，在离子室内有喷嘴、发射极和收集极等三个主要部件。

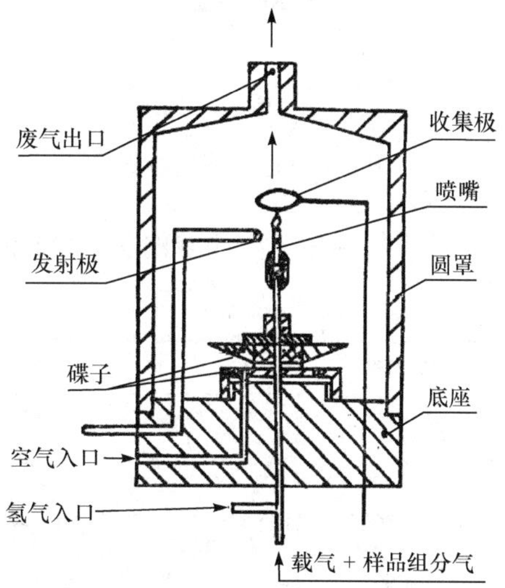

图 2-31　氢火焰离子化检测器

氢火焰离子化检测器的检测过程如下：燃烧用的氢气与柱出口流出物混合经喷嘴一同流出，在喷嘴上燃烧，助燃用的空气(氧气)均匀分布于火焰周围。由于在火焰附近存在着由收集极(正极)和发射极(负极)所形成的静电场，当被测样品分子进入氢-氧火焰时，燃烧过程中生成的离子，在电场作用下做定向移动而形成离子流，通过高电阻取出，经微电流放大器放大，把信号输送至记录仪或色谱数据处理机或色谱工作站等。

影响检测器灵敏度的因素：①载气种类：实验表明，用 N_2 作载气比用其他气体(如 H_2、He、Ar)作载气时的灵敏度要高；②气体比例：一般流速比为 N_2 : H_2 : 空气 ≈1 : 1 : 10，增大 H_2 和空气的流速可提高灵敏度；③内部供氧：把空气和 H_2 预混合，从火焰内部供氧，这是提高灵敏度的一个比较有效的方法；④距离恰当：收集极与喷嘴之间的距离一般以 5～7 mm 为宜，此距离可获得较高的检测灵敏度；⑤其他措施：维持收集极表面清洁，检测高相对分子质量样品时适当提高检测室温度也可提高灵敏度。

(3) 电子捕获检测器。

电子捕获检测器，属于专属型的浓度型检测器，由于它对电负性物质(如含卤、硫、磷、氮等物质)有很高的灵敏度，因此在石油化工、环境保护、食品卫生、生物化学等分析领域中得到广泛的应用。电子捕获检测器的最小检出量可达 10^{-13} g，线性范围约为 1×10^{4}。

电子捕获检测器是根据电负性物质分子能捕获自由电子的原理而制成的。它主要利用以下三个条件来达到检测目的：①能够产生 β 射线：检测器内有能放出 β 射线的放射源，常用 ^{63}Ni、^{3}H 及 ^{3}H-Sc 等作为放射源；②载气分子能电离：载气分子能被 β 射线电离，在电极之间形成基流，常用 N_2 或 Ar 作为载气；③样品能捕获电子：样品分子有能捕获自由电子的官能团，如含卤素、硫、磷、氨等物质。

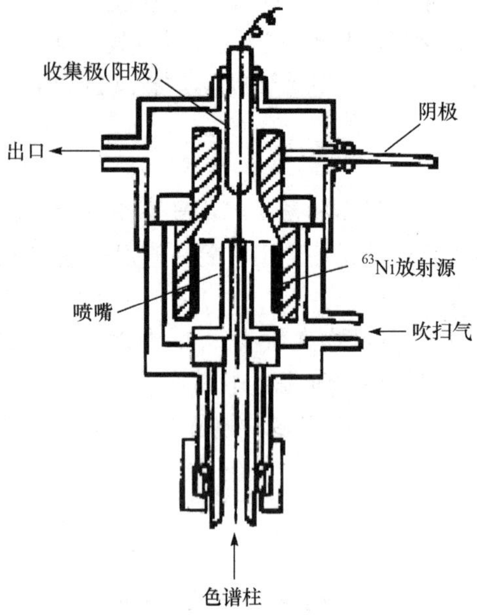

图 2-32　电子捕获检测器

电子捕获检测器如图 2-32 所示，检测室内仅有放射源和收集极两个主要部件，其构造非常简单。电子捕获检测器的检测过程：在 β 射线的作用下，中性的载气分子(如 N_2 和 Ar)发生电离，产生游离基、低能量的电子，这些电子在电场作用下向正极移动而形成恒定的基流；当载气中带有电负性的样品分子进入检测器时，捕获这些低能量的自由电子，使基流降低而产生信号，经微电流放大器放大后输出信号产生色谱图。

影响电子捕获检测器灵敏度的因素：①使用高纯 N_2：载气的纯度对灵敏度的影响很大，一般需采用纯度为 99.99%以上的高纯 N_2 作为载气；②尽量避开 O_2：为了减少 O_2 对检测器的沾污而造成的灵敏度下降，载气需脱氧和气路应避氧。另外使用过程中注意人体安全，放射源对人体有一定的危害，操作时应严格遵守有关安全规则，以免发生意外事故。

常用气相色谱检测器的主要性能指标和特点见表 2-4。

表 2-4　气相色谱检测器的基本性能

检测器名称	代号	适用范围	载气	线性范围	检出限/g
热导	TCD	普遍适用	He、H_2、N_2	10^5	10^{-8}
氢焰	FID	有机物	He、H_2、N_2	10^7	10^{-12}
电子捕获	ECD	含卤、氧、氮等电负性物质	N_2、Ar	10^4	10^{-13}
火焰光度	FPD	硫、磷有机物	He、N_2	硫(对数)10^2 磷 10^4	10^{-11}
热离子化	NPD	硫、磷、氮化合物	He、N_2	10^8	10^{-14}
氦离子化	HID	普遍适用	He	10^5	10^{-14}
氩离子化	AID	普遍适用	Ar	10^5	10^{-14}
微库仑	MCD	卤化物、硫、氮化合物	Ar、He、N_2	10^4	10^{-9}
微波等离子	MPD	可同时测 C、H、O、N、S、P、卤素等	Ar、He	10^4	10^{-10}
质谱仪	MS	与气相色谱仪联用	He、H_2	10^6	10^{-9}
红外光谱仪	IR	与气相色谱仪联用	He、N_2	—	10^{-6}

5) 温度控制系统

分离系统、进样系统和检测系统三部分在色谱仪操作时均需独立控制温度。分离过程中要准确控制所需的温度，可在某温度保持恒温，也可按一定的速率程序升温；控制进样系统的气化室的温度，是保证液体试样在瞬间气化而不分解；控制检测系统的温度，是保证被分离后的组分通过时不在此冷凝，同时检测器的温度变化将影响检测灵敏度和基线的稳定。

2. 气相色谱的定性分析

在相同色谱条件下，分别测定标准物质和未知物的保留值，若两次测定色谱图中物质的保留值相同，则可认为是同一种物质。该方法不适用于不同仪器间的数据对比。

当未知试样较复杂时，可在未知试样中加入适量的标准物质，峰高增加而半峰宽不变的色谱峰(对比未知试样未加入标准物质测定时所得的色谱图)，则可能该色谱峰对应的物质与加入的标准物质为同一化合物。

对于特别复杂的试样，可以采样两根或者多根性质不同的色谱柱进行分离分析，观察未知物与标准物质的保留值是否始终相同。

3. 气相色谱的定量分析

1) 绝对校正因子

绝对校正因子是指某组分 i 通过检测器的量与检测器对该组分的响应信号之比，见式 (2-37)，表示单位面积对应的物理量，即

$$f_i = m_i / A_i \tag{2-37}$$

2) 相对校正因子

相对校正因子是指试样中某一组分 i 的绝对校正因子与标准物质 s 的绝对校正因子之比，即 f_i'，其计算公式为

$$f_i' = \frac{f_i}{f_\mathrm{s}} = \frac{m_i / A_i}{m_\mathrm{s} / A_\mathrm{s}} = \frac{m_i}{m_\mathrm{s}} \cdot \frac{A_\mathrm{s}}{A_i} \tag{2-38}$$

3) 常用的定量方法

(1) 归一化法。

当试样中有 n 个组分，各组分的质量分别为 $m_1, m_2, m_3, \cdots, m_n$，则样品中组分的质量分数可按式(2-39)计算

$$c_i(\%) = \frac{m_i}{m_1 + m_2 + \cdots + m_n} \times 100 = \frac{f_i' \cdot A_i}{\sum_{i=1}^{n}(f_i' \cdot A_i)} \times 100 \tag{2-39}$$

归一化法的特点及要求：归一化法简便、准确；进样量的准确性和操作条件的变动对测定结果影响不大；但该法仅适用于试样中所有组分全出峰的情况。

(2) 外标法。

外标法也称为标准曲线法。配制一系列标准溶液进行色谱分析，在严格一致的条件下，以峰面积作为纵坐标、浓度作为横坐标作图，得到标准曲线，见图 2-33。由标准曲线图确定测定对象中该组分的浓度。

外标法的特点及要求：外标法不使用校正因子，准确性较高；操作条件变化对结果准确性影响较大，对进样量的准确性控制要求较高，适用于大批量试样的快速分析。

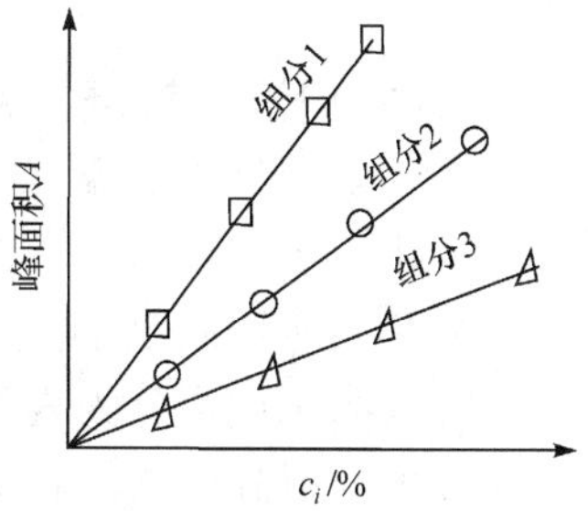

图 2-33　标准曲线

(3) 内标法。

内标法最关键的是选择一种与待测组分相近的物质作为内标物。内标物要满足：①试样中不含有该物质；②与被测组分性质比较接近；③不与试样发生化学反应；④出峰位置应位于被测组分附近，且无组分峰影响；⑤加入内标物的量适当。

准确称取一定量的试样 W，加入内标物 m_s，则样品中组分的质量分数可按式(2-40)计算：

$$\frac{m_i}{m_s}=\frac{f_i'A_i}{f_s'A_s} \qquad m_i=m_s\frac{f_i'A_i}{f_s'A_s}$$

$$c_i(\%)=\frac{m_i}{W}\times 100=\frac{m_s\dfrac{f_i'A_i}{f_s'A_s}}{W}\times 100=\frac{m_s}{W}\cdot\frac{f_i'A_i}{f_s'A_s}\times 100 \tag{2-40}$$

内标法的特点：①内标法的准确性较高，操作条件和进样量的稍许变动对定量结果的影响不大；②每个试样的分析都要进行两次称量，不适合大批量试样的快速分析；③需要测量定量校正因子；④当实验过程中无须测定试样中所有组分，或试样中某些组分不出峰时，可采用此法测出结果。

2.3.4　高效液相色谱法

高效液相色谱法(HPLC)是指一种用液体为流动相的色谱分离分析方法。采用了高压泵、化学键合固定相高效分离柱、高灵敏专用检测器等技术建立的一种液相色谱分析法，具有高压、高效、高灵敏度等特点。

1. 高效液相色谱法的分类

1) 液-固色谱法

液-固色谱法是以固体吸附剂作为固定相，吸附剂通常是多孔的固体颗粒物质，在它们的表面存在吸附中心，实质是根据物质在固定相上的吸附作用不同来进行分离的。

(1) 分离原理。

当组分分子 X 随流动相通过固定相(吸附剂)时，吸附剂表面的活性中心同时吸附流动相分子 S。于是，在固定相表面发生竞争吸附[式(2-41)]：

$$\text{X(液相)}+n\text{S}_{\text{ad}}\text{(吸附)} = \text{X}_{\text{ad}}\text{(吸附)}+n\text{S(液相)} \tag{2-41}$$

达到平衡时：

$$K_{\text{ad}}=\frac{[\text{X}_{\text{ad}}][\text{S}]^n}{[\text{X}][\text{S}_{\text{ad}}]^n} \tag{2-42}$$

式中，K_{ad} 为吸附平衡常数，K_{ad} 值大，表示组分在吸附剂上吸附作用强，难于洗脱；K_{ad} 值小，则吸附作用弱，易于洗脱。试样中各组分据此得以分离。

(2) 固定相。

吸附色谱所用固定相多是一些吸附活性强弱不等的吸附剂，如硅胶、氧化铝、聚酸胺等。固定相按孔隙深度可分为表面多孔型和全多孔型，它们具有填料均匀、粒度小、孔穴浅的优点，能极大地提高柱效，其中被广泛使用的是试样容量较大的全多孔型微粒填料。

(3) 流动相。

流动相又称洗脱剂，对极性大的试样往往采用极性强的洗脱剂，反之宜用极性弱的洗脱剂。洗脱剂的极性强弱用溶剂强度参数 ε^0 来衡量。ε^0 越大，表示洗脱剂的极性越强。表 2-5 列出一些常用溶剂在氧化铝吸附剂中的 ε^0 值。在硅胶吸附剂中，ε^0 值的顺序相同，数值可换算($\varepsilon^0_{硅胶} = 0.77\times\varepsilon^0_{氧化铝}$)。液-固色谱法适用于相对分子质量中等的油溶性试样，对具有不同官能团的化合物和异构体有较高的选择性。

表 2-5　常用溶剂的溶剂强度参数

溶剂	ε^0	溶剂	ε^0	溶剂	ε^0
氟烷	−0.25	苯	0.32	乙腈	0.65
正戊烷	0.00	氯仿	0.40	吡啶	0.71
石油醚	0.01	甲乙酮	0.51	正丙醇	0.82
环己烷	0.04	丙酮	0.56	乙醇	0.88
四氯化碳	0.18	二乙胺	0.63	甲醇	0.95

2) 化学键合相色谱法

采用化学键合相的液相色谱称为化学键合相色谱法。由于键合固定相非常稳定，在使用中不易流失，适用于梯度淋洗，特别适用于分离分配系数 K 值范围宽的样品。由于键合到载体表面的官能团可以是各种极性的，因此它适用于多种样品的分离。

(1) 键合固定相的类型。

利用硅胶表面的硅醇基(Si—OH)与有机基团成键，即可得到各种性能的键合固定相。

a. 疏水基团，如不同链长的烷烃(C_8 和 C_{18})和苯基等。

b. 极性基团，如氨丙基、氰乙基、醚和醇等。

c. 离子交换基团，如阴离子交换基团的氨基、季铵盐；阳离子交换基团的磺酸等。

(2) 键合固定相的制备。

a. 硅酸酯(硅醇基—OR)键合固定相。

它是最先用于液相色谱的键合固定相。用醇与硅醇基团发生酯化反应：

$$\equiv 硅醇—OH + ROH \longrightarrow 硅醇基—OR + H_2O$$

这类键合固定相具有良好的传质特性，但硅胶填料易水解且受热不稳定。

b. ≡Si—C 或≡Si—N 共价键合固定相。

制备反应如下：

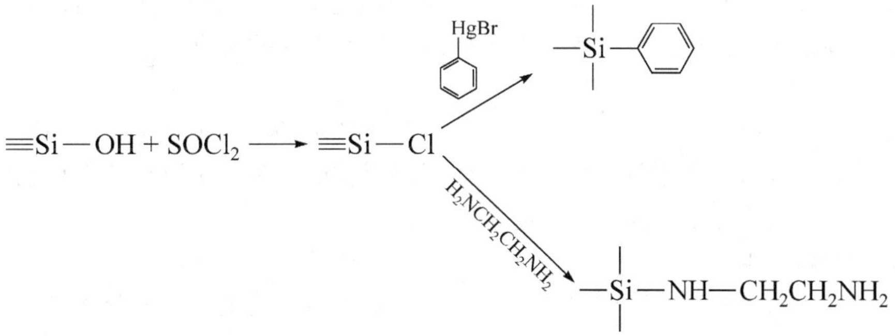

该共价键键合固定相不易水解，并且热稳定较硅酸酯好，缺点是格氏反应不方便，当使用水溶液时必须限制 pH 在 4～8。

c. 硅烷化(≡Si—O—Si—C)键合固定相。

制备反应如下：

$$\equiv Si-OH + ClSiR_3 \longrightarrow -\overset{|}{\underset{|}{Si}}-O-SiR_3 + HCl$$

这类键合固定相具有热稳定性好、不易吸水、耐有机溶剂的优点，能在 70℃以下，pH=2～8 正常工作，应用较广泛。

(3) 反相键合相色谱法。

反相键合相色谱的分离机理，可用疏溶剂作用理论来解释。这种理论把非极性的烷基键合相看作一层键合在硅胶表面的十八烷基的“分子毛/刷”，这种“分子毛/刷”有较强的疏水特性。当用极性溶剂作为流动相分离含有极性官能团的有机物时，一方面，分子中的非极性部分与固定相表面的疏水烷基产生缔合作用，使它保留在固定相中；而另一方面，被分离物的极性部分受到极性流动相的作用，促使它离开固定相，并减小其保留作用。显然，两种作用力之差，决定了分子在色谱中的保留行为，如图 2-34 所示。

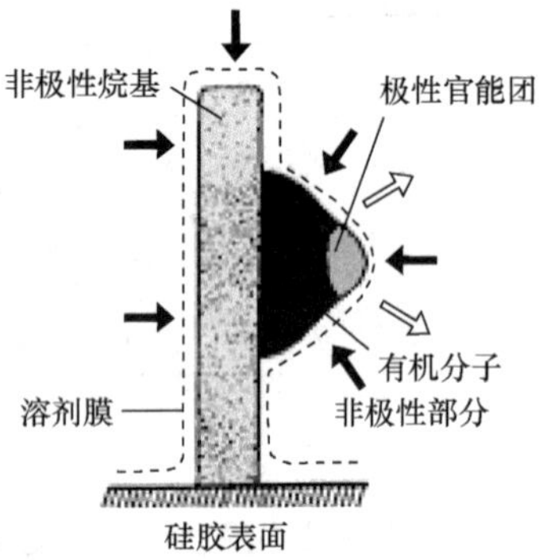

图 2-34　有机分子在烷基键合相上的分离机制

反相键合相色谱法的固定相是采用极性较小的键合固定相，如硅胶-$C_{18}H_{37}$、硅胶-苯基等。流动相是以水为底溶剂，再加入一种与水相混溶的有机溶剂组成。根据分离需要，溶剂强度可通过改变有机溶剂的含量来调节，如甲醇-水、乙腈-水、丙酮-水、有机溶剂-(水+无机盐的缓冲溶液)等。溶剂的极性越强，在反相键合相色谱中的洗脱能力越弱。

反相键合相色谱法应用极为广泛，这是由于它以水为底溶剂，在水中可以加入各种添加剂，以改变流动相的离子强度、pH 和极性等，从而提高选择性；同时可以利用二次化学平衡，使原来不易用反相键合相色谱分析的样品也可进行；而且水的紫外截止波长短，有利于痕量组分的检测；反相键合相稳定性好，不易被强极性组分污染；水廉价易得，对环境友好。该法可用于分离芳烃、多环芳烃等低极性化合物、极性化合物、一些易电离的样品，如有机酸、有机碱、酚类等。

(4) 正相键合相色谱法。

正相键合相色谱法是以极性有机基团(如—CN、—NH_2、双羟基等)键合在硅胶表面作为固定相，以非极性或极性小的溶剂(如烃类)中加入适量的极性溶剂(如氯仿、醇、乙腈等)为流动相，分离时组分的分离分配系数 K 值随固定相极性的增加而增大，但随流动相极性的增加而降低。正相键合相色谱法主要用于分离异构体、极性不同的化合物。

3) 离子交换色谱法

离子交换色谱法是利用离子交换原理和液相色谱技术相结合来测定溶液中阳离子和阴离子的一种分离分析方法。它不仅适用于无机离子混合物的分离，也可用于有机物的分离，如氨基酸、核酸、蛋白质等生物大分子，应用范围较广。

(1) 离子交换原理。

离子交换色谱法是利用不同待测离子对固定相亲和力的差别来实现分离的。其固定相采用离子交换树脂，树脂上分布有固定的带电荷基团和可游离的平衡离子。当待分析物质电离后产生的离子与树脂上可游离的平衡离子进行可逆交换时，其交换反应通式如下：

阳离子交换：

$$R—SO_3^-H^+ + M^+ \rightleftharpoons R—SO_3^-M^+ + H^+$$

阴离子交换：

$$R—NR_3^+Cl^- + X^- \rightleftharpoons R—NR_3^+X^- + Cl^-$$

一般形式：

$$R—A + B \rightleftharpoons R—B + A$$

达到平衡时，以浓度表示的平衡常数(离子交换反应的选择性系数)见式(2-43)：

$$K_{B/A} = \frac{[B]_r[A]}{[B][A]_r} \tag{2-43}$$

式中，$[A]_r$、$[B]_r$分别为树脂相中洗脱剂离子 A 和试样离子 B 的浓度；[A]、[B]分别为它们在溶液中的浓度。离子交换反应的选择系数表示试样离子 B 对于 A 型树脂亲和力的大小：$K_{B/A}$值越大，说明离子 B 交换能力越强，越易保留而难于洗脱。一般地，离子 B 电荷越大，水合离子半径越小，$K_{B/A}$值就越大。

对于典型的磺酸型阳离子交换树脂，一价离子的 $K_{B/A}$ 值顺序为

$$Cs^+ > Rb^+ > K^+ > NH_4^+ > Na^+ > H^+ > Li^+$$

二价离子的 $K_{B/A}$ 值顺序为

$$Ba^{2+} > Pb^{2+} > Sr^{2+} > Ca^{2+} > Cd^{2+} > Cu^{2+},\quad Zn^{2+} > Mg^{2+}$$

对于季铵盐型强碱阴离子交换树脂，各阴离子的 $K_{B/A}$ 值顺序为

$ClO_4^- > I^- > HSO_4^- > SCN^- > NO_2^- > Br^- > CN^- > Cl^- > BrO_3^- > OH^- > HCO_3^- > H_2PO_4^- > IO_3^- > CH_3COO^- > F^-$

(2) 固定相。

作为固定相的离子交换剂，其基质有三大类：合成树脂、纤维素和硅胶。而离子交换剂又有阳离子和阴离子之分。再根据官能团的电离度大小分为强阳(阴)离子交换剂，弱阳(阴)离子交换剂(表 2-6)。

表 2-6　离子交换剂上的官能团

类型	官能团	类型	官能团
强阳离子交换剂 SCX	$—SO_3H$	强阴离子交换剂 SAX	$—N^+R_3$
弱阳离子交换剂 WCX	$—CO_2H$	弱阴离子交换剂 WAX	$—NH_2$

(3) 流动相。

离子交换色谱法所用流动相大多是一定 pH 和盐浓度(或离子强度)的缓冲溶液。通过改变流动相中盐离子的种类、浓度和 pH 可控制 $K_{B/A}$ 值，改变选择性。如果增加盐离子的浓度，则可降低样品离子的竞争吸附能力，从而降低其在固定相上的保留值。

一般，对于阴离子交换树脂来说，各种阴离子的滞留顺序为

柠檬酸离子> SO_4^{2-} > $C_2O_4^{2-}$ > I^- > NO_3^- > CrO_4^{2-} > Br^- > SCN^- > Cl^- > $HCOO^-$ > CH_3COO^- > OH^- > F^-

阳离子的滞留顺序为

Ba^{2+} > Pb^{2+} > Ca^{2+} > Ni^{2+} > Cd^{2+} > Cu^{2+} > Co^{2+} > Zn^{2+} > Mg^{2+} > Ag^+ > Cs^+ > Rb^+ > K^+ > NH_4^+ > Na^+ > H^+ > Li^+

阳离子的差别不如阴离子明显。

(4) 离子色谱法。

离子色谱法是由离子交换色谱法衍生出来的一种分离方法，在离子交换分离柱后加一根抑制柱，抑制柱中装填与分离柱电荷相反的离子交换树脂。通过分离柱后的样品再经过抑制柱，使具有高背景电导的流动相转变成低背景电导的流动相，从而用电导检测器直接检测各种离子的含量。若样品为阳离子，用无机酸作流动相，抑制柱为高容量的强碱性阴离子交换剂。当试样经阳离子交换剂的分离后，随流动相进入抑制柱，在抑制柱中发生两个重要反应：

$$R^+—OH + H^+Cl^- \longrightarrow R^+—Cl + H_2O$$

$$R^+—OH^- + M^+Cl^- \longrightarrow R^+—Cl^- + M^+OH^-$$

4) 尺寸排阻色谱法

尺寸排阻色谱法又称凝胶色谱法，是基于试样分子的尺寸和形状不同来实现分离的，主要用于较大分子的分离，也用于分析大分子物质相对分子质量的分布。其特点：①保留时间是分子尺寸的函数，有可能提供分子结构的某些信息；②保留时间短、谱峰窄、易检测，可采用灵敏度较低的检测器；③固定相与分子间作用力极弱，趋于零，柱寿命长；④不能分辨分子大小相近的化合物，相对分子质量差别必须大于10%才能得以分离。

(1) 分离原理。

尺寸排阻色谱是按分子大小顺序进行分离的一种色谱方法。其固定相为化学惰性多孔物质——凝胶。凝胶内具有一定大小的孔穴，体积大的分子不能渗透到孔穴中去而被排阻，较早地被淋洗出来；中等体积的分子部分渗透；小分子可完全渗透其中，最后洗出色谱柱(图2-35)。这样，样品分子基本上按其分子大小，排阻先后由柱中流出。

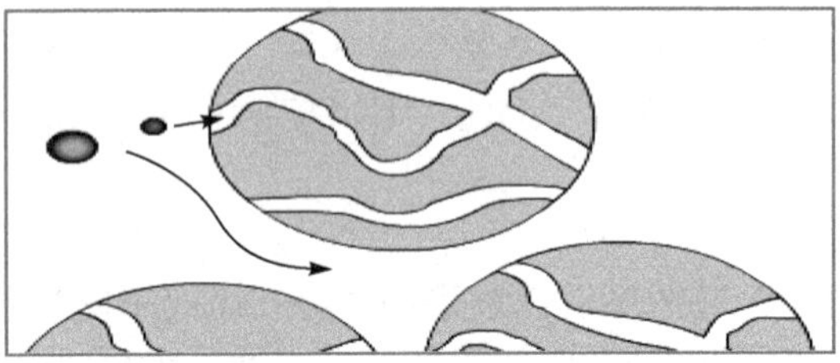

图2-35　尺寸排阻色谱的分离机制

(2) 固定相。

尺寸排阻色谱的固定相一般可分为软性、半刚性和刚性凝胶三类。凝胶指含有大量液体的柔软而富于弹性的物质，是一种经过交联而具有立体网状结构的多聚体。

a. 软性凝胶。如葡聚糖凝胶、琼脂糖凝胶，具有较小的交联结构，其微孔能吸入大量的溶剂，并能溶胀到它们干体的许多倍。它们适用于以水溶性溶剂作流动相，一般用于相对分子质量较小的物质的分析，不适宜在高效液相色谱中应用。

b. 半刚性凝胶。如高交联度的聚苯乙烯，比软性凝胶稍耐压，溶胀性不如软性凝胶。它常以有机溶剂作流动相，用于高效液相色谱时流速不宜过大。

c. 刚性凝胶。如多孔硅胶、多孔玻璃等，它们既可用水溶性溶剂，又可用有机溶剂作流动相，可在较高压强和较高流速下操作。

(3) 流动相。

尺寸排阻色谱所选用的流动相必须能溶解样品，并与凝胶本身非常相似，这样才能润湿凝胶。当采用软性凝胶时，溶剂也必须能溶胀凝胶。另外，溶剂的黏度要小，因为高黏度溶剂往往限制分子扩散作用而影响分离效果。溶剂选择还必须与检测器相匹配。常用的流动相有四氢呋喃、甲苯、氯仿、*N*，*N*-二甲基甲酰胺和水等。以水溶液为流动相的凝胶色谱适用于水溶性样品，以有机溶剂为流动相的凝胶色谱适用于非水溶性样品。

2. 高效液相色谱仪的结构

高效液相色谱仪由流动相输送系统、进样系统、柱系统、检测系统、数据处理和控制系统组成。分析流程采用高压泵将具有一定极性的单一溶剂或不同比例的混合溶剂泵入装有填充剂的色谱柱，经进样阀注入的样品被流动相带入色谱柱内进行分离后，依次进入检测器，由记录仪、数据处理系统记录色谱信号或进行数据处理而得到分析结果，如图 2-36 所示。

图 2-36　高效液相色谱仪(a)及分析流程示意图(b)

1) 流动相储液器

高效液相色谱仪配备一个或多个流动相储液器，其材料要耐腐性，对溶剂惰性，常用玻璃瓶，也可用耐腐蚀的不锈钢、氟塑料或聚醚醚酮特种塑料制成的容器。每个储液器的容积为 500～2000 mL。储液器配有溶剂过滤器，以除去溶剂中灰尘或微粒残渣，防止损坏泵、进样阀或堵塞色谱柱。

高效液相色谱仪对流动相的基本要求：①纯度高，溶剂不纯会增加检测器的噪声，产生伪峰；②与固定相不相溶，以避免固定相的降解或塌陷；③对样品有足够的溶解度，以防止在柱头产生沉淀，从而改善峰形和灵敏度；④黏度低，以降低传质阻力，提高柱效；⑤与检测器兼容，以降低背景信号和基线噪声；⑥毒性小，安全性好。

2) 脱气器

流动相在使用前必须进行脱气处理，以除去其中溶解的气体(如 O_2)，防止形成气泡增加基线噪声，造成分析灵敏度下降和干扰检测器工作，甚至影响柱分离效能。

高效液相色谱仪常用的脱气方法有两大类：①离线(off-line)脱气法，如吹氦脱气法、加热回流法、抽真空脱气法、超声波脱气法等，均会随流动相存放时间的延长而有空气重新溶解到流动相中；②在线(on-line)真空脱气法，把真空脱气装置串接到储液系统中，并结合膜过滤器实现流动相在进入输液泵前的连续真空脱气，并适用于多元溶剂体系。

3) 高压泵

高效液相色谱采用液体作为流动相，其黏度较气体大。同时为了获得高柱效，高效液相色谱使用粒度很小的固定相(<10 μm)，柱内压降大，所以必须采用高压泵来保持流速恒定。采用的高压泵应具有压力平稳无脉动、脉冲小、流量稳定可调、耐压耐腐蚀、密封性好等特性。高压泵用于输送流动相，一般压力为(150～350)×10^5 Pa，分恒流泵和恒压泵两类。

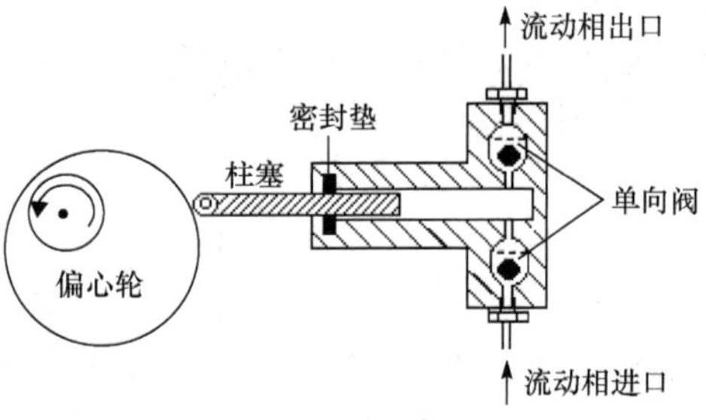

图 2-37　往复式柱塞泵

(1) 往复式柱塞泵(恒流泵)。

泵体由小的溶剂室、柱塞杆、进出液的两个单向阀组成，如图 2-37 所示。通常由步进电机带动凸轮或偏心轮转动，驱动活塞杆往复运动。改变活塞冲程或往复频率，即改变电机转速以调节泵的流量。常采用双柱塞、三柱塞并联或串联泵，并附加阻尼器可提高输出液的流量稳定性。往复式柱塞泵流量与外界阻力无关，死体积小，非常适合梯度洗脱。

(2) 气动放大泵(恒压泵)。

气动放大泵的工作原理与水压机相似，以低压气体作用在大面积气缸活塞上，压力传递到小面积液缸活塞，利用压力放大获得高压。气动放大泵缺点在于泵腔体积大，流量随外界阻力而改变，不适合梯度洗脱，已被恒流泵所代替。

4) 梯度洗脱装置

梯度洗脱指分离过程中通过改变流动相组成增加洗脱能力，以提高分离效率和速度的一种方法。通常梯度装置采用两种或三种、四种极性差别较大的溶剂按一定比例混合进行二元、三元或四元梯度洗脱，适用于组分保留值差别很大的复杂混合物分离。其主要部件除高压泵外，还有混合器和梯度程序控制器。根据溶液混合的方式可以将梯度洗脱分为高压梯度和低压梯度，这两种装置如图 2-38 所示。

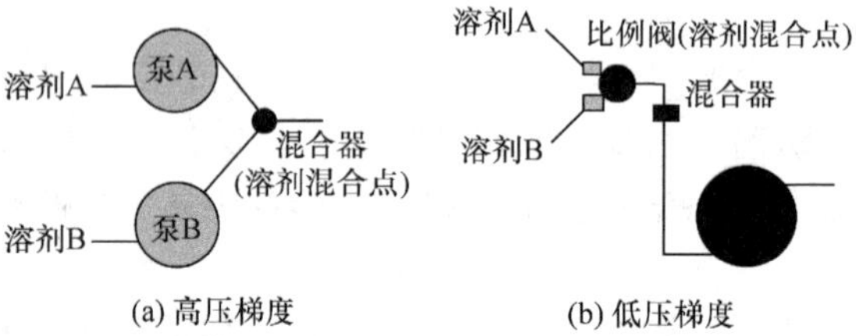

图 2-38　高压梯度和低压梯度

高压梯度：一般只用于二元梯度，即用两个高压泵分别按设定的比例输送 A 和 B 两种溶液至混合器，混合器是在泵之后，即两种溶液是在高压状态下进行混合的。缺点是使用了两台高压泵，使仪器价格变得更昂贵，故障率也相对较高，而且只能实现二元梯度操作。

低压梯度：只需一个高压泵，在泵前安装一个比例阀，混合是在常压(低压)下在比例阀中完成。在常压下混合往往容易形成气泡，所以低压梯度通常配置在线脱气装置，来自于四种溶液瓶的四根输液管分别与真空脱气装置的四条流路相接，经脱气后的四种溶液进入比例阀，混合后从一根输出管进入泵体。多元梯度泵的流路可以部分空置。

梯度洗脱还分为线性梯度与阶梯梯度。前者是在某一段时间内连续而均匀增加流动相强度；后者是直接从某一低强度的流动相改变为另一较高强度的流动相。

5) 进样器

高效液相色谱进样普遍使用高压进样阀。通过进样阀(常用六通阀)，直接向压力系统内进样而不必停止流动相流动的一种进样装置，如图 2-39 所示。

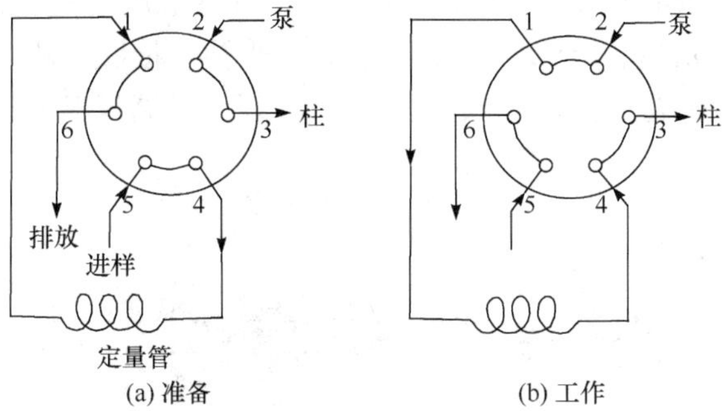

图 2-39　六通进样阀

6) 色谱柱

色谱是一种分离分析手段，因此担负分离作用的色谱柱是色谱系统的心脏。对色谱柱的要求是柱效高、选择性好，分析速度快等。市售的用于高效液相色谱的各种微粒填料如多孔硅胶及以硅胶为基质的键合相、氧化铝、有机聚合物微球(包括离子交换树脂)、多孔碳等，其粒度一般有 3 μm、5 μm、7 μm、10 μm 等，理论塔板数可达$(5\sim16)\times10^4$/m。对于一般的分析只需 5000 塔板数的柱效；对于同系物分析，只要 500 塔板数即可；对于较难分离物质对则可采用高达 2×10^4 塔板数的柱子，因此一般 10～30 cm 的柱长就能满足复杂混合物的分析需要。

色谱柱由柱管、压帽、卡套(密封环)、筛板(滤片)、接头、螺丝等构成，部分见图 2-40。柱管一般为不锈钢管，压力不高于 70 kg/cm^2 时，也可采用厚壁玻璃或石英管，管内壁要求有很高的光洁度。为提高柱效，减小管壁效应，不锈钢柱内壁多经过抛光处理。色谱柱两端的柱接头内装有筛板，其材质是烧结不锈钢或钛合金，孔径 0.2～20 μm (常用 2～5 μm)，取决于填料粒度，目的是防止填料漏出。

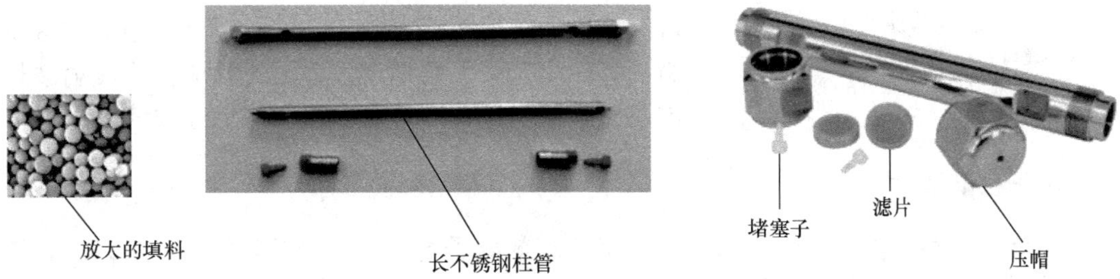

图 2-40　直形不锈钢液相色谱柱

色谱柱按用途可分为分析型和制备型两类，尺寸规格也不同：①常规分析柱(常量柱)，内径 2～5 mm(常用 4.6 mm)，柱长 10～30 cm；②毛细管柱[又称微柱(microcolumn)]，内径 0.2～0.5 mm；③窄径柱[又称半微柱(semi-microcolumn)]，内径 1～2 mm，柱长 10～20 cm；④半制备柱，内径>5 mm；⑤实验室制备柱，内径 20～40 mm，柱长 10～30 cm；⑥产品制备柱内径可达几十厘米。柱内径由柱长、填料粒径和折合流速来确定，避免管壁效应。

7) 检测器

(1) 紫外吸收检测器。

紫外吸收检测器是目前液相色谱使用最普遍的检测器，是专属型的浓度型检测器，适用于检测对紫外和/或可见光有吸收的样品。其检测原理和基本结构与一般光分析仪相似，基于被分析试样组分对特定波长紫外光的选择吸收，组分浓度与吸光度关系遵守比尔定律。紫外吸收检测器主要由光源、单色器、流通池或吸收池、接收和电测器件组成，如图 2-41 所示。紫外检测器灵敏度高，精密度及线性范围较好，对温度和流速不敏感，可用于梯度洗脱。

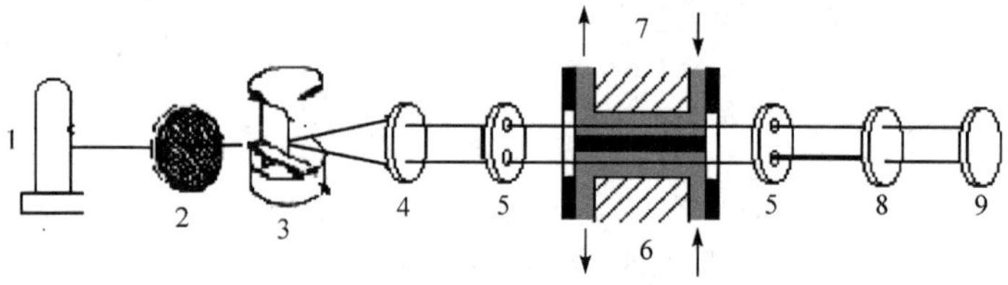

图 2-41　紫外吸收检测器

1. 光源；2. 单色器；3. 斩光器；4. 透镜；5. 透光板；6. 测量池；7. 参比池；8. 紫外滤光片；9. 双紫外光敏电阻

(2) 荧光检测器。

荧光检测器是利用化合物具有光致发光性质，受紫外光激发后能发射荧光对组分进行检测。对不产生荧光的物质可通过与荧光试剂反应，生成可发生荧光的衍生物进行检测。它对多环芳烃、维生素 B、黄曲霉素、卟啉类化合物、农药、药物、氨基酸、甾类化合物等有响应。它的灵敏度比紫外吸收检测器高 2～3 个数量级，检出限可达皮克(1 pg=10^{-12} g)量级或更低，是灵敏度高和选择性好的检测器，属于专属型的浓度型检测器，特别适用于痕量组分测定，其线性范围较窄，可用于梯度淋洗。

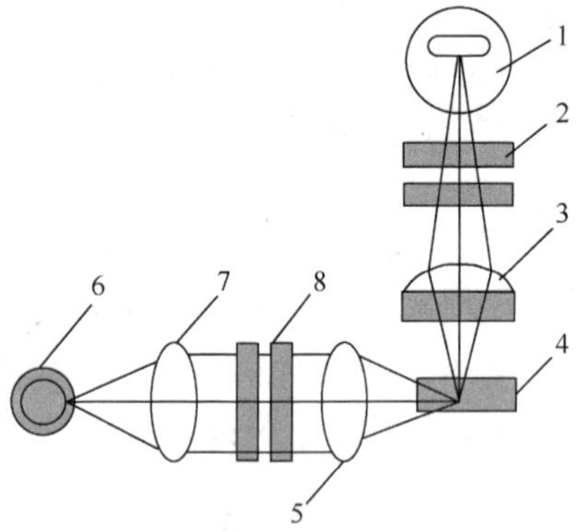

图 2-42　荧光检测器示意图

1. 光电倍增管；2. 发射滤光片；3. 透镜；4. 样品流通池；5. 透镜；6. 光源；7. 透镜；8. 激发滤光片

荧光检测器示意图如图 2-42 所示，光源(氙灯)发出的光束通过透镜和激发滤光片分离出特定波长激发光，再经聚焦透镜聚集于吸收池上，此时荧光组分被激发光激发，产生荧光。再通过发射滤光片分离出发射波长，进入光电倍增管检测。荧光强度与组分浓度成比例。

2.3.5　离子色谱法

离子色谱是高效液相色谱的一种，故又称高效离子色谱(HPIC)或现代离子色谱，其树脂具有很高的交联度和较低的交换容量，进样体积很小，用柱塞泵输送淋洗液，通常对淋出液进行在线自动连续电导检测。它是以无机，特别是无机阴离子混合物为主要分析对象，在 20 世纪 70 年代出现、80 年代迅速发展起来的。

1. 离子色谱法

1) 离子色谱法原理

离子色谱法分离的原理是基于离子交换树脂上可电离的离子与流动相中具有相同电荷的溶质离子之间进行的可逆交换和分析物溶质对交换剂亲和力的差别而被分离。但是，它与色谱离子交换和传统离子交换原理的不同点在于：采用交换容量非常低的特制离子交换树脂为固定相；细颗粒柱填料，高柱效；采用高压输液泵；低浓度淋洗液或本底电导抑制(在分离柱后，采用抑制柱来消除淋洗液的高本底电导)；可采用电导检测器，快速分离分析微量无机离子混合物；各种抑制装置及无抑制方法的出现，发展迅速。

以分析阴离子为例，分离柱选用 $R—N^+HCO_3^-$型阴离子交换树脂，抑制柱选用 $RSO_3^-H^+$型阳离子交换树脂，以碳酸钠与碳酸氢钠的混合溶液为淋洗液。在分离柱和抑制柱上发生的交换反应如下：

分离柱　$$R — N^+HCO_3^- + Na^+X^- \longrightarrow R — N^+X^- + NaHCO_3$$

(X^-代表 F^-、Cl^-、Br^-、NO_2^-、NO_3^-、HPO_4^{2-}、SO_4^{2-}等阴离子)

抑制柱　$$RSO_3^-H^+ + NaHCO_3 \longrightarrow RSO_3^-Na^+ + H_2CO_3$$

$$2RSO_3^-H^+ + Na_2CO_3 \longrightarrow 2RSO_3^-Na^+ + H_2CO_3$$

$$RSO_3^- H^+ + Na^+X^- \longrightarrow RSO_3^- Na^+ + H^+X^-$$

由于树脂对不同阴离子具有不同的交换能力，可实现阴离子的分离。已被分离的阴离子随着淋洗液进入 RSO_3^- H^+型阳离子交换树脂抑制柱。由分离柱上的反应可见，淋洗液转变成低电导的碳酸，而在抑制柱中待测离子转换为等量的酸，分别进入电导池中测定。根据测得的各离子的峰高或峰面积与混合标准溶液的相应峰高或峰面积比较，即可得知水样中各种离子的浓度。

离子色谱法的优点：①分析速度快，可在数分钟内完成一个试样的分析；②分离能力高，在适宜的条件下，可使常见的各种阴离子混合物分离；③分离混合阴离子的最有效方法；④耐腐蚀，仪器流路采用全塑件或玻璃柱。

2) 离子色谱装置类型

离子色谱分为抑制型和非抑制型，其中抑制型又分为抑制柱型、连续抑制型。分离柱中离子交换树脂的交换容量通常为 0.01～0.05 mmol/g 干树脂。非抑制型：当进一步降低分离柱中树脂的交换容量(0.007～0.07 mmol/g 干树脂)，使用低浓度、低电离度的有机弱酸及弱酸盐作为淋洗液，如苯甲酸、苯甲酸盐等，检测器可直接与分离柱相连，不需抑制柱。

2. 离子色谱仪的结构

离子色谱仪由流动相容器、高压输液泵、进样器、色谱柱、检测器和数据处理系统构成。此外，可根据需要配置流动相在线脱气装置、自动进样系统、流动相抑制系统、柱后反应系统和全自动控制系统等，见图 2-43。

离子色谱仪的工作过程：高压输液泵将流动相以稳定的流速(或压力)输送至分析体系，在色谱柱之前通过进样器将样品导入，流动相将样品带入色谱柱，在色谱柱中各组分被分离，并依次随流动相流至检测器。抑制型离子色谱仪则在电导检测器之前增加一个抑制系统，即用另一个高压输液泵将再生液输送到抑制器，在抑制器中流动相的背景电导被降低。然后将流出物导入电导检测池，检测到的信号送至数据系统记录、处理或保存。非抑制型离子色谱仪不用抑制器和输送再生液的高压输液泵，因此仪器的结构相对简单得多，价格也便宜很多。

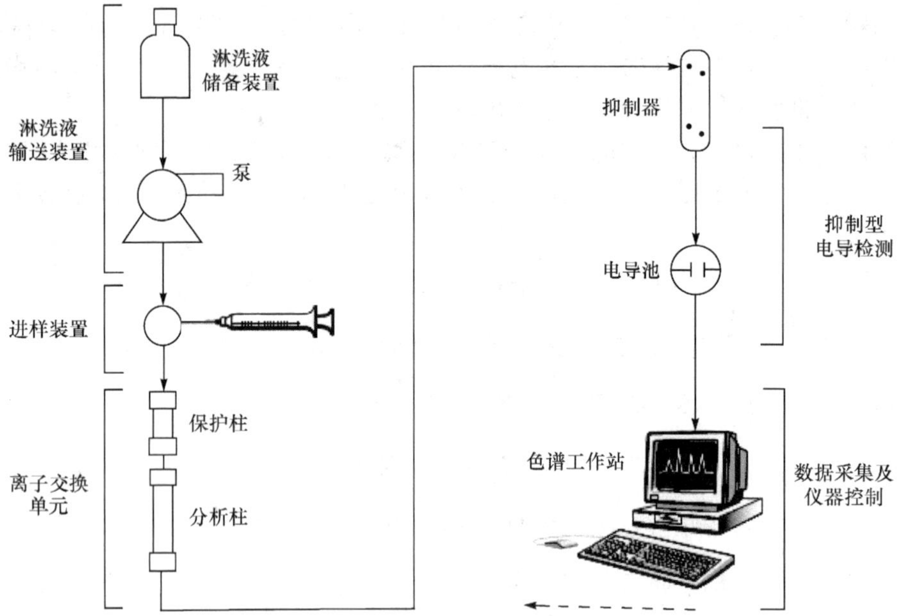

图 2-43　离子色谱仪装置示意图

2.3.6　色谱法的应用

1. 气相色谱法的应用

在气相色谱仪允许的条件下可以气化而不分解的物质，通过化学衍生化方法处理后的热不稳定或难以气化的物质可采用气相色谱法分析。在石油化工、医药卫生、环境监测、生物化学、食品检测等领域都得到了广泛的应用。气相色谱应用关键是色谱条件的探索，其包括分离条件和操作条件。分离条件是指色谱柱，操作条件是指载气流速、柱温、进样条件及检测器等。

1) 固定相的选择

混合物组分在气相色谱柱中能否得到完全分离，主要取决于所选的固定相是否合适。对于气体及低沸点试样，只有选用固体固定相才能更好地分离；对于大多数有机试样，还必须使用液体固定相才能完成分离任务。

一般以“相似相溶”原理作为选择固定液的基本原则。即固定液的性质和被测组分有某些相似性时，其溶解度就大。如果组分与固定液的分子性质(极性)相似，固定液和被测组分两种分子间的作用力就强，被测组分在固定液中的溶解度就大，分配系数就大，也就是说，被测组分在固定液中溶解度或分配系数的大小与被测组分和固定液两种分子之间相互作用的大小有关。分子间的作用力包括静电力、诱导力、色散力和氢键力等。

(1) 分离非极性物质，一般选用非极性固定液，试样中各组分按沸点高低次序先后流出色谱柱，沸点低的先出峰，沸点高的后出峰。

(2) 分离极性物质，选用极性固定液，这时试样中各组分主要按极性顺序分离，极性小的先流出色谱柱，极性大的后流出色谱柱。

(3) 分离非极性和极性混合物时，一般选用极性固定液，这时非极性组分先出峰，极性组分(或易被极化的组分)后出峰。

(4) 对于能形成氢键的试样，如醇、酚、胺和水等的分离，一般选择极性的或是氢键型的固定液，这时试样中各组分按与固定液分子形成氢键的能力大小先后流出，不易形成氢键的先流出，最易形成氢键的最后流出。

2) 柱长和柱内径的选择

增加柱长有利于提高分离度，但分析时间与柱长成正比，则组分的保留时间变长。因此，在满足一定的分离度下，尽可能选用较短的色谱柱。柱内径增大可增加柱容量和有效分离的试样量，但径向扩散会随之增加从而导致柱效下降。柱内径小有利于提高柱效，但渗透性会下降，影响分析速度。因此，对一般分离来说，填充柱内径为 3～6 mm，毛细管柱内径为 0.1～0.5 mm。

3) 载气及载气流速的选择

载气种类的选择应考虑 3 个方面，载气对柱效的影响、检测器的要求及载气性质。①载气相对分子质量大，可抑制试样的纵向扩散，提高柱效。载气流速较大时，传质阻力项起主要作用，采用较小相对分子质量的载气(如 H_2、He)，可减小传质阻力，提高柱效。②热导检测器使用热导系数较大的 H_2 有利于提高检测器的灵敏度。对于氢火焰离子化检测器，N_2 是其载气的首选。③选择载气时，还需考虑载气的安全性、经济性及来源是否广泛等。

载气流速也是提高柱效的重要操作参数。根据速率方程式(2-29)，最佳载气流速 $u_{opt}=(B/C)^{1/2}$。但在实际实验过程中，为了缩短分析时间，载气流速往往大于最佳载气流速。

4) 柱温的选择

柱温是一个重要的操作参数，直接影响柱的选择性、柱效和分析速度。首先柱温不得低于固定相的最低使用温度，不得高于最高使用温度。提高柱温，可以加速组分分子在气相和液相中的传质过程，减小传质阻力，提高柱效；同时也加剧了分子的纵向扩散，导致柱效下降；更重要的是容量因子变小，固定相选择性变差，降低了分离度。柱温升高，被测组分在气相中的浓度增加，K 变小，t_R 缩短，色谱峰变窄变高，低沸点组分峰易发生重叠，分离度下降。所以在分析过程中，若分离是主要矛盾，则选择较低的柱温；若分析速度是主要矛盾，则选择较高的柱温以缩短保留时间、加快分析速度。当然，选择柱温时一定要参考试样的沸点范围。柱温不能比试样沸点低得太多，一般选择在接近或略低于组分平均沸点时的温度。

对于组分复杂、沸程宽的试样，保持恒定柱温不能满足所有组分在合适的温度下分离，并可能造成低沸点组分出峰太快而高沸点组分出峰太慢甚至不出峰，在此情况下通常采用程序升温，即在分析过程中柱温按一定程序由低到高变化使各组分能在最适宜的温度下分离。

5) 进样条件的选择

气化室的温度要保证试样瞬间气化，同时不导致试样分解，一般比柱温高 20～30℃。

进样量与固定相总量及检测器灵敏度有关。对于填充色谱柱，液体试样进样量不超过 10 μL，气体试样不超过 10 mL。通常用热导检测器时，液体进样量为 1～5 μL，用氢火焰离子化检测器时，进样量应小于 1 μL。

进样操作包括注射深度、位置、速度等方面，这些对峰面积有影响。进样时间过长会造成试样扩散，使色谱峰变宽甚至变形。因此，取样完毕应立刻进样，进样时需连续不停顿快速完成。

2. 高效液相色谱法的应用

高效液相色谱法只要求样品能制成溶液，不受样品挥发性的限制，流动相可选择的范围宽，固定相的种类繁多，因而可以分离热不稳定和非挥发性的、离解的和非离解的以及各种分子量范围的物质，目前广泛应用于生物化学、食品分析、医药研究、环境分析、无机分析等各种领域。

1) 多环芳烃的分析

多环芳烃(PAHs)是一类重要的环境污染物，由于其化学性质相近、大多数沸点较高、浓度水平低、基质干扰严重，使其在环境中的分析存在一定困难。高效液相色谱分析不需要气化，适用于沸点较高的组分分析，特别是高效液相色谱与荧光检测器联用，对 PAHs 这类含有荧光特性物质有很高的选择性和灵敏度，对 15 种 PAHs 的仪器检出限在 1×10^{-10}～1×10^{-11}，是分析 PAHs 理想的检测手段。

2) 农药残留分析

高效液相色谱能够快速、准确地对农药及其残留物进行分析，目前已有报道的能够使用高效液相色谱分析的农药包括拟除虫菊酯、氨基甲酸酯类、有机磷类、杀菌剂及脲类农药等，主要通过紫外吸收检测器进行分析。

3) 抗生素分析

通过固相萃取前处理的方法，采用高效液相色谱-紫外/荧光检测，能够对水体或土壤环境中的抗生素进行分析，如磺胺嘧啶、磺胺甲唑、磺胺二甲基嘧啶、氧氟沙星、诺氟沙星、环丙沙星、氯霉素以及甲氧苄氨嘧啶等。

4) 其他

高效液相色谱法还能够应用于环境中全氟化合物、酚类化合物、重金属元素、藻毒素、阴离子表面活性剂以及其他有机污染物等的分析和检测。

3. 离子色谱法的应用

离子色谱法主要用于环境样品的分析，包括地表水、饮用水、雨水、生活污水和工业废水、酸沉降物和大气颗粒物等样品中的阴、阳离子，与微电子工业有关的水和试剂中痕量杂质的分析，另外在食品、卫生、石油化工、水及地质等领域也有广泛的应用。经常检测的常见离子：阴离子有 F^-、Cl^-、Br^-、NO_2^-、PO_4^{3-}、NO_3^-、SO_4^{2-}、甲酸、乙酸、草酸等；阳离子有 Li^+、Na^+、NH_4^+、K^+、Ca^{2+}、Mg^{2+}、Cu^{2+}、Zn^{2+}、Fe^{2+}、Fe^{3+}等。离子色谱仪分离测定常见的阴离子是它的专长，一次样品进样，在 20 min 以内就可得到 7 种常见阴离子的测定结果(图 2-44)，这是其他分析手段所无法达到的。该方法的检出限一般为 0.1 mg/L，当电导检测器的量程为 10 μS，进样量为 100 μL 时，检出限分别为 F^- 0.02 mg/L、Cl^- 0.04 mg/L、NO_2^- 0.05 mg/L、NO_3^- 0.10 mg/L、Br^- 0.15 mg/L、PO_4^{3-} 0.20 mg/L、SO_4^{2-} 0.10 mg/L。

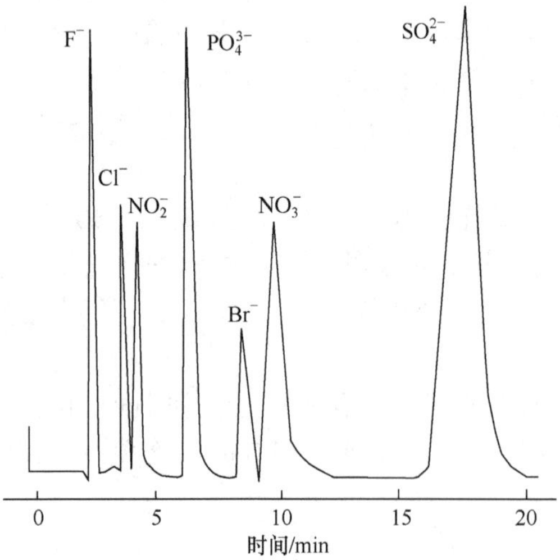

图 2-44　常见 7 种阴离子的色谱图

关于阳离子的测定，离子色谱法与 AAS 和 ICP 法相比则未显示出优越性。

2.4　色谱-质谱联用法

2.4.1　概述

质谱法(mass spectrometry, MS)是将样品分子在离子源内离子化后，在电场和磁场的作用下分离，通过检测器测定后确定化合物的分子量、分子式及分子结构的方法，能够对化合物进行定性或定量分析。质谱仪能够与气相色谱仪、液相色谱仪等分离型仪器联用，这种色谱-质谱联用法能够有效分析复杂混合物(天然产物、食品、药物、代谢产物、污染物等)的组成成分。复杂混合物中组分数量众多，其含量也千差万别，常规的分析方法仅能够完成其中部分污染物的分析，而色谱-质谱联用法则能够在较短的时间内对混合物中的多种组分进行定性和定量分析，目前在环境、有机化学、生物化学、医学等均有广泛的应用。

2.4.2　质谱法的基本原理

1. 质谱仪的工作原理

大多数质谱仪是利用电磁学原理，使带电的离子按质荷比(m/z)进行分离的仪器。典型的方式是将样品分子离子化后经加速进入磁场中，其运动速率与加速电压及电荷有关，即

$$zeU = \frac{1}{2}mv^2 \tag{2-44}$$

式中，z 为电荷数；e 为元电荷($e = 1.60\times10^{-19}$C)；U 为加速电压；m 为离子的质量；v 为离子被加速后的运动速率。具有速率 v 的带电粒子进入质量分析器的电磁场中，根据所选择的分离方式，最终实现各种离子按 m/z 进行分离。根据质量分析器的工作原理，可以将质谱仪分为动态和静态两大类。在静态质谱仪中采用稳定的电场和磁场，按空间位置将 m/z 不同的离子分开，如单聚焦和双聚焦质谱仪。而在动态质谱仪中采用变化的电磁场，按时间不同来区分 m/z 不同的离子，如飞行时间和四极杆质谱仪。

2. 质谱仪的基本结构

质谱仪的基本结构包括进样系统、离子源、质量分析器和检测系统。样品通过合适的进样系统引入离子源进行离子化，随后经过适当的加速进入质量分析器，按不同的 m/z 进行分离，最后到达检测器，产生信号进行记录分析。为了获得离子的良好分析，必须避免离子的损失，因此在样品离子存在和通过的地方必须处于真空状态，其构造如图 2-45 所示。

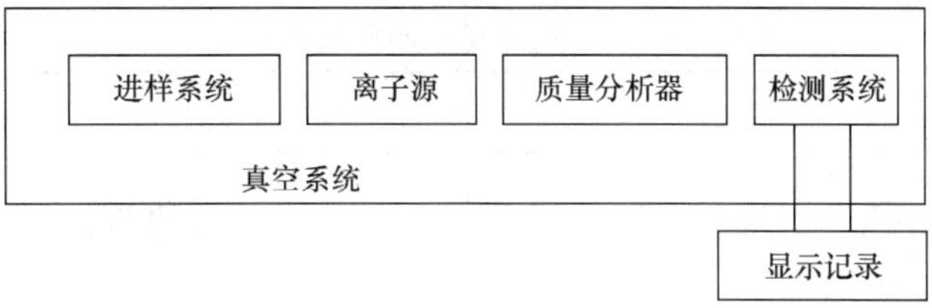

图 2-45　质谱仪构造框图

1) 真空系统

质谱仪中离子产生及经过的系统必须处于高真空状态(离子源真空度应达 1.3×10^{-4}～1.3×10^{-5} Pa，质量分析器中应达 1.3×10^{-6} Pa)。一般质谱仪都采用机械泵预抽真空后，再用高效率扩散泵连续运行以保持真空。

2) 进样系统

进样系统的作用是高效重复地将样品引入离子源中并且不会造成真空度的降低。目前常用的进样装置有三种类型：间歇式进样系统、直接探针进样系统和色谱进样系统。

(1) 间歇式进样系统。

该系统可用于气体、液体和中等蒸气压的固体样品进样。通过可拆卸式的试样管将少量固体或液体试样引入试样储存器中，进样系统的低压强及储存器的加热装置使试样保持气态。由于进样系统的压强比离子源的压强要大，样品离子可以通过分子漏隙(通常是带有一个小针孔的玻璃或金属膜)以分子流的形式渗透进入高真空的离子源中。

(2) 直接探针进样系统。

对于在间歇式进样系统条件下无法变成气体的固体、热敏性固体及非挥发性液体试样，可直接引入离子源中。通常将试样放入小杯中，通过真空闭锁装置将其引入离子源，可以对样品杯进行冷却或加热处理。直接探针进样系统使质谱法的应用范围迅速扩大，使许多量少且复杂的有机物得以有效分析，如甾族化合物、糖、双核苷酸和低相对分子质量聚合物等。

(3) 色谱进样系统。

由于质谱常与气相色谱和液相色谱等联用，这些仪器也就成了特殊的质谱进样系统。借助色谱的有效分离，质谱可以在一定程度上鉴定出混合物的成分。毛细管柱气相色谱由于载气流量小，可直接将色谱柱的出口插入质谱仪的离子源中即可实现联用。液相色谱与质谱的联用经历了长期艰难的摸索，现也已有理想的接口。目前商品化液相色谱-质谱联用仪普遍采用大气压化学电离和电喷雾电离两种离子化模式，既实现了对接又将待测组分电离，集接口与离子化于一体。

3) 离子源

离子源的功能是使样品分子转变为离子，将离子聚焦，并加速进入质量分析器。质谱有多种类型的离子源可满足不同极性、不同相对分子质量范围化合物的分析需求。由于离子化所需要的能量随分子不同差异很大，因此对于不同的分子应选择不同的离子化方法。通常称能给样品较大能量的离子化方法为硬电离，而给样品较小能量的离子化方法为软电离，硬电离通常产生较多碎片离子，而软电离则主要产生分子离子，产生的碎片离子很少或无碎片离子生成。对一个特定分子而言，它的质谱图很大程度上取决于所用的离子化方法。离子源的性能将直接影响质谱仪的灵敏度和分辨率等。目前，常见的离子源有以下几种(表 2-7)。

表 2-7 几种常见质谱离子源

名称	简称	类型	离子化试剂
电子轰击离子化源 (electron ionization)	EI	硬电离	高能电子
化学离子化源 (chemical ionization)	CI	软电离	试剂离子

续表

名称	简称	类型	离子化试剂
大气压化学离子化源 (atmospheric pressure chemical ionization)	APCI	软电离	试剂离子
大气压光电离源 (atmospheric pressure photoionization)	APPI	软电离	光子
场解吸离子化源 (field desorption ionization)	FD	软电离	温和电解离
电喷雾离子化源 (electrospray ionization)	ESI	软电离	高场

4) 质量分析器

质谱仪的质量分析器位于离子源和检测器之间。质量分析器的功能是将离子源产生的离子按 m/z 进行分离，它是质谱仪的心脏。质量分析器的主要类型有单四极杆质量分析器、三重四极杆质量分析器、离子阱质量分析器、扇形磁场-电场双聚焦质量分析器、飞行时间质量分析器和离子回旋共振质量分析器等。根据质量分析器的工作效能，可以将质谱仪分为高分辨质谱和低分辨质谱。其中高分辨质谱可以精确地分析离子的质量，通常可到 4 位小数，如飞行时间质谱和傅里叶变换离子回旋共振质谱；低分辨质谱中一般只能检测到整数位，如四级杆质谱和离子阱质谱。下面仅以单四极杆质量分析器为例。

单四极杆质量分析器(图 2-46)是由四根严格平行，与中心轴等间隔的圆柱形或双曲面柱状电极构成的正、负两组电极，其上分别施加直流和射频电压，产生一动态电场(四级场)。

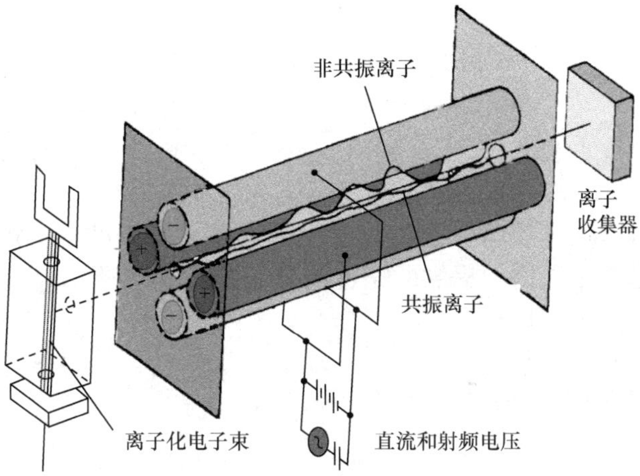

图 2-46　单四极杆质量分析器结构图

离子在四级场的运动轨迹由典型的马蒂厄(Mathieu)方程的解确定，满足方程稳定解的即有稳定振荡的离子才能通过四级场。精确地控制四级场的电压变化，使一定 m/z 的离子通过正、负电极形成的动态电场到达检测器，对应于电压变化的每一个瞬间，只有一种 m/z 的离子能通过，所以有“质量过滤器”之称。当离子沿轴线穿过四级场，其能量只有 5～10 eV，因此也称为低能量的质量分析器。四极杆质量分析器是 GC-MS 联用仪中最通用的一种质量分析器，有较悠久的历史，性能稳定。它有全扫描(full scan)和选择离子监测(selected ion monitoring, SIM)两种不同扫描模式，扫描速度快，灵敏度高，尤其SIM模式可以选择性地检测某个离子，从而降低信噪比，提高灵敏度，特别适用于定量分析。

质量分析器具有以下特性：

(1) 根据离子在电磁场的运动规律实现质量分离。

(2) 只分离带电粒子，分离的依据是离子的 *m*/*z*。

(3) 只分离气相离子，为了控制气相离子的运动轨道，质量分析器必须在真空状态($< 1.3\times10^{-6}$ Pa)下工作。

5) 检测与记录

离子检测器的功能是接收由质量分析器分离的离子，进行离子计数并转换成电压信号放大输出，再经过计算机采集和处理，最终得到按不同 *m*/*z* 值排列并显示对应离子丰度的质谱图(图 2-47)。质谱仪常用的检测器有法拉第(Faraday)杯、电子增倍器及光电倍增器等。质谱信号非常丰富，现代质谱仪一般都采用较高性能的计算机对产生的信号进行快速接收和处理，同时通过计算机对仪器条件进行严格监控，从而使精密度和灵敏度都有一定程度的提高。

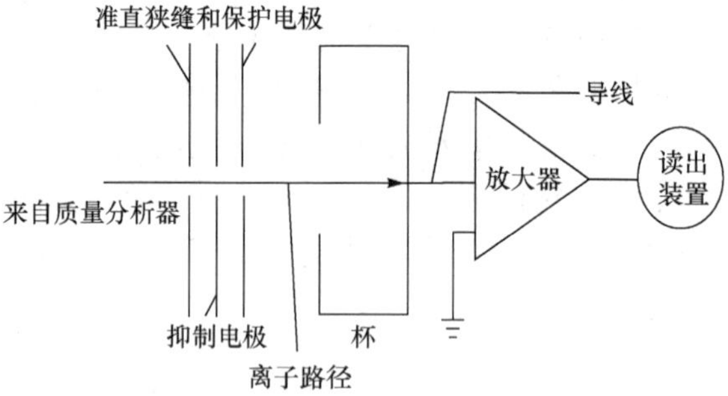

图 2-47　一种检测器与记录器

3. 有机质谱解析

1) 质谱图

质谱图的横坐标是离子的质荷化(*m*/*z*)，纵坐标是离子的丰度。一张质谱图包含了离子的 *m*/*z* 及其丰度，这就是二维质谱图提供的完整信息，如图 2-48 所示。

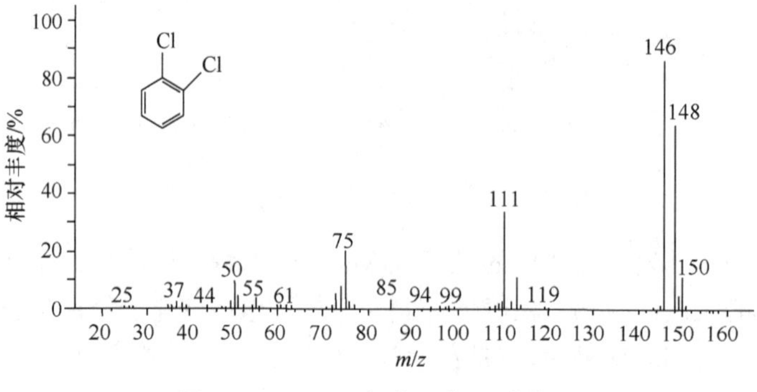

图 2-48　1, 2-二氯苯的典型质谱图

2) 分子离子峰、碎片离子峰、亚稳离子峰及其应用

分子在离子源中会产生多种离子，即同一种分子可以产生多种离子峰，主要有分子离子峰、同位素离子峰、碎片离子峰、重排离子峰、亚稳离子峰等。

(1) 分子离子峰。

在 EI 源中，试样分子在高能电子撞击下产生正离子，即

$$M + e^- \longrightarrow M^+ + 2e^-$$

M^+称为分子离子。分子离子的质量对应于中性分子的质量，这对解释未知质谱非常重要。几乎所有的有机分子都可以产生可以辨认的分子离子峰，若不考虑同位素的影响，分子离子应具有最高质量，而其强度取决于分子离子相对于裂解产物的稳定性。分子中若不含氮原子或含有偶数个氮原子，则相对分子质量将是偶数；含有奇数个氮原子的分子，相对分子质量将是奇数，这就是“氮律”，分子离子峰符合氮律。但需注意，不同离子源所产生的分子离子可能会有差异，尤其当通过质子转移、离子加和等方式发生离子化时，分子离子对应的就不是中性分子的质量，因而需要对具体情况进行分析。

(2) 碎片离子峰。

分子离子产生后可能具有较高能量，将会通过进一步破碎或重排而释放能量，碎裂后产生的离子形成的峰称为碎片离子峰。有机物受高能作用时会产生各种形式的分裂，一般强度最大的质谱峰对应于最稳定的碎片离子，通过各种碎片离子相对峰高的分析有可能获得整个分子的结构信息。但由此获得的分子拼接结构并不总是合理的，因为碎片离子不是只由分子离子发生一次碎裂产生，也可能由进一步断裂或重排产生，因此要准确地进行定性分析，需要与标准图谱进行比较。

(3) 亚稳离子峰。

前面所阐述的离子都是稳定的离子。实际上，在电离、裂解、重排过程中有些离子处于亚稳态。例如，在离子源中生成质量为 m_1 的离子，在进入质量分析器前的无场飞行时发生断裂，使其质量由 m_1 变为 $m_2+\Delta m$，形成 m_2 的较低质量的离子。这类离子具有质量为 m_1 离子的速度，进入质量分析器时具有 m_2 的质量，在磁场作用下，离子运动的偏转半径大，它的表观质量 $m^*=[m_2]^2/m_1$，这类离子称为亚稳离子，m^*形成的质谱峰称为亚稳离子峰，在质谱图上，m^*峰不在 m_2 处，而出现在比 m_2 更低的 m^*处。

由于在无场区裂解的离子 m^*不能聚焦于一点，故在质谱图上 m^*峰弱而钝，一般可能跨 2～5 个质量单位，并且 m/z 常常为非整数，所以 m^*峰不难识别。例如，在十六烷的质谱图中，有若干个亚稳离子峰，其 m/z 分别位于 32.9、29.5、28.8、25.7、21.7 处。m/z=29.5 的 m^*因 $41^2/57 \approx 29.5$，所以 m^*=29.5，表示存在如下裂解机理：$C_4H_9^+(m/z=57) \longrightarrow C_3H_5^+(m/z=41) + CH_4$。由此可见，根据 m_1 和 m_2 就可计算 m^*，并证实有 $m_1 \rightarrow m_2$ 的裂解过程，这对解析一个复杂质谱图很有参考价值。

3) 同位素离子峰及其应用

有些元素具有天然存在的稳定同位素，所以在质谱图上出现 M+1、M+2 的峰，由这些同位素形成的离子峰称为同位素离子峰。一些常见同位素的相对丰度如表 2-8 所示，其确切质量(以 C 为 12.000000 为标准)及天然丰度列于表 2-9。而一般有机分子鉴定时，可以通过同位素离子峰的统计分布来确定其元素组成，分子离子的同位素离子峰相对强度之比总是符合统计规律的。

表 2-8　常见元素的稳定同位素相对丰度

元素	质量数	相对丰度/%	峰类型	元素	质量数	相对丰度/%	峰类型
H	1	100.00	M	Li	6	8.11	M
	2	0.015	M+1		7	100.00	M+1
C	12	100.00	M	B	10	25.00	M
	13	1.08	M+1		11	100.00	M+1
N	14	100.00	M	Mg	24	100.00	M
	15	0.36	M+1		25	12.66	M+1
O	16	100.00	M		26	13.94	M+2
	17	0.04	M+1	K	39	100.00	M
	18	0.20	M+2		41	7.22	M+2
S	32	100.00	M	Ca	40	100.00	M
	33	0.80	M+1		44	2.15	M+4
	34	4.40	M+2	Fe	54	6.32	M
Cl	35	100.00	M		56	100.00	M+2
	37	32.5	M+2		57	2.29	M+3
Br	79	100.00	M	Ag	107	100.00	M
	81	98.0	M+2		109	92.94	M+2

表 2-9　几种常见元素同位素的确切质量及天然丰度

元素	同位素	确切质量	天然丰度/%	元素	同位素	确切质量	天然丰度/%
H	^{1}H	1.007825	99.98	P	^{31}P	30.973763	100.00
	$^{2}H(D)$	2.014102	0.015	S	^{32}S	31.972072	95.02
C	^{12}C	12.000000	98.9		^{33}S	32.971459	0.85
	^{13}C	13.003355	1.07		^{34}S	33.967868	4.21
N	^{14}N	14.003074	99.63		^{35}S	34.967079	0.02
	^{15}N	15.000109	0.37	Cl	^{35}Cl	34.968853	75.53
O	^{16}O	15.994915	99.76		^{37}Cl	36.965903	24.47
	^{17}O	16.999131	0.03	Br	^{79}Br	78.918336	50.54
	^{18}O	17.999159	0.20		^{81}Br	80.916290	49.46
F	^{19}F	18.998403	100.00	I	^{127}I	126.904477	100.00

4) 质谱定性分析

质谱是纯物质鉴定的最有力工具之一，其中包括相对分子质量测定、化学式确定及结构鉴定等。

(1) 相对分子质量测定。

从分子离子峰的 m/z 可以推测相对分子质量，所以准确地确认分子离子峰十分重要。虽然理论上可认为除同位素离子峰外分子离子峰应该是最高质量处的峰，但在实际中并不能由此简单认定。有时由于分子离子稳定性差而观察不到分子离子峰，因此在实际分析时必须加以注意。

在纯样品质谱中，分子离子峰应具有以下性质：

a. 原则上除同位素离子峰外，分子离子峰是最高质量的峰。但是，某些物质会形成质子化离子$(M+H)^+$峰(醚、酯、胺等)、去质子化离子$(M-H)^-$峰(芳香酸等)及缔合离子$(M+R)^+$峰。

b. 要符合“氮律”。在只含 C、H、O、N 的化合物中，不含或含偶数个 N 原子的分子的质量数为偶数，含有奇数个 N 原子的分子的质量数为奇数。这是因为在 C、H、O、N、P、卤素等元素组成的有机分子中，只有 N 原子的化合价为奇数而质量数为偶数。

c. 存在合理的中性碎片损失。在有机分子中，经离子化后，分子离子可能损失一个 H 或 CH_3、H_2O、C_2H_4 等碎片，相应为 M−1、M−15、M−18、M−28 等的碎片峰，而不可能出现 M−3、M−14、M−21 至 M−24 范围内的碎片峰。若出现这些峰，则不是分子离子峰。

d. 在 EI 源中，若降低电子轰击电压，则分子离子峰的相对强度增加，若不增加，则不是分子离子峰。

由于分子离子峰的相对强度与分子离子的稳定性有关，其大致顺序是：芳香环 > 共轭烯 > 烯 > 脂环 > 羧基化合物 > 直链碳氢化合物 > 醚 > 酯 > 胺 > 酸 > 醇 > 支链烃，在同系物中，相对分子质量越大，则分子离子峰的相对强度越小。

(2) 化学式确定。

由于高分辨质谱仪可以非常精确地测定分子离子或碎片离子的 m/z，则可利用元素的精确质量算出其元素组成，复杂分子的化学式也可算出。

在低分辨质谱仪上，则可以通过同位素相对丰度法推导其化学式，同位素离子峰相对强度与其中各元素的天然丰度及其原子个数有关，可通过相对丰度比推算相关原子的个数。例如，Cl 在自然界有两种同位素 ^{35}Cl 和 ^{37}Cl，它们的丰度比是 3∶1，因此当待测化合物中含有一个 Cl 原子时，它会有两个同位素离子峰 M^+和$[M+2]^+$，且峰强比为 3∶1。

(3) 结构鉴定。

纯物质结构鉴定是质谱最成功的应用领域。通过谱图中的碎片离子、亚稳离子、分子离子的化学式、m/z、相对峰高等信息，根据各类化合物的分裂规律，找出碎片离子的产生途径，从而拼凑出整个分子结构。再根据质谱图拼出的结构，对照其他分析方法以得出可靠结果，或者与在相同条件下获得的已知标准图谱比较来确认样品分子的结构，也可与相应的化合物标准品进行比对确定其结构。

5) 质谱定量分析

质谱检出的离子流强度与离子数目成正比，因此通过离子流强度测量可进行定量分析。

(1) 同位素测量。

同位素离子的鉴定和定量分析是质谱发展的原始动力，至今稳定同位素测定依然十分重要，只不过不再是单纯的元素分析而已。分子的同位素标记对有机化学和生命科学领域中化学机理和动力学研究十分重要，而进行这一研究前必须测定标记同位素的量，质谱法是常用的方法之一。对其他涉及标记同位素探针、同位素稀释及同位素年代测定的工作，都可以用同位素离子峰来进行。

(2) 混合物的定量分析。

利用质谱峰可进行各种混合物的组分分析，在分析过程中，保持通过质谱仪的总离子流恒定，使得到的每张质谱或标样的量为固定值，记录样品和样品中所有组分的标样质谱图，选择混合物中每个组分的一个共有的峰，样品的峰高假设为各组分特定 m/z 峰的峰高之和，从各组分标样中测得这个组分的峰高，解数个联立方程，以求得各组分浓度。用上述方法进行多组分分析时费时费力且易引入计算及测量误差，故现在一般采用将复杂组分分离后再引入质谱仪中进行分析，常用的分离方法是色谱法。

2.4.3　气相色谱-质谱联用技术

1. 气相色谱-质谱联用技术的发展

从 20 世纪 50 年代气相色谱仪出现以后，分析化学家意识到其与质谱技术联用的巨大潜力，因而致力于气相色谱-质谱联用技术(GC-MS)的开发。

GC-MS 的发展，主要围绕以下三个问题的解决而不断取得进展：①气相色谱柱出口气体压力和质谱正常工作所需的高真空的适配；②质谱扫描速度和色谱峰流出时间的相互适应；③必须能同时检测色谱和质谱信号，获得完整的色谱和质谱图。这三个问题都与色谱、质谱仪器的结构和功能有关，随着气相色谱、质谱技术的不断发展，联用技术也不断得到完善。此外，真空技术、电子技术、计算机科学等各项技术的发展也推动了气相色谱-质谱联用技术的日趋完善。

经过半个多世纪的努力，GC-MS 在分离、检测和数据采集处理方面的整体性能都有很大提高，已经是一个非常成熟、完善的定性、定量优良工具。由于提供信息的能力、可靠性及商品化系统的多种选择性和可用性，它不仅在许多科学研究领域，而且在工业生产及各种监测和检验部门都得到了广泛应用。

2. 气相色谱-质谱联用技术特点

GC-MS 的基本特性如图 2-49 所示，其特点如下：

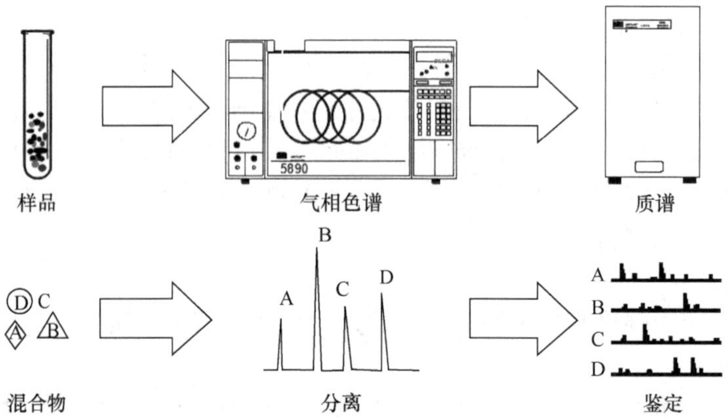

图 2-49　气相色谱-质谱联用基本特性图

(1) 气相色谱作为进样系统，将待测样品经色谱柱有效分离后直接导入质谱进行检测，既满足了质谱分析对样品纯度的要求，又省去了样品制备、分离、转移的烦琐过程；不仅避免了样品受污染的风险，还实现了对质谱进样量的有效控制，因而极大地提高了对混合物分离、定性、定量分析的能力。

(2) 质谱作为检测器，检测的是离子质量，获得化合物的质谱图，解决了气相色谱定性分析的局限性。因为质谱法的多种电离方式可使各种样品分子得到有效的电离，所有离子经质量分析器分离后均可以被检测，有广泛适用性。而且质谱的多种扫描方式和质量分析技术，可以选择性地只检测所需的目标化合物，不仅能排除基质和杂质峰干扰，还可极大地提高检测灵敏度。

(3) GC-MS 的优势还体现在可获得更多的信息。单独使用气相色谱只获得保留时间、强度二维信息，单独使用质谱只获得 m/z、强度二维信息，而 GC-MS 可得到 m/z、保留时间和强度三维信息。化合物的质谱特征加上气相色谱保留时间双重定性信息，其专属性更强。质谱特征相似的同分异构体，靠质谱图难以区分，但根据色谱保留时间则不难鉴别。具有相同保留时间的不同化合物，根据质谱图也可区分。

(4) GC-MS 的发展促进了分析技术的计算机化，不仅改善并提高了仪器的性能，还极大地提高了工作效率。从控制仪器运行、数据采集和处理、计算机的介入使仪器可以全自动昼夜运行，从而缩短了各种新方法的开发时间和样品运行时间，实现了高效率分析的目标。

现代 GC-MS 的分离度和分析速度、灵敏度、专属性和通用性至今仍是其他联用技术难以达到的，因此只要待测成分适用于气相色谱分离，GC-MS 应当是首选的分析方法。

3. 气相色谱-质谱联用仪进样技术

利用 GC-MS 分析样品时，可根据分析物的特征选择合适的进样口，GC-MS 进样口的类型主要有分流/不分流进样口、可程序升温进样口、冷柱头进样口、顶空进样口、吹扫捕集进样口等。下面对各种进样口做简单介绍。

1) 分流/不分流进样口

样品浓度较高时首选分流进样，因用溶剂稀释可能造成某些组分丢失，因而可直接在进样口进行分流，使只有部分样品进入色谱柱进行分析。高沸点痕量组分首选不分流进样。

2) 可程序升温进样口

将液体或气体样品注入低温的进样口衬管内，按程序升高进样口温度，可去除溶剂使样品中待测组分得到浓缩，不挥发的残渣留在衬管中，保护色谱柱。

3) 冷柱头进样口

冷柱头进样是将样品直接注入处于室温或更低温度下的色谱柱中，再逐步升高温度使样品各组分依次发生气化。它的优点是可消除进样口对样品的歧视效应，避免热分解，适用于热不稳定化合物及痕量分析，分析的准确度与精确度均高于分流/不分流进样；缺点是进样体积小，操作复杂。

4) 顶空进样口

顶空进样也称静态顶空技术，用于测定在一定温度下可挥发及相对比较难以前处理的样品。需要注意如果基质是液体，基质的蒸气压通常会高于样品的蒸气压，因而尽量选择沸点较高的化合物作基质，以减少基质对分析物的干扰。顶空进样要用分流进样方式，以防止样品扩散和压力波动。

5) 吹扫捕集进样口

吹扫捕集也称动态顶空技术，是将样品中的可挥发性有机物被氮气吹扫到捕集管中，捕集管中一般装有填料，可选择性地吸附有机物。当这一过程结束后，将捕集管快速加热，使被吸附的有机物释放出来进入 GC-MS 进行分离分析。

2.4.4　液相色谱-质谱联用技术

1. 液相色谱-质谱联用技术的发展

虽然 GC-MS 具有高分离度、分析速度和灵敏度并可提供待测物质的分子组成和结构信息，是定性、定量的优良工具，但因为 GC-MS 要求样品必须气化，因而难以用于极性、热不稳定和大分子化合物等的测定，应用范围有限。而液相色谱-质谱法(LC-MS)将应用范围更广的分离方法——液相色谱法与质谱法结合起来，成为一种重要的分离分析技术。但是液相色谱与质谱的匹配需要克服以下问题。

(1) 液相色谱在高压下进行，而质谱离子源要求高真空。

(2) 液相色谱的液体进入离子源转变为大量气体，而质谱只允许有限的气体进入离子传输系统。

(3) 液相色谱对待测物的质量范围无限制，而质谱测定质量取决于 m/z 和质谱仪的类型。

(4) 液相色谱常使用无机盐缓冲剂，而质谱只能使用挥发性缓冲盐，否则会导致喷雾针中的毛细管堵塞。

LC-MS 技术经过了约 30 年的发展，经历了液体直接导入接口、“传送带式”接口、连续流动快原子轰击、离子束接口、热喷雾接口等连接技术，直到电喷雾离子化技术、大气压化学离子化技术问世，并相对发展成熟以后，LC-MS 的匹配问题得到了较为圆满的解决。此外，由于液相色谱发展了更高效的柱子，使得较少的流动相同样能实现高的分离度；质谱仪的串联/组合技术发展，也使 LC-MS 获得的离子峰能有效地表达被分析物质的质量信息。现在，LC-MS 已发展成为常规应用的重要分离分析方法。

2. 液相色谱-质谱联用技术特点

LC-MS 可用于 GC-MS 所不适用的高沸点、热稳定性差、相对分子质量大的物质的分离分析。它不仅弥补了 GC-MS 的不足之处，而且还有以下优点。

(1) 高普适性：质谱仪的出现，有效地解决了热不稳定性化合物分析检测的难题。

(2) 高分离能力：由于化合物极性非常接近，很容易出现在色谱柱上不能完全分离的状况。质谱分析不仅可以有效地检测出所有化合物的相对分子质量，而且还可以通过二级质谱图给出不同化合物各自的结构信息。

(3) 高灵敏度：质谱仪具有很高的灵敏度，一般在低于 10^{-12} g 水平下的样品都可以通过质谱法进行检测。与此同时，对于没有紫外吸收的复杂化合物，质谱法表现更优异。

(4) 高效的制备系统：有效地解决了传统 UV 制备中的难题，从很大程度上提高了制备系统的性能。

(5) 串联检测系统：LC-MS 最初使用单独的质谱仪，如四极杆或离子阱，对质谱图的解析非常困难。而串联质谱是用质谱作为质量分离的方法，通过诱导第一级质谱产生的分子离子裂解，研究子离子和母离子的关系，从而得出该分子离子的结构信息，实现未知物的定性定量，目前应用比较广泛的是串联三重四极杆质谱和三重四极杆-飞行时间质谱(Q-TOF)。

3. 液相色谱-质谱联用仪接口技术

LC 分离要使用大量流动相，由于流动相的挥发产生的气体压力相对于真空系统太高，因此如何有效去除流动相而不损失样品成为 LC-MS 联用技术的难题。LC-MS 的接口装置在去除溶剂及促进样品分子离子化过程中有效地实现了 LC 与 MS 的连接，成为其联用的关键技术。现在广泛使用的接口类型有热喷雾(TSP)接口、电喷雾电离(ESI)接口、大气压化学电离(APCI)接口和大气压光电离接口(APPI)。

1) 热喷雾接口

TSP 是一个能够与液相色谱在线联机使用的 LC-TS-MS“软”离子化接口。该接口的工作原理是：喷雾探针取代了直接进样杆的位置，流动相流经喷雾探针时会被加热到低于流动相完全蒸发点 5～10℃的温度，由于受热体积膨胀，在探针处喷出许多由微小液滴、粒子以及蒸气组成的雾状混合物。按照离子蒸发理论及气相分子离子反应理论的原理，被分析物分子在此条件下可以生成一定量的离子进入质谱系统以供检测。

TSP 的主要特点是可以适应较大的液相色谱流动相流速(约 1.0 mL/min)，较强的加热蒸发作用可以适应含水较多的流动相，适用于极性大、难气化、热稳定性高的样品。TSP 技术出现后，在药物(如抗生素及其他临床药物)、人体内源性化合物(如腺苷、肌苷咖啡因、茶碱、游离氨基酸)、化工产品、环境分析等许多领域中得到大量的应用。

2) 电喷雾电离接口

在 ESI 中，被分析样品液体进入 ESI 离子化源反应区离子化，样品离子再进入质谱仪分析。ESI 技术是利用离子从荷电微滴直接发射入气相，这一离子蒸发过程是将化合物不发生任何热降解引入质谱仪中，从而实现液相分离技术与质谱仪的联用。因而 ESI 适用于热稳定性差、极性大的化合物的检测，弥补了 TSP 的不足。ESI 的用途十分广泛，如药物及其在体内代谢成分的分析检测、有机合成化学中间体的分析鉴定、大分子多肽化合物的相对分子质量检测、氨基酸测序及结构研究、分子生物学等许多重要的研究和生产领域，并以如下的特点得到了广泛认可：

(1) 高的离子化效率，对蛋白质而言接近 100%。

(2) 多种离子化模式供选择，如 ESI(+)、ESI(−)。

(3) 由于蛋白质中含有多个羧基及氨基等官能团，理论上可以带多个电荷，因此可以测量的蛋白质相对分子质量可达几十万甚至上百万。

(4) ESI 的电离方式相对较“软”，很好地解决了热不稳定性化合物分析检测的难题。

(5) 气动辅助电喷雾技术为实现与大流量(约 1 mL/min)的 HPLC 联机使用提供了可能。

3) 大气压化学电离接口

APCI 源与 ESI 源的作用机理类似，区别是 APCI 喷嘴的下端装有一个针状放电电极(图 2-50)，通过尖端放电，空气中的中性分子(如水蒸气、氮气、氧气等)以及溶剂分子都会被电离成相应的离子形式，这些离子与样品分子发生离子-分子交换，最终使样品分子离子化。整个电离过程包括了由质子转移和电荷交换产生正离子、质子脱离和电子捕获产生负离子等。

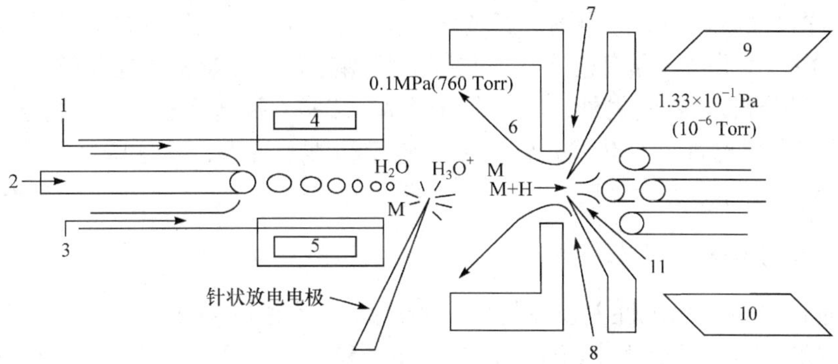

图 2-50　大气压化学电离接口示意图

1. 雾化气；2. 流出液；3. 修饰气；4,5. 加热器；6. 气帘；7,8. N_2；9,10. 二级泵区；11. 试样流

由于物质结构及电离源电离方式不同，当 ESI 不能产生满意的离子信号时，可以采用 APCI 方式增加离子化产物的产率，因此可以把 APCI 看作是 ESI 的补充。一般 ESI 主要用于中等以及大极性化合物的分析检测，APCI 一般用于极性以及极端非极性化合物的分析检测。此

外，APCI 的离子化产物碎片极少，主要是准分子离子峰，所以可用于检测的化合物的分子质量一般小于 1000 Da。

4) 大气压光电离接口

在 APPI 中，电离主要是由真空紫外灯发射 10 eV 光子引发的。由于大多数使用的 LC 淋洗液(如甲醇和乙腈)的电离能高于 10 eV，不能被有效地电离。因此，通常将电离能低于 10 eV 的掺杂剂(如甲苯、氯苯或苯甲醚)添加到洗脱液中，以提高电离效率。在电离过程中主要有两种电离途径：①掺杂剂首先被 10 eV 光子光电离，形成掺杂自由基阳离子，如果分析物的电离能小于掺杂剂的电离能，则可能发生电荷交换反应，并形成分析物的自由基阳离子；②掺杂剂向洗脱液分子提供质子，如果分析物的质子亲和力高于溶剂分子或其团簇的亲和力，则洗脱液分子可以通过质子转移反应与分析物反应，在负离子模式下，掺杂剂的光电离形成热电子，引发导致分析物电离的反应。近年来，由于掺杂剂的使用复杂且通常对环境有害，一些新的电离方式如软 X 射线、同步辐射等也被开发出来，应用于 LC-APPI-MS 当中。APPI 可以有效地电离多种不同极性的化合物，能够分析多种在 ESI 和 APCI 下不易电离的化合物，如类固醇、多环芳烃和萜烯等非极性中性化合物。

2.4.5 色谱-质谱联用法的应用

1. 气相色谱-质谱联用技术的应用

GC-MS 的应用十分广泛，从环境污染物分析、食品香味分析鉴定到医疗诊断、药物代谢研究等都有广泛应用，主要包括两个方面：

(1) 目标化合物的定量分析。首先，基于目标化合物的 GC-MS 标准谱图选择定量离子和确认离子(一般选择 3～5 个，包括定量离子在内)，不同化合物需要的确认离子数目可能不同；随后，GC-MS 的定量程序运行过程中，要根据色谱保留时间判别定量离子，并用确认离子进一步确认和定量分析；除此之外，定量分析的过程中还要注意样品基质和仪器本底的干扰。

(2) 复杂混合物的成分分析。GC-MS 技术能够应用于复杂混合物的分成分分析，如在石油中的烃类、非烃类单体化合物分析，各种化工原料组成分析，中草药成分分析等。

在环境监测中，GC-MS 适用的化合物类型包括：挥发性有机化合物、半挥发性有机化合物、苯系物、挥发性卤代烃、二氯酚、五氯酚、邻苯二甲酸酯、己二酸酯、有机氯农药、多环芳烃、二噁英类、多氯联苯和有机锡化合物等。使用热解 GC-MS 法还能够对环境中的微(纳米)塑料进行定量分析。除此之外，对于含有羟基、羧基、氨基等官能团的化合物，衍生化处理能够改善其气相色谱性质、热稳定性、分子质量和质谱行为，使这些极性较高的化合物也能够通过 GC-MS 进行分析。

2. 液相色谱-质谱联用技术的应用

GC-MS 难以分析热稳定性差及不易挥发的样品，而用 LC-MS 则可以方便地进行，因此 LC-MS 联用技术也被广泛应用于医学、药学、生命科学、食品、环境等众多领域，主要包括以下三个方面：

1) 相对分子质量和分子式的测定

在对化合物进行鉴别时，相对分子质量测定通常是首要工作。对于混合物样品，通常采用 LC-MS 联用技术对样品中的成分进行分离分析。因为 API(APCI 和 ESI 等)，尤其是 ESI，是“软离子化”技术，样品的质谱图中主要由分子、离子组成，很少有碎片，故易于确定相对分子质量。

2) 结构的鉴定

通过 LC-MS/MS 中的子离子扫描功能，可得到分析物的碎片离子信息，根据分子式及碎片离子可推测分子、离子的结构，然后用标准化合物进行比对，或通过其他手段进行进一步确证。特别是 Q-TOF 可以给出高分辨率的离子质量数，这样可以根据准确的离子质量数找到对应的离子元素组成与结构。

3) 定量分析

LC-MS 中的单离子检测扫描(single ion monitoring，SIM)模式可用于目标化合物的定量分析，专一性强，灵敏度高，干扰小。而 LC-MS/MS 中的多反应检测扫描(multi reaction monitoring，MRM)模式比 LC-MS 的 SIM 模式选择性更好、排除干扰能力更强、灵敏度更高，因而是定量分析的优先选择。

在环境监测中，LC-MS 能够同时获得样品中的目标物、非目标物和可疑物质的信息，因此可以针对环境中种类繁多的有机物、复杂基质中的痕量物质和未知物质等进行分析，适用的化合物主要为极性物质，如酚类、苯胺类、阿特拉津，以及大分子物质与污染物的降解产物等；同时，液相色谱与超高分辨质谱联用时，还能够对水环境中复杂天然有机质的组成成分进行解析。

2.5　电化学分析法

2.5.1　概述

电化学是利用电子学的方法来研究化学变化及电能和化学能之间的联系和转换过程的科学。而电化学分析则是依据物质的电学及电化学性质建立起来的分析方法。它通常是建立在电化学基础上，使待分析的样品试液构成一化学电池，然后根据所组成电池的某些物理量与其化学量之间的内在联系进行定量分析。

电化学分析法的重要特征：①直接通过测定电流、电位、电导、电量等物理量，在溶液中有电流或无电流流动的情况下，来研究、确定参与反应的化学物质的量；②依据测定电参数分别命名各种电化学分析方法，如电位分析法、电导分析法等；③依据应用方式不同可分为直接电位法和间接电位法。

电化学分析法的特点：①灵敏度、准确度高，选择性好，被测物质的最低检测量可以达到 10^{-12} mol/L 数量级；②电化学仪器装置较为简单，操作方便；③直接得到电信号，易传递，尤其适合自动控制和在线分析；④应用广泛。

1) 电化学分析法分类

电化学分析按国际纯粹与应用化学联合会(IUPAC)的推荐，可分为：①不涉及双电层，也不涉及电极反应，如电导分析；②涉及双电层，但不涉及电极反应，如电位分析；③涉及电极反应，如电解、库仑、极谱、伏安分析等。

电化学分析按习惯分类方法(按测量的电化学参数分类)：①电导分析法：测量电导值；②电位分析法：测量电动势；③电解分析法(电重量分析法)：测量电解过程中电极上析出物质量；④库仑分析法：测量电解过程中的电量；⑤伏安法：测量电流与电位变化曲线；⑥极谱分析：测定电解过程中的电流-电位(或电位-时间)曲线。

2) 电化学分析的应用领域

电化学分析广泛应用于：①化学平衡常数测定；②化学反应机理研究；③化学工业生产流程中的监测与自动控制；④环境监测与环境信息实时监测；⑤生物科学；⑥药物分析与临床监控等。

2.5.2 电位分析法的基本原理

电位分析法是在通过电化学电池电流为零的条件下，测定电极电位或电动势来进行测定物质浓度的一种电化学分析法。它包括电位测定法和电位滴定法。

电位测定法是根据测定电极的电极电位，利用能斯特方程[式(2-45)]求得被测离子的活度，即

$$\varphi = \varphi(\text{标准}) + (0.0592/n)\lg a_{\mathrm{A}} \tag{2-45}$$

式中，φ 为电极电位；n 为电极反应中传递的电子数；a_{A} 为被测离子的活度。

电位测定法是由两电极系统(一支电极为指示电极，另一支为参比电极)、溶液及电位计构成。测定装置如图 2-51(a)所示。指示电极用于响应被测物质活度，可以是金属电极也可以是离子选择电极。参比电极提供标准电位，其电位值恒定不随被测溶液中物质活度变化而变化。电位滴定法是根据滴定过程中电极电位的突跃变化代替化学滴定指示剂颜色的变化来确定滴定终点的方法，从所消耗的滴定剂体积及其浓度来计算待测物的量。应用于各种滴定分析，其灵敏度高于用指示剂指示终点的滴定分析，而且能在有色和浑浊的试液中滴定，其装置如图 2-51(b)所示。与电位测定法不同之处在于电位滴定法需加入滴定剂于测定体系的溶液中。

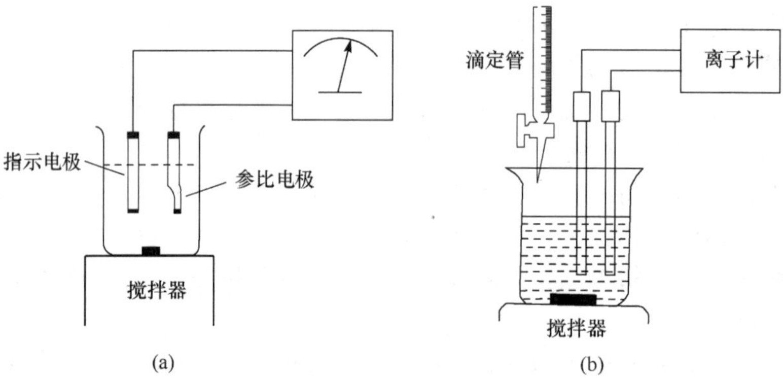

图 2-51　电位测定法装置示意图(a)与电位滴定法装置示意图(b)

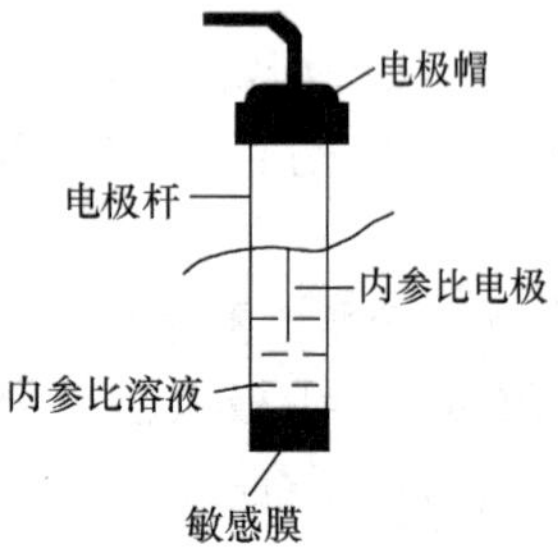

图 2-52　离子选择电极示意图

1. 离子选择电极及其分类

1) 离子选择电极

离子选择电极是一类电化学传感器，一般由敏感膜、电极帽、电极杆、内参比电极和内参比溶液等部分组成，如图 2-52 所示。敏感膜是一种选择性渗透的离子导体材料，并可将样品和内参比溶液分开。此膜通常是无孔的、非水溶性的、力学性能稳定的膜。

2) 离子选择电极的分类

离子选择电极可分为原电极和敏化离子选择电极两类。原电极是指敏感膜与试液直接接触的离子选择电极。敏化离子选择电极则是以原电极为基础装配而成。根据敏感膜材料原电极和敏化离子选择电极可再细分，如晶体膜电极、非晶体膜电极、气敏电极、酶电极等。

(1) 玻璃膜(非晶体膜)电极。

玻璃电极包括对 H^+、Na^+、K^+等离子有响应的 pH、pNa、pK 电极等。玻璃电极的结构基本相同，由关键部分敏感玻璃膜、内参比溶液、内参比电极等构成，如图 2-53(a)所示。敏感玻璃膜由一种用特定配方的玻璃吹制而成，厚度约为 0.1 mm。其配方不同，可以做成对不同离子有响应的玻璃电极。其中应用最早、最广泛的是 pH 玻璃电极。

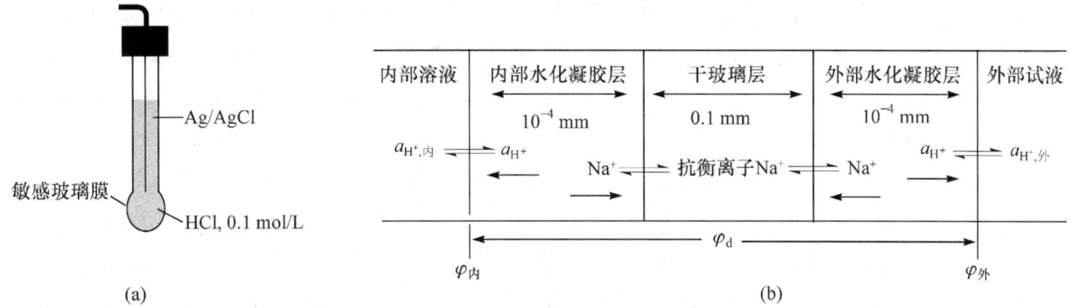

图 2-53　pH 玻璃电极示意图(a)与水化玻璃膜的结构(b)

pH 玻璃电极的敏感膜是硅酸盐玻璃，由 Na_2O、CaO、SiO_2 组成。其结构是由固定的带负电荷的硅与氧组成的三维网络骨架及存在于网络骨架中体积较小、活动能力较强并起导电作用的阳离子 M^+(主要是一价钠离子)构成。当玻璃电极与水溶液接触，溶液中小的氢离子能进入网络并代替钠离子，与其发生交换。其他阴离子被带负电硅氧骨架排斥，高价阳离子也不能进出网络。M^+与 H^+发生交换后，在玻璃表面形成一层水化凝胶层。

$$G^-Na^+ + H^+ \rightleftharpoons G^-H^+ + Na^+$$

此玻璃膜由三部分组成：膜内外表面两个水化凝胶层及膜中间的干玻璃层，如图 2-53(b)所示。水化凝胶层表面与溶液的界面间存在双电层结构，从而产生两个界面电位 $\varphi_{外}$和 $\varphi_{内}$。

另外，在内、外水化凝胶层与干玻璃层之间还存在扩散电位 φ_d。因此，膜电位的方程可表示为：$\varphi_m = \varphi_{外} + \varphi_{内} + \varphi_d$。如果内外水化凝胶层的结构完全相同，则 $\varphi_d = 0$；如果不等，为不对称电位。膜电位与溶液中氢离子活度的关系可用式(2-46)表示：

$$\varphi_m = K' + 0.0592 \lg a_{H^+,外} = K' - 0.0592pH \tag{2-46}$$

(2) 晶体膜电极。

晶体膜电极分为均相和非均相膜电极。均相膜电极的敏感膜是由单晶或由一种化合物和几种化合物均匀混合的多晶压片制成。非均相膜电极的敏感膜是由多晶中掺杂惰性物质经热压制成。常见的晶体膜电极结构如图 2-54 所示。图 2-54(a)为由内参比电极和内参比溶液组成的离子选择电极；图 2-54(b)为全固态电极，两种固态材料直接连接。

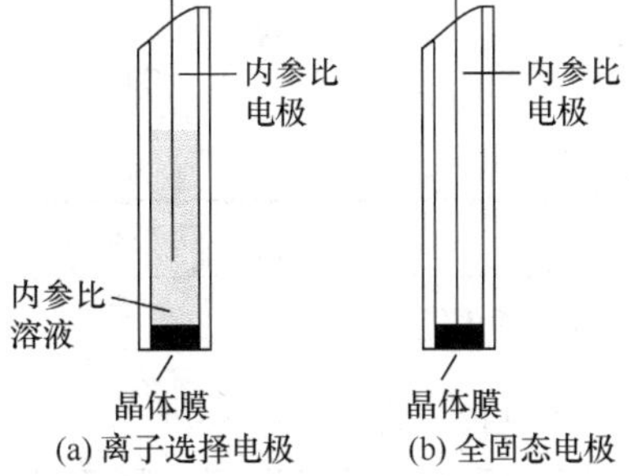

图 2-54　晶体膜电极结构

晶体膜电极中最具代表性及最常用的是氟离子选择

电极，其敏感膜为掺杂了 EuF_2 的 LaF_3 单晶薄片，银-氯化银为内参比电极，0.1 mol/L NaF 和 0.1 mol/L NaCl 混合溶液为内参比溶液。

测量时与饱和甘汞电极组成电池，电池方程如下：

$$\underbrace{Ag\,|\,AgCl, Cl^-(a_{Cl^-}), F^-(a_{F^-})}_{\text{氟离子选择电极}}|\text{试液}(a_{F^-}=x)||\underbrace{Cl^-(a_{Cl^-}, \text{饱和}), Hg_2Cl\,|\,Hg}_{\text{饱和甘汞电极}}$$

298 K 时电池的电动势为

$$E=\varphi_{\text{甘汞}}-\varphi_{ISE}=b+0.0592\lg a_{F^-} \tag{2-47}$$

式中，常数项 b 包括离子选择电极的内外参比电极电位；a_{F^-} 为 F^-的活度。

氟离子选择电极使用的最适宜 pH 范围是 5～6。如果 pH 过低，会形成 HF 或 HF_2^-，游离氟离子浓度降低，影响测定；pH 过高，OH^-和晶体膜表面发生化学反应，产生干扰。氟离子选择电极对氟离子的线性响应范围为 5×10^{-7}～1×10^{-1} mol/L，其选择性很高，抗干扰能力强。

(3) 气敏电极。

气敏电极是用于测定溶液或其他介质中某种气体含量的气体传感器。其一般是由离子选择电极、参比电极、内电解溶液(称为中介溶液)透气膜或空隙构成的复合电极。测定时试样中的气体通过透气膜或空隙进入中介溶液。当试样与中介溶液内该气体的分压相等时，中介溶液中离子活度的变化由离子选择电极检测，其电极电位与试样中气体的分压或浓度有关，从而测定试样中气体含量。

气敏电极结构有隔膜式和气隙式两种。隔膜式气敏电极借助透气膜将试液与中介溶液隔开，如图 2-55 所示。气隙式气敏电极用空隙代替透气膜，如图 2-56 所示。常用的气敏电极如表 2-10 所示。

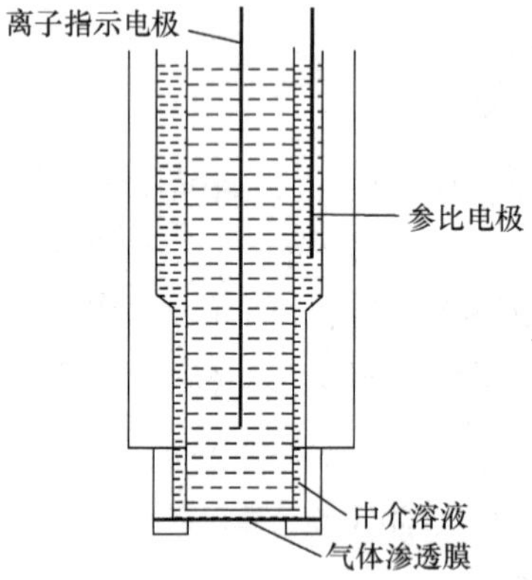

图 2-55　隔膜式气敏电极

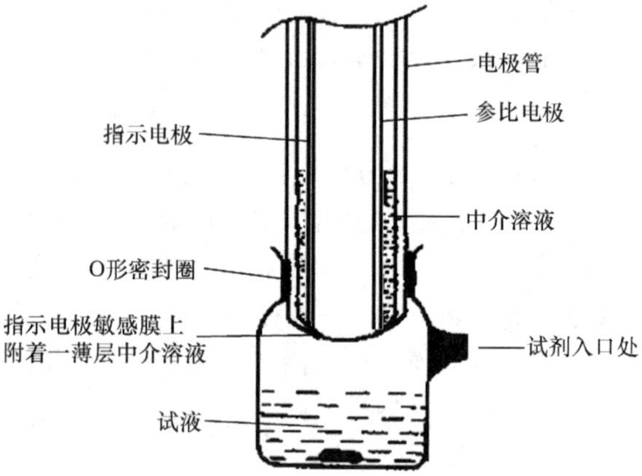

图 2-56　气隙式气敏电极

表 2-10　常用的气敏电极

电极	指示电极	平衡式	检出限/(mol/L)
NH_3	pH 玻璃电极	$NH_3+H_2O \rightleftharpoons NH_4^++OH^-$	10^{-6}
CO_2	pH 玻璃电极	$CO_2+H_2O \rightleftharpoons HCO_3^-+H^+$	10^{-5}

续表

电极	指示电极	平衡式	检出限/(mol/L)
HCN	硫离子电极	$HCN \rightleftharpoons H^+ + CN^-$ $Ag^+ + 2CN^- \rightleftharpoons [Ag(CN)_2]^-$	10^{-7}
H_2S	硫离子电极	$H_2S \rightleftharpoons 2H^+ + S^{2-}$	10^{-3}
SO_2	pH 玻璃电极	$SO_2 + H_2O \rightleftharpoons HSO_3^- + H^+$	10^{-6}
NO_2	pH 玻璃电极	$2NO_2 + H_2O \rightleftharpoons 2H^+ + NO_3^- + NO_2^-$	10^{-7}

2. 电位分析法

直接电位法包括标准曲线法、标准加入法、Gran 作图法和直读法。电位滴定法常采用作图法、微商计算法和 Gran 作图法求滴定终点。

1) 直接电位法

(1) 标准曲线法。

标准曲线法测定时先配制一系列含被测组分的标准溶液，分别测定其电位值 φ，绘制 φ 对 $\lg c$ 的关系曲线。再测定未知样品溶液的电位值，从标准曲线上查出其对数浓度，最后计算出浓度值。

标准曲线法适用于被测体系较简单的批量分析。对较复杂的体系，如样品的本底较复杂，离子强度变化大，标准和样品溶液中可分别加入一种称为总离子强度调节剂(TISAB)的试剂，它的组成及作用主要有：①支持电解质，维持样品和标准溶液恒定的离子强度；②缓冲溶液，保持试液在离子选择电极适合的 pH 范围内，避免 H^+或 OH^-的干扰；③配位剂，掩蔽干扰离子，使被测离子释放成为可检测的游离离子。例如，用氟离子选择电极测定自来水中氟离子，TISAB 由 1.0 mol/L 氯化钠、0.25 mol/L 乙酸、0.75 mol/L 乙酸钠和 1.0×10^{-3} mol/L 柠檬酸钠组成。

(2) 标准加入法。

复杂样品的分析应采用标准加入法，即将样品的标准溶液加入样品溶液中进行测定，也可以采用样品加入法，即将样品溶液加入标准溶液中进行测定。

如果测定体积为 V_X，浓度为 c_X 的样品溶液的电位值为 φ_X；再在样品中加入体积为 V_S，浓度为 c_S 的样品的标准溶液，测得电位值为 φ_1。对于一价阳离子，若离子强度一定，由 φ_1 和 φ_X 的能斯特方程得

$$\Delta\varphi = \varphi_1 - \varphi_X = S\lg\frac{V_X c_X + V_S c_S}{c_X(V_X + V_S)} \tag{2-48}$$

若 $V_X \gg V_S$，通过变换可得

$$c_X = \frac{V_S c_S}{V_X(10^{\Delta\varphi/S} - 1)} = \frac{\Delta c}{10^{\Delta\varphi/S} - 1} \tag{2-49}$$

则有

$$\Delta c = \frac{V_S c_S}{V_X} \tag{2-50}$$

式中，$\Delta\varphi$ 为二次测定的电极电位值；S 为电极实际斜率，可从标准曲线的斜率求得；Δc 为加标准溶液前后的浓度差。

用标准加入法分析时，要求加入的标准溶液体积 V_S 比试液体积 V_X 约小 100 倍，而浓度大 100 倍，这时，标准溶液加入后的电位值变化 20 mV 左右。

(3) Gran 作图法。

Gran 作图法是多次标准加入法的一种图解求值的方法。将一系列已知标准溶液加到待测试液中，测量其电池电动势，以 $(V_X+V_S)\times10^{E_i/S}$ 对 V_S 作图(V_X 为加入的标准溶液体积、V_S 为待测溶液体积、E_i 为添加 i 标准溶液的电位值、S 为曲线斜率)，可作出一直线，将直线向下延长，与横坐标(V)相交得 V_e(为负值)。这种作图是采用横坐标反对数，纵坐标自然数，也称为反半对数坐标作图，然后根据式 $c_X=-c_SV_S/V_e$，得到待测试液的物质浓度。因该方法是由 Gran 首先提出，所以称为 Gran 作图法。经多年的发展，前人早已设计出多种使用方便的专用的 Gran 作图坐标纸；现在还有计算机程序辅助 Gran 作图法，使用更方便。与传统的图解法相比，计算机辅助的 Gran 作图法具有较高的计算速度和精度。Gran 作图法可用于测量复杂成分的试液，尤其适用于低含量物质的测定，也可用于电位滴定。

(4) 直读法。

在 pH 计或离子计上直接读出试液的 pH(pM)的方法称为直读法。测定溶液的 pH 时，组成如下测量电池：

$$\text{pH 玻璃电极}|\text{试液}(a_{H^+}=x)||\text{饱和甘汞电极}$$

电池电动势：

$$E=b+0.0592\text{pH} \tag{2-51}$$

在实际测定未知溶液的 pH 时，需先用 pH 标准缓冲溶液定位校准，其电动势：

$$E_S=b+0.0592\text{pH}_S \tag{2-52}$$

未知溶液的电动势：

$$E_X=b+0.0592\text{pH}_X \tag{2-53}$$

则

$$\text{pH}_X=\text{pH}_S+\frac{E_X-E_S}{0.0592} \tag{2-54}$$

当测定 pH 较高，特别是 Na^+浓度较大的溶液时，pH 玻璃电极测得 pH 比实际数值偏低，这种现象称为碱差或钠差。测定强酸溶液，测得的 pH 比实际数值偏高，这种现象称为酸差。

2) 电位滴定法

电位滴定法是利用电极电位的突跃变化来指示终点到达的滴定方法。将滴定过程中测得的电位值 φ 对消耗的滴定剂体积作图，绘制成 φ-V 滴定曲线，由曲线上的电位突跃变化值来确定滴定的终点。一般曲线的突跃范围中点即为终点。如突跃变化不明显，则可做微分处理，获得准确的滴定终点。

3) 测量仪器

对电位计(或离子计)的要求主要是有足够高的输入阻抗、必要的测量精度和稳定性及适合的量程。

测量电极电位是在零电流条件下进行的。玻璃电极的内阻最高，达 $10^8\ \Omega$，因此由离子选择电极和参比电极组成的电池的内阻，主要取决于离子选择电极的内阻。如果要求测量误差小于 0.1%，需要离子计的输入阻抗≥10^{11} Ω。

根据误差原则，若电位测量有 1 mV 误差，则一价离子浓度的相对误差为 4%，二价离子浓度的相对误差为 8%，要求浓度的相对误差小于 0.5%，仪器最小刻分量度应为 0.1 mV。

实际使用时离子选择电极的电位范围在±(0～700)mV，因此仪器量程为±1000 mV。

2.5.3　极谱与伏安分析法、阳极溶出分析法

极谱分析法是通过测定电解过程中极化电极的电流-电位(电压)或电位-时间曲线来测定溶液中被测物质浓度的方法。传统极谱分析法的工作电极为滴汞电极，而伏安分析法使用固态或表面静止电极作工作电极。近年来，由于各类固态电极的发展，滴汞电极技术也在不断改进，滴汞电极表面积也已变得可控(如静汞滴电极、汞膜电极等)。因此，伏安分析法已成为最主要的电分析方法之一。

伏安分析法的实际应用相当广泛，凡能在电极上发生还原或氧化反应的无机、有机物或生物分子，一般都可用伏安分析法测定。伏安分析法可直接或间接地测定各种元素、有机物。因此，伏安分析法广泛应用于金属矿物、环境保护、生物医药、化学工业、原子能、半导体工业等领域的各种分析任务。

1. 直流极谱法

1) 原理

直流极谱法也称恒电位极谱法或经典极谱法。它的装置包括测量电压、测量电流和极谱电解池三部分，如图 2-57 所示。

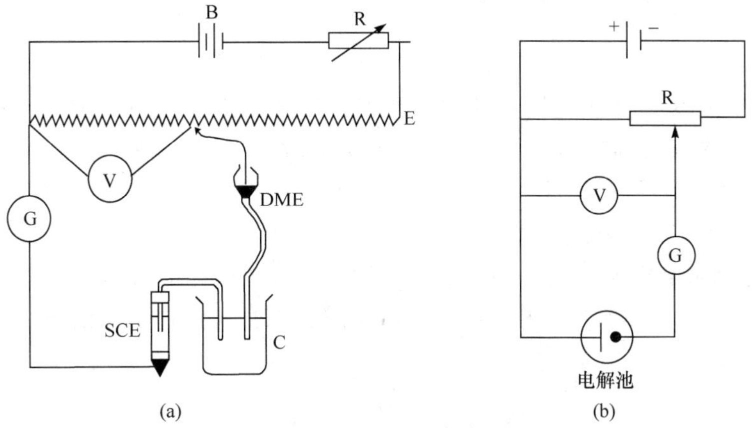

图 2-57　经典极谱仪简图(a)与直流极谱装置示意图(b)

B. 直流电源；C. 电解池；E. 滑线电阻；G. 实测电流；R. 可变电阻；V. 控制电压

经典极谱电解池中采用两电极体系，即以小面积的滴汞电极(DME)作为阴极，大面积的饱和甘汞电极(SCE)作为阳极。电解前充分通氮除氧(以避免氧的氧化峰干扰)，在静止条件下电解。调节外加电压，逐渐增加两电极上的电压。每改变一次电压，记录一次电流值。将测得的电流 i，外加电压 V 或滴汞电极电位 φ_{dc} 值绘制成 i-V 或 i-φ_{dc} 曲线。以测定 Zn^{2+}为例，结果如图 2-58 所示。

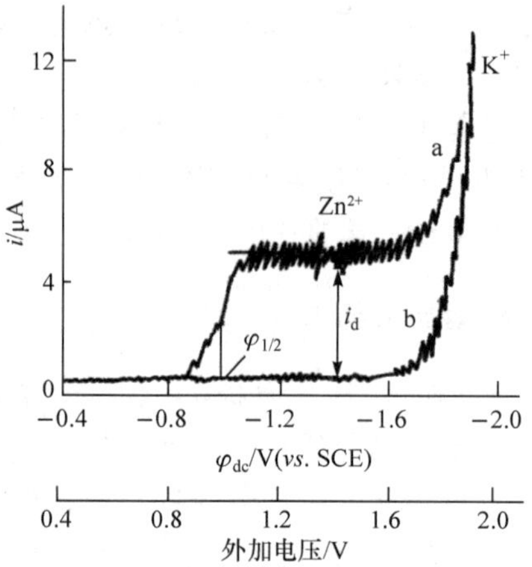

图 2-58　Zn^{2+}(1.00×10^{-3} mol/L)在 0.1 mol/L KCl 溶液中的极谱图

图 2-58 中曲线 a 是 Zn^{2+}的极谱波，呈台阶形的锯齿波状，曲线 b 是背景电流。当滴汞电极电位比−0.8 V 略正时，只有微小的电流，该电流称为残余电流。滴汞电极电位在−0.8～−1.0 V，电位达到 Zn^{2+}的析出电位时，Zn^{2+}开始在滴汞电极上还原并与汞形成汞齐化合物：

$$Zn^{2+} + 2e^- + Hg \rightleftharpoons Zn(Hg)$$

电流相应开始上升。随着电极电位变负，滴汞电极表面的 Zn^{2+}迅速还原，电流急剧上升。当滴汞电极电位在−1.0～−1.6 V，电流达极限值，该电流称为极限电流 i_l，即图 2-58 曲线 a 中台阶的平坦部分。极限电流扣除残余电流 i_r 后称为极限扩散电流，简称扩散电流 i_d。扩散电流值一半时对应的电位称为半波电位，用 $\varphi_{1/2}$ 表示。扩散电流 i_d 与被测物质的浓度成比例[尤考维奇方程式(2-55)]，这是定量分析的基础。

$$i_d = 607zD^{1/2}m^{2/3}t^{1/6}c \tag{2-55}$$

式中，z 为电子转移数；D 为被测物质在溶液中的扩散系数，cm^2/s；m 为汞在毛细管中的流速，mg/s；t 为汞滴滴落的时间，s；c 为被测物质的浓度，mmol/L。D、m、t 都可以视为常数，这样 i_d-c 呈线性关系。

2) 极谱波类型及其方程式

极谱电流与滴汞电极电位间关系的数学表达式，称为极谱波方程。

可逆金属离子的极谱波可分为还原波、氧化波和综合波，这里只讲还原波，即溶液中只有氧化态物质，则其还原波方程为

$$\varphi_{de} = \varphi_{1/2} + \frac{0.0592}{z}\lg\frac{i_d - i}{i} \tag{2-56}$$

上述方程为可逆电极反应状况，电流受扩散速率控制。实际上还存在可逆性差和完全不可逆波，其电流不完全受扩散速率控制。在实际分析中，根据测定需要可以加入合适的配位剂，使原来半波电位接近的金属离子的测定成为可能。

3) 定量分析

尤考维奇方程是极谱分析法定量分析的基础。扩散电流(波高)与被测物质浓度在一定范围内呈线性关系，定量分析可采用标准曲线法或标准加入法。

(1) 标准曲线法：配制一系列含不同浓度的被测离子的标准溶液，在相同实验条件下，分

别测定其极谱波高。以波高对浓度作图得标准曲线。在上述条件下测定未知试液的波高，从标准曲线上查得该试液的浓度。标准曲线法适用于大量同类试样分析。

(2) 标准加入法：先测得试液体积为 V_X 的被测试样的极谱波并量得波高 h。在试样中加入浓度为 c_S、体积为 V_S 的被测物质的标准溶液，在同样实验条件下测得波高 H。则 $h=Kc_X$，采取类似于电位分析的标准加入法进行处理，可得 c_X 的浓度。

2. 阳极溶出伏安法

阳极溶出伏安法(anodic stripping voltammetry，ASV)，是将电化学富集与测定方法有机结合在一起的一种方法。阳极溶出伏安法过程很简单：将还原电位施加于工作电极，当电极电位超过某种金属离子的析出电位时，溶液中被分析的金属离子还原为金属并被电镀于工作电极表面，电位施加时间越长，还原出来被电镀于电极表面(称为“沉积”或“积累”过程)的金属越多，当有足够的金属镀于工作电极表面时，向工作电极以恒定速度增加电位(由负向正电位方向)，金属将在电极上溶出(氧化)。对于给定电解质溶液和电极，每种金属都有特定的氧化或溶出反应电压，该过程释放出的电子形成峰值电流。测量该电流并记录相应电位，根据氧化发生的电位值来识别金属种类，并通过它们氧化电位的差异同时测量多种金属。样品离子浓度的计算，是通过计算电流峰高或者面积并且与相同条件下的标准溶液相比较得出。

阳极溶出伏安法使得样品中很低浓度的金属都能够被快速检测出来，并有良好精密度。先将被测物质通过阴极还原富集在一个固定的微电极上，富集是一个控制阴极电位的电解过程。富集因数 k 被定义为被测物质电积到汞电极中的汞齐浓度 c_H 与被测物质在溶液中的原始浓度 c 之比，即

$$k = c_H/c = V_X/V_H \tag{2-57}$$

式中，V_X 为溶液体积；V_H 为汞电极体积。

用于电解富集的电极有悬汞电极、汞膜电极和固体电极。汞膜电极表面积大，同样的汞量做成厚度为 20～10000 μm 的汞膜，其表面积比悬汞电极大得多，电积效率高。因此，汞膜电极溶出峰尖锐，分辨能力高，灵敏度比悬汞电极高出 1～2 个数量级。测定 Ag、Au、Hg 时需用固体电极。Ag、Au、Pt、C 等常用作固体电极，缺点是电极面积与电积金属的活性可能发生连续变化，表面氧化层的形成影响测定的再现性。

阳极溶出伏安法最大的优点是灵敏度非常高，检出限可达 10^{-12} mol/L，测定精度良好，能同时进行多组分测定，且不需要贵重仪器，是很有用的高灵敏分析方法。

阳极溶出伏安法的操作分为两步。第一步是预电解过程，第二步是溶出过程。被测物质在恒电位及搅拌条件下预电解(富集)数分钟，恒电位选择在被测物质的极限电流区域。溶出时，快速地从富集电位的反方向扫描到较正(负)的电位，使富集在电极上的待测物质发生氧化(还原)反应而重新溶出，根据溶出过程的峰电流-电位或电位-时间曲线分析，见图 2-59。

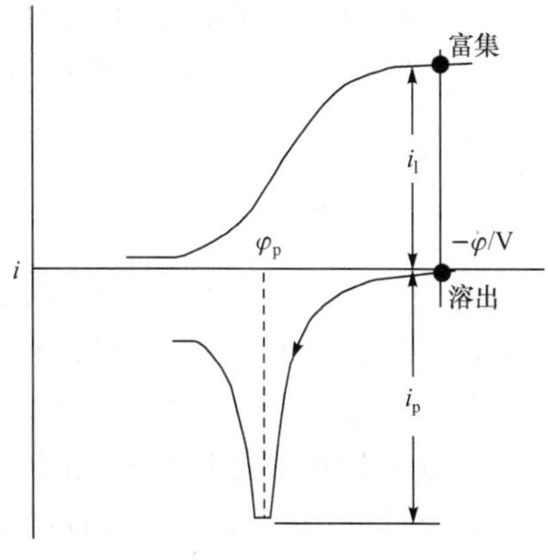

图 2-59　阳极溶出伏安法的预电解(富集)和溶出过程

φ_p 为溶出峰电位；i_p 为溶出峰电流；i_l 为富集极限电流

2.5.4 库仑分析法

库仑分析法是建立在电解过程基础上采用控制电流电解的电化学分析方法。其理论基础是法拉第(Faraday)电解定律，对试样溶液进行电解，但它不需要称量电极上析出物的质量，而是通过测量电解过程中所消耗的电量，由法拉第电解定律计算出分析结果。为此，在库仑分析法中必须保证：电极反应专一、电流效率 100%，否则不能应用此定律。

法拉第电解定律是指电解时在电极上发生化学变化的物质，其物质的量 n 与通入的电量 Q 成正比[式(2-58)]。若析出物质的质量为 m，摩尔质量为 M，则法拉第电解定律可表示为式(2-59)：

$$n=\frac{Q}{zF} \tag{2-58}$$

$$m=\frac{Q}{zF}\cdot M \tag{2-59}$$

式中，F 为 1 mol 质子的电荷，称为法拉第常量(96485 C/mol)；z 为电极反应中的电子计量系数。

如果通过电解池的电流是恒定的，则电解消耗的电量 $Q=it$。如果电流随时间变化，不恒定，则电解消耗的电量 $Q=\int_0^{\infty} i\mathrm{d}t$，法拉第电解定律在任何温度和压力下都能适用。

库仑分析法的优点有以下四点。

(1) 敏感度高，准确度好，测定 10^{-12}～10^{-10} mol/L 的物质，误差约为 1%。

(2) 需要标准物质和配制标准溶液，可以用作标定的基准分析方法。

(3) 一些易挥发不稳定的物质，如卤素、Cu(Ⅰ)、Ti(Ⅲ)等也可作为电生滴定剂用于库仑分析，扩大了库仑分析法的范围。

(4) 易于实现自动化。此法已广泛用于有机物测定、钢铁成分快速分析和环境监测，也可用于准确测量参与电极反应的电子数。

库仑分析法的基本要求是 100%的电流效率，只有被测物质消耗电量，即无副反应发生。为保证 100%的电流效率，可采用的方法：选择适合的电极材料、利用盐桥将两半电池相连、将产生干扰物质的电极放入套管中。库仑分析法分为恒电流库仑分析法和控制电位库仑分析法两种。

1. 恒电流库仑分析法

恒电流库仑分析法是在恒定电流的条件下电解，由电极反应产生的一种能与被测物质发生反应的电生“滴定剂”，该电生“滴定剂”与被测物质发生定量反应，反应的终点用化学指示剂或电化学的方法确定。当到达终点时，由指示终点系统发出信号，停止电解。最后由恒电流的大小和到达终点需要的时间算出消耗的电量，再根据法拉第电解定律求得被测物质的含量[式(2-60)]。该方法与滴定分析中用标准溶液滴定被测物质的方法相似，因此也称库仑滴定法。

$$m=\frac{Q}{zF}\cdot M=\frac{it}{96485}\cdot\frac{M}{z} \tag{2-60}$$

库仑滴定的装置如图 2-60 所示。它由电解系统和指示终点系统两部分组成。电解系统包括电解池(或称库仑池)、计时器和恒电流源。电解池中插入工作电极、辅助电极及用于指示终点的电极。

在库仑滴定中，电解质溶液通过电极反应产生的滴定剂的种类很多。它们包括各种氧化剂(如 Cl_2、I_2、Mn^{3+}等)与还原剂(Fe^{2+}、Cu^{+}等)，H^{+}或 OH^{-}，配位剂，沉淀剂等。进行库仑滴定时也可以用电极本身，如用 Ag 阳极氧化产生的 Ag^{+}来测定卤素、硫化物、硫醇或巯基化合物。

库仑滴定指示终点的方法有化学指示剂法、电位法、永停终点法及光度法等。

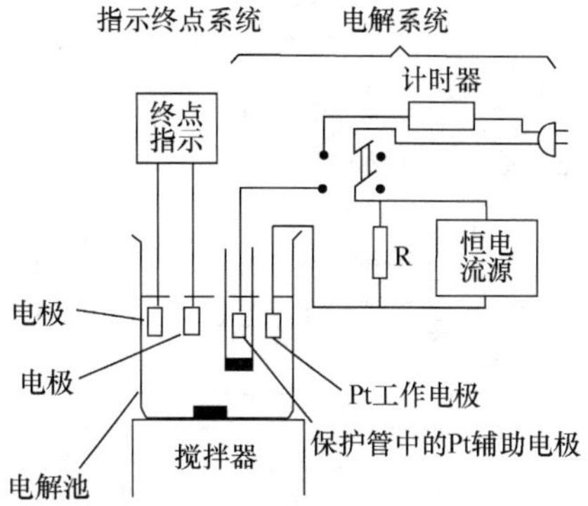

图 2-60　库仑滴定的装置示意图

2. 控制电位库仑分析法

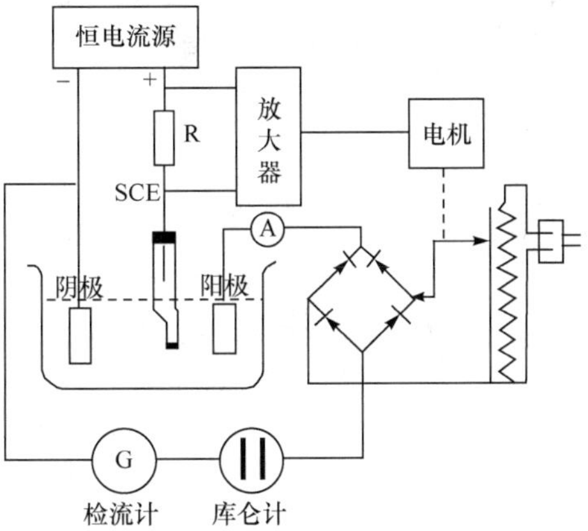

图 2-61　控制电位库仑分析的装置示意图

控制电位库仑分析的装置如图 2-61 所示。它包括电解池、库仑计和控制电极电位仪。该装置与控制电位重量法相似，不同之处在于电路中多了一个库仑计(银库仑计、气体库仑计)，用于测定电荷量。现在精确测定电量的工作一般由电子积分仪等完成。

控制电位库仑分析中的电量 $Q=\int_0^t i_t \mathrm{d}t$ 。采用电子线路积分总电量 Q，并直接由表头显示。若用作图方法，控制电位库仑分析中的电流随时间而衰减：

$$i_t = i_0 10^{-Kt} \tag{2-61}$$

电解时消耗的电量可通过积分求得

$$Q=\int_0^t i_0 10^{-Kt}\mathrm{d}t=\frac{i_0}{2.303K}(1-10^{-Kt}) \tag{2-62}$$

t 增大，10^{-Kt}减小。当 $Kt>3$ 时，10^{-Kt}可以忽略不计，则

$$Q=\frac{i_0}{2.303K} \tag{2-63}$$

微库仑分析法与库仑滴定法相似，同样利用电生滴定剂来滴定被测物质。因此电解池也存在两对电极：一对为工作电极和辅助电极，电解产生电生滴定剂；另一对为指示电极和参比电极，指示终点。为了减小体积，防止干扰，指示终点系统装在电解池的两端[图 2-62(a)]。

微库仑分析法与库仑滴定法的不同在于前者测定过程中电流不是恒定的，而是随被测物质的含量大小变化的，所以也称动态库仑分析法。它的测定过程是：测定前，预先在电解液中加入微量滴定剂，此时指示电极与参比电极上的电压为定值，用 $E_{指}$表示。同时由偏压源提供的偏压 $E_{偏}$，使其和 $E_{指}$大小相同方向相反，则两者之间差值$\Delta E=0$。此时库仑分析仪放大器的输出为 0，电解系统不工作。当样品进入电解池后，使滴定剂的浓度减小，$E_{偏}$与 $E_{指}$之间差值$\Delta E\neq 0$，放大器中有电流输出，工作电极开始电解。当滴定剂浓度恢复至原来的浓度，ΔE

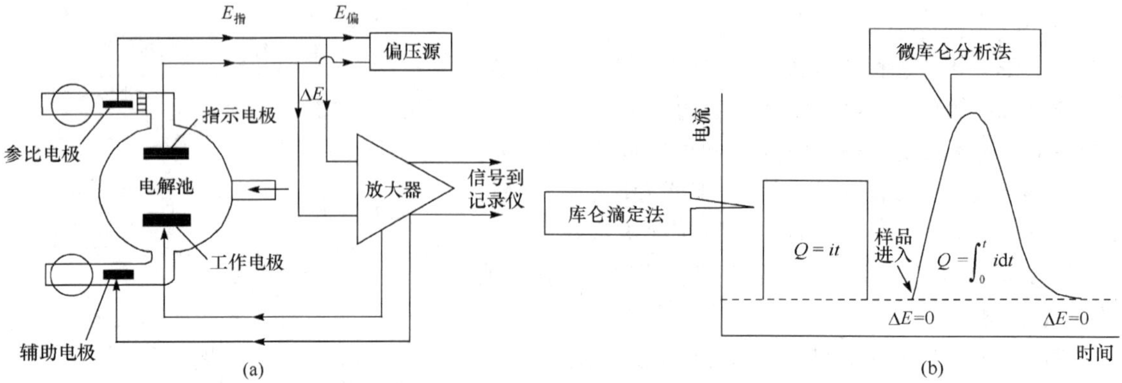

图 2-62 微库仑分析法的原理图(a)和电流-时间曲线(b)

将再次恢复为 0。终点到达，电解自动停止工作。微库仑分析法的电流-时间关系如图 2-62(b)所示。在微库仑分析中靠近终点时，ΔE 变小，放大器的输出电压也越来越小，电解产生滴定剂的速度越来越慢，因此这种方法确定终点容易、准确度高，适用于微量成分的分析。

2.5.5 电导分析法

1. 电导分析法的原理

1) 电导与电导率

(1) 电导(G)是衡量电解质溶液导电能力的物理量，为电阻 R 的倒数，单位为西门子(S)，1 S=1/Ω。

$$G=\frac{1}{R}=\kappa\times\frac{A}{l} \tag{2-64}$$

式中，κ 为电导率，S/m；A 为两电极板的面积；l 为电极板的距离。

(2) 电导率表示溶液传导电流的能力，为电阻率的导数，即

$$\kappa=\frac{1}{\rho}=\frac{1}{R}\times\frac{l}{A} \tag{2-65}$$

式中，ρ 为电阻率。在均匀电场中，电导与 A 成正比，与 l 成反比。l/A 称为电导池常数，单位为 m^{-1} 或 cm^{-1}。

(3) 影响电导率的因素。

a. 电解质溶液的组成、电离度、离子电荷数和离子迁移速度。

b. 电解质溶液的浓度增大，单位体积离子数目增加，κ 增大，同时离子间相互作用加强，离子迁移速度变慢，κ 又减小。因此，电导率随电解质溶液的浓度先增加，经过极大值后又随电解质溶液浓度的增加而减小。

c. 温度升高，离子迁移速度加快，κ 增大。因此，电导分析法要求在恒温条件下进行。

2) 摩尔电导率

在间隔为 1 cm 的两块平行的大面积电极之间含有 1 mol 的电解质溶液时该体系所具有的电导，称为该溶液的摩尔电导率(molar conductivity)，用符号 Λ_m 表示：

$$\Lambda_m=\kappa\cdot V_m=\kappa/c \tag{2-66}$$

式中，V_m 为 1 mol 电解质溶液的体积；c 为电解质溶液的浓度，mol/m^3，则 V_m 应等于 $1/c$；Λ_m 为摩尔电导率，$(S \cdot m^2)/mol$。

3) 极限摩尔电导率

无限稀释时溶液的摩尔电导率称为极限摩尔电导率，用 Λ^0 表示。从 $\Lambda_m = \kappa/c$ 可知，c 减小，Λ_m 增大，当浓度小到一定程度(无限稀释)时，其值达到恒定。在无限稀释时，所有电解质全部电离，而且离子间一切相互作用力均可忽略，因此离子在一定电场作用下的迁移速度只取决于该离子的本性而与共存的其他离子的性质无关。因此，在无限稀释时离子间一切作用力均可忽略，所以电解质的极限摩尔电导率应是正负离子单独对电导所作的贡献——离子摩尔电导率 $\lambda_{m,+}^0$ 和 $\lambda_{m,-}^0$ 的简单加和值，即

$$\Lambda^0 = \lambda_{m,+}^0 + \lambda_{m,-}^0$$

式中，$\lambda_{m,+}^0$ 和 $\lambda_{m,-}^0$ 分别为无限稀释的溶液中正离子和负离子的离子摩尔电导率。

2. 电导率的测量

1) 测定的原理

首先将一对表面积为 $A(cm^2)$、相距为 l (cm)的电极插入标准氯化钾溶液(κ 查表可知)中，测定其电阻(R)，求出电导池常数(C，也有称为 K 或 Q)：

$$C = l/A = \kappa/G = \kappa R \tag{2-67}$$

再求出未知溶液的电导率(κ_x)

$$\kappa_x = G_x C = C/R_x \tag{2-68}$$

测量电阻是采用惠斯通电桥平衡法，如图 2-63 所示。

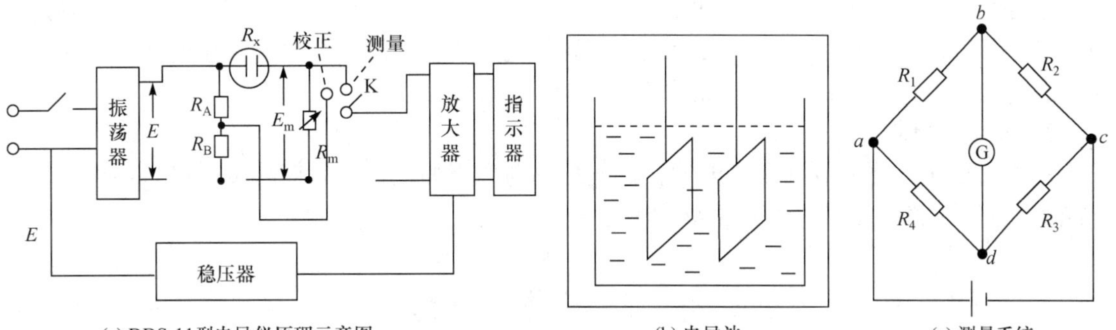

(a) DDS-11型电导仪原理示意图　　(b) 电导池　　(c) 测量系统

图 2-63　电导仪工作原理示意图、电导池及测量系统

2) 装置

(1) 电极：铂电极，铂片，其面积、距离固定。铂电极有光亮铂电极和铂黑电极两种电极，其中铂黑电极表面覆盖一层细小铂粒，可减小极化。

(2) 电导池：避免测量过程中出现温度变化。

(3) 电导仪：由振荡器、放大器和指示器等部分组成。其测量原理可参看图 2-63(a)，图中 E 为振荡器产生的标准电压；R_x 为电导池的等效电阻；R_m 为标准电阻器；E_m 为 R_m 上的交流分压。由欧姆定律及图可知：

$$E_m = \frac{R_m}{R_m + R_x}E = \frac{R_m E}{R_m + \frac{1}{G}} \tag{2-69}$$

由此可见，当 R_m、E 为常数时，溶液的电导率有所改变(即电阻值 R_x 发生变化)，必将引起 E_m 的相应变化，因此测 E_m 的值可反映出电导(G)的大小。E_m 信号经放大检波后，可由电导表指示或读数。

3. 电导率测量的应用

1) 直接电导法

直接根据溶液的电导与被测离子浓度的关系进行分析的方法，称为直接电导法。它主要应用于水质纯度的测定及生产中某些中间流程的控制及自动分析。

(1) 高纯水质的测定。

由于纯水中的主要杂质是一些可溶性的无机盐类，它们在水中以离子状态存在，所以通过测定水的电导率可以测定水的纯度，并以电导率作为水质纯度的指标。普通蒸馏水的电导率约为 2×10^{-6} S/cm，离子交换水的电导率小于 5×10^{-6} S/cm，纯水的电导率为 5×10^{-8} S/cm。

(2) 强电解质溶液总浓度及水质的测定。

电导率可以用于测定土壤间隙水或浸出液的电解质总浓度，或通过测定海水的电导率确定其盐度。对于普通水体，通过电导率的测定，可以了解水体中电解质浓度，获知水质的性质。

(3) 大气污染物的测定。

通过吸收后测量溶液的电导率变化来进行大气中 SO_3、NO_2 的测定，也用于酸雨的监测。

2) 电导滴定法

电导滴定法是根据滴定过程中溶液电导的变化来确定滴定终点。在滴定过程中，滴定剂与溶液中被测离子反应生成水、沉淀或难解离的化合物，使溶液的电导发生变化，而在计量点时滴定曲线上出现转折点，指示滴定终点。

3) 电导检测器

基于离子化合物溶液具有导电性，其电导率与离子的性质和浓度相关而进行检测。这类检测器在离子色谱中具有不可替代的作用。

思考题与习题

1. 在有机物的鉴定及结构推测上，紫外吸收光谱所提供的信息具有什么特点？
2. 简述紫外-可见分光光度计的主要部件、类型及基本性能。
3. 紫外-可见分光光度计有哪几种类型？各有什么优缺点？
4. 产生红外吸收的条件是什么？是否所有的分子振动都会产生红外吸收光谱？为什么？
5. 影响基团频率的因素有哪些？
6. 什么是荧光的激发光谱和发射光谱？它们之间有什么关系？
7. 激发态分子的常见去活化过程有哪几种？
8. 什么是荧光效率？荧光定量分析的基本依据是什么？
9. 影响荧光强度的环境因素有哪些？

10. 为什么荧光分析法比紫外-可见分光光度法具有更高的灵敏度和选择性？

11. 吸光度 A 为 0.20、0.60 对应的透光率分别为多少？透光率为 20%、100%对应的吸光度分别为多少？

12. 某试液用 2.0 cm 的吸收池测定时，其透光率为 60%，若用 1.0 cm 和 3.0 cm 的吸收池测定，则其透光率和吸光度分别为多少？

13. 精密称取 $KMnO_4$ 样品和 $KMnO_4$ 纯品各 0.1500 g，分别溶于纯化水中并稀释至 1000 mL。再各取 10 mL 用纯化水稀释至 50 mL，摇匀，用 1 cm 的吸收池，在 525 nm 处测得样品溶液和标准溶液的吸光度分别为 0.310 和 0.325。求样品中 $KMnO_4$ 的含量。

14. 简述原子吸收光谱产生的原理，并简要叙述原子吸收分光光度计的工作原理。

15. 简述原子吸收光谱法定量分析的依据及其定量分析的特点。

16. 原子谱线变宽的主要因素有哪些？对原子吸收光谱分析有什么影响？

17. 原子吸收分光光度计有哪些主要性能指标？这些性能指标对原子吸收光谱定量分析有什么影响？

18. 原子荧光光谱是怎样产生的？有几种类型？

19. 简要叙述原子荧光分光光度计的工作原理。

20. 用原子吸收光谱法测定试液中的 Pb，准确移取 50 mL 试液 2 份，用铅空心阴极灯在波长 283.3 nm 处测得一份试液的吸光度为 0.325，在另一份试液中加入浓度为 50.0 mg/L Pb 标准溶液 300 μL，测得吸光度为 0.670。计算试液中铅的质量浓度(g/L)。

21. ICP 有哪些优点？

22. 与 ICP-AES 相比，ICP-MS 有哪些优点？

23. 试按流动相和固定相的不同将色谱法分类。

24. 简单说明气相色谱分析的优缺点。

25. 简单说明气相色谱分析的流程。

26. 试述气-固色谱和气-液色谱的分离原理，并对它们进行简单的对比。

27. 试讨论为什么气相色谱分析可以达到很高的分离效能。

28. 气-液色谱固定相由哪几部分组成？它们各起什么作用？

29. 色谱柱的理论塔板数很大，能否说明两种难分离组分一定能分离？为什么？

30. 分离度 R 和相对保留值 r_{21} 中哪一个更能全面地说明两种组分的分离情况？为什么？

31. 在气相色谱分析中载气种类的选择应从哪几方面加以考虑？载气流速的选择又应怎样考虑？

32. 什么是程序升温？什么情况下应采用程序升温？它有什么优点？

33. 试讨论毛细管色谱柱的特点。

34. 已知一色谱柱在某温度下的速率方程中的 A=0.08 cm，B=0.65 cm^2/s，C=0.003 s，求最佳线速度 u 和最小塔板高度 H。

35. 分析对硝基苯酚中邻硝基苯酚含量时采用内标法定量，已知样品量为 1.0250 g，内标的量为 0.3500 g，测量数据见下表。计算邻硝基苯酚的含量。

组分	峰面积 A/cm^2	校正因子 f
邻硝基苯酚	2.5	1.0
内标	20.0	0.83

36. 含农药 2, 4-二氯苯氧乙酸(2, 4-D)的未知混合物，用气色谱分析。称 10 mg 未知物，溶解在 5.00 mL

溶剂中；又称取四份 2, 4-D 标样，也分别溶于 5.00 mL 溶剂中，在相同条件下进行分析，获得数据见下表。计算未知混合物中 2, 4-D 的质量分数。

指标	2, 4-D/(mg/5 mL)				
	2.0	2.8	4.1	6.4	未知物
进样量/μL	5	5	5	5	5
峰面积/cm^2	12	17	25	39	20

37. 从分离原理、仪器构造及应用范围上简单比较气相色谱及液相色谱的异同点。

38. 在液相色谱中，提高柱效的途径有哪些？其中最有效的途径是什么？

39. 什么是化学键合固定相？有什么优点？

40. 高效液相色谱法可分为哪几种类型？简述其分离原理。

41. 化学键合相色谱的保留机理是什么？这种类型的色谱在环境监测中最适宜分析的物质是什么？

42. 离子交换色谱的保留机理是什么？这种类型的色谱在环境监测中最适宜分析的物质是什么？

43. 阐述同位素离子在确定分子式中的重要作用。

44. 什么是碎片离子？在形成碎片离子过程中，哪些位置容易发生裂解？请举例论述。

45. 有机物在电子轰击离子源中有可能产生哪些类型的离子？从这些离子的质谱峰中可以得到一些什么信息？

46. 如何利用质谱信息判断化合物的相对分子质量、分子式？

47. 色谱与质谱联用后有什么突出特点？

48. 试述液相色谱-质谱联用在污染物定性、定量分析中的重要性。

49. 电位测定法的测量依据是什么？

50. 为什么离子选择性电极对欲测离子具有选择性？如何估量这种选择性？

51. 伏安和极谱分析是一种特殊情况下的电解形式，其特殊表现在哪些方面？

52. 什么是半波电位？它有哪些性质和用途？

53. 试述溶出伏安法的基本原理及分析过程，解释溶出伏安法灵敏度比较高的原因。

54. 某牙膏样品重 0.400 g，将其和 50 mL 含柠檬酸缓冲溶液和 NaCl 的溶液共同煮沸以提取氟离子。冷却后，将溶液稀释至 100 mL。取 25 mL 样品测得电位为 0.1823 V(Ag/AgCl 电极为参比电极)。加入 5 mL 含 0.00107 mg/mL 的 F^-标准溶液后，测得电位为 0.2446 V。计算样品中 F^-的质量分数。

55. 用 Cd^{2+}选择电极测定某试样中 Cd^{2+}的含量。移取样品溶液 50.00 mL，测得其电位为−0.1595 V。用移液管加入 0.1000 mol/L 标准 Cd^{2+}溶液 0.5 mL，测得其电位为−0.1490 V，然后将此溶液冲稀 1 倍，测得电位为−0.1580 V。计算试液中 Cd^{2+}的浓度。

56. 用库仑滴定法测定 $S_2O_3^{2-}$的含量。准确移取 $S_2O_3^{2-}$试液 2 mL 于数毫升 0.1 mol/L KI 溶液中。以铂电极为工作电极，电解产生 I_2 来滴定 $S_2O_3^{2-}$。若通入的恒电流为 1.00 mA，采用永停终点法指示终点，终点到达需要 235 s。计算未知溶液 $S_2O_3^{2-}$的浓度。为保证 100%的电流效率，需要采取什么措施？

第 3 章

水和废水监测

本章导读

水是生命之源，但是其独特理化性质使各种化学物质、致病微生物等都很容易进入水中，导致水体污染，严重影响饮水安全和水环境的生态安全。水中的污染物种类繁多、不同污染物浓度差异十分显著，水样的前处理和检测方法对于开展水环境监测非常重要。本章简要介绍水污染的类型和特点，重点介绍水样监测方案的制订、水样前处理方法和不同污染物的分析方法，并通过实际案例的分析，让读者充分了解水环境监测的全过程和关键要素，掌握水环境中不同污染物的检测方法。

3.1 水污染及监测

3.1.1 水体与水体污染

水体是指地表水、地下水及其包含的底质、水中生物等的总称。地表水包括海洋、江、河、湖泊、水库(渠)、沼泽、冰盖和冰川水。地下水包括潜水和承压水。地球上存在的总水量约为 1.36×10^{18} m^3，其中，海水约占 97.3%，淡水约占 2.7%，大部分淡水存在于地球的南极和北极的冰川、冰盖及深层地下，而人类可利用的淡水资源总计不到淡水总量的 1%。水是人类赖以生存的主要物质之一，随着世界人口的不断增长和工农业生产的迅速发展，一方面用水量快速增加，另一方面污染防治不力，水体污染严重，使淡水资源更加紧缺。我国属于贫水国家，人均占有淡水资源量仅约 2100 m^3，低于世界人均量。因此，加强水资源保护的任务十分迫切。

水体污染一般分为化学型、物理型和生物型污染三种类型。化学型污染是指随废水及其他废物排入水体的无机和有机污染物所造成的水体污染；物理型污染是指排入水体的有色物质、悬浮物、放射性物质及高于常温的物质造成的污染；生物型污染是指随生活污水、医院污水等排入水体的病原微生物造成的污染。水体是否被污染、污染程度如何，需要通过其所含污染物或相关参数的监测结果来判断。

3.1.2 水质监测目的和监测项目

1. 水质监测目的

水质监测分为水环境质量监测和水污染源监测。水环境质量监测包括对地表水(江、河、湖、库、渠、海水)和地下水的监测；水污染源监测包括对工业废水、生活污水、医院污水等的监测。

水质监测目的是及时、准确和全面地反映水环境质量现状及发展趋势，为水环境的管理、规划和污染防治提供科学的依据。具体可概括为以下几个方面：

(1) 对江、河、湖、库、渠、海水等地表水和地下水中的污染物进行常规性监测，掌握水质现状及其变化趋势。同时为国家政府部门制定水环境保护标准、法规和规划提供有关数据和资料。

(2) 对生产废水和生活污水排放源排放的废(污)水进行监视性监测，掌握废(污)水排放总量，排放污染物的种类、排放浓度及排放量，评价是否符合排放标准，为污染源管理提供依据。

(3) 对水环境污染事故进行应急监测，为分析判断事故原因、危害及制订对策提供依据。

(4) 为开展咨询服务(如水环境影响评价)及进行环境科学研究提供基础数据。

(5) 对环境污染纠纷进行仲裁监测，为判断纠纷原因提供科学依据。

2. 水质监测项目

水质监测项目选择的原则：一般依据监测目的选择监测项目。

(1) 对于水环境质量和水污染源的常规监视性监测工作，选择国家或地方的水环境质量标准和水污染物排放标准中要求控制的监测项目。同时需根据水体功能划分或水污染源特征，增加特征污染监测项目。

(2) 对于突发性水环境污染事故的应急监测，应重点监测进入水体的污染物，并进行跟踪监测。

(3) 对新兴污染物(emerging contaminants，ECs)，包括抗生素、微塑料、内分泌干扰物(endocrine disrupting chemicals，EDCs)、全氟化合物(perfluoroalkyl substances，PFAS)等进行研究性监测。

地表水体的基本监测项目见表 3-1，地下水常规监测项目见表 3-2，废水的常规监测项目见表 3-3。

表 3-1 地表水体基本监测项目

水体	基本项目	执行依据
江、河、湖、库、渠	水温、pH、溶解氧、高锰酸盐指数、化学需氧量、五日生化需氧量、氨氮、总磷、总氮、铜、锌、氟化物、硒、砷、汞、镉、六价铬、铅、氰化物、挥发酚、石油类、阴离子表面活性剂、硫化物、粪大肠菌群(共 24 项)	GB 3838—2002
海水	水温，漂浮物，悬浮物，色、臭、味，pH，溶解氧，化学需氧量，五日生化需氧量，汞，镉，铅，六价铬，总铬，铜，锌，硒，砷，镍，氰化物，硫化物，活性磷酸盐，无机氮，非离子氮，挥发酚，石油类，六六六，滴滴涕，马拉硫磷，甲基对硫磷，苯并[a]芘，阴离子表面活性剂，大肠菌群，粪大肠菌群，病原体，放射性核素(共 35 项)	GB 3097—1997
集中式生活饮用水水源地	水温、pH、溶解氧、悬浮物、高锰酸盐指数、化学需氧量、五日生化需氧量、氨氮、总磷、总氮、铜、锌、氟化物、铁、锰、硒、砷、汞、镉、铬(六价)、铅、氰化物、挥发酚、石油类、阴离子表面活性剂、硫化物、硫酸盐、氯化物、硝酸盐和粪大肠菌群(共 30 项)	GB 3838—2002 HJ 91.2—2022 HJ/T 91—2002

表 3-2 地下水的常规监测项目

水体	常规监测项目	执行依据
地下水	色、嗅和味、浑浊度、pH、肉眼可见物、总硬度、溶解性总固体、硫酸盐、氯化物、铁、锰、铜、锌、铝、挥发性酚类、阴离子表面活性剂、耗氧量、氨氮、硫化物、钠(感官性状及一般化学指标 20 项) 总大肠菌群、菌落总数 (微生物指标 2 项) 亚硝酸盐、硝酸盐、氰化物、氟化物、碘化物、汞、砷、硒、镉、铬(六价)、铅、三氯甲烷、四氯化碳、苯、甲苯 (毒理学指标 15 项) 总α放射性、总β放射性 (放射性指标 2 项)	GB/T 14848—2017

表 3-3 废水常规监测项目

水体	常规监测项目	执行依据
工业废水*	总汞、烷基汞、总铬、总镉、六价铬、总砷、总铅、总镍、苯并[a]芘、总铍、总银、总α放射性、总β放射性 (第一类污染物 13 项)	GB 8978—1996
工业废水**	pH、色度、悬浮物、化学需氧量、五日生化需氧量、石油类、动植物油、挥发酚、总氰化物、硫化物、氨氮、氟化物、磷酸盐、甲醛、苯胺类、硝基苯类、阴离子表面活性剂、总铜、总锌、总锰、彩色显影剂、显影剂及氧化物总量、元素磷、有机磷农药、乐果、对硫磷、马拉硫磷、甲基对硫磷、五氯酚及五氯酚钠、可吸附有机卤化物、三氯甲烷、四氯化碳、三氯乙烯、四氯乙烯、苯、甲苯、乙苯、邻二甲苯、对二甲苯、间二甲苯、氯苯、邻二氯苯、对二氯苯、对硝基氯苯、2, 4-二硝基氯苯、苯酚、间甲酚、2, 4-二氯酚、2, 4, 6-三氯酚、邻苯二甲酸二丁酯、邻苯二甲酸二辛酯、丙烯腈、总硒、粪大肠菌群、总余氯、总有机碳 (第二类污染物 56 项)	

* 第一类污染物，在车间或车间处理设施排放口采集；** 第二类污染物，在排污单位排放口采集。

注：涉及造纸工业、船舶工业等行业，其废水监测项目执行相应的行业标准。

3.1.3 水质监测分析方法

1. 水质监测分析基本方法

按照监测方法所依据的原理，水质监测常用的方法有化学分析法和仪器分析法(电化学法、分光光度法、原子吸收/发射光谱法、离子色谱法、气相色谱法、液相色谱法、等离子体发射光谱法)等。随着仪器技术的发展，多种仪器联用分析方法在水体污染物监测中也越来越普及。常用监测方法与测定项目列于表 3-4。

表 3-4 常用水质监测分析方法与测定项目

方法	测定项目
重量法	悬浮物、可滤残渣、矿化度、油类、SO_4^{2-}、Cl^-、Ca^{2+}等
滴定法	酸度、碱度、溶解氧、总硬度、氨氮、Ca^{2+}、Mg^{2+}、Cl^-、F^-、CN^-、SO_4^{2-}、S^{2-}、Cl_2、COD、BOD_5(五日生化需氧量)、挥发酚等
分光光度法	Ag、Al、As、Be、Ba、Cd、Co、Cr、Cu、Hg、Mn、Ni、Pb、Sb、Se、Th、U、Zn、NO_2-N、氨氮、凯氏氮、PO_4^{3-}、F^-、Cl^-、S^{2-}、SO_4^{2-}、Cl_2、挥发酚、甲醛、三氯甲烷、苯胺类、硝基苯类、阴离子表面活性剂等
荧光光谱法	Se、Be、U、油类、BaP 等
原子吸收光谱法	Ag、Al、Be、Ba、Bi、Ca、Cd、Co、Cr、Cu、Fe、Hg、K、Na、Mg、Mn、Ni、Pb、Sb、U、Zn 等

续表

方法	测定项目
冷原子吸收光谱法	As、Sb、Bi、Ge、Sn、Pb、Se、Te、Hg 等
原子荧光光谱法	As、Sb、Bi、Se、Hg 等
火焰光度法	La、Na、K、Sr、Ba 等
电极法	Eh、pH、DO、F^-、Cl^-、CN^-、S^{2-}、NO_3^-、K^+、Na^+、NH_4^+
离子色谱法	F^-、Cl^-、Br^-、NO_2^-、NO_3^-、SO_3^{2-}、SO_4^{2-}、$H_2PO_4^-$、K^+、Na^+、NH_4^+
气相色谱法	苯系物、挥发性卤代烃、氯苯类、六六六、滴滴涕、有机磷农药、三氯乙醛、硝基苯类、PCBs 等
高效液相色谱法	多环芳烃类、萘酚、苯胺类、醛类、氯酚类、邻苯二甲酸酯类等
ICP-AES	用于水中基体金属元素、污染重金属及底质中多种元素的同时测定
气相分子吸收光谱法	NO_2^-、NO_3^-、氨氮、凯氏氮、总氮
气相色谱-质谱法	VOCs、氯酚类、硝基酚类、邻苯二甲酸酯类、有机氯农药、有机磷农药、PAHs、PCBs、二噁英类
液相色谱-质谱法	有机磷农药、苯胺类、硝基酚类、邻苯二甲酸酯类、烷基酚类和双酚 A
液相色谱-原子荧光法	甲基汞、乙基汞

2. 水质监测分析方法的选择

1) 我国现行的监测分析方法分类

一个监测项目往往有多种监测方法。为了保证监测结果的可比性，在大量实践的基础上，世界各国对各类水体中的不同污染物都颁布了相应的标准分析方法。我国现行的监测分析方法，按照其成熟程度可分为标准分析方法、统一分析方法和等效分析方法三类。

(1) 标准分析方法。

包括国家和行业标准分析方法。这些方法是环境污染纠纷法定的仲裁方法，也是用于评价其他分析方法的基准方法。

(2) 统一分析方法。

有些项目的监测方法不够成熟，但这些项目又急需监测，因此经过研究作为统一方法予以推广，在使用中积累经验，不断完善，为上升为国家标准方法创造条件。

(3) 等效分析方法。

与前两类方法的灵敏度、准确度、精确度具有可比性的分析方法称为等效分析方法。这类方法可能是一些新方法、新技术，应鼓励有条件的单位先用起来，以推动监测技术的进步。但是，新方法必须经过方法验证和对比实验，证明其与标准分析方法或统一分析方法是等效的才能使用。

2) 水质监测分析方法的选择

由于水质监测样品中污染物含量差距大、试样组成复杂，且日常监测工作中试样数量大、待测组分多、工作量较大，因此选择分析方法应依据以下原则。

(1) 优先采用标准分析方法。在涉及污染物纠纷的仲裁时，必须用国家标准分析方法。

(2) 对于尚无“标准”和“统一”分析方法的检测项目，如果适用性满足要求，可选用国际标准化组织(ISO)、美国国家环境保护局(USEPA)和日本工业标准(JIS)方法体系等其他等效分析方法，但应经过验证，且检出限、准确度和精密度能达到质控要求。

(3) 方法的灵敏度要满足准确定量的要求。对于高浓度的成分，应选择灵敏度相对较低的化学分析法，避免高倍数稀释操作而引起大的误差。对于微量、痕量成分，则可根据已有条件采用分光光度法、原子吸收光谱法等灵敏度高的仪器分析法。

(4) 方法应具有较高的选择性，以减少因共存物质预分离而引起的误差和损失，提高测定的准确度。

(5) 在经常性测定中，或者待测项目的测定次数频繁时，要尽可能选择方法稳定、操作简便、易于普及、试剂无毒或毒性较小的方法。

3.2 水质监测方案的制订

监测方案是完成监测任务的总体构思和设计，制订时必须首先明确监测目的，然后在调查研究的基础上确定监测项目，布设监测点位，合理安排采样时间和采样频率，选定采样方法和分析测定方法，提出监测报告要求，并制订质量控制、保证措施和方案的实施计划等。

3.2.1 地表水质监测方案的制订

1. 资料的收集和实地调查

1) 资料收集

在制订监测方案前，尽可能全面收集目标监测水体及所在区域的相关资料，主要包括：

(1) 水体的水文、气候、地质和地貌等自然背景资料，如水位、水量、流速及流向的变化；降雨量、蒸发量及历史上的水情；河流的宽度、深度、河床结构及地质状况；湖泊沉积物的特性、间温层分布、等深线等。

(2) 水体沿岸城市分布、工业布局、污染源及其排污情况、城市给排水、雨污水分流情况等。

(3) 水体沿岸的资源现状和水资源的用途；饮用水源分布和重点水源保护区；水体流域土地功能及近期使用计划；农田灌溉排水、农药化肥施用情况等。

(4) 历年的水质资料等。

2) 实地调查

在基础资料收集的基础上，为更全面地了解和掌握水体以及周边环境信息的动态及变化情况，需要进行目标水体的实地调查。当目标水体为饮用水源时，应开展一定范围的公众调查，必要时进行流行病学调查，为科学制订监测方案提供重要依据。

2. 监测断面和采样点的设置

1) 监测断面的设置原则

监测断面的设置一般基于以下原则：

(1) 在宏观上能反映流域(水系)或所在区域的水环境质量状况和污染特征；

(2) 应避开死水区、回水区、排污口处，尽量设置在顺直河段上，选择河床稳定、水流平稳、水面宽阔、无急流或浅滩且方便采样处。

(3) 应考虑采样活动的可行性和方便性，尽量利用现有的桥梁和其他人工构筑物。

(4) 应考虑社会经济发展、监测工作的实际状况和需要，要具有相对的长远性。

(5) 应考虑水文测流断面，以便利用其水文参数，实现水质监测与水量监测的结合。

(6) 监测断面的设 置数量，应考虑人类活动影响，通过优化以最少的监测断面获取具有充分代表性的监测数据。

2) 河流监测断面的布设

为评价完整流域(江、河水系)的水质，可设置背景断面、对照断面、控制断面和削减断面。对流经行政区域河段，可设置对照断面(入境断面)、控制断面和削减断面，见图 3-1。

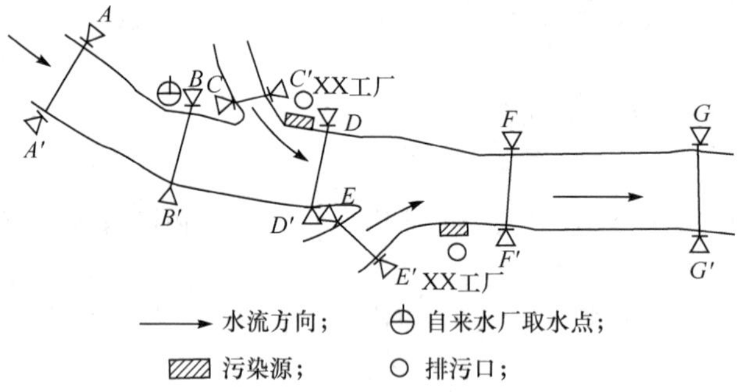

图 3-1 河流监测断面设置示意图

监测断面；*A-A′* 背景断面；*G-G′* 削减断面；*B-B′*、*C-C′*、*D-D′*、*E-E′*、*F-F′* 控制断面

(1) 背景断面：为反映水系未受污染时的水环境背景值而设置。监测断面设置在水系源头，或未受、很少受人类生活和生产活动影响的清洁河段。

(2) 对照断面(入境断面)：为了解流入监测河段前的水体水质状况而设置。对照断面应设在河流进入本区域且尚未受到本区域污染源影响处，避开各种废水、污水流入或回流处。一个河段一般只设一个对照断面。

(3) 控制断面：为评价河流两岸污染源对水体水质的影响而设置。一般设置在排污区(口)下游，污水与地表水基本混匀处。控制断面的数量、控制断面与排污区(口)的距离可根据污染区数量及其间距、各污染源实际情况、主要污染物迁移转化规律和其他水文特征等来确定。对调查范围内的重点保护水域(饮用水水源地、渔业养殖区、严重水土流失和地球化学异常区等)的河段上也应设置控制断面。

(4) 削减断面：是指纳污河流流经一定距离后，污染物经稀释扩散和自净作用，浓度明显降低的断面。该断面左、中、右三点浓度无显著差异。通常设置在控制断面下游，主要污染物浓度有显著下降处。行政区域内，河段有足够长度，应设置削减断面。

潮汐河流监测断面以及其他各类河流监测断面的布设可参阅《地表水环境质量监测技术规范》(HJ 91.2—2022)。

3) 湖泊、水库监测垂线(断面)的布设

湖泊、水库通常只设监测垂线，如有特殊情况可参照河流的有关规定设置监测断面：

(1) 湖泊和水库的不同水域，如进水区、出水区、深水区、浅水区、湖心区、岸边区等，按水体类别设置监测垂线。

(2) 湖(库)区若无明显功能区别，可用网格法均匀设置监测垂线。

(3) 受污染物影响较大的重要湖泊和水库，应在污染物主要迁移途径上设置控制断面。

(4) 以各功能区(如城市和工厂的排污口、饮用水源、风景游览区、排灌站等)为中心，在其辐射线上设置弧形监测断面。

图 3-2 为典型的湖泊、水库监测垂线(断面)布设示意图。

4) 采样点的确定

布设监测断面后，应根据水面的宽度确定断面上的采样垂线，再根据采样垂线的深度确定采样点位置和数量。

对于江河、渠道的监测断面，当水面宽小于 50 m 时，只设一条采样垂线(中泓线)；水面宽为 50～100 m 时，在左右近岸有明显水流处各设一条采样垂线；水面宽大于 100 m 时，设左、中、右三条垂线(中泓、左、右近岸有明显水流处)。

在一条垂线上，当水深小于或等于 5 m 时，只在水面以下 0.5 m 处设一个采样点(水深小于 0.5m，在水深 1/2 处设置)；水深为 5～10 m 时，在水面以下 0.5 m 处和河底以上约 0.5 m 处各设一个采样点；水深大于 10 m 时，需布设三个采样点，即水面以下 0.5 m 处一点，河底以上约 0.5 m 处一点，1/2 水深处一点。

对于湖泊、水库监测垂线上采样点位置和数量的确定方法与河流相同。如果存在间温层，应先测定不同水深处的水温、溶解氧等参数，确定成层情况后再确定垂线上采样点的位置，如图 3-3 所示。

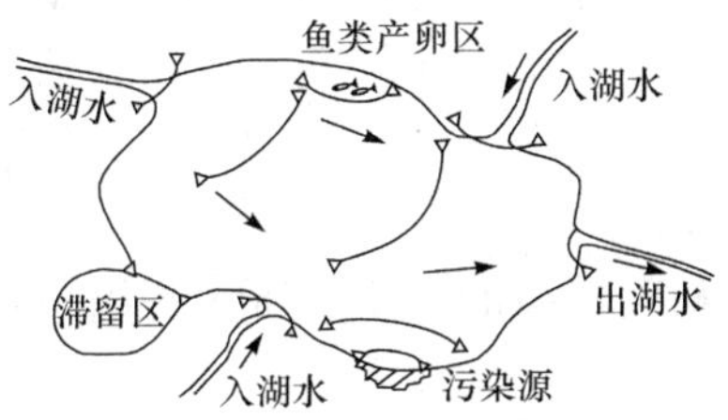

图 3-2　湖泊、水库监测垂线(断面)布设示意图

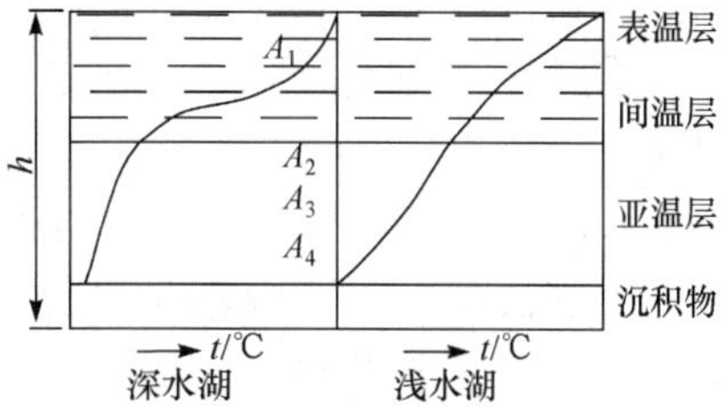

图 3-3　间温层采样点设置示意图

A_1. 表温层中；A_2. 间温层下；A_3. 亚温层中；A_4. 沉积物与水介质交界面上约 1 m 处；h. 水深

监测断面和垂线布设后应在地图上标明准确位置，在岸边设置固定标志。同时，以文字说明断面周围环境的详细情况，并配以照片，相关图文资料均应存入断面档案。每次采样要严格以标志物为准，使采集的样品取自同一位置，以保证样品的代表性和可比性。

3. 采样时间和采样频率的确定

为能够反映水质在时间和空间上的变化特征并具有较好的代表性，力求以最低的采样频次，取得最有时间代表性的样品，必须确定合理的采样时间和采样频率。一般原则是：

(1) 按照监测计划确定的频次开展监测。地表水环境质量例行监测可按月开展。

(2) 背景断面或者上年度内水质稳定为Ⅰ、Ⅱ类的断面，可降低采样频次，如按水文周期或季节进行采样。

(3) 若月度内断面所处河流因自然原因或人为干扰使其河流特征属性发生较大变化，可开展加密监测。上年度内每月均未检出的指标，可降低采样频次。

(4) 受潮汐影响的监测断面，可分别采集涨潮和退潮水样并测定。涨潮水样应在水面涨平时采样，退潮水样应在水面退平时采样。仅评价地表水环境质量时，可只采集退潮水样。

4. 采样及监测技术的选择

要根据监测对象的性质、含量范围及测定要求等因素选择适宜的采样、监测方法和技术。

3.2.2 地下水质监测方案的制订

储存在土壤和岩石空隙(孔隙、裂隙、溶隙)中的水统称为地下水。相对地表水而言，地下水具有流动缓慢、水质参数相对稳定的特点。《地下水环境监测技术规范》(HJ 164—2020)对地下水环境监测点布设、采样、样品管理、监测项目和分析方法、数据处理、质量保证和质量控制等环节均作了明确规定。

1. 资料的收集和实地调查

(1) 收集、汇总监测区域的水文、地质、气象等方面的有关资料和以往的监测资料，如地质图、剖面图、测绘图、水井资料和地下水质类型、地下水补给水源的地理分布及水文特征、地下水径流和排泄方向，以及降水量、蒸发量等。

(2) 调查区域内城市发展规划、工业布局、地下水资源开发和土地利用情况，尤其是地下工程规模应用等；了解化肥和农药的施用面积和施用量；查清污水灌溉、排污、纳污和地表水污染现状。

(3) 基于前期的监测资料，确定污染源类型和监测项目。

(4) 对地下水位和水深进行实际测量，明确采水器和采水泵的类型、所需费用，确定水文地质的单元划分和采样程序。

2. 采样点的设置

地下水环境监测点位布设遵循以下原则：

(1) 监测点总体上能反映监测区域内的地下水环境质量状况。

(2) 监测点不宜变动，尽可能保持地下水监测数据的连续性。

(3) 综合考虑监测井成井方法、当前科技发展和监测技术水平等因素，考虑实际采样的可行性，使地下水监测点布设切实可行。

(4) 定期(如每5年)对地下水质监测网的运行状况进行一次调查评价，根据最新情况对地下水质监测网进行优化调整。

详细的地下水环境监测点位布设要求和不同类型地下水(区域地下水、饮用水源地下水、污染源地下水)监测点位的布设方法请参阅(HJ 164—2020)。

3. 采样时间和采样频率的确定

依据具体水文地质条件和地下水监测井使用功能，结合当地污染源、污染物排放实际情况，争取用最低的采样频次，取得最有时间代表性的样品，达到全面反映调查对象的地下水水质状况、污染原因和迁移规律的目的。

不同监测对象的地下水采样频次见表3-5，有条件的地方可按当地地下水水质变化情况，适当增加采样频次。

表 3-5 不同监测对象的地下水采样频次

监测对象	采样频次
地下水饮用水源取水井	常规指标采样宜不少于每月 1 次，非常规指标采样宜不少于每年 1 次
地下水饮用水源保护区和补给区	采样宜不少于每年 2 次(枯、丰水期各 1 次)
区域	区域采样频次参照 DZ/T 0308 的相关要求执行
污染源	危险废物处置场采样频次参照 GB 18598 的相关要求执行
	生活垃圾填埋场采样频次参照 GB 16889 的相关要求执行
	一般工业固体废物储存、处置场地下水采样频次参照 GB 18599 相关要求执行
	其他污染源，对照监测点采样频次宜不少于每年 1 次，其他监测点采样频次宜不少于每年 2 次，发现有地下水污染现象时需增加采样频次

3.2.3 水污染源监测方案的制订

水污染源包括工业废水、生活污水、医院污水等。在制订水污染源监测方案时，首先也要进行资料收集和现场调查研究，掌握排放废水或污水的类型、主要污染物及排污去向(江、河、湖、海等水体)和排放量；调查排污口数量及位置，废(污)水处理设施情况等。

1. 采样点的设置

1) 污染物排放监测点位

在车间或车间处理设施排放口布设采样点，监测第一类污染物；在排污单位总排放口布设采样点，监测第二类污染物。两类污染物定义参见表 3-3。

进入集中式污水处理厂和进入城市污水管网的污水采样点位应根据地方环境保护行政主管部门的要求确定。

2) 污水处理设施的处理效率及监测点位的设置

监测污水处理设施的整体处理效率或各污水处理单元的处理效率时，分别在各污水进入污水处理设施或污水处理单元的进水口和出水口设置监测点位。经医院污水处理设施产生的出水，在排放前还要进行特殊预处理，达标后方可排放。

3) 雨水排放监测点位

排污单位应雨污分流，雨水经收集后由雨水管道排放，监测点位设在雨水排放口；如环境管理要求雨水经处理后排放的，监测点位按 1)设置。

2. 采样时间和采样频率的确定

工业废水的污染物含量和排放量随工艺条件及开工率的不同而有很大差异，故采样时间、周期和频率的选择是一个较复杂的问题。《污水监测技术规范》(HJ 91.1—2019)对采样频次作了详细规定：

(1) 排污单位的排污许可证、相关污染物排放(控制)标准、环境影响评价文件及其审批意见、其他相关环境管理规定等对采样频次有规定的，按规定执行。

(2) 如未明确采样频次的，按照生产周期确定采样频次。生产周期在 8 h 以内的，采样时间间隔应不小于 2 h；生产周期大于 8 h，采样时间间隔应不小于 4 h；每个生产周期内采样频次应不少于 3 次。如无明显生产周期、稳定且连续生产，采样时间间隔应不小于 4 h，每个生产日内采样频次应不少于 3 次。排污单位间歇排放或排放污水的流量、浓度、污染物种类有明显变化的，应在排放周期内增加采样频次。雨水排放口有明显水流动时，可采集一个或多个瞬时水样。

(3) 为确认自行监测的采样频次，排污单位也可在正常生产条件下的一个生产周期内进行加密监测：周期在 8 h 以内的，每小时采 1 次样；周期大于 8 h 的，每 2 h 采 1 次样；但每个生产周期采样次数不少于 3 次；采样的同时测定流量。

对向国家直接报送数据的废水排放源，我国水环境监测规范中规定：工业废水每年采样监测 2～4 次；生活污水每年采样监测 2 次，春、夏季各 1 次；医院污水每年采样监测 4 次，每季度 1 次。

3.3 水样的采集、保存和预处理

3.3.1 水样的采集

保证样品具有代表性，是水质监测数据具有准确性、精密性和可比性的前提。为了得到有代表性的水样，必须选择合理的采样位置、采样时间和科学的采样技术。对于天然水体，为了采集有代表性的水样，应根据监测目的和现场实际情况选定采集样品的类型和采样方法；对工业废水和生活污水，应根据监测目的、生产工艺、排污规律、污染物的组成和废水流量等因素选定采集样品的类型和采样方法。

1. 水样的类型

1) 瞬时水样

瞬时水样是指在某一时间和地点从水体中不连续地随机采集的单一样品，适用于水质稳定，组分在相当长的时间或相当大的空间范围内变化不大的水体。在地表水质监测中通常采集瞬时水样。当排污单位的生产工艺过程连续且稳定，其污水能稳定排放的(浓度变化不超过 10%)，瞬时水样具有较好的代表性，可用瞬时水样的浓度代表采样时间段内的采样浓度。当水质随时间和空间变化时，应按照适当的时间间隔采集多个瞬时水样，分别进行分析，绘制出浓度-时间关系曲线，掌握水质的变化规律。

2) 混合水样

混合水样包括等时混合水样和等比例混合水样两种。

等时混合水样是指在某一时段内，在同一采样点位(断面)以相等时间间隔采集等体积的多个水样，经混合均匀后所得到的水样。当污水流量变化小于平均流量 20%，污染物浓度基本稳定时，可采集等时混合水样。

等比例混合水样是指在某一时段内，在同一采样点位所采水样量随时间或流量成比例的混合水样。当污水的流量、浓度甚至组分都有明显变化，可采集等比例混合水样。等比例混合水样一般采用与流量计相连的水质自动采样器采集。

3) 综合水样

综合水样是指在不同采样点同一时间采集的各个瞬时水样混合后得到的水样，也可为特定采样点分别采集的不同深度水样经混合后得到的水样。也常需要把代表断面上各采样点或几个废(污)水排放口采集的水样按流量比例混合，获得反映流量比例的综合水样的平均结果。适用于多支流河流的采样及多个排污口的污水样品采集。综合水样是获得监测项目平均浓度的重要方式，可了解某一时间水体的综合(总体)情况。

2. 采样前的准备

采样前应在监测方案的指导下，根据监测内容和监测项目的规定要求，选择材质化学稳定性好的采样器和盛水容器，并按规范正确清洗。准备好交通工具(船只等)，并现场保存试剂。

采样器材包括采样器、静置容器、样品瓶、水样保存剂和其他所需辅助设备。采样器材的材质和结构、水样保存、容器洗涤方法应符合标准分析方法要求，如标准分析方法无要求则执行《水质采样 样品的保存和管理技术规定》(HJ 493—2009)中的规定。若启用新容器，事先应充分清洗。

采样器包括表层采样器、深层采样器、自动采样器、石油类采样器及其他满足采样需求且不影响监测结果的采样器。常用盛水容器的材质有聚四氟乙烯、聚乙烯、石英玻璃和硼硅玻璃，其稳定性依次递减。通常测定有机污染物项目及生物项目的盛水容器应选用硬质(硼硅)玻璃容器；测定金属、放射性及其他无机污染物项目的盛水容器可选用高密度聚乙烯或硬质(硼硅)玻璃容器。针对不同监测项目，盛水容器材质、采样量可参阅表 3-6。

表 3-6 部分测定项目水样的保存方法和保存期限

监测项目	容器材质	保存方法	可保存时间	采样量*/mL	备注
浊度	P 或 G		12 h	250	尽量现场测定
色度	P 或 G		12 h	250	尽量现场测定
pH	P 或 G		12 h	250	尽量现场测定
电导率	P 或 G		12 h	250	尽量现场测定
悬浮物	P 或 G		14 d	500	避光冷藏保存(0～4℃)
碱度	P 或 G		12 h	500	水样充满容器，尽量现场测定
酸度	P 或 G		30 d	500	水样充满容器，避光冷藏保存(0～4℃)
COD	G	用 H_2SO_4 酸化至 pH≤2	48 h	500	
高锰酸盐指数	G	用 H_2SO_4 酸化至 pH≤2	48 h	500	避光冷藏保存(0～4℃)
溶解氧	溶解氧瓶(G)	碘量法测定时，加入 $MnSO_4$ 和碱性 KI 固定	24 h	250	水样充满容器，尽量现场测定
BOD_5	溶解氧瓶(G)		12 h	250	使用专用溶解氧瓶采样，水样充满容器，避光冷藏保存(0～4℃)
总有机碳	G	用 H_2SO_4 酸化至 pH≤2	7 d	250	
氟化物	P		14 d	250	避光冷藏保存(0～4℃)
氯化物	P 或 G		30 d	250	
硫酸盐	P 或 G		30 d	250	避光冷藏保存(0～4℃)
磷酸盐	P 或 G	用 H_2SO_4 或 NaOH 调节至 pH=7；每 1 L 水样中加入 5 mL $CHCl_3$	7 d	250	避光冷藏保存(0～4℃)
总磷	P 或 G	用 H_2SO_4 或 HCl 酸化至 pH≤2	24 h	250	

续表

监测项目	容器材质	保存方法	可保存时间	采样量*/mL	备注
氨氮	P或G	用 H_2SO_4 酸化至 pH≤2	24 h	250	
亚硝酸盐氮	P或G		24 h	250	避光冷藏保存(0～4℃)，尽快测定
硝酸盐氮	P或G		24 h	250	避光冷藏保存(0～4℃)
总氮	P或G	用 H_2SO_4 酸化至 pH≤2	7 d	250	
硫化物	P或G	1 L水样加入 NaOH 调节至 pH=9，加入5%抗坏血酸5 mL、饱和 EDTA 3 mL，滴加饱和 $Zn(CH_3COO)_2$ 至胶体产生，常温避光保存	24 h	250	必须现场固定
总氰化物	P或G	用 NaOH 调节至 pH≥9	12 h	250	
酚类	G	用 $CuSO_4$ 抑制生化作用，并用 H_3PO_4 酸化至 pH=2，加入 0.01～0.02 g 抗坏血酸除去余氯	24 h	1000	避光冷藏保存(0～4℃)
油类	G	用 HCl 酸化至 pH≤2	7 d	250	建议用分析时的溶剂冲洗容器，采样后立即加入分析时所用萃取剂，或现场萃取
农药类	G	加入 0.01～0.02 g 抗坏血酸除去余氯	24 h	1000	采样后立即加入分析时所用萃取剂，或现场萃取
阴离子表面活性剂	P或G		24 h	250	避光冷藏保存(0～4℃)
汞	P或G	若水为中性，1 L水样中加入10 mL HCl	14 d	250	保存方法取决于所用方法
镉	P或G	1 L水样中加入10 mL HNO_3	14 d	250	保存方法取决于所用方法
铅	P或G	1 L水样中加入10 mL HNO_3	14 d	250	酸化时不要用 H_2SO_4，保存方法取决于所用方法
铜	P	1 L水样中加入10 mL HNO_3	14 d	250	保存方法取决于所用方法
锌	P	1 L水样中加入10 mL HNO_3	14 d	250	保存方法取决于所用方法
铁	P或G	1 L水样中加入10 mL HNO_3	14 d	250	
锰	P或G	1 L水样中加入10 mL HNO_3	14 d	250	
钾	P	1 L水样中加入10 mL HNO_3	14 d	250	
钠	P	1 L水样中加入10 mL HNO_3	14 d	250	
钙	P或G	1 L水样中加入10 mL HNO_3	14 d	250	酸化时不要用 H_2SO_4，酸化的样品可同时用于测定其他金属
镁	P或G	1 L水样中加入10 mL HNO_3	14 d	250	
砷	P	1 L水样中加入10 mL HNO_3；DDTC 法加入 2 mL HCl	14 d	250	
硼	P或G	1 L水样中加入10 mL HNO_3	14 d	250	
铍	P或G	1 L水样中加入10 mL HNO_3	14 d	250	
六价铬	P或G	用 NaOH 调节至 pH=8～9	14 d	250	

续表

监测项目	容器材质	保存方法	可保存时间	采样量*/mL	备注
微生物	灭菌容器 G	每升水样加入 0.2～0.5 g $Na_2S_2O_3$，以消除余氯对细菌的抑制作用	12 h	250	避光冷藏保存(0～4℃)，尽快测定
生物	P 或 G	不能在现场测定时用甲醛固定	12 h	250	避光冷藏保存(0～4℃)，尽快测定

＊ 为单个项目监测的最少采样量；P 为聚乙烯；G 为硬质玻璃；DDTC 法代表二乙基二硫代氨基甲酸钠法。

3. 采样方法

1) 地表水样的采集

(1) 采集表层水样：常借助船只、桥梁、索道或涉水等方式，也可使用无人机、无人船或在闸坝等水利设施上采集水样。表层水样可用桶、瓶等盛水容器直接采集。一般将其沉至水面下 0.3～0.5 m 处采集。

(2) 采集深层水样：必须借助采样器，可用简易采样器、急流采样器、溶解气体采样器等。

a. 简易采样器。采集深层水时，可使用带重锤的简易采样器沉入水中采集(图 3-4)。将采样容器沉降至所需深度(可从绳上的标度看出)，上提细绳打开瓶塞，待水样充满容器后提出。

b. 急流采样器。对于水流急的河段，宜采用急流采样器(图 3-5)。急流采样器是将一根长钢管固定在铁框上，管内装一根橡胶管，上部用夹子夹紧，下部与瓶塞上的短玻璃管相连，瓶塞上另有一长玻璃管通至采样瓶底部。采样前塞紧橡胶塞，然后沿船身垂直伸入要求水深处，打开上部橡胶管夹，水样即沿长玻璃管流入样品瓶中，瓶内空气由短玻璃管沿橡胶管排出。由于采集的水样与空气隔绝，这样采集的水样也可用于测定水中溶解性气体。

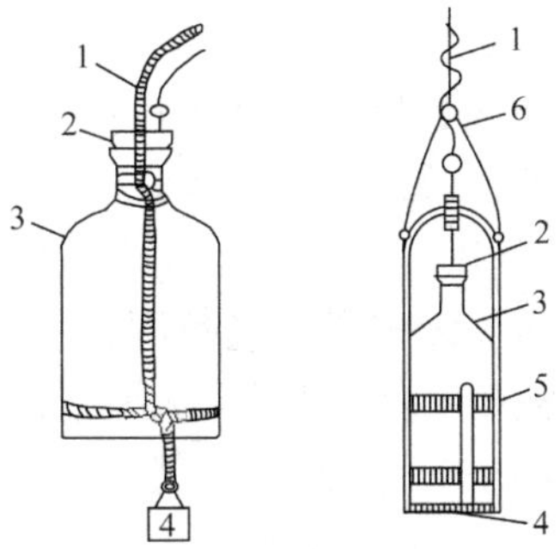

图 3-4　简易采样器

1. 绳子；2. 带有软绳的橡胶管；3. 采样瓶；4. 铅锤；5. 铁框；6. 挂钩

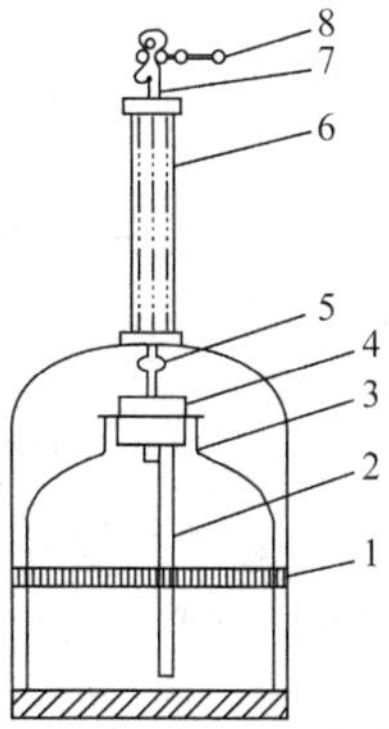

图 3-5　急流采样器

1. 铁框；2. 长玻璃管；3. 采样瓶；4. 橡胶塞；5. 短玻璃管；6. 钢管；7. 橡胶管；8. 夹子

c. 其他采样器。此外，还有多种结构较复杂的采样器，如深层采水器、电动采水器、自动采水器、连续自动定时采水器等。采集水样量大时，可借助采样泵采集水样，它用泵通过采样管抽吸预定洪水层的水样。

石油类、五日生化需氧量、溶解氧、硫化物、悬浮物、粪大肠菌群、叶绿素等特殊样品的采集按《地表水环境质量监测技术规范》(HJ 91.2—2022)的要求执行。

(3) 采样量：在地表水质监测中所需水样量参见表 3-6。此采样量已考虑重复分析和质量控制的需要。

2) 地下水样的采集

地下水可分为上层滞水、潜水和承压水。上层滞水的水质与地表水的水质基本相同。潜水含水层通过包气带直接与大气圈、水圈相通，因此其具有季节性变化的特点。承压水地质条件不同于潜水，其受水文、气象因素直接影响小，含水层的厚度不受季节变化的支配，水质不易受人为活动污染。

对于专用地下水监测井，常利用抽水机设备从监测井中采集水样。启动后，先放水数分钟，将积留在管道内的杂质及陈旧水排出，然后用采样容器接取瞬时水样。

对于自喷泉水，可在涌水口处直接采样。

对于自来水，要先将水龙头完全打开，放水数分钟，排出管道中积存的死水后再采样。

3) 废水样品的采集

工业废水大多是流量和浓度随时间变化的非稳态流体，可根据能反映其变化并具有代表性的采样要求，采集合适的水样(瞬时水样、混合水样、综合水样等)。

(1) 浅层废水采样：主要是以沟渠形式排放的废水。可用容器直接采集，或用聚乙烯塑料长把勺采集。

(2) 深层废水采样：适用于废水或污水处理池中的水样。可使用特制的深层采水器采集。

(3) 自动采样：采用自动采样器或连续自动定时采样器采集。例如，自动分级采样式采水器，可在一个生产周期内，每隔一定时间将一定量的水样分别采集在不同的容器中；自动混合采样式采水器可定时连续地将定量水样或按流量比采集的水样汇集于一个容器内。当污水排放量较稳定时可采用时间比例采样，否则必须采用流量比例采样。实际采样位置应在采样断面的中心。当水深大于 1 m 时，应在表层下 1/4 深度处采样；水深小于或等于 1 m 时，在水深的 1/2 处采样。

4. 流量的测量

为掌握水体的受纳负荷是否超过环境容量和评价污染控制效果，必须进行排放废水浓度和流量的同步测量。

1) 地表水流量测量

对于较大的河流，应尽量利用水文监测断面。若监测河段无水文测量断面，应选择一个水文参数比较稳定、流量有代表性的断面作为测量断面。水文测量应按《河流流量测验规范》(GB 50179—2015)进行。河流、明渠流量的测定方法有以下两种。

(1) 流速-面积法。

首先将测量断面划分为若干小断面，然后测量每一小断面的面积和流速并计算出相应的流量，再将各小断面的流量累加，即为测量断面上的水流量，计算公式如式(3-1)：

$$Q = S_1\overline{v_1} + S_2\overline{v_2} + \cdots + S_n\overline{v_n} \tag{3-1}$$

式中，Q 为水流量，m^3/s；$\overline{v_n}$ 为各小断面上水的平均流速，m/s；S_n 为各小断面面积，m^2。一般用流速仪测量流速。

(2) 浮标法。

浮标法是一种粗略测量小型河流、沟渠中流速的简易方法。测量时，选择一平直河段，测量该河段 10 m 间距内起点、中点和终点三个水流横断面的面积并求出平均横断面面积。在上游投入浮标，测量浮标流经确定河段(L)所需时间，重复测量几次，求出所需时间的平均值(t)，即可计算出流速(L/t)，再按式(3-2)计算流量：

$$Q = K \cdot \overline{v} \cdot S \tag{3-2}$$

式中，$\overline{v}$ 为浮标平均流速，m/s，S 为水流横断面面积，m^2；K 为浮标系数，K 与空气阻力、断面上水流分布的均匀性有关，一般需要流速仪对照标定，其范围为 0.84～0.90。

2) 废(污)水流量测量

《污水监测技术规范》(HJ 91.1—2019)对排放污水的流量测量原则和测量方法进行了规范。

(1) 流量计法。

用流量计直接测定，有多种商品污水流量计可供选择，但污水流量计的性能指标必须满足污水流量计技术要求。流量计法测定流量简便、准确。

(2) 容积法。

将污水导入已知容积的容器或污水池中，测量流满容器或污水池的时间，然后用受纳容器的体积除以时间获得流量。本法简单易行，测量精度较高，适用于测量污水流量较小的连续或间歇排放的污水。

(3) 溢流堰法。

在固定形状的渠道上，根据污水量大小可选择安装三角堰、矩形堰、梯形堰等特定形状的开口堰板，过堰水头与流量有固定关系，据此测量污水流量。溢流堰法精度较高，在安装液位计后可实行连续自动测量。该法适用于不规则的污水沟、污水渠中水流量的测量。对任意角θ的三角堰装置，流量 Q 计算公式：

$$Q = 0.53K(2g)^{0.5}\left(\tan\frac{\theta}{2}\right)H^{2.5} \tag{3-3}$$

式中，Q 为水流量，m^3/s；K 为流量系数，约为 0.6；θ为堰口夹角；g 为重力加速度，9.808 m/s^2；H 为过堰水头高度，m。当θ=90°时，为直角三角堰，在实际测量中较常应用。

当 H=0.002～0.2 m 时，流量计算公式可以简化为

$$Q(m^3/s)=1.41H^{2.5} \tag{3-4}$$

此式称为汤姆孙(Tomson)公式。

利用该法测定流量时，堰板的安装可能造成一定的水头损失，且固体沉积物在堰前堆积或藻类等物质在堰板上黏附均会影响测量精度。

(4) 量水槽法。

在明渠或涵管内安装量水槽，测量其上游水位可以计量污水量，常用的有巴氏槽。与溢流堰法相比，用量水槽法测量流量同样可以获得较高的精度(±2%～±5%)，并且可进行连续自动测量。该方法有水头损失小、壅水高度小、底部冲刷力大、不易沉积杂物的优点，但其造价较高，施工要求也较高。

3.3.2　水样的运输和保存

1. 水样的运输

水样采集后从采样点到实验室的运输过程中，由于物理、化学和生物的作用会使水样性质发生变化。因此，有些项目必须在采样现场测定，并尽可能缩短运输时间和尽快分析测定。

在运输过程中，特别需要注意以下几点。

(1) 防止运输过程中样品溅出或震荡损失，盛水容器应塞紧塞子，必要时用封口胶、石蜡封口(测定油类的水样不能用石蜡封口)；样品瓶打包装箱，并用泡沫塑料或纸条挤紧减震。

(2) 需冷藏、冷冻的样品，须配备专用的冷藏、冷冻箱或车运输；条件不具备时，可采用隔热容器，并放入制冷剂达到冷藏、冷冻的要求。冬季应采取保温措施，以免样品瓶冻裂。

2. 水样的保存

各种水质的水样，从采集到分析测定需要一定时间。为了减少各种物理、化学、生物作用引起水样某些物理参数及化学组分的变化，需要根据监测项目的性质采取一些措施对样品加以保存，延长水样的保持期。常用的水样保存技术如下。

1) 选择合适的容器

容器材质对水质变化会产生一定的影响。选择容器时应考虑：避免容器材料对水样的沾污，如玻璃能溶出少量 K、Na、B、Si 等，塑料则易溶出少量有机物；避免容器壁对待测组分的吸收或吸附作用，如玻璃瓶壁对痕量金属的吸附、塑料瓶壁对苯的吸附等；避免样品组分与容器发生化学反应，如 F^-、NaOH 易与玻璃反应而腐蚀玻璃。

2) 采取适宜的保存方法

(1) 冷冻或冷藏法。

为抑制微生物，减缓物理挥发和化学反应速率，水样需要低温保存。冷藏温度一般为 0～4℃，冷冻温度为−20℃。分析挥发性物质或样品包含细胞、细菌或微藻类不适用冷冻程序。

(2) 加入化学试剂保存法。

a. 加入生物抑制剂：在水样中加入适量的生物抑制剂可抑制微生物作用。例如，在测氨氮、有机物的水样中加入 $HgCl_2$，可抑制微生物的氧化还原作用。

b. 调节 pH：加入酸或碱调节水样的 pH，使待测组分以较稳定状态保存。例如，测金属离子的水样常用 HNO_3 酸化至 pH 为 1～2，防止金属离子水解沉淀及被器壁吸附；测定氰化物和挥发酚的水样，加入 NaOH 调节 pH⩾12，使其生成稳定的盐。

c. 加入氧化剂或还原剂：加入氧化剂或还原剂可阻止或减缓某些组分氧化还原反应的发生。例如，为避免汞还原为金属汞而挥发损失，测汞的水样加入氧化剂使汞离子保持高价态；余氯能氧化水样中的 CN^-，使酚类、烃类和苯系物氯化形成相应的衍生物，因此在采样时加入适量的 $Na_2S_2O_3$ 还原水样中的余氯；测定溶解氧的水样，需加入适量 $MnSO_4$ 和碱性 KI 固定等。

加入的水样保存剂不能干扰后续测定，应进行相应的空白实验，其纯度和等级必须达到分析的要求。水样的常用保存方法见表 3-6。

(3) 过滤与离心分离。

水样浑浊也会影响分析结果，还会加速水质的变化。如果测定溶解态组分，采样后用 0.45 μm 微孔滤膜过滤，除去藻类和细菌等悬浮物，提高水样的稳定性。如果测定不可溶金属，则应保留滤膜备用。如果测定水样中某组分的总含量，采样后直接加入保存剂保存，分析时充分摇匀后再取样。

(4) 水样的保存期。

原则上采样后应尽快分析。水样的有效保存期的长短依赖于待测组分的性质、待测组分的浓度和水样的清洁程度等因素。一般待测物质的浓度越低，保存时间越短。清洁水样保存时间不超过 72 h，轻度污染水样不超过 48 h，严重污染水样不超过 12 h 为宜。

由于天然水体、废水(或污水)样品成分不同和采样地点不同，同样的保存条件难以保证对不同类型样品中待测组分都是可行的，迄今为止还没有找到适用于一切场合和情况的绝对保存准则。我国现行的水样保存方法如表 3-6 所示，可作为水质监测样品保存的一般条件。

3.3.3　水样的预处理

环境水样的组成复杂，多数待测组分的含量低，存在形态各异，而且样品中存在大量干扰物质。因此，需要对水样进行预处理，使其中待测组分的形态和浓度符合分析方法的要求，并且减少或消除共存组分的干扰。常用的水样预处理方法有消解、分离和富集等。

1. 水样的消解

当测定环境水样或废(污)水样中的无机元素时，需要进行消解预处理。消解的目的是破坏有机物，溶解悬浮物，并将各种价态的待测元素氧化成单一高价态或转变成易于分离的无机物。常用的水样消解方法有湿式消解法、干灰化法和微波消解法。

1) 湿式消解法

在进行水样消解时，根据水样的类型及测定方法选择消解方法。最常使用的一元酸为硝酸，采用多元酸的目的是提高消解温度，加快氧化速率和改善消解效果。

(1) 硝酸消解法：适用于较清洁地表水样的消解。

(2) 硝酸-高氯酸消解法：这个消解组合可显著提升难降解有机物的消解效果，适用于消解含悬浮物、有机质较多及含难氧化有机物的水样。

(3) 硝酸-硫酸消解法：是常用的消解组合，浓硝酸与浓硫酸的体积比为 5∶2，最高消解温度可达 220℃。但该法不适用于处理易生成难溶硫酸盐组分(如铅、钡、锶)的水样。

(4) 硫酸-高锰酸钾消解法：主要用于测定含 Hg 水样的消解。

(5) 硫酸-磷酸消解法：二者组合消解水样，有利于消除 Fe^{3+}等离子对测定的干扰。

(6) 多元消解方法：为提高消解效果，在某些情况下需要采用三元及以上酸或氧化剂消解体系。例如，处理测量总铬含量的水样时，采用硫酸-磷酸-高锰酸钾三元消解体系。

(7) 碱分解法：当用酸体系消解水样造成易挥发组分损失时，可用碱分解法。常用组合为氢氧化钠-过氧化氢体系、氨水-过氧化氢体系。

2) 干灰化法

干灰化法又称干式分解法或高温分解法，多用于底泥、沉积物等固态样品的消解，但不适用于处理测定易挥发组分(如砷、汞、镉、硒、锡等)的水样。

3) 微波消解法

微波消解法是将高压消解和微波快速加热相结合的一项消解新技术。它显著提升了样品的分解速率，缩短了消解时间，提高了热氧化效率，并且避免了待测元素的损失和可能造成的污染。

2. 富集与分离

在水质监测中，当待测组分的含量低于分析方法的检出限时，就必须进行富集；当有大量共存干扰组分时，就必须采取分离或掩蔽措施。富集和分离的目的是消除干扰、提高测定方法的灵敏度。富集与分离往往同时进行。常用的方法有过滤法、气提法、顶空法、蒸馏法、蒸发浓缩法、萃取法、挥发法、吸附法、离子交换法、层析法、低温浓缩法、沉淀与共沉淀法等。

1) 气提、顶空与蒸馏法

利用共存组分的挥发性或沸点的差异，采用向水样中通入惰性气体或加热的方法，将被测组分吹出或蒸出，达到分离和富集的目的。

(1) 气提法：用氮气(空气或氦气)将易挥发待测组分从水样中吹出，直接送入仪器进行测定，或导入吸收液或吸附柱富集后再测定。例如，冷原子吸收测定水样中汞时，先将汞离子用氯化亚锡还原为原子态汞，再利用汞易挥发的性质，通入惰性气体将其吹出并送入仪器测定；测定硫化物时，先使其在磷酸介质中生成硫化氢，再用惰性气体载入乙酸锌-乙酸钠溶液吸收，达到与母液分离和富集的目的。

(2) 顶空法：又称上部空间法，常用于测定挥发性有机物(VOCs)或挥发性无机物(VICs)水样的预处理。测定时，先在密闭的容器中装入水样，容器上留有一定空间，再将容器置于恒温水浴中，经过一定时间，挥发性组分在容器内的气、液两相达到平衡，待测组分 X 在两相中的分配系数 K 和两相相比 β 可用式(3-5)和式(3-6)表示：

$$K = \frac{[\mathrm{X}]_\mathrm{G}}{[\mathrm{X}]_\mathrm{L}} \tag{3-5}$$

$$\beta = \frac{V_\mathrm{G}}{V_\mathrm{L}} \tag{3-6}$$

式中，$[\mathrm{X}]_\mathrm{G}$ 和 $[\mathrm{X}]_\mathrm{L}$ 分别为平衡状态下待测组分 X 在气相和液相中的浓度；V_G 和 V_L 分别为气相和液相的体积。

根据物料平衡原理，可以推导出待测组分在气相中的平衡浓度 $[\mathrm{X}]_\mathrm{G}$ 与其在水样中原始浓度 $[\mathrm{X}]_\mathrm{L}^0$ 之间的关系式：

$$[\mathrm{X}]_\mathrm{G} = \frac{[\mathrm{X}]_\mathrm{L}^0}{1/K + \beta} \tag{3-7}$$

式中，K 值用标准试样在相同条件下测得，而 β 为已知值，故测得气样 $[\mathrm{X}]_\mathrm{G}$ 后，就可计算出 $[\mathrm{X}]_\mathrm{L}^0$。

(3) 蒸馏法：是利用水样中各污染组分具有不同的沸点及蒸气压而使其彼此分离的方法。测定水样中的挥发酚、氰化物、氟化物时，均需先在酸性介质中进行预蒸馏分离。氟化物可用直接蒸馏装置，也可用水蒸气蒸馏装置；测定水中的氨氮时，需在微碱性介质中进行预蒸馏分离。此时蒸馏具有消解、富集和分离三种作用。图 3-6 为挥发酚和氰化物蒸馏装置；图 3-7 为氟化物的水蒸气蒸馏。

2) 蒸发浓缩法

蒸发浓缩是指在电热板上或水浴中加热水样，使水分缓慢蒸发，达到缩小水样体积，浓缩被测组分的目的。此法简单易行，无须化学处理，但存在速度慢、易损失等缺点。

3) 共沉淀法

共沉淀是指溶液中难溶化合物在形成沉淀过程中，将共存的某些痕量组分一起载带沉淀出来的现象。共沉淀的原理是基于表面吸附、包藏、形成混晶和异电荷胶态物质相互作用等。

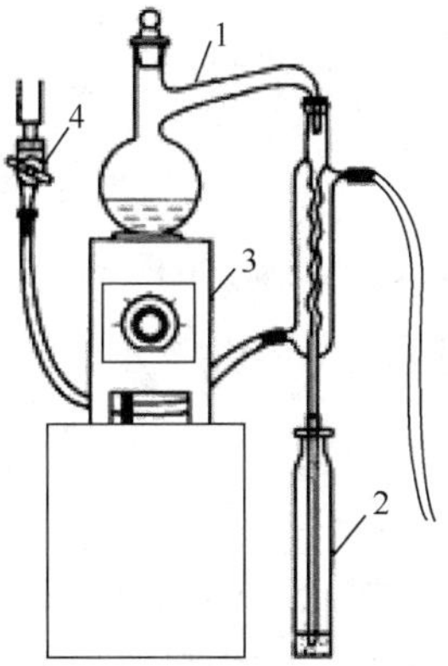

图 3-6　挥发酚和氰化物蒸馏装置

1. 500 mL 全玻璃蒸馏器；2. 接收瓶；3. 电炉；4. 水龙头

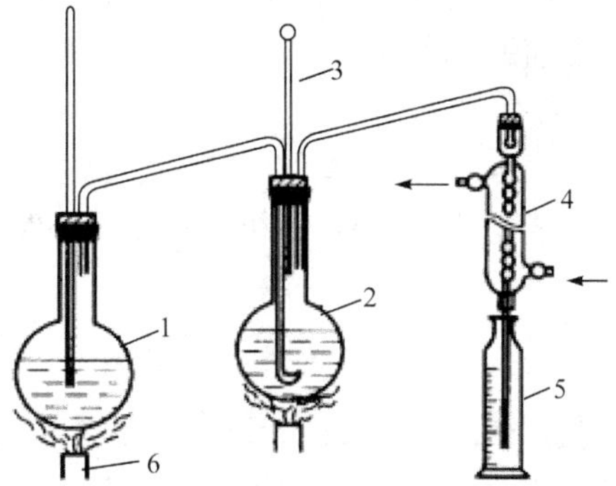

图 3-7　氰化物的水蒸气蒸馏

1. 水蒸气发生瓶；2. 烧瓶(内装水样)；3. 温度计；4. 冷凝管；5. 接收瓶；6. 热源

(1) 利用吸附作用的共沉淀分离：该方法常用的无机载体有 $Fe(OH)_3$、$Al(OH)_3$、$Mn(OH)_2$ 及硫化物等。例如，分离含铜溶液中的微量铝，加氨水不能使铝以 $Al(OH)_3$ 沉淀析出，若加入适量 Fe^{3+}和氨水，则利用生成的 $Fe(OH)_3$ 沉淀作载体，吸附 $Al(OH)_3$ 转入沉淀，达到与溶液中的 $Cu(NH_3)_4^{2+}$分离的目的。用分光光度法测定水样中的 Cr(Ⅵ)时，当水样有色、浑浊、Fe^{3+}含量低于 200 mg/L 时，可于 pH 为 8～9 条件下用 $Zn(OH)_2$ 作共沉淀剂吸附分离干扰物质。

(2) 利用生成混晶的共沉淀分离：当欲分离微量组分及沉淀剂组分生成沉淀时，若具有相似的晶格，就可能生成混晶而共同析出。例如，$PbSO_4$ 和 $SrSO_4$ 的晶形相同，如分离水样中的痕量 Pb^{2+}，可加入适量 Sr^{2+}和过量可溶性硫酸盐，则生成 $PbSO_4$-$SrSO_4$ 的混晶，将 Pb^{2+} 共沉淀出来。

(3) 利用有机共沉淀剂进行共沉淀分离：有机共沉淀剂的选择性较无机沉淀剂多，得到的沉淀也较纯净，并且通过灼烧可除去有机共沉淀剂。例如，在含痕量 Zn^{2+}的弱酸性溶液中，加入 NH_4SCN 和甲基紫，由于甲基紫在溶液中电离成带正电荷的阳离子 B^+，它们之间发生如下的共沉淀反应：

$$Zn^{2+} + 4SCN^- \Longrightarrow Zn(SCN)_4^{2-}$$

$$2B^+ + Zn(SCN)_4^{2-} \Longrightarrow B_2Zn(SCN)_4(\text{形成缔合物})$$

$$B^+ + SCN^- \Longrightarrow BSCN(\text{形成载体})$$

$B_2Zn(SCN)_4$ 与 BSCN 发生共沉淀，将痕量 Zn^{2+}富集于沉淀中。

4) 离子交换法

该法是利用离子交换剂与溶液中的离子发生交换反应进行分离的方法。离子交换剂分为无机离子交换剂和有机离子交换剂，其中有机离子交换剂应用广泛，也称为离子交换树脂。离子交换树脂一般为可渗透的三维网状高分子聚合物，在网状结构的骨架上含有可电离的或可被交换的阳离子或阴离子活性基团，与水样中的离子发生交换反应。强酸性阳离子交换树脂含有活性基团—SO_3H、—SO_3Na 等，一般用于富集金属阳离子。强碱性阴离子交换树脂含有—$N(CH_3)_3^+X^-$基团，其中 X^-为 OH^-、Cl^-、NO_3^-等，能在酸性、碱性和中性溶液中与强酸或弱酸发生阴离子交换。离子交换技术在富集和分离微量或痕量元素方面得到较广泛应用。

5) 萃取法

用于水样预处理的萃取方法有溶剂萃取法、固相萃取法、微波萃取法、超临界流体萃取法和超声波辅助萃取法等。

(1) 溶剂萃取法。

溶剂萃取也称液-液萃取，是基于物质在不同的溶剂相中分配系数不同，而达到组分的富集与分离。某物质在水相-有机相中的分配系数(K)可用分配定律[式(3-8)]表示：

$$K = \frac{[\mathrm{A}]_{有}}{[\mathrm{A}]_{水}} \tag{3-8}$$

式中，$[\mathrm{A}]_{有}$ 为溶质 A 在有机相中的平衡浓度；$[\mathrm{A}]_{水}$ 为溶质 A 在水相中的平衡浓度。K 与溶质和溶剂的特性及温度等因素有关。当溶液中某组分的 K 值大时，则容易进入有机相，而 K 值很小的组分仍留在水相中。在恒定的温度、压力及被萃取组分浓度不大时，K 值为常数。

分配定律只适用于溶质 A 的浓度较低，且在两相中的存在形式相同，无解离、缔合等副反应过程的情况。但实际上，副反应的发生使得被测组分在两相中的存在形式有所不同，此时可用分配比来描述溶质在两相中的分配。分配比 D 是指溶质 A 在有机相中各种存在形式的总浓度$(c_{\mathrm{A}})_{有}$与在水相中各种存在形式的总浓度$(c_{\mathrm{A}})_{水}$之比：

$$D = \frac{\sum[\mathrm{A}]_{有}}{\sum[\mathrm{A}]_{水}} = \frac{(c_{\mathrm{A}})_{有}}{(c_{\mathrm{A}})_{水}} \tag{3-9}$$

萃取分离中，一般要求分配比在 10 以上。分配比反映萃取体系达到平衡时的实际分配情况，具有较大的实用价值。

被萃取物质在两相中的分配还可以用萃取率(E)来表示，其表达为

$$E(\%) = \frac{有机相中被萃取物的量}{水相和有机相中被萃取的总量} \times 100 \tag{3-10}$$

萃取率 E 和分配比 D 之间的关系为

$$E(\%) = \frac{100D}{D + \dfrac{V_{水}}{V_{有}}} \tag{3-11}$$

为了达到分离的目的，不仅要求被萃取物质 A 具有较高的萃取效率，而且要求与共存组分有良好的分离效果。如果在同一体系中有两种溶质 A 和 B，它们的分配比分别为 D_{A} 和 D_{B}，可用分离系数 β 表示其分离效果：

$$\beta = \frac{D_{\mathrm{A}}}{D_{\mathrm{B}}} \tag{3-12}$$

如果β=1，即 $D_{\mathrm{A}}=D_{\mathrm{B}}$，表示 A 和 B 不能分离；$\beta$ 值越大(远大于 1)或越小(远小于 1)，则 A 和 B 分离效果越好。

水相中的有机污染物，可根据“相似相溶”原则选择适宜溶剂直接进行萃取。多数无机物在水相中以水合离子状态存在，不能用有机溶剂直接萃取，可先加入一种试剂，使其与水相中离子态组分结合，生成一种不带电荷、易溶于有机溶剂的物质，从而被有机溶剂萃取，以达到富集和分离的目的。加入的试剂与有机相、水相共同构成萃取体系。根据生成可萃取物类型的不同，萃取体系又分为螯合物萃取体系、离子缔合物萃取体系、三元络合物萃取体

系和协同萃取体系等，其中螯合物萃取体系应用最多，如用双硫腙与水中 Cu^{2+}、Hg^{2+}、Zn^{2+}、Pb^{2+}等形成难溶于水的螯合物，再用 $CHCl_3$(或 CCl_4)萃取后用分光光度法测定。

(2) 固相萃取法。

固相萃取(solid phase extraction，SPE)的萃取剂是固体，其工作原理是依据水样中待测组分与共存组分在固相萃取剂上作用力强弱不同，使它们彼此分离。常用的固相萃取剂是含 C_{18} 或 C_8、氰基、氨基等基团的特殊填料。固相萃取装置分为柱型和盘型两种。例如，C_{18} 键合硅胶是通过在硅胶表面作硅烷化处理而制得的一种颗粒物，将其装载在聚丙烯塑料、玻璃或不锈钢的短管中，即为柱型固相萃取剂。柱型固相萃取管如图 3-8 所示。如果将 C_{18} 键合硅胶颗粒进一步加工制成以聚四氟乙烯为网络的膜片，即为膜片型固相萃取剂，图 3-9 是一种膜片型固相萃取装置。固相萃取法主要有五个基本步骤，分别为①吸附柱的选择；②吸附柱的活化；③过水样；④萃取柱的纯化；⑤目标物的洗脱。

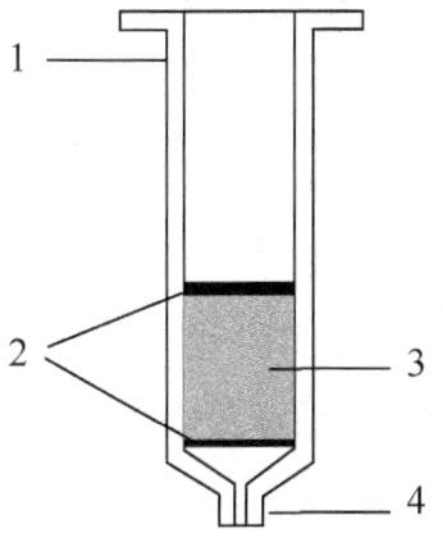

图 3-8　柱型固相萃取管示意图

1. 柱型管(聚乙烯、玻璃或不锈钢)；2. 滤片；3. 固相萃取填料；4. 通用接口(溶液出口)

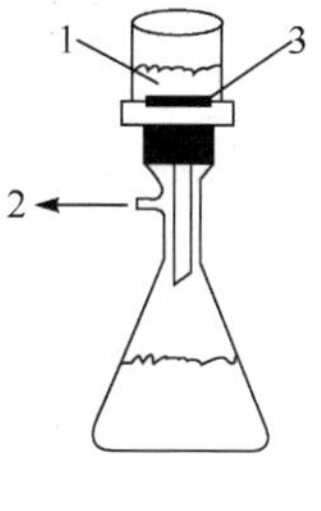

图 3-9　膜片型固相萃取装置

1. 水样；2. 抽气；3. 萃取膜片

固相萃取法具有高效、可靠及溶剂消耗量少等优点，已逐渐取代传统的液-液萃取而成为环境样品预处理的有效方法。20 世纪 90 年代出现固相微萃取(solid phase microextraction，SPME)技术，可在无溶剂条件下一步完成取样、萃取和浓缩，与气相色谱仪、高效液相色谱仪等仪器联用，快速测定样品中痕量有机物。图 3-10 为一种固相微萃取装置。该装置类似微量注射器，由手柄和萃取头(纤维头)两部分组成。萃取头是一根长约 1 cm、涂有不同固定相涂层的熔融石英纤维，石英纤维一端连接不锈钢内芯，外套细的不锈钢针管(以保护石英纤维不被折断)。手柄用于安装和固定萃取头，通过手柄的推动，萃取头可以伸出不锈钢管。萃取时将萃取针头插入样品瓶内，吸附待测组分后，将萃取头缩回萃取器针头内，完成萃取过程。拨出萃取头，插入气相色谱的气化室进行解吸和测定，也可送入高效液相色谱仪经洗脱后测定。

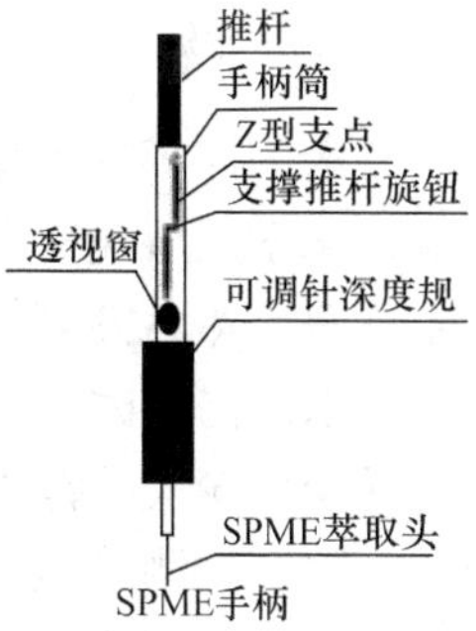

图 3-10　固相微萃取装置

(3) 微波萃取法。

微波萃取(microwave extraction，ME)也称微波辅助萃取，是利用微波能的特性来对待测组分进行选择性萃取，从而使试样中的某些有机成分达到与基体物质有效分离的目的。微波萃取过程中可以对萃取物质中不同组分进行选择性加热，使目标成分直接与基体分离，因而具有很好的选择性。与传统萃取法相比，微波萃取法具有萃取速度快、效率高、对萃取物具有高选择性、溶剂用量少、耗能低，且可实行温度、压力、时间的有效控制等优点。目前，微波萃取技术在食品萃取工业和化学工业上的应用较广。

3.3.4 水质分析结果的表示方法

水质分析结果的表示应符合以下要求：

(1) 使用中华人民共和国法定计量单位及符号等。

(2) 水质项目中除水温(℃)、电导率[μS/cm(25℃)]、氧化还原电位(mV)、细菌总数(个/mL)、大肠菌群(个/L)、透明度(cm)、色度(度或倍)、浊度(NTU)、总硬度($CaCO_3$，mg/L)，其余单位均为 mg/L。

(3) 底质分析结果用 mg/kg(干基)或μg/kg(干基)表示。

(4) 如果平行测定结果在允许误差范围内，则结果以平均值表示。

(5) 当测定结果在检出限(或最小检出浓度)以上时，报实际测得结果值；当低于方法检出限时，用“ND”表示，并注明“ND”表示未检出，同时给出方法检出限值，统计污染总量时以零计。

(6) 检出率、超标率用百分数(%)表示。

(7) 校准曲线的相关系数只舍不入，保留到小数点后出现非 9 的一位，如 0.99989 保留为 0.9998。如果小数点后都是 9 时，最多保留 4 位。校准曲线的斜率和截距有时小数点后位数很多，最多保留 3 位有效数字，并以幂表示，如 0.0000234 表示为 2.34×10^{-5}。

3.4 物理性水质指标的测定

3.4.1 水的感官物理性状

1. 水温

水的许多物理化学性质与水温有关，如密度、黏度、盐度、pH、气体的溶解度、化学和生物化学反应速率及生物活动等。因此，水温是水质监测的一项重要指标。水温的测量对水体自净、热污染判断及水处理过程的运转控制等都具有重要意义。

水的温度因气温和来源不同而有很大差异。地下水温度通常为 8～12℃；地表水随季节、气候变化较大，范围为 0～30℃；工业废水温度因工业类型、生产工艺不同有很大差别。

水温的测量应在现场进行，分为表层水温和深层水温。常用的测量仪器有水温计、深水温度计、颠倒温度计和热敏电阻温度计等。各种温度计应定期校核。一般情况下，温度记录应准确至 0.5℃，而当要求计算水中溶解氧或为科研需要时，则应测准至 0.1℃。

1) 表层水温测定

通常采用水温计测定表层水温。如图 3-11(a)所示，下端是一金属储水杯，温度表水银球部悬于杯中。测温范围通常为−6～40℃，最小分度为 0.2℃。测量时将其插入待测深度的水中，放置 5 min 后，迅速提出水面并读数。

2) 深层水温测定

深层水温测定常采用深水温度计、颠倒温度计测定。深水温度计适用于水深 40 m 以内的水温测量。其结构与水温计相似，如图 3-11(b)所示。盛水筒较大，并有上、下活门，利用其放入水中和提升时自动开启和关闭，使筒内装满所测温度的水样。测量范围为−2～40℃，分度为 0.2℃，测量时，将深水温度计投入水中，与表层水温的测定步骤相同。

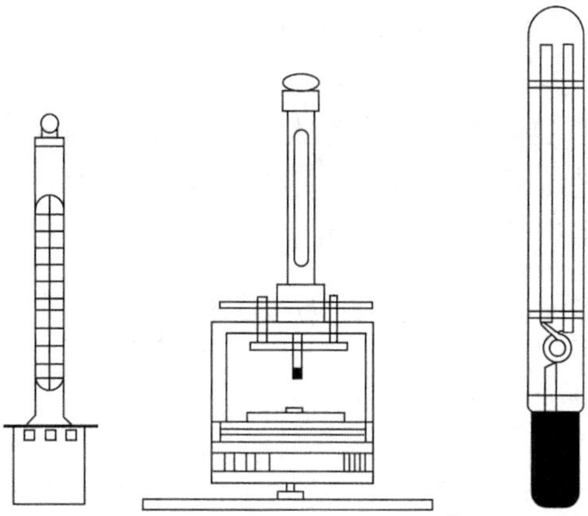

(a) 表层温度计　(b) 深水温度计　(c) 颠倒温度计

图 3-11　常用温度计

颠倒温度计用于测量水深在 40 m 以上水体的各层水温，一般需装在颠倒采水器上使用。它由主温表和辅温表构成，装在厚壁玻璃套管内，如图 3-11(c)所示。主温表是双端式水银温度计，用于观测水温，测量范围为−2～32℃，分度为 0.10℃；辅温表为普通水银温度计，用于观测读取水温时的气温，以校正因环境温度改变而引起的主温表读数的变化，测定范围为−20～50℃，分度为 0.5℃。测量时，将颠倒温度计随颠倒采水器沉入一定深度的水层，放置 10 min 后，提出水面后立即读数，并根据主、辅温度表的读数，经过校正后获得实际水温。

2. 色度

色度是水样颜色深浅的量度。某些可溶性有机物、部分无机离子和有色悬浮微粒均可使水着色。因而，水的颜色与其来源有关。

水的颜色分为真色和表色。真色指去除了水中悬浮物质以后水的颜色。表色指没有去除悬浮物质的水所具有的颜色。水质分析中水的色度是指真色。在测定前，水样要先静置澄清或离心取其上清液，也可用孔径为 0.45 μm 的滤膜过滤去除悬浮物，但不可以用滤纸过滤，因滤纸可能会吸附部分真色。水的色度的测定方法有铂钴标准比色法和稀释倍数法。

1) 铂钴标准比色法

该方法将一定量的氯铂酸钾(K_2PtCl_6)和氯化钴($CoCl_2 \cdot 6H_2O$)溶于水中配成标准色列，与水样进行目视比色法确定水样的色度。1 L 水中含 1 mg 铂和 0.5 mg 钴所具有的颜色定为 1 个色度单位。该法所配成的标准色列，性质稳定，可较长时间存放。

由于氯铂酸钾价格较贵，可以用铬钴比色法代替进行色度的测定。该标准色列为黄色，只适用于较清洁的饮用水和天然水的测定。

2) 稀释倍数法

稀释倍数法主要用于生活污水和工业废水颜色的测定。将经预处理去除悬浮物后的水样用蒸馏水逐级稀释，当稀释到接近无色时，记录其稀释倍数，以此作为水样的色度，单位是“倍”，同时用文字描述废水颜色的种类，如棕黄色、深绿色、浅蓝色等。

3. 臭

水中的异臭主要来源于工业废水和生活污水中的污染物、天然物质的分解或与之有关的微生物的活动等。由于大多数形成异臭的物质太复杂，常用定性描述和近似定量(阈值法)进行测定。水样最好储存在玻璃瓶中采样后 6 h 内测定。

1) 定性描述法

取 100 mL 水于 250 mL 锥形瓶中，检验人员依靠自己的嗅觉，分别在(20±2)℃振荡(也称冷法)和煮沸(也称热法)稍冷后嗅其臭味，用适当的词语描述其臭味特征，并按表 3-7 等级报告臭强度。本方法适用于天然水、饮用水、生活污水和工业废水中臭味的检测。

表 3-7　臭强度等级

等级	强度	说明
0	无	无任何气味
1	微弱	一般人难以察觉，嗅觉灵敏者可以察觉
2	弱	一般人刚能察觉
3	明显	已能明显察觉
4	强	有显著的臭味
5	很强	有强烈的恶臭和异味

2) 臭阈值法

用无臭水稀释水样，直至刚好能检出最低可辨别臭气的浓度，称为臭阈浓度。水样稀释到刚好检出臭味时的稀释倍数称为“臭阈值”，计算公式为

$$\text{臭阈值}=\frac{\text{水样的体积}+\text{无臭水的体积}}{\text{水样的体积}} \tag{3-13}$$

测定臭阈值时，用水样和无臭无味水在锥形瓶中配制水样稀释系列，然后在水浴上加热至(60±1)℃，取出锥形瓶，振荡 2～3 次，去塞，闻其臭，与无臭水比较，确定刚好能闻出气味的稀释样，计算臭阈值。选择 5～10 位检验人员同时监测，取所有测得阈值的几何平均值作为最终结果。此外，要求检验人员测定前避免外来气味的刺激。

无臭水可用自来水通过颗粒活性炭柱来制取。如果自来水中含有余氯，用硫代硫酸钠溶液滴定脱除，也可将蒸馏水煮沸除臭后制备。

4. 浊度

由于天然水和废水中含有泥土、细砂、有机物、无机物、浮游生物和微生物等悬浮物质，对进入水中的光线产生散射从而表现出浑浊现象。水中悬浮物对光线透过时所产生的阻碍程度称为浊度。

浊度是天然水和饮用水的一项非常重要的水质指标，也是水可能受到污染的重要标志。在自来水厂的设计和运转中，浊度的测定也是处理设备选型和设计的重要参数，以及运转和投药量的重要控制指标。浊度与色度虽然都是水的光学性质，但它们是有区别的。色度是由水中溶解物质所引起的，而浊度则是由水中不溶解物质引起的。浊度的测定方法有目视比浊法、分光光度法和浊度仪法。

1) 目视比浊法

硅藻土(或白陶土)通过 0.1 mm 筛孔(150 目)过滤烘干后，用蒸馏水配制浊度标准储备液。规定 1 L 水中含 1 mg 一定粒度的硅藻土所产生的浊度为一个浊度单位，简称“度”。视水样

浊度高低，用浊度标准储备液和具塞比色管或具塞无色玻璃瓶配制系列浊度标准溶液。取与系列浊度标准溶液等体积的摇匀水样或稀释水样，置于与之同规格的比浊器皿中，与系列浊度标准溶液比较，选出与水样产生视觉效果相近的标准溶液，即为水样的浊度。若水样浊度超过 100 度，则先稀释后再测定，最终结果需乘以其稀释倍数。用该法所测得的水样浊度单位也称为 JTU(杰克逊浊度单位)。

2) 分光光度法

取一定量的硫酸肼[$(N_2H_4)_2H_2SO_4$]与六次甲基四胺[$(CH_2)_6N_4$]聚合，生成白色高分子聚合物，配制浊度标准溶液。用分光光度计在波长 680 nm 处测定吸光度，并绘制标准曲线。在同样条件下测定水样吸光度，在标准曲线上查得水样浊度。若水样经过稀释，则要乘以其稀释倍数。该法适用于测定天然水、饮用水的浊度。所测得的浊度单位为 NTU(散射浊度单位)。

3) 浊度仪法

浊度仪是通过测量水样对一定波长光的散射或透射强度而制成的测定水体浊度的专用仪器，也可用于水体浊度的连续自动测定。浊度仪可分为透射光式、散射光式、透射光-散射光式、表面散射光式。

透射光式浊度仪测定原理同分光光度法，其连续自动测量式采用双光束测量法(即测量光束与参比光束)，以消除光源强度等条件变化带来的影响。

散射光式浊度仪的测定原理是基于光射入水样时，构成浊度的颗粒物对光发生散射，散射光强度与水样的浊度成正比。按照测量散射光位置的不同，仪器有两种形式：一是在与入射光垂直的方向上测量，如根据 ISO 7027 国际标准设计的便携式浊度计，以发射高强度 890 nm 波长的红外发光二极管为光源，将光电传感器放在与发射光垂直的位置上，用计算机进行数据处理，可进行自检和直接读出水样的浊度值；另一种是水样从一个倾斜体顶部溢流，形成平整的光学表面，在溢流面上测定散射光强度以求得浊度，称为表面散射光式。

透射光-散射光式浊度仪可同时测量透射光和散射光强度，根据其比值测定浊度。这种仪器测定浊度受水样色度影响小。

3.4.2　水中的固态物质

1. 水中固态物质的分类

水中的固态物质是指在一定的温度下将水样蒸发至干后残留在器皿中的物质，因此也称为“蒸发残渣”。

水中固态物质分为总固态含量、悬浮固态含量和溶解固态含量。总固态含量是将水样置于器皿中蒸发至近干，再放在烘箱中在一定温度下烘干至恒量所得的固态物质含量(也称总残渣)。一般将能通过 2.0 μm 或更小孔径滤纸或滤膜的固体称为“溶解性固态物质”(也称过滤残渣)，不能通过的称为“悬浮固态物质”(也称不可过滤残渣)。挥发性固态物质是指在一定温度(通常为 550℃)下，将水样中固态物质灼烧一段时间后所损失的物质的质量，又称“灼烧减重”，灼烧后留存的物质的质量则称为“固定性固态物质”。固定性固态物质可以大体代表水中无机物的含量，挥发性固态物质可以大体代表水中有机物的含量。在废水和污水的固态物质测定中还有一个称为“可沉降固态物质”的指标，是指在一定条件下悬浮固体中所能沉下来的固态物质的质量。

2. 水中固态物质测定方法及原理

1) 总固态物质

取适量振荡均匀的水样置于已恒量的蒸发皿中，在蒸气浴或水浴上蒸干，移入103～105℃或者(180±2)℃烘箱内烘至恒量，蒸发皿两次恒量后，称量所增加的质量即为总残渣，计算公式为

$$总固态物质(mg/L)=\frac{(A-B)\times1000\times1000}{V} \tag{3-14}$$

式中，A 为总残渣+蒸发皿质量，g；B 为蒸发皿质量，g；V 为水样体积，mL。

2) 溶解性固态物质

溶解性固态物质量是指过滤后的水样置于已恒量的蒸发皿内蒸干，然后在103～105℃下烘至恒量所增加的质量；有时要求测定(180±2)℃烘干的溶解性固态物质质量，在该条件下所得结果与化学分析所计算的总矿物质含量接近。计算方法同总固态物质。

对一个实际水样，溶解性固态物质与悬浮物是一个相对的值，与所用滤料的孔径有关，因此，报告结果中必须注明所用滤料的孔径。

3) 悬浮固态物质

水样经过滤后留在过滤器上的固态物质，于103～105℃烘至恒量所得到的物质称为悬浮固态物质(SS)。它包括不溶于水的泥沙、各种污染物、微生物及难溶无机物等。常用的滤器有滤纸、滤膜、石棉坩埚，报告结果时应注明。石棉坩埚通常用于过滤酸或碱浓度高的水样。

4) 550℃灼烧损失

先将蒸发皿在升温至550℃的马弗炉中灼烧1 h，干燥冷却后称其质量并用来测定水样的总固态物质，然后将含有总固态物质的蒸发皿再放入冷的马弗炉中，加热至550℃，灼烧1 h，取出后在干燥器中冷却，称量，直至恒量。蒸发皿减少的质量即为挥发性固态物质的质量，所留存的质量即为固定性固态物质的质量，计算方法分别为

$$挥发性固态物质(mg/L)=\frac{(A-B)\times1000\times1000}{V} \tag{3-15}$$

$$固定性固态物质(mg/L)=\frac{(B-C)\times1000\times1000}{V} \tag{3-16}$$

式中，A 为总固态物质+蒸发皿质量，g；B 为固定性固态物质+蒸发皿质量，g；C 为蒸发皿质量，g；V 为水样体积，mL。

3.4.3 电导率

电导率表示水溶液传导电流的能力。电导率的大小取决于溶液中所含离子的种类、总浓度、迁移性和价态，还与测定时的温度有关。通常电导率是指25℃时的测定值。因水溶液中绝大部分无机物都有良好的导电性，而有机化合物分子难以解离，基本不具备导电性。因此，电导率常用于推测水中离子的总浓度或含盐量。

1. 电导率定义

电解质溶液也能像金属一样具有导电能力，只不过金属的导电能力一般用电阻(R)表示，而电解质溶液的导电能力通常用电导(G)表示。电导是电阻的倒数，即 $G=1/R$。在2.6.5节中

对电导率(κ)有较详细的论述，在此省略。

2. 电导率测定方法

溶液的电导值，对照表 3-8 查阅其对应的电导率值，并利用式(2-64)求得电导池常数 Q。然后再用电导率仪测定待测水样的电导，即可求得水样的电导率。

表 3-8　不同浓度氯化钾溶液的电导率

浓度/(mol/L)	电导率/(μS/cm)	浓度/(mol/L)	电导率/(μS/cm)
0.0001	14.94	0.01	1413
0.0005	73.90	0.02	2767
0.001	147.0	0.05	6668
0.005	717.8	0.1	12900

水样的电导率与温度、电极上的极化现象、电极分布、电容等因素有关，仪器上一般都采用了补偿或消除措施。常见的电导率仪经校正后可直接读出电导率值。

3.5　水中金属化合物的测定

3.5.1　概述

天然水体中普遍含有多种无机金属化合物，一般以金属离子形式存在于水中。水体中的金属离子有些是人体健康所必需的常量和微量元素，有些是有不利于人体健康的，如汞、镉、铬、铅、铜、镍、砷等对人体健康有很大的危害性，是金属污染监测的重点。

金属及其化合物的毒性大小与金属种类、理化性质、浓度及存在的形态有关。通常水中可溶性金属比悬浮颗粒态金属更易被生物体吸收，其毒性也就更大；有些金属，如汞、铅、砷、锡等金属的有机化合物毒性比相应的无机化合物强得多。在没有特别注明的情况下，通常水质标准中列出的值是指金属总量。

测定水体中的金属元素广泛采用分光光度法、原子吸收光谱法、等离子体发射光谱法、极谱法、阳极溶出伏安法等，其中分光光度法、原子吸收光谱法是水质监测中测定金属最常用的方法。

3.5.2　硬度

水的硬度绝大部分是由钙和镁造成的。水的硬度按阳离子可分为“钙硬度”和“镁硬度”，按相关的阴离子可分为“碳酸盐硬度”和“非碳酸盐硬度”。其中，碳酸盐硬度主要是指由与重碳酸盐结合的钙、镁所形成的硬度，因它们在煮沸时即分解生成白色沉淀物，可以从水中去除，因此又称为“暂时硬度”。非碳酸盐硬度是由钙、镁与水中的硫酸根、氯离子和硝酸根等结合而形成的硬度，这部分硬度不会被加热去除，因而又称为“永久硬度”。钙硬度和镁硬度之和称为总硬度，碳酸盐硬度和非碳酸盐硬度之和也称为总硬度。硬度一般以 $CaCO_3$ 计，以 mg/L 为单位。

对饮用水和生活用水而言，硬度过高的水虽然对健康并无害处，但口感不好且在日常生活使用中会消耗大量洗涤剂，因此我国《生活饮用水卫生标准》(GB 5749—2022)将总硬度限定为不超过 450 mg/L(以 $CaCO_3$ 计)。工业上如锅炉、纺织、印染、造纸、食品加工，尤其是锅炉用水，在《工业锅炉水质》(GB/T 1576—2018)中，对硬度要求较为严格。

乙二胺四乙酸(EDTA)滴定法是各类水体，如生活饮用水(GB/T 5750.4—2023)，锅炉用水和冷却水(GB/T 6909—2018)中硬度的检测方法。

水样在 pH 为 10 的条件下，用铬黑 T(EBT)作指示剂，用 EDTA 标准溶液滴定水样由红色(钙和镁离子与铬黑 T 络合形成红色螯合物)变至纯蓝色(铬黑 T 指示剂颜色)为滴定终点。根据消耗的 EDTA 的体积，计算总硬度。反应如反应式①～反应式③所示：

$$\underset{\text{蓝色}}{M^{2+} + EBT} \longrightarrow \underset{\text{红色}}{M—EBT} \quad ①$$

$$M^{2+} + EDTA \longrightarrow M—EDTA \quad ②$$

$$\underset{\text{红色}}{M—EBT} + EDTA \longrightarrow M—EDTA + \underset{\text{蓝色}}{EBT} \quad ③$$

式中，M^{2+}代表 Mg^{2+}或 Ca^{2+}。

硬度含量的计算公式为

$$\text{总硬度}(\text{以}CaCO_3\text{计}, mg/L) = \frac{c(V_1 - V_2) \times 100.09}{V}$$

式中，c 为 EDTA 标准溶液的浓度，mmol/L；V_1 为水样滴定中所消耗 EDTA 标准溶液的体积，mL；V_2 为空白滴定中所消耗 EDTA 标准溶液的体积，mL；V 为水样体积，mL；100.09 为 $CaCO_3$ 的毫摩尔质量，mg/mmol。

水样中铁、铝、铜、锰、镍、钴含量达到一定标准时会干扰测定。硫化钠及氰化物使锌、铜、钴的干扰减至最小，三乙醇胺能减少铝的干扰。盐酸羟胺可使高价态的铁锰离子还原为低价态从而消除干扰。注意加氰化物前必须保证水样为碱性。试样含正磷酸盐超出 1 mg/L，在滴定的 pH 条件下可使钙生成沉淀。如滴定速度太慢或钙含量超出 100 mg/L 会析出磷酸钙沉淀。如上述干扰未能消除，或存在铝、钡、铅、锰等离子干扰时，可改用火焰原子吸收法或等离子发射光谱法测定。

EDTA 滴定法可以测定地下水和地表水中钙和镁的总量，不适用于含盐量高的水，如海水。本方法最低检测质量 0.05mg，若取 50mL 水样测定，则最低检测浓度为 1.0 mg/L。

3.5.3 汞、砷的监测

1. 汞的测定

汞及其化合物属于剧毒物质，可在体内蓄积，特别是有机汞化合物。天然水中汞含量一般不超过 0.1 μg/L。我国生活饮用水标准限值为 0.001 mg/L(GB 5749—2022)。水环境中汞污染的主要来源于仪器仪表制造、食盐电解、贵金属冶炼、电池生产等行业排放的工业废水。汞是我国实施排放总量控制的指标之一。

汞的测定方法有冷原子吸收光谱法(HJ 597—2011)、冷原子荧光光谱法(HJ/T 341—2007)及双硫腙分光光度法(GB 7469—1987)等。

1) 冷原子吸收光谱法

水样经消解后，各种形态的汞转变成二价汞，用氯化亚锡将二价汞还原为单质汞，利用汞易挥发的特点，在室温下用载气(空气或氮气)将产生的汞蒸气载入冷原子吸收测汞仪。汞原子蒸气对 253.7 nm 的紫外光有选择性吸收，在一定浓度范围内吸光度与汞浓度成正比，与汞标准溶液的吸光度进行比较定量。图 3-12 为一种冷原子吸收测汞仪的工作流程。

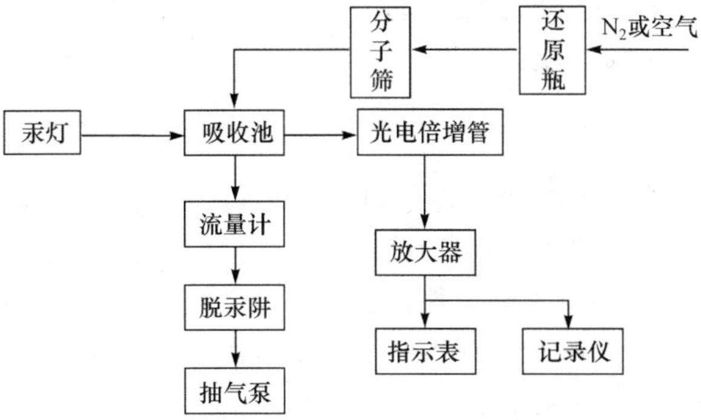

图 3-12　冷原子吸收测汞仪工作流程示意图

低压汞灯辐射 253.7 nm 的紫外光，经紫外光滤光片射入吸收池，则部分被试样中还原释放出的汞蒸气吸收，剩余紫外光经石英透镜聚焦于光电倍增管上，产生的光电流经电子放大系统放大，送入指示表指示或记录仪记录。当指示表刻度用标准样校准后，可直接读出汞浓度。汞蒸气发生气路是抽气泵将载气抽入盛有经预处理的水样和氯化亚锡的还原瓶，在此产生汞蒸气并随载气经分子筛瓶除水蒸气后进入吸收池测其吸光度，然后经流量计、脱汞阱(吸收废气中的汞)排出。

该方法适用于地表水、地下水、工业废水、生活污水等各种水体中总汞的测定。当取样量为 100 mL 时，检出限为 0.02 μg/L，测定下限为 0.08 μg/L。

2) 冷原子荧光光谱法

水样经消解后，各种形态的汞转变成二价汞，汞离子用氯化亚锡还原为基态汞原子蒸气，汞蒸气吸收 253.7 nm 的紫外光后，被激发而发射特征共振荧光，在一定的测量条件下和较低的浓度范围内，荧光强度与汞浓度成正比。

冷原子荧光测汞仪的工作原理示于图 3-13。与冷原子吸收测汞仪相比，不同之处在于后者是测定特征紫外光在吸收池中被汞蒸气吸收后的透射光强，而冷原子荧光测汞仪是测定吸收池中的汞原子蒸气吸收特征紫外光被激发后所发射的特征荧光(波长较紫外光长)强度，其光电倍增管必须放在与吸收池相垂直的方向上。用高纯氩气或氮气作载气。

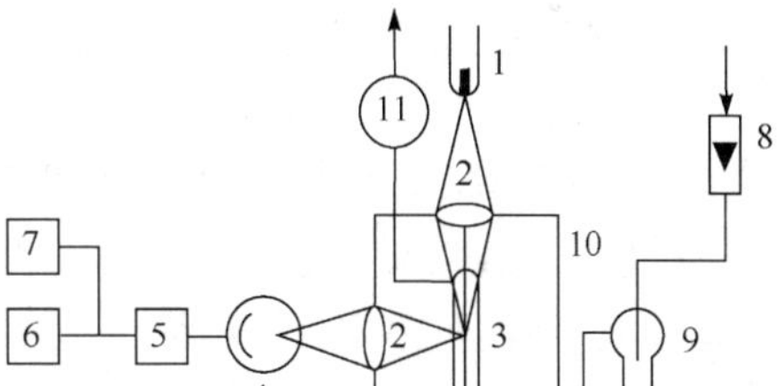

图 3-13　冷原子荧光测汞仪工作原理示意图

1. 低压汞灯；2. 石英聚光镜；3. 吸收-激发池；4. 光电倍增管；5. 放大器；6. 指示表；7. 记录仪；8. 流量计；9. 还原瓶；10. 荧光池(铝材发黑处理)；11. 抽气泵

该方法适用于地表水、地下水及氯离子含量较低的水样中汞的测定。方法最低检出浓度为 0.0015 μg/L，测定下限为 0.0060 μg/L，测定上限为 1.0 μg/L。

3) 双硫腙分光光度法

水样在酸性介质中于 95℃用高锰酸钾和过硫酸钾消解，将无机汞和有机汞转变为二价汞。用盐酸羟胺还原过剩的氧化剂，加入双硫腙溶液，与汞离子生成橙色螯合物，用三氯甲烷或四氯化碳萃取，再用碱溶液洗去过量的双硫腙，于 485 nm 波长处测定吸光度，以标准曲线法定量。反应如下：

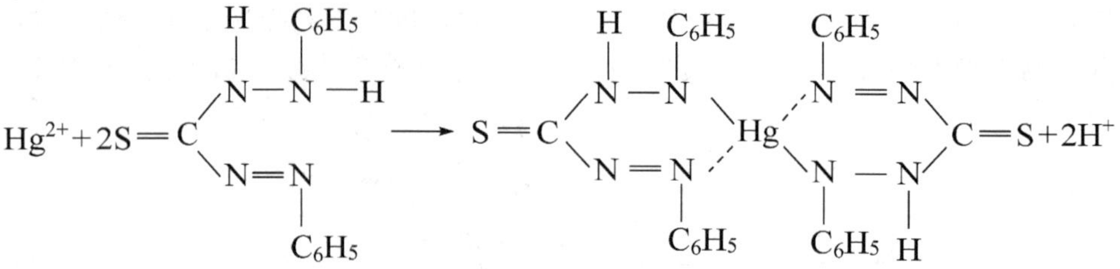

在酸性介质中测定，常见干扰物主要是铜离子，可在双硫腙洗脱液中加入 1%(*m*/*V*) EDTA 进行掩蔽。该方法对测定条件控制要求较严格，如加盐酸羟胺不能过量；试剂纯度要求高，特别是双硫腙的纯度，对提高双硫腙汞螯合物的稳定性和分析准确度极为重要；另外，形成的有色螯合物对光敏感，要求避光或在半暗室内操作等。还应注意，因汞是极毒物质，对双硫腙的三氯甲烷萃取液，应加入硫酸破坏有色螯合物，汞与其他杂质一起随水相分离后，加入氢氧化钠溶液中和至微碱性，再于搅拌下加入硫化钠溶液，使汞沉淀完全，沉淀物予以回收或进行其他处理。有机相除酸和脱水后蒸馏回收三氯甲烷。

该方法汞的检出限为 2 μg/L，测定上限为 40 μg/L，适用于工业废水和受汞污染的地表水的监测。

2. 砷的测定

单质砷毒性较低但其化合物均有剧毒，三价砷化合物比其他砷化物毒性更强。砷化物容易在人体内积累，造成急性或慢性中毒。一般情况下，土壤、水、空气、植物和人体都含有微量的砷，对人体不构成危害。砷污染主要来源于采矿、冶金、化工、化学制药、农药生产、玻璃、制革等工业废水。

测定水体中砷的方法有硼氢化钾-硝酸银分光光度法(GB 11900—1989)、二乙基二硫代氨基甲酸银分光光度法(GB 7485—1987)和原子吸收分光光度法等。

1) 硼氢化钾-硝酸银分光光度法

该方法基于用硼氢化钾在酸性溶液中产生新生态氢，将水样中无机砷还原成砷化氢(AsH_3，胂)气体，用硝酸-硝酸银-聚乙烯醇-乙醇溶液吸收，则砷化氢将吸收液中的银离子还原成单质胶态银，使溶液呈黄色，其颜色强度与生成氢化物的量成正比。该黄色溶液对 400 nm 光有最大吸收且吸收峰形对称。以空白吸收液为参比，测定其吸光度，用标准曲线法测定。显色反应的反应式为

$$KBH_4 + 3H_2O + H^+ \longrightarrow H_3BO_3 + K^+ + 8[H]$$

$$3[H] + As^{3+}(As^{5+}) \longrightarrow AsH_3 \uparrow$$

$$AsH_3 + 6AgNO_3 + 2H_2O \longrightarrow 6Ag^0 + HAsO_2 + 6HNO_3$$

(黄色胶态银)

图 3-14 为砷化氢发生与吸收装置示意图。水样中的砷化物在反应管转变成砷化氢；砷化氢经过 U 形管[内装有二甲基甲酰胺(DMF)、乙醇胺、三乙醇胺混合溶剂浸渍的脱脂棉]，消除样品中锑、铋、锡等元素的干扰；再经过脱胺管(内装吸有无水硫酸钠和硫酸氢钾混合粉的脱脂棉)，除去有机胺的细沫或蒸气；砷化氢最后进入吸收管被吸收液吸收并显色。吸收液中的聚乙烯醇是胶态银的良好分散剂，但气体通入时会产生大量的泡沫，加入乙醇可以消除泡

沫。吸收液中加入硝酸是为了增强胶态银的稳定。

对于清洁的地下水和地表水，可直接取样进行测定；对于被污染的水，要用盐酸-硝酸-高氯酸消解。水样经调节 pH，加还原剂和掩蔽剂后移入反应管中测定。

水样体积为 250 mL 时，该方法的检出限为 0.0004 mg/L，检测上限为 0.012 mg/L。该方法适用于地表水、地下水和饮用水中痕量砷的测定，其最大优点是灵敏度高。

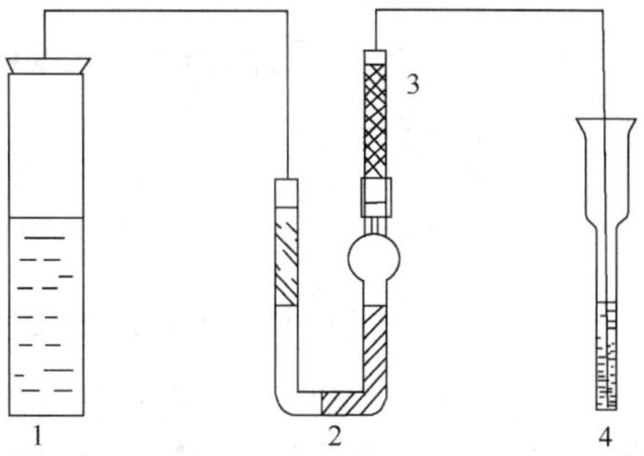

图 3-14　砷化氢发生与吸收装置示意图
1. 反应管；2. U 形管；3. 脱胺管；4. 吸收管

2) 二乙基二硫代氨基甲酸银分光光度法

在碘化钾、酸性氯化亚锡的作用下，五价砷被还原为三价砷，并与新生态氢反应，生成气态砷化氢，被吸收于二乙基二硫代氨基甲酸银分光光度法(AgDDC)-三乙醇胺的三氯甲烷溶液中，生成红色的胶体银，在 510 nm 波长处以三氯甲烷为参比，测其经空白校正后的吸光度，用标准曲线法定量。显色反应的反应式为

$$H_3AsO_4 + 2KI + 2HCl \longrightarrow H_3AsO_3 + I_2 + 2KCl + H_2O$$

$$I_2 + SnCl_2 + 2HCl \longrightarrow SnCl_4 + 2HI$$

$$H_3AsO_4 + SnCl_2 + 2HCl \longrightarrow H_3AsO_3 + SnCl_4 + H_2O$$

$$H_3AsO_3 + 3Zn + 6HCl \longrightarrow AsH_3\uparrow + 3ZnCl_2 + 3H_2O$$

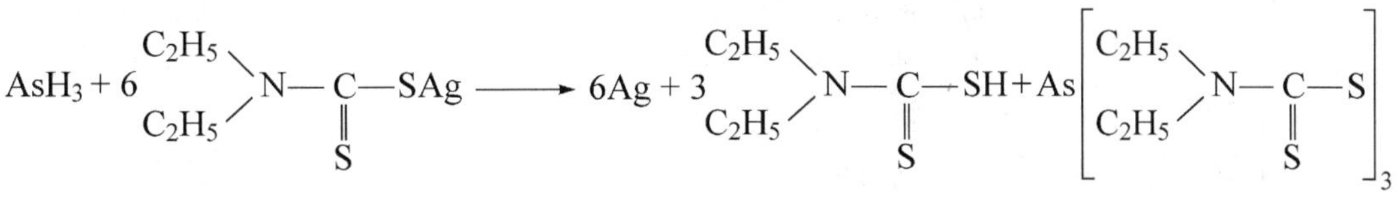

清洁水样可直接取样加硫酸后测定，含有机物的水样应用硝酸-硫酸消解。水样中共存锑、铋和硫化物时会干扰测定。氯化亚锡和碘化钾可抑制锑、铋的干扰；硫化物可用乙酸铅棉吸收去除。砷化氢剧毒，整个反应需在通风橱内进行。

该方法砷的检出限为 0.007 mg/L，测定上限为 0.50 mg/L。

3.5.4　铝、镉、铬、铅、铜与锌的监测

1. 铝的测定

铝是自然界中的常量元素，毒性不大，但人体摄入过量时会干扰磷的代谢，对胃蛋白酶的活性有抑制作用。对清洁水中铝的含量，世界卫生组织和我国《生活饮用水卫生标准》(GB 5749—2022)的控制值均为 0.2 mg/L。环境水体中的铝主要来自冶金、石油加工、造纸、罐头和耐火材料、木材加工、防腐剂生产、纺织等工业排放的废水。

铝的测定方法有电感耦合等离子体原子发射光谱法(HJ 776—2015)、间接火焰原子吸收光谱法和分光光度法等。分光光度法受共存组分铁及碱金属、碱土金属元素的干扰。

1) 电感耦合等离子体原子发射光谱法

该方法在第 2 章已介绍，已广泛用于水环境样品中重金属常用的测定方法，能同时测定各类水体中银、铝、砷、硼、钡、铍、铋、钙、镉、钴、铬、铜、铁、钾、锂、镁、锰、钼、

钠、镍、磷、铅、硫、锑、硒、硅、锡、锶、钛、钒、锌、锆等 32 种元素。检出限为 0.009～0.1 mg/L，测定下限为 0.036～0.39 mg/L。

2) 间接火焰原子吸收光谱法

在 pH 为 4.0～5.0 的乙酸-乙酸钠缓冲溶液中及有 α-吡啶偶氮-β-奈酚(PAN)存在的条件下，Al^{3+}与 Cu(Ⅱ)-EDTA 发生定量交换反应，其反应式为

$$\text{Cu(II)-EDTA} + \text{PAN} + \text{Al(III)} \longrightarrow \text{Cu(II)-PAN} + \text{Al(III)-EDTA}$$

生成物 Cu(Ⅱ)-PAN 可被三氯甲烷萃取，分离后，将水相喷入原子吸收分光光度计的空气-乙炔贫燃焰中，测定剩余的铜，从而间接测定铝元素的含量。

该方法测定质量浓度范围为 0.1～0.8 mg/L，可用于地表水、地下水、饮用水及污染较轻的废(污)水中铝的测定。

2. 镉的测定

镉具有很强的毒性，可在人体的肝、肾等组织中积累，造成脏器组织损伤，尤以对肾损害最为明显；还会导致骨质疏松，诱发癌症。我国《生活饮用水卫生标准》(GB 5749—2022)中镉的限值为 0.005 mg/L。绝大多数淡水中含镉量低于 1 μg/L，海水中镉的平均浓度为 0.15 μg/L。镉污染主要来源于电镀、采矿、冶炼、颜料、电池等工业排放的废水。

测定镉的主要方法有原子吸收光谱法、双硫腙分光光度法(GB 7471—1987)、阳极溶出伏安法和电感耦合等离子体原子发射光谱法(HJ 776—2015)。

1) 原子吸收光谱法

原子吸收光谱法测定样品中镉也可以采用标准曲线法定量，从标准曲线查得样品溶液的浓度(第 2 章 2.2 原子光谱技术)。使用该方法时应注意：配制的标准溶液浓度应在吸光度与浓度呈线性关系的范围内；整个分析过程中操作条件应保持不变。

如果样品的基体组成复杂，且对测定有明显干扰时，可使用标准加入法。其操作方法是：取四份相同体积的样品溶液，从第二份起按比例加入不同量的待测元素的标准溶液，并稀释至相同体积。设待测元素的质量浓度为ρ_x，加入标准溶液后的质量浓度分别为$\rho_x+\rho_0$、$\rho_x+2\rho_0$、$\rho_x+4\rho_0$；分别测得吸光度为 A_x、A_1、A_2、A_3。以吸光度 A 对质量浓度 ρ 作图，得到一条不通过原点的直线，外延此直线与横坐标交于$-\rho_x$，则ρ_x 为样品溶液中待测元素的质量浓度，见图 3-15。为得到较为准确的外推结果，应至少用四个点来做外推曲线。该方法只能消除基体效应的影响，不能消除背景吸收的影响，故应扣除背景值。

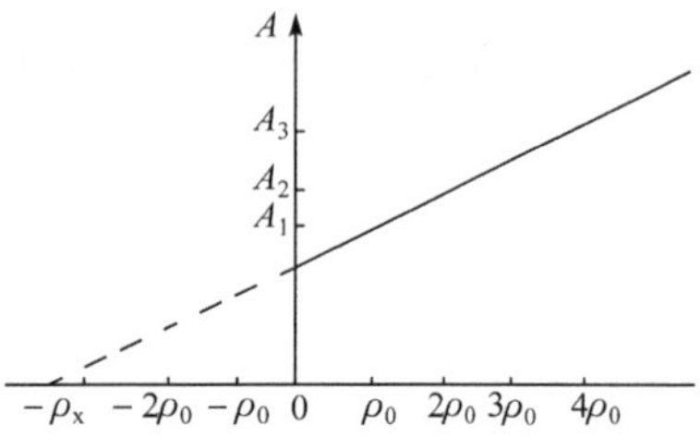

图 3-15　标准加入法

在测定废水中镉、铜、铅、锌等元素时，可采用直接吸入火焰原子吸收光谱法；对于含量低的清洁地表水或地下水，用萃取或离子交换法富集后再用火焰原子吸收光谱法测定；也可以用石墨炉原子吸收光谱法测定。

(1) 直接吸入火焰原子吸收光谱法测定镉(铜、铅、锌)。

清洁水样可不经预处理直接测定；污染的地表水和废水样需用硝酸或硝酸-高氯酸消解，并进行过滤、定容后，将样品喷入火焰中进行原子化，分别测量各元素对其特征光的吸收，用标准曲线法或标准加入法定量。测定条件和适用质量浓度范围列于表 3-9。

表 3-9　Cd、Cu、Pb、Zn 测定条件和适用质量浓度范围

元素	特征光波长/nm	火焰类型	适用质量浓度范围/(mg/L)
Cd	228.8	乙炔-空气，氧化型	0.05～1
Cu	324.7	乙炔-空气，氧化型	0.05～5
Pb	283.3	乙炔-空气，氧化型	0.2～10
Zn	213.9	乙炔-空气，氧化型	0.05～1

(2) 溶剂萃取-火焰原子吸收光谱法测定微量镉(铜、铅)。

该法适用于镉、铜、铅含量低，需进行富集后测定的水样。用一般原子吸收分光光度计测定，适用质量浓度范围：镉、铜为 1～50 μg/L；铅为 10～200 μg/L。

清洁水样或经消解的水样中待测金属离子在酸性介质中与吡咯烷基二硫代氨基甲酸铵(APDC)反应生成络合物，用甲基异丁基酮(MIBK)萃取后，喷入火焰进行吸光度的测定。当水样中铁含量较高时，用碘化钾-甲基异丁基酮(KI-MIBK)萃取效果更好。操作条件同直接吸入火焰原子吸收光谱法。

(3) 流动注射-火焰原子吸收光谱法测定镉、铜、铅、锌。

流动注射是一种用于需要预处理样品的进样技术，它与分析仪器和电子控制部件相结合，可实现间歇自动监测。该技术与火焰原子吸收光谱法结合测定镉、铜、铅、锌，其原理示意图见图 3-16。

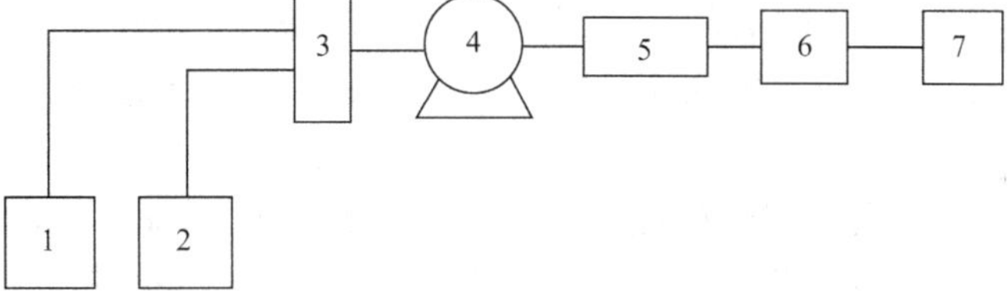

图 3-16　流动注射-火焰原子吸收光谱法测定镉、铜、铅、锌的原理示意图

1. 样品溶液；2. 1.5mol/L HNO_3 溶液；3. 切换阀；4. 蠕动泵；5. 树脂柱；6. 原子吸收分光光度计；7. 数据处理器

具体方法是：取适量除去悬浮物的水样，用乙酸-乙酸钠缓冲溶液配制成 pH 为 5.7 的样品溶液并定容后，借助蠕动泵以一定流量送入 NP 多氨基磷酸盐树脂柱，富集 Cd^{2+}、Cu^{2+}、Pb^{2+}、Zn^{2+} 1～5 min，再切换液路，将 1.5 mol/L HNO_3 溶液送入树脂柱，快速洗脱出 Cu^{2+}、Pb^{2+}、Zn^{2+}、Cd^{2+}，并随载液喷入原子吸收分光光度计的火焰测定吸光度，由记录仪记录瞬时峰高，与在同样条件下测得的标准溶液中相应元素的瞬时峰高比较进行定量。

该方法 Cu 的检出限为 2 μg/L，Zn 为 2 μg/L，Pb 为 5 μg/L，Cd 为 2 μg/L。

(4) 石墨炉原子吸收光谱法测定镉(铜、铅)。

将清洁水样和标准溶液直接注入电热石墨炉内的石墨管中进行测定，每次进样量 10～20 μL(视元素含量而定)。石墨炉的工作条件见表 3-10。

表 3-10　石墨炉的工作条件

元素	特征光波长/nm	干燥温度/时间/(℃/s)	灰化温度/时间/(℃/s)	原子化温度/时间/(℃/s)	清洗气体	进样体积/μL	适用浓度范围/(μg/L)
Cd	228.8	110/30	350/30	1000/8	氩	20	0.2～2
Cu	324.7	110/30	900/30	2500/8	氩	20	1～50
Pb	283.3	110/30	500/30	2200/8	氩	20	1～50

对组成简单的水样可用直接比较法，每测定 10～20 个样品应用标准溶液检查仪器读数 1～2 次。对组成复杂的水样，则宜用标准加入法。

2) 双硫腙分光光度法

在强碱性介质中，镉离子与双硫腙反应，生成红色螯合物(反应式与汞相同)，用三氯甲烷萃取分离后，于 518 nm 处测定其吸光度，用标准曲线法定量。该方法测定镉的质量浓度范围为 1～50 μg/L，适用于受镉污染的地表水和废水中镉的测定。

3) 阳极溶出伏安法测定镉(铜、铅、锌)

阳极溶出伏安法灵敏度较高，可同时测定几种重金属。用于测定饮用水、地表水和地下水中镉、铜、铅、锌，适用质量浓度范围为 1～1000 μg/L，当富集 5 min 时，测定下限可达 0.5 μg/L。

3. 铬的测定

铬的常见价态有三价和六价。在水体中，六价铬一般以 CrO_4^{2-}、$HCr_2O_7^-$、$Cr_2O_7^{2-}$三种阴离子形式存在；受水体 pH、温度、氧化还原性物质、有机物等因素影响，三价铬和六价铬化合物可以相互转化。

铬是生物体所必需的微量元素之一。铬的毒性与其存在价态有关，六价铬具有强毒性，为致癌物质且易被人体吸收并在体内积累。通常认为六价铬的毒性比三价铬的毒性大 100 倍，但是对鱼类来说，三价铬化合物的毒性比六价铬大。六价铬是我国实施总量控制的指标之一。当水中六价铬的质量浓度达 1 mg/L 时，水呈黄色并有涩味；三价铬的质量浓度达 1 mg/L 时，水的浊度明显增加。铬的工业污染来源主要有铬矿石加工、金属表面处理、皮革鞣制、印染等行业的废水。

水中铬的测定方法主要有二苯碳酰二肼分光光度法(GB 7466—1987)、火焰原子吸收光谱法、电感耦合等离子体原子发射光谱法(HJ 776—2015)和硫酸亚铁铵滴定法(GB 7466—1987)。分光光度法是我国与其他国家普遍采用的标准方法，滴定法适用于含铬量较高的水样。

1) 二苯碳酰二肼分光光度法

(1) 六价铬的测定。

在酸性介质中，六价铬与二苯碳酰二肼(DPC)反应生成紫红色络合物，于 540 nm 波长处用分光光度法测定，其反应式为

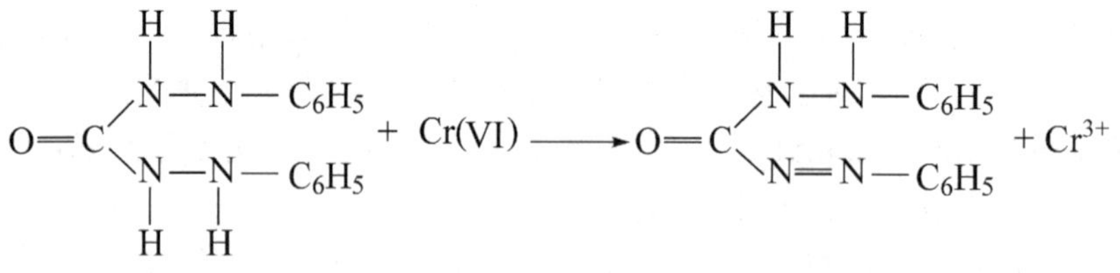

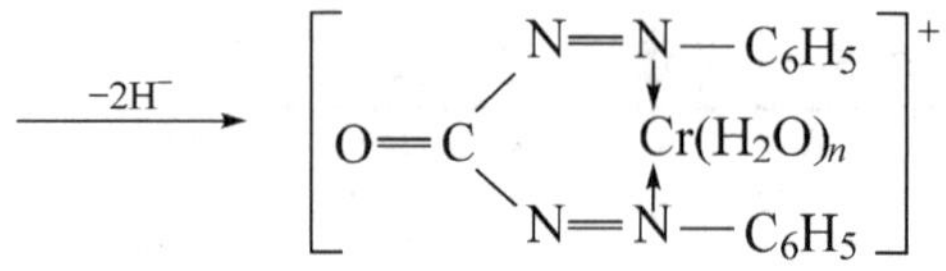

对于清洁的水样可直接测定；对于色度不大的水样，可用以丙酮代替显色剂的空白水样作参比测定；对于浑浊、色度较深的水样，以氢氧化锌作共沉淀剂，调节溶液 pH 至 8～9，此时 Cr^{3+}、Fe^{3+}、Cu^{2+}均形成氢氧化物沉淀可过滤除去，与水样中 Cr(Ⅵ)分离；存在亚硫酸盐、二价铁离子等还原性物质和次氯酸盐等氧化性物质时，也应采取相应消除干扰措施。该方法检出限为 0.004 mg/L。

(2) 总铬的测定。

在酸性溶液中，首先用高锰酸钾将水样中的三价铬氧化为六价铬，过量的高锰酸钾用亚硝酸钠分解，过量的亚硝酸钠用尿素分解；然后加入二苯碳酰二肼显色，于 540 nm 波长处用分光光度法测定。该方法检出限同六价铬。

清洁地表水可直接用高锰酸钾氧化后测定；水样中含大量有机物时，用硝酸-硫酸消解后测定。

2) 火焰原子吸收光谱法测定总铬

该方法测定原理是将经消解处理的水样喷入空气-乙炔富燃(黄色)火焰，铬的化合物被原子化，于 357.9 nm 波长处测定其吸光度，用标准曲线法进行定量。该方法最佳测定范围为 0.1～5 mg/L，适用于地表水和废水中总铬含量的测定。

共存元素、火焰状态和观测高度对测定的影响较大，要注意保持仪器工作条件的稳定性。铬的化合物在火焰中易生成难于熔融和原子化的氧化物，可在样品溶液中加入适当的助熔剂和干扰元素的抑制剂，如加入 NH_4Cl 可增加火焰中的氯离子，使铬生成易于挥发和原子化的氯化物；NH_4Cl 还能抑制 Fe、Co、Ni、V、Al、Pb、Mg 的干扰。

3) 硫酸亚铁铵滴定法

对于总铬质量浓度大于 1 mg/L 的废水，可选用硫酸亚铁铵的滴定法。其原理是在酸性介质中，以银盐作催化剂，用过硫酸铵将三价铬氧化成六价铬；加入少量氯化钠并煮沸，除去过量的过硫酸铵和反应中产生的氯气；用苯基代邻氨基苯甲酸为指示剂，用硫酸亚铁铵标准溶液滴定至溶液呈亮绿色。其滴定反应式如下：

$$6Fe(NH_4)_2(SO_4)_2 + K_2Cr_2O_7 + 7H_2SO_4 \longrightarrow 3Fe_2(SO_4)_3 + Cr_2(SO_4)_3 + K_2SO_4 + 6(NH_4)_2SO_4 + 7H_2O$$

根据硫酸亚铁铵溶液浓度并进行试剂空白校正，可计算出水样中总铬的含量，计算公式为

$$\rho_{Cr} = \frac{(V_1 - V_2) \times c \times 1000 \times 17.322}{V_3} \tag{3-17}$$

式中，V_1 和 V_2 分别为滴定水样和滴定空白时消耗的硫酸亚铁铵的体积，mL；V_3 为水样的体积，mL；c 为硫酸亚铁铵标准溶液浓度，mol/L；17.322 为 1/3Cr 的摩尔质量，g/mol。

4. 铅的测定

铅是可在人体和动、植物体中积累的有毒金属，其主要毒性效应是导致贫血、神经机能失调和肾损伤等。铅对水生生物的安全质量浓度为 0.16 mg/L。铅的主要污染源是蓄电池、冶炼、五金、机械、涂料和电镀等工业部门排放的废水。铅是我国实施排放总量控制的指标之一。

水样中铅的测定方法主要有原子吸收光谱法、双硫腙分光光度法、阳极溶出伏安法和电感耦合等离子体原子发射光谱法等。原子吸收光谱法主要用于低浓度铅的测定，对于含铅量较高的废水，为避免大量稀释产生的误差，可使用双硫腙分光光度法测定。

双硫腙分光光度法测定是基于在 pH 为 8.5～9.5 的氨性柠檬酸盐-氰化物还原介质中，铅与双硫腙反应生成红色螯合物，用三氯甲烷(或四氯化碳)萃取后，于 510 nm 波长处测定吸光度，其显色反应的反应式为

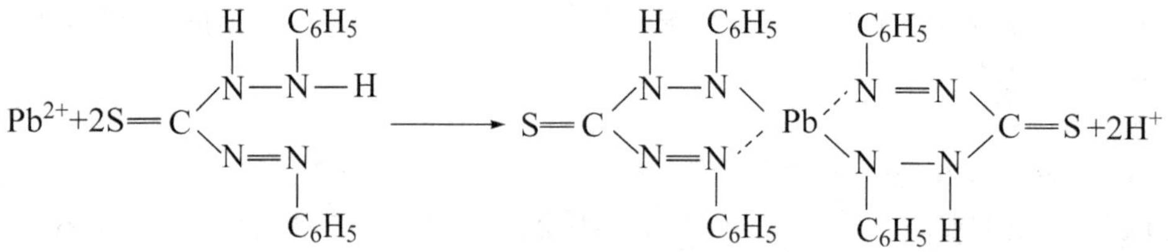

为了获得准确的测定结果，测定中首先要注意器皿、试剂及去离子水是否含痕量铅；其次，溶液中存在的 Bi^{3+}、Sn^{2+}等会干扰测定，可预先在 pH 为 2～3 的条件下用双硫腙的三氯甲烷溶液萃取分离。另外，为防止双硫腙被一些氧化性物质如 Fe^{3+}等氧化，需在氨性介质中加入盐酸羟胺。

该方法适用于地表水和废水中痕量铅的测定。当使用 10 mm 比色皿，取水样 100 mL，用 10 mL 双硫腙的三氯甲烷溶液萃取时，检出限为 0.01 mg/L，测定上限为 0.3 mg/L。

原子吸收光谱法、阳极溶出伏安法测定铅参见镉的测定，ICP-AES 法测定铅参见铝的测定。

5. 铜的测定

铜是人体所必需的微量元素，缺铜会发生贫血、腹泻等病症，但过量摄入铜也会产生危害。铜对水生生物的危害较大，其毒性大小与形态有关。铜的主要污染源是电镀、五金加工、矿山开采、石油化工和化学工业等部门排放的废水。

测定水中铜的方法主要有原子吸收光谱法、二乙基二硫代氨基甲酸钠分光光度法(HJ 485—2009)和 2，9-二甲基-1，10-菲啰啉分光光度法(HJ 486—2009)，还可以用阳极溶出伏安法、ICP-AES 法等。

1) 二乙基二硫代氨基甲酸钠分光光度法

该方法的原理是在 pH 为 8～10 的氨性溶液中，铜离子与二乙基二硫代氨基甲酸钠(铜试剂，DDTC)作用，生成摩尔比为 1∶2 的黄棕色胶体络合物，反应式为

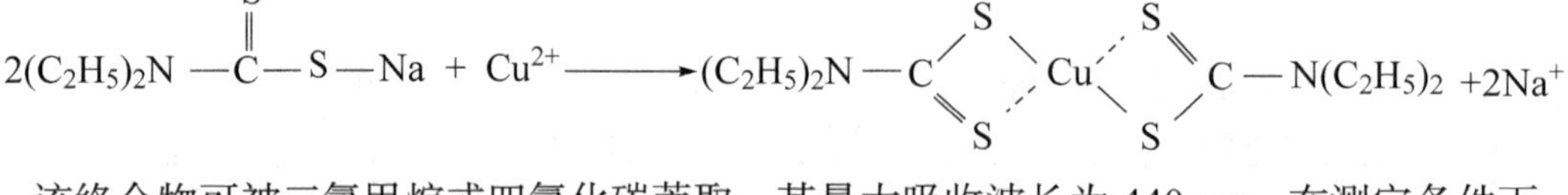

该络合物可被三氯甲烷或四氯化碳萃取，其最大吸收波长为 440 nm。在测定条件下，有色络合物可以稳定 1 h，但当水样中含铁、锰、镍、钴和铋等离子时，这些离子也可以与 DDTC 生成有色络合物而干扰铜的测定，可用 EDTA 和柠檬酸铵掩蔽消涂。当水样中含铜较高时，可加入明胶、阿拉伯胶等胶体保护剂，在水相中直接进行吸光度测定。使用 20 mm 比色皿，萃取用样品体积为 50 mL，方法的检出限为 0.010 mg/L，测定下限为 0.040 mg/L；使用 10 mm 比色皿，萃取用样品体积为 10 mL，测定上限为 6.00 mg/L。

该方法适用于各种水体中铜的测定。

2) 2，9-二甲基-1，10-菲啰啉分光光度法

2，9-二甲基-1，10-菲啰啉的结构式为

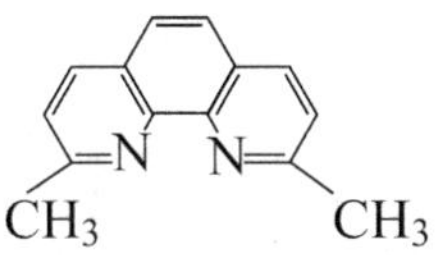

该方法的原理是将水样中的二价铜离子用盐酸羟胺还原为亚铜离子。在中性或微酸性介质中，亚铜离子与 2，9-二甲基-1，10-菲啰啉反应生成摩尔比为 1∶2 的黄色络合物，用三氯甲烷-甲醇混合溶剂萃取，于 457 nm 波长处测定吸光度，用标准曲线法进行定量测定。当 25 mL 有机相中含铜离子的浓度不超过 0.15 mg 时，符合朗伯-比尔定律。在三氯甲烷-甲醇混合溶剂中，黄色络合物可稳定数日。使用 10 mm 比色皿，该方法的检出限为 0.06 mg/L，测定上限为 3 mg/L，适用于地表水、生活污水和工业废水中铜的测定。

该法灵敏度高、选择性好，废水中存在大量的铬(Ⅵ)、锡(Ⅳ)、铍等氧化性离子及氰化物、硫化物、有机物对测定有干扰。水样在中和前加入盐酸羟胺和柠檬酸钠，消除铍的干扰；用亚硫酸盐还原消除铬(Ⅵ)的干扰；用盐酸羟胺还原锡等氧化性离子的干扰；样品进行消解消除氰化物、硫化物和有机物的干扰。

原子吸收法、阳极溶出伏安法测铜见镉的测定；ICP-AES 法测定铜见铝的测定。

6. 锌的测定

锌是人体必不可少的有益元素，每升水含数毫克锌对人体和温血动物无害，但对鱼类和其他水生生物影响较大。锌对鱼类的安全浓度为 0.1 mg/L。锌对水体的自净过程有一定抑制作用。锌的主要污染源是电镀、冶金、颜料及化学化工等工业部门排放的废水。

锌的测定方法有原子吸收光谱法、分光光度法、阳极溶出伏安法或示波极谱分析法、ICP-AES 法。其中原子吸收光谱法测定锌，灵敏度较高，干扰少，适用于各种水体。对于锌含量较高的废(污)水，为了避免高倍稀释引入的误差，可选用双硫腙分光光度法；对于高含盐量的废水和海水中微量锌的测定，可选用阳极溶出伏安法或示波极谱分析法。

双硫腙分光光度法的原理为，在 pH 为 4.0～5.0 的乙酸盐缓冲溶液中，锌离子与双硫腙反应生成红色螯合物，用三氯甲烷或四氯化碳萃取后，于其最大吸收波长 535 nm 处，以四氯化碳作参比，测其经空白校正后的吸光度，用标准曲线法定量。锌与双硫腙的螯合反应的反应式为

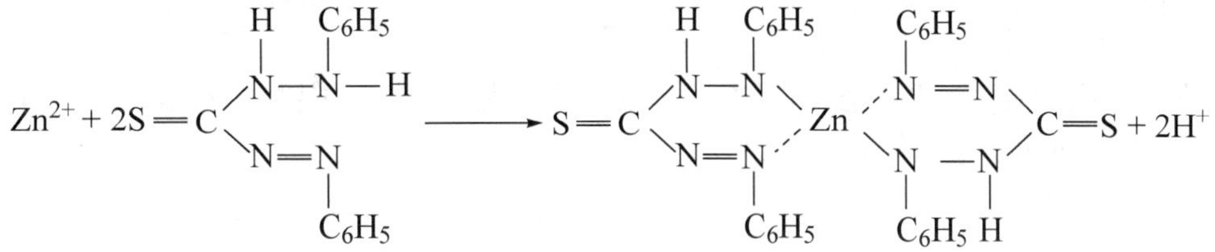

水中存在少量铋、镉、钴、铜、汞、镍、亚锡等离子均产生干扰，可采用硫代硫酸钠掩蔽和控制溶液 pH 来消除。三价铁、余氯和其他氧化剂会使双硫腙变成棕黄色。由于锌普遍存在于环境中，与双硫腙反应又非常灵敏，因此需要特别注意防止污染。

当使用 20 mm 比色皿，取水样 100 mL 时，锌的检出限为 0.005 mg/L。该方法适用于天然水体轻度污染的地表水中锌的测定。

原子吸收法、阳极溶出伏安法测锌见镉的测定；ICP-AES 法测定锌见铝的测定。

3.5.5 其他金属化合物

根据水和废水污染类型和对用水水质要求的不同，有时还需要监测其他金属元素，如铍、镍、铊、硒、锑、铁、锰、钙、镁、钡、钍、铀等，其测定方法可查阅《水和废水监测分析方法》(第四版)。

随着检测技术的发展和仪器装备水平的提高，当需要同时测定样品中多种金属元素时，可选择电感耦合等离子体原子发射光谱法(ICP-AES)和电感耦合等离子体质谱法(ICP-MS)。ICP-MS 可同时检测各类水体中的 65 种元素。

3.6 水中非金属无机物的测定

3.6.1 酸碱性质

1. 水的酸度

酸度是指水中所含能与强碱发生中和作用的物质的总量，包括无机酸、有机酸、强酸弱碱盐等。地表水溶入二氧化碳或被机械、选矿、电镀、农药、印染化工等行业排放的含酸废水污染，使水体的 pH 降低，破坏水生生物和农作物的正常生活及生长条件，造成鱼类死亡、作物受害。所以，酸度是衡量水体水质的一项重要指标。测定酸度的方法有酸碱指示剂滴定法和电位滴定法。

1) 酸碱指示剂滴定法

用标准氢氧化钠溶液滴定水样至一定 pH，根据其所消耗的氢氧化钠溶液量计算酸度。随所用指示剂不同，酸度通常分为两种：一种用酚酞作指示剂，用氢氧化钠溶液滴定到 pH 为 8.3，测得的酸度称为总酸度(也称酚酞酸度)，包括强酸和弱酸；另一种是用甲基橙作指示剂，用氢氧化钠溶液滴定到 pH 为 3.7，测得的酸度称为强酸酸度或甲基橙酸度。酸度单位为 mg/L(以 $CaCO_3$ 或 CaO 计)。

2) 电位滴定法

以 pH 玻璃电极为指示电极，饱和甘汞电极为参比电极，与被测水样组成原电池并接入 pH 计，用氢氧化钠标准溶液滴至 pH 计指示 3.7 和 8.3，据其相应消耗的氢氧化钠标准溶液的体积，分别计算两种酸度。

本方法适用于各种水体酸度的测定，不受水样有色、浑浊的限制。测定时应注意温度、搅拌状态、响应时间等因素的影响。

2. 水的碱度

水的碱度是指水中所含能与强酸发生中和作用的物质总量，包括强碱、弱碱、强碱弱酸盐等。天然水中的碱度主要是由重碳酸盐、碳酸盐和氢氧化物造成的，其中重碳酸盐是水中碱度的主要形式。引起碱度的污染源主要是造纸、印染、化工、电镀等行业排放的废水及洗涤剂、化肥和农药在使用过程中的流失。在藻类繁盛的地表水中，藻类吸收游离态和化合态的二氧化碳，使碱度增大。

碱度和酸度是判断水质和废(污)水处理控制的重要指标。碱度也常用于评价水体的缓冲能力及金属化合物的溶解性和毒性等。

测定水样碱度的方法和测定酸度一样，有酸碱指示剂滴定法和电位滴定法。前者是用酸碱指示剂的颜色变化指示滴定终点，后者是用滴定过程中 pH 的变化指示滴定终点。

水样用标准酸溶液滴定至酚酞指示剂由红色变为无色(pH 为 8.3)时，所测得的碱度称为酚酞碱度，此时 OH^-已被中和，CO_3^{2-}被中和为 HCO_3^-；当继续滴定至甲基橙指示剂由橘黄色变为橘红色(pH 约为 4.4)时，测得的碱度称为甲基橙碱度，此时水中的 HCO_3^-也已被中和完全，即全部致碱物质都已被强酸中和，故又称其为总碱度。

设水样以酚酞为指示剂滴定消耗强酸量为 P，继续以甲基橙为指示剂滴定消耗强酸量为 M，二者之和为 T，则测定水样的总碱度时，可能出现下列五种情况。

(1) $M=0$(或 $P=T$)：水样对酚酞显红色，呈碱性反应。加入强酸使酚酞变为无色后，再加入甲基橙即呈橘红色，故可以推断水样中只含氢氧化物。

(2) $P>M$(或 $P>1/2T$)：水样对酚酞显红色，呈碱性。加入强酸至酚酞变为无色后，加入甲基橙显橘黄色，继续加酸变为橘红色，但消耗量较用酚酞滴定时少，说明水样中有氢氧化物和碳酸盐共存。

(3) $P=M$：水样对酚酞显红色，加酸至无色后，加入甲基橙显橘黄色，继续加酸至变为橘红色，两次消耗酸量相等。因 OH^-和 HCO_3^-不能共存，故说明水样中只含碳酸盐。

(4) $P<M$(或 $P<1/2T$)：水样对酚酞显红色，加酸至无色后，加入甲基橙显橘黄色，继续加酸至变为橘红色，但消耗酸量较用酚酞时多，说明水样中碳酸盐和重碳酸盐共存。

(5) $P=0$(或 $M=T$)：水样对酚酞不显色(pH≤8.3)，对甲基橙显橘黄色，说明只含重碳酸盐。根据使用两种指示剂滴定所消耗的酸量，可分别计算出水中的酚酞碱度和甲基橙碱度(总碱度)，其单位用 mg/L(以 $CaCO_3$ 或 CaO 计)表示。

3. pH

pH 是最常用的水质指标之一。天然水的 pH 多为 6～9；饮用水 pH 要求在 6.5～8.5；工业用水的 pH 必须保持在 7.0～8.5，pH 过高或过低，可能对金属设备和管道产生腐蚀。此外，pH 在废(污)水生化处理、评价有毒物质的毒性等方面也具有指导意义。

pH 和酸度、碱度既有联系又有区别。pH 表示水的酸碱性强弱，而酸度或碱度是水中所含酸性或碱性物质的含量。同样酸度的溶液，如 1 L 0.1 mol/L 盐酸和 0.1 mol/L 乙酸，二者的酸度都是 5000 mg/L(以 $CaCO_3$ 计)，但其 pH 却大不相同。盐酸是强酸，在水中几乎完全解离，pH 为 1；而乙酸是弱酸，在水中的解离度只有 1.3%，其 pH 为 2.9。

测定 pH 的方法有比色法和玻璃电极法(电位法)(GB 6920—1986)，还有在玻璃电极法的基础上发展起来的差分电极法。

1) 比色法

比色法基于各种酸碱指示剂在不同 pH 的水溶液中显示不同的颜色，而每种指示剂都有一定的变色范围。将一系列已知 pH 的缓冲溶液加入适当的指示剂制成 pH 标准色液并封装在小安瓿瓶内，测定时取与缓冲溶液等量的水样，加入与 pH 标准色液相同的指示剂，然后进行比较，确定水样的 pH。

比色法不适用于有色、浑浊和含较高浓度的游离氯、氧化剂、还原剂的水样。如果粗略地测定水样 pH，可使用 pH 试纸。

2) 玻璃电极法

玻璃电极法测定 pH 是以 pH 玻璃电极为指示电极，饱和甘汞电极或银-氯化银电极为参比电极，将二者与被测溶液组成原电池，测定其电动势，一般 pH 计已通过内部电路设计转换，自动获得 pH。

在实际工作中，为了准确测定 pH，需要用已知 pH 的标准溶液进行 pH 计的校正，然后再进行水样的 pH 的测定。

温度对 pH 测定有影响，为了消除其影响，pH 计上都设有温度补偿装置。为简化操作，方便使用和适合现场使用，现已广泛将玻璃电极和参比电极结合于一体的复合 pH 电极，并制成多种袖珍型和笔型 pH 计。

玻璃电极法测定准确、快速，受水体色度、浊度、胶体物质、氧化剂、还原剂及含盐量等因素的干扰程度小；但电极膜很薄，容易受损。

3.6.2 溶解氧

溶解于水中的分子态氧称为溶解氧(dissolved oxygen，DO)。水中溶解氧的含量与大气压、水温及含盐量等因素有关。大气压下降、水温升高、含盐量增加，都会导致溶解氧含量降低。清洁地表水溶解氧含量接近饱和。当有大量藻类繁殖时，溶解氧可过饱和。当水体受有机物、无机还原性物质污染时，溶解氧含量降低，甚至趋于零，此时厌氧微生物繁殖活跃，水质恶化。水中溶解氧低于 3～4 mg/L 时，许多鱼类呼吸困难；继续减少，则会窒息死亡。一般规定水体中的溶解氧至少在 4 mg/L 以上。在废(污)水生化处理过程中，溶解氧也是一项重要的控制指标。

测定水中溶解氧的方法有碘量法(GB 7489—1987)、修正的碘量法、电化学探头(氧电极)法(HJ 506—2009)、荧光光谱法等。清洁水可用碘量法，受污染的地表水和工业废水必须用修正的碘量法或电化学探头法。

1. 碘量法

在水样中加入硫酸锰溶液和碱性碘化钾溶液，水中的溶解氧将二价锰离子氧化生成氢氧化锰，氢氧化锰进一步被氧化并生成氢氧化物沉淀。加酸后，沉淀溶解，四价锰氧化碘离子而释放出与溶解氧量相当的游离碘。以淀粉为指示剂，用硫代硫酸钠标准溶液滴定释放出的碘，可计算出溶解氧的含量，其反应式为

$$MnSO_4 + 2NaOH \xlongequal{} Na_2SO_4 + Mn(OH)_2$$

$$2Mn(OH)_2 + O_2 \xlongequal{} 2MnO(OH)_2\ (\text{棕色沉淀})$$

$$MnO(OH)_2 + 2H_2SO_4 \xlongequal{} Mn(SO_4)_2 + 3H_2O$$

$$Mn(SO_4)_2 + 2KI \xlongequal{} MnSO_4 + K_2SO_4 + I_2$$

$$2Na_2S_2O_3 + I_2 \xlongequal{} Na_2S_4O_6 + 2NaI$$

水中含有其他氧化性物质、还原性物质及有机物时，会干扰测定，应预先消除并根据不同的干扰物质采用修正的碘量法测定溶解氧。

2. 修正的碘量法

1) 叠氮化钠修正法

亚硝酸盐主要存在于经生化处理的废(污)水和河水中，它能与碘化钾反应释放出游离碘

而产生干扰，使结果偏高，即

$$2H^+ + 2NO_2^- + 2KI + H_2SO_4 = K_2SO_4 + 2H_2O + N_2O_2 + I_2$$

当水样和空气接触时会新溶入的氧分子将与生成的 N_2O_2 作用，再形成亚硝酸盐：

$$2N_2O_2 + 2H_2O + O_2 = 4H^+ + 4NO_2^-$$

如此循环，不断地释放出碘，将会引入相当大的误差。

当水样中含有亚硝酸盐，可用叠氮化钠将亚硝酸盐分解后再用碘量法测定。分解亚硝酸盐的反应式为

$$2NaN_3 + H_2SO_4 = 2HN_3 + Na_2SO_4$$

$$H^+ + NO_2^- + HN_3 = N_2O + N_2 + H_2O$$

当水样中三价铁离子含量较高时会干扰测定，可加入氟化钾或用磷酸代替硫酸酸化来消除。

测定结果按式(3-18)计算：

$$DO(O_2, mg/L) = \frac{c \times V \times 8 \times 1000}{V_{水}} \quad (3\text{-}18)$$

式中，c 为硫代硫酸钠标准溶液浓度，mol/L；V 为滴定消耗硫代硫酸钠标准溶液体积，mL；$V_{水}$ 为水样体积，mL；8 为氧换算值；g/mol。

实验中注意叠氮化钠是剧毒、易爆试剂，不能将碱性碘化钾-叠氮化钠溶液直接酸化，以免产生有毒的叠氮酸雾。

2) 高锰酸钾修正法

该方法适用于亚铁盐含量高的水样，利用高锰酸钾在酸性介质中的强氧化性，将亚铁盐、亚硝酸盐及有机物氧化，消除干扰。过量的高锰酸钾用草酸钠溶液除去，生成的高价铁离子用氟化钾掩蔽，生成的硝酸盐不干扰测定，其他同碘量法。

3. 电化学探头(氧电极)法

广泛应用于测定溶解氧的电化学探头(电极)是聚四氟乙烯薄膜电极。根据其工作原理可分为极谱型、原电池型两种。极谱型氧电极的结构如图 3-17 所示，由黄金阴极、银-氯化银阳极、聚四氟乙烯薄膜、壳体等组成。电极腔内充入氯化钾溶液，聚四氟乙烯薄膜将内电解液和被测水样隔开，溶解氧通过薄膜渗透扩散。当两极间加上 0.5～0.8 V 极化电压时，水样中的溶解氧扩散通过薄膜，并在黄金阴极上还原，产生与氧浓度成正比的扩散电流。电极反应的反应式为

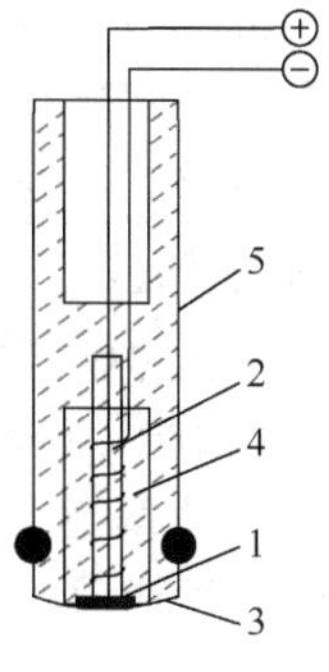

图 3-17　极谱型氧电极的结构

1. 黄金阴极；2. 银-氯化银阳极；3. 聚四氟乙烯薄膜；4. 氯化钾溶液；5. 壳体

阴极：$O_2 + 2H_2O + 4e^- \longrightarrow 4OH^-$

阳极：$4Ag + 4Cl^- \longrightarrow 4AgCl + 4e^-$

产生的还原电流 i_d 可表示为

$$i_d = K \cdot n \cdot F \cdot A \cdot \frac{P_m}{L} \cdot c_0 \quad (3\text{-}19)$$

式中，K 为比例常数；n 为电极反应得失电子数；F 为法拉第常量；A 为阴极面积；P_m 为薄膜的渗透系数；L 为薄膜的厚度；c_0 为溶解氧的质量浓度(或分压)。

当实验条件固定后，式(3-19)除 c_0 外的其他项均为定值，故只要测得还原电流就可以求出

水样中的溶解氧。测定时，首先用无氧水样校正零点，再用化学法校正仪器量程，最后测定水样便可直接显示溶解氧量。测定精度要求高时，需要进行含盐量和大气压校正。

氧电极法适用于地表水、地下水、生活污水、工业废水和盐水中溶解氧的测定(HJ 506—2009)，不受色度、浊度等影响，快速简便，可用于现场和连续自动测定。但水样中的氯、二氧化硫、硫化氢、氨、溴、碘等可通过薄膜扩散，干扰测定；含藻类、硫化物、碳酸盐、油等物质时，会使薄膜堵塞或损坏，应及时更换薄膜。

3.6.3 含氮化合物

水中含氮化合物是水生植物生长必需的养分，但当水体(特别是流动缓慢的湖泊、水库、海域等)含氮及其他营养物质过多时，将促使藻类等浮游生物的大量繁殖，发生富营养化现象，导致水质恶化。

人们关注的水中几种形态的氮是氨氮、亚硝酸盐氮、硝酸盐氮、有机氮和总氮。水质分析中，分别测定各种形态的含氮化合物，有助于评价水体受污染情况和水体自净状况。当水中含有大量有机氮和氨氮时，表示水体近期受到污染；当水中含氮化合物主要以硝酸盐存在时，表明水体受污染已有较长时间，且水体自净过程已基本完成。

1. 氨氮

水中的氨氮是指以游离氨(也称非离子氨，NH_3)和离子铵(NH_4^+)形式存在的氮。两者的组成比与水体的 pH 有关，pH 高时，NH_3 的比例较高，反之，则 NH_4^+的比例较高。

水中氨氮主要来源于生活污水中含氮有机物的分解产物及焦化、合成氨等工业废水和农田排水等。氨氮含量较高时，对鱼类呈现毒害作用，对人体也有不同程度的危害。

测定水中氨氮的方法有纳氏试剂分光光度法(HJ 535—2009)、水杨酸分光光度法(HJ 536—2009)、蒸馏-中和滴定法(HJ 537—2009)、气相分子吸收光谱法(HJ/T 195—2023)、离子选择电极法、连续流动-水杨酸分光光度法(HJ 665—2013)和流动注射-水杨酸分光光度法(HJ 666—2013)。其中，分光光度法灵敏度高、稳定性好。但水样有色、浑浊及含其他干扰物质时均影响测定，需进行相应的预处理。离子选择电极法无需对水样进行预处理，但电极寿命短，重现性较差。蒸馏-中和滴定法用于氨氮含量较高的水样 。连续流动-水杨酸分光光度法和流动注射-水杨酸分光光度法灵敏度高、分析速度快、试剂消耗量少，适合大量样品的分析，但需要专用仪器(连续流动分析仪和流动注射分析仪)。

1) 纳氏试剂分光光度法

在经絮凝沉淀或蒸馏预处理后的水样中加入碘化汞和碘化钾的强碱溶液(纳氏试剂)，与氨反应生成黄棕色胶态化合物，在 420 nm 波长处进行吸光度测定。反应式为

$$2K_2[HgI_4] + 3KOH + NH_3 \longrightarrow \underset{\text{(黄棕色)}}{NH_2Hg_2IO} + 7KI + 2H_2O$$

该法检出限为 0.025 mg/L，测定上限为 2.0 mg/L，适用于饮用水、地表水、生活污水和废水中氨氮的测定。

采样后应尽快测定。若采样后不能及时分析，应加浓 H_2SO_4，使 pH≤2，低温冷藏，必要时加 $HgCl_2$ 杀菌。

当水样中含有悬浮物、余氯、有机物、硫化物和钙、镁等金属离子时，会产生干扰。含有此类物质时，要作适当的预处理，以消除对测定的影响。对污染较严重的水样，可用蒸馏法。蒸馏法是取一定体积已调至中性的水样，用磷酸盐缓冲溶液调节 pH 为 7.4，加热蒸馏，NH_3 及 NH_4^+以气态 NH_3 形式蒸出，用稀 H_2SO_4 或 H_3BO_3 溶液吸收。氨氮蒸馏装置如图 3-18 所示。

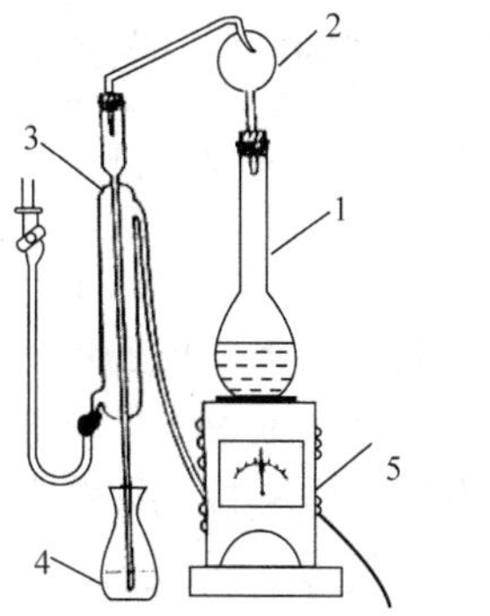

图 3-18　氨氮蒸馏装置示意图
1. 凯氏烧瓶；2. 定氮球；3. 直形冷凝管及导管；4. 收集瓶；5. 电炉

2) 水杨酸分光光度法

在碱性介质(pH =11.7)和亚硝基铁氰化钠的存在下，水中的氨、铵离子与次氯酸反应生成氯胺，氯胺与水杨酸反应生成氨基水杨酸，氨基水杨酸进一步氧化，缩合为靛酚蓝，在该蓝色化合物的最大吸收波长 697 nm 处进行吸光度测定。反应过程的反应式为

$$NH_3 + HOCl \longrightarrow NH_2Cl + H_2O$$

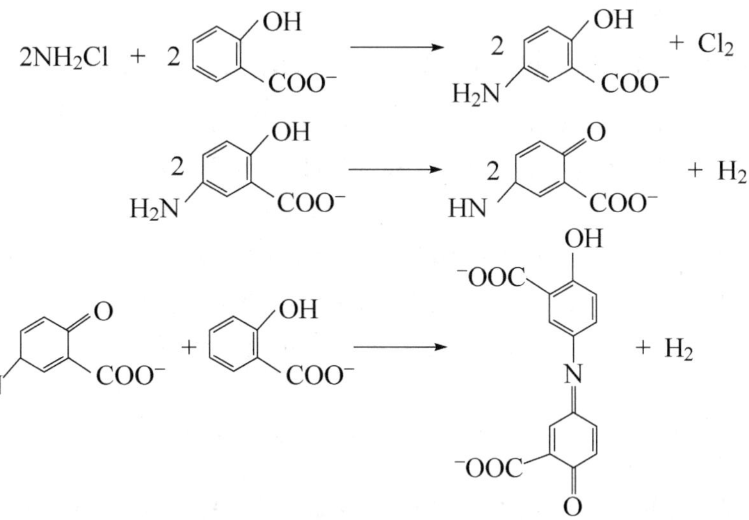

该法灵敏度高于纳氏试剂分光光度法，检出限为 0.01 mg/L，测定上限为 1 mg/L，适用于饮用水、地表水、生活污水和大部分工业废水中氨氮的测定。

3) 离子选择电极法

该法是以氨气敏电极为传感器的电位分析法。氨气敏电极是一种复合电极，它以平板型 pH 玻璃电极为指示电极，银-氯化银电极为参比电极，内充液为 0.1 mol/L 的氯化铵溶液。将此电极对置于盛有内充液的塑料套管中，在管端 pH 电极敏感膜紧贴一疏水半渗透薄膜(如聚四氟乙烯薄膜)，使内充液与外部被测液隔开，并在 pH 电极敏感膜与半透膜间形成一层很薄的液膜。当将其插入 pH 已调至 11 的水样时，生成的氨扩散通过半渗透膜(水和其他离子不能透过)，使氯化铵电解质液膜层内 $NH_4^+ \rightleftharpoons NH_3 + H^+$ 的反应向左移动，引起氢离子浓度的变化，用 pH 玻璃电极测定此变化。在恒定的离子强度下，测得的电动势与水样中氨浓度的对数符合能斯特方程。气敏电极有较高的选择性，它不受试样中共存离子的直接干扰，但电极的响应速度较慢，对温度的变化也十分敏感。

该方法不受水样色度和浊度的影响，不必进行预蒸馏；检出限为 0.03 mg/L，测定上限可达 1400 mg/L，特别适用于水中氨氮的实时在线监测。

2. 亚硝酸盐氮

亚硝酸盐氮(NO_2^--N)是氮循环的中间产物，在有氧条件下，NO_2^-易被氧化为 NO_3^-，在缺氧的条件下，被还原为氨。亚硝酸盐进入体内，可将体内运输氧的低铁血红蛋白氧化成高铁血红蛋白而失去运输氧的功能，导致组织出现缺氧的症状；还可与仲胺类化合物反应生成具有较强致癌性的亚硝胺类物质。亚硝酸盐在水中很不稳定，一般天然水中亚硝酸盐氮的含量不会超过 0.1 mg/L。

亚硝酸盐氮常用的测定方法有 *N*-(1-萘基)-乙二胺分光光度法(GB 7493—1987、GB/T 5750.5—2023)、离子色谱法(HJ 84—2016)和气相分子吸收光谱法(HJ/T 197—2005)。

1) *N*-(1-萘基)-乙二胺分光光度法

N-(1-萘基)-乙二胺分光光度法又称为重氮偶合比色法，其原理是在 pH 为 1.8±0.3 的酸性介质中，亚硝酸盐与对氨基苯磺酰胺生成重氮盐，再与 *N*-(1-萘基)-乙二胺偶联生成红色染料，于 540 nm 处进行比色测定。显色反应的反应式为

$$NH_2SO_2C_6H_4NH_2 \cdot HCl + HNO_2 \xrightarrow{\text{重氮化}} NH_2SO_2C_6H_4N \equiv NCl + 2H_2O$$

$$NH_2SO_2C_6H_4N \equiv NCl + C_{10}H_7NHCH_2NH_2 \cdot 2HCl \xrightarrow{\text{偶联}}$$
$$NH_2SO_2C_6H_4N = NC_{10}H_6NHCH_2NH_2 \cdot 2HCl + HCl$$

(红色染料)

水样中氯胺、氯、硫代硫酸盐、聚磷酸钠和高铁离子对测定有明显干扰；水样有色或浑浊，可加氢氧化铝悬浮液并过滤消除。该法适用于饮用水、地表水、生活污水和废水中亚硝酸盐氮的测定，检出限为 0.003 mg/L，测定上限为 0.20 mg/L。

2) 离子色谱法

该方法在第 2 章 2.3.5 节中已有介绍，该方法灵敏、快速、可靠。

3) 气相分子吸收光谱法

该法是近年发展起来的测定水中亚硝酸盐氮的新方法，如图 3-19 所示。

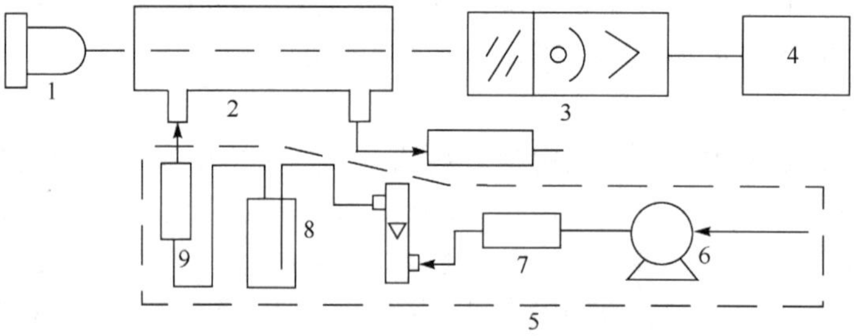

图 3-19　气相分子吸收光谱法测定亚硝酸盐氮原理的流程示意图

1. 空心阴极灯；2. 吸光管；3. 分光及光电测量系统；4. 数据处理系统；5. 水样中亚硝酸盐转化及气液分离系统；6. 空气泵；7. 净化管；8. 反应瓶；9. 干燥管

在 0.15～0.30 mol/L 柠檬酸介质中加入乙醇作催化剂，将水样中的亚硝酸盐迅速分解生成二氧化氮气体，用净化空气载入气相分子吸收光谱仪的吸光管中，在 213.9 nm 波长处测得

的吸光度，与亚硝酸盐氮标准溶液的吸光度比较，确定水中亚硝酸盐的含量。

水样中的亚硝酸盐在装置 5 中被转化为二氧化氮，并随空气泵输送的净化空气一起载入吸收管 2，吸收锌空心阴极灯发射的特征波长光，用光电测量系统测量其吸光度。

在柠檬酸介质中，某些能与 NO_2^-发生氧化还原反应的物质达一定量时均干扰测定。当亚硝酸盐氮浓度为 0.2 mg/L 时，25 mg/L 的 SO_3^{2-}、10 mg/L 的 $S_2O_3^{2-}$、30 mg/L 的 I^-、20 mg/L 的 SCN^-、80 mg/L 的 Sn^{2+}及 100 mg/L 的 MnO_4^-不影响测定。S^{2-}含量高时，通过在气路干燥管前串接含乙酸铅脱脂棉的除硫管给予消除；存在产生吸收的挥发性有机物时，在水样中加入适量活性炭搅拌吸附，30 min 后取样测定。

该法适用于地表水、地下水、海水、饮用水、生活污水及工业污水中亚硝酸盐氮的测定。使用 213.9 nm 波长，该方法的检出限为 0.003 mg/L，测定下限为 0.012 mg/L，测定上限为 10 mg/L。

3. 硝酸盐氮

水中硝酸盐是在有氧环境中最稳定的含氮化合物，也是含氮有机化合物经无机化作用最终阶段的分解产物。清洁的地表水中硝酸盐氮含量较低，受污染水体和一些深层地下水中硝酸盐氮含量较高。人体摄入硝酸盐后，经肠道中微生物作用转变成亚硝酸盐而呈现毒性作用。水中硝酸盐的测定方法有酚二磺酸分光光度法(GB 7480—1987)、离子色谱法(HJ 84—2016)、镉柱还原法、戴氏合金还原法、紫外分光光度法(HJ/T 346—2007)、气相分子吸收光谱法(HJ/T 198—2005)和离子选电极法等。

1) 酚二磺酸分光光度法

硝酸盐在无水存在情况下与酚二磺酸反应，生成硝基二磺酸酚，于碱性溶液中转化为黄色的硝基酚二磺酸三钾盐，于 410 nm 处进行比色测定。其反应式为

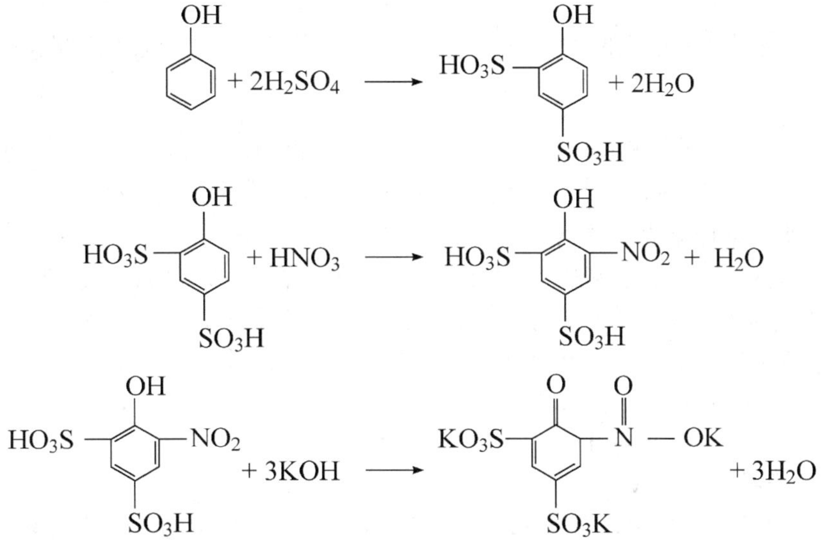

当水中含氯化物、亚硝酸盐、铵盐、有机物和碳酸盐时，产生干扰，应作适当的预处理。加入硝酸银使之生成 AgCl 沉淀，过滤除去，消除氯化物的干扰；当 NO_2^- 的浓度大于 0.2 mg/L 时滴加 $KMnO_4$溶液，使 NO_2^- 转化为 NO_3^-，然后从测定结果中扣除 NO_2^-的量即可；水样浑浊、有色时，可加少量氢氧化铝悬浮液吸附、过滤去除。

该法测量范围广，显色稳定，适用于测定饮用水、地下水、清洁地表水中的硝酸盐氮，检出限为 0.02 mg/L，测定上限为 2.0 mg/L。

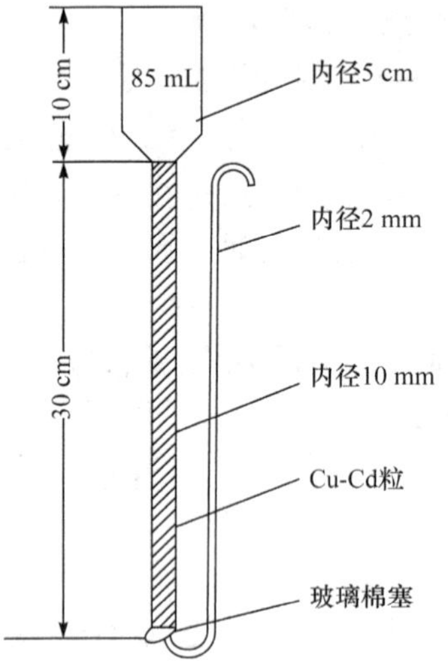

图 3-20　镉还原柱示意图

2) 镉柱还原法

在一定条件下，将水样通过镉还原柱(图 3-20)，使硝酸盐还原为亚硝酸盐，然后 用 *N*-(1-萘基)-乙二胺分光光度法测定。由测得的总亚硝酸盐氮减去不经还原水样所测含亚硝酸盐氮即为硝酸盐氮含量。

此法适用于测定硝酸盐氮含量较低的饮用水、清洁地表水和地下水，测定范围为 0.01～0.4 mg/L。

3) 戴氏合金还原法

水样在热碱性介质中，硝酸盐被戴氏合金(含 50% Cu、45% Al、5% Zn)还原为氨，经蒸馏，馏出液以硼酸溶液吸收后，含量较低时，用纳氏试剂比色法测定；含量较高时，用酸碱滴定法测定。

该法操作较烦琐，适用于测定硝酸盐氮大于 2.0 mg/L 的水样。其最大优点是可以测定污染严重、颜色较深水样及含大量有机物或无机盐的废水中的硝酸盐氮。

4) 紫外分光光度法

该法利用硝酸根离子在 220 nm 波长处的吸收而定量测定硝酸盐氮。由于溶解性有机物在 220 nm 也有吸收，因此需进行校正。具体方法为：水样预处理后，先在 220 nm 处测定吸光度，得到 A_{220}，此时包括溶解性有机物和硝酸盐在 220 nm 处的共同吸收。再在波长 275 nm 处测定吸光度，得到 A_{275}，在 275 nm 处有机物有吸收，而硝酸根离子没有吸收。因此，根据两个波长处的测定结果，一般引入一个经验校正值，进行定量。该校正值为在 220 nm 处的吸光度减去在 275 nm 处测得吸光度的 2 倍，以扣除有机物的干扰。硝酸盐氮的含量按式(3-20)计算：

$$A_{校正} = A_{220} - 2A_{275} \tag{3-20}$$

式中，A_{220} 为 220 m 波长下测得吸光度值；A_{275} 为 275 m 波长下测得吸光度值。求得吸光度的校正值 $A_{校正}$ 以后，从校准曲线中查得相应的硝酸盐氮量，即水样测定结果(mg/L)。若水样经稀释后测定，则结果应乘以稀释倍数。

该法简便快速，但对含有机物、表面活性剂、亚硝酸盐、六价铬、溴化物、碳酸氢盐和碳酸盐的水样，需进行适当的预处理。可采用絮凝共沉淀和大孔中性吸附树脂进行处理，以排除水样中大部分常见有机物、浊度和三价铁、六价铬等对测定的干扰。

该法适用于地表水、地下水中硝酸盐氮的测定，检出限为 0.08 mg/L，测定下限为 0.32 mg/L，测定上限为 4.0 mg/L。

5) 气相分子吸收光谱法

在 2.5 mol/L 盐酸介质中，于(70±2)℃下三氯化钛可将水样中的硝酸盐迅速还原分解，生成的一氧化氮用净化空气载入气相分子吸收光谱仪的吸光管中，在 214.4 nm 波长处测得的吸光度与硝酸盐氮浓度符合朗伯-比尔定律。

NO_2^-产生正干扰，可加 2 滴 10%氨基磺酸使其分解生成氮气而消除干扰。

该法适用于地表水、地下水、海水、饮用水、生活污水及工业污水中硝酸盐氮的测定，检出限为 0.006 mg/L，测定上限为 10.0 mg/L。

4. 凯氏氮

凯氏氮是指以基耶达(Kjeldahl)法测得的含氮量。它包括氨氮和在此条件下能转化为铵盐(NH_4^+)而被测定的有机氮，如蛋白质、氨基酸、蛋白胨、多肽、核酸、尿素等有机氮化合物，但不包括叠氮化合物、联氮、偶氮、硝酸盐、亚硝酸盐、亚硝基、硝基、腈、肟和半卡巴腙类的含氮化合物。凯氏氮在评价湖泊、水库等水体富营养化时非常有意义。凯氏氮的测定方法包括传统的凯氏法(GB 11891–1989)和气相分子吸收光谱法(HJ/T 196–2005)。

1) 凯氏法

取适量水样于凯氏烧瓶中，加入浓硫酸和催化剂(硫酸钾)加热消解，使有机物中的酰胺态氮转变为硫酸氢铵，游离氨和铵盐也转为硫酸氢铵。然后在碱性介质中蒸馏出氨，用硼酸溶液吸收，以分光光度法或滴定法测定氨氮含量，即为水样中凯氏氮含量。

该法适用于测定工业废水、湖泊、水库和其他受污染水体中的凯氏氮。当凯氏氮含量较低时，增加试样量，经消解和蒸馏后，以分光光度法测定氨；含量较高时，则减少试样量，经消解和蒸馏后，以酸滴定法测定氨。

2) 气相分子吸收光谱法

气相分子吸收光谱法测定水中凯氏氮的原理是：将水样中游离氨、铵盐和有机物中的胺转变成铵盐，用次溴酸盐将铵盐氧化成亚硝酸盐后，以亚硝酸盐氮的形式采用气相分子吸收光谱法测定水样中凯氏氮(见亚硝酸盐氮的测定)。

该法适用于地表水、水库、湖泊、江河水中凯氏氮的测定，检出限为 0.020 mg/L，测定下限为 0.100 mg/L，测定上限为 200.0 mg/L。

5. 总氮

总氮包括有机氮和无机氮化合物(氨氮、亚硝酸盐氮和硝酸盐氮)。水体总氮含量是衡量水质的重要指标之一。测定方法有碱性过硫酸钾消解紫外分光光度法(HJ 636—2012)，气相分子吸收光谱法(HJ/T 199—2023)、连续流动-盐酸萘乙二胺分光光度法(HJ 667—2013)、流动注射-盐酸萘乙二胺分光光度法(HJ 668—2013)。

1) 碱性过硫酸钾消解紫外分光光度法

在 120～124℃的碱性过硫酸钾溶液中，大部分有机含氮化合物及氨氮、亚硝酸盐氮氧化成硝酸盐，再用紫外分光光度法测定生成的硝酸盐氮含量，即总氮含量。

该法适用于地表水、地下水、工业废水和生活污水中总氮的测定，检出限为 0.05 mg/L，测定范围为 0.20～7.0 mg/L。

2) 气相分子吸收光谱法

以碱性过硫酸钾为氧化剂，通过高温高压消解或在线紫外消解，将样品中的各形态氮氧化成硝酸盐氮后，以硝酸盐氮的形式采用气相分子吸收光谱法进行总氮的测定(见硝酸盐氮的测定)。

该法适用于地表水、地下水、生活污水、工业废水和海水中总氮的测定，检出限为 0.05 mg/L，测定下限为 0.20 mg/L。

3) 连续流动-盐酸萘乙二胺分光光度法和流动注射-盐酸萘乙二胺分光光度法

两种方法的基本原理相近：在碱性介质中，在加热和紫外线照射共同作用下，过硫酸钾将水样中含氮化合物氧化为硝酸盐，再经镉柱还原为亚硝酸盐后，用盐酸萘乙二胺分光光度法测定亚硝酸盐氮的含量。不同之处，一是加热温度不同；二是所用仪器分别为连续流动分析仪和流动注射分析仪。测定范围分别为 0.16～10.0 mg/L 和 0.12～10.0 mg/L。

3.6.4 含磷化合物

磷在地球上的分布较广，由于它极易被氧化，在自然界均以各种磷酸盐的形式存在。磷是生物生长必需的元素之一。当水体中磷含量过高时，可能造成藻类等浮游生物的过度繁殖，导致水体富营养化，使水体透明度降低，水质恶化。因此，磷是评价各类水体水质的重要指标之一。

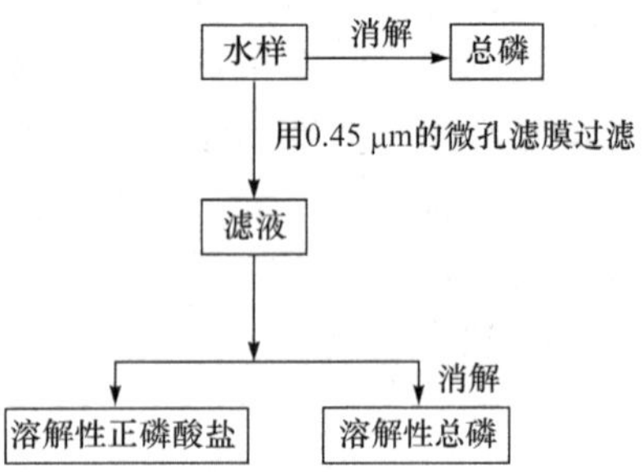

图 3-21 水样中各种磷测定的预处理流程

水环境中的含磷化合物主要来源于生活污水、工业废水及农田排水。天然水体和废水中的磷以正磷酸盐(PO_4^{3-}、HPO_4^{2-}、$H_2PO_4^-$)、缩合磷酸盐[$P_2O_7^{4-}$、$P_3O_{10}^{5-}$、$HP_3O_9^{2-}$、$(PO_3)_6^{3-}$]及有机磷化合物(农药、磷酯等)三种形态存在。依据能不能通过 0.45 μm 的滤膜，水中的磷可分为溶解态磷(又称可过滤的磷)与颗粒态磷，两者之和就是总磷。

水中磷的测定，按其存在形态，可分别测定总磷、溶解性总磷、溶解性正磷酸盐、缩合磷酸盐及有机磷。测定总磷、溶解性总磷、溶解性正磷酸盐的水样，经过适当的预处理(过滤、消解)后，均可转变为溶解性正磷酸盐。预处理流程如图 3-21 所示。

1. 水样的预处理

水样的消解方法主要有过硫酸钾消解法、硝酸-高氯酸消解法、硝酸-硫酸消解法等。

1) 过硫酸钾消解法

取 25 mL 混匀水样(若含磷浓度较高，可减少取样体积)于 50 mL 具塞刻度管中，加 5%的过硫酸钾溶液 4 mL，将具塞刻度管的盖塞紧后，用纱布和线将玻璃塞扎紧(以免加热时玻璃塞冲出)，将具塞刻度管放在大烧杯中，置于高压蒸气消毒器中加热，待压力达到 1.1 kg/cm^2，相应温度为 120℃时，保持此压力 30 min 后，停止加热。待压力表读数降至零后，取出冷却至室温。然后用水稀释至标线，待测。

注意：①如果水样用硫酸保存，在进行过硫酸钾消解前，需先将试样调至中性；②当此法不能将水样中的有机物完全破坏时，可用硝酸-高氯酸消解法；③目前已有许多商品化的专用消解装置代替高压蒸气消毒器消解样品。

2) 硝酸-高氯酸消解法

取 25 mL 混匀水样于锥形瓶中，加数粒玻璃珠，加 2 mL 浓硝酸在电热板上加热浓缩至 10 mL。冷却后加 5 mL 硝酸，再加热浓缩至 10 mL，冷却至室温。加 3 mL 高氯酸加热至冒白烟，调节电热板温度使消解液在锥形瓶内壁保持回流状态，直至剩余 3～4 mL，取下冷却至室温。加水 10 mL 和 1 滴酚酞指示剂，滴加氢氧化钠溶液至恰好呈微红色，再滴加硫酸溶液使微红刚好褪去，充分混匀。移至具塞刻度管中，用水稀释至标线，待测。

注意：①用硝酸-高氯酸消解需要在通风橱中进行，高氯酸和有机物的混合物经加热易发生爆炸危险，需将试样先用硝酸消解，然后再加入硝酸-高氯酸进行消解；②不可把消解的试样蒸干；③如消解后还有残渣，用滤纸过滤置于具塞刻度管中，并用水充分清洗锥形瓶及滤纸后一并移到具塞刻度管中。

2. 正磷酸盐的测定

正磷酸盐的测定方法有钼酸铵分光光度法(GB 11893—1989)、连续流动-钼酸铵分光光度法(HJ 670—2013)、流动注射-钼酸铵分光光度法(HJ 671—2013)、孔雀绿-磷钼杂多酸分光光度法、氯化亚锡分光光度法、离子色谱法和罗丹明 6G(R6G)能量转移荧光法等。有机磷的分析方法多采用气相色谱法或高效液相色谱法。

1) 钼酸铵分光光度法

经消解处理后的水样在酸性条件下，正磷酸盐与钼酸铵、酒石酸锑钾反应生成磷钼杂多酸，再被还原剂抗坏血酸还原生成蓝色络合物(磷钼蓝)，于 700 nm 波长处测定吸光度，用标准曲线法定量。该法的最低检出浓度为 0.01 mg/L，测定上限为 0.6 mg/L。用于测定地表水、生活污水及某些工业废水中磷的测定。

依据上述的显色反应，采用连续流动分析仪或流动注射分析仪可实现正磷酸盐和总磷的连续流动分析或流动注射分析。

2) 氯化亚锡分光光度法

经预处理后的水样在酸性条件下，其中的正磷酸盐与钼酸铵反应生成磷钼杂多酸，再被还原剂氯化亚锡还原生成磷钼蓝，于 700 nm 波长处测定吸光度，用标准曲线法定量。

该法适用于地表水中正磷酸盐的测定，检出范围为 0.025～0.6 mg/L。

3) 离子色谱法

参见第 2 章 2.3.5 节。

4) 罗丹明 6G 能量转移荧光法

方法原理：在激发波长λ_{ex} 450 nm/发射波长λ_{em} 556 nm 和十二烷基苯磺酸钠存在下，吖啶橙-罗丹明 6G 能够发生有效能量转移，使罗丹明 6G 荧光大为增强；酸性条件下，正磷酸根与钼酸盐反应生成磷钼酸，磷钼酸与罗丹明 6G 形成离子缔合物，使罗丹明 6G 的荧光猝灭。磷含量在 0.05～0.70 μg/L 范围与罗丹明 6G 的荧光猝灭程度呈良好的线性关系，由此可建立吖啶橙-罗丹明 6G 能量转移荧光猝灭测定痕量磷的新方法。

该法操作简便，灵敏度比分光光度法高，选择性也比分光光度法好。

3.6.5 硫化物

地下水(特别是温泉水)和生活污水都含有硫化物，焦化、煤气、选矿、造纸、印染、制革等工业废水中也含有硫化物。水中的硫化物包括溶解性的硫化氢(H_2S)、硫氢根离子(HS^-)、硫离子(S^{2-})、酸溶性的金属硫化物及不溶性的硫化物和有机硫化物。水中硫化物具有腐蚀性和一定的生物毒性，硫化物可与细胞色素氧化酶作用，使酶失去活性，影响细胞氧化过程，造成细胞组织缺氧，甚至危及生命；它还腐蚀金属设备和管道，并可被微生物氧化成硫酸，加剧腐蚀性。同时水中的硫化物还是耗氧性物质，能使水中溶解氧降低，抑制水生生物活动。因此，硫化物是水体污染的一项重要指标。

通常水质监测中所测定的硫化物是指水和废水中溶解性的无机硫化物及酸溶性的金属硫化物的总称。测定水中硫化物的方法有亚甲基蓝分光光度法(HJ 1226—2021)、流动注射-亚甲基蓝分光光度法(HJ 824—2017)、碘量法(HJ/T 60—2000)、气相分子吸收光谱法(HJ 200—2023)、离子选择电极法、极谱法、库仑滴定法、间接原子吸收分光光度法等。

1. 水样的保存

硫离子易被氧化，H_2S 则易从水中逸出。因此，在水样采集时应防止曝气，采样瓶中先加入乙酸锌溶液，再加水样近满瓶，然后依次加入氢氧化钠溶液和抗氧化剂溶液，加塞后不留液上空间。硫化物含量较高时应继续滴加乙酸锌溶液直至沉淀完全。固定后样品于 4 d 内测定。

2. 水样的预处理

水样的色度、悬浮物及一些还原性物质(如亚硫酸盐、硫代硫酸盐等)均会对分光光度法或碘量法测定硫化物有干扰，需进行预处理。常用的预处理方法有乙酸锌沉淀-过滤法、酸化-吹气-吸收法或酸化-蒸馏-吸收法，可根据水样的清洁程度选择合适的预处理方法。

1) 乙酸锌沉淀-过滤法

当水样中只含有少量硫代硫酸盐、亚硫酸盐等干扰物时，将现场采集并已经用 $Zn(CH_3COO)_2$ 溶液固定的水样用中速定量滤纸或玻璃纤维滤膜进行过滤，实现硫化物与硫代硫酸盐、亚硫酸盐等干扰物质的分离。然后根据含量高低选择适当的测定方法测定沉淀中的硫化物。

2) 酸化-吹气-吸收法

若水样存在悬浮物或浊度高、色度深时，可向现场采集固定后的水样中加入一定量的磷酸，使水样中的硫化锌转变为硫化氢气体，利用载气将硫化氢吹出，用乙酸锌-乙酸钠溶液或 2%氢氧化钠溶液吸收，使硫化物与干扰物质分离，再选择适当的方法进行测定。

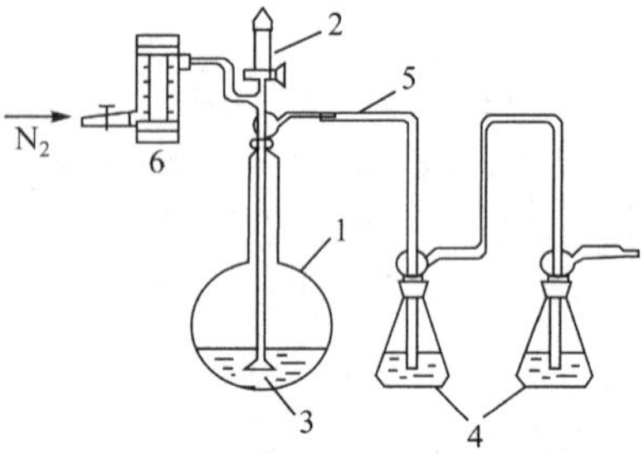

图 3-22　碘量法测定硫化物的酸化-吹气-吸收装置图

1. 500 mL 圆底反应瓶；2. 加酸漏斗；3. 多孔砂芯片；4. 锥形吸收瓶(也用作碘量瓶，可直接用于碘量法滴定)；5. 玻璃连接管，各接口均为标准玻璃磨口；6. 流量计

用碘量法测定硫化物的酸化-吹气-吸收装置如图 3-22 所示。使用时，按图 3-22 连接好酸化-吹气-吸收装置，通氮气检查各部位气密性。将两个吸收瓶中加入乙酸锌吸收液，取 200 mL 现场已固定并混匀的水样于反应瓶中，放入恒温水浴内，装好导气管、加酸漏斗和吸收瓶。以 400 mL/min 的流速连续吹氮气 5 min 以驱除装置内空气，关闭气源。向加酸漏斗中加入(1+1)磷酸 20 mL，待磷酸接近全部流入反应瓶后，迅速关闭活塞。开启气源，水浴温度控制在 60～70℃时，分别以 75～100 mL/min 、300 mL/min 、400 mL/min 的流速吹气 20 min、10 min 和 5 min，确保赶尽最后残留在装置中的硫化氢气体。关闭气源，用碘量法分别测定两个吸收瓶中硫化物含量。

3) 酸化-蒸馏-吸收法

对于地下水或低于第一类标准的低浓度海水的测定，前处理法应采用“酸化-蒸馏-吸收”法。方法是：于 500 mL 蒸馏瓶中加入 200 mL 混匀的水样，5 mL 抗氧化剂，数粒玻璃珠，10 mL 盐酸溶液。以 20 mL 氢氧化钠溶液为吸收液，以 2～4 mL/min 的馏出速度蒸馏。当吸收管中的溶液体积达到约 60 mL 时，停止蒸馏，冲洗馏出液导管，并倒入吸收液中，待测。

3. 硫化物的测定方法

1) 亚甲基蓝分光光度法

在含高铁离子的酸性溶液中，硫离子与 *N*,*N*-二甲基对苯二胺反应，生成蓝色的亚甲基蓝，在 665 nm 波长处进行比色定量测定，颜色深浅与水样中硫离子浓度成正比。反应方程式为

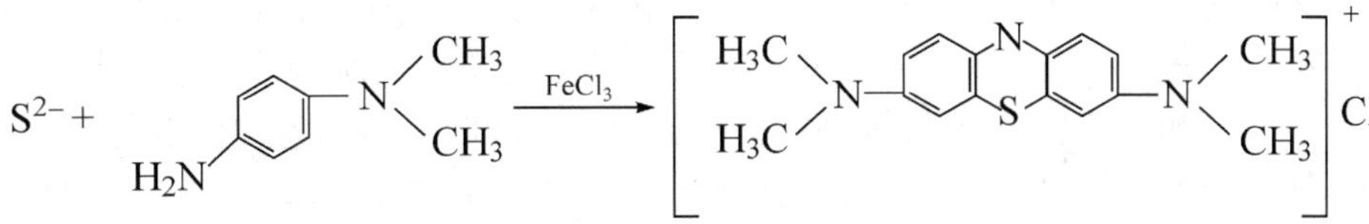

该法适用于地表水、地下水、生活污水、工业废水和海水中硫化物的测定。试样体积为 200 mL、使用 1 cm 的比色皿时，该方法的检出限为 0.01 mg/L，测定下限为 0.04 mg/L。对硫化物含量较高的水样，可适当减少取样量或将样品稀释后测定。

根据上述反应原理，采用流动注射分析仪可实现硫化物的流动注射分析。工作程序为：在酸性介质中，样品通过(65±2)℃在线加热释放出硫化氢气体，被氢氧化钠吸收，吸收液中的硫离子与 *N*,*N*-二甲基对苯二胺和三氯化铁反应生成亚甲基蓝，于 660 nm 处测量吸光度。本方法的检出限为 0.004 mg/L，测定范围 0.016～2.00 mg/L。

2) 碘量法

水样中的硫化物与乙酸锌反应生成白色硫化锌沉淀，将其用酸溶解后，加入一定量过量的碘溶液，使碘与硫化物反应析出硫，然后用硫代硫酸钠标准溶液滴定剩余的碘，根据硫代硫酸钠溶液的消耗量，间接计算硫化物的含量。反应式为

$$Zn^{2+} + S^{2-} = ZnS\downarrow(\text{白色})$$

$$ZnS + 2HCl = H_2S + ZnCl_2$$

$$H_2S + I_2 = 2HI + S\downarrow$$

$$I_2 + 2Na_2S_2O_3 = Na_2S_4O_6 + 2NaI$$

该法适用于测定硫化物含量大于 1 mg/L 的水样。

3) 间接原子吸收分光光度法

水样酸化后使水中硫化物转化为硫化氢，用氮气带出，被定量且过量的铜离子吸收液吸收。将生成的硫化铜沉淀分离后，用原子吸收分光光度法测定滤液中剩余的铜离子，间接计算硫化物含量。铜离子与硫化氢的反应式为

$$Cu^{2+} + H_2S = CuS(\text{黑色})\downarrow + 2H^+$$

该法测定灵敏度高，适用于水中硫化物的测定。当水样的基体成分较简单(如地下水、饮用水等)，可不用吹气，直接采用间接法测定。

4) 气相分子吸收光谱法

样品中的硫化物与乙酸锌溶液反应生成硫化锌沉淀，加入盐酸后生成硫化氢，用载气将产生的硫化氢载入气相分子吸收光谱仪的吸光管中，在 202.6 nm 或 228.8 nm 波长处测得的吸光度与硫化物的浓度符合朗伯-比尔定律，利用标准曲线法定量测定。

样品基体复杂、沉淀较多，可通过“酸化-吹气-吸收法”或“酸化-蒸馏-吸收法”消除。

该法适用于地表水、地下水、生活污水、工业废水和海水中硫化物的测定。方法的检出限为 0.005 mg/L，测定下限为 0.020 mg/L。

3.6.6 氰化物

氰化物包括简单氰化物、络合氰化物和有机氰化物(腈)。简单氰化物易溶于水、毒性大；络合氰化物在水体中受 pH、水温和光照等影响解离为毒性强的简单氰化物。氰化物进入人体后，主要与高铁细胞色素氧化酶结合，生成氰化高铁细胞色素氧化酶而使其失去传递氧的作用，引起组织缺氧窒息。地表水一般不应含有氰化物，受污染的水中氰化物的主要来源是金矿开采、冶炼、电镀、焦化、造气、选矿、有机化工、有机玻璃制造等工业废水。

水中氰化物的测定方法有硝酸银滴定法(HJ 484—2009)、异烟酸-吡唑啉酮分光光度法(HJ 484—2009)、异烟酸-巴比妥酸分光光度法(HJ 484—2009)、吡啶-巴比妥酸分光光度法(HJ 484—2009)、真空检测管-电子比色法(HJ 659—2013)、流动注射-分光光度法(HJ 823—2017)。异烟酸-吡唑啉酮分光光度法和异烟酸-巴比妥酸分光光度法灵敏度高，是广泛应用的方法；硝酸银滴定法适用于高浓度水样；真空检测管-电子比色法是一种适用于突发环境事件应急监测技术。

1. 水样的预处理

现场水样采集后必须立即加氢氧化钠固定，并在采样后 24 h 内分析样品。测定前采用在酸性介质中蒸馏的方法进行水样的预处理，把能转变为氰化氢的氰化物蒸馏出来，用氢氧化钠溶液吸收，使之与干扰组分分离。常用的蒸馏方法有以下两种：

(1) 向水样中加入酒石酸和硝酸锌，调节 pH 为 4，加热蒸馏，则简单氰化物及部分络合氰化物(如$[Zn(CN)_4]^{2-}$)以氰化氢的形式被蒸馏出来，用氢氧化钠溶液吸收，取该吸收液测得的结果为易释放的氰化物。

(2) 向水样中加入磷酸和 EDTA，在 pH<2 的条件下加热蒸馏，此时可将全部简单氰化物和除钴氰络合物以外的绝大部分络合氰化物以氰化氢的形式蒸馏出来，用氢氧化钠溶液吸收，取该吸收液测得的结果为总氰化物。

2. 氰化物的测定方法

1) 硝酸银滴定法

取一定体积经蒸馏预处理后的水样吸收液，调节 pH 至 11 以上，以试银灵为指示剂，用硝酸银标准溶液滴定，氰离子与银离子生成银氰络合物$[Ag(CN)_2]^-$，稍过量的银离子与试银灵反应，使溶液由黄色变为橙红色即为终点。反应式为

$$Ag^+ + 2CN^- \longrightarrow [Ag(CN)_2]^-$$

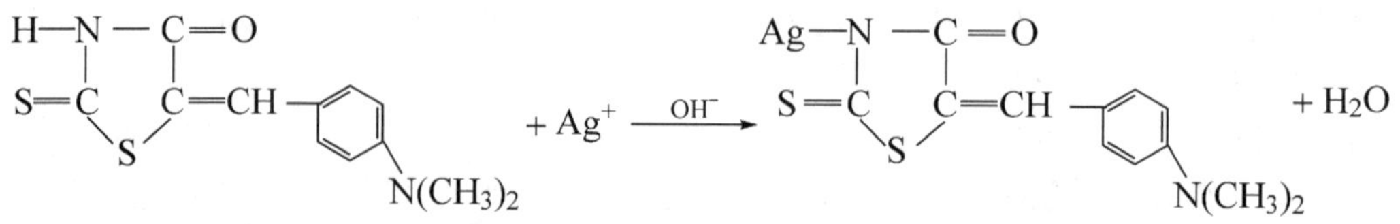

(黄色)　　(橙红色)

另取与水样吸收液相等体积的空白实验吸收液，按水样测定方法进行空白实验。根据二者消耗硝酸银标准溶液的体积，按式(3-21)计算水样中氰化物的质量浓度：

$$氰化物(CN^-,mg/L) = \frac{(V_A - V_B)\cdot c \times 52.04}{V_1} \times \frac{V_2}{V_3} \times 1000 \tag{3-21}$$

式中，V_A 为滴定水样吸收液消耗硝酸银标准溶液的体积，mL；V_B 为滴定空白实验吸收液消耗硝酸银标准溶液的体积，mL；c 为硝酸银标准溶液的浓度，mol/L；V_1 为水样体积，mL；V_2 为水样吸收液的总体积，mL；V_3 为测定时所取水样吸收液的体积，mL；52.04 为氰离子($2CN^-$)的摩尔质量，g/mol。

该方法适用于受污染的地表水、生活污水和工业废水。本法检出限为 0.25 mg/L，测定下限 1.00 mg/L，测定上限为 100 mg/L。

2) 异烟酸-吡唑啉酮分光光度法

取一定体积水样吸收液，加入缓冲溶液调节 pH 至中性，加入氯胺 T 溶液，则氰离子被氯胺 T 氧化生成氯化氰(CNCl)，再加入异烟酸-吡唑啉酮溶液，氯化氰与异烟酸作用，经水解生成戊烯二醛，与吡唑啉酮进行缩合反应生成蓝色染料，在 638 nm 波长处测定吸光度，用标准曲线法定量。

水样中氰化物的质量浓度按式(3-22)计算：

$$\text{氰化物}(CN^-, \text{mg/L}) = \frac{m_a - m_b}{V} \cdot \frac{V_1}{V_2} \tag{3-22}$$

式中，m_a 为标准曲线上查出的水样中氰化物质量，μg；m_b 为标准曲线上查出的空白样品中氰化物质量，μg；V 为水样的体积，mL；V_1 为水样吸收液的总体积，mL；V_2 为测定时所取水样吸收液的体积，mL。

应当注意，当氰化物以 HCN 存在时易挥发。因此，从加入缓冲溶液后，每步都要迅速操作，并随时盖严塞子。当吸收液的浓度较高时，加缓冲溶液前应以酚酞为指示剂，滴加盐酸溶液至红色褪去。

该方法适用于地表水、生活污水和工业废水中氰化物的测定。检出限 0.004 mg/L，测定范围为 0.016～0.25 mg/L(以 CN^-计)。

3) 异烟酸-巴比妥酸分光光度法

在弱酸性条件下，水样中的氰化物与氯胺 T 作用生成氯化氰；氯化氰与异烟酸作用，其生成物经水解生成戊烯二醛；戊烯二醛再与巴比妥酸作用生成紫蓝色染料；在一定浓度范围内，颜色深度与氰化物含量成正比，在分光光度计上于 600 nm 波长处测量吸光度，与系列标准溶液的吸光度比较确定水样中氰化物的含量。该方法检出限为 0.001 mg/L，测定范围为 0.004～0.45 mg/L，适用于饮用水、地表水和废(污)水中氰化物的测定。

3.6.7　氟化物

氟化物广泛存在于天然水中。饮用水中氟(F^-)的适宜质量浓度为 0.5～1.0 mg/L。有色冶金、钢铁和铝加工、玻璃、磷肥、电镀、陶瓷、农药等行业排放的废水和含氟矿物废水是氟化物的主要来源。

测定水中氟化物的方法主要有离子色谱法(HJ 84—2016)、氟离子选择电极法(GB 7484—1987)、氟试剂分光光度法(HJ 488—2009)、茜素磺酸锆目视比色法(HJ 487—2009)和硝酸钍滴定法。离子色谱法被国内外普遍应用，方法简便、测定快速、干扰较小；氟离子选择电极法的选择性好，适用浓度范围宽，可测定浑浊、有颜色的水样；氟化物含量大于 5 mg/L 时，用硝酸钍滴定法测定。

清洁的地表水、地下水、饮用水可直接取样测定。对于污染严重的生活污水和工业废水，以及含氟硼酸盐的水，由于干扰因素较多，一般测定前都需蒸馏分离。

1. 水样的预处理

利用氟化氢的挥发性，可在硫酸或高氯酸作用下进行蒸馏预处理。若水中含有较多氯化物，为防止其蒸出可加入适量硝酸银。氟的蒸馏装置需做水和硫酸空白蒸馏，以除去装置内可能被污染的氟化物。蒸馏装置见 3.3.3 节图 3-7。

2. 氟化物的测定

1) 氟离子选择电极法

氟离子选择电极是一种以氟化镧(LaF_3)单晶片为敏感膜的传感器，由于单晶结构对能进入晶格交换的离子有严格的限制，故有良好的选择性，其基本原理参见第 2 章 2.5.2 节。

在干扰较少时，可用标准曲线法，测量系列 F^-标准溶液，用氟电极作工作电极，饱和甘汞电极作参比电极，测量电位，制作 F^-浓度与电位的标准曲线；然后测量被测溶液的电位，在标准曲线上查得水样中氟化物的浓度。由于电位与浓度对数的关系，所以一般用半对数纸作图制作标准曲线，通过样品液的电位直接求得样品中 F^-的浓度。如果用专用离子计测量，经校准后，可直接显示被测溶液中 F^-的浓度。对于基体复杂的水样，可采用标准加入法测定。

某些高价阳离子(如 Al^{3+}、Fe^{3+})及氢离子能与氟离子络合而干扰测定；在碱性溶液中，氢氧根离子浓度大于氟离子浓度的 1/10 时也有干扰，常采用加入总离子强度缓冲剂(TISAB)的方法加以消除。TISAB 是一种含有强电解质、络合剂、pH 缓冲剂的溶液，其作用是消除标准溶液与被测溶液的离子强度差异，使二者的离子活度系数保持一致；络合干扰离子，使络合态的氟离子释放出来，缓冲 pH 的变化，保持溶液有合适的 pH 范围(5～8)。

该方法检出限为 0.05 mg/L(以 F^-计)，测定上限可达 1900 mg/L(以 F^-计)，适用于各种水中氟化物的测定。

2) 氟试剂分光光度法

氟试剂即茜素络合剂(ALC)，在 pH 为 4.1 的乙酸盐缓冲介质中能与氟离子和硝酸镧反应生成蓝色的三元络合物，络合物的颜色深度与氟离子浓度成正比，于 620 nm 波长处测定吸光度，用标准曲线法定量。反应式为

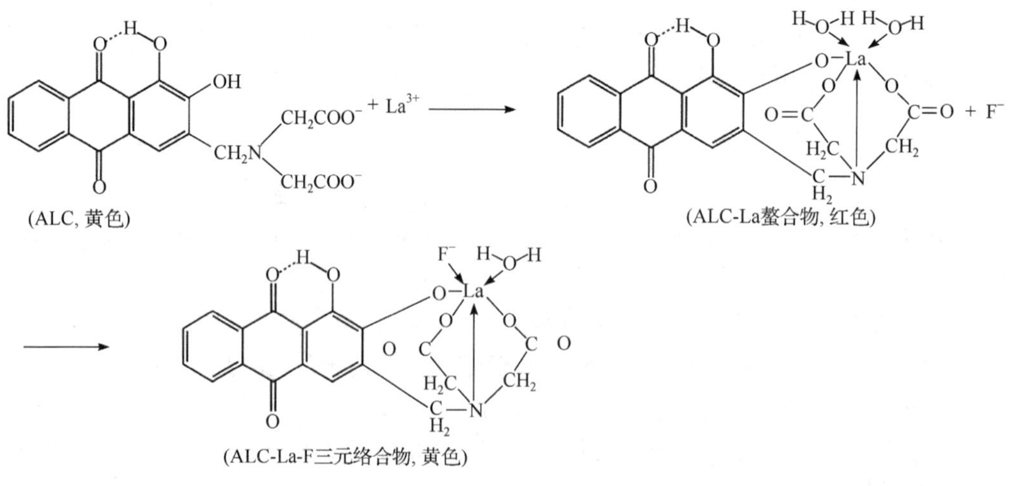

根据反应原理，凡是对 ALC-La-F 三元络合物的任何一个组分存在竞争反应的离子均产生干扰。例如，Pb^{2+}、Zn^{2+}、Cu^{2+}、Co^{2+}、Cd^{2+}等能与 ALC 反应生成红色螯合物；Al^{3+}、Be^{2+}

等与 F^-生成稳定的络离子；大量 PO_4^{3-}、SO_4^{2-}能与 La^{3+}反应等。当这些离子超过允许浓度时，水样应进行预蒸馏。

该方法适用于各种水中氟化物的测定，检出限为 0.02 mg/L(以 F^-计)，测定上限为 0.08 mg/L。如果用含有胺的醇溶液萃取后测定，其检出限为 5 μg/L。

3) 离子色谱法

该方法如第 2 章 2.3.5 节所述，对于污染严重的水样，可在分离柱前安装预处理柱，去除所含油溶性有机物和重金属离子。该方法适用于地表水、地下水、江水中无机阴离子的测定，其测定下限一般为 0.1 mg/L。

4) 硝酸钍滴定法

以氯乙酸为缓冲剂，pH 为 3.2～3.5 的酸性介质中，以茜素磺酸钠和亚甲基蓝作指示剂，用硝酸钍标准溶液滴定氟离子，当溶液由翠绿色变为灰蓝色，即为终点。根据硝酸钍标准溶液的用量和水样体积计算氟离子的浓度。

本法适用于含氟质量浓度大于 5mg/L 的废(污)水中氟化物的测定。

3.6.8　氯化物

氯化物几乎存在于所有的水和废水中，水中的氯化物含量以氯离子计。天然淡水中氯离子含量较低，约为几毫克每升；海水、盐湖及某些地下水中，氯离子可高达数十克每升。水源流过含氯化物的地层，导致食盐矿床和其他含氯沉积物在水中的溶解，含氯化物的地层是水中氯离子的天然源；而工业废水和生活污水的排放是水中氯化物的重要人为源。饮用水中氯离子含量较低时，对人体无害；当水中氯化物浓度为 250 mg/L，阳离子为钠时，就会感觉到咸味；而当水中氯化物浓度为 170 mg/L，阳离子为镁时，水就会出现苦味。当氯化物含量较高时，不适于一些工业行业作为生产用水；工业用水氯离子浓度过高，会对金属管道、锅炉和构筑物有腐蚀作用；另外，含有过多的氯离子的水会影响植物生长，不适合灌溉。

水中氯离子的测定方法有硝酸银滴定法(GB 11896—1989)、硫氰化汞光度法、离子色谱法(HJ 84—2016)、硝酸汞滴定法(HJ/T 343—2007)和电位滴定法等。

1. 硝酸银滴定法

在中性至弱碱性范围内(pH 为 6.5～10.5)，以铬酸钾为指示剂，用硝酸银标准溶液滴定水中氯离子，生成白色的氯化银沉淀。由于氯化银的溶解度小于铬酸银的溶解度，当氯离子完全被沉淀出来后，稍过量的硝酸银与铬酸钾生成砖红色的铬酸银沉淀，指示滴定终点到达。反应式为

$$Ag^+ + Cl^- \longrightarrow AgCl\downarrow(\text{白色})$$

$$2Ag^+ + CrO_4^{2-} \longrightarrow Ag_2CrO_4\downarrow(\text{砖红色})$$

氯化物含量的计算公式为

$$\text{氯化物}(Cl^-, mg/L) = \frac{(V_1 - V_2) \times c \times 35.45}{V} \times 1000 \tag{3-23}$$

式中，V_1 为蒸馏水消耗硝酸银标准溶液体积，mL；V_2 为水样消耗硝酸银标准溶液体积，mL；c 为硝酸银标准溶液浓度，mol/L；V 为试样体积，mL；35.45 为 Cl^-摩尔质量，g/mol。

当水样有色或浑浊时，可用氢氧化铝悬浮液进行沉淀过滤以除去干扰。

该法适用于天然水中氯化物的测定，也适用于经过适当稀释的高矿化度水，如咸水、海

水等，以及经过预处理除去干扰物的生活污水或工业废水中氯离子的测定，适用浓度范围为10～500 mg/L 的氯化物，高于此范围的水样应稀释后测定。

2. 离子色谱法

方法可参见亚硝酸盐的测定及国家标准(HJ 84—2016)，以及第 2 章 2.4 高效液相色谱部分内容。

3. 硝酸汞滴定法

将水样 pH 调节至 3.0～3.5，以二苯卡巴腙为指示剂，用硝酸汞标准溶液滴定。硝酸汞与氯离子生成难解离的氯化汞，滴定至终点时，稍过量的汞离子与二苯卡巴腙生成蓝色络合物，指示滴定终点到达。

该法适用于地表水、地下水中氯化物的测定及经过预处理消除干扰后的其他废水水样中氯化物的测定，适用浓度范围为 2.5～500 mg/L。

3.7 水中有机污染物的测定

水体中除含有无机污染物外，更大量的是有机污染物。目前，世界上有统计的有机物的数目已达上千万种，与此同时，人工合成的新的有机物数量每年都在不断增加。如此大量的有机物不可避免地会通过各种方式进入环境水体中，它们以毒性和使水中溶解氧减少的形式对生态系统产生影响，危害人体健康。已经查明，绝大多数致癌物质是有毒有机物，因此有机污染物指标是一类评价水体污染状况的极为重要的指标。

目前多以化学需氧量(COD)、生化需氧量(BOD)、总有机碳(TOC)等综合指标，或挥发酚类、石油类、硝基苯类等类别有机物指标，来表征水体中有机物含量。但是，许多痕量有毒有机物对上述指标贡献极小，其危害或潜在威胁却很大。因此，在某些条件下，综合指标并不能充分反映有机污染状况，需要对痕量有毒有机物逐一测定。随着分析测试技术和仪器的不断发展和完善，正在加大对危害大、影响面广的有机污染物的监测力度，如我国出版的《水和废水监测分析方法》(第四版)中涉及有机污染物监测项目 300 余种。美国推出的《水和废水标准检验方法》(AWWA 10084—2005)中，可测定的有机污染物达 175 项，重点是有毒有机物的测定。

3.7.1 化学需氧量

化学需氧量(chemical oxygen demand，COD)是指在一定条件下，用重铬酸钾为氧化剂氧化处理水样时所消耗的氧化剂的量，以氧的质量浓度(mg/L)表示。化学需氧量所测得的水中还原性物质主要包括有机物和硫化物、亚硫酸盐、亚硝酸盐、亚铁盐等无机还原物质。但是水体中有机物的数量远多于无机还原物质的数量，因此化学需氧量可以反映水体受有机物污染的程度，可作为水中有机污染物相对含量的综合指标之一。

测定化学需氧量的标准方法有，重铬酸盐法(HJ 828—2017)、氯气校正法(HJ/T 70—2001)快速消解分光光度法(HJ/T 399—2007)、恒电流库仑滴定法等。化学需氧量是一个条件性指标，其测定结果受到加入的氧化剂的种类、浓度、反应液的酸度、温度、反应时间及催化剂等条件的影响。重铬酸钾的氧化率可达 90%左右，使得重铬酸钾法成为国际上广泛公认的化学需氧量测定的标准方法，适用于生活污水、工业废水和受污染水体的测定。

1. 重铬酸盐法

在强酸介质中，一定量的重铬酸钾在催化剂(硫酸银)作用下氧化水样中还原性物质，经沸腾回流后，以试亚铁灵为指示剂，过量的重铬酸钾用硫酸亚铁铵标准溶液回滴，溶液的颜色由黄色经蓝绿色至红褐色即为滴定终点，记录硫酸亚铁铵标准溶液的用量，根据其用量计算水样中还原性物质的需氧量。重铬酸钾与有机物可进行下列反应：

$$2K_2Cr_2O_7 + 8H_2SO_4 + 3C(\text{代表有机物}) \longrightarrow 2Cr_2(SO_4)_3 + 2K_2SO_4 + 8H_2O + 3CO_2\uparrow$$

过量的重铬酸钾以试亚铁灵为指示剂，以硫酸亚铁铵溶液回滴，反应式为

$$K_2Cr_2O_7 + 7H_2SO_4 + 6FeSO_4 \longrightarrow 3Fe_2(SO_4)_3 + K_2SO_4 + 2Cr_2(SO_4)_3 + 7H_2O$$

测定方法是：取 20.00 mL 混合均匀的水样(或适量水样稀释至 20.00 mL)置于 250 mL 磨口的回流锥形瓶中，准确加入 10.00 mL 重铬酸钾标准溶液及数粒小玻璃珠，连接磨口回流冷凝管，从冷凝管上口慢慢地加入 30 mL 硫酸-硫酸银溶液，轻轻摇动锥形瓶使溶液混匀，加热回流 2 h(自开始沸腾时计时)。冷却后，用 90 mL 水冲洗冷凝管壁，取下锥形瓶。溶液总体积不得少于 140 mL，否则会因酸度太大使得滴定终点不明显。溶液冷却后，加 3 滴试亚铁灵指示液，用硫酸亚铁铵标准溶液滴定至溶液的颜色至红褐色即为终点，记录硫酸亚铁铵标准溶液的用量。同时取 20.00 mL 重蒸馏水，按同样操作步骤做空白实验。记录滴定空白时硫酸亚铁铵标准溶液的量，按式(3-24)计算 COD_{Cr} 的值：

$$COD_{Cr}(O_2, mg/L) = \frac{(V_0 - V_1) \times c \times 8 \times 1000}{V} \tag{3-24}$$

式中，V_0 为空白实验时硫酸亚铁铵标准溶液的用量，mL；V_1 为测定水样时硫酸亚铁铵标准溶液的用量，mL；V 为所取水样的体积，mL；c 为硫酸亚铁铵标准溶液的浓度，mol/L；8 为氧的摩尔质量，g/mol。

重铬酸钾氧化性很强，可有效氧化大部分直链脂肪化合物，但芳烃及吡啶等多环或杂环芳香有机物难以被氧化。挥发性好的直链脂肪族化合物和苯等存在于气相，与氧化剂接触不充分，氧化率较低。氯离子也能被重铬酸钾氧化，并与硫酸银作用生成沉淀，干扰测定，可加入适量 $HgSO_4$ 络合或采用 $AgNO_3$ 沉淀去除。若水中含亚硝酸盐较多，可预先在重铬酸钾溶液中加入氨基磺酸便可消除其干扰。

本方法可用于地表水、生活污水和工业废水中 COD 的测定。当取样体积为 10 mL 时，检出限为 4 mg/L，测定下限为 16 mg/L。未经稀释的水样测定上限为 700 mg/L，超过需稀释后测定。当水样中含氯化物浓度大于 1000 mg/L 时，应采用氯气校正法。

2. 恒电流库仑滴定法

恒电流库仑滴定法是建立在电解基础上的分析方法。在强酸性溶液中，一定量的重铬酸钾在催化剂(硫酸银)作用下氧化水样中还原性物质(图 3-23)，然后利用电解法产生所需的 Fe^{2+} 滴定溶液中剩余的重铬酸钾，并用电位指示终点，工作原理见图 3-24。依据电解消耗的电量和法拉第电解定律按照式(3-25)计算被测物质的含量：

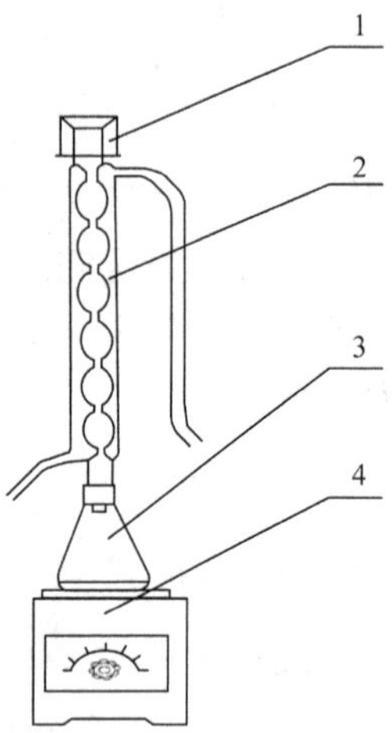

图 3-23　氧化回流装置

1. 防尘盖；2. 蛇形冷凝管；3. 消解杯；4. 300 W 电炉

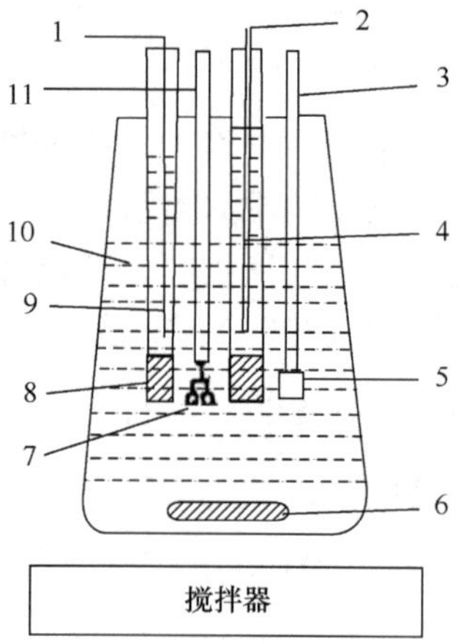

图 3-24　电解池

1. 电解铂丝阳极；2. 指示负极钨棒；3. 指示正极；4. 指示负极；5. 指示正极单铂片；6. 搅拌子；7. 电解阴极双铂片；8. 石英砂芯；9. 电解阳极；10. 电解液；11. 电解阴极

$$W=\frac{Q}{96487}\cdot\frac{M}{n} \tag{3-25}$$

式中，Q 为电量，C；M 为被测物质的相对分子质量；n 为滴定过程中被测离子的电子转移数；W 为被测物质质量，g。

库仑池由电极对及电解液组成，其中工作电极为双铂片工作阴极和铂丝辅助阳极(内置 3 mol/L H_2SO_4)，用于电解产生滴定剂；指示电极为铂片指示电极(正极)和钨棒参比电极(负极，内充饱和 K_2SO_4 溶液)。以其点位的变化指示库仑滴定终点。电解液为 10.2 mol/L 硫酸、重铬酸钾和硫酸铁混合液。

库仑滴定法测定水样的 COD 值的要点是分别在空白溶液(蒸馏水加硫酸)和样品溶液(水样加硫酸)中加入等量的重铬酸钾标准溶液，分别进行回流消解 15 min，冷却后加入等量的硫酸铁溶液，在搅拌下进行库仑滴定，设样品 COD 值为 c_x(mg/L)，取样量为 V(mL)，因为 $W=c_x\frac{V}{1000}$；而 $Q=I\cdot t$，氧的相对分子质量为 32，电子转移数为 4，将以上各项代入式(3-25)，整理得计算式：

$$c_x=\frac{8000}{96487}\cdot\frac{I(t_0-t_1)}{V} \tag{3-26}$$

式中，I 为电解电流，mA；t_0 为空白实验时电解产生亚铁离子滴定重铬酸钾的时间，s；t_1 为水样实验时电解产生亚铁离子滴定剩余重铬酸钾的时间，s。

库仑滴定法简单、快速、试剂用量少，不需要标定亚铁标准溶液，不受水样颜色干扰，尤其适合于工业废水的控制分析。但是，需要严格控制消解条件一致，并注意电极清洁，才能获得较好的重现性。

3. 快速消解分光光度法

该法与经典重铬酸钾法消解水样的方法相同，但水样和试剂用量要少得多。水样和消解液置于具密封塞的消解管中，在(165±2)℃的恒温加热器内快速消解 15 min，消解后的水样选用分光光度法测定。

当试样中 COD 值在 100～1000 mg/L 时，在(600±20) nm 波长处测定重铬酸钾被还原产生的 Cr^{3+}的吸光度，试样中还原性物质的量与 Cr^{3+}的吸光度成正比，从而可以根据 Cr^{3+}的吸光度对试样的 COD 值进行定量。

当试样中 COD 值在 15～250 mg/L 时，在(440±20) nm 波长处测定重铬酸钾未被还原的 Cr^{6+}和被还原产生的 Cr^{3+}两种铬离子的总吸光度，水样的 COD 与 Cr^{6+}吸光度的减少值和 Cr^{3+}吸光度的增加值分别成正比，与总吸光度的减少值成正比，从而可以将总吸光度换算成试样的 COD 值。

本方法适用于各类水体中 COD 的大批量测定。对未经稀释的水样，COD 测定下限为 15 mg/L，测定上限为 1000 mg/L，其氯离子质量浓度不应大于 1000 mg/L。

3.7.2　高锰酸盐指数

高锰酸盐指数(I_{Mn})是指在一定条件下，以高锰酸钾为氧化剂氧化水样时所消耗的氧的量，以(O_2，mg/L)来表示。水中的亚硝酸盐、亚铁盐、硫化物等还原性无机物和在此条件下可被氧化的有机物均可消耗高锰酸钾。因此，该指数常被作为地表水受有机物和还原性无机物污染程度的综合指标。为避免 Cr^{6+}的二次污染，日、德等国家也用高锰酸盐作为氧化剂测定废水的化学需氧量。高锰酸盐指数的测定方法有酸性法和碱性法两种。

酸性法高锰酸盐指数的测定：取 100.0 mL 水样(原样或经稀释)，加入(1+3)硫酸 5 mL 使呈酸性，加入 10.00 mL 浓度为 0.01 mol/L 的高锰酸钾标准溶液，混匀后在沸水浴中加热反应 30 min。剩余的高锰酸钾用过量的草酸钠标准溶液(10.00 mL，0.0100 mol/L)还原，再用高锰酸钾标准溶液回滴过量的草酸钠，溶液由无色变为微红色即为滴定终点，记录高锰酸钾标准溶液的消耗量。测定过程中高锰酸钾与有机物的反应式为

$$4KMnO_4 + 6H_2SO_4 + 5C \longrightarrow 2K_2SO_4 + 4MnSO_4 + 6H_2O + 5CO_2$$

高锰酸钾与草酸的反应式为

$$2KMnO_4 + 5H_2C_2O_4 + 3H_2SO_4 \longrightarrow K_2SO_4 + 2MnSO_4 + 8H_2O + 10CO_2$$

水样不稀释时，按式(3-27)计算高锰酸盐指数：

$$\text{高锰酸盐指数}(O_2, mg/L) = \frac{[(10+V_1)\times K-10]\times c\times 8\times 1000}{100} \tag{3-27}$$

式中，V_1 为回滴时所消耗高锰酸钾标准溶液的体积，mL；K 为高锰酸钾校正系数；c 为草酸钠标准溶液的浓度，mol/L；8 为氧的摩尔质量，g/mol。

由于高锰酸钾溶液不是很稳定，应该保存在棕色瓶中并要求每次使用前进行重新标定，即准确移取 10.00 mL 草酸钠溶液(0.0100 mol/L)立即用高锰酸钾溶液滴定至微红色，记录消耗的高锰酸钾溶液体积(V_2)并利用式(3-28)计算 K：

$$K = \frac{10.00}{V_2} \tag{3-28}$$

若水样测定前用蒸馏水稀释，则需同时做空白实验，高锰酸盐指数计算公式为

$$\text{高锰酸盐指数}(O_2,mg/L)=\frac{\{[(10+V_1)\times K-10]-[(10+V_0)\times K-10]\times f\}\times c\times 8\times 1000}{100} \tag{3-29}$$

式中，V_0为空白实验中所消耗高锰酸钾标准溶液的体积，mL；f为蒸馏水在稀释水样中所占比例。其他符号同不稀释水样的公式。

当水中含有的氯离子的浓度小于 300 mg/L 时，不干扰高锰酸盐指数的测定；当水中氯离子含量超过 300 mg/L 时，在酸性条件下，氯离子可与硫酸反应生成盐酸，再被高锰酸钾氧化，从而消耗过多的氧化剂影响测定结果。此时，需采用碱性法测定高锰酸盐指数，在碱性条件下高锰酸钾不能氧化水中的氯离子。

氯离子干扰反应的反应式为

$$2NaCl + H_2SO_4 \longrightarrow Na_2SO_4 + 2HCl$$

$$2KMnO_4 + 16HCl \longrightarrow 2KCl + 2MnCl_2 + 5Cl_2 + 8H_2O$$

碱性法高锰酸盐指数的测定步骤与酸性法基本一样，只不过在加热反应之前将溶液用氢氧化钠溶液调至碱性，在加热反应之后先加入硫酸酸化，然后再加入草酸钠溶液。高锰酸盐指数计算方法同酸性法。

化学需氧量和高锰酸盐指数是采用不同的氧化剂在各自的氧化条件下测定的，难以找出明显的相关关系。一般来说，重铬酸盐法的氧化率可达 90%，而高锰酸盐法的氧化率为 50%左右，两者均未将水样中还原性物质完全氧化，因而都只是一个相对参考数据。

3.7.3 生化需氧量

生化需氧量(biochemical oxygen demand，BOD)是指在有溶解氧的条件下，好氧微生物在分解水中有机物的生物化学氧化过程中所消耗的溶解氧量。同时也包括如硫化物、亚铁等还原性无机物氧化所消耗的氧量，但这部分通常占很小比例。因此 BOD 可以反映水中有机物的含量。BOD 能相对表示出微生物可以分解的有机污染物的含量，比较符合水体自净的实际情况，因而在水质监测和评价，研究废水可生化降解性方面更具有实际操作意义。

有机物在微生物作用下，好氧分解可分两个阶段：第一阶段为含碳物质的氧化阶段，主要是将含碳有机物氧化为二氧化碳和水；第二阶段为硝化阶段，主要是将含氮有机物在硝化菌的作用下分解为亚硝酸盐和硝酸盐。这两个阶段并非截然分开，只是各有主次。通常条件下，要彻底完成水中有机物的生化氧化过程历时需超过 100 天，即使可降解的有机物全部分解也需要超过 20 天的时间，用这么长时间来测定生化需氧量是不现实的。目前，国内外普遍规定在 20℃下培养 5 天所消耗的溶解氧作为生化需氧量的数值，也称为五日生化需氧量，用 BOD_5表示，这个测定值一般不包括硝化阶段。

BOD_5测定方法有稀释与接种法(HJ 505—2009)、微生物传感器快速测定法(HJ/T 86—2002)、压力传感器法、减压式库仑法和活性污泥曝气降解法等。

1. 稀释与接种法

稀释与接种法也称五日培养法，其原理是：水样经稀释后在(20±1)℃下培养 5 d，求出培养前后水样中溶解氧的含量，两者之差即为 BOD_5。若水样 $BOD_5 \leqslant 7$ mg/L，则不必稀释，可直接测定，清洁的河水属于此类。对不含或少含微生物的废水，如酸性废水、碱性废水、高温废水及经过氯化处理的废水，在测定 BOD 时应进行接种，以引入能降解废水中有机物的微生物。对某些地表水及大多数工业废水，因含有较多的有机物，需要稀释后再培养测定，以保证在五天培养过程中有充足的溶解氧。其稀释比例应使培养中所消耗的溶解氧大于 2 mg/L，而剩余溶解氧大于 1 mg/L。具体包括：

1) 稀释水的配制

一般采用蒸馏水配制稀释水，并对其中的溶解氧、温度、pH、营养物质和有机物含量有一定的要求。首先向蒸馏水中通入洁净的空气曝气 2～8 h，使水中溶解氧含量接近饱和，为五天内微生物氧化分解有机物提供充足的氧，然后于 20℃下放置一定时间使其达到平衡。其次，用磷酸盐缓冲溶液调节稀释水 pH 为 7.2，以适合好氧微生物的活动。此外，再加入适量的硫酸镁、氯化钙、氯化铁等营养溶液，以维持微生物正常的生理活动。稀释水的 pH 为 7.2，其 BOD_5 应小于 0.2 mg/L。

2) 稀释水的接种

一般情况下，生活污水中有足够的微生物。而工业废水，尤其是一些有毒工业废水，微生物含量甚微，应在稀释水中接种微生物，即在每升稀释水中加入生活污水上层清液 1～10 mL，或表层土壤浸出液 20～30 mL，或河水、湖水 10～100 mL。接种后的水也称为接种稀释水。在分析含有难于生物降解或剧毒物质的工业废水时，可以采用该种废水所排入的河道的水作为接种水；也可用产生这种废水的工厂、车间附近的土壤浸出液接种，或者进行微生物菌种驯化。接种液可事先加入稀释水中，但稀释水样中的微生物浓度要适量，其含量过大或过小都将影响微生物在水中的生长规律，从而影响 BOD_5 的测定值。

3) 稀释倍数

废水样用接种稀释水稀释，一般可采用经验值法对稀释倍数进行估算。对于地表水等天然水体，可根据其高锰酸盐指数来估算稀释倍数，即

$$\text{稀释倍数}=\text{高锰酸盐指数}\times\text{稀释系数} \tag{3-30}$$

稀释系数的选择参见表 3-11。

表 3-11　由高锰酸盐指数估算稀释倍数的系数

高锰酸盐指数/(mg/L)	稀释系数	高锰酸盐指数/(mg/L)	稀释系数
<5	—	10～20	0.4、0.6
5～10	0.2、0.3	>20	0.5、0.7、1.0

对于生活污水和工业废水，其稀释倍数可由 COD_{Cr} 值分别乘以稀释系数 0.075、0.15 和 0.25 获得。通常同时做三个稀释比的水样。对高浓度的工业废水，可根据废水样总有机碳进行预估；也可以先粗测几个大稀释倍数，基本了解 COD_{Cr} 大致范围内，再进行三个或多个稀释倍数的测定。

4) 水样 BOD_5 的计算

测定结果可按式(3-31)计算水样的 BOD_5，即

$$BOD_5(\text{mg/L})=\frac{(c_1-c_2)-(B_1-B_2)f_1}{f_2} \tag{3-31}$$

式中，c_1、c_2 分别为稀释水样在培养前、后的溶解氧浓度，mg/L；B_1、B_2 分别为稀释水在培养前、后的溶解氧浓度，mg/L；f_1 为稀释水在培养液中所占比例；f_2 为水样在培养液中所占比例。

水样含有铜、铅、镉、铬、砷、氰等有毒物质时，对微生物活性有抑制，可使用经驯化微生物接种的稀释水，或提高稀释倍数，以减小毒物的影响。如果含少量氯，一般放置1～2 h可自行消散；对游离氯短时间不能消散的水样，可加入一定量亚硫酸钠去除。

该方法适用于测定 BOD_5 大于或等于 2 mg/L，最大不超过 6000 mg/L 的水样；大于 6000 mg/L，会因稀释带来更大误差。

2. 微生物电极法

微生物电极是一种将微生物技术与电化学检测技术相结合的传感器，其结构如图3-25所示，主要由溶解氧电极和紧贴其透气膜表面的固定化微生物膜组成。响应BOD物质的原理为当将微生物电极插入恒温、溶解氧浓度一定的不含BOD物质的底液时，由于微生物的呼吸活性一定，底液中的溶解氧分子通过微生物膜扩散进入溶解氧电极的速率一定，微生物电极输出一个稳定电流；如果将BOD物质加入底液中，则该物质的分子与氧分子一起扩散进入微生物膜，因为膜中的微生物对BOD物质发生同化作用而耗氧，导致进入氧电极的氧分子减少，即扩散进入的速率降低，使电极输出电流减小，并在几分钟内降至新的稳态值。在适宜的BOD物质浓度范围内，电极输出电流降低值与BOD物质浓度之间呈线性关系，而BOD物质浓度又和BOD值之间有定量关系。

微生物膜电极BOD测定仪的工作原理示于图3-26。该测定仪由测量池(装有微生物膜电极、鼓气管及被测水样)、恒温水浴、恒电压源、控温器、鼓气泵及信号转换和测量系统组成。恒电压源输出0.72 V电压，加于Ag-AgCl电极(正极)和黄金电极(负极)上。黄金电极将因被测溶液BOD物质浓度不同产生的极化电流变化送至阻抗转换和微电流放大电路，经放大的微电流再送至A/D转换电路，或A/V转换电路，转换后的信号进行数字显示或记录仪记录。仪器经用标准BOD物质溶液校准后，可直接显示被测溶液的BOD值，并在20 min内完成一个水样的测定。该仪器适用于多种易降解废水的BOD监测。

BOD是一个能反映废水中可生物氧化的有机物数量的指标。根据废水的 BOD_5/COD 比值，可以评价废水的可生化性及是否可以采用生化法处理等。一般若 BOD_5/COD 比值大于0.3，认为此种废水适宜采用生化处理方法；若 BOD_5/COD 比值小于0.3，说明废水中不可生物降解的有机物较多，需先寻求其他处理技术。

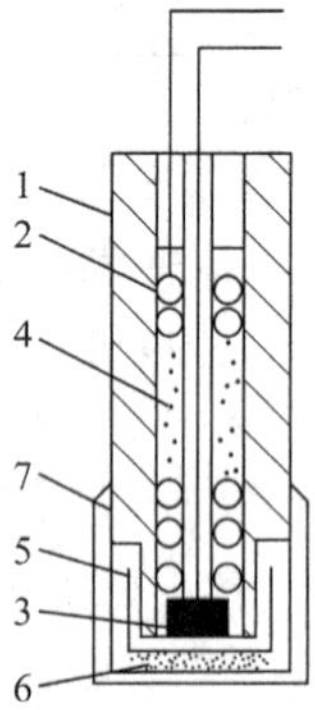

图3-25 微生物电极结构示意图

1. 塑料管；2. Ag-AgCl电极；3. 黄金片电极；4. KCl内充液；5. 聚四氟乙烯薄片；6. 微生物膜；7. 压帽

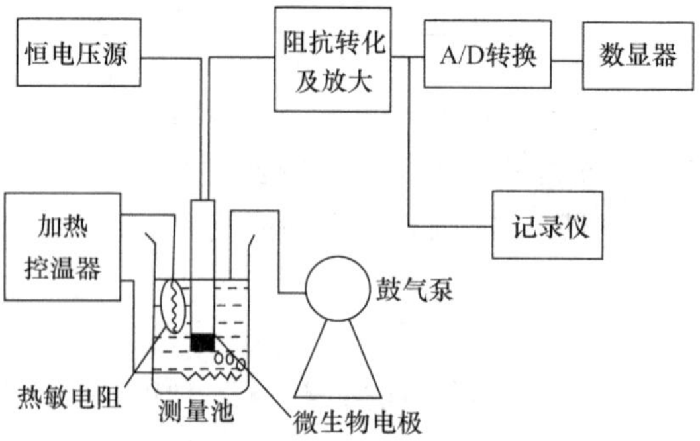

图3-26 微生物膜电极BOD测定仪工作原理示意图

3.7.4　总有机碳

总有机碳(total organic carbon, TOC)是指溶解或悬浮在水中有机物的含碳量(以质量浓度表示)，是以含碳量表示水体中有机物总量的综合指标。由于 TOC 的测定采用燃烧法，能将有机物全部氧化，它比 BOD_5 或 COD 更能反映有机物的总量。

目前广泛应用的 TOC 的测定方法有燃烧氧化-非分散红外吸收法和湿法氧化-非分散红外吸收法等。前者流程简单、重现性好、灵敏度高，用于地表水、地下水、生活污水和工业废水中总有机碳(TOC)的测定，检出限为 0.1 mg/L，测定下限为 0.5 mg/L。后者用于连续自动监测中。

燃烧氧化-非分散红外吸收法测定 TOC 又分为差减法和直接法。由于个别含碳有机物在高温下也不易被燃烧氧化，因此所测得的 TOC 值常略低于理论值。

1) 差减法

将一定体积的水样连同净化氧气或空气(干燥并除去二氧化碳)分别导入高温炉(900～950℃)和低温炉(150℃)中，经高温炉的水样在催化剂(铂和二氧化钴或三氧化二铬)和载气中氧的作用下，使水样中的有机碳和无机碳均转化为二氧化碳；经低温炉的水样受酸化而使无机碳酸盐分解成二氧化碳。其所生成的二氧化碳依次进入非色散红外线检测器。由于一定波长的红外线被二氧化碳选择吸收，并在一定浓度范围内，二氧化碳对红外线吸收的强度与二氧化碳的浓度成正比，故可对水样中的总碳(TC)和无机碳(IC)进行分别定量测定。总碳与无机碳的差值为总有机碳。测定流程见图 3-27。

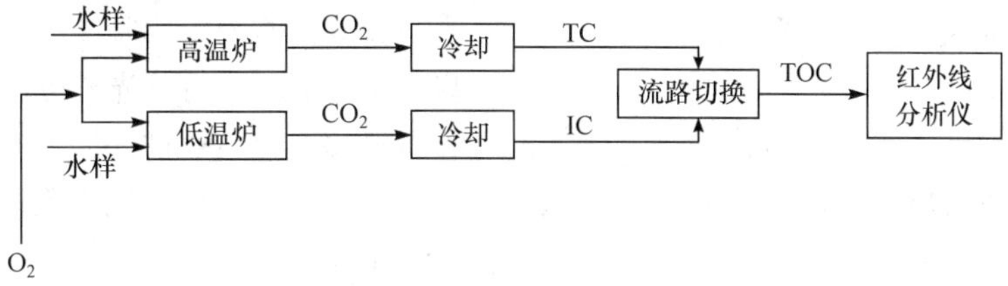

图 3-27　TOC 分析仪流程示意图

2) 直接法

将水样加酸酸化使其 pH<2，通入氮气曝气，使无机碳酸盐转变为二氧化碳并被吹脱而去除。再将水样注入高温炉，便可直接测得总有机碳；除需要先吹脱去除水样中的无机碳之外，其他原理同差减法。

3.7.5　总需氧量

总需氧量(TOD)是指水中的还原性物质，主要是有机物在燃烧中变成稳定的氧化物所需要的氧量，结果以(O_2，mg/L)表示。

用 TOD 测定仪测定 TOD 的原理是将一定量水样注入装有铂催化剂的石英燃烧管，通入含已知氧浓度的载气(氮气)作为原料气，则水样中的还原性物质在 900℃下被瞬间燃烧氧化。测定燃烧前后原料气中氧浓度的减少量，便可求得水样的总需氧量值。

TOD 值能反映几乎全部有机物经燃烧后变成 CO_2、H_2O、NO_2、SO_2 等所需要的氧量。它比 BOD_5、COD 和高锰酸盐指数更接近于理论需氧量值。但它们之间也没有固定的相关关系。有的研究指出，$BOD_5/TOD=0.1～0.6$，$COD/TOD=0.5～0.9$，具体比值取决于废水的性质。

根据 TOD 和 TOC 的比例关系可粗略判断有机物的种类。对于含碳化合物，因为一个碳原子消耗两个氧原子，即 $O_2/C=2.67$，因此从理论上说，TOD=2.67TOC。若某水样的 TOD/TOC 为 2.67 左右，可认为主要是含碳有机物；若 TOD/TOC>4.0，则应考虑水中有较大量含 S、P 的有机物存在；若 TOD/TOC<2.6，就应考虑水样中硝酸盐和亚硝酸盐可能含量较大，它们在高温和催化条件下分解放出氧，使 TOD 测定呈现负误差。

3.7.6 挥发酚

根据能否与水蒸气一起蒸出，酚类化合物分为挥发酚和不挥发酚。挥发酚通常是指沸点在 230℃以下的酚类(属一元酚)。沸点在 230℃以上的酚类为不挥发酚。

酚类属高毒物质，人体摄入一定量时，可出现急性中毒症状；长期饮用被酚污染的水，可引起头昏、出疹、瘙痒、贫血及各种神经系统症状。水中含低浓度(0.1～0.2 mg/L)酚类时，可使生长鱼的鱼肉有异味，水中含有高浓度(>5 mg/L)酚时则造成鱼中毒死亡。含酚浓度高的废水不宜用于农田灌溉，否则会使农作物枯死或减产。水中含微量酚类，在加氯消毒时可产生特异的氯酚臭。

酚类主要来自炼油、煤气洗涤、炼焦、造纸、合成氨、木材防腐和化工生产等废水。

酚类的分析方法有溴化容量法(HJ 502—2009)、4-氨基安替比林分光光度法(HJ 503—2009)、流动注射-4-氨基安替比林分光光度法(HJ 825—2017)、色谱法等。4-氨基安替比林分光光度法是国内外普遍采用的方法；高浓度含酚废水可采用溴化容量法，此法适用于车间排放口或未经处理的总排污口废水。

样品采集后应及时加磷酸酸化至 pH 约为 4.0，并加适量硫酸铜以抑制微生物对酚类的生物氧化作用。当水样中存在氧化剂、还原剂、油类及某些金属离子时，对分光光度法还是溴化容量法均产生干扰，应设法消除并进行预蒸馏。例如，对游离氯加入硫酸亚铁还原；对硫化物加入硫酸铜使之沉淀，或者在酸性条件下使其以硫化氢形式逸出；对油类可用有机溶剂萃取除去等。蒸馏可以分离出挥发酚，同时消除颜色、浑浊和金属离子等的干扰。

1. 4-氨基安替比林分光光度法

酚类化合物于 pH 为 10.0±0.2 的介质中，在铁氰化钾的存在下，与 4-氨基安替比林(4-AAP)反应，生成橙红色的吲哚酚安替比林染料，在 510nm 处采用分光光度法测定；或用三氯甲烷萃取后，在 460 nm 波长下测定吸光度。反应式为

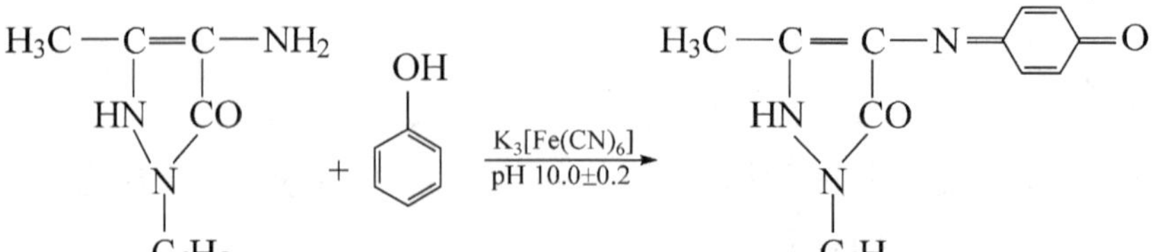

(4-AAP)　　　　(吲哚酚安替比林，橙红色)

显色反应受苯环上取代基的种类、位置、数目等影响，如对位被烷基、芳香基、酯、硝基、苯酰、亚硝基或醛基取代，而邻位未被取代的酚类，与 4-氨基安替比林不产生显色反应。这是因为上述基团阻止酚类氧化成醌型结构所致，但对位被卤素、磺酸、羟基或甲氧基所取代的酚类与 4-氨基安替比林发生显色反应。邻位硝基酚和间位硝基酚与 4-氨基安替比林发生的反应又不相同，前者反应无色，后者反应有点颜色。所以本法测定的酚类不是总酚，而

仅仅是与 4-氨基安替比林反应显色的酚，并以苯酚为标准，结果以苯酚计算含量。

地表水、地下水和饮用水宜用三氯甲烷萃取分光光度法测定，检出限为 0.0003 mg/L，测定下限为 0.001 mg/L，测定上限为 0.04 mg/L。工业废水和生活污水宜用直接分光光度法测定，检出限为 0.01 mg/L，测定下限为 0.04 mg/L，测定上限为 2.50 mg/L。

依据上述反应原理，采用流动注射分析仪可实现挥发酚的流动注射分析。在酸性条件下，样品通过(160±2)℃在线蒸馏中释放酚，被蒸馏出的酚类化合物被带入化学反应模块，在弱碱性介质中，铁氰化钾的存在下，与 4-氨基安替比林发生显色反应，进入流动检测器，于 500 nm 处进行吸光度检测。

2. 溴化容量法

在含过量溴(由溴酸钾和溴化钾产生)的溶液中，酚与溴反应生成三溴酚，并进一步生成溴代三溴苯酚。剩余的溴在酸性条件下与碘化钾作用释放出游离碘。同时，溴代三溴苯酚也与碘化钾反应置换出游离碘。用硫代硫酸钠标准溶液滴定释放出的游离碘，并根据其消耗量计算出以苯酚计的挥发酚含量。反应式为

$$KBrO_3 + 5KBr + 6HCl \longrightarrow 3Br_2 + 6KCl + 3H_2O$$

$$C_6H_5OH + 3Br_2 \longrightarrow C_6H_2Br_3OH + 3HBr$$

$$C_6H_2Br_3OH + Br_2 \longrightarrow C_6H_2Br_3OBr + HBr$$

$$Br_2 + 2KI \longrightarrow 2KBr + I_2$$

$$C_6H_2Br_3OBr + 2KI + 2HCl \longrightarrow C_6H_2Br_3OH + 2KCl + HBr + I_2$$

$$2Na_2S_2O_3 + I_2 \longrightarrow 2NaI + Na_2S_4O_6$$

结果按式(3-32)计算：

$$\text{挥发酚(以苯酚计，mg/L)} = \frac{(V_1 - V_2)\times c\times 15.68\times 1000}{V} \tag{3-32}$$

式中，V_1 为空白(以蒸馏水代替水样，加同体积溴酸钾和溴化钾溶液)实验滴定时硫代硫酸钠标准溶液用量，mL；V_2 为水样滴定时硫代硫酸钠标准溶液用量，mL；c 为硫代硫酸钠标准溶液的浓度，mol/L；V 为水样体积，mL；15.68 为 1/6 的苯酚(C_6H_5OH)的摩尔质量，g/mol。

该法适用于含高浓度挥发酚工业废水中挥发酚的测定。检出限为 0.1 mg/L，测定下限为 0.4 mg/L，测定上限为 45.0 mg/L。

上述方法均是对各类水体中挥发酚的总量进行测定。通过色谱法、色谱-质谱法可对各类水体中酚类化合物的组分进行定性和定量。如液液萃取/气相色谱法(HJ 676—2013)、气相色谱-质谱法(HJ 744—2015)。

3.7.7　石油类

石油类是指在规定条件下能被特定溶剂萃取并被测量的所有物质，包括被溶剂从酸化的样品中萃取并在实验过程中不挥发的所有物质。环境水中石油类物质来自工业废水和生活污水的污染。工业废水中石油类(各种烃类的混合物)污染物主要来自原油的开采、加工、运输及各种炼制油的使用等行业。石油类物质在水中有三种存在状态：一部分吸附于悬浮微粒上，一部分以乳化状态存在于水体中，还有少量溶解于水中。飘浮于水体表面的油会在水面形成

油膜，影响空气与水体界面氧的交换，使水中浮游生物的生命活动受到抑制，甚至死亡；分散于水中的油则会被微生物氧化分解，消耗水中的溶解氧，使水质恶化。此外，矿物油中所含的芳烃类具有较大的毒性。

测定石油类物质的水样要单独采样，不允许在实验室内再分样。采样时，应连同表层水一并采集，并在样瓶上做一标记，用以确定样品体积。每次采样时，应装水样至标线。当只测定水中乳化状态和溶解性石油类物质时，应避开漂浮在水体表面的油膜层，在水面下 20～50 cm 处取样。当需测一段时间内石油类物质的平均浓度时，应在规定的时间间隔分别采样而后分别测定。样品如不能在 24 h 内测定，采样后应加盐酸酸化至 pH<2，并于 2～5℃下冷藏保存。

测定水中石油类物质的方法有重量法、非色散红外吸收法、红外分光光度法(HJ 637—2018)、紫外分光光度法(HJ 970—2018)、荧光法等。

1. 重量法

该方法以硫酸酸化水样，用石油醚萃取矿物油，蒸发除去石油醚，称量残渣质量，计算矿物油含量。

该方法能测定水中可被石油醚萃取的物质总量，石油的较重组分中可能含有不被石油醚萃取的物质。另外，蒸发除去溶剂时也会使轻质油产生明显损失。若废水中动、植物性油脂含量大，需用层析柱分离。重量法不受油品种类的限制，但操作繁杂、灵敏度低，只适用于测定油含量大于 10 mg/L 的水样。

2. 非色散红外吸收法

该方法利用石油类物质的甲基(—CH_3)、亚甲基(—CH_2—)在近红外区(3.4 μm)有特征吸收，用非色散红外吸收测油仪测定。标准油可采用受污染地点水中石油醚萃取物。根据我国原油组分特点，也可采用混合石油烃作为标准油，其组成(体积比)为十六烷：异辛烷：苯=65：25：10。

测定时，先用硫酸将水样酸化，加氯化钠破乳化。再用三氯三氟乙烷萃取，萃取液经无水硫酸钠层过滤，定容，注入非色散红外吸收测油仪中测定。

所有含甲基、亚甲基的有机物都将产生干扰。如水样中有动、植物油脂及脂肪酸应预先将其分离。此外，石油中有些较重的组分不溶于三氯三氟乙烷，致使测定结果偏低。

非色散红外吸收法适用于测定 0.02 mg/L 以上的含油水样，当油品的比吸光系数较为接近时，测定结果的可比性较好；但当油品相差较大，测定的误差也较大，尤其当油样中含芳烃时误差要更大些。

3. 红外分光光度法

用四氯化碳萃取水中的石油类物质，测定总萃取物，然后将萃取液用硅酸镁吸附，经脱除动植物油等极性物质后，测定石油类的含量。总萃取物和石油类的含量均由波数分别为 2930 cm^{-1}(CH_2 基团中 C—H 键的伸缩振动)、2960 cm^{-1}(CH_3 基团中 C—H 键的伸缩振动)和 3030 cm^{-1}(芳香环中 C—H 键的伸缩振动)谱带处的吸光度 A_{2930}、A_{2960} 和 A_{3030} 进行计算。动植物油的含量按总萃取物与石油类含量之差计算，计算公式为

$$c_{总石油类}(\text{mg/L})=\left[X\times A_{2930}+Y\times A_{2960}+Z\left(A_{3030}-\frac{A_{2930}}{A_{3030}}\right)\right]\times\frac{V_0\times D\times l}{V_W\times L} \tag{3-33}$$

式中，$c_{总石油类}$为测得石油类物质的浓度，mg/L；X、Y、Z为与各种 C—H 键吸光度相对应的系数；A_{2930}/A_{3030}为烷烃对芳烃影响的校正系数，是正十六烷在 2930 cm^{-1} 及芳烃在 3030 cm^{-1} 处吸光值之比，即 $F=A_{2930}(H)/A_{3030}(H)$；$V_0$为萃取溶剂定容体积，mL；$V_W$为水样体积，mL；$D$为萃取液稀释倍数；$l$为测定校正系数时所用比色皿光程，cm；$L$为测定水样时所用比色皿的光程，cm。

计算公式中校正系数 X、Y、Z、F 的确定步骤：以四氯化碳为溶剂，分别配制一定浓度的正十六烷、姥鲛烷和甲苯溶液。用红外分光光度计分别测量它们在 2930 cm^{-1}、2960 cm^{-1} 和 3030 cm^{-1} 处的吸光度 A_{2930}、A_{2960} 和 A_{3030}。以上三种溶液在上述波数处的吸光度服从式(3-34)，由此所得联立方程式求解后，可得到相应的校正系数 X、Y、Z 和 F。

$$c = X \times A_{2930} + Y \times A_{2960} + Z\left(A_{3030} - \frac{A_{2930}}{F}\right) \tag{3-34}$$

式中，c 为各标准油品的已知浓度，mg/L。

正十六烷和姥鲛烷的芳香烃含量为零，即

$$A_{3030} - \frac{A_{2930}}{F} = 0$$

红外分光光度法适用于 0.01 mg/L 以上的含油水样，该方法不受油品种的影响，适用范围广，所得结果可靠性好，能比较准确地反映水中石油类的污染程度。该方法已成为我国的国家标准分析方法(HJ 637—2018)。

3.7.8　特定有机物的测定

特定有机物指的是毒性大、蓄积性强、难降解、被列入优先污染物的有机物。

1. 苯系物

苯系物通常包括苯，甲苯，乙苯，邻、间、对位的二甲苯，异丙苯和苯乙烯八种化合物。已查明苯是致癌物质，其他七种化合物对人体和生物均有不同程度的毒害作用。苯系物污染物主要来源于石油、化工、焦化、油漆、农药和医药等行业排放的废水。

测定水中苯系物的方法主要是顶空/气相色谱法(HJ 1067—2019)。

方法原理：采用顶空法预处理水样(见本章 3.3.3)。将样品置于密闭的顶空瓶中，在一定的温度和压力下，顶空瓶内样品中挥发性组分向液上空间挥发，产生蒸气压，在气液两相达到热力学动态平衡，且在一定的浓度范围内，苯系物在气相中的浓度与水相中的浓度成正比。定量抽取气相部分用气相色谱分离，氢火焰离子化检测器(FID)检测。根据保留时间定性，工作曲线外标法定量。

试样的制备：向顶空瓶(22 mL)中预先加入 3 g 氯化钠，加入 10.0 mL 样品，立即加盖密封，摇匀，待测。

顶空进样器参考条件：加热平衡温度 60℃；加热平衡时间 30 min；进样阀温度 100℃；传输线温度 100℃；进样体积 1.0 mL(定量环)。

色谱柱：规格为 30 m(柱长)× 0.32 mm(内径)×0.5 μm(膜厚)，100%聚乙二醇固定相毛细管柱，或其他等效毛细管柱。

气相色谱仪：具分流/不分流进样口和氢火焰离子化检测器(FID)。

进样口温度：200℃；检测器温度：250℃；

载气流速：2.0 mL/min；燃烧气流速：30 mL/min；助燃气流速：300 mL/min；尾吹气流速：25 mL/min；分流比为 10∶1。

色谱柱升温程序：40℃(保持 5min)，以 5℃/min 速率升温到 80℃(保持 5 min)；

图 3-28 是苯系物的标准色谱图。

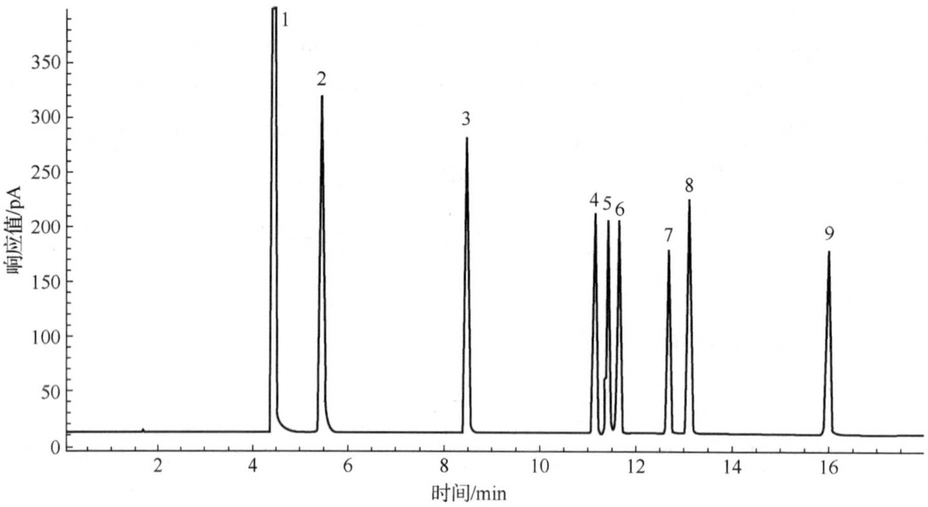

图 3-28　苯系物的标准色谱图

1. 甲醇；2. 苯；3. 甲苯；4. 乙苯；5. 对二甲苯；6. 间二甲苯；7. 异丙苯；8. 邻二甲苯；9. 苯乙烯

2. 氯苯类化合物和有机氯农药

氯苯类化合物有 12 种异构体，其化学性质稳定，在水中溶解度小，具有强烈气味，对人体的皮肤和呼吸器官产生刺激，进入人体后可在脂肪和某些器官中蓄积，抑制神经中枢，损害肝脏和肾脏。氯苯类化合物主要来源于染料、制药、农药、油漆和有机合成等工业废水。

各种氯苯类化合物可用气相色谱法(HJ 621—2011)进行测定。

测定原理：用二硫化碳萃取水样中的氯苯类化合物，萃取液经净化、浓缩、定容后，用带 ECD 检测器的气相色谱仪测定，以保留时间定性，外标法定量。其色谱条件可如下：

色谱柱：30 m(柱长)×0.25 mm(内径)×0.25μm(膜厚)石英毛细管色谱柱，固定相为硝基对苯二酸改性的聚乙二醇或其他等效固定相。

载气流速：1.0 mL/min ；气化室温度：220℃；检测器温度：300℃。

程序升温：40℃保持 4 min，以 10℃/min 升温至 220℃，保持 5 min.

图 3-29 为几种氯苯类化合物的标准色谱图。

有机氯农药如六六六、滴滴涕属于高毒性、高生物活性有机氯农药，物理化学性质稳定，不易分解，且难溶于水，通过生物富集和食物链进入人体，危害人体健康，多数属于持久性有机污染物(POPs)。

用气相色谱法分析有机氯农药，一般采用 ECD 检测器，该检测器对有机氯农药具有很高的灵敏度和选择性，检出限可达 10^{-11}～10^{-14}。其色谱条件可如下：

色谱柱：HP-5(交联 5%苯甲基硅酮)石英毛细管柱(25 m×0.32 mm×0.52 μm)；检测器：ECD；载气：高纯氮气(≥99.99%)；柱温程序：100℃(2.0 min)→20.0℃/min→210℃→2.0℃/min→230℃(4.0 min)；检测器温度：300℃；进样口温度：240℃。

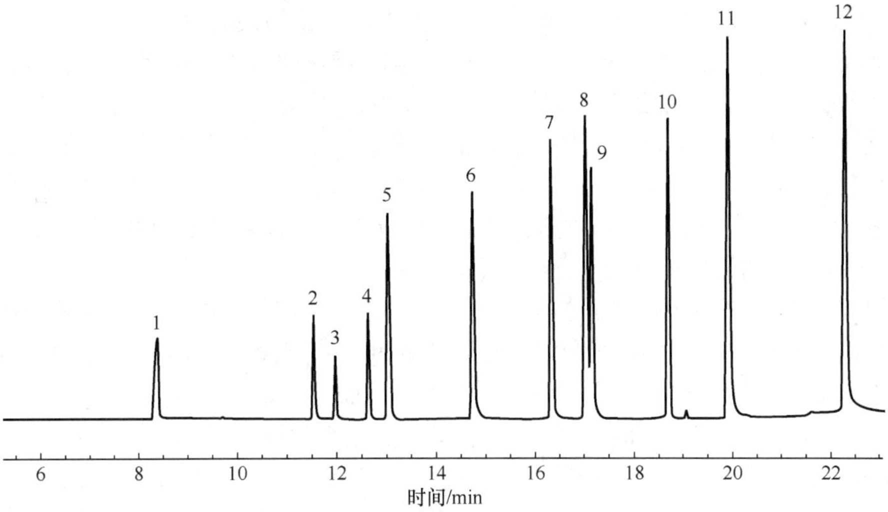

图 3-29　几种氯苯类化合物的标准色谱图

1. 氯苯；2. 1,4-二氯苯；3. 1,3-二氯苯；4. 1,2-二氯苯；5. 1,3,5-三氯苯；6. 1,2,4-三氯苯；7. 1,2,3-三氯苯；8. 1,2,3,5-四氯苯；9. 1,2,4,5-四氯苯；10. 1,2,3,4-四氯苯；11. 五氯苯；12. 六氯苯

图 3-30 是有机氯农药的标准色谱图。

氯苯类化合物和有机氯农药也可用质谱为检测器进行同步定性定量测定，详细的测定方法可参考国家标准(HJ 699—2014)。

对水中其他痕量有机物和新兴污染物，如酚类化合物、苯胺类化合物、硝基苯类化合物、邻苯二甲酸酯类化合物、阿特拉津、丙烯腈和丙烯醛、三氯乙醛、多环芳烃、二噁英类、多氯联苯、有机磷农药、双酚 A、抗生素等的监测方法，可查阅相关国家标准。

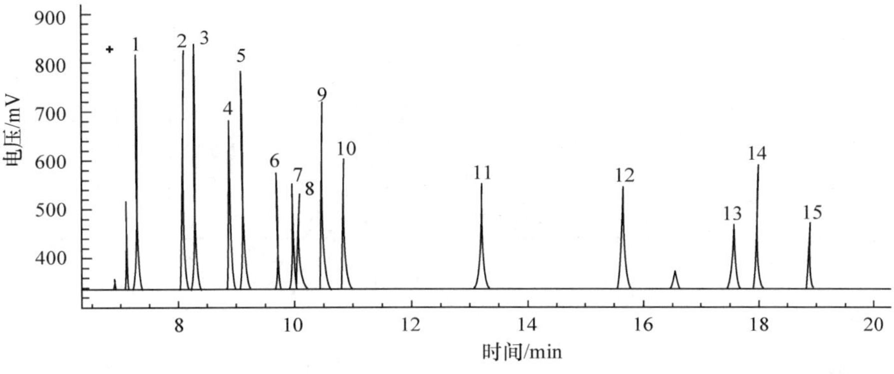

图 3-30　有机氯农药的标准色谱图

1. 四氯硝基苯；2. 六氯苯(HCB)；3. α-六六六；4. 五氯硝基苯；5. γ-六六六；6. 八氯二丙醚；7. β-六六六；8. 七氯；9. δ-六六六；10. 艾氏剂；11. 环氧七氯；12. *P,P'*-DDE；13. *O,P'*-DDT；14. *P,P'*-DDD；15. *P'*-DDT

3. 全氟化合物

全氟化合物(perfluoroalkyl substances, PFASs)是持久性有机污染物(POPs)中的一大类。是指化合物分子中与碳原子相连的氢原子全部被氟原子取代的一类有机化合物，主要包括全氟烷基羧酸类(PFCAs)、全氟烷基磺酸类(PFSAs)、全氟烷基磺酰胺类(FOSAs)和全氟调聚醇类(FTOHs)等。PFASs 是一类人工生产的化学物质， 因具有化学稳定、疏水疏油、热稳定和表面活性等特点，被广泛应用于工业产品和消费类产品，如地毯和家具的保护涂层、纸张和布料的

防水涂层、聚四氟乙烯产品和消防泡沫等。PFASs 的大量使用使其以多种方式进入环境，造成了大气、土壤、海水、地表水、地下水、沉积物和食品等各种介质的严重污染，同时由于其生物累积和生物放大效应，对各类生物体也存在环境健康风险，是重点关注的新兴污染物。

水体全氟化合物的测定方法主要是高效液相-质谱法，如《生活饮用水标准检验方法 第 8 部分：有机物指标》(GB/T 5750.8—2023)规定了生活饮用水中全氟化合物测定的国家标准，《水质 17 种全氟化合物的测定 高效液相色谱串联质谱法》(DB32/T 4004—2021)规定了地表水中 17 种全氟化合物测定的江苏省地方标准。

方法原理：水样中 PFASs 经固相萃取(见本章 3.3.3)后富集浓缩。以超高效液相色谱串联质谱的多反应监测模式监测，根据保留时间以及特定离子定性，采用同位素内标法定量分析。

固相萃取过程包括活化、上样、淋洗、干燥、洗脱、浓缩等步骤。

(1) 固相萃取柱的选择：混合型弱阴离子交换反相吸附柱，150 mg/6.0 mL。

(2) 活化：依次用 5 mL 0.1%的氨水/甲醇溶液、7 mL 甲醇和 10mL 纯水活化。

(3) 上样：一定体积的水样中加入适量乙酸铵调 pH 至 6.8～7.0，并加入同位素内标混合标准溶液，混匀后使水样以 8 mL/min 的流速上柱，富集水中 PFASs。

(4) 淋洗：上样结束后用 5 mL 25 mmol/L 乙酸铵水溶液和 12 mL 纯水淋洗固相萃取柱。

(5) 干燥：真空抽滤或高纯氮吹的方法干燥富集柱。

(6) 洗脱：用 5 mL 甲醇和 7 mL 0.1%的氨水/甲醇溶液进行洗脱，收集全部洗脱液。

(7) 浓缩：将收集到的洗脱液经氮吹近干，用甲醇定容至 1mL 待测。

色谱柱：C_{18}(50 mm×2.1mm，1.7 μm)的反相色谱柱或其他性能相近的色谱柱；流动相：甲醇+5mmol/L 乙酸铵水溶液，梯度洗脱；流动相流速：0.3 mL/min；柱温：40℃；离子源：电喷雾离子源(ESI)，负离子模式。

图 3-31 是在以上分离条件下，十一种全氟化合物的标准色谱图。

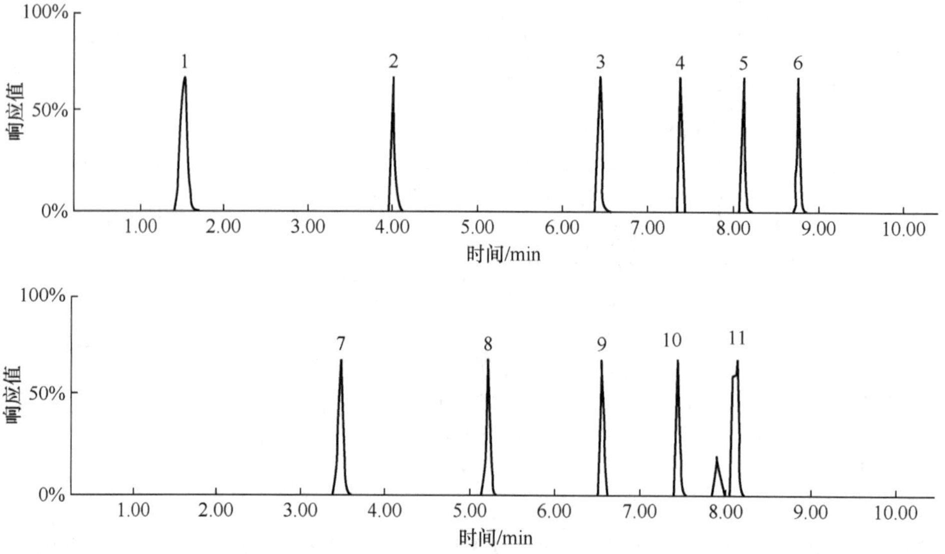

图 3-31　11 种全氟化合物标准色谱图

1. 全氟丁酸(PFBA)；2. 全氟丁烷磺酸(PFBS)；3. 全氟庚酸(PFHpA)； 4. 全氟辛酸(PFOA)；5. 全氟壬酸(PFNA)；6. 全氟癸酸(PFDA)；7. 全氟戊酸(PFPA)；8. 全氟己酸(PFHxA)；9. 全氟己烷磺酸(PFHxS)；10. 全氟庚烷磺酸(PFHpS)；11. 全氟辛烷磺酸(PFOS)

3.8 水质自动监测

因为水环境中的污染物种类更多，成分更复杂，从而导致基体干扰严重，通常都要进行化学前处理，而且污染物的含量往往是痕量的，要求建立可行的提取、分离、富集和痕量分析方法。因此，水质连续自动监测一般要比大气污染的连续自动监测困难。根据目前水质自动监测技术的发展，首先连续自动监测能反映水质污染的综合指标项目，然后逐步增加其他污染物项目。

3.8.1 地表水水质自动监测系统

1. 组成

地表水水质自动监测系统由一个地表水水质自动监测数据平台(简称数据平台)和若干个地表水水质自动监测站(简称水站)组成。数据平台对水站进行远程监控、数据传输统计与应用。数据平台设有计算机及其外围设备，是集数据与状态采集、处理和各类报表生成于一体的操作系统，具备对各水站状态信息及监测数据的采集、备份和监控，完成各种数据分析与管理、报表生成与上报、图件制作、自动分类报警和远程监控等功能。数据平台软件采用安全、稳定的数据传输方式。

水站在自动控制系统控制下，有序地开展对预定污染物及水文参数的连续自动监测工作，无人值守，昼夜运转，并通过有线或无线通信设备将监测数据和相关信息传输到数据平台，接受数据平台的远程监控。

2. 水质自动监测站的布设及监测项目

对水质自动监测站的布设，首先要调查研究，收集水文、气象、地质和地貌、污染源分布及污染现状、水体功能、重点水源保护区等基础资料，然后从建站条件、环境状况、水质代表性、监测长期性、系统安全性和运行经济性等方面综合分析，确定水站的建设位置、监测断面、监测垂线和监测点。3.2.3 节中介绍的地表水监测断面、监测垂线和监测点的设置原则在此也适用。

为确保水质自动监测系统的长期稳定运行，所选取的站址应具备良好的交通、电力、清洁水、通信、采水点距离、采水扬程、枯水期采水可行性和运行维护安全性等建站基础条件。

所选取站点的监测结果能代表监测水体的水质状况和变化趋势。河流监测断面一般选择在水质分布均匀、流速稳定的平直河段，距上游入河口或排污口的距离大于 1km，原则上与原有的常规监测断面一致或相近，以保证监测数据的连续性。湖库断面要有较好的水力交换条件，避免设置在回水区、死水区及容易造成淤积和水草生长处。

站房可采用固定站房、简易式站房、小型式站房、水上固定平台站、水上浮标(船)站等方式建设。站房配套设计废液处理和生活污水收集设施。为适应突发性环境污染事故应急监测和特殊环境监测，也需要设置流动监测站，如水质监测船、水质监测车。图 3-32 为一种岸边设置的栈桥式固定水质自动监测站的示意图。

水质自动监测站由采水单元、配水和预处理单元、自动监测仪单元、自动控制和通信单元、站房及配套设施等组成。

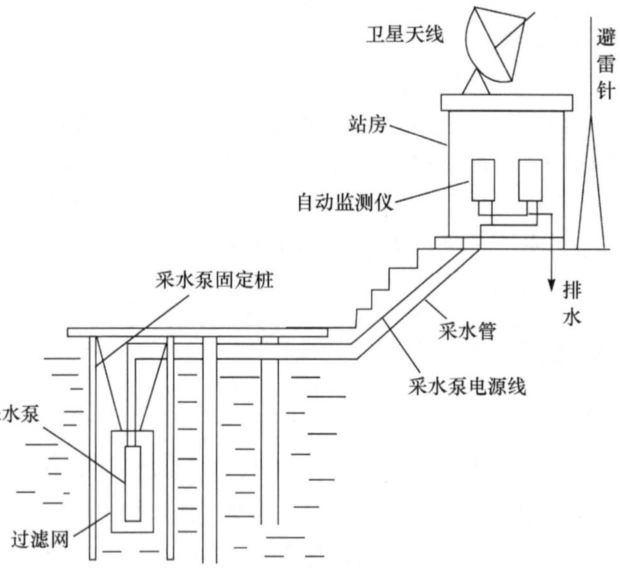

图 3-32　栈桥式固定水质自动监测站的示意图

采水单元包括采水泵、输水管道、排水管道及调整水槽等。采水头一般设置在水面下 0.5～1.0 m 处，与河床有足够的距离，使用潜水泵或安装在岸上的吸水泵采集水样。设计采水方式要因地制宜，如栈桥式、利用现有桥梁式、浮筏式、悬臂式等。

配水单元直接向自动监测仪供水，其提供的水质、水压和水量均需满足自动监测仪的要求。

预处理单元为不同监测项目配备预处理装置，包括去除水样中泥沙的过滤、沉降装置，手动和自动管道反冲洗装置及除藻装置等。

自动监测仪单元装有各种污染物连续自动监测仪、自动取样器及水文参数(流量或流速、水位、水向)测量仪等，其是水质自动监测系统的核心部分。

自动控制和通信单元包括计算机及应用软件、数据采集及存储设备、有线和无线通信设备等，具有处理和显示监测数据，根据对不同设备的要求进行相应控制，实时记录采集到的异常信息，并将信息和数据传输至远程监控中心等功能。

站房配有水电供给设施、空调机、避雷针、防盗报警装置等。

3. 监测项目

地表水水质自动监测项目包括常规指标、综合指标和单项污染指标。综合指标是反映有机物污染状况的指标，根据水体污染情况，可选择其中一项测定，地表水一般测定高锰酸盐指数。单项污染指标则根据断面所在水域水质状况确定。另外，还需与水质指标同步测量水位、流速、降水量等水文参数；气温、风向、风速、湿度、日照量等气象参数。地表水水质可自动监测项目及监测方法见表 3-12。

表 3-12　地表水水质可自动监测项目及监测方法

项目		监测方法
常规指标	水温	铂电阻法或热敏电阻法
	pH	电位法(pH 玻璃电极法)

续表

	项目	监测方法
常规指标	电导率	电导法
	浊度	光散射法
	溶解氧	隔膜电极法(电位法或极谱法)
综合指标	高锰酸盐指数(I_{Mn})	分光光度法、流动注射-分光光度法、电位滴定法
	化学需氧量(COD)	分光光度法、流动注射-分光光度法、库仑滴定法、比色法
	总有机碳(TOC)	燃烧氧化-非色散红外吸收法、紫外照射-非色散红外吸收法
	紫外吸收值(UVA)	紫外分光光度法
单项污染指标	氟化物	离子选择性电极
	氯化物	离子选择性电极
	总氮	过硫酸酸钾消解-紫外分光光度法、密闭燃烧氧化-化学发光分析法
	氨氮	气敏电极法、分光光度法、流动注射分光光度法
	总磷	高温消解分光光度法
	油类	紫外分光光度法、荧光光谱法、非色散红外吸收法

根据《地表水自动监测技术规范(试行)》(HJ 915—2017)，地表水水质自动监测项目分为必测项目和选测项目，见表 3-13。应根据监测目的、水质特点确定监测项目，对于选测项目，应根据水体特征污染因子、仪器设备适用性、监测结果可比性，以及水体功能进行确定。仪器不成熟或其性能不能满足当地水质条件的项目不应作为自动监测项目。

表 3-13　地表水水质自动监测站必测项目和选测项目

水体	必测项目	选测项目
河流	五项常规指标、高锰酸盐指数、氨氮、总磷、总氮	挥发酚、挥发性有机物、油类、重金属、粪大肠菌群、流量、流速、流向、水位等
湖、库	五项常规指标、高锰酸盐指数、氨氮、总磷、总氮、叶绿素 a	挥发酚、挥发性有机物、油类、重金属、粪大肠菌群、藻类密度、水位等

3.8.2　水质自动监测仪器

1. 五项常规指标自动监测仪

五项常规指标的测定不需要复杂的操作程序，已广泛应用的五项常规指标自动监测仪将五种监测仪安装在同一机箱内，使用方便，便于维护。图 3-33 为五项常规指标自动监测站示意图。

2. COD 监测仪和高锰酸盐指数监测仪

该仪器是将化学测定方法程序化、仪器化和自动化。例如，恒电流库仑滴定式 COD 测定仪，将测定 COD 方法实现半自动化；比色式和电位滴定式 COD 或高锰酸盐指数自动监测仪

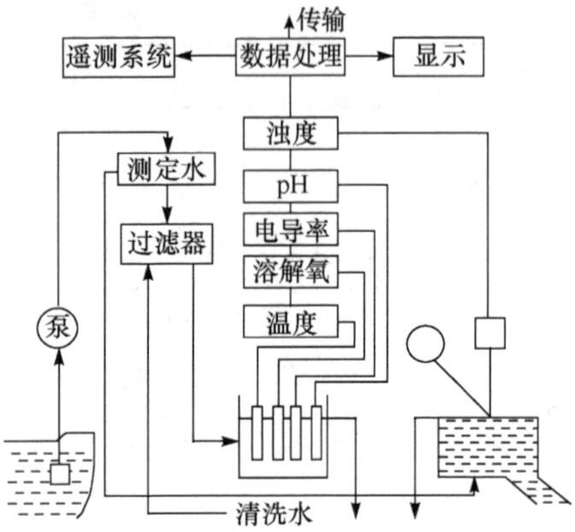

图 3-33　五项常规指标自动监测站示意图

也可实现间歇自动测定。图 3-34 是根据电位滴定法原理设计的间歇式高锰酸盐指数自动监测仪示意图。

在程序控制器的控制下，依次将水样、硝酸银溶液、硫酸溶液和 0.005 mol/L 高锰酸钾溶液经自动计量后送入置于 100℃恒温水浴中的反应槽内，待反应 30 min 后，自动加入 0.0125 mol/L 草酸钠溶液，将残留的高锰酸钾还原，过量草酸钠溶液再用 0.005 mol/L 高锰酸钾溶液自动滴定，到达滴定终点时指示电极系统(铂电极和甘汞电极)发出控制信号，停止加入滴定剂。数据处理系统经过运算将水样消耗的标准高锰酸钾溶液量转换成电信号，并直接显示或记录高锰酸盐指数。测定过程结束后，反应液从反应槽自动排出，并用清洗水自动清洗几次，将整机恢复至初始状态，再进行下一个周期测定。每一测定周期需 1 h。这类仪器测定程序比较复杂，需自动计量多种试剂和自动滴定，因此连续运行能力差。

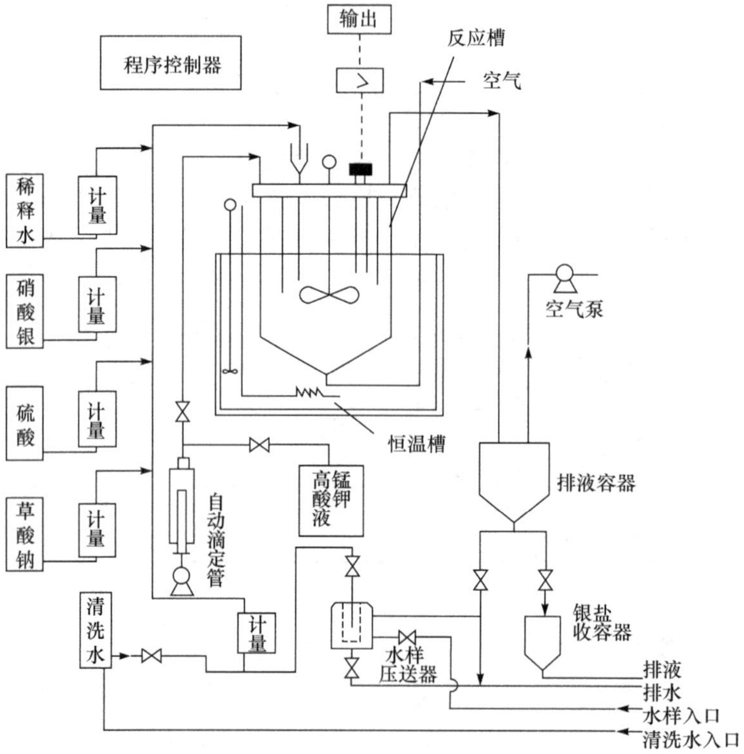

图 3-34　电位滴定式高锰酸盐指数自动监测仪工作原理示意图

3. TOC 监测仪

TOC 自动监测仪是根据非色散红外吸收法原理设计的，有单通道和双通道两种类型。图 3-35 是单通道型 TOC 自动监测仪的流程图。用定量泵连续采集水样并送入混合槽，在混合槽内与以恒定流量输送来的稀盐酸溶液混合。调节水样 pH 至 2～3，则碳酸盐分解为 CO_2，经除气槽随鼓入的氮气排出。已除去无机碳化合物的水样和氧气一起进入 850～950℃的燃烧炉(装有催化剂)，则水样中的有机碳转化为 CO_2，经除湿后用非色散红外分析仪测定。用邻苯二甲酸氢钾作标准物质定期自动对仪器进行校正。

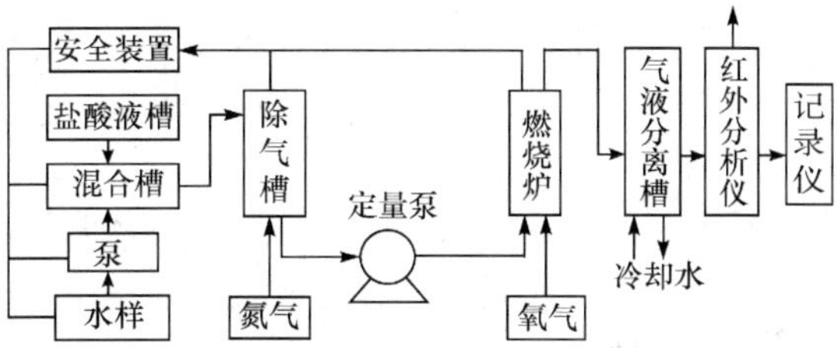

图 3-35　单通道型 TOC 自动监测仪工作原理示意图

图 3-36 为双通道型 TOC 自动监测仪的工作原理示意图。其工作方法见本章 3.7.4 节。

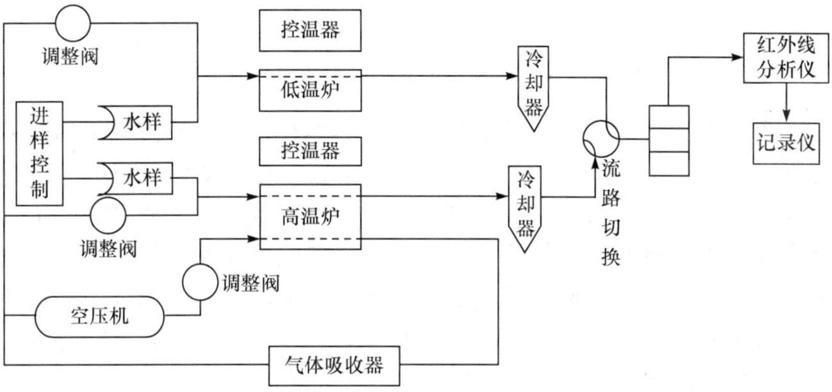

图 3-36　双通道型 TOC 自动监测仪工作原理示意图

4. UV(紫外)吸收监测仪

由于溶解于水中的不饱和烃和芳香族化合物等有机物对 254 nm 附近的光有强烈吸收，而对可见光吸收很小，水中的无机物对紫外光的吸收也很小，因此，可根据被测水样对紫外光的吸光度大小来表征被有机物污染的程度。该吸光度值与 BOD、COD、TOC、TOD 有较好的相关性。该方法操作简便，易于实现自动测定。

图 3-37 是一种单光程双波长 UV 吸收自动监测仪的工作原理示意图。由低压汞灯发出的 254 nm 紫外光束通过水样发送池，聚焦并射到与光束成 45°角的半透射半反射镜后被分成两束，一束经紫外光滤光片得到 254 nm 的紫外光(测量光束)射到光电转换器上，将光信号转换成电信号，它反映水中有机物对 254 nm 光的吸收和水中悬浮粒子对该波长光吸收及散射而衰减的程度。另一束光成 90°角反射，经可见光滤光片滤去紫外光(参比光束)射到另一光电转换器上，将光信号转换成电信号，它反映水中悬浮粒子对参比光束(可见光)吸收和散射后的衰减程度。假设悬浮粒子对紫外光的吸收和散射与对可见光的吸收和散射近似相等，则两束光的电信号经差分放大器作减法运算后，其输出信号即为水样中有机物对 254 nm 紫外光的吸光度，消除了悬浮粒子对测定的影响。仪器也可直接显示有机物的浓度。

5. 水质污染监测船

水质污染监测船是一种水上流动的水质分析实验室，它用船作运载工具，装上必要的监测仪器、相关设备和实验材料，可以灵活地开到需要监测的水域进行监测工作，以弥补固定

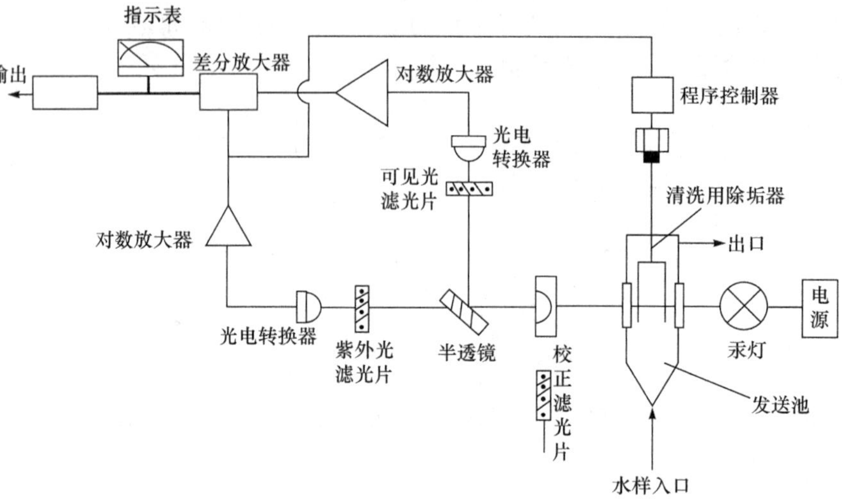

图 3-37　UV 吸收自动监测仪工作原理示意图

监测站的不足，可以方便地追踪寻找污染源，进行污染物扩散、迁移规律的研究；可以在大水域范围内进行物理、化学、生物、底质和水文等参数的综合测量，取得多方面的数据。

在水质污染监测船上，一般装备有水体、底质、浮游生物等采样系统或工具，固定监测站和水质分析实验室中必备的分析仪器、化学试剂、玻璃仪器及材料，水文、气象参数测量仪器及其他辅助设备和设施，如标准源、烘箱、冰箱、实验台、通风及生活设施等。有的还备有浸入式多参数水质监测仪，可以垂直放入水体不同深度同时测量 pH、水温、溶解氧、电导率、氧化还原电位和浊度等参数。

我国设计制造的长清号水质污染监测船已用在长江等水系的水质监测中，船上装备有 pH 计、电导率仪、溶解氧测定仪、氧化还原电位测定仪、浊度测定仪、水中油测定仪、总有机碳测定仪、总需氧量测定仪，氟、氯、氰、铵等离子活度计及分光光度计、原子吸收分光光度计、气相色谱仪、化学分析仪器，水文、气象观测仪器及相关辅助设备和设施等，可以较全面地分析监测水体有关物理参数及污染物组分，综合进行底质、水生生物等项目的考察和测量。

3.9　水质监测实例

3.9.1　地表水中重金属含量的测定

1) 采样区域描述

江西省崇义县属于国家重金属污染防控重点区域之一，而小江流域是崇义县重金属污染防控区的主要区域。随着历史上小江流域矿产资源的开采，一方面排放的废水和废渣造成小江水体重金属超标；另一方面小江河道内矿渣堆积，河道内几乎无生物存在，重金属污染对小江河道两岸居民的生存及上游江水源地的水质安全均造成较大威胁。

该研究以小江流域为研究对象，通过对水质的研究，评价小江重金属污染现状。

2) 样品的采集

采样区域和采样点的分布如图 3-38 所示。

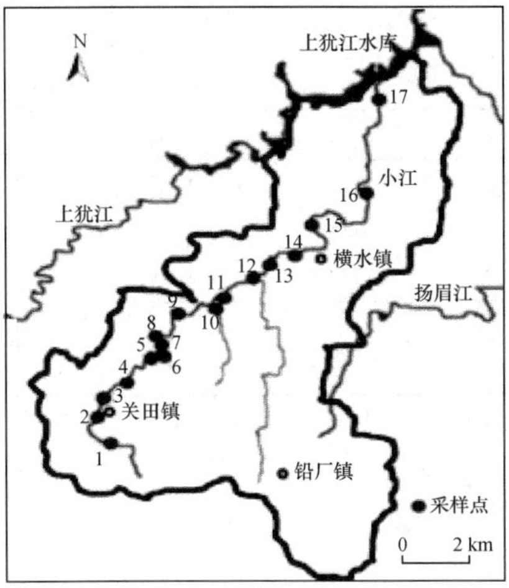

图 3-38　小江流域采样点分布示意图

采样点：1. 沙溪；2. 镜尾巴村；3. 关田中桥；4. 下牛岗；5. 柯树岭支流；6. 柯树岭汇前；7. 柯树岭汇后；8. 下关村；9. 芦柴；10. 密溪支流；11. 密溪汇后；12. 左溪江；13. 鱼梁村；14. 牛角河；15. 塔下村；16. 横水茶摊；17. 陡水水库

3) 样品处理

水体样品预处理：移取 9 mL 水样置于 X-press 消解管中，加入 1 mL 浓硝酸，按要求盖紧消解管，对称摆放在消解转盘中，启动微波消解仪。程序升温条件：水样样品在 600 W 功率条件下升温 7 min 至 120℃，保持 3 min；再经 3 min 升至 150℃，保持 3 min；最后经 3 min 升至 190℃，保持 20 min。消解完毕冷却至室温，将消解液转移并定容到 50 mL 比色管中，于 4℃存放，待测。

4) 样品的测定

微波辅助酸消解法消解后，利用电感耦合等离子体质谱法，对消解后的样品进行测定。采用同样的预处理方法进行对照实验，每个样品重复测定 3 次，各采样点的测定结果见表 3-14。

表 3-14　水体中重金属质量浓度分布

项目		ρ/(mg/L)					
		Cr	Cu	Zn	As	Cd	Pb
采样点	1	0.004	0.003	0.141	—	<0.001	0.008
	3	0.004	0.003	0.130	—	<0.001	0.005
	4	0.006	0.007	0.395	0.042	0.001	0.011
	5	0.002	0.004	0.158	0.019	0.001	0.054
	6	0.006	0.007	0.180	0.015	0.001	0.009
	7	0.004	0.011	0.187	0.027	0.001	0.006
	8	0.003	0.007	0.136	0.025	0.001	0.038
	9	0.001	0.002	0.116	0.028	0.001	0.004
	10	0.015	0.108	0.263	0.241	0.003	0.023
	11	0.007	0.028	0.286	0.090	0.004	0.011
	12	0.004	0.003	0.217	—	<0.001	0.012
	13	0.004	0.015	0.174	0.038	0.002	0.008
	14	0.006	0.036	0.170	0.055	0.003	0.014

续表

项目		ρ/(mg/L)					
		Cr	Cu	Zn	As	Cd	Pb
采样点	15	0.007	0.030	0.223	0.042	0.002	0.012
	16	0.005	0.008	0.192	0.027	0.001	0.010
	17	0.002	0.007	0.151	0.001	<0.001	0.029
《地表水环境质量标准》Ⅲ类水质标准限值		0.050	1.000	1.000	0.050	0.005	0.050

注：—表示在检出限以下；受地理环境的限制，水样采样点位包括除 2 号外的其他 16 个采样点。

5) 水环境质量综合评价

(1) 水环境质量综合评价方法。

利用内梅罗(Nemerow)指数法对重金属污染下的水环境质量进行综合评价，计算公式如式(3-35)和式(3-36)所示：

$$I_i = c_i / c_{0i} \tag{3-35}$$

$$S = \sqrt{\frac{(I_{i,\max})^2 + \left(\frac{1}{k}\sum_{i=1}^{k} I_i\right)^2}{2}} \tag{3-36}$$

式中，I_i 和 $I_{i,\max}$ 分别为重金属 i 的污染指数和最大污染指数；c_i 为重金属 i 的实测质量浓度，mg/L；c_{0i} 为重金属 i 的评价标准值，mg/L；k 为污染因子个数；S 为水环境质量综合污染指数。

根据计算结果将水质分为 5 级：①$S<0.80$，优良；②$0.80 \leqslant S<2.50$，良好；③$2.50 \leqslant S<4.25$，较好；④$4.25 \leqslant S<7.20$，较差；⑤$S \geqslant 7.20$，极差。

(2) 水环境质量综合评价结果。

小江重金属污染下水环境质量综合评价结果如表 3-15 所示。由表可见，小江流域 10 号采样点的水环境质量综合污染指数为 3.49，表明该采样点水质较好；11 号和 14 号采样点分别为 1.33 和 0.82，表明其水质良好；其他 13 个采样点均小于 0.80，表明这些采样点水质优良。统计分析结果显示，小江水质较好、良好和优良的饮用水源采样点数分别占采样点总数的 6%、13%和 81%。

表 3-15　重金属污染下的水环境质量评价结果

采样点	I						S	水质评价结果
	Cr	Cu	Zn	As	Cd	Pb		
1	0.080	0.003	0.141	0.000	0.000	0.160	0.12	优良
3	0.080	0.003	0.130	0.000	0.000	0.100	0.10	优良
4	0.120	0.007	0.395	0.840	0.200	0.220	0.63	优良
5	0.040	0.004	0.158	0.380	0.200	1.080	0.79	优良
6	0.120	0.007	0.180	0.300	0.200	0.180	0.24	优良
7	0.080	0.011	0.187	0.540	0.200	0.120	0.40	优良
8	0.060	0.007	0.136	0.500	0.200	0.760	0.57	优良

续表

采样点	I						S	水质评价结果
	Cr	Cu	Zn	As	Cd	Pb		
9	0.020	0.002	0.116	0.560	0.200	0.080	0.41	优良
10	0.300	0.108	0.263	4.820	0.600	0.460	3.49	较好
11	0.140	0.028	0.286	1.800	0.800	0.220	1.33	良好
12	0.080	0.003	0.217	0.000	0.000	0.240	0.18	优良
13	0.080	0.015	0.174	0.760	0.400	0.160	0.57	优良
14	0.120	0.036	0.170	1.100	0.600	0.280	0.82	良好
15	0.140	0.030	0.223	0.840	0.400	0.240	0.63	优良
16	0.100	0.008	0.192	0.540	0.200	0.200	0.41	优良
17	0.040	0.007	0.151	0.020	0.000	0.580	0.42	优良

注：*I* 为重金属污染指数；*S* 为水环境质量综合污染指数；采样点位包括除 2 号外的其他 16 个采样点。

3.9.2 中国沿海三省饮用水源有机污染物监测

1. 监测区域描述

江苏、山东、浙江为中国沿海经济发达省份，为了解三省主要地表水源有机物污染状况，保障饮水安全，该研究于 2009 年 5 月至 8 月，对三省 21 个主要地表水源的 25 种挥发性有机物、38 种半挥发性有机物(SVOCs)进行了定量检测。地表水源有机物污染是一个动态过程，检测结果为进一步动态评价三省主要地表水源有机物污染的时空分布提供参考。

2. 监测区域和采样点的分布

选择 3 省共 21 个主要城市水源，其中长江江苏段沿江饮用水源 8 个点，江苏非长江水源的主要地表水源 7 个点，浙江主要地表水源 5 个点及山东济南玉清湖水库。

3. 样品的采样与处理

1) 采样方法

长江采样点选择生活饮用水厂取水口上游 100 m、离岸边 50 m 的范围为采样区；水库采样点选择水厂取水口离岸垂直 100 m 的深水区为采样区；河水采样点选择水厂取水口上游 50 m、离岸边 20 m 的范围为采样区。每个区采样 6 份，均有平行样。带两只经烘烤的 1000 mL 棕色玻璃瓶至现场，沿瓶壁缓缓注入水样并充满容器不留气泡，样品按每 40 mL 加入 1 滴 4 mol/L 的盐酸控制生物降解，立即盖上瓶塞，于 4℃保存备用。

样品在采集后尽快萃取，萃取液装于密闭玻璃瓶，避光储存于 4℃以下，在萃取后 30 天内完成分析。每批样品带一个现场空白。

2) 样品处理

(1) 对于半挥发性有机物采用固相萃取法处理样品，固相萃取步骤：

a. 活化。用 5 mL 二氯甲烷、5 mL 乙酸乙酯、10 mL 甲醇和 10 mL 纯水顺序流过固相萃取柱进行活化。活化时，不要让甲醇和水流干(液面不低于吸附剂顶部) 。

b. 上样。用容量瓶取 1 L 水样，滴 4 mol/L 盐酸调 pH<2，加入 5 mL 甲醇，混匀，加入 40 μL 浓度为 50 μg/mol 的内标液，立刻混匀，加标物在水中浓度为 2.0 μg/L。水样以 15 mL/min 的流速通过固相萃取柱。

c. 干燥。用氮吹仪吹氮气 10 min 使固相萃取柱吹干。

d. 洗脱。用 5 mL 乙酸乙酯洗 1 L 容量瓶，通过固相萃取柱进入收集瓶，再用 5 mL 二氯甲烷通过固相萃取柱进行洗脱，进入同一收集瓶。洗脱液用氮气吹干，测定时加入 200 μL 乙酸乙酯，涡旋混匀。

e. 样品测定。样品分析试液 1.0 μL 进样，在与测定标准系列相同的条件下进行分析测定。

(2) 对于挥发性有机物采用 VOCs 吸附管。

用惰性高纯氦气通入水样，水样中低水溶性的 VOCs 及内标物被吹出，富集在填充有吸附剂[硅胶、活性炭及多孔聚合物吸附剂(TENAX)]的捕集管内，迅速加热捕集管，将待测化合物气化后引入毛细管色谱柱，色谱柱在程序升温条件下分离所要分析的目标化合物，然后采用质谱仪进行检测。目标化合物经电子轰击后，将其总离子流图与质谱仪标准图比较进行定性识别，采用目标化合物的特征离子(定量离子)相对于内标化合物所产生的定量离子的质谱响应比例进行定量计算。每个样品含已知浓度的内标化合物，用内标校准测量。

4. 样品分析方法与质量控制

1) 吹扫捕集条件

吹扫温度 25℃，时间 10 min，气体流量 40 mL/min；解吸温度 180℃，反吹气体流量 15 mL/min，时间 4 min；烘烤温度 220℃，烘烤时间 10 min，气体流量 40 mL/min。

2) 气相色谱条件

VOCs 的分析条件：HP-VOC 色谱柱(60 m×0.2 mm×1.12 μm)，载气为高纯氦气，柱流量 1.0 mL/min，进样口温度 180℃，进样方式为分流进样，分流比 5：1；升温程序：35℃保持 3 min，以 15℃/min 升温至 80℃，再以 5℃/min 升温至 140℃，保持 1 min，然后以 20℃/min 升至 230℃。

SVOCs 的分析条件：DB-5 ms 型毛细色谱柱(30 m×250 μm×0.25 μm)，载气为高纯氦气，1.0 mL/min，恒流；气化室温度 280℃，无分流方式。起始柱温 45℃，保持 1 min，以 30℃/min 升温至 130℃，保持 3 min，再以 12℃/min 升温至 180℃；再以 7℃/min 升温至 240℃；再以 12℃/min 升温至 325℃，保持 5 min；传输线温度 300℃。

3) 质谱条件

VOCs 检测：全扫描方式，质谱扫描范围 45～260，离子源电子轰击电离(EI)，离子源温度 230℃，界面传输温度 280℃，每一次扫描时间 0.16 s，回归时间 0.05 s，溶剂延迟 1 min。

SVOCs 检测：离子化方式，电子轰击电离，70 eV，质谱扫描范围 45～450，4 min 开始采集数据，离子源温度 250℃，扫描时间为每一尖峰至少需有 5 次扫描，且每一次扫描不超过 0.5 s。

4) 质量控制

采用仪器空白、试剂空白、空白加标、样品加标、平行样测定进行质量控制。

VOCs 的指示物为 1, 2-二氯苯-D4 和 4-溴氟苯。分析 10 个空白加标，目标化合物的加标浓度为 0.4 μg/L，同时加入 0.4 μg/L 的回收率指示物，按实际样品分析程序分析，得到目标化合物的浓度，计算各目标化合物的标准偏差、相对标准偏差(RSD)、回收率和检出限。

SVOCs：配制 SVOCs 化合物的甲醇、乙酸乙酯标准储备液，浓度分别是 500 mg/L、

50 mg/L、5 mg/L。将储备液稀释，配得一个标准浓度系列：0.1 μg/L、0.5 μg/L、1 μg/L、2 μg/L、5 μg/L、10 μg/L。在标准溶液中，五氯酚浓度为其他组分浓度的 4 倍。多氯联苯浓度为 0.2 μg/L、0.5 μg/L、1 μg/L、2.5 μg/L、5 μg/L、10 μg/L、25 μg/L。经 GC-MS 分析，确定每种化合物的保留时间 R_t，标记物为芘-D12，加标样品测定 10 次，计算检出限、回收率、标准偏差、相对标准偏差。加标浓度 0.0833 μg/L，检出限 0.0012～0.0084 μg/L，标准偏差 0.004～0.023，相对标准偏差 4.3%～23.6%，加标浓度 0.233 μg/L，回收率 89.6%～117.6%。

5) 评价方法

依据《地表水环境质量标准》(GB 3838—2002)和《生活饮用水卫生标准》(GB 5749—2022)对监测结果进行评价。

5. 三地区有机物测定结果

1) 长江江苏段主要饮用水源中部分有机物

长江江苏段主要饮用水源中部分有机物的检测结果见表 3-16。

表 3-16　长江江苏段主要饮用水源中部分有机物的检测结果(n =48)

有机物种类	检出限/(μg/L)	检出率/%	检测值范围/(μg/L)
三氯甲烷	0.18	75.00	MDL～1.17
四氯化碳	0.10	8.33	MDL～0.15
苯	0.12	37.50	MDL～0.62
三氯乙烯	0.06	12.50	MDL～0.24
甲苯	0.10	35.42	MDL～1.48
四氯乙烯	0.08	6.25	MDL～0.13
氯苯	0.07	12.50	MDL～0.75
间二甲苯、对二甲苯	0.10	29.17	MDL～4.46
邻二甲苯	0.06	25.00	MDL～1.50
1, 4-二氯苯	0.04	100	0. 08～0.35
1, 2-二氯苯	0.04	100	0. 05～1.83
六氯丁二烯	0.04	8.33	MDL～0.05
硝基苯	0.052	100	0. 06～0.13
2, 4-二氯苯酚	0.021	37.5	MDL～0.14
对硝基氯苯	0.046	16.67	MDL～0.06
2, 4, 6-三氯苯酚	0.036	6.25	MDL～0.05
2, 4, 6-三硝基甲苯	0.041	10.42	MDL～0.08
五氯酚	0.063	87.50	MDL～0.22
苯胺	0.016	12.5	MDL～0.11

续表

有机物种类	检出限/(μg/L)	检出率/%	检测值范围/(μg/L)
乐果	0.071	100	0. 08～1.82
邻苯二甲酸二(2-乙基己基) 酯	0.075	100	0. 16～1.67
内吸磷	0.033	16.67	MDL～0.04
莠去津	0.016	12.5	MDL～0.17

注：MDL 为方法检出限，下同。

2) 浙江省主要地表水源中部分有机物

浙江省主要地表水源中部分有机物的检测结果见表 3-17。

表 3-17 浙江省主要地表水源中部分有机物的检测结果(n=30)

有机物种类	检出限/(μg/L)	检出率/%	检测值范围/(μg/L)
1, 1-二氯乙烯	0.18	20.00	MDL～3.73
三氯甲烷	0.18	47.62	MDL～1.94
四氯化碳	0.10	20.00	MDL～0.15
三氯乙烯	0.06	20.00	MDL～1.89
甲苯	0.10	30.95	MDL～0.32
二溴一氯甲烷	0.07	20.00	MDL～0.28
间二甲苯、对二甲苯	0.10	10.00	MDL～0.12
1, 2-二氯苯	0.04	20.00	MDL～0.08
1, 2, 3-三氯苯	0.07	20.00	MDL～0.18
1, 2, 4-三氯苯	0.03	20.00	MDL～0.77
六氯丁二烯	0.04	6.67	MDL～0.05
苯乙烯	0.06	63.33	MDL～1.76
硝基苯	0.052	20.00	MDL～0.11
对硝基氯苯	0.047	20.00	MDL～0.42
2, 4, 6-三硝基甲苯	0.041	26.67	MDL～0.10
邻苯二甲酸二(2-乙基己基)酯	0.075	100	0.22～4.53

3) 山东省济南玉清湖中部分有机物

山东省济南玉清湖中部分有机物的检测结果见表 3-18。

表 3-18 山东省玉清湖中部分有机物的检测结果(n=6)

有机物种类	检出限/(μg/L)	检出率/%	检测值范围/(μg/L)
四氯化碳	0.10	50.00	MDL～0.14
苯	0.12	50.00	MDL～0.26
甲苯	0.10	50.00	MDL～2.36

续表

有机物种类	检出限/(μg/L)	检出率/%	检测值范围/(μg/L)
间二甲苯、对二甲苯	0.10	33.33	MDL～0.33
邻二甲苯	0.06	33.33	MDL～0.14
苯乙烯	0.06	33.33	MDL～0.76
邻苯二甲酸二(2-乙基己基) 酯	0.075	100	0.32～0.41
莠去津	0.016	100	0.04～0.05

从表 3-16～表 3-18 可见，江苏、浙江、山东主要地表饮用水源已受到有机物的轻度污染，其污染物尚未达到威胁人群健康的水平。但是，考虑水中优先控制污染物的慢性毒性、联合作用和生物累积作用，有必要加强污染源的管理。

思考题与习题

1. 简要说明水质监测的主要目的和确定监测项目的原则。
2. 怎样制订地表水监测方案？以河流为例，说明如何设置监测断面和采样点？
3. 对于工业废水排放源，怎样布设采样点？怎样测量污染物排放总量？
4. 水样有哪几种保存方法？试举例说明怎样根据被测物质的性质选用不同的保存方法。
5. 水样预处理的目的是什么？水样的预处理方法有哪些？
6. 术语解释：瞬时水样、等时综合水样、等时混合水样、等比例混合水样、流量比例混合水样、单独水样。
7. 废水的流量测量有哪些方法？
8. 水的真色和表色的概念是什么？水的色度通常指什么？铂钴标准比色法测定色度的适用范围是什么？
9. 浊度和色度的区别是什么？它们分别是由水样中的哪种物质造成的？
10. 分析比较碘量法、分光光度法和间接火焰原子吸收光谱法测定水中硫化物的优缺点。
11. 采用分光光度法测定水中 Cr^{6+}时，在λ=540 nm 处用 1 cm 比色皿测定吸光度，标准曲线测定结果如下：

Cr 含量/μg	0	0.20	0.50	1.00	2.00	4.00	6.00	8.00	10.00
吸光度	0	0.010	0.020	0.044	0.090	0.183	0.268	0.351	0.441

若取 10.00 mL 水样进行测定，测得吸光度为 0.218。求：(1)绘制工作曲线；(2)该水样中 Cr^{6+}的浓度。

12. 冷原子吸收光谱法和冷原子荧光光谱法测定水样中的汞，在原理和仪器方面有哪些异同点？
13. 如何采集需要测定其中溶解氧的水样？说明氧电极法和碘量法测定溶解氧的原理，试比较两种方法的优、缺点。
14. 下表列出二级污水处理厂含氮污水处理过程中各种形态的含氮化合物的分析数据，试计算总氮和有机氮的去除率。

形态	进水质量浓度/(mg/L)	出水质量浓度/(mg/L)	形态	进水质量浓度/(mg/L)	出水质量浓度/(mg/L)
凯氏氮	40	8.2	NO_2^--N	0	4
NH_4^+-N	30	9	NO_3^--N	0	20

15. 水中固体应如何分类？为什么固定性固体可以大约代表水中无机物的含量，挥发性固体可以大约代表水中有机物的含量？

16. 某化肥厂主要生产液氨、硝酸铵和尿素，生产废水经处理后连续外排，欲在总排放口监测出水水质，试设计一监测方案(包括监测项目、采样方法、水样保存方法和监测方法)。

17. 根据重铬酸盐法和库仑滴定法测定 COD 的原理，分析两种方法的联系、区别和影响测定准确度的因素。

18. 水体中各种含氮化合物是怎样相互转化的？测定各种形态的含氮化合物对评价水体污染和自净状况有什么意义？

19. 在测定 BOD_5 时，为什么常用的培养时间是 5 天，培养温度是 20℃？用稀释法测定 BOD_5 时，对稀释水有什么要求？稀释倍数是怎样确定的？

20. 简述经典极谱分析法、阳极溶出伏安法测定水样中金属化合物的原理，解释阳极溶出伏安法测定镉、铜、铅、锌的过程。

21. 简述 COD、BOD、TOD、TOC 的含义；对同一种水样来说，它们之间在数量上是否有一定的关系？为什么？

22. 移取水样 100.0 mL，以酚酞为指示剂，用 0.1000 mol/L HCl 标准溶液滴定至指示剂刚好褪色，消耗 HCl 标准溶液 12.10 mL；再加入甲基橙指示剂，继续用 HCl 标准溶液滴定至终点，又消耗 HCl 标准溶液 18.8500 mL。分析水样的碱度组成，其含量各为多少(用 $CaCO_3$，mg/L 表示)?

23. 水样中哪些污染物可以用气相色谱仪分析？

24. 在色谱分析前，有些水样需要前处理，一般液相色谱采用哪些前处理方法？而气相色谱采用哪些前处理方法？

25. 试述 4-氨基安替比林分光光度法测定酚的基本原理及应用范围。

26. 比较重量法、红外分光光度法和非色散红外吸收法测定水中油类物质的原理和优、缺点。

27. 水中重金属的测定为什么需要消解？有哪些消解方法？

28. 金属离子的测定方法有哪些？各自的优缺点是什么？

29. 试以测定水样中 F^-、Cl^-、NO_2^-、PO_4^{3-}、Br^-、NO_3^-、SO_4^{2-}为例，说明离子色谱分析法的原理。

30. 天然水中的有机物对环境和人体健康的影响如何？测定有机物综合指标的意义何在？

第4章

空气与废气监测

本章导读

空气作为地球生态系统的重要组成，其环境质量对人体健康和生态环境具有重要的影响，随着世界人口的不断增加，人们对物质生活需求的不断提高，大气污染日益加剧，改善大气环境质量已经成为全球关注的焦点，需要对影响大气环境质量的主要污染物开展监测。本章简要介绍空气中主要的污染物及其存在形态，重点介绍环境空气和污染源中气态污染物和颗粒物的采样和监测方法，通过空气污染和污染源监测实例让读者掌握空气和废气中污染物的监测方法，以及空气质量的评价方法。

4.1 空气污染及其监测

4.1.1 空气中污染物的来源、存在形态及其分布特点

1. 空气中污染物的来源

大气是指包围在地球周围的气体，其厚度达 1000～1400 km，其中对人类及生物生存起着重要作用的是近地面约 10 km 内的气体层(对流层)。在环境科学相关书籍中，“空气”和“大气”常作为同义词使用。清洁的空气主要组分体积分数是：氮 78.06%、氧 20. 95%、氩 0. 93%。随着工业及交通运输等行业的迅速发展，大量有害物质(如烟尘、二氧化硫、氮氧化物等)排放到大气中，当大气中有害物质浓度超过环境所能允许的极限并持续一定时间后，就会改变大气的正常组成，破坏自然的物理、化学和生态平衡体系，从而危害人们的生活、工作和健康，影响工农业生产等，这种情况称为大气污染。空气中的污染源分为自然污染源和人为污染源两种：自然污染源是由自然现象造成的，如火山爆发时喷射出大量粉尘、二氧化硫气体等；人为污染源是由人类的生产和生活活动造成的，是大气污染的主要来源，主要有以下三类。

1) 工业企业排放的废气

工业生产过程中排放到大气中的污染物种类多、数量大，是环境空气的重要污染源。近年来，随着燃煤电厂全面实施超低排放和节能改造，钢铁、有色金属、建材、石油化工等非电力行业已成为我国主要工业大气污染源。

2) 交通运输工具排放的废气

在交通运输工具中，尤其以汽车数量最大，排放的污染物最多，并且集中在城市；随着我国家庭汽车保有量逐年增加，汽车尾气污染已成为城市大气污染的主要来源之一，其排放的主要污染物有烃类、一氧化碳、氮氧化物和炭黑等。

2. 空气中的污染物及其存在形态

已发现有危害而被注意到的空气中的污染物有一百多种，大部分是有机物，按其形成过程可分为一次污染物和二次污染物。一次污染物是指直接从各种污染源排放到大气中的有害物质，常见的有 SO_2、CO、CO_2、NO_x、颗粒物等。二次污染物是指排入大气的一次污染物之间及它们与大气组分之间反应产生的新污染物，其毒性往往高于一次污染物，如臭氧、过氧乙酰硝酸酯(光化学氧化剂)、硫酸雾(盐)等。

按存在状态又可分为分子态污染物和气溶胶态污染物。

1) 分子态污染物

分子态污染物按常温常压下存在形态的不同又可分为气态污染物与蒸气态污染物。气态污染物是指常温常压下以气体分子形式存在，并以分子状态分散在大气中，如 SO_2、CO、CO_2、NO_2、NH_3 等。蒸气态污染物是指常温常压下为液体或固体，但因其挥发性强，能以蒸气态进入大气中，如苯、汞、氯仿等。无论是气体分子还是蒸气分子，都具有运动速度较大、扩散快、在大气中分布比较均匀的特点。

2) 气溶胶态污染物

气溶胶是由空气中的气体介质与悬浮在其中的固体或液体微小颗粒组成，是一个复杂的非均匀体系。气溶胶态污染物按其在重力作用下的沉降特性和粒径大小可分为：

降尘：粒径较大(≥10 μm)，在重力作用下能较快地从大气沉降到地面；

总悬浮微粒(total suspended particle，TSP)：粒径在 100 μm 以下的液体或固体微粒；

可吸入颗粒物(inhalable particle，PM_{10})：空气动力学直径小于或等于 10 μm 的颗粒物，因这种微粒能在大气中长期飘浮而不沉降，也称飘尘。

细颗粒(fine particle，$PM_{2.5}$)：空气动力学直径小于或等于 2.5 μm 的颗粒物，是我国目前绝大部分城市的首要污染物。

根据气溶胶形成的方式可将其分为分散性气溶胶和凝聚性气溶胶：①分散性气溶胶是指固体或液体在破碎、振荡、气流通过时以固体小微粒或液体小雾滴悬浮于大气中，其粒度及分散范围大；②凝聚性气溶胶是指在加热过程中蒸发出来的分子遇冷凝聚成液体或固体小微粒分散于大气中，其粒度小，分散均匀。根据气溶胶存在的形式，又可分为以下几种：

雾：悬浮在空气中由微小液滴构成的气溶胶；

霾：悬浮在空气中由大量细颗粒(主要为固体)构成的气溶胶；

烟：固态凝聚性气溶胶，如熔铅过程中铅蒸气遇冷所形成的铅烟，同时含有固体和液体两种微粒的凝聚性气溶胶也称为烟；

尘：固态分散性气溶胶，是固体物质被粉碎时所产生的固体微粒；

烟雾：由烟和雾同时构成的固、液混合态气溶胶。

3. 空气中污染物的时空分布特点

环境空气中的污染物具有随时间、空间变化大的特点，其时空分布与污染物排放源的分布、排放量及地形、地貌、气象等条件密切相关。

1) 时间性

同一地点大气污染物的浓度常随时间的变化而发生变化，同一污染源对同一地点所造成的地面浓度随时间的变化会产生很大的差别，具体与污染源的排放规律、污染物性质和气象条件，如风向、风速、大气湍流等有关。例如，我国北方地区由于冬季采暖，冬季的污染物浓度相对较高。又如，一次污染物和二次污染物浓度在一天之内也不断地变化，一次污染物因受逆温层及气温、气压等限制，清晨和黄昏浓度较高，中午较低；二次污染物如光化学烟雾，因在阳光照射下才能形成，故中午浓度较高，清晨和夜晚浓度较低。

2) 空间性

在大气中的污染物随空气运动而迁移和扩散，各种污染物的迁移和扩散速度又与气象条件、地理环境和污染物的性质有关，使得污染物浓度存在着空间上的分布不均匀。点污染源(如烟囱)或线污染源(如交通道路)排放的污染物可形成一个较小的污染气团或污染条带，局部地方污染浓度变化较大。大量地面小污染源，如工业区炉窑、分散供热锅炉及千家万户的炊炉，则会给一个城市或一个地区形成面污染源，使地面空气中污染物浓度比较均匀。

4.1.2 空气和废气监测的类型和目的

空气和废气监测一般可分为：环境大气监测、污染源监测、室内空气质量监测、降水监测。

环境大气监测的对象是整个大气，目的是了解和掌握环境污染的情况，进行大气污染质量评价，并提出警戒限度。通过长期监测，可为修订或制定国家环境空气质量标准及其他环境保护法规积累资料，为预测预报创造条件。此外，研究有害物质在大气中的转化，如二次污染物的形成(光化学反应等)，以及某些大气污染的理论，也需要进行大气监测。

污染源监测包括固定污染源和移动污染源的监测，主要是了解这些污染源所排出的有害物质是否符合现行排放标准的规定，以便对其加以控制。污染源的监测还可对现有的净化装置性能进行评价。通过长时间的定期监测积累数据，也可为进一步修订和充实排放标准及制定环境保护法规提供科学依据。

室内空气质量监测主要是通过采样和分析手段，研究室内空气中有害物质的来源、组成成分、数量、动向、转化和消长规律。它是以消除污染物的危害、改善室内空气质量和保护居民健康为目的。

降水监测的目的是了解在降雨(雪)过程中从大气沉降到地面的沉降物的主要组成、性质及有关组分的含量，为分析大气污染状况和提出控制污染方法提供依据。

目前，国内外空气和废气监测的对象是各类大气标准规定的主要污染物。国内现行有关大气环境质量的标准有《环境空气质量标准》(GB 3095—2012)、《室内空气质量标准》(GB/T 18883—2022)。《环境空气质量标准》规定了环境空气质量功能区划分、标准分级、污染物类别浓度限值等，涉及的污染物包括 SO_2、NO_2、NO_x、CO、臭氧、颗粒物(TSP、PM_{10}与 $PM_{2.5}$)、Pb、苯并[a]芘、氟化物共 11 种。《室内空气质量标准》规定了室内空气物理、化学、生物和放射四个方面的参数的数值范围。此外，我国还颁布了相关的大气污染物综合排放标准和多达 40 多项的行业排放标准，如《工业炉窑大气污染物排放标准》(GB 9078—1996)、《火电厂大气污染物排放标准》(GB 13223—2011)等，每个标准都对特征污染物限值进行了规定。

以上标准涉及的污染物都是空气和废气监测的主要对象。

4.2 空气监测方案的制订及样品采集

4.2.1 监测方案的制订

制订空气监测方案的程序同制订水与废水监测方案类似，依次为：根据监测目的进行环境空气污染调查研究，收集必要的基础资料，然后经过综合分析，确定监测项目、采样点的布设方法，选定采样频率、采样方法和监测分析方法，建立质量保证程序和措施，提出实施计划及监测结果报告要求等。下面结合我国现行的《环境监测技术规范》(大气和废气部分)，对空气污染监测方案的制订予以介绍。

1. 监测目的

(1) 通过对环境空气中主要污染物进行定期或连续监测，判断空气质量是否符合《环境空气质量标准》或环境规划目标的要求，为空气质量状况评价提供依据。

(2) 为研究空气质量的变化规律和发展趋势，开展空气污染的预测预报，以及研究污染物迁移、转化情况提供基础资料。

(3) 为政府环保部门执行环境保护法规，开展空气质量管理及修订空气质量标准提供依据和基础资料。

2. 调研与资料收集

1) 污染源分布及其排放情况

对于不同工业污染源，调查的内容和方法不完全相同。须掌握废气的组成，特别是对当地大气影响大、污染较严重的物质；充分了解工业污染源的相关信息，如基本生产工艺流程、烟囱高度、排烟温度、排出污染物的浓度及排放量等。

2) 气象资料

污染物在大气中的扩散、输送和一系列的物理、化学转化在很大程度上取决于当时当地的气象条件。因此，要收集监测区域的风向、风速、气温、气压、降水量、日照时间、相对湿度、温度的垂直梯度和逆温层底部高度等资料。

3) 地形资料

地形对当地的风向、风速和大气稳定情况等有影响，也是设置监测网点应考虑的重要因素。一般而言，监测区域的地形越复杂，要求布设监测点越多。

4) 土地利用和功能分区情况

不同功能区的污染状况是不同的，如工业区、商业区、混合区、居民区等，还可以按照建筑物的密度、有无绿化地带等作进一步分类。

5) 人口分布及人群健康情况

环境保护的目的是维护自然环境的生态平衡，保护人群的健康；因此，需要掌握监测区域的人口分布、居民和动植物受大气污染危害情况及流行性疾病等资料。

此外，对于监测区域以往的大气监测资料等也应尽量收集，以供制订监测方案时参考。

3. 监测项目

空气中的污染物种类繁多，应根据《环境空气质量标准》(GB 3095—2012)规定的污染物项目确定监测项目。对于国家空气质量监测网的监测点，须开展必测项目的监测，必测和选测项目见表 4-1。地方空气质量监测网的监测点，可根据各地环境管理工作的实际需要及具体情况，参照本条规定确定其必测项目和选测项目。

表 4-1　环境空气质量常规监测项目

基本项目	其他项目
SO_2、NO_2、CO、O_3、PM_{10}、$PM_{2.5}$	总氧化剂、总烃、PM_{10}、F_2、HF、苯并[a]芘、Pb、H_2S、光化学氧化剂、TSP、硫酸盐化速率、灰尘自然沉降量、CS_2、Cl_2、HCl、硫酸雾、HCN、NH_3、Hg、Be、铬酸雾、非甲烷烃、芳香烃、苯乙烯、酚、甲醛等

4. 监测点位的布设

1) 监测站(点)的分类

环境空气质量评价监测点根据监测目的不同，可分为城市点、区域点、背景点、污染监控点和路边交通点。

(1) 城市点。

为了监测城市建成区空气质量整体状况和变化趋势而设置的监测点，其设置的最少数量根据城市建成区面积和人口数量确定，代表性范围一般为半径 500~4000 m。

(2) 区域点。

为了监测区域空气质量状况和污染物区域传输及影响范围而设置的监测点，其代表性范围为半径数十千米。

(3) 背景点。

为了监测国家或大区域范围的环境空气质量本底水平而设置的监测点，其代表性范围一般为半径 100 km 以上。

(4) 污染监控点。

为了监测本地区主要固定污染源及工业园区污染源聚集区对当地环境空气质量的影响而设置的监测点，其代表性范围一般为 100～500 m。

(5) 路边交通点。

为了监测道路交通污染源对环境空气质量影响而设置的监测点，其代表性范围为日常生活和活动场所中受道路交通污染源排放影响的道路两旁及其附近区域。

2) 监测站(点)的布设原则

(1) 代表性。

监测点要能客观反映一定空间范围内的环境空气质量水平和变化规律，客观评价城市、区域环境空气状况，以及污染源对环境空气质量的影响。

(2) 可比性。

要求各个监测点获取的数据具有可比性，同类型监测点设置条件尽可能一致。

(3) 整体性。

设置城市点时，应考虑城市自然地理、气象等综合环境因素，以及工业布局、人口分布等社会特点，在布局上反映城市主要功能区和主要大气污染源的空气质量现状及变化趋势。

(4) 前瞻性。

结合城乡建设规划考虑监测点的布设，使确定的监测点能兼顾未来城乡空间格局变化趋势。

(5) 稳定性。

监测点位置一经确定，原则上不应变更，以保证监测资料的连续性和可比性。

3) 监测站点的布设要求

(1) 城市点。

布设覆盖全部城市建设区，并相对均匀分布。采用城市加密网格实测或模式模拟计算的方法，加密网格的每个网格一般不大于2 km×2 km，在每个网格中心或网格线的交点上设置监测点，模式模拟计算是通过污染物扩散、迁移及转化规律预测污染分布状况而寻找合理的监测点。

(2) 区域点和背景点。

区域点和背景点应远离城市建成区和主要污染源，原则上应分别离开城市建成区和主要污染源20 km和50 km以上。区域点应根据我国的大气环流特征设置在区域大气环流路径上，反映区域大气本底状况，并反映区域间和区域内污染物输送的相互影响；背景点设置在不受人为活动影响的清洁地区，反映国家尺度空气质量本底水平，应考虑海拔高度，在山区应位于局部高点，平缓地区应保存在开阔地带的相对高地。

(3) 污染监控点。

原则上应设置在固定污染源对环境质量产生明显影响以及污染物浓度高的地区。布设在源的主导风向和污染最重季节的主导风向下风向的最大落地浓度区内；如果是固定污染源较多且比较集中的工业园区，布设在主导风向和污染最重季节的主导风向下风向的工业园区边界，兼顾排放强度最大的污染源及污染项目的最大落地浓度。

(4) 路边交通点。

一般设置在行车道下风侧，根据车流量的大小、车道两侧的地形、建筑物的分布情况等确定位置，采样口距道路边缘不得超过20 m。

4) 监测站(点)数目的确定

采样点数目的确定应根据监测范围大小、污染物的空间分布特征、人口分布密度、气象、地形、经济条件等因素综合考虑确定；我国空气质量例行监测的采样点设置数目主要依据城市人口数量确定(表4-2)。

表4-2 我国环境空气质量例行监测采样点设置数目

城市人口数量/万人	必测项目	灰尘自然沉降量/[t/(km^2 · 30d)]
<50	3	≥3
50～100	4	4～8
100～200	5	8～12
200～400	6	12～20
>400	7	20～30

5) 监测站(点)布设方法

采样点总数确定后，可采用经验法、统计法、模拟法等进行布设。常用经验法，具体有以下四种。

(1) 功能区布点法。

该布点法多用于区域性的常规监测，如城市点、区域点的布设，先将监测区域划分成工业区、商业区、居住区、工业和居住混合区、文化区、交通枢纽、清洁区等不同功能区；再根据功能区的地形、气象、人口密度、建筑密度等，在每个功能区设若干采样点；在污染源集中的工业区和人口较密集的居住区需多设采样点。

(2) 网格布点法。

该布点法适用于有多个污染源，且污染源分布较均匀的地区，可用于城市点、区域点的布设；将监测区域划分成若干个均匀网状方格，采样点设在两条直线的交点处或方格中心(图 4-1)；网格大小视污染源强度、人口分布及人力、物力条件等确定。若主导风向明显，下风向应多设采样点。

(3) 同心圆布点法。

该布点法适用于多个污染源构成污染群，且大污染源较集中的地区，可用于污染监控点的布设。先找出污染群的中心，以此为圆心在地面上画若干个同心圆，再从圆心作若干条放射线，将放射线与圆周的交点作为采样点(图 4-2)，不同圆周上的采样点数目不一定相等或均匀分布，常年主导风向的下风向比上风向多设一些采样点。

(4) 扇形布点法。

该布点法适用于孤立的高架点源，且主导方向明显的地区，可用于污染监控点的布设。以点源所在位置为顶点，主导风向为轴线，在下风向地面上划出一个扇形区作为布点范围，扇形的角度一般为 45°，也可更大些，但不能超过 90°。采样点设在扇形平面内距点源不同距离的若干弧线上，每条弧线设 3～4 个采样点，在上风向应设对照点(图 4-3)。

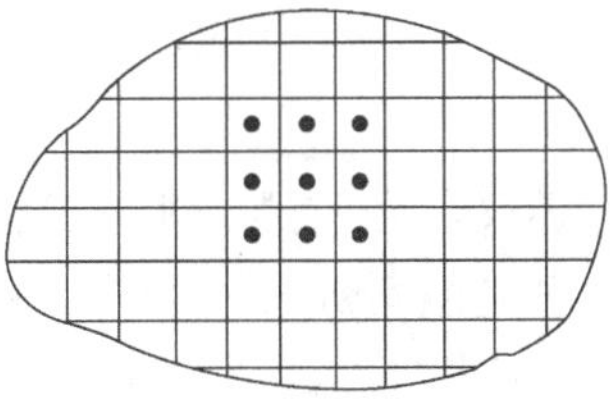

图 4-1　网格布点法

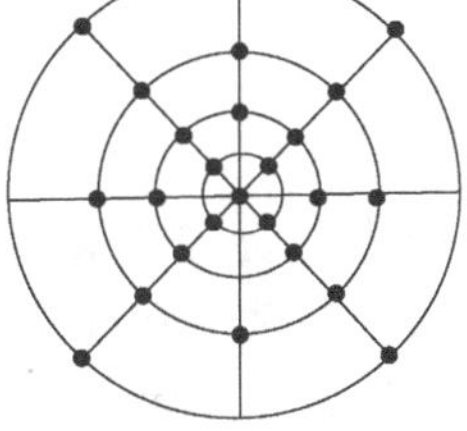

图 4-2　同心圆布点法

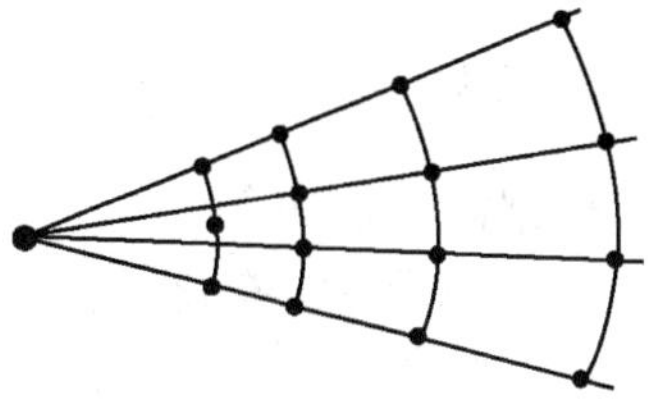

图 4-3　扇形布点法

采用同心圆和扇形布点法时，应考虑高架点源排放污染物的扩散特点，在靠近最大浓度值的地方设置密一些。此外，在实际工作中，常采用一种布点法为主，兼用其他方法的综合布点法，目的就是有代表性地反映污染物浓度，为大气监测提供可靠的样品。

5. 采样时间与频次

二者要根据监测目的、污染物分布特征、分析方法灵敏度等因素确定。

1) 采样时间

采样时间是指每次采样从开始到结束所经历的时间，也称采样时段。不同污染物的采样时间要求不同，我国大气质量分析方法对每一种污染物的采样时间都有明确规定。依据采样时间的不同，可分为短期采样、间歇采样、长期采样三种。

短期采样：一般只适用于气象条件极不利于污染物扩散、事故引起的排出污染物浓度剧增及广泛监测之前的初步调查等情况。

间歇采样：指每隔一段时间采样测定 1 次，并从多次测定结果中求出平均值。如每季度采样、每 1 个月或每周采样 1 天，而 1 天内又间隔相等时间(如 2 h、8 h)采样测定，以求出日平均值、月或周平均值。

长期采样：是指在一段较长时间内连续自动采样测定。这种采样所得数据具有较好代表性，能反映出污染物浓度随时间变化的规律，可进行远期趋势分析。

2) 采样频率

采样频率是指在一定时间范围内的采样次数；显然采样频率越高，监测数据越接近真实情况。表 4-3 给出《环境空气质量标准》中对污染物监测数据的统计有效性规定。

表 4-3　污染物浓度数据有效性的最低要求

污染物项目	平均时间	数据有效性规定
SO_2、NO_2、PM_{10}、$PM_{2.5}$、NO_x	年平均	每年至少有 324 个日平均浓度值，每月至少有 27 个日平均浓度值(2 月至少有 25 个日平均浓度值)
SO_2、NO_2、CO、PM_{10}、$PM_{2.5}$、NO_x	24 h 平均	每日至少有 20 h 平均浓度值或采样时间
O_3	8 h 平均	每 8 h 至少有 6 h 平均浓度值
SO_2、NO_2、CO、O_3、NO_x	1 h 平均	每小时至少有 45 min 的采样时间
TSP、BaP、Pb	年平均	每年至少有分布均匀的 60 个日平均浓度值，每月至少有分布均匀的 5 个日平均浓度值
Pb	季度平均	每季度至少有分布均匀的 15 个日平均浓度值，每月至少有分布均匀的 5 个日平均浓度值
TSP、BaP、Pb	24 h 平均	每日应有 24 h 的采样时间

6. 采样方法、监测方法和质量保证

根据污染物的存在状态、浓度、理化性质选择采样方法、采样仪器和监测分析方法。常用的监测分析方法有化学分析法和仪器分析法。由于大气监测大多是微量成分的测定，仪器分析是主要的分析方法；其中常用的有分光光度法、气相色谱法、荧光光度法、液相色谱法、原子吸收光谱法等。一些含量低、难分离、危害大的有机污染物，越来越多地采用仪器联用方法进行测定，如气相色谱-质谱、液相色谱-质谱、气相色谱-傅里叶变换红外光谱(GC-FT-IR)等联用技术。另外，还有一些项目的专用测定仪器。

对监测过程的每个环节进行质量控制，是保证获得准确监测数据的必备条件，需要建立相应的质量保障程序和方法，详见第 10 章。

4.2.2　采样方法

根据待测污染物在空气中的存在状态、浓度、理化特性，以及所用分析方法的灵敏性，选择合适的采样方法。常用的采样方法有直接采样法和富集(浓缩)采样法两大类。

1. 直接采样法

直接采样法一般用于空气中被测物质浓度较高，或者所用的分析方法灵敏度高，直接采样就能满足监测分析的要求。该方法测得的结果是短时间内的平均浓度，它可以较快得到分析结果。直接采样法常用的采样容器有注射器、气袋、采气管、真空瓶(罐)等。

1) 注射器采样

常用 100 mL 注射器采集有机蒸气样品，采样时，先用现场气体抽洗 2～3 次，然后抽取 100 mL，密封进气口，带回实验室尽快分析；气相色谱分析法常采用此法取样。

2) 气袋采样

应选不吸附、不渗漏，也不与样气中污染组分发生化学反应的气袋，如聚四氟乙烯袋、聚乙烯袋、聚氯乙烯袋和聚酯袋等，还有用金属薄膜作衬里(如衬银、衬铝)的塑料袋。采样时，先用双连球打进现场气体，冲洗采样袋 2～3 次，再充满样气，夹封进气口，带回实验室尽快分析。

3) 采气管采样

采气管是两端具有旋塞的管式玻璃容器(图 4-4)，容积一般为 100～500 mL。采样时，打开两端旋塞，用双连球或抽气泵接在管的一端，迅速抽进比采气管容积大 6～10 倍的欲采气体，使采气管中原有气体被完全置换出，关上旋塞，采气管体积即为采气体积。

4) 真空瓶(罐)采样

真空瓶是一种具有活塞的耐压玻璃瓶，容积一般为 500～1000 mL。采样前，先用抽真空装置把采气瓶内气体抽走，使瓶内真空度达到 1.33 kPa，之后，便可打开旋塞采样，采完即关闭旋塞，则采样体积即为真空瓶体积。

真空罐常用金属材质，且内表面经过惰性处理，如图 4-5 所示的苏玛采样罐。苏玛采样罐采样是目前采集大气环境中 VOCs 最为常用的方法，其采样前同样是抽真空，采样时只需要打开阀，当采样结束时罐内压力与大气平衡，阀自动关闭。样品带到实验室，可直接连接分析仪器(如 GC-MS)。

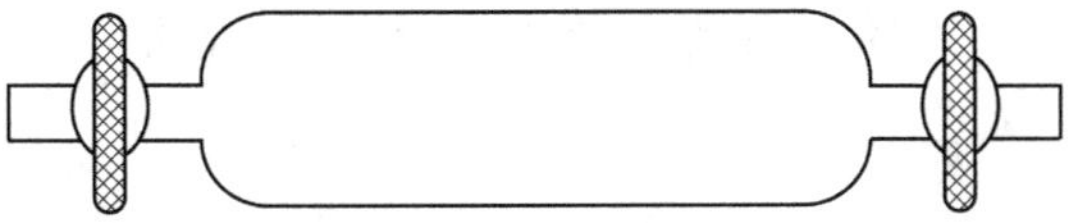

图 4-4　采气管

图 4-5　苏玛采样罐

2. 富集(浓缩)采样法

空气中的污染物浓度通常在μg/m^3～mg/m^3 数量级，直接采样法往往不能满足分析方法检出限的要求，常用富集采样法进行空气样品的采集。富集采样的时间一般都比较长，所得的分析结果是在富集采样时段内的平均浓度。富集采样方法有溶液吸收法、填充柱阻留法、滤膜(滤料)阻留法、被动采样法、综合采样法等多种。

1) 溶液吸收法

该方法是采集空气中气态、蒸气态及某些气溶胶态污染物的常用方法；用抽气装置使待测空气以一定的流量通入装有吸收液的吸收管，待测组分与吸收液发生化学反应或物理作用，使待测污染物溶解于吸收液中。采样结束后，取出吸收液，分析吸收液中被测组分含量，根据测定结果及采样体积计算空气中污染物的浓度。采样吸收效率主要取决于吸收速度和气样与吸收液的接触面积；吸收速度取决于吸收液的选择，常用吸收液有水、水溶液和有机溶剂等。增大气样与吸收液的接触面积的有效措施是选用结构适宜的吸收管(瓶)，图 4-6 为几种常用的吸收管(瓶)。

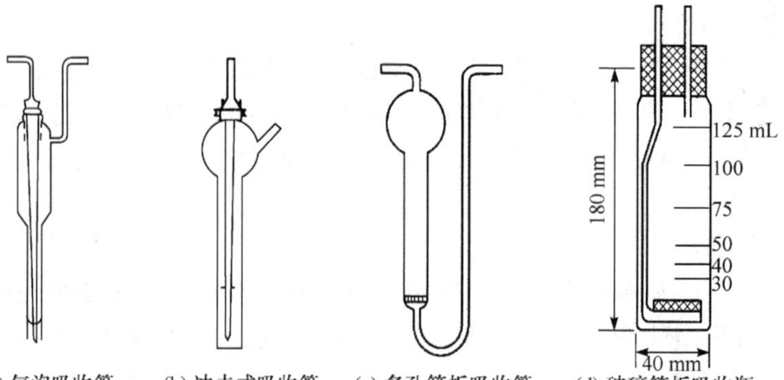

(a) 气泡吸收管　(b) 冲击式吸收管　(c) 多孔筛板吸收管　(d) 玻璃筛板吸收瓶

图 4-6　气体吸收管(瓶)

(1) 气泡吸收管。

该吸收管可装 5～10 mL 吸收液，采样流量为 0.5～2.0 L/min，适用于采集气态和蒸气态物质，而对于气溶胶态物质，因不能像气态分子那样快速扩散到气液界面上，吸收效率差。

(2) 冲击式吸收管。

该吸收管有小型(装 5～10 mL 吸收液，采样流量为 3.0 L/min)和大型(装 50～100 mL 吸收液，采样流量为 30 L/min)两种规格，管内有一尖嘴玻璃管作冲击器，适宜采集气溶胶态物质，被采气样快速从喷嘴喷出冲向管底时，气溶胶颗粒因惯性作用冲击到管底被分散，从而易被吸收液吸收。

(3) 多孔筛板吸收管(瓶)。

吸收管可装 5～10 mL 吸收液，采样流量为 0.1～1.0 L/min；吸收瓶有小型(装 10～30 mL 吸收液)和大型(装 50～100 mL 吸收液)两种。在管内出气口熔接一块多孔性的砂芯玻板，当气体通过多孔玻板时，一方面被分散成很小的气泡，增大了与吸收液的接触面积；另一方面被弯曲的孔道所阻留，然后被吸收液吸收。它适合采集气态、蒸气态及气溶胶态物质。

2) 填充柱阻留法

填充柱是用一根长 6～10 cm，内径 3～5 mm 的玻璃管或塑料管，内装颗粒状或纤维状填充剂制成。采样时，让气样以一定流速通过填充柱，则被测组分因吸附、溶解或化学反应而被阻留在填充剂上。采样后，通过加热解吸、吹气或溶剂洗脱，被测组分从填充剂上释放出来进行测定。根据填充剂阻留原理，填充柱可分为吸附型、分配型、反应型三种。

吸附型填充柱中的填充剂主要为颗粒状固体吸附剂，如活性炭、硅胶、分子筛、高分子多孔微球等，这些物质均为多孔性物质，比表面积大，对气体和蒸气有较强的吸附能力。分配型填充柱的填充剂为表面涂有高沸点有机溶剂的惰性多孔颗粒物，类似于气液色谱柱中的固定相，当被采集气样通过填充柱时，在有机溶剂中分配系数大的组分保留在填充剂上而被富集。反应型填充柱的填充剂由惰性多孔颗粒物(如石英砂、玻璃微球)或纤维状物(如滤纸、玻璃棉等)表面涂渍能与被测组分发生化学反应的试剂制成；气样通过填充柱时，被测组分在填充剂表面因发生化学反应被阻留。

3) 滤膜(滤料)阻留法

该方法是将过滤材料(滤纸、滤膜等)放在采样夹上，用抽气装置抽气，则空气中的颗粒物被阻留在过滤材料上，称量过滤材料上富集的颗粒物质量，根据采样体积计算出空气中颗粒物的浓度，是目前采集环境空气中颗粒物最为常用的方法，装置如图 4-7 所示。采样前，拧下采样头顶盖，取出滤膜夹，把滤膜毛面向上，放入采样头内的滤膜支撑网上。压好滤膜夹，拧紧采样头顶盖。启动抽气泵，调节流量调节阀，设定采样流量。当夹带着颗粒物的空气被不断抽入采样头后，颗粒物被留在滤膜上，而氧气、氮气等分子状物质则通过滤膜。

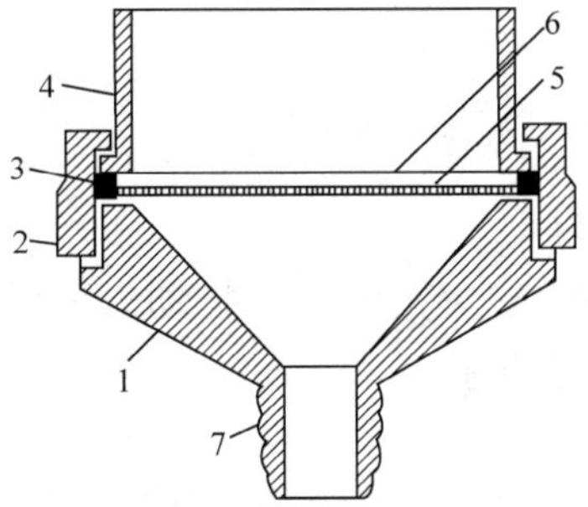

(a) 采样夹

1. 底座；2. 紧固圈；3. 密封圈；4. 接座圈；5. 支撑网；6. 滤膜；7. 抽气接口

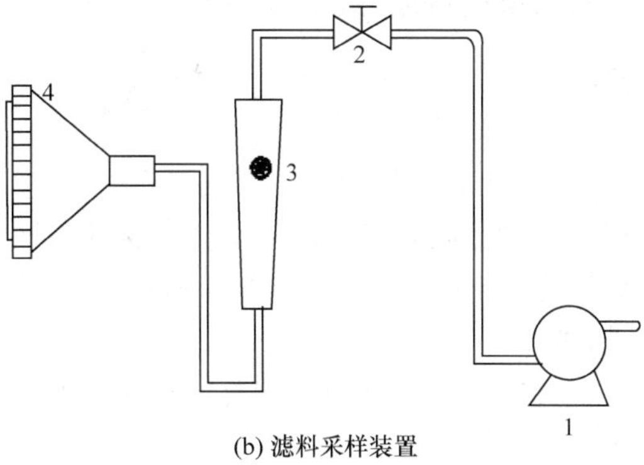

(b) 滤料采样装置

1. 抽气装置；2. 流量调节阀；3. 流量计；4. 采样夹

图 4-7　采样夹和滤料采样装置

常用滤料有纤维状滤料(滤纸、玻璃纤维滤膜、过氯乙烯滤膜等)和筛孔状滤料(微孔滤膜、核孔滤膜、银薄膜等)。选择滤膜时，应根据采样目的，选择采样效率高、性能稳定、空白值低、易于处理和利于采样后分析测定的滤料。

4) 被动采样法

该方法利用空气中污染物的自然重力、空气动力或浓差扩散作用采集，属于无动力采样法，且采样时间长，测定结果可较好地反映空气污染情况。被动采样法常用的有降尘样品采集，降尘样品采集分为湿法与干法两种，其中干法应用较为普遍。

湿法采样是在集尘缸中加入一定量的水，放置在距地面 5～15 m 高，附近无高大建筑物及局部污染源的地方(如空旷的屋顶上)，采样口距基础面 1.5 m 以上，以避免地面扬尘的影响。夏季需加入少量硫酸铜溶液抑制微生物及藻类的生长，冰冻季节需加入适量乙醇或乙二醇避免结冰。我国集尘缸的尺寸为：内径 15 cm，高 30 cm，一般加水 1500～3000 mL。采样时间为(30±2)天，多雨季节注意及时更换集尘缸，防止水满溢出。图 4-8 为湿法采样集尘缸示意图。

图 4-9 为干法采样用的集尘缸示意图，在缸底放入塑料圆环，圆环上再放置塑料筛板。

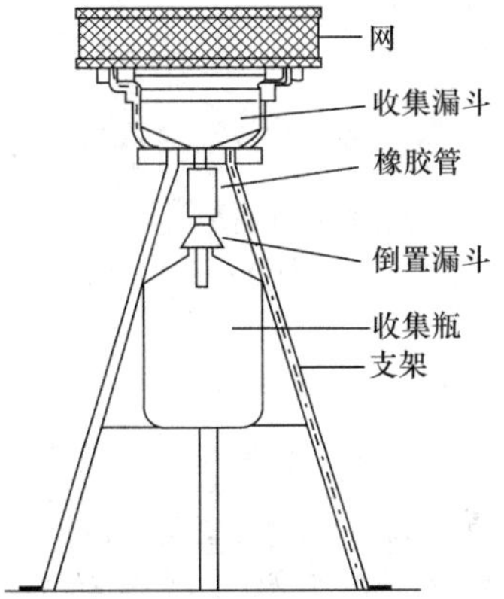

图 4-8　湿法采样集尘缸

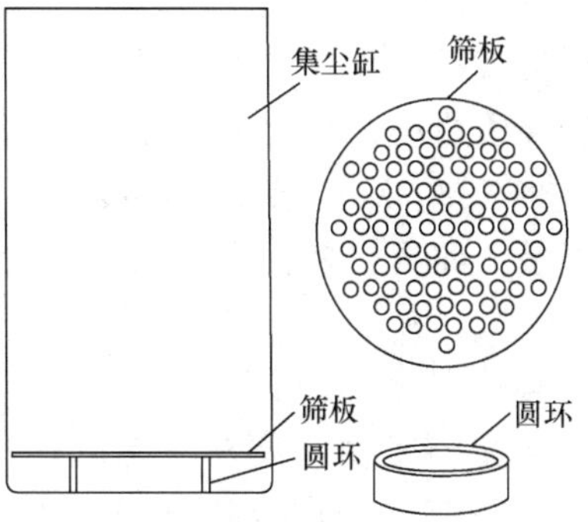

图 4-9　干法采样集尘缸

5) 综合采样法

实际中，空气中的污染物大多数不是以单一状态存在的，往往同时存在于气态和气溶胶态中。综合采样法采用不同采样方法相结合，将不同状态的污染物同时采集，如采用溶液吸收法与滤料阻留法结合同时采集气态、气溶胶态污染物。

4.2.3 采样器

1. 组成

空气污染物监测多采用动力采样法，其采样器由收集器、流量计、采样动力三部分组成。采样系统流程：空气样→收集器→流量计→采样动力(抽气泵)。

1) 收集器

采集空气中被测污染物的装置，如气体吸收管(瓶)、填充柱、滤膜等，根据欲采集物质的存在状态、理化性质等选用适宜的收集器。

2) 流量计

测量气体流量的仪器，用于计算采气体积。常用的有孔口流量计、转子流量计、皂膜流量计、质量流量计等(图 4-10)。流量计在使用前应进行校准，以保证刻度值的准确性。校正方法是将皂膜流量计或标准流量计串接在采样系统中，以皂膜流量计或标准流量计的读数标定被校流量计。

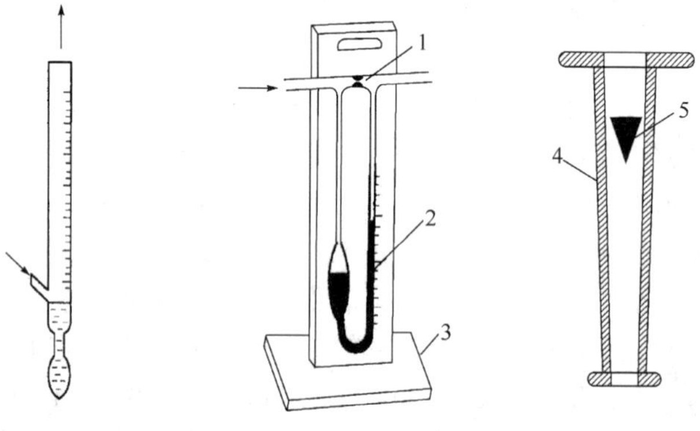

(a) 皂膜流量计　(b) 孔口流量计　(c) 转子流量计

图 4-10　各种流量计示意图

1. 隔板；2. 液柱；3. 支架；4. 锥形玻璃管；5. 转子

3) 采样动力

采样抽气动力装置应根据采样流量、采样体积、收集器类型及采样点的条件进行选择，一般应选择质量小、抽气动力大、流量稳定的采样动力。采气量小(直接采样法)一般选用注射器、连续抽气筒、双连球等手动采样动力；采气量和采样速度大、采样时间长(富集浓缩采样)需用抽气泵，如真空泵、薄膜泵、电磁泵等。

2. 专用采样器

专用采样器是由收集器、流量计、抽气泵及气体预处理、流量调节、自动定时控制等部件组装在一起的采样设备，按其用途可分为空气采样器、颗粒物采样器和个体采样器。

1) 空气采样器

该类采样器用于采集空气中气态与蒸气态物质，采样流量为 0.5～2.0 L/min，其工作原理如图 4-11 所示。

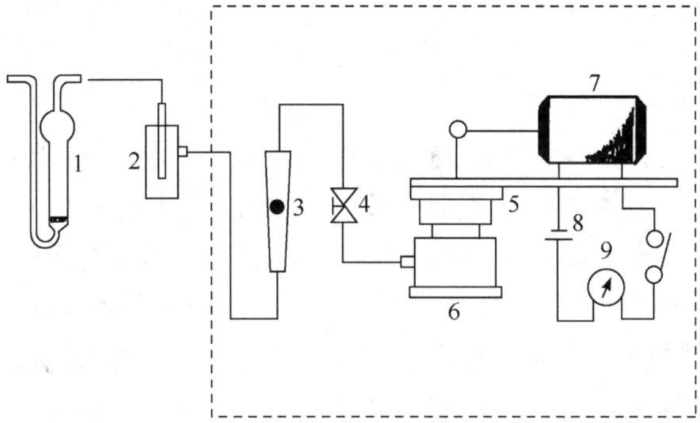

图 4-11　空气采样器工作原理示意图

1. 吸收管；2. 滤水阱；3. 转子流量计；4. 流量调节阀；5. 抽气泵；6. 稳流器；7. 电机；8. 电源；9. 定时器

2) 颗粒物采样器

颗粒物采样器有 TSP 采样器、可吸入颗粒物采样器及细颗粒物采样器。

(1) TSP 采样器。

TSP 采样器由滤膜夹、流量测量仪及控制部件、抽气泵组成，按采气流量可分为大流量、中流量、小流量三种类型。三种采样器的工作原理相似，只是滤膜夹面积和采样流量不同。

图 4-12 为 TSP 大流量采样器结构，滤膜夹安装 20 cm×25 cm 的玻璃纤维滤膜，采样流量为 1.1～1.7 m^3/min。

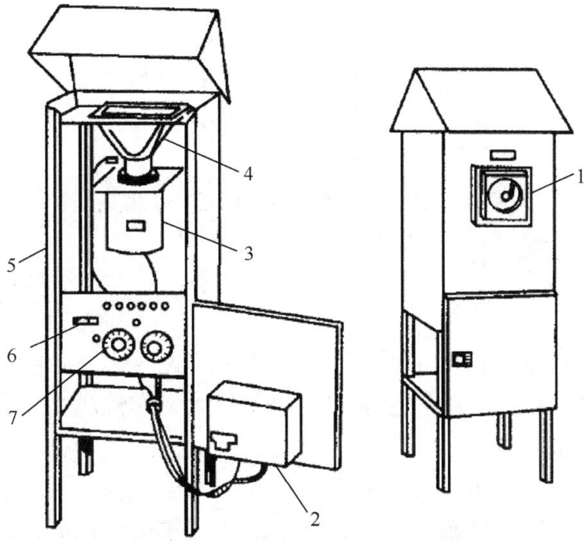

图 4-12　大流量采样器的结构

1. 流量记录仪；2. 流量控制器；3. 抽风机；4. 滤膜夹；5. 铝壳；6. 工作计时器；7. 计时器的程序控制器

(2) 可吸入颗粒物与细颗粒物采样器。

根据采样流量不同，也可分为大流量采样器和小流量采样器，目前，广泛使用大流量采样器。PM_{10} 和 $PM_{2.5}$ 采样器工作原理相似，均由切割器、滤膜夹、流量测量仪及控制部件、抽气泵等组成，装有分离空气动力学直径大于 10 μm 或 2.5 μm 颗粒物的切割器(也称分尘器)；采样时，使一定体积的空气通过采样器，先由切割器将粒径大于 10 μm 或 2.5 μm 的颗粒物分离出去，小于 10 μm 或 2.5 μm 的颗粒物被收集在预先恒量的滤膜上，根据采样前后滤膜质量之差及采样体积，即可计算出 PM_{10}、$PM_{2.5}$ 的浓度。切割器有旋风式、向心式、撞击式等多种，又分为二级式和多级式，前者仅用于采集颗粒物，后者可分级采集不同粒径的颗粒物，可用于测定颗粒物的质量粒度分布。

二级旋风切割器工作原理：空气以高速度沿 180°渐开线进入切割器的圆筒内，形成旋转气流，在离心力的作用下，将颗粒物甩到筒壁上并继续向下运动，粗颗粒在不断与筒壁撞击中失去前进的能量而落入收集器内，细颗粒随气流沿气体排出管上升，随后被安装在切割器气体出口的滤膜捕集，从而将粗、细颗粒物分开，工作原理如图 4-13 所示。

向心式切割器工作原理：气流从小孔高速喷出时，因所携带的颗粒物大小不同，惯性也不同，颗粒质量越大，惯性越大。不同粒径的颗粒各有一定的运动轨迹，其中，质量较大的颗粒运动轨迹接近中心轴线，进入锥形收集器被底部的滤膜收集；小颗粒物惯性小，离中心轴线较远，偏离锥形收集器入口，随气流进入下一级。第二级的喷嘴直径和锥形收集器的入口孔径变小，二者之间距离缩短，使更小一些的颗粒物被收集。如此经过多级分离，剩下的极细颗粒到达最底部，被夹持的滤膜收集(图 4-14 和图 4-15)。

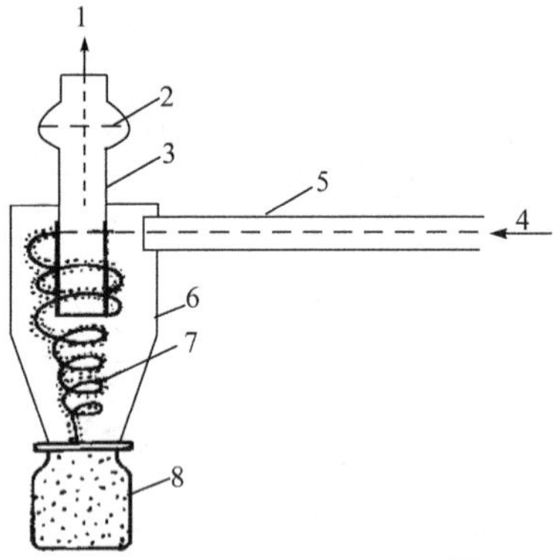

图 4-13　二级旋风切割器工作原理

1. 空气出口；2. 滤膜；3. 气体排出管；4. 空气入口；5. 导管；6. 圆筒体；7. 旋转气流轨迹；8. 粗颗粒收集器

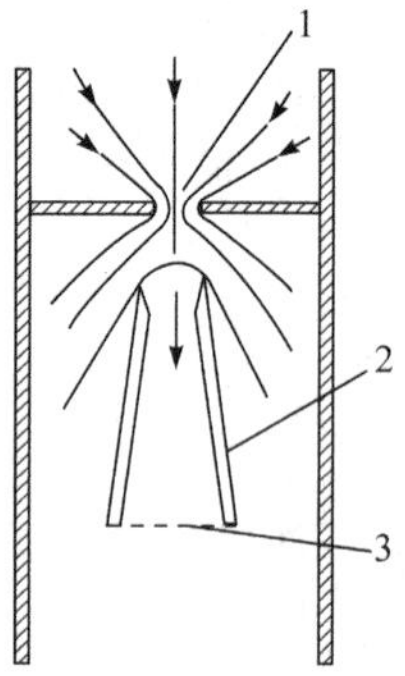

图 4-14　向心式切割器工作原理

1. 空气喷孔；2. 收集器；3. 滤膜

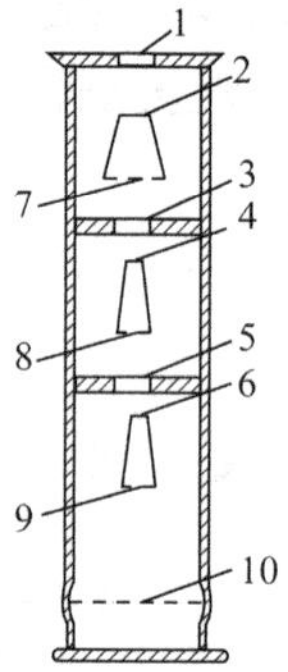

图 4-15　三级向心式切割器工作原理

1、3、5. 气流喷孔；2、4、6. 锥形收集器；7、8、9、10. 滤膜

撞击式切割器的工作原理：当含颗粒物气体以一定速度由喷孔喷出后，颗粒获得一定的动能并具有一定的惯性。在同一喷射速度下，粒径越大，惯性越大，当气流从第一级喷孔喷出后，惯性大的粗颗粒难以改变运动方向，与第一块捕集板碰撞被沉积下来，而惯性较小的细颗粒则随气流绕过第一块捕集板进入第二级喷孔。因第二级喷孔较第一级小，故喷出颗粒动能增加，速度增大，其中惯性较大的颗粒与第二块捕集板碰撞而被沉积，而惯性较小的颗粒继续向下级运动。如此逐级进行下去，则气流中的颗粒由大到小地被分开，沉积在不同的捕集板上，最末级捕集板用玻璃纤维滤膜代替，捕集最小的颗粒，如图 4-16 所示。这种采样器可以设计为 3～6 级，也有 8 级的，称为多级撞击式采样器，目前应用较普遍的一种称为安德森采样器，由八级组成，每级 200～400 个喷孔。

3) 个体采样器

个体采样器主要用于研究大气污染物对人体健康的危害，其特点是体积小、质量小，便于佩戴在人体上，可以随人的活动连续地采样，经分析测定得出污染物的时间加权平均浓度，以反映人体实际吸入的污染物量。它有扩散式、渗透式两种类型。

3. 采样效率

采样效率是指在规定的采样条件下所采集到的污染物量占其总量的百分数，由于污染物的存在状态不同，评价方法也不同。

1) 采集气态和蒸气态污染物效率的评价方法

(1) 绝对比较法。

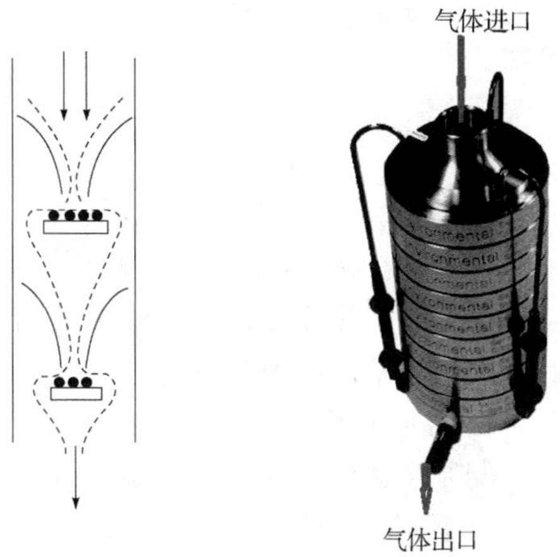

(a) 撞击捕集原理　　(b) 安德森采样器

图 4-16　撞击式切割器示意图与仪器

配制已知浓度为 c_0 的标准气体，用所选用的采样方法采集，测定被采集的污染物浓度(c_1)，其采样效率(K)为

$$K = \frac{c_1}{c_0} \times 100\% \tag{4-1}$$

用这种方法评价采样效率因精确配制已知浓度的标准气有一定困难，在实际应用时往往受到限制。

(2) 相对比较法。

配制一个恒定的但无须知道待测污染物准确浓度的气体样品，串联 2～3 个采样管采集所配制的样品，采样结束后，分别测定各采样管中污染物的浓度，其采样效率(K)为

$$K = \frac{c_1}{c_1 + c_2 + c_3} \times 100\% \tag{4-2}$$

式中，c_1、c_2、c_3 分别为第一、第二和第三采样管中污染物的实测浓度。

第二、第三采样管中污染物浓度所占比例越小，采样效率越高，一般要求 K 值在 90%以上。采样效率过低时，应更换采样管、吸收剂或降低抽气速度。

2) 采集颗粒物效率的评价方法

颗粒物的采样效率有两种评价方法，一种是用采集颗粒数效率表示，即所采集到的颗粒物粒数占总颗粒数的百分数；另一种是质量采样效率，即所采集到的颗粒物质量占颗粒物总质量的百分数。在大气监测评价中，评价采集颗粒物方法的采样效率多用质量采样效率表示。

4. 采样记录

采样记录与实验室分析测定记录同等重要。在实际工作中，不重视采样记录，往往会导致由于采样记录不完整而使一大批监测数据无法统计而报废。采样记录的内容主要有：所采集样品中被测污染物的名称及编号；采样地点和采样时间；采样流量、采样体积；采样时的温度、大气压力和天气情况；采样仪器；采样者、审核者姓名。

4.2.4　标准气的配制

在空气和废气监测中，标准气如同标准溶液、标准物质一样重要，是检验监测方法、分

析仪器、监测技术及进行质量控制的依据。配制低浓度标准气的方法有静态配气法和动态配气法。

1. 静态配气法

静态配气法是把一定量的气态或蒸气态的原料气加入已知容积的容器中，再充入稀释气体混匀制得。标准气的浓度根据加入原料气和稀释气量及容器容积计算得知。所用原料气可以是纯气，也可以是已知浓度的混合气。该法适用于配制活泼性较差、浓度较高、用量不大的标准气。常用静态配气方法有注射器配气法、配气瓶配气法及高压钢瓶配气法等。

1) 注射器配气法

配制少量标准气时，用 100 mL 注射器吸取原料气，再经数次稀释制得。

2) 配气瓶配气法

(1) 常压配气。

将 20 L 玻璃瓶洗净、烘干，精确标定容积后，将瓶内抽成负压，用净化空气冲洗几次，再排净抽成负压，注入原料气或原料液，充入净化空气至大气压力，充分摇动混匀。其配气装置见图 4-17，其中，图 4-17(a)是用气体定量管吸取已知浓度原料气的方法。

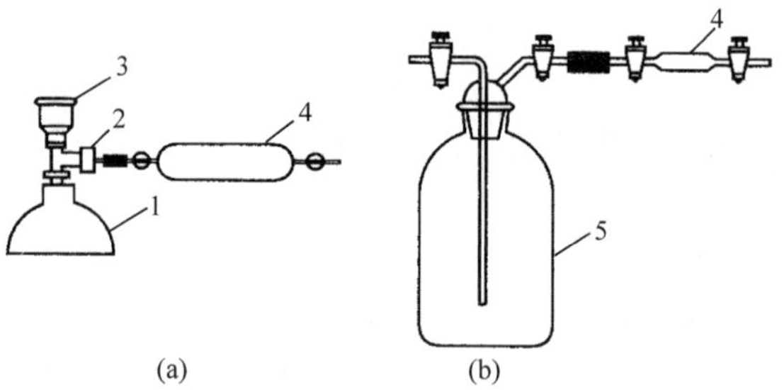

图 4-17　配气瓶配气装置

1. 钢瓶；2. 钢瓶气嘴；3. 阀门；4. 气体定量管；5. 配气瓶

(2) 正压配气。

配气装置如图 4-18 所示，所配标准气略高于一个大气压。配气瓶由耐压玻璃制成，预先校准容积。配气时，将瓶中气体抽出，用净化空气冲洗三次，充入近于大气压力的净化空气，再用注射器注入所需体积的原料气，继续向配气瓶内充入净化空气达一定压力(如绝对压力 133 kPa)，放置 1 h 后即可使用。

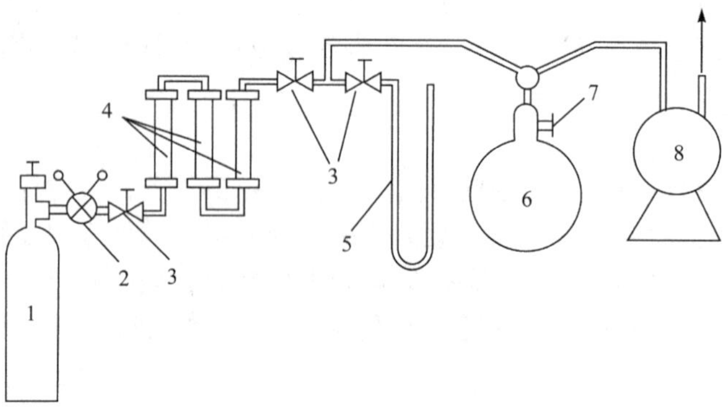

图 4-18　正压配气装置

1. 稀释气钢瓶；2. 减压阀；3. 阀门；4. 气体净化管；5. U 形压力计；6. 配气瓶；7. 原料气注入口；8. 真空泵

3) 高压钢瓶配气法

用钢瓶作容器配制具有较高压力的标准气体。按配气计量方法不同分为压力配气法、流量配气法、体积配气法和重量配气法，其中，以重量配气法最准确，被广泛应用。

2. 动态配气法

动态配气法是使已知浓度的原料气与稀释气按一定比例连续不断地进入混合器混合，从而可以不间断地配制并供给一定浓度的标准气，根据稀释倍数(两股气流的流量比)计算出标准气的浓度。该法不但能提供大量标准气，而且可通过调节原料气和稀释气的流量比获得所需浓度的标准气，适用于配制低浓度的标准气、标准气用量较大或通标准气时间较长的情况。

1) 连续稀释法

以高压钢瓶为气源，将原料气以恒定小流量送入混合器，被较大量的净化空气稀释，用流量计准确测量两种气体的流量，可计算获得标准气的浓度，如图 4-19 所示。

2) 负压喷射法

负压喷射法配气原理如图 4-20 所示。当稀释气流 F 以 Q(L/min)的流量进入固定喷管 A，再从狭窄的喷口处向外放空时，造成毛细管 R 的左端压力 P'低于 P_0，此时 B 管处于负压状态。容器 D 内压力为大气压，装有已知浓度 c_0 的原料气，它通过毛细管 R 与 B 管相连。B 管两端有压力差，使原料气以 Q_0(mL/min)流量从容器 D 经毛细管 R 从 B 管左端喷出，混合于稀释气流中，经充分混合，配成一定浓度 c 的标准气。其浓度可按式(4-3)计算：

$$c = \frac{Q_0 \times c_0}{Q} \times 10^3 \tag{4-3}$$

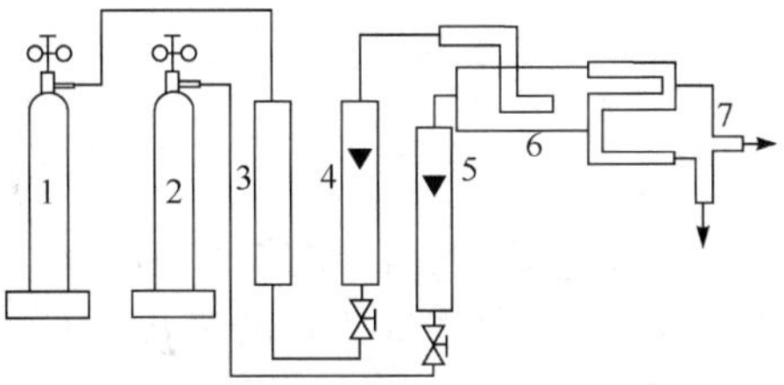

图 4-19　钢瓶气源连续稀释配气装置

1. 空气钢瓶；2. 原料气钢瓶；3. 净化器；4、5. 流量计；6. 混合器；7. 取气口

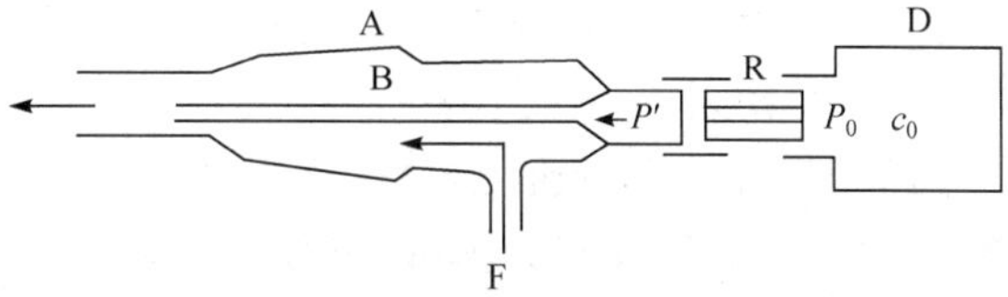

图 4-20　负压喷射法配气原理

3) 渗透管法

以渗透管作为原料气气源，主要由装原料液的小容器和渗透膜组成，小容器由耐腐蚀和耐一定压力的惰性材料制作，渗透膜用聚四氟乙烯或聚氟乙烯塑料制成帽状，套在小容器的颈部，其厚度小于 1 mm。容器内气体分子在其蒸气压作用下，通过渗透面向外渗透。通过改变原料液温度，即改变饱和蒸气压，或者改变稀释气体的流量，可以配制不同浓度的标准气。图 4-21 为渗透管法配汞蒸气装置示意图。

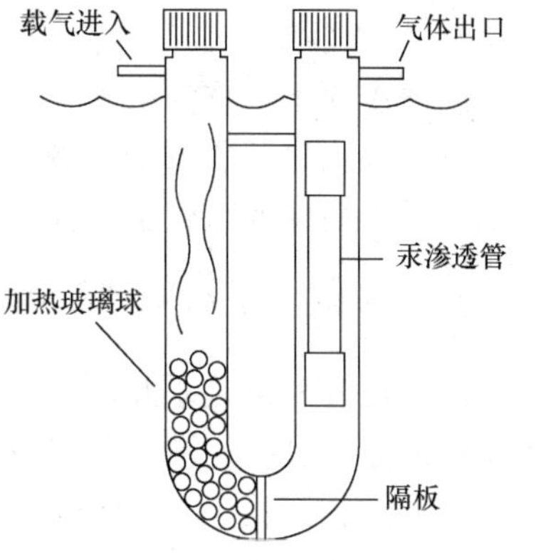

图 4-21　渗透管法配汞蒸气装置示意图

此外，动态配气法还有气体扩散法、电解法、饱和蒸气压法等。气体扩散法基于气体分子从液相扩散

至气相中，再被稀释气带走，通过控制扩散速度和调节稀释气流量配制不同浓度的标准气。电解法常用于制备二氧化碳标准气。

4.3 空气中气态污染物的测定

4.3.1 二氧化硫的测定

二氧化硫是一种无色、有刺激性气味的气体，为大气环境污染例行监测的必测项目，主要源于煤和石油等化石燃料的燃烧、含硫矿石的冶炼、硫酸等化工产品生产排放的废气等。环境空气中的二氧化硫检测方法有甲醛缓冲溶液吸收-副玫瑰苯胺分光光度法、四氯汞盐吸收-副玫瑰苯胺分光光度法、定电位电解法和紫外荧光法等。

1. 甲醛缓冲溶液吸收-副玫瑰苯胺分光光度法

1) 基本原理

二氧化硫被甲醛缓冲溶液吸收后，生成稳定的羟甲基磺酸加成化合物，在样品溶液中加入氢氧化钠使加成化合物分解，释放出的二氧化硫与副玫瑰苯胺、甲醛作用，生成紫红色化合物，用分光光度计在波长 577 nm 处测量吸光度。该方法可避免使用有毒的四氯汞钾吸收液。

2) 采样及样品保存

短时间采样：采用内装 10 mL 吸收液的 U 形多孔玻板吸收管，以 0.5 L/min 的流量采样。采样时吸收液温度的最佳范围为 23～29℃。

连续 24 h 采样：用内装 50 mL 吸收液的多孔玻板吸收瓶，以 0.2～0.3 L/min 的流量连续采样 24 h，吸收液温度范围须保持在 23～29℃。

样品运输和储存过程中，应避光保存。

3) 测定要点

短时间采样：将吸收管中的样品溶液全部移入 10 mL 比色管中，用甲醛缓冲吸收液稀释至标线，加入 0.5 mL 氨基磺酸钠溶液，混匀，放置 10 min 以除去氮氧化物的干扰。

连续 24 h 采样：将吸收瓶中样品溶液移入 50 mL 容量瓶中，用少量甲醛缓冲吸收液洗涤吸收瓶，洗涤液加入样品溶液中，再用甲醛缓冲吸收液稀释至标线。吸取适量样品溶液于 10 mL 比色管中，再用甲醛缓冲吸收液稀释至刻度线，加入 0.5 mL 氨基磺酸钠溶液，混匀，放置 10 min 以除去氮氧化物的干扰。

4) 注意事项

该法主要干扰物为氮氧化物、臭氧及某些重金属元素。采样后放置一段时间可使臭氧自行分解；加入氨基磺酸钠溶液可消除氮氧化物的干扰；吸收液中加入磷酸及环己二胺四乙酸二钠盐可以消除或减少某些金属离子的干扰。

2. 四氯汞盐吸收-副玫瑰苯胺分光光度法

用氯化钾和氯化汞配制四氯汞钾溶液，二氧化硫被四氯汞钾溶液吸收后，生成稳定的二氯亚硫酸盐络合物，再与甲醛及盐酸副玫瑰苯胺作用，生成紫红色络合物，其颜色深浅与二氧化硫含量成正比，在 575 nm 处用分光光度计测量吸光度。反应式如下：

$$HgCl_2 + 2KCl = K_2[HgCl_4]$$

$$[HgCl_4]^{2-} + SO_2 + H_2O = [HgCl_2SO_3]^{2-} + 2H^+ + 2Cl^-$$

$$[HgCl_2SO_3]^{2-} + HCHO + 2H^+ = HgCl_2 + HOCH_2SO_3H(\text{羟基甲基磺酸})$$

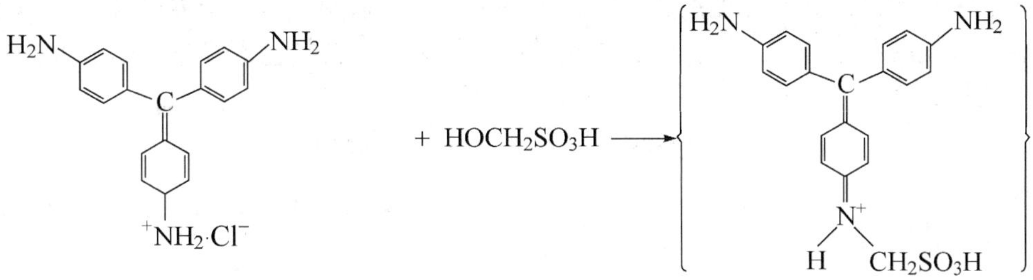

盐酸副玫瑰苯胺(俗称品红)　　紫红色络合物

3. 定电位电解法

定电位电解法是一种建立在电解基础上的监测方法，其传感器为由工作电极、对电极、参比电极及电解液组成的电解池(三电极传感器)；工作电极是由具有催化活性的高纯度金属(如铂)粉末涂覆在透气憎水膜上构成。当气样中的二氧化硫通过透气隔膜进入电解池后，在工作电极上迅速发生氧化反应，所产生的极限扩散电流与二氧化硫浓度呈线性关系。通过测定极限扩散电流值，即可测得气样中二氧化硫浓度。

4. 紫外荧光法

紫外荧光法测定环境空气中的二氧化硫，具有选择性好、不消耗化学试剂、适用于连续自动监测等特点。商用紫外荧光二氧化硫监测仪测量范围 0～1000 ppb，检出限 1.0 ppb。

测定原理：用波长 190～230 nm 紫外光照射样品，则二氧化硫被紫外光激发至激发态，即

$$SO_2 + h\nu_1 \longrightarrow SO_2^*$$

激发态 SO_2^* 不稳定，瞬间返回基态，发射出 330 nm 的荧光，即

$$SO_2^* \longrightarrow SO_2 + h\nu_2$$

其发射荧光强度与二氧化硫浓度成正比，用光电倍增管及电子测量系统测量荧光强度，即可测定二氧化硫的浓度。

4.3.2　氮氧化物的测定

环境空气中，氮氧化物有 NO、NO_2、N_2O、N_2O_3、N_2O_4、N_2O_5 等，主要为 NO 和 NO_2。NO 为无色、无臭、微溶于水的气体，在空气中易被氧化成 NO_2，NO_2 为棕红色具有强刺激性臭味的气体，毒性比 NO 高。氮氧化物的测定方法主要有盐酸萘乙二胺分光光度法、化学发光法、差分吸收光谱分析法等。

1. 盐酸萘乙二胺分光光度法

测定过程需将 NO 氧化为 NO_2，依据所用氧化剂的不同，可分为萨尔茨曼(Saltzman)法、酸性高锰酸钾溶液氧化法、三氧化铬-石英砂氧化法。其中 Saltzman 法适用于测 NO_2 的含量，酸性高锰酸钾溶液氧化法和三氧化铬-石英砂氧化法可以监测大气中氮氧化物总量。

1) Saltzman 法

用冰醋酸、对氨基苯磺酸和盐酸萘乙二胺配成吸收液采样。采样时大气中的 NO_2 被吸收转变成亚硝酸和硝酸，在冰醋酸存在下，亚硝酸再与吸收液中的对氨基苯磺酸发生重氮化反应，然后与盐酸萘乙二胺偶合，生成玫瑰红色偶氮染料，其颜色深浅与气样中 NO_2 浓度成正比，于波长 540 nm 处用分光光度计测定其吸光度。吸收及显色反应式如下：

$$2NO_2 + H_2O \longrightarrow HNO_2 + HNO_3$$

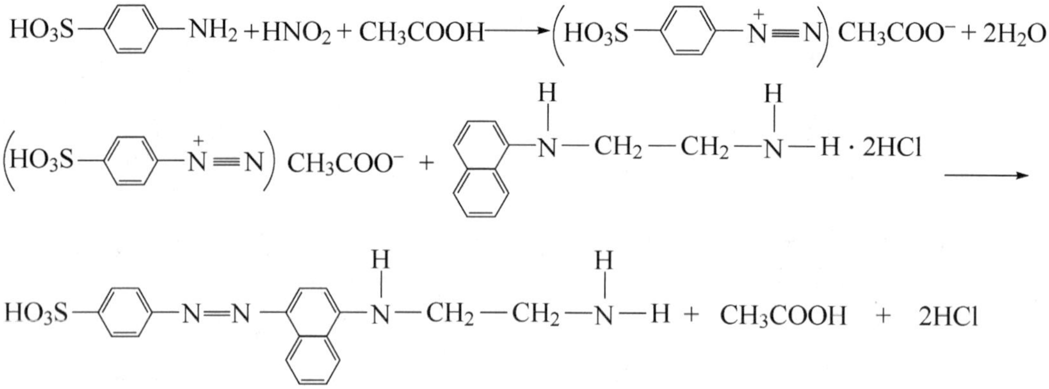

由上述反应式可知，吸收液吸收空气中的 NO_2 后，并不是全部转化为亚硝酸，还有一部分生成硝酸，计算结果时需要采用 Saltzman 实验系数 f 进行换算，f 表示 NO_2(气)$\longrightarrow NO_2^-$(液)的转换系数。该值可以根据经验值确定，也可以通过 NO_2 标准气体反应，根据生成的 HNO_2 量获得 f 值。

2) 酸性高锰酸钾溶液氧化法

该方法是在两只显色吸收瓶间接一内装有酸性高锰酸钾溶液的氧化瓶，如图 4-22 所示，空气中的 NO_2 被串联的第一支吸收瓶中的吸收液吸收生成玫瑰红色的偶氮染料，空气中的 NO 不与吸收液反应，通过装有酸性高锰酸钾溶液的氧化瓶被氧化为 NO_2 后，被串联的第二支吸收瓶中的吸收液吸收生成玫瑰红色的偶氮染料，分别于波长 540 nm 处用分光光度计测定其吸光度。分别测定第一支和第二支吸收瓶中样品的吸光度，计算两支吸收瓶内 NO_2 和 NO 的质量浓度，二者之和即为氮氧化物的总质量浓度(以 NO_2 计)。

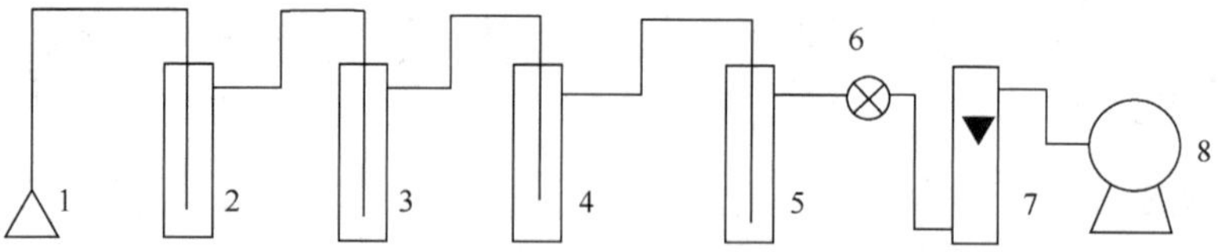

图 4-22　空气中 NO_2、NO 和 NO_x 采样流程示意图

1. 空气入口；2、4. 显色吸收瓶；3. 酸性高锰酸钾溶液氧化瓶；5. 干燥瓶；6. 止水夹；7. 流量计；8. 抽气泵

采样测定过程中，吸收液应为无色，宜密闭避光保存；若显微红色，说明已被污染，应检查试剂和蒸馏水的质量。空气中 O_3 浓度超过 0.25 mg/m^3 时，会产生负干扰，采样时在吸收瓶入口端串接一段 15～20 cm 长的硅橡胶管，可排除干扰。

2. 化学发光法

化学发光法测定 NO_x 是基于 NO 分子吸收化学能后，被激发到激发态，再由激发态返回基态时以光量子的形式释放出能量，利用测量化学发光强度对 NO_x 进行分析测定的方法。反应式如下：

$$NO + O_3 \longrightarrow NO_2^* + O_2$$

$$NO_2^* \longrightarrow NO_2 + h\nu$$

发光强度与气样中 NO 的浓度成正比，可通过测定发光强度确定 NO 的含量；气样中的 NO_2 可先在碳钼催化剂的作用下转化为 NO，再用发光法测定气样中氮氧化物总量。

商用化学发光 NO_x 监测仪的测量范围：0～1000 ppb，检出限：0.40 ppb，其测定原理如图 4-23 所示。气路分为两部分：一是 O_3 发生气路，即氧气经过电磁阀、膜片阀、流量计进入臭氧发生器，在紫外光照或者无声放电作用下，产生的 O_3 进入反应室；二是气样经过粉尘过滤器进入转换器，将 NO_2 转换为 NO，再通过三通电磁阀、流量计到达反应室。气样中的 NO 与 O_3 在反应室中发生光化学反应，产生的光量子经过反应室端面上的滤光片获得特征波长光射到光电倍增管上，将光信号转换成与浓度成正比的电信号，显示读数。切换 NO_2 转换器可以分别测出 NO_2 和 NO 含量。

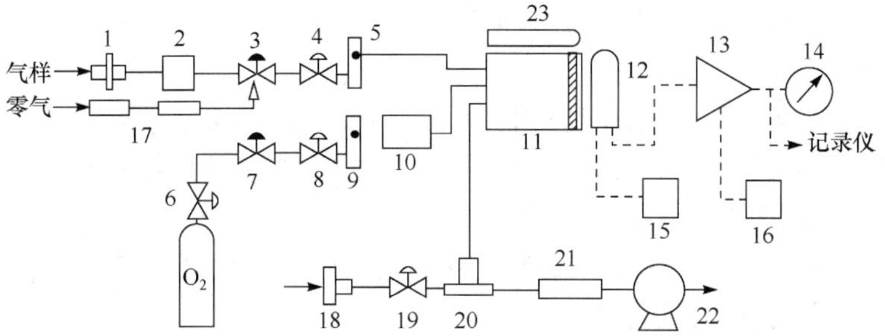

图 4-23　化学发光氮氧化物监测仪工作原理示意图

1、18. 粉尘过滤器；2. $NO_2 \rightarrow NO$ 转换器；3、7. 电磁阀；4、6、19. 针形阀；5、9. 流量计；8. 膜片阀；10. 臭氧发生器；11. 反应室及滤光片；12. 光电倍增管；13. 放大器；14. 指示表；15. 高压电源；16. 稳压电源；17. 零气处理装置；20. 三通管；21. 净化器；22. 抽气泵；23. 半导体制冷器

4.3.3　一氧化碳与二氧化碳的测定

1. 一氧化碳的测定

CO 是一种无色、无味的有毒气体，主要源于化石燃料的不充分燃烧及汽车尾气等。CO 的检测方法主要有非分散红外吸收法、气相色谱法等。

1) 非分散红外吸收法

非分散红外吸收法广泛用于 CO、CO_2、CH_4、SO_2、NH_3 等气态污染物的监测。CO、CO_2 等气态分子受到红外辐射(1～25 μm)时吸收各自特征波长的红外光，因其分子振动和转动能级的跃迁，形成红外吸收光谱。在一定浓度范围内，吸收光谱的峰值(吸光度)与气态物质浓度之间的关系符合朗伯-比尔定律，通过测定吸光度即可确定气态物质的浓度。

该法使用 CO 红外分析仪作为主要检测仪器，测定范围为 0～62.5 mg/m^3，最低检出浓度为 0.3 mg/m^3，其测试原理如图 4-24 所示。红外光源发射出能量相等的两束平行光，被同步电机 M 带动的切光片交替切断；一束光通过参比室，称为参比光束，光强度不变；另一束光称为测量光束，通过测量室。由于测量室内有气样通过，则气样中的 CO 吸收了部分特征波长的红外光，使射入检测室的光束强度减弱，且 CO 含量越高，光强减弱越多。由于射入检测室的参比光束强度大于测量光束强度，使两室中气体的温度产生差异，通过测试温度变化值即可得出气样中 CO 的浓度值，由指示表和记录仪显示和记录测量结果。

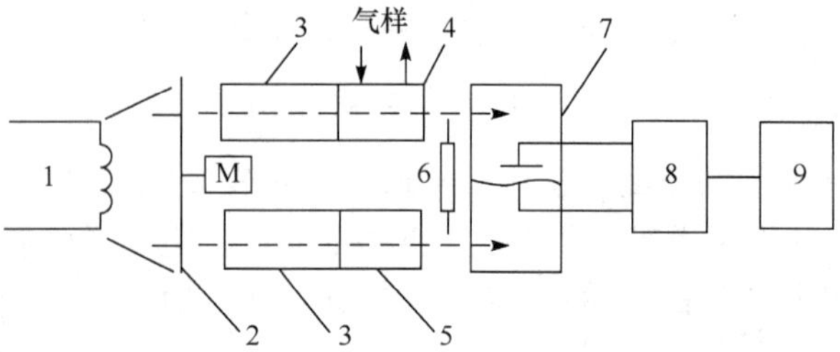

图 4-24　非分散红外吸收法 CO 监测仪原理示意图

1. 红外光源；2. 切光片；3. 滤波室；4. 测量室；5. 参比室；6. 调零挡板；7. 检测室；8. 放大及信号处理系统；9. 指示表及记录仪

干扰和消除：CO 的红外吸收峰在 4.5 μm 附近，CO_2 在 4.3 μm 附近，水蒸气在 6 μm 和 3 μm 附近，而大气中 CO_2 和水蒸气的浓度又远大于 CO 的浓度，会干扰 CO 的测定。在测定前用制冷剂或通过干燥剂的方法可以除去水蒸气；用窄带光学滤片或气体滤波室将红外辐射限制在 CO 吸收的窄带光范围内，可消除 CO_2 的干扰。

2) 气相色谱法

测定原理：空气中的 CO、CO_2 和 CH_4 经 TDX-01 碳分子筛柱分离后，于氢气流中在镍催化剂[(360±10)℃]作用下，CO、CO_2 皆能转化为 CH_4，然后用氢火焰离子化检测器分别测定上述三种物质，其出峰顺序为：CO、CH_4、CO_2。

测定时，先在预定实验条件下，用定量管加入各组分标准气，记录色谱峰，并测量其峰高。按照式(4-4)计算定量校正值：

$$K = \frac{\rho_s}{h_s} \tag{4-4}$$

式中，K 为定量校正值，表示每毫米峰高所代表的气体质量浓度，mg/(m³·mm)；ρ_s 为标准气中 CO(或 CO_2、CH_4)的质量浓度，mg/m³；h_s 为标准气中 CO(或 CO_2、CH_4)的峰高，mm。

然后在与测定标准气同样条件下测定气样，测定各组分的峰高(h_s)，按照式(4-5)计算出 CO(或 CO_2、CH_4)的质量浓度(ρ_s)：

$$\rho_s = h_s \times K \tag{4-5}$$

2. 二氧化碳的测定

CO_2 是导致温室效应的主要气体组分之一。大气中主要的温室气体包括 CO_2、O_3、N_2O、CH_4、氯氟烃等。其中 CO_2 对温室效应的贡献最大，约占 55%，已成为温室气体削减与控制的重点。目前推荐的分析方法主要有非分散红外吸收法、气相色谱法。

1) 非分散红外吸收法

非分散红外吸收法的基本原理是基于 CO_2 在 4.3 μm 红外区有一个吸收峰，在此波长下，氧、氮、一氧化碳、水蒸气都没有明显的吸收。利用红外吸收原理，可制成便携式二氧化碳测试仪，该方法已成为国家环境保护标准(HJ 870—2017)。

2) 气相色谱法

气相色谱法可以同时测定气体中的 CO、CO_2 和甲烷，详见 CO 测定中的气相色谱法，具体参见国家标准《气体中一氧化碳、二氧化碳和碳氢化合物的测定　气相色谱法》(GB/T 8984—2008)。

4.3.4　光化学氧化剂与臭氧的测定

空气中总氧化剂是指除氧以外显示有氧化性的物质，一般是指能氧化碘化钾析出碘的物质，主要有 O_3、过氧乙酰硝酸酯(PAN)、NO_x 等。光化学氧化剂是指除去氮氧化物以外的能氧化碘化钾的物质。一般情况下，O_3 占光化学氧化剂总量的 90%以上，故测定时常以 O_3 浓度计为光化学氧化剂的含量。总氧化剂和光化学氧化剂二者的关系为

$$\rho(\text{光化学氧化剂}) = \rho(\text{总氧化剂}) - 0.269 \times \rho(\text{氮氧化物}) \tag{4-6}$$

式中，0.269 为 NO_2 的校正系数，即在采样后 4～6 h，有 26.9%的 NO_2 与碘化钾反应。同时，因采样时在吸收管前安装了三氧化铬-石英砂氧化管，将 NO 等低价氮氧化物氧化成 NO_2，所以式中使用大气中 NO_x 总浓度。

1. 光化学氧化剂的测定

测定空气中光化学氧化剂常用硼酸-碘化钾分光光度法。用硼酸碘化钾吸收液吸收空气中的臭氧及其他氧化剂，吸收反应如下：

$$O_3 + 2I^- + 2H^+ \longrightarrow I_2 + O_2 + H_2O$$

碘离子被氧化析出碘分子的量与臭氧等氧化剂有定量关系，于 352 nm 处测定游离碘的吸光度，与标准色列吸光度比较，可得总氧化剂浓度，扣除参加反应的 NO_x 部分后即为光化学氧化剂的浓度。

测定时，以硫酸酸化的碘酸钾-碘化钾溶液作 O_3 标准溶液(以 O_3 计)配制标准系列，在 352 nm 波长处以蒸馏水为参比测其吸光度，以吸光度对相应的 O_3 质量浓度绘制标准曲线。然后，在同样操作条件下测定气样吸收液的吸光度，按照式(4-7)计算光化学氧化剂的质量浓度：

$$\rho(\text{光化学氧化剂})(O_3，\text{mg/m}^3) = \frac{(A_1 - A_0) - a}{bV_sK} - 0.269\rho \tag{4-7}$$

式中，A_1 为气样吸收液的吸光度；A_0 为试剂空白溶液的吸光度；a 为标准曲线的截距；b 为标准曲线的斜率，μg^{-1}(以 O_3 计)；V_s 为标准状况下的采样体积，L；K 为吸收液采样效率(用相对比较法测定)，%；ρ 为同步测定气样中 NO_x 的质量浓度(以 NO_2 计)，mg/m^3。

用碘酸钾溶液代替 O_3 标准溶液的反应如下：

$$KIO_3 + 5KI + 3H_2SO_4 \Longrightarrow 3I_2 + 3K_2SO_4 + 3H_2O$$

当标准曲线不通过原点而与横坐标相交时，表示标准溶液中存在还原性杂质，可加入适量过氧化氢将其氧化。三氧化铬-石英砂氧化管使用前必须通入含量较高的 O_3 气体，否则，采样时 O_3 损失可达 50%～90%。

2. 臭氧的测定

臭氧是空气中的氧在太阳紫外线的照射下或受雷击形成的，是仅次于 $PM_{2.5}$ 的导致我国城市空气质量超标的大气污染物。测定大气中臭氧的方法有分光光度法、化学发光法、紫外分光光度法等。

1) 分光光度法

分光光度法主要有靛蓝二磺酸钠分光光度法、硼酸碘化钾分光光度法。

靛蓝二磺酸钠分光光度法是用含有靛蓝二磺酸钠的磷酸盐缓冲溶液作吸收液采集空气样品，则空气中的 O_3 与蓝色的靛蓝二磺酸钠发生等摩尔反应，生成靛红二磺酸钠，使之褪色，于 610 nm 波长处测其吸光度，用标准曲线法定量。

2) 化学发光法

测定臭氧的化学发光法有三种，即罗丹明 B 法、一氧化氮法和乙烯法。其中乙烯法是基于 O_3 和乙烯发生均相化学发光反应，生成激发态甲醛，当激发态甲醛瞬间回到基态时，放出光子，波长范围为 300～600 nm，峰值波长为 435 nm；发光强度与 O_3 浓度成正比，通过测试发光强度即可测得环境空气中 O_3 浓度。反应式如下：

$$2O_3 + 2C_2H_4 \longrightarrow 2C_2H_4O_3 \longrightarrow 4HCHO^* + O_2$$

$$HCHO^* \longrightarrow HCHO + h\nu$$

3) 紫外分光光度法

当样品空气以恒定的流速通过除湿器和颗粒物过滤器进入仪器的气路系统时分成两路，一路为样品空气，一路通过选择性臭氧洗涤器成为零气，样品空气和零气在电磁阀的控制下交替进入样品吸收池(或分别进入样品吸收池和参比池)，臭氧对 253.7 nm 波长的紫外光有特征吸收。设零气通过吸收池时检测的光强度为 I_0，样品空气通过吸收池时检测的光强度为 I，则 I/I_0 为透光率。根据朗伯-比尔定律，由透光率计算臭氧浓度：

$$\ln(I/I_0) = -a\rho d \tag{4-8}$$

式中，I/I_0 为样品的透光率，即样品空气和零气的光强度之比；ρ 为采样温度、压力条件下臭氧的质量浓度，$\mu g/m^3$；d 为吸收池的光程，m；a 为臭氧在 253.7 nm 处的吸收系数，$a = 1.44\times10^{-5} m^2/\mu g$。

环境臭氧分析仪主要由紫外吸收池、紫外光源灯、紫外检测器等组成，如图 4-25 所示。

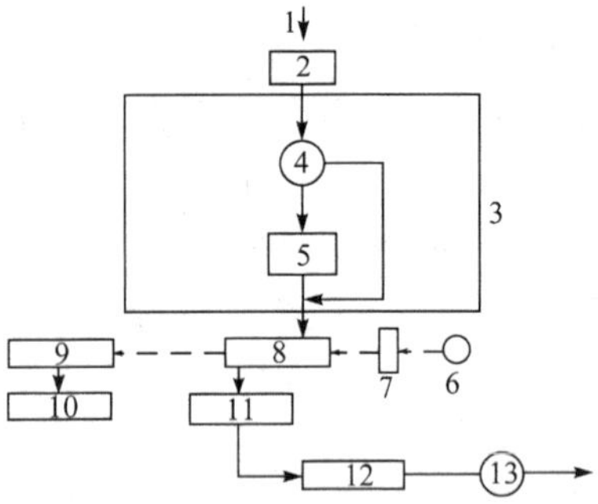

图 4-25 紫外光度法臭氧测量系统示意图

1. 空气输入；2. 颗粒物过滤器和除湿器；3. 环境臭氧分析仪；4. 旁路阀；5. 涤气器；6. 紫外光源灯；7. 光学镜片；8. UV 吸收池；9. UV 检测器；10. 信号处理器；11. 空气流量计；12. 流量控制器；13. 泵

4.3.5 氟化物的测定

空气中氟化物以气态和含氟粉尘两种形态存在，气态氟化物主要是 HF 和少量的 SiF_4、CF_4；含氟粉尘主要是冰晶石(Na_3AlF_6)、萤石(CaF_2)、氟化铝(AlF_3)等。含氟废气主要源于炼铝行业和磷肥工业、烧结及冶炼含氟金属矿石、氟和氟盐生产、玻璃陶瓷及制冷剂生产等。

目前，氟离子选择电极法是测定空气中氟化物广泛采用的方法，该法依据氟化物采样方法的不同，又可分为滤膜采样-氟离子选择电极法、石灰滤纸采样-氟离子选择电极法两种。

1. 滤膜采样-氟离子选择电极法

用滤膜夹中装有磷酸氢二钾溶液浸渍或碳酸氢钠-甘油溶液浸渍的玻璃纤维滤膜的采样器采样，则空气中的气态氟化物被吸收固定，尘态氟化物同时被阻留在滤膜上；采样后的滤膜用水或酸浸取后，用氟离子选择电极法测定。

如需要分别测定气态、尘态氟化物时，第一层采样膜用孔径 0.8 μm 经柠檬酸溶液浸渍的纤维素酯微孔膜先阻留尘态氟化物，第二层用磷酸氢二钾浸渍过的玻璃纤维滤膜采集气态氟化物。另取未采样的浸取吸收液的滤膜 3～4 张，按照采样滤膜的测定方法测定空白值(取平均值)。

空气中氟化物的质量浓度ρ(F)按照式(4-9)计算：

$$\rho(\mathrm{F})=\frac{W_1+W_2-2W_0}{V_0} \tag{4-9}$$

式中，ρ(F)为空气中氟化物的质量浓度，μg/m^3；W_1为上层滤膜样品的氟含量，μg；W_2为下层滤膜样品的氟含量，μg；W_0为空白滤膜平均氟含量，μg；V_0为标准状态下的采样体积，m^3。

2. 石灰滤纸采样-氟离子选择电极法

用浸渍氢氧化钙溶液的滤纸采样，则空气中的氟化物与浸渍在滤纸上的氢氧化钙反应而被固定。用总离子强度调节缓冲液浸取后，以氟离子选择电极法测定。

该方法将浸渍吸收液的滤纸自然暴露于空气中采样，对比前一种方法，不需要采样动力，并且由于采样时间长，测定结果能较好地反映空气中氯化物平均污染水平。空气中氟化物的质量浓度ρ(F)按照式(4-10)计算：

$$\rho(\mathrm{F})=\frac{W-W_0}{S\times n} \tag{4-10}$$

式中，ρ(F)为空气中氟化物的含量，μg/(100 cm^2 · d)；W为石灰滤纸样品的氟含量，μg；W_0为空白石灰滤纸平均氟含量，μg；S为石灰滤纸暴露在空气中的面积，cm^2；n为石灰滤纸在空气中放置天数，d，应准确至 0.1 d。

4.3.6　总烃与非甲烷总烃的测定

污染环境空气的烃类一般是指具有挥发性的碳氢化合物(C_1～C_8)，常用两种方法表示：一种是包括甲烷在内的碳氢化合物，称为总烃(THC)，另一种是除甲烷以外的碳氢化合物，称为非甲烷总烃(NMHC)。空气中的碳氢化合物主要来自石油炼制、焦化、化工等生产过程中逸散和排放的废气及汽车尾气。目前，通常采用气相色谱法、光电离检测法测定总烃与非甲烷总烃含量。

1. 气相色谱法

气相色谱法的测定原理是基于以氢火焰离子化检测器分别测定气样中总烃和甲烷含量，两者之差即为非甲烷总烃含量。可采用以氮气或除烃净化气为载气测定，气相色谱仪中并联两根色谱柱：①以氮气为载气测定：一根是不锈钢螺旋空柱，用于测定总烃；另一根是填充 GDX-502 担体的不锈钢柱，用于测定甲烷；②以除烃净化气为载气测定：一根是填充玻璃微球的不锈钢柱，用于测定总烃；另一根是填充 GDX-502 担体的不锈钢柱，用于测定甲烷。

图 4-26 为以氮气为载气测定总烃和非甲烷总烃的流程图。在选定色谱条件下，将大气试样、甲烷标准气及除烃净化气依次分别经定量管和六通阀注入，通过色谱仪空柱到达检测器，

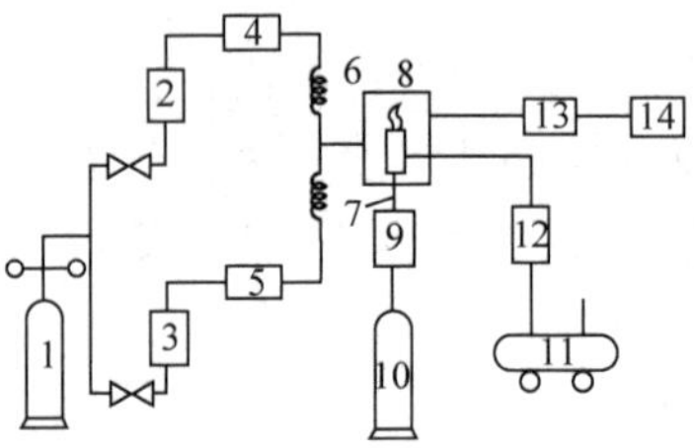

图 4-26 气相色谱法测定总烃和非甲烷总烃流程示意图

1. 氮气瓶；2、3、9、12. 净化器；4、5. 六通阀(带 1 mL 定量管)；6. GDX-502 柱；7. 空柱；8. FID；10. 氢气瓶；11. 空气压缩机；13. 放大器；14. 记录仪

可分别得到三种气样的色谱峰。设大气试样总烃峰高(包括氧峰)为 h_t，甲烷标准气样峰高为 h_s，除烃净化气峰高为 h_a。

在相同色谱条件下，将大气试样、甲烷标准气样通过定量管和六通阀分别注入仪器，经 GDX-502 柱分离到达检测器，依次得到气样中甲烷的峰高(h_m)和甲烷标准气样中甲烷的峰高(h_s')。按式(4-11)～式(4-13)分别计算总烃、甲烷和非甲烷总烃的含量。

$$总烃(以CH_4计，mg/m^3) = \frac{h_t - h_a}{h_s} c_s \tag{4-11}$$

$$甲烷(mg/m^3) = \frac{h_m}{h_s'} c_s \tag{4-12}$$

$$非甲烷总烃浓度=总烃浓度-甲烷浓度 \tag{4-13}$$

式中，c_s 为甲烷标准气浓度，mg/m^3。

2. 光电离检测法

有机化合物分子在紫外线光照射下可产生光电离现象，即

$$RH + h\nu \longrightarrow RH^+ + e^-$$

用光离子化检测器(PID)收集产生的离子流，其大小与进入电离室的有机化合物的质量成正比。凡是电离能小于紫外辐射能的物质(至少低 0.3 eV)均可被电离测定。光电离检测法通常使用 10.2 eV 的紫外线光源，此时氧、氮、二氧化碳、水蒸气等不电离，无干扰，CH_4 的电离能为 12.98 eV，也不被电离，而 C_4 以上的烃大部分可电离，这样可直接测定空气中的非甲烷烃。该方法简单，可进行连续监测。但是，所检测的非甲烷烃是指 C_4 以上的烃，而气相色谱法检测的是 C_2 以上的烃。

4.3.7 挥发性有机化合物和甲醛的测定

1. 挥发性有机化合物的测定

VOCs 是指沸点在 50～260℃，室温下饱和蒸气压超过 133.325 Pa 的有机物，如苯、卤代烃、氧烃等。VOCs 排入大气后可转化为二次 $PM_{2.5}$ 和形成光化学烟雾。

VOCs 通常采用气相色谱法或气相色谱-质谱法测定。《环境空气 挥发性有机物的测定 吸附管采样-热脱附/气相色谱-质谱法》(HJ 644—2013)规定的 VOCs 测定由吸附管采样-热脱附/气相色谱-质谱法完成；采用固体吸附剂(Tenax GC 或 Tenax TA)富集环境空气中挥发性有机化合物，将吸附管置于热脱附仪中，解吸挥发性有机化合物，待测样品经气相色谱分离后，用质谱进行检测。通过与待测目标物标准质谱图相比较和保留时间进行定性，外标法或内标法定量。

2. 甲醛的测定

测定环境空气中甲醛的方法主要有酚试剂分光光度法、高效液相色谱法等。

1) 酚试剂分光光度法

空气中的甲醛与酚试剂(盐酸-3-甲基-苯并噻唑腙，$C_6H_4SN(CH_3)C{=}NNH_2 \cdot HCl$)反应，简

称 MBTH 反应，生成嗪，在高价铁离子存在下，嗪与酚试剂的氧化产物反应生成蓝绿色化合物，在波长 630 nm 处用分光光度法测定。

2) 高效液相色谱法

使用填充了涂渍 2, 4-二硝基苯肼(DNPH)的采样管采集一定体积的空气样品，样品中的醛酮类化合物经强酸催化与涂渍于硅胶上的 DNPH 反应生成稳定有颜色的腙类衍生物，经乙腈洗脱后，使用高效液相色谱仪的紫外(360 nm)或二极管阵列检测器检测，根据标准色谱图各组分的保留时间定性，采用色谱峰面积定量。

4.3.8 其他污染物的测定

1. 苯及苯系物的测定

苯系物的测定主要有活性炭吸附/二硫化碳解吸-气相色谱法(HJ 584—2010)和固体吸附/热脱附-气相色谱法(HJ 583—2010)，主要适用于环境空气及室内空气中苯、甲苯、乙苯、邻二甲苯、间二甲苯、对二甲苯、异丙苯和苯乙烯的测定，同时也适用于常温下低浓度废气中苯系物的测定。

2. 二噁英类的测定

二噁英类是多氯代二苯并对二噁英(PCDDs)和多氯代二苯并呋喃(PCDFs)的统称，共有 210 种同类物。二噁英类是一类无色无味、毒性强且结构非常稳定的脂溶性物质，其分解温度大于 700℃，易在生物体内积累，对人体危害严重。同位素稀释高分辨气相色谱-高分辨质谱(HRGC-HRMS)法(HJ 77.2—2008)可用来对 2, 3, 7, 8-氯代二噁英类、四氯～八氯取代的二噁英类进行定性和定量分析。该方法主要是利用滤膜和吸附材料对环境空气、废气中的二噁英类进行采样，采集的样品加入提取内标，分别对滤膜和吸附材料进行处理得到样品提取液，再经净化和浓缩转化为最终分析样品，用高分辨气相色谱-高分辨质谱法进行定性和定量分析。

3. 多环芳烃的测定

环境空气中多环芳烃的测定主要采用高效液相色谱法(HJ 647—2013)进行测定。测试过程中，空气中的多环芳烃收集于采样筒中，用 10/90(V/V)乙醚/正己烷的混合液进行提取，提取液经过浓缩、硅胶柱或弗罗里硅土柱等方式净化后，用具有荧光/紫外检测器的高效液相色谱仪分离检测。

4. 酚类化合物的测定

常用高效液相色谱法(HJ 638—2012)测定环境空气中的酚类化合物。主要是用 XAD-7 树脂采集的气态酚类化合物经甲醇洗脱后，用高效液相色谱分离，紫外检测器或二极管阵列检测器检测，以保留时间定性，外标法定量。

5. 汞的测定

空气中的汞来源于汞矿开采和冶炼、仪表制造、有机合成、燃料燃烧等工业生产过程排放及逸散的废气和粉尘。其测定方法有分光光度法、冷原子吸收法、冷原子荧光法等，其中，冷原子吸收法应用比较广泛，其测定原理为用金膜微粒富集管在常温下富集空气中的微量汞蒸气，生成金汞齐，将其加热(500℃以上)释放出汞，被载气带入冷原子吸收测汞仪，利用汞蒸气对 253.7 nm 光吸收量，用标准曲线法进行定量分析。

4.4 颗粒物的测定

大气中颗粒物质的测定项目有：总悬浮颗粒物(TSP)、可吸入颗粒物(PM_{10})、细颗粒物($PM_{2.5}$)、降尘量及其组分、颗粒物化学组分等。

4.4.1 总悬浮颗粒物的测定

测定 TSP 常用重量法，以恒定流量抽取定量体积的环境空气通过已恒量的滤膜，则空气中的悬浮颗粒物被阻留在滤膜上，根据采样前后滤膜质量之差及采样体积，即可计算 TSP 的浓度，滤膜经处理后还可进行 TSP 组分分析。

常用的滤膜有聚四氟乙烯(Teflon)滤膜、石英滤膜和玻璃纤维滤膜等。由于颗粒物不同成分分析对象对所使用的采样滤膜种类要求不同，因此在以成分分析为目的的颗粒物监测中，需选用不同种类的滤膜，各种膜处理方法见表 4-4。

表 4-4 不同种类滤膜的特点及前处理方式

滤膜种类	特点	成分分析对象	前处理要求
石英滤膜	膜较脆弱	EC/OC、有机组分	450～500℃ 烘焙 4 h
Teflon 滤膜	稳定、含碳量高	水溶性离子、元素	60℃ 烘焙 2 h

注：EC 表示元素碳，OC 表示有机碳。

根据采样流量不同，分为大流量采样法和中流量采样法。大流量采样(1.1～1.7 m^3/min)使用大流量采样器连续采样 24 h，按式(4-14)计算 TSP 浓度：

$$\text{TSP}(\text{mg/m}^3) = \frac{W_c - W_0}{V_n} \times 1000 \tag{4-14}$$

式中，W_c 为尘膜的质量，g；W_0 为空白膜的质量，g；V_n 为标准状态下的累积采样体积，m^3。

采样器在使用期间每月应采用孔板(口)流量校准器对采样器流量进行校准。

4.4.2 PM_{10} 与 $PM_{2.5}$ 的测定

PM_{10} 与 $PM_{2.5}$ 的测定分为手工监测与自动监测两种。

1. 手工监测

PM_{10} 与 $PM_{2.5}$ 的手工测定使用重量法，使一定体积的空气通过安装有切割器的采样器，将空气动力学直径大于 10 μm(2.5 μm)的颗粒物分离出去，小于 10 μm(2.5 μm)的颗粒物被收集在已恒量的滤膜上，根据采样前后滤膜质量之差及采样体积，即可计算出 PM_{10}、$PM_{2.5}$ 的质量浓度。滤膜采集的 PM_{10}、$PM_{2.5}$ 还可用于化学组分分析。

2. 自动监测

目前国际上常用的 PM_{10} 与 $PM_{2.5}$ 自动监测方法分为β射线衰减法和振荡天平法(压电晶体

振荡法)两种。

1) β射线衰减法

该方法基于 β 射线通过特定物质后，其强度衰减程度与所透过的物质质量有关，而与物质的物理、化学性质无关；采用微量 ^{14}C 作高能电子发射源，当高能量的电子由 ^{14}C 发射出来(β 射线)碰到尘粒子时，能量减退或被粒子吸收，这个减少量取决于由 ^{14}C 发射源和检测器之间的吸收物质质量。其工作原理如图 4-27 所示，同强度的 β 射线分别穿过清洁滤带和集尘滤带，通过测量清洁滤带和集尘滤带对 β 射线吸收程度的差异得到颗粒物的质量浓度：

$$I = I_0 \times \exp(-\mu M) \tag{4-15}$$

$$c = \frac{S}{\mu V}\ln\left(\frac{I_0}{I}\right) \tag{4-16}$$

式中，I 为通过沉积颗粒物(PM_{10} 或 $PM_{2.5}$)滤带的 β 射线量；I_0 为通过清洁滤带的 β 射线量；μ 为质量吸收系数，$m^2/\mu g$；M 为单位面积颗粒物的质量，$\mu g/m^2$；c 为 PM_{10} 或 $PM_{2.5}$ 的质量浓度，$\mu g/m^3$；S 为捕集面积，m^2；V 为采气体积，m^3。

2) 振荡天平法

该方法以颗粒物质量的变化而引起的振荡频率变化来反映颗粒物的浓度。其工作原理如图 4-28 所示。气样经粒子切割器剔除粒径大于 10 μm(2.5 μm)的粗颗粒，小于 10 μm(2.5 μm)的颗粒进入测量气室，测量气室内有高压放电针、石英谐振器及电极构成的静电采样器，气样中的颗粒物因高压电晕放电带负电荷，然后在带正电的石英谐振器电极表面放电并沉积，除尘后的气样流经参比室内的石英谐振器排出。因参比石英谐振器没有集尘作用，当没有气样进入仪器时，两谐振器固有振荡频率相同($f_{\mathrm{I}}=f_{\mathrm{II}}$)，无信号送入电子处理系统，数显屏幕上显示零。当有气样进入仪器时，则测量石英谐振器因集尘而质量增加，使其振荡频率(f_1)降低，两振荡器频率之差(Δf)经信号处理系统转换成颗粒物浓度并在数显屏幕上显示。测量石英谐振器集尘越多，振荡频率(f_1)降低也越多，二者具有线性关系，即

$$\Delta f = K\Delta m \tag{4-17}$$

式中，K 为由石英晶体特性和温度等因素决定的常数；Δm 为测量石英晶体质量增值，即采集的颗粒物质量，mg。

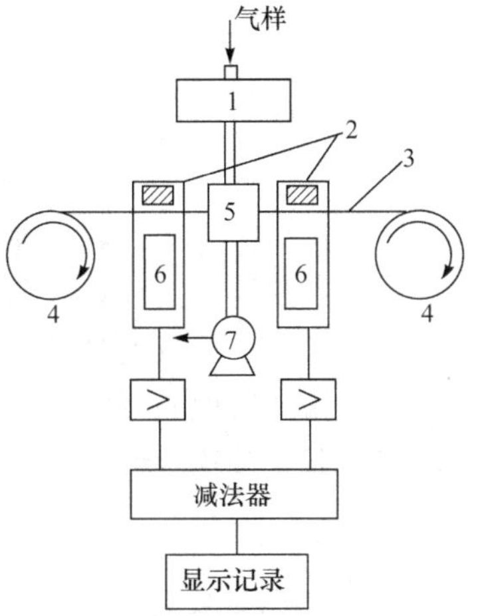

图 4-27　β射线衰减法测定原理

1. 切割器；2. 射线源；3. 玻璃纤维滤带；4. 滚筒；5. 集尘器；6. 检测器；7. 抽气泵

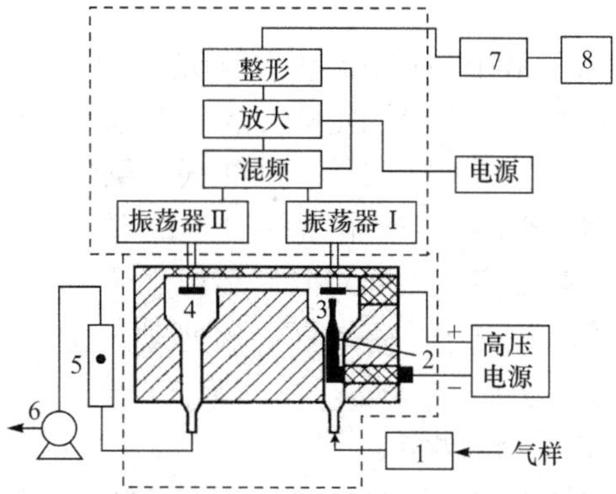

图 4-28　振荡天平法测定原理

1. 切割器；2. 放电针；3. 测量石英谐振器；4. 参比石英谐振器；5. 流量计；6. 抽气泵；7. 计算器；8. 显示器

设大气中 PM_{10} 或 $PM_{2.5}$ 浓度为 c(mg/m³)，采样流量为 Q(m³/min)，采样时间为 t(min)，则

$$\Delta m = cQt \tag{4-18}$$

代入式(4-17)得

$$c = \frac{1}{K}\frac{\Delta f}{Qt} \tag{4-19}$$

因实际测量时 Q、t 值均已固定，故可改写为

$$c = A\Delta f \tag{4-20}$$

可见，通过测量采样后两石英谐振器频率之差(Δf)，即可得知 PM_{10} 与 $PM_{2.5}$ 的质量浓度。

4.4.3 降尘量及其组分的测定

降尘是指大气中靠重力自然降落于地面上的颗粒物，其粒径多在 10 μm 以上。自然降尘量除取决于自身质量及粒度大小外，风力、降水、地形等自然因素也起着一定的作用。我国规定的自然降尘的测定方法是重量法，即以乙二醇水溶液为收集液进行湿法采样，再用重量法测定。

首先按一定原则布点，将集尘缸放置在户外空旷的地方，大气中的灰尘自然沉降在装有乙二醇水溶液的集尘缸内，按月收集起来。剔除里面的树叶、小虫等异物，其余部分定量转移到 500 mL 烧杯中，加热蒸发浓缩至 10～20 mL 后，再转移到已恒量的瓷坩埚中，在电热板上蒸干后，于(105±5)℃烘箱内烘至恒量，按式(4-21)计算降尘量：

$$降尘量\left[\mathrm{t/(km^2 \cdot 30\ d)}\right] = \frac{W_1 - W_0 - W_c}{S \times n} \times 30 \times 10^4 \tag{4-21}$$

式中，W_1 为降尘、瓷坩埚和乙二醇蒸干并在(105±5)℃恒量后的质量，g；W_0 为(105±5)℃烘干恒量后瓷坩埚的质量，g；W_c 为与采样操作等量的乙二醇蒸干并在(105±5)℃恒量后的质量，g；S 为集尘缸缸口面积，cm²；n 为采样天数(准确到 0.1 d)。

除测定降尘量外，有时还需测定降尘中的可燃性物质、水溶性物质、非水溶性物质、灰分，以及某些化学组分如硫酸盐、硝酸盐、氯化物、焦油等。通过这些物质的测定，可以分析判断污染因子、污染范围和程度等。

4.4.4 颗粒物中污染组分的测定

1) 金属和非金属化合物的测定

颗粒物中常需要测定的金属和非金属化合物有铍、铬、铅、铁、铜、锌、镉、镍、钴、锑、锰、砷、硒、硫酸根、硝酸根、氯化物等。其测定方法分为不需要样品预处理和需要样品预处理两类。不需要样品预处理的方法如 X 射线荧光光谱法、等离子体发射光谱法等，这些方法灵敏度高，能同时测定多种金属和非金属元素等。需要样品预处理的方法有分光光度法、原子吸收光谱法等。样品预处理方法因组分不同而异，常用的有湿式分解法、干式灰化法、水浸取法等。

2) 有机物的测定

颗粒物中的有机组分很复杂，其中多环芳烃(如蒽、菲、芘等)受到普遍关注，不少具有致癌作用。例如，苯并[a]芘就是环境中普遍存在的一种强致癌物质，来自含碳燃料及有机物热解过程。测定苯并[a]芘的方法主要有荧光分光光度法、高效液相色谱法、紫外分光光度法等。

在测定之前，需要先进行提取和分离，一般是加有机溶剂进行提取，用 SPE(固相萃取)小柱进行纯化。

4.5　空气质量指数与自动监测系统

4.5.1　空气质量指数

1. 空气质量指数及其分级方案

空气质量指数(air quality index，AQI)是定量描述空气质量状况的指数，其数值越大说明空气污染状况越严重。空气质量按照 AQI 大小分为六级，对应空气质量的六个类别，指数越大、级别越高，说明空气污染情况越严重，对人体的健康危害也就越大。空气质量的六个类别依次为：一级优(0～50)、二级良(51～100)、三级轻度污染(101～150)、四级中度污染(151～200)、五级重度污染(201～300)、六级严重污染(>300)。

AQI 只表征污染程度，并非具体污染物的浓度值。按照《环境空气质量标准》(GB 3095—2012)，参与空气质量评价的污染物为 $PM_{2.5}$、PM_{10}、SO_2、NO_2、O_3、CO 等六项。针对单项污染物的还规定了空气质量分指数(individual air quality index，IAQI)。空气质量分指数及对应的污染物浓度限值如表 4-5 所示。

表 4-5　空气质量分指数及对应的污染物浓度限值

空气质量分指数	污染物浓度限值									
	二氧化硫日均/(μg/m³)	二氧化硫 1 h 平均/(μg/m³)(1)	二氧化氮日均/(μg/m³)	二氧化氮 1 h 平均/(μg/m³)(1)	可吸入颗粒物日均/(μg/m³)	一氧化碳日均/(mg/m³)	一氧化碳 1 h 平均/(μg/m³)(1)	臭氧 1 h 平均/(μg/m³)	臭氧 8 h 滑动平均/(μg/m³)	细颗粒物日均/(μg/m³)
0	0	0	0	0	0	0	0	0	0	0
50	50	150	40	100	50	2	5	160	100	35
100	150	500	80	200	150	4	10	200	160	75
150	475	650	180	700	250	14	35	300	215	115
200	800	800	280	1200	350	24	60	400	265	150
300	1600	(2)	565	2340	420	36	90	800	800	250
400	2100	(2)	750	3090	500	48	120	1000	(3)	350
500	2620	(2)	940	3840	600	60	150	1200	(3)	500

注：(1) 二氧化硫、二氧化氮和一氧化碳的 1 h 平均浓度限值仅用于实时报，在日报中需使用相应污染物的 24 h 平均浓度限值；

(2) 二氧化硫 1 h 平均浓度限值高于 800 μg/m³ 的，不再进行其空气质量分指数计算，二氧化硫空气质量分指数按 24 h 平均浓度计算的分指数报告；

(3) 臭氧 8 h 滑动平均浓度限值高于 800 μg/m³ 的，不再进行其空气质量分指数计算，臭氧空气质量分指数按 1 h 平均浓度计算的分指数报告。

2. 环境空气质量指数的计算与评价过程

第一步：根据 $PM_{2.5}$、PM_{10}、SO_2、NO_2、O_3、CO 等六种污染物的实测浓度值及其质量指数分级浓度限值(表 4-5)计算各污染物的 IAQI，各污染物 IAQI 计算公式如下：

$$\mathrm{IAQI_P}=\frac{\mathrm{IAQI_{H\it i}}-\mathrm{IAQI_{L0}}}{\mathrm{BP_{H\it i}}-\mathrm{BP_{L0}}}(c_\mathrm{P}-\mathrm{BP_{L0}})+\mathrm{IAQI_{L0}} \tag{4-22}$$

式中，$\mathrm{IAQI_P}$为污染物项目 P 的空气质量分指数；c_P为污染物项目 P 的实测浓度值；$\mathrm{BP_{H\it i}}$为与c_P相近的污染物浓度限值的高位值(表 4-5)；$\mathrm{BP_{L0}}$为与c_P相近的污染物浓度限值的低位值(表 4-5)；$\mathrm{IAQI_{H\it i}}$为与$\mathrm{BP_{H\it i}}$对应的空气质量分指数(表 4-5)；$\mathrm{IAQI_{L0}}$为与$\mathrm{BP_{L0}}$对应的空气质量分指数(表 4-5)。

第二步：从各项污染物的 IAQI 中选择最大值确定为 AQI，当 AQI 大于 50 时将 IAQI 最大的污染物确定为首要污染物，即

$$\mathrm{AQI}=\max\left(\mathrm{IAQI_1},\mathrm{IAQI_2},\cdots,\mathrm{IAQI}_i,\cdots,\mathrm{IAQI}_n\right) \tag{4-23}$$

式中，IAQI_i为某污染物项目 P 的空气质量分指数；n为污染物项目。

IAQI 的计算其实是不同标准污染物的“等标”过程，将具有不同标准值的各类污染物对环境的危害等标到“空气质量分指数”，使之具有可比性。

第三步：对照 AQI 分级标准，确定空气质量级别、类别及表示颜色、健康影响与建议采取的措施。

3. AQI 发布内容

AQI 发布内容包含城市和每个监测点位的日报与实时报：

日报：日报时间周期为 24 h，时段为当日零点前 24 h；日报的指标包括 $PM_{2.5}$、PM_{10}、SO_2、NO_2、O_3、CO 的 24 h 平均，以及 O_3 的日最大 1 h 滑动平均、O_3 的日最大 8 h 滑动平均，共计 8 个指标。

实时报：实时报时间周期为 1 h，每一整点时刻后即可发布各监测点位的实时报，滞后时间不应超过 1 h。实时报的指标包括 $PM_{2.5}$、PM_{10}、SO_2、NO_2、O_3、CO 的 1 h 平均，以及 O_3 的 8 h 滑动平均和 $PM_{2.5}$、PM_{10} 的 24 h 滑动平均，共计 9 个指标。

4.5.2 空气质量自动监测系统

空气质量自动监测已经成为我国城市环境空气质量监测的主要技术手段，是评估空气质量、制订大气污染控制策略和有效实施环境空气质量管理的基础体系。现阶段我国空气质量自动监测体系大体可划分为国家级、省级和地市级三级监测网络。截至 2020 年 1 月，我国已建立了 1800 个国控站点，涵盖 339 个城市的全国空气质量监测网络，并均已开展城市空气质量日报工作，并以各种途径向社会发布。

空气质量自动监测系统是一套区域性空气质量的实时监测网络，一般由一个中心计算机室、若干个监测子站、质量保证实验室和系统支持实验室四部分组成，如图 4-29 所示。

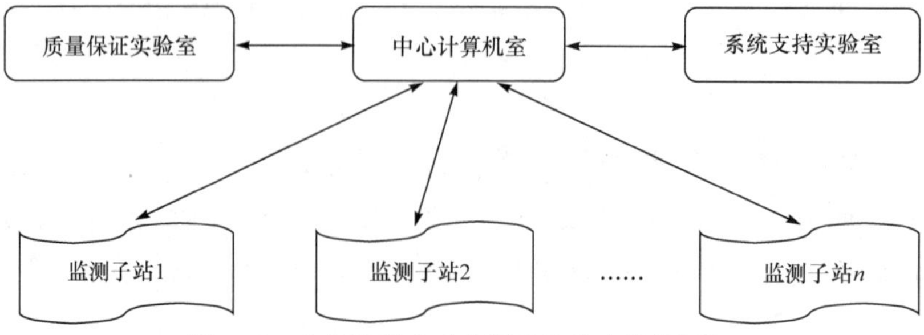

图 4-29 空气质量自动监测系统基本结构框架

1) 中心计算机室

中心计算机室是整个系统运行的中心，它一般由计算机、分析设备、通信设备、控制设备、输出设备等组成。中心计算机室主要职能是：

(1) 定时或随时向各监测子站发出各种工作命令，收取各监测子站的监测数据，并对所收取的监测数据进行判别、检查、舍取和存储等，以报表或图表等形式输出各类监测数据报告。

(2) 对全系统运行实时控制，包括通信控制、对监测子站的监测仪器进行零点校准和远程诊断、随时收集仪器设备的工作状态信息等。

(3) 向各有关污染源所在地的管理部门发出污染指数或趋近超标的警报，以便采取相应对策。

2) 质量保证实验室

质量保证实验室是系统质量保证工作的核心，建立的目的是保证系统的正常运行，获得准确可靠的监测数据。

3) 系统支持实验室

系统支持实验室是整个系统的支持保障中心，它的任务是根据仪器设备的运行要求定期对其进行预防性维护和保养，及时对发生事故的仪器设备进行针对性检修和负责系统的仪器设备、备品备件和有关器材的保管和发放。

4) 监测子站

监测子站是整个系统的基础，它由采样系统、污染物监测仪、校准设备、气象监测仪、计算机/数据采集器等组成，图 4-30 为监测子站设备配置和结构示意图。其主要任务是：

(1) 实施对空气质量和气象状况进行连续自动实时监测。

(2) 对监测数据进行采集、处理和存储。

(3) 按中心计算机指令向中心传输监测数据和设备状态信息。

我国监测子站必测的项目有 SO_2、NO_2、CO、O_3、PM_{10}、$PM_{2.5}$ 等六项，推荐分析方法见表 4-6。

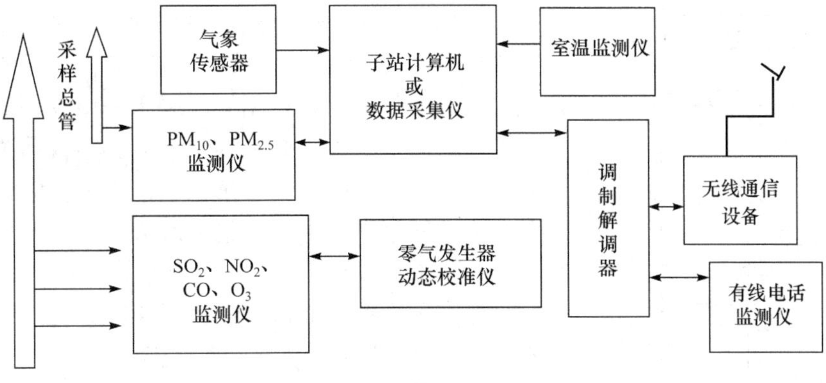

图 4-30　监测子站设备配置和结构示意图

表 4-6　我国推荐的空气污染物连续监测分析方法

监测项目	监测分析方法
SO_2	紫外荧光法、差分吸收光谱分析法
NO、NO_2、NO_x	化学发光法、差分吸收光谱分析法
CO	非分散红外吸收法、气体滤波红外吸收法

续表

监测项目	监测分析方法
O_3	紫外光度法、差分吸收光谱分析法
$PM_{2.5}/PM_{10}$	β射线衰减法、振荡天平法

4.6 降水监测

大气中的污染物可以通过降水迁移到地表，降水监测的目的是了解在降水(雨、雪等)过程中从大气降落到地面的沉降物的主要组成及某些污染组分的含量，既可为分析和控制大气污染提供依据，也可为研究污染物在环境中的迁移规律提供支持。

4.6.1 采样点的布设

降水采样点设置数目应视研究目的和区域实际情况确定。根据我国《大气降水样品采集与保存》(GB 13580.2—1992)标准规定：对于常规监测，人口 50 万以上的城市布设 3 个点，50 万以下的城市布设 2 个点。

采样点的布设应兼顾城市、农村和清洁对照区，并要考虑区域的环境特点，如地形、气象和工农业分布等；采样点应尽可能避开排放酸碱物质和粉尘的局部污染源及主要街道交通污染源，四周无遮挡雨、雪的高大树木或建筑物。

4.6.2 样品的采集与保存

1) 采样器

降雨采集器按照采样方式可分为人工采样器和自动采样器。人工采样器为上口直径 40 cm，高度不低于 20 cm 的聚乙烯塑料桶或玻璃筒。其中，聚乙烯塑料桶适用于无机监测项目采样，玻璃筒适用于有机监测项目采样。图 4-31 是一种分段连续自动采集雨水的采样器，将足够数量的容积相同的采水瓶由高到低依次排列，当最高的第一个采水瓶装满水样后，则自动关闭，雨水继续流向位置较低的第二、第三个采水瓶。例如，在一次性降雨中，每毫米降雨量收集 100 mL 雨水，共收集三瓶，以后的雨水再收集在一起。

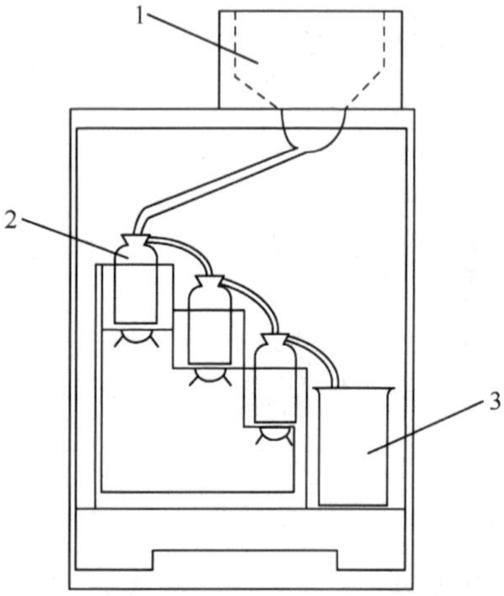

图 4-31 雨水自动采样器

1. 接水器；2. 采水瓶；3. 烧杯

降雪采集器用上口直径大于 50 cm，高度不低于 50 cm 的聚乙烯塑料容器。

自动采样器通过红外探测仪能对湿气(小雨、大雾、小雪等)感应，超过一定值后在 20 s 内打开盖子，反之，当湿度低于某个值时，盖子在 2 min 内关闭，使容器尽可能少暴露在干空气中。

2) 采样方法

(1) 从每次降雨(雪)开始，采集全过程(开始到结束)雨(雪)样；如遇连续几天降雨(雪)，每天上午 8:00 开始，连续采集 24 h 为一次样。

(2) 采样器应放置在高于基础面 1.2 m 以上。

(3) 采集样品后，应立即将样品转移至洁净干燥的样品瓶中，密闭保存，并贴上标签，进行编号，记录采样地点、日期、采样起止时间、降水量等。

降水起止时间、降水量及降水强度都可使用标准自动雨量计测定，与降水采样器同步进行。该仪器由降水量或降水强度传感器、变换器、记录仪等组成，使用时安装在采样器旁固定架上，距离采样器不小于 2 m，器口保持水平，距地面 70 cm。

3) 水样的保存

由于降水中含有尘粒、微生物等微粒，所以除测定 pH 和电导率的水样不需过滤，测定金属和非金属离子的水样都需用孔径 0.45 μm 的滤膜过滤。

降水中各化学组分的含量一般较低，为减缓物理、化学及生物作用导致的样品组分及含量的改变，应在采样后 24 h 内测量或妥善保存。样品如需保存，一般不添加保存剂，而应密封后放于冰箱中 3～5℃下冷藏。

4.6.3　降水组分的测定

1. 测定项目和测定频次

测定项目需根据监测目的确定，我国环境监测技术规范对降水例行监测要求测定项目如下：

Ⅰ级测点：必测项目为 pH、电导率、K^+、Na^+、Ca^{2+}、Mg^{2+}、NH_4^+、SO_4^{2-}、NO_2^-、NO_3^-、F^-、Cl^-等 12 个项目。对 pH 和降水量，要“逢雨必测”；连续降水超过 24 h 时，每 24 h 采集一次降水样品进行分析。省、市监测网络中的Ⅱ、Ⅲ级测点视实际需要和可能确定测定项目。

测定频次：在当月有降水的情况下，每月测定不少于一次，可随机选一个或几个降水量较大的样品分析上述项目。

2. 测定方法

12 个必测项目的测定方法与第 3 章水和废水监测中对应项目的测定方法相同，在此仅做简要介绍。

1) pH 的测定

pH 是评判酸雨最重要的项目。清洁的雨水一般被 CO_2 饱和，pH 在 5.6～5.7，当雨水的 pH 小于 5.6 时即为酸雨。常用玻璃电极法测定降水的 pH。

2) 电导率的测定。

雨水电导率与降水中所含离子的浓度大致成正比，测定雨水的电导率能快速推测雨水中溶解性物质总量。降水的电导率一般用电导率仪测定。

3) 水溶性离子的测定

(1) 硫酸根的测定。

降水中的 SO_4^{2-}主要源于大气气溶胶中可溶性硫酸盐及 SO_2 经催化氧化形成的硫酸雾，其一般浓度范围是几到上百毫克/升。测定方法主要有分光光度法、离子色谱法等；其中，离子色谱法可以连续测定降水中的 SO_4^{2-}、NO_2^-、NO_3^-、Cl^-、F^-等阴离子。

(2) 亚硝酸根及硝酸根的测定。

降水中的 NO_2^-、NO_3^-源于空气中的 NO_x，是导致降水 pH 降低的主要原因之一。降水中 NO_3^-浓度一般在几毫克/升以内，测定方法有离子色谱法、紫外分光光度法、镉柱还原法等。降水中 NO_2^-浓度测定方法主要有 *N*-(1-萘基)-乙二胺分光光度法、离子色谱法等。

(3) 氯离子的测定。

降水中 Cl^-是衡量空气中 HCl 导致降水 pH 降低和判断海盐粒子影响的标志，浓度一般在几到几十毫克/升。Cl^-测定方法有硫氰酸汞-高铁分光光度法、离子色谱法等。

(4) 氟离子的测定。

降水中 F^-可反映局部地区受氟污染的状况，其浓度一般较低，为 0.01～1.00 mg/L。测定方法有氟离子选择电极法、离子色谱法等。

(5) 铵离子的测定。

氨是某些工厂的排放物及含氮有机物的分解产物，空气中的氨进入降水中形成 NH_4^+，能中和酸雾，可在一定程度上抑制酸雨。但 NH_4^+随降水进入河流、湖泊后，会增加水中富营养化组分。其测定方法有纳氏试剂分光光度法、离子色谱法等。

(6) 钾、钠、钙、镁离子的测定。

降水中 K^+、Na^+的浓度通常在几毫克/升以内，可用原子吸收光谱法测定。

Ca^{2+}是降水中主要阳离子之一，浓度一般在几到几十毫克/升，对降水中的酸性物质有重要的中和作用。降水中 Mg^{2+}的含量一般在几毫克/升以下。降水中 Ca^{2+}、Mg^{2+}常用原子吸收光谱法测定。

此外，还可采用电感耦合等离子体质谱法、离子色谱法连续测定降水中的 K^+、Na^+、Ca^{2+}、Mg^{2+}等阳离子。

4.7　室内空气质量监测

室内环境是指人们工作、生活及其他活动所处的相对封闭的空间，随着人民生活水平的提高和科学技术的发展，大量新型建筑和装饰材料进入室内，且现代建筑物的密闭性强，使得室内空气污染问题日益突出。

室内空气污染物来源包括室内污染源和室外污染源，污染物种类主要有气态污染物(如氨、甲醛、苯系物、氡等)、颗粒物(PM_{10}、$PM_{2.5}$)及细菌、病毒等生物性污染物。许多室内空气污染物都是刺激性气体，会刺激眼、鼻、咽喉及皮肤，在污染的室内空气中长期生活，还会引起呼吸功能下降、呼吸道症状加重。

4.7.1　布点和采样方法

1. 布点原则和方法

采样点位的数量根据室内面积大小和现场情况确定，原则上室内面积 50 m^2 以下应设 1～3 个点；50～100 m^2 设 3～5 个点；100 m^2 以上至少设 5 个点。

多点采样时应按对角线或梅花式布点，应避开通风道和通风口，不能设在走廊、厨房、浴室、厕所，离墙壁距离应大于 0.5 m，离门窗距离大于 1 m。采样点的高度原则上与人的呼吸带高度一致，一般离地面高度 0.5～1.5 m。

2. 采样时间及频率

经过装修的室内环境，采样应在装修完成 7 天以后进行。一般建议在使用前采样检测，年平均浓度至少连续或间隔采样 3 个月，日平均浓度至少连续或间隔采样 18 h；8 h 平均浓度至少连续或间隔采样 6 h；1 h 平均浓度至少连续或间隔采样 45 min。

3. 采样方法

具体采样方法应按各污染物检验方法中规定的方法和操作步骤进行。要求年平均、日平均、8 h 平均值的参数，可以先做筛选采样检验。筛选法采样：采样前关闭门窗 12 h，至少采样 45 min。若检验结果符合标准值要求则为达标；当采用筛选法采样达不到标准要求时，必须采用累积法(按年平均、日平均、8 h 平均值)的要求采样。

室内空气样品的采集方法及装置与大气样品基本相同，需根据污染物在室内空气中存在状态和浓度选择。

4.7.2　监测项目与分析方法

室内空气质量包括温度、湿度、空气洁净度和新风量等指标。

1. 监测项目

监测项目的确定主要依据以下原则：

(1) 选择室内空气质量标准中要求控制的监测项目。

(2) 选择室内装饰装修材料有害物质限量标准中要求控制的监测项目。

(3) 选择人们日常活动可能产生的污染物。

(4) 依据室内装饰装修情况选择可能产生的污染物。

(5) 所选监测项目应有国家或行业标准分析方法、行业推荐的分析方法。

新装饰、装修过的室内环境应测定甲醛、苯、甲苯、二甲苯、总挥发性有机化合物(TVOC)等。人群比较密集的室内环境应测菌落总数、新风量及二氧化碳。住宅一层、地下室、其他地下设施，以及采用花岗岩、彩釉地砖等天然放射性含量较高材料新装修的室内环境都应监测氡(^{222}Rn)。

2. 分析方法

室内空气质量主要涉及与人体健康有关的物理、化学、生物和放射性参数，分析方法参照《室内空气质量标准》(GB/T 18883—2022)中要求的各项参数的监测方法；由于室内环境相对封闭，其空气质量的监测方法和指标与环境空气不尽相同。以下仅对新风量的测定作简要介绍。

新风量定义：新风量 Q 是指门窗关闭状态下，单位时间内由空调系统通道、房间的缝隙进入室内的空气总量，m^3/h；空气交换率 A 是指单位时间内由室外进入室内的空气量与该室内空气总量之比，h^{-1}。

测量原理：采用示踪气体浓度衰减法测定，在待测室内通入适量示踪气体，根据示踪气体浓度随时间的变化，计算新风量。

室内空气总量 V 的测定：分别测量计算出室内容积 V_1、室内物品(桌、沙发、柜、床、箱等)总体积 V_2，由式(4-24)计算 $V(m^3)$：

$$V = V_1 - V_2 \tag{4-24}$$

采样与测定：关闭门窗，在室内通入适量的示踪气体，按对角线或梅花式布点采集空气样品，用平均法或回归方程法计算空气交换率 A，进而得到新风量 $Q(Q=AV)$。

平均法：测定开始时示踪气体的浓度 ρ_0，15 min 或 30 min 时再采样，测定最终示踪气体浓度 ρ_t，前后浓度自然对数差除以测定时间 t，即为平均空气交换率 A：

$$A = (\ln\rho_0 - \ln\rho_t) / t \tag{4-25}$$

回归方程法：在 30 min 内按一定的时间间隔测量示踪气体浓度，测量频次不少于 5 次，以浓度的自然对数与对应的时间作图。用最小二乘法进行回归计算，回归方程式中的斜率即为空气交换率：

$$\ln\rho_t = \ln\rho_0 - At \tag{4-26}$$

4.8 固定污染源监测

固定污染源包括有组织排放源和无组织排放源。有组织排放源是指污染物经烟道、烟囱或排气筒等设施排放。无组织排放源是设在露天环境中的无组织排放设施或无组织排放的车间、工棚等。所排放的废气中包含气态、蒸气态和气溶胶态的多种有害物质。固定源排放的废气中有害物质浓度通常远高于环境空气，其采样方法和分析方法与环境空气质量监测相比存在较大差异。

4.8.1 监测目的与要求

监测目的：检查排放的废气中有害物质含量是否符合国家或地方的排放标准和总量控制标准；评价净化装置及污染控制设施的性能和运行情况，为废气排放控制提供依据。

监测要求：进行有组织排放污染源监测时，要求生产设备处于正常运转状态，对因生产过程而引起排放情况变化的污染源，应根据其变化特点和周期进行系统监测；进行无组织排放污染源监测时，通常在监控点采集空气样品，捕捉污染物的最高浓度。

监测内容：包括基本状态参数、废气排放量、污染物质排放浓度及排放速率(kg/h)、烟气黑度、烟气组分的测定。

在计算废气排放量和污染物排放浓度时，都以标准状态下的干烟气体积为基准。

4.8.2 采样点的布设

抽取烟气样品的代表性是固定污染源排放有害物质监测准确性的重要依据，应在对污染源和排污状况充分调查研究的基础上，结合监测目的和要求综合分析后确定。对于有组织排放源，通常在烟道中确定采样位置，并在所选取的位置开设采样孔，然后依据采样孔所在烟道截面结构尺寸设置采样点。

1. 采样位置

采样位置应优先选择在气流分布均匀稳定的平直管段上(优先考虑垂直管道)，应避开烟道弯头和断面急剧变化的部位。一般原则是按照废气流向，将采样位置设在距弯头、阀门、变径管下游方向不小于 6 倍烟道直径处，和距上述部件上游方向不小于 3 倍烟道直径处。当测试现场空间位置有限，难以满足上述要求时，则选择比较适宜的管段采样，但采样断面与弯头等阻力构件的距离至少是烟道直径的 1.5 倍，并应适当增加测点的数量和采样频次。对于气态污染物，由于混合比较均匀，其采样位置可不受上述规定限制，但应避开涡流区。如果同时测定废气流量，采样位置仍然按烟尘采样原则选取。

2. 采样孔和采样点

在选定的采样位置开设采样孔，采样孔内径一般应不小于 80 mm，采样孔管长不大于 50 mm，不使用时需用盖板、管堵或管帽封闭。对正压下输送高温或有毒气体的烟道，应采用带有闸阀的密封采样孔，如图 4-32 所示；对于圆形烟道，采样孔应设在包括各采样点在内的相互垂直的直径线上，如图 4-33 所示；对矩形或方形烟道，采样孔应设在包括各采样点在内的延长线上，如图 4-34、图 4-35 所示。

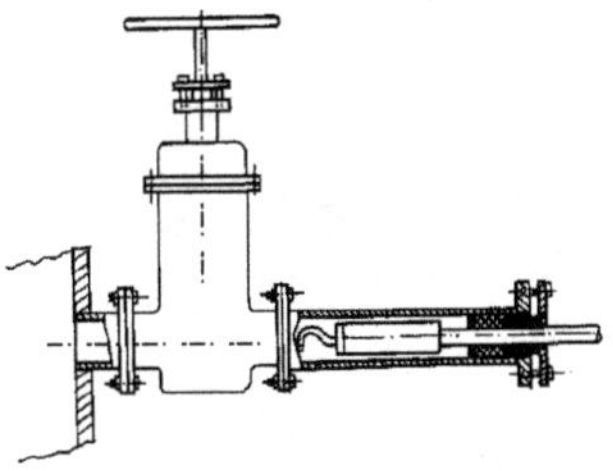

图 4-32　带有闸阀的密封采样孔

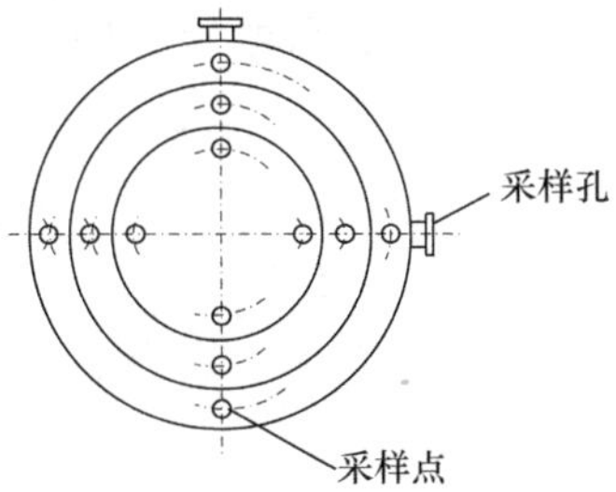

图 4-33　圆形断面的采样孔

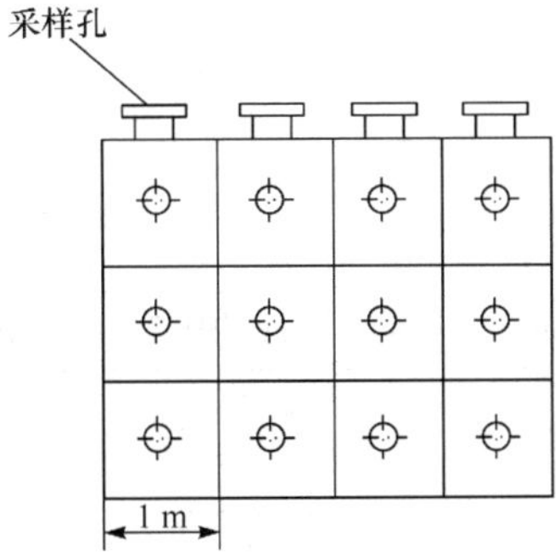

图 4-34　矩形断面的采样孔

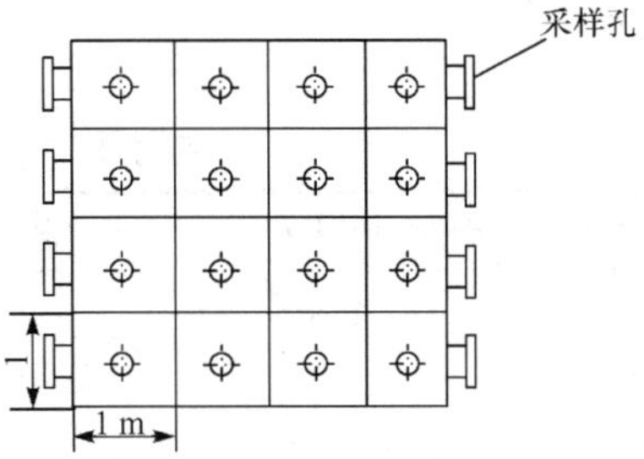

图 4-35　正方形断面的采样孔

烟道内同一断面各点的流速和烟尘浓度分布通常是不均匀的，必须按照一定原则在同一断面进行多点测量，采样点的位置和数目根据烟道断面形状、大小、流速分布情况确定。

(1) 圆形烟道：将选定的烟道断面分成一定数量的等面积同心环，各采样点选在各环等面积中心线与呈垂直相交的两条直径线的交点上，如图 4-34 所示。若采样断面上气流速度分布较均匀，可只设一个采样孔，采样点数减半。当烟道直径小于 0.3 m，且流速分布比较均匀时，可只在烟道中心设一个采样点。不同直径圆形烟道的等面积环数、测量直径数、采样点数见表 4-7，原则上测点不超过 20 个。测点距烟道内壁距离要求见图 4-36，当测点距烟道内壁的距离小于 25 mm 时，取 25 mm。

表 4-7　圆形烟道分环及采样点数的确定

烟道直径/m	等面积环数	测量直径数	采样点数
<0.3	—	—	1
0.3～0.6	1～2	1～2	2～8
0.6～1.0	2～3	1～2	4～12
1.0～2.0	3～4	1～2	6～16
2.0～4.0	4～5	1～2	8～20
>4.0	5	1～2	10～20

(2) 矩形烟道：将烟道断面分成适当数量的等面积小块，各小块中心即为采样点位置，小块的数量按表 4-8 的规定选取，原则上测点不超过 20 个。当烟道断面面积小于 0.1 m^2，且流速分布比较均匀对称时，可取断面中心作为测点。

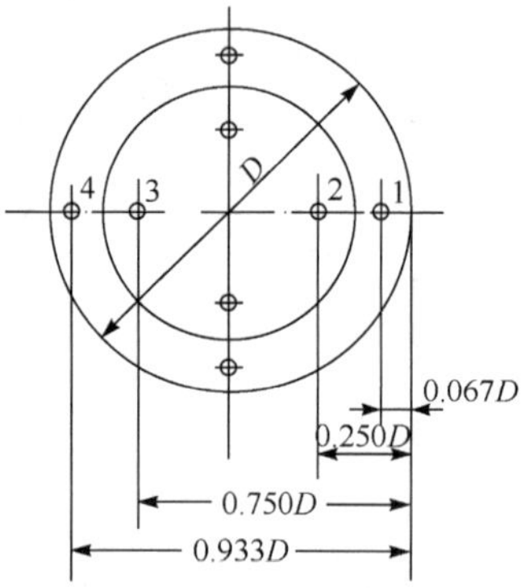

图 4-36　采样点距烟道内壁距离

表 4-8　矩形烟道的分块和测点数

烟道断面积/m^2	等面积小块长边长度/m	测点数	烟道断面积/m^2	等面积小块长边长度/m	测点数
<0.1	<0.32	1	1.0～4.0	<0.67	6～9
0.1～0.5	<0.35	1～4	4.0～9.0	<0.75	9～16
0.5～1.0	<0.50	4～6	>9.0	≤1.0	16～20

4.8.3　基本状态参数的测量

根据我国有关排放标准规定，烟气的测定结果需以除去水蒸气后标准状态下的干烟气为基准；因此，需测定烟气的温度、压力、流速、流量和含湿量等基本状态参数。

1. 温度的测量

一般情况下可在靠近烟道中心的一点测定，测定仪器主要有热电偶或电阻温度计、水银玻璃温度计等。测量时，将温度测量单元插入烟道测点处，封闭测孔，待温度计读数稳定不变时读数。

2. 压力的测量

烟气的压力分为全压(p_t)、静压(p_s)和动压(p_v)，根据 $p_t = p_v + p_s$，只要测定其中两项即可求出第三项，常用皮托管和压力计测量。

1) 皮托管

常用的皮托管有两种，即标准型皮托管和 S 形皮托管。标准型皮托管的结构如图 4-37 所示，它是一根弯成 90°的双层同心圆管，前端呈半圆形，前方有一开孔与内管相通，用来测量全压；在靠近前端的外管壁上开有一圈小孔，通至后端的侧出口，用于测量静压。标准型皮托管具有较高的测量精度，但测孔很小，当烟气中颗粒物浓度高时，易被堵塞，适用于测量含尘量低的烟气，或用来校准其他类型的皮托管和流量测量装置。

S 形皮托管由两根相同的金属管并联组成(图 4-38)，其测量端有两个大小相等、方向相反的开口，测量烟气压力时，一个开口面向气流，接受气流的全压；另一个开口背向气流，接受气流的静压。测量易受到气体绕流的影响，测得的静压比实际值小，因此，在使用前必须用标准型皮托管进行校正。S 形皮托管因开口较大，适用于测烟尘含量较高的烟气。

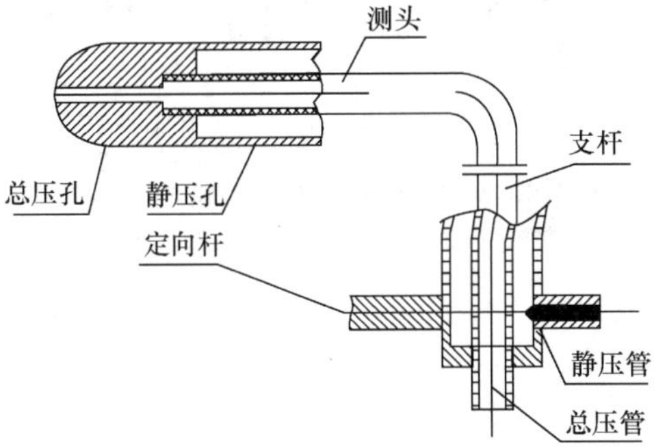

图 4-37　标准型皮托管

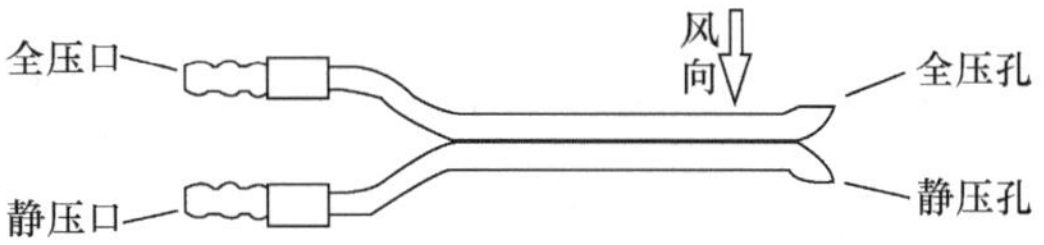

图 4-38　S 形皮托管

用皮托管测量烟道气流速要注意以下几点：

(1) 要正确选择测量点断面，确保测点在气流流动平稳的直管段。为此，测量断面离来流方向的弯头、阀门、变径异形管等局部构件要大于 4 倍烟道直径，离下游方向的局部弯头、变径结构应大于 2 倍烟道直径。

(2) 皮托管的直径规格选择原则是与被测烟道直径比不大于 0.02 为宜，测量时不要让皮托管靠近管壁。

(3) 测量时应当将全压孔对准气流方向，测量点插入孔应避免漏风。

(4) 皮托管只能测得烟道断面上某一点的流速，但计算流量时要用平均流速。由于断面流量分布不均匀，因此该断面上应多测几点，以求取平均值。

2) 压力计

常用的压力计有 U 形压力计、斜管式微压计。

U 形压力计是内装一定量工作液体的 U 形玻璃管，通常选用水、乙醇或汞作为工作液体，具体视被测压力范围而选择。U 形压力计可同时测全压和静压，使用时应该保持垂直，由于其误差可达 1～2 mm 液柱，不适宜测量微小压力。

斜管式微压计由一截面积较大的容器和一截面积较小的、可调角度的玻璃管组成，如图 4-39 所示。微压计内装工作溶液，玻璃管上有刻度，以指示压力读数，通过玻璃斜管将读数放大，便于微小压差的测量。斜管式微压计只能测动压，测量范围 0～2000 Pa。测压时，将微压计容器开口与测压系统压力较高的一端连接，斜管口与压力较低的一端连接，则作用在两液面上的压力差使液柱沿斜管上升，指示出所测压力。斜管上的压力刻度是由斜管内液柱长度、斜管截面积、斜管与水平面夹角及容器截面积、工作溶液密度等参数计算得知的。动压和静压测量方法如图 4-40 所示。

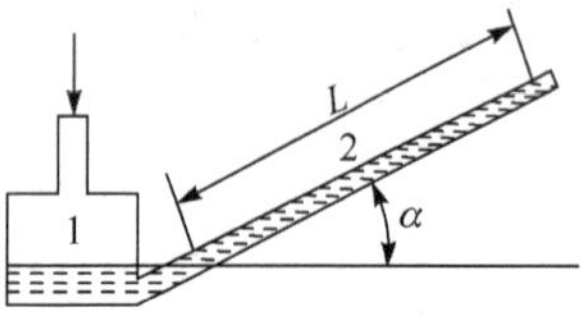

图 4-39　斜管式微压计

1. 容器；2. 玻璃管

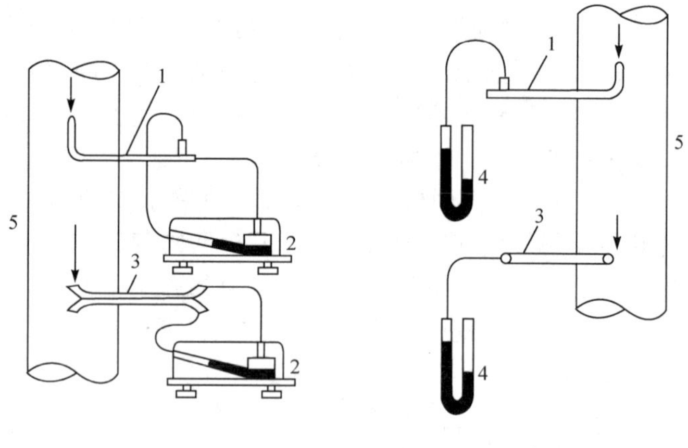

(a) 动压　(b) 静压

图 4-40　动压和静压测量方法

1. 标准型皮托管；2. 斜管式微压计；3. S 形皮托管；4. U 形压力计；5. 烟道

3. 流速和流量的计算

1) 测点平均流速

根据所测得的测点处的动压、静压及温度等参数，可由式(4-27)计算出各测点的烟气流速：

$$v_s = K_p\sqrt{\frac{2p_v}{\rho_s}} \tag{4-27}$$

式中，v_s 为烟气流速，m/s；K_p 为皮托管校正系数；p_v 为烟气动压，Pa；ρ_s 为烟气密度，kg/m^3。

烟道测量断面上的烟气平均流速按式(4-28)计算：

$$\overline{v}_s = \frac{v_1 + v_2 + \cdots + v_n}{n} \tag{4-28}$$

2) 烟气流量

工况下湿烟气流量按式(4-29)计算：

$$Q_s = 3600\overline{v}_s \cdot S \tag{4-29}$$

式中，Q_s 为湿烟气流量，m^3/h；S 为测量断面面积，m^2。

标准状况下干烟气流量按式(4-30)计算：

$$Q_{nd} = Q_s \cdot (1 - X_w) \cdot \frac{B_a + p_s}{101325} \cdot \frac{273}{273 + t_s} \tag{4-30}$$

式中，Q_{nd} 为标准状况下干烟气流量，m^3/h；p_s 为烟气静压，Pa；B_a 为大气压力，Pa；t_s 为烟气温度，℃；X_w 为烟气含湿量(体积分数)，%。

4. 含湿量的测定

与环境空气相比，烟气中的水蒸气含量通常较高，变化范围较大，为便于比较，烟气中污染物的测定结果需以除去水蒸气后标准状态下的干烟气为基准。一般情况下可在靠近烟道中心的一点测定含湿量，测定方法主要有重量法、冷凝法和干湿球温度计法等。此外，还可采用温湿度变送器、烟气水分仪等仪器在线测试烟气含湿量。

1) 重量法

从烟道采样点抽取一定体积的烟气，使之通过装有干燥剂的吸湿管，烟气中的水蒸气被干燥剂吸收，吸湿管的增重即为所采烟气中的水蒸气质量，测定装置如图 4-41 所示。装置中的过滤器用以阻止烟气中的颗粒物进入吸湿管。保温或加热装置可防止水蒸气冷凝。吸湿管装有粒状吸湿剂，常用的吸湿剂有氯化钙、氧化钙、硅胶、氧化铝、五氧化二磷等。

2) 冷凝法

从烟道中抽取一定量的烟气使之通过冷凝器，根据获得的冷凝水量和从冷凝器排出烟气中的饱和水蒸气量计算烟气的含湿量。其测定装置由烟尘采样管、冷凝器、干燥管、温度计、真空压力表、转子流量计和抽气泵等组成，如图 4-42 所示。

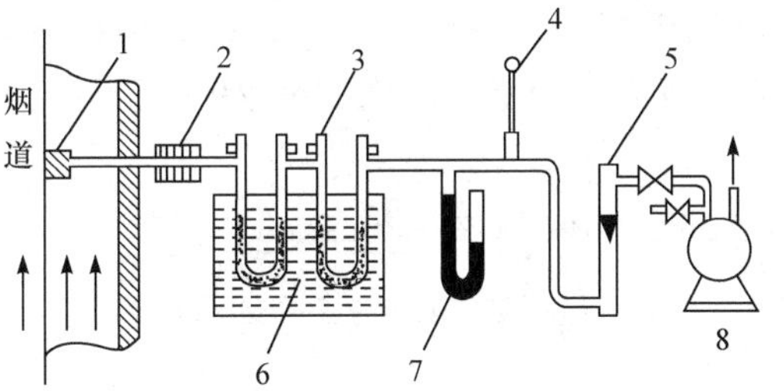

图 4-41　重量法测定烟气含湿量装置示意图

1. 过滤器；2. 加热器；3. 吸湿管；4. 温度计；5. 转子流量计；6. 冷却槽；7. 压力计；8. 抽气泵

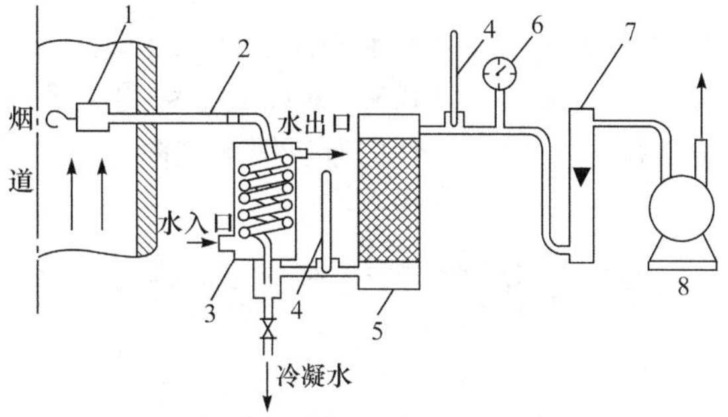

图 4-42　冷凝法测定烟气水分含量装置示意图

1. 滤筒；2. 采样管；3. 冷凝器；4. 温度计；5. 干燥器；6. 压力表；7. 转子流量计；8. 抽气泵

3) 干湿球温度计法

烟气以一定流速流经干湿球温度计，水分的蒸发吸收湿球的热量，导致湿球温度下降，同时湿球温度下降值与气体湿度大小存在一定关系，根据干湿球温度计读数及测点处排气压力，计算烟气中的水分含量。

4.8.4　烟尘浓度的测定

1. 测定原理

将烟尘采样管由采样孔插入烟道中，使采样嘴正对气流，抽取一定体积的含尘烟气，使之通过一个已知质量的捕尘装置(滤筒或滤膜)，根据捕尘装置采样前后的质量差和采样体积，即可求出烟尘浓度。

测定烟尘浓度必须采用等速采样法，即烟气进入采样嘴的速度(v_n)与采样点烟气流速(v_s)相等。如图 4-43 所示，当 $v_n>v_s$ 时，处于采样管边缘外的一些大颗粒，由于本身的惯性作用，不能随改变了方向的气流进入采样管，而采样管边缘外的部分气体被抽入采样嘴，使采样所得的浓度低于实际浓度，导致测量结果偏低。当 $v_n<v_s$ 时，情况正好相反，处于采样管边缘的一些大颗粒，本

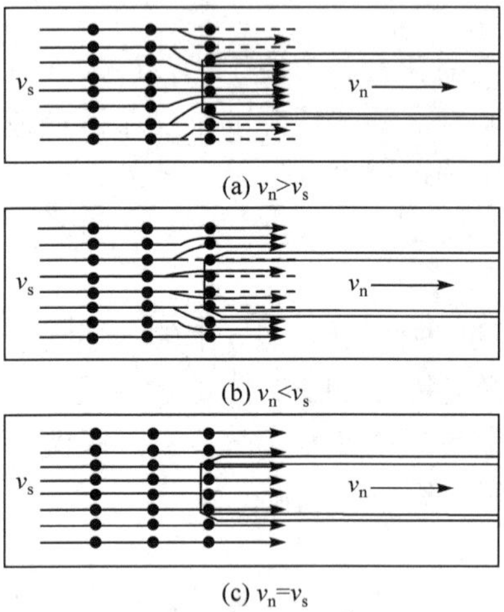

图 4-43 不同采样速度时尘粒的运动状况

应随流线绕过采样管，但由于惯性作用，继续按原来的方向前进，并进入采样管内，使采样所得的浓度高于实际浓度，测定结果偏高。因此，只有当 $v_n=v_s$ 时，气体和尘粒才会按照它们在采样点的实际比例进入采样嘴，采集的烟尘浓度与烟气实际浓度相同。

2. 采样装置

烟尘采样系统通常由采样管、干燥器、烟气参数(流量、温度、压力等)计量和控制装置、抽气泵及安装于采样管中的颗粒物捕集器(滤筒或滤膜)等组成。采样管是采样时插入污染源气体管道的导管，可分为普通采样管、组合采样管和低浓度采样管。针对高湿烟气，需对采样系统进行加热，防止烟气中水分凝结析出对测试结果造成影响。

1) 普通采样管

普通采样管由采样嘴、滤筒夹、滤筒及连接管组成。滤筒一般分为玻璃纤维滤筒、刚玉滤筒两种，如图 4-44、图 4-45 所示。玻璃纤维滤筒由超细玻璃纤维制成，对 0.5 μm 以上尘粒的捕集效率达 99.9%以上，适用于 500℃以下烟气采样。刚玉滤筒采用刚玉砂加有机填料在高温下烧结而成，适用于 500～800℃的高温烟气采样。

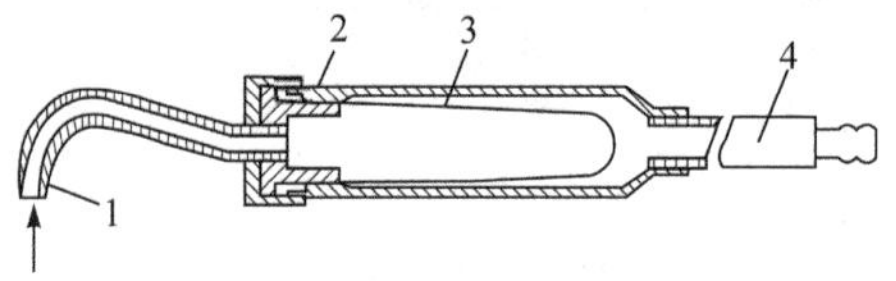

图 4-44 玻璃纤维滤筒采样管

1. 采样嘴；2. 滤筒夹；3. 玻璃纤维滤筒；4. 连接管

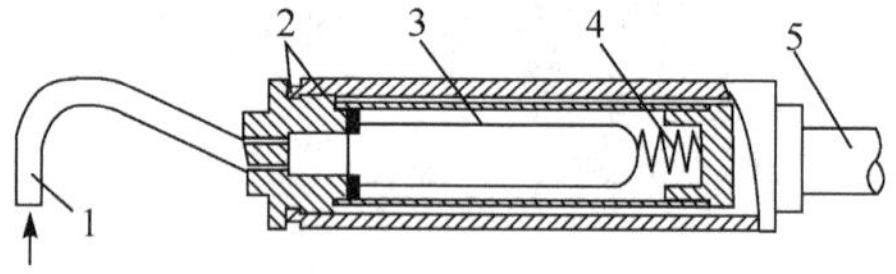

图 4-45 刚玉滤筒采样管

1. 采样嘴；2. 密封垫；3. 刚玉滤筒；4. 耐高温弹簧；5. 连接管

2) 组合采样管

组合采样管由普通采样管和与之平行放置的 S 形皮托管、热电偶温度计固定在一起而成，可同时进行流量测定和烟气采样，适用于工况易发生变化的烟气。

3) 低浓度采样管

针对低尘浓度烟气，采样管中颗粒物捕集器由滤筒夹改为滤膜托架，并对其进行辅助加热。滤膜托架由支撑滤膜的网托和密封圈组成(图 4-46)，选用的滤膜材料需保证不同烟气条件(温度、湿度和酸碱性等)下不会对测定结果产生影响。滤膜托架、滤膜及滤膜上游部件的总质量不超过 20 g，主要适用于烟尘浓度低于 10 mg/m^3 的低尘烟气环境。

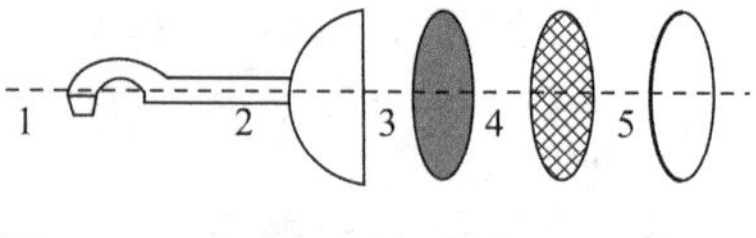

图 4-46 滤膜托架、滤膜及滤膜上游部件示意图

1. 采样嘴；2. 前弯管；3. 滤膜；4. 网托；5. 密封圈

3. 采样类型

烟尘的采集可分为移动采样、定点采样、间断采样等三种类型。目前较常用的方法为移动采样法，用一个滤筒或滤膜在已确定的采样点上移动采样，各点的采样时间相同，计算出采样断面上烟尘的平均浓度。定点采样是通过在每个测点上采一个样，求出采样断面烟尘的

平均浓度，可了解烟道内烟尘的分布状况。间断采样是指对有周期性变化的排放源，可根据工况变化及其延续时间，分段采样，然后求出其时间加权平均浓度。

4. 等速采样方法

颗粒物等速采样方法有预测流速法、皮托管平行测速采样法、动态平衡型等速管采样法等类型。

1) 预测流速法

采样前预先测出烟道断面上各测点的流速，然后结合采样嘴直径计算出等速采样条件下各采样点的采样流量；采样时，通过调节流量计调节阀实现等速采样。

2) 皮托管平行测速采样法

该方法是将 S 形皮托管、测温装置和采样管固定在一起插入采样点处，将测量的烟气温度、压力等有关参数输入计算机，计算出等速采样的流量；其采样装置如图 4-47 所示。皮托管平行采样法适用于烟气工况不太稳定的情况，采样时可根据温度、压力变化情况，随时调节采样流量，维持等速采样，减小由于烟气流速改变带来的采样误差。

3) 动态平衡型等速管采样法

利用安装在采样管中的压力计在采样抽气时产生的压差与皮托管测出的烟气动压相等来实现等速采样，其采样装置如图 4-48 所示。该方法只需通过调节测速装置的压差即可实现等速采样，不但操作简便，而且能跟踪烟气速度变化，随时保持等速采样条件。

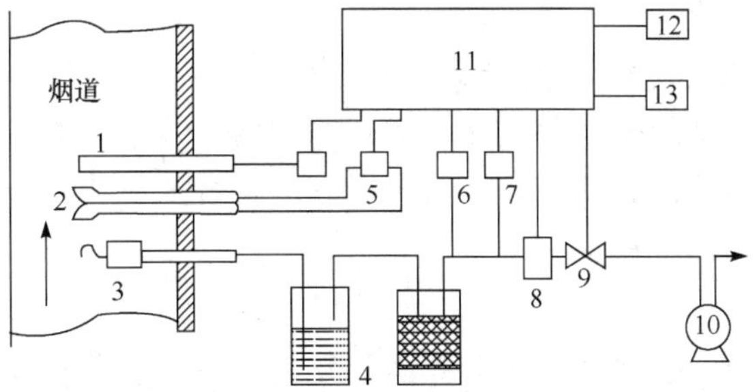

图 4-47　皮托管平行测速自动烟尘采样装置

1. 热电偶或热电阻温度计；2. 皮托管；3. 采样管；4.干燥器；5. 微压传感器；6. 压力传感器；7. 温度传感器；8. 流量传感器；9. 流量调节装置；10. 抽气泵；11. 计算机处理系统；12. 微型打印机或接口；13. 显示器

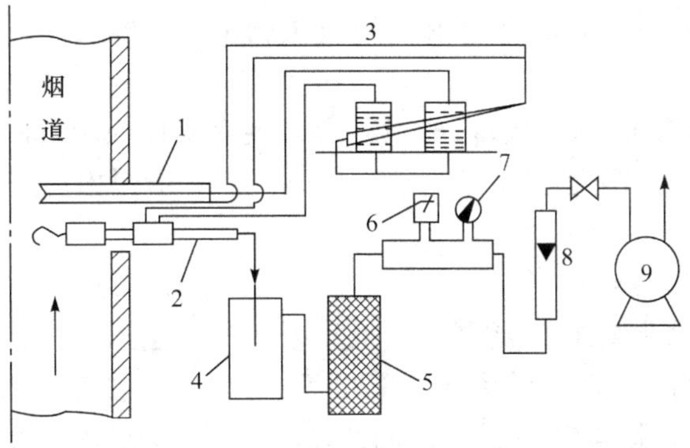

图 4-48　动态平衡型等速管采样法装置

1. S 形皮托管；2. 等速采样管；3. 双联压力计；4. 冷凝管；5. 干燥器；6. 温度计；7. 压力计；8. 转子流量计；9. 抽气泵

5. 烟尘浓度及排放速率计算

(1) 测出采样滤筒或滤膜采样前后的质量差 G。

(2) 计算出标准状况下的采样体积。

(3) 烟尘浓度计算：根据采样类型不同，用不同的公式计算，如移动采样：

$$\rho = \frac{G}{V_{\mathrm{Nd}}} \times 10^6 \tag{4-31}$$

式中，ρ为烟尘浓度，mg/m^3；G 为烟尘质量，g；V_{Nd} 为标准状态下干烟气体积，L。

定点采样：

$$\rho = \frac{c_1 v_1 S_1 + c_2 v_2 S_2 + \cdots + c_n v_n S_n}{v_1 S_1 + v_2 S_2 + \cdots + v_n S_n} \tag{4-32}$$

式中，ρ 为烟尘平均浓度，mg/m^3；v_1，v_2，…，v_n 为各采样点烟气流速，m/s；c_1，c_2，…，c_n 为各采样点烟气中烟尘浓度，mg/m^3；S_1，S_2，…，S_n 为各采样点所代表的烟道截面积，m^2。

(4) 烟尘(或气态污染物)排放速率的计算：

$$排放速率(\mathrm{kg/h}) = \rho Q_{\mathrm{sn}} \times 10^{-6}$$

式中，ρ为烟尘(或气态污染物)的质量浓度，mg/m^3；Q_{sn} 为标准状态下干烟气流量，Nm^3/h。

4.8.5 烟气气态组分的测定

烟气中气态组分包括主要气体组分和微量有害气体组分。主要气体组分为氮、氧、二氧化碳和水蒸气等，测定这些组分的目的是考察燃料燃烧情况和为烟尘测定提供烟气密度、相对分子质量等参数的计算依据。微量有害气体组分主要有氮氧化物、二氧化硫和硫化氢等。

1. 采样方法

由于烟道内气态和蒸气态物质分子分布较为均匀，只需在靠近烟道中心位置采样即可，不需要多点采样，也不需要进行等速采样；采样时采样管入口应与气流方向垂直，或背向气流。不过，如需同时采集气态和颗粒态污染物时，则应按烟尘采样方法进行等速采样和多点采样。针对高湿烟气，采样管需进行加热和保温以防止水蒸气冷凝而引起的测试误差。烟气中气态污染物的采样方法有化学法采样和仪器直接测试法采样。

1) 化学法采样

通过采样管将样品抽入装有吸收液的吸收瓶、装有固体吸附剂的吸附管、真空瓶、注射器或塑料袋中，样品溶液或气态样品经化学分析或仪器分析得出污染物含量，图 4-49 为吸收法采样系统。

2) 仪器直接测试法采样

该方法通过采样管和颗粒物过滤器，用抽气泵将样气送入分析仪器中，直接指示被测气态污染物的含量(在线测试)。其采样系统由采样管、除湿器、抽气泵、测试仪和校正用气瓶(提供标准气)等部分组成，如图 4-50 所示。目前，大多采用该方法在线采样测试烟道气中气态污染物浓度。

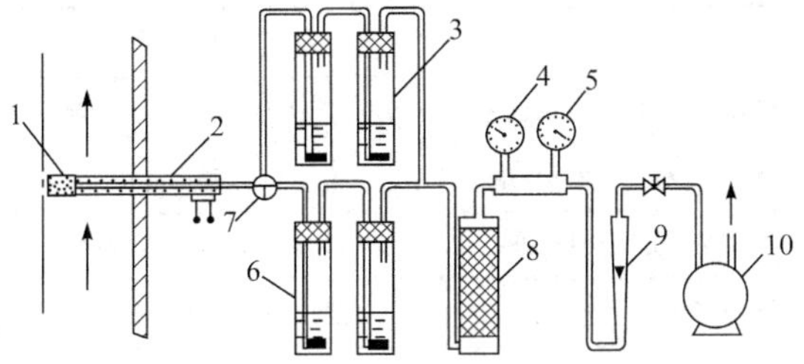

图 4-49　吸收法采样系统

1. 烟道；2. 加热采样管；3. 旁路吸收瓶；4. 温度表；5. 压力表；6. 吸收瓶；7. 三通阀；8. 干燥器；9. 流量计；10. 抽气泵

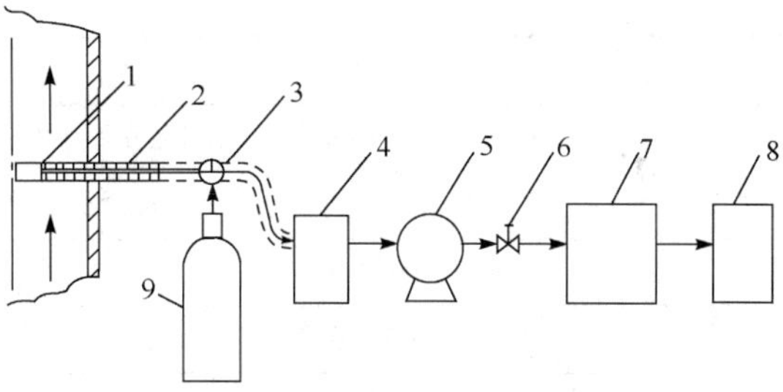

图 4-50　仪器直接测试法采样系统

1. 滤料；2. 加热采样管；3. 三通阀；4. 除湿器；5. 抽气泵；6. 调节阀；7. 分析仪；8. 记录器；9. 标准气

2. 气体组分的测定

仪器分析法可在线测定氧气、二氧化碳、一氧化碳、氮氧化物等气态污染物的含量；其中，氧气可采用电化学、热磁式氧分析仪、氧化锆氧分析仪等方法测定。由于烟气条件复杂，为确保采样分析的准确性，需根据现场实际情况选择采样方法。

对于微量有害气体组分，其测定方法原理与空气中有害气体组分存在一定差异。表 4-9 为固定源中部分污染物的测定方法。

表 4-9　固定源中部分污染物监测分析方法一览表

序号	监测项目	方法标准	标准号
1	二氧化硫	非分散红外吸收法	HJ 629—2011
		定电位电解法	HJ 57—2017
2	氮氧化物	定电位电解法	HJ 693—2014
		非分散红外吸收法	HJ 692—2014
		紫外分光光度法	HJ/T 42—1999
		盐酸萘乙二胺分光光度法	HJ/T 43—1999
3	氯化氢	硫氰酸汞分光光度法	HJ/T 27—1999
		硝酸银容量法	HJ 548—2016
		离子色谱法	HJ 549—2016
4	硫酸雾	高温冷凝-离子色谱法	GB/T 21508—2008
5	氟化氢	离子色谱法	HJ 688—2019
6	氟化物	离子选择电极法	HJ/T 67—2001
7	氯气	甲基橙分光光度法	HJ/T 30—1999
		碘量法	HJ 547—2017
8	氰化氢	异烟酸-吡唑啉酮分光光度法	HJ/T 28—1999
9	沥青烟	重量法	HJ/T 45—1999
10	一氧化碳	非色散红外吸收法	HJ/T 44—1999
		重量法	HJ/T 397—2007

续表

序号	监测项目	方法标准	标准号
11	颗粒物	固定污染源排气中颗粒物测定与气态污染物采样方法	GB/T 16157—1996
		固定污染源废气 低浓度颗粒物的测定 重量法	HJ 836—2017
12	饮食业油烟	金属滤筒吸收和红外分光光度法	GB 18483—2001
13	非甲烷总烃	气相色谱法	HJ 38—2017
14	甲醇	气相色谱法	HJ/T 33—1999
15	酚类	4-氨基安替比林分光光度法	HJ/T 32—1999
16	多环芳烃	高效液相色谱法 气相色谱-质谱法	HJ 647—2013 HJ 646—2013

4.8.6 烟气黑度的测定

烟气黑度是一种用视觉方法监测烟气中排放有害物质情况的指标。与精确测定烟气中有害物质含量、污染物排放量及浓度相比，其测定方法简便易行、成本低廉，适用于定性反映烟气中有害物质的排放情况。我国的标准方法为林格曼黑度图法。

把林格曼黑度图放在适当的位置，将图上的黑度与烟气的黑度(不透光度)相比较，凭人的视觉对烟气的黑度进行评价，如图 4-51 所示。林格曼黑度图共分为六级(图 4-52)，其标准形式由 6 个 14 cm×21 cm 不同黑度的长方形小块组成，其中除全白、全黑分别代表烟气黑度的 0 级和 5 级外，其余 4 个级别是根据黑色条格占整块面积的百分数来确定。在白色的底上用黑色的小方格表示，黑色面积占 20%时为 1 级，占 40%为 2 级，依此类推。

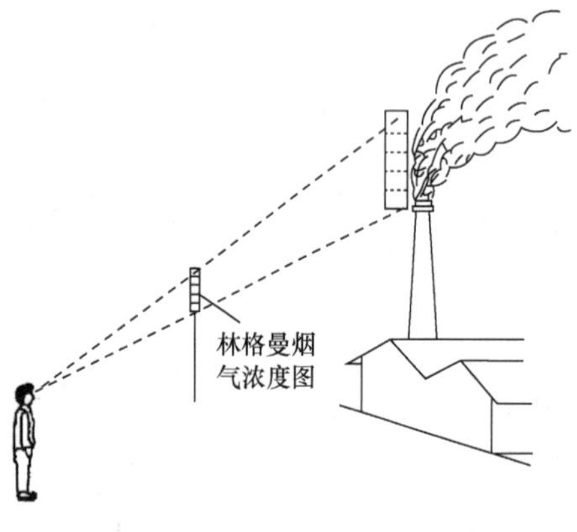

图 4-51 用林格曼烟气黑度计观测烟气示意图

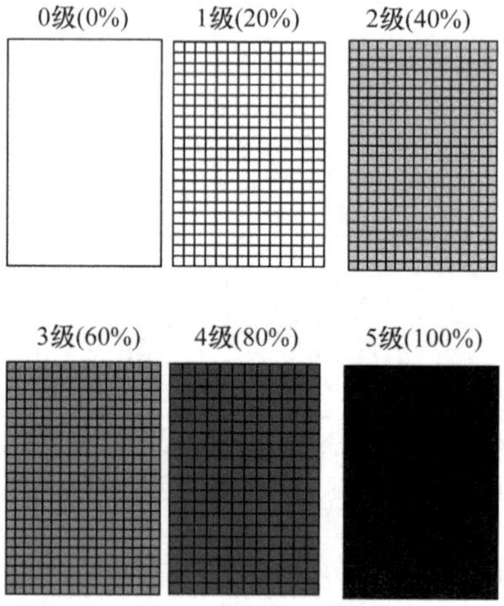

图 4-52 林格曼黑度图

测定应在白天进行，观测刚离开烟囱、黑度最大部位的烟气。连续观测烟气黑度不少于 30 min，每次观察 15 s 记录一个数据，统计 120 次观测数据中每一黑度级别出现的累积次数和时间。在 30 min 内出现累计时间超过 2 min 的最大林格曼黑度级为测定烟气黑度值。如果烟气黑度介于两个林格曼黑度级别之间，可估计一个 0.5 级或 0.25 级林格曼黑度。

4.8.7　烟气排放连续监测系统

烟气排放连续监测系统(continuous emission monitoring systems，CEMS)是对固定污染源排放的气态污染物和颗粒物进行浓度和排放总量连续自动监测，并将监测数据实时传送到环保主管部门，已成为环境管理、排污收费、污染物治理及实施污染物排放总量控制的可靠依据。

1. CEMS 基本组成和安装位置

1) 基本组成

CEMS 由颗粒物监测子系统、气态污染物监测子系统、烟气排放参数监测子系统、数据采集与处理子系统组成。

(1) 颗粒物监测子系统：主要对排放的烟尘浓度进行实时监测。

(2) 气态污染物监测子系统：主要用以实时监测 SO_2、NO_x 等气态污染物的浓度。

(3) 烟气排放参数监测子系统：主要用来测量烟气流速、温度、压力、含氧量、湿度等，用以将污染物的浓度转换成标准干烟气状态和规定过剩空气系数下的浓度，以及计算污染物排放量。

(4) 数据采集与处理子系统：由数据采集器和计算机系统构成，完成测量数据的采集、存储、统计功能，并将数据传输到环保行政部门。

2) 安装位置

原则上要求一个固定污染源安装一套 CEMS，安装于固定污染源排放控制设备的下游。颗粒物 CEMS 优先选择在垂直管段和烟道负压区域，并避开烟道弯头和断面急剧变化的部位，通常设置在距弯头、阀门、变径管下游方向不小于 4 倍烟道直径，以及距上述部件上游方向不小于 2 倍烟道直径处。气态污染物 CEMS 位于气态污染物混合均匀的位置，一般应设置在距弯头、阀门、变径管下游方向不小于 2 倍烟道直径，以及距上述部件上游方向不小于 0.5 倍烟道直径处。烟气排放参数 CEMS 安装位置应能代表整个断面的情况，且不影响颗粒物和气态污染物 CEMS 的测定。同时，在烟气 CEMS 监测断面下游应预留参比方法采样孔，以供参比方法测试使用；在互不影响测量的前提下，应尽可能靠近。

2. CEMS 结构与工作原理

1) CEMS 的结构

CEMS 一般包括采样和预处理系统、测量分析系统、辅助系统。采样和预处理系统用于对烟道或烟囱内的烟气进行采集与传输，并在不改变污染物组成的前提下对烟气进行有效的预处理以满足后续分析测试的需求(对于非采样方式的直接测量法 CEMS 无须配置该系统)。测量分析系统用于对烟气中的各种参数进行准确测量和显示。辅助系统用于保障 CEMS 长期自动监测稳定性，提高监测数据质量的辅助设备。

2) 烟气取样方式

按烟气取样方式不同，CEMS 可分为直接测量法和抽取测量法两大类，其技术分类和工作原理见表 4-10。

表 4-10 CEMS 基本技术分类和工作原理

监测参数	采样分析方式和工作原理		
	抽取测量方法		直接测量法
	直接抽取法	稀释抽取法	
颗粒物	β射线衰减法、振荡天平法、光散射法	—	浊度法、光散射法
二氧化硫	非分散红外吸收法、非分散紫外吸收法、气体过滤相关法、紫外差分吸收法、傅里叶红外吸收法	紫外荧光法	紫外差分吸收法、非分散红外吸收法、气体过滤相关法
氮氧化物	非分散红外吸收法、非分散紫外吸收法、气体过滤相关法、紫外差分吸收法、傅里叶红外吸收法	化学发光法	紫外差分吸收法、非分散红外吸收法、气体过滤相关法
氧气	电化学法、氧化锆法、顺磁法	—	氧化锆法
流速	—	—	皮托管法、热平衡法、超声波法
温度	—	—	铂电阻法、热电偶法
湿度	干湿氧法、红外法	—	干湿氧法、红外吸收法、高温电容法

(1) 直接测量法。

由直接安装在烟囱或烟道上的监测系统对烟气进行实时测量(不需要抽取烟气),可分为以下两类：一类是点测量，传感器安装在探头端部，探头直接插入烟道，使用电化学或光电传感器，测量较小范围内烟气中污染物的浓度；另一类是线测量，传感器和探头直接安装在烟道或烟囱上，利用光谱分析技术(红外/紫外/差分光学吸收光谱)或激光技术对被测对象长距离直接在线测量。

(2) 抽取测量法。

由采样和预处理系统抽取部分样品气体，预处理后送入测量分析系统，对烟气成分进行实时测量。根据样品气体抽取方式不同，分为直接抽取法和稀释抽取法两种。

直接抽取法：在我国已安装的气态污染物 CEMS 中，直接抽取法大约占 70%，可分为冷干法和热湿法。冷干法是在样品气进入分析仪之前进行冷却、干燥处理；热湿法是将采样与预处理管路全程加热，分析仪分析的样气为热态(烟气在露点温度以上)未除湿的烟气。

稀释抽取法：稀释抽取法是使用无污染的干空气稀释样气至稀释混合气露点以下的一种抽取检测方法，稀释比例通常在 1∶50～1∶200，其关键部件为稀释探头，根据稀释探头在烟道内和烟道外，又可将稀释抽取法分为烟道内稀释法和烟道外稀释法。

3) 污染物与烟气参数测量方法

(1) 颗粒物测量。

我国绝大多数使用直接测量法的光散射法和浊度法连续监测颗粒物浓度。

光散射法：用经过调制的激光或红外平行光束射向烟气，烟气中的烟尘对光向所有方向散射，散射光强在一定范围内与烟尘浓度成比例，通过测量散射光强来测定烟尘浓度。

浊度法：将光源与探测器分别安装在烟道两侧，光通过含有烟尘的烟气时，光强因烟尘的吸收和散射作用而衰减，通过测定光束通过烟气前后的光强比值来测定烟尘浓度。

此外，还有抽取式的β射线衰减法和振荡天平法，其测量原理与大气环境中颗粒物的测试相似。

(2) 气态污染物测量。

气态污染物 CEMS 测量按照采样和测量方式可分为直接抽取法、稀释抽取法和直接测量法三类(图 4-53)。目前，常规监测主要关注 SO_2 和 NO_x，烟气中 SO_2 的分析技术主要有紫外荧光法、紫外差分吸收法、非分散红外/紫外吸收法、非分散红外吸收法；NO_x 的分析技术主要有化学发光法、紫外差分吸收法、非分散红外/紫外吸收法。紫外荧光法和化学发光法适用于稀释抽取法，其余方法适合直接抽取法或直接测量法。

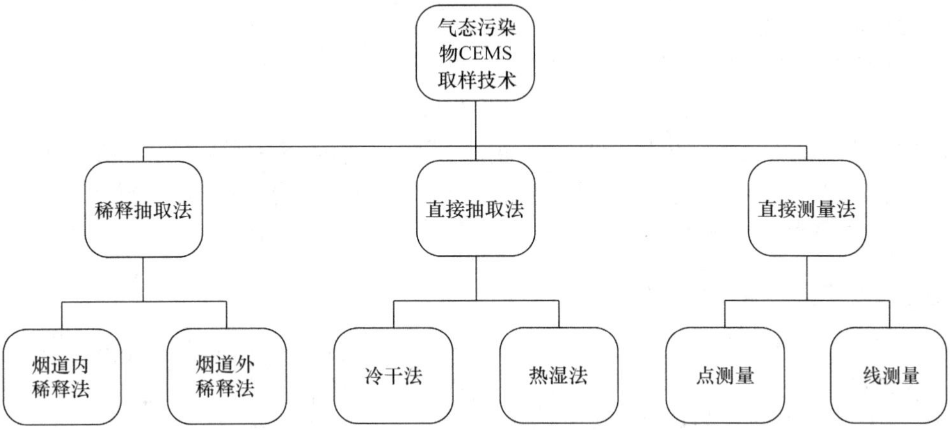

图 4-53　气态污染物 CEMS 取样技术

(3) 烟气参数测量。

烟气监测参数主要包括温度、压力、湿度、氧含量和流速等；烟气温度由 CEMS 配置的热电偶或热电阻温度传感器连续测定；压力一般使用压力变送器或传感器直接测量；由 CEMS 配置的氧传感器测定烟气除湿前后氧含量来计算烟气中水分含量，或采用湿度传感器连续测定烟气中水分含量；烟气中氧含量由 CEMS 配置的氧检测仪(如氧化锆、电化学氧传感器或磁式氧检测器等)连续测定；流速监测方法主要有皮托管法、超声波法、热平衡法和靶式流量计等。

4.9　移动污染源监测

移动污染源(汽车、火车、摩托车、轮船等)排放的废气主要源于汽(柴)油的燃烧，废气中含有 CO、NO_x、碳氢化合物(HC)、烟尘和少许 SO_2、醛类、苯并[a]芘等有害物质，是造成城市空气污染的主要因素。移动污染源监测主要包括以下内容：

(1) 测定交通源(汽油车、柴油车)和非交通源(工程车)的污染物排放因子，研究其周、日变化规律。

(2) 监测分析代表性机动车(柴油车)颗粒物和碳氢化合物的化学组分。

(3) 按道路调查机动车流量和车型分布，按区域调查非交通源的地理分布，研究机动车使用清洁燃料后对减少污染物排放的效果。

4.9.1 汽油车排气中污染物的测定

汽车排气中污染物排放量与汽车的行驶状态及发动机的运转工况有关，可以通过对汽油车怠速与高怠速工况下排气中污染物的测定来确定汽车排气中的污染物排放量。怠速工况指发动机无负载运转状态，即发动机旋转、离合器处于接合位置、变速器处于空挡位置、油门踏板处于完全松开位置。高怠速工况则是指在怠速工况的基础上，用油门踏板将发动机转速稳定控制在 50%额定转速或制造厂技术文件中规定的高怠速转速时的工况。

测定时，首先将发动机由怠速工况加速至 70%额定转速，运转 30 s 后降至高怠速工况，然后将取样探头插入排气管中，深度不少于 400 mm，并固定在排气管上。排气中污染物主要采用以下分析测试方法：

(1) CO、CO_2、HC：非色散红外吸收法。

(2) NO_x：化学发光 NO_x 监测仪、非扩散紫外线谐振吸收法。

(3) 颗粒物：在样气流中串联安装两个滤纸(滤膜)采集排气中颗粒物，然后采用重量法测定颗粒物质量浓度，并可进一步作颗粒物成分分析；也可采用颗粒物粒径谱仪在线测量颗粒物粒径分布、质量和数量浓度。

4.9.2 柴油车排气烟度的测定

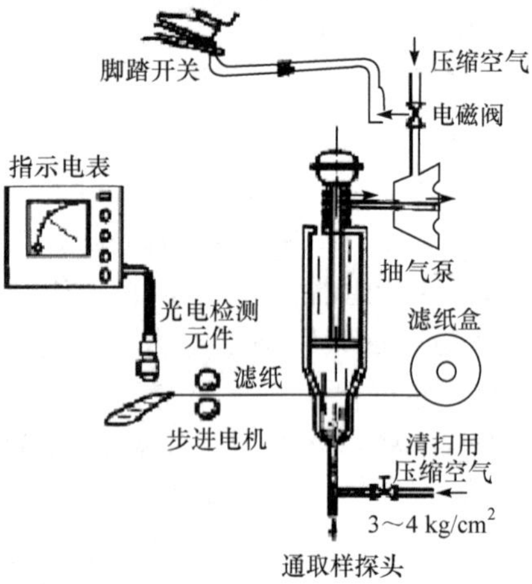

图 4-54 滤纸式烟度计工作原理示意图

柴油车尾气中的烟尘(碳烟)是燃料不完全燃烧的产物，主要是炭的聚合体，往往吸附有 SO_2 及多环芳烃等有害物质。

排气烟度是描述由发动机燃烧产生，并经排气管排出的气体和固体混合物颜色黑暗程度的物理量，常用图 4-54 所示的滤纸式烟度计测定，以波许烟度单位(Rb)或滤纸烟度单位(FSN)表示。其测定原理为：用一台活塞式抽气泵在规定时间内从柴油车排气管中抽取一定体积的排气，让其通过一定面积的白色滤纸，则排气中的炭粒被阻留在滤纸上，将滤纸染黑，用光电测量装置测量洁白滤纸和染黑滤纸对同强度入射光的反射光强度，由式(4-33)计算烟度值(以波许烟度单位表示)。规定洁白滤纸的烟度为 0，全黑滤纸的烟度为 10。

$$S_F = 10\times\left(1-\frac{I}{I_0}\right) \tag{4-33}$$

式中，S_F 为排气烟度，Rb；I 为染黑滤纸的反射光强度；I_0 为洁白滤纸的反射光强度。

4.10 空气和废气监测实例

4.10.1 环境空气监测实例

本节以广西某规划环评监测方案(环境空气部分)为例介绍环境空气实际监测过程。

1. 项目概况

该项目位于广西某市东面，与广东肇庆封开县城接壤，分布于西江南北岸，规划总面积 50 km^2；规划定位为生态产业新城、经济带生态共建区、东西部合作示范区等；规划主要产业为战略性新兴产业、先进制造业、传统资源型产业、物流及生产性服务产业、旅游养生及文化创意产业和现代农业产业。

规划范围内的生活居住、公建用地及办公用地、工业用地，均执行《环境空气质量标准》(GB 3095—2012)二级标准。规划区内水体主要为西江以及规划的景观水系，为非水源地。西江及规划景观水系基本达到Ⅲ类水质标准。

2. 环境质量现状监测

1) 环境空气部分

(1) 监测点位布设。

该项目共布设 11 个环境空气监测点，具体监测点位信息见表 4-11。

表 4-11　环境空气监测点位信息

序号	点位编号	点位环境
1	A1#	规划区东北面，主导风上风向，与规划区边界的距离 1.80 km
2	A2#	规划区北面，主导风侧风向，与规划区边界的距离 0.68 km
3	A3#	规划区内东部，四周有施工建筑
4	A4#	规划区内中部，西面约 50 m 有加油站，南面紧邻公路
5	A5#	规划区内西部，东面紧邻港口作业区，北面紧邻公路
6	A6#	规划区南面，主导风下风向，与规划区边界的距离 0.40 km
7	A7#	规划区内中西部，点位周围为居民区，点位位于居民区内
8	A8#	规划区内中部，点位位于居民区内
9	A9#	规划区西面，主导风侧风向，与规划区边界的距离 2.20 km，点位位于居民区内
10	A10#	规划区西南面，主导风下风向，与规划区边界的距离 2.45 km
11	A11#	规划区西北面，主导风侧风向，与规划区边界的距离 1.65 km

(2) 监测因子。

A1#、A3#、A6#、A10#监测项目：SO_2、NO_2、TSP、PM_{10}，共 4 项；

A2#、A9#、A11#监测项目：SO_2、NO_2、TSP、PM_{10}、氟化物、H_2S、HCl、铅、砷、汞、镉、总挥发性有机化合物，共 12 项；

A4#、A5#监测项目：SO_2、NO_2、TSP、PM_{10}、铅、砷、汞、镉，共 8 项；

A7#、A8#监测项目：SO_2、NO_2、TSP、PM_{10}、硫酸雾、H_2S、HCl、TVOC，共 8 项。

(3) 监测频率。

日均值：SO_2、NO_2、TSP、PM_{10}、氟化物、硫酸雾、H_2S、HCl、铅、砷、汞、镉共采样 7 d，时间为 2015 年 8 月 27 日～9 月 2 日；TSP、铅每天采样 24 h，SO_2、NO_2、PM_{10}、砷、汞、镉、氟化物、硫酸雾每天采样 20 h。TVOC 采样 3 d，时间为 2015 年 8 月 28 日～8 月 30 日。

小时值：H_2S、HCl、SO_2、NO_2每天采样 4 次，每次采样 1 h；TVOC 每天采样 3 次，每次采样 2 h。

(4) 采样分析方法。

按照《环境空气质量手工监测技术规范》(HJ/T 194—2017)进行采样和分析。测试方法和仪器见表 4-12 和表 4-13。

表 4-12 监测项目及分析方法

序号	项目	分析方法及来源
1	TSP	《环境空气 总悬浮颗粒物的测定 重量法》 (HJ 1263—2022)
2	PM_{10}	《环境空气 PM_{10} 和 $PM_{2.5}$ 的测定 重量法》 (HJ 618—2011)
3	SO_2	《环境空气 二氧化硫的测定 甲醛吸收-副玫瑰苯胺分光光度法》 (HJ 482—2009)
4	NO_2	《环境空气 二氧化氮的测定 Saltzman 法》 (GB/T 15435—1995)
5	氟化物	《环境空气 氟化物的测定 滤膜采样氟离子选择电极法》 (HJ 955—2018)
6	硫酸雾	《固定污染源废气 硫酸雾的测定 离子色谱法》 (HJ 544—2016)
7	H_2S	“空气质量 硫化氢 直接显色分光光度法” [《空气和废气监测分析方法》(第四版增补版)]
8	HCl	《环境空气和废气 氯化氢的测定 离子色谱法》 (HJ 549—2016)
9	铅	《空气和废气 颗粒物中铅等金属元素的测定 电感耦合等离子体质谱法》(HJ 657—2013)
10	砷	
11	镉	
12	汞	《环境空气 汞的测定 巯基棉富集-冷原子荧光分光光度法(暂行)》(HJ 542—2009)
13	TVOC	《环境空气 挥发性有机物的测定 吸附管采样-热脱附/气相色谱-质谱法》(HJ 644—2013)

表 4-13 测试仪器名称及型号

序号	项目	仪器名称	型号
1	SO_2、NO_2、H_2S	便携式可见分光光度计	DR2800-01B
		智能中流量总悬浮微粒无碳刷采样器	TH-150F
		智能中流量总悬浮微粒无碳刷采样器	TH-150CIII
		大气与颗粒组合采样器	TH-3150
2	TSP、PM_{10}	智能中流量总悬浮微粒无碳刷采样器	TH-150F
		智能中流量总悬浮微粒无碳刷采样器	TH-150CIII
		大气与颗粒组合采样器	TH-3150
		电子天平	BT224S
3	氟化物	智能中流量总悬浮微粒无碳刷采样器	TH-150F
		大气与颗粒组合采样器	TH-3150
		酸度计	4-STAR

续表

序号	项目	仪器名称	型号
4	硫酸雾、HCl	智能中流量总悬浮微粒无碳刷采样器	TH-150F
		大气与颗粒组合采样器	TH-3150
		离子色谱仪	ICS-1000
5	铅、砷、镉	智能中流量总悬浮微粒无碳刷采样器	TH-150F
		大气与颗粒组合采样器	TH-3150
		电感耦合等离子体发射光谱仪	ICAP-Qc
6	汞	智能中流量总悬浮微粒无碳刷采样器	TH-150F
		大气与颗粒组合采样器	TH-3150
		原子荧光光度计	AFS-830
7	TVOC	智能中流量总悬浮微粒无碳刷采样器	TH-150F
		大气与颗粒组合采样器	TH-3150
8	气象参数	空盒气压表	DYM3
		风向风速测定仪	DEM6

2) 监测结果与评价

(1) 采样环境条件：采样气温 23.0～34.5℃，相对湿度 60%～80%，环境大气压 99.8～100.5 kPa。

(2) 监测结果。

2015 年 8 月 27 日的 SO_2、NO_2、TSP、PM_{10} 监测结果见表 4-14，其他污染物监测结果未列出(注：监测结果如低于检出限时填“ND”，表示未检出)。

表 4-14　环境空气监测点 SO_2、NO_2、TSP、PM_{10} 监测结果

采样时间	采样点位	监测结果							气象参数					
		小时值监测时段	SO_2/(mg/m^3)		NO_2/(mg/m^3)		TSP/(mg/m^3)	PM_{10}/(mg/m^3)	风速/(m/s)	风向/度	气温/℃	气压/kPa	低云量/成	总云量/成
			小时值	日均值	小时值	日均值	日时值	日均值						
2015.8.27	A1#	2:00～3:00	ND	ND	ND	0.003	0.059	0.051	0	C	26.5	100.2	10	10
		8:00～9:00	ND		ND				0	C	29.0	100.2	10	10
		14:00～15:00	ND		0.005				0	C	34.0	99.9	10	10
		20:00～21:00	ND		ND				0	C	30.0	99.9	10	10
	A2#	2:00～3:00	ND	ND	ND	0.006	0.061	0.050	0	C	27.0	100.2	10	10
		8:00～9:00	ND		0.007				0	C	29.5	100.2	10	10
		14:00～15:00	ND		ND				0	C	34.0	99.9	10	10
		20:00～21:00	ND		ND				0	C	30.0	99.9	10	10

续表

采样时间	采样点位	小时值监测时段	监测结果						气象参数					
			SO_2/(mg/m^3)		NO_2/(mg/m^3)		TSP/(mg/m^3)	PM_{10}/(mg/m^3)	风速/(m/s)	风向/度	气温/℃	气压/kPa	低云量/成	总云量/成
			小时值	日均值	小时值	日均值	日时值	日均值						
2015.8.27	A3#	2:00～3:00	ND	ND	ND	0.006	0.103	0.087	0	C	27.0	100.3	10	10
		8:00～9:00	ND		0.007				0	C	28.0	100.3	10	10
		14:00～15:00	ND		ND				0	C	34.0	99.9	10	10
		20:00～21:00	ND		ND				0	C	29.0	99.9	10	10
	A4#	2:00～3:00	ND	0.005	ND	0.009	0.069	0.060	0	C	26.5	100.3	10	10
		8:00～9:00	0.010		0.010				0	C	28.0	100.3	9	10
		14:00～15:00	0.007		0.005				0	C	33.0	99.9	9	10
		20:00～21:00	ND		ND				0	C	29.0	99.9	10	10
	A5#	2:00～3:00	ND	0.008	0.007	0.040	0.115	0.104	0	C	26.5	100.3	10	10
		8:00～9:00	0.011		0.030				0	C	29.0	100.3	9	10
		14:00～15:00	0.013		0.046				0	C	34.0	100.0	10	10
		20:00～21:00	ND		0.032				0	C	29.5	100.0	10	10
	A6#	2:00～3:00	ND	ND	ND	0.004	0.081	0.074	0	C	27.0	100.4	10	10
		8:00～9:00	ND		0.005				0	C	29.0	100.4	9	10
		14:00～15:00	ND		ND				0	C	34.0	100.0	10	10
		20:00～21:00	ND		ND				0	C	29.5	100.0	10	10

4.10.2 固定污染源监测实例

本节以国家能源集团承担完成的某火电厂脱硝、除尘、脱硫装置检修监测为例介绍固定污染源实际监测过程。

1. 项目概况

污染物排放执行《火电厂大气污染物排放标准》(GB 13223—2011)限值要求(烟尘≤30 mg/m^3、SO_2≤400 mg/m^3、NO_x≤200 mg/m^3、林格曼黑度1级)，环境影响评价(以下简称环评)批复要求脱硝效率≥91.6%、静电除尘器效率≥99.70%、脱硫效率≥95%。

2. 监测内容及方法

1) 监测内容与点位设置

在2#锅炉脱硝装置进口单侧选取4个测孔，脱硝装置出口单侧选取8个测孔，在2#锅炉脱硫装置入口分别设置3个测孔、15个监测点位，脱硫装置出口分别设置8个测孔、24个监测点位。监测内容、项目、频次如表4-15所示，具体监测点位设置见图4-55。

表 4-15　监测项目、点位、频次

序号	采样点位	点位编号	监测项目	监测频次	说明
1	2#锅炉脱硝装置进口	1、2	烟尘、氮氧化物、烟气参数、含氧量、二氧化硫、三氧化硫、压力	连续 2 天，3 次/天	NO_x、SO_2、O_2实际测量 1 孔，靠近 CEMS 测孔，深度 2 m
2	2#锅炉脱硝装置出口	3、4	烟尘、氮氧化物、烟气参数、含氧量、二氧化硫、三氧化硫、压力		NO_x、O_2实际测量 8 个孔，采样孔编号为：烟道从外侧至内侧依次为第 1～8 孔，布置 1.5 m、2.5 m、3.5 m 测点
3	2#锅炉脱硫塔入口	5	烟尘、二氧化硫、烟气参数、含氧量、含湿量、三氧化硫		SO_2、O_2参数选取靠近 CEMS 孔
4	2#锅炉脱硫塔出口	6	烟尘、二氧化硫、烟气参数、含氧量、含湿量、三氧化硫、液滴		SO_2、O_2参数放置于湿除出口烟道；共 4 个测孔，每个孔选择 3 个点

注：静电除尘器进出口烟尘浓度以脱硝出口、脱硫塔入口计。

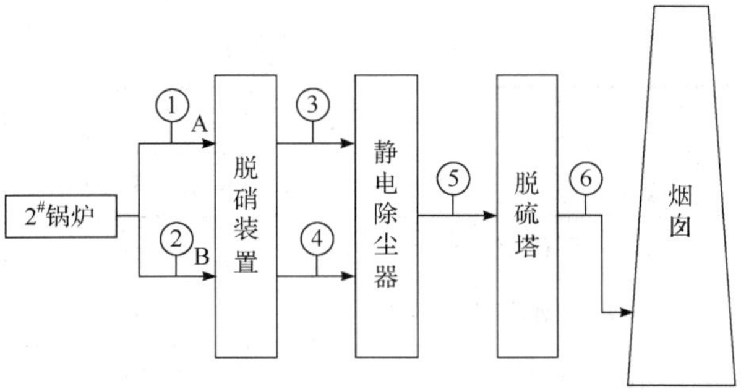

图 4-55　监测点位设置

2) 监测分析方法和质量保证措施

该项目监测分析方法见表 4-16。

表 4-16　监测分析方法

类别	监测项目	测试分析方法	方法来源
废气	烟尘	重量法	《固定污染源排气中颗粒物测定与气态污染物采样方法》(GB/T 16157—1996)
	二氧化硫	定电位电解法	《固定污染源废气 二氧化硫的测定 定电位电解法》(HJ 57—2017)
	氮氧化物	定电位电解法	《固定污染源废气 氮氧化物的测定 定电位电解法》(HJ 693—2014)
	烟气量	皮托管平行等速采样	《固定污染源排气中颗粒物测定与气态污染物采样方法》(GB/T 16157—1996)
	烟气黑度	林格曼黑度图法	《固定污染源排放 烟气黑度的测定 林格曼烟气黑度图法》(HJ/T 398—2007)

为了确保监测数据具有代表性、可靠性、准确性，在本次监测中对监测全过程包括布点、采样、实验室分析、数据处理等环节进行严格的质量控制。主要如下：

(1) 监测过程中发电负荷与锅炉运行负荷保持在 75%以上。

(2) 合理布设监测点位，保证各监测点位布设的科学性和可比性。

(3) 监测分析方法采用国家有关部门颁布的标准(或推荐)方法。

(4) 烟尘采样器、烟气监测(分析)仪器预先进行校核(标定)。

3) 监测结果及评价

监测期间(2022.8.24～2022.8.25)，该企业全部生产设施正常运行，符合监测规范要求。表 4-17 为 2#锅炉废气监测结果(部分)。结果表明，监测期间：

达标排放情况：验收监测期间，锅炉废气烟尘、SO_2、NO_x最大排放浓度以及林格曼黑度均符合污染物排放执行《火电厂大气污染物排放标准》(GB 13223—2011)要求。

污染物脱除率：2#锅炉脱硝效率、除尘效率、脱硫效率分别为 91.41%、99.70%、96.51%，锅炉废气静电除尘效率、脱硫效率分别符合环评批复除尘效率≥99.70%、脱硫效率≥95%的要求，脱硝效率不符合环评设计脱硝效率≥91.6%的要求。

表 4-17 2# 锅炉废气监测结果(部分)

点位		项目	2022 年 8 月 24 日	标准限值	达标情况
			试验结果平均值		
脱硝装置	入口	烟气流量/(Nm^3/h)	2573686	—	—
		NO_x 质量浓度/(mg/m^3)	154.1	240	—
		烟尘质量浓度/(mg/m^3)	16208.5	—	—
	出口	NO_x 质量浓度/(mg/m^3)	13.3	20	达标
		氨逃逸浓度/(ppm)	2.23	3.0	达标
		NH_3/NO_x 摩尔比/(mol/mol)	0.940	0.943	达标
		氨消耗量/(kg/h)	66.3	100	达标
		脱销系统压力损失/(Pa)	834	—	—
		SO_2/SO_3 转化率	0.58%	—	—
点位		项目	2022 年 8 月 25 日	标准限值	达标情况
			试验结果平均值		
脱硫装置	入口	烟气流量/(Nm^3/h)	1115833	1151000	—
		烟尘质量浓度/(mg/m^3)	33.4	204	—
		SO_2 质量浓度/(mg/m^3)	921.4	1214	—
	出口	SO_2 质量浓度/(mg/m^3)	32.2	—	—
		烟尘质量浓度/(mg/m^3)	16.1	—	—
		石灰石消耗量/(t/h)	1.7	—	—
		Ca/S 摩尔比/(mol/mol)	1.020	—	—

续表

点位		项目	2022 年 8 月 25 日	标准限值	达标情况
			试验结果平均值		
脱硫装置	出口	除雾器出口浆液滴含量/(mg/m^3)	76.0	—	—
		压力损失/(Pa)	1495	—	—
2#锅炉脱硝装置脱硝效率			91.41%	91.6%	不符合
2#锅炉静电除尘器除尘效率			99.70%	99.70%	符合
2#锅炉脱硫效率			96.51%	95%	符合

思考题与习题

1. 大气中的污染物以哪几种形态存在？其分布有什么特点？对进行环境监测有什么意义？

2. 简要说明制订环境空气污染监测方案的程序和主要内容。

3. 进行环境空气质量常规监测时，如何根据监测目的和监测区域的实际情况选择布点方法？

4. 直接采样法和富集采样法各适用于什么情况？怎样提高溶液吸收法的富集效率？

5. 填充柱阻留法和滤膜阻留法各适用于采集哪种污染物？其富集原理有什么不同？

6. 已知某采样点的温度为 27℃，大气压力为 100 kPa。现用溶液吸收法采样测定 SO_2 的日平均浓度，每隔 4 h 采样 1 次，共采集 6 次，每次采 30 min，采样流量 0.5 L/min。将 6 次气样的吸收液定容至 50.00 mL，取 10.00 mL 用分光光度法测知含 SO_2 2.5 μg，求该采样点大气在标准状态下的 SO_2 日平均浓度(以 mg/m^3 表示)。

7. 简述大气采样器的基本组成部分及各部分的作用。

8. 简要说明静态配气法和动态配气法的原理是什么？各有什么优缺点？

9. 简述四氯汞钾溶液吸收-副玫瑰苯胺分光光度法与甲醛吸收-副玫瑰苯胺分光光度法测定 SO_2 原理的异同之处。

10. 简要说明盐酸萘乙二胺分光光度法测定大气中 NO_x 的原理和测定过程，影响测定准确度的因素主要有哪些？

11. 测定大气中臭氧的浓度有哪几种方法？并简述测定原理。

12. CO_2 的测定方法有哪些？其基本原理是什么？

13. 如何采样测定大气中的氟化物浓度？

14. 简述总烃及非甲烷总烃的测定原理，并写出其测定步骤。

15. 怎样用重量法测定大气中 TSP、PM_{10} 和 $PM_{2.5}$ 的浓度？

16. 简述振荡天平法和β射线衰减法测定 $PM_{10}/PM_{2.5}$ 的原理。

17. 简述环境空气质量指数的计算与评价过程，如测得某测点 $PM_{2.5}$、PM_{10}、SO_2、NO_2、O_3、CO 的质量浓度分别为 125 $μg/m^3$、156 $μg/m^3$、173 $μg/m^3$、125 $μg/m^3$、170 $μg/m^3$、10 mg/m^3，则空气质量指数为多少？首要污染物是什么？

18. 什么是空气自动监测系统？其组成主要有哪些？

19. 为什么要进行降水监测？一般需测定哪些项目？

20. 新风量指什么？怎样测定新风量？

21. 在烟道气监测中，怎样选择采样位置和确定采样点的数目？

22. 烟道废气需测定的基本参数有哪些？测定这些参数的目的是什么？

23. 设某烟道断面面积为 3.0 m^2，测得烟气平均流速为 15.0 m/s，烟气温度 t_s=127℃，烟气静压 P_s= −1333 Pa，大气压力 B_a=100658 Pa，烟气中水蒸气体积分数 X_w=10%，求标准状态下的干烟气流量。

24. 测定烟气中烟尘的采样方法与测定气态和蒸气态组分的采样方法有什么不同？试分析原因。

25. 试分析比较环境空气、固定污染源烟气中气态污染物与颗粒物采样方法的异同。

26. 汽油车和柴油车排放尾气主要测定哪些有害物质？简述其测定的方法原理。

第5章

土壤环境监测

本章导读

土壤是地球上动植物和人类赖以生存的物质基础，但污水灌溉、酸雨侵蚀及大量化肥、农药的使用导致土壤污染日益加剧，土壤质量直接影响人类的生产、生活和发展。开展土壤污染监测，评价土壤环境质量，对于合理利用土壤，保护土壤环境意义重大。本章简要介绍土壤的基本知识、土壤的性质及土壤污染物的种类和来源，重点介绍土壤污染物的监测方案、土壤样品的前处理方法和分析方法，通过土壤环境监测实例让读者掌握土壤污染物的监测方法、熟悉土壤环境质量标准，并能通过监测数据开展土壤环境质量的评价。

5.1 土壤基础知识

不同学科、不同行业对土壤的认识和定义不同。传统的土壤学及农业科学认为，土壤是地球陆地表面能生长植物的疏松表层，是大气圈、岩石圈、水圈和生物圈相互作用的产物，即由地球表层的岩石经过风化，在母质、生物、气候、地形、时间等多种因素作用下形成和演变而来的。土壤是动植物、人类赖以生存的物质基础，土壤质量的优劣直接影响人类的生产、生活和发展。

5.1.1 土壤的基本组成和特性

土壤是由固、液、气三相物质组成的复杂体系，其基本组成可分为矿物质、有机质、微生物、水和空气等。不同组成的土壤，具有不同的理化性质及生物学性质。

1. 土壤矿物质

1) 土壤矿物质的矿物组成

土壤矿物质是岩石经过风化作用形成的，是土壤固相主要组成部分。土壤矿物质是植物营养元素的重要来源，按其成因可分为原生矿物和次生矿物。

(1) 原生矿物：是各种岩石经物理风化而形成的碎屑，其化学组成和晶体结构都未发生改变。这类矿物主要有硅酸盐类(如石英、长石、云母等)、氧化物类、硫化物类和磷酸盐类。

(2) 次生矿物：大多是由原生矿物质经过化学风化后形成的新矿物，包括简单盐类、三氧化物和次生铝硅酸盐类等。简单盐类呈水溶性，易被淋失，多存于盐渍土中。次生铝硅酸盐和铁硅酸盐，如高岭土、蒙脱土、多水高岭土和伊利石等，其粒径一般小于 0.25 μm，为土壤黏粒的主要成分，又称为黏土矿物。

不同的土壤矿物质形成的土壤颗粒形状和大小不同，原生矿物一般形成砂粒，次生矿物多形成黏粒，介于二者之间的则形成粉粒，各粒级的相对含量称为土壤的机械组成。

根据机械组成可将土壤分为不同的质地，土壤质地的分类主要有国际制、美国农业部制、卡钦斯基制和中国制。各质地制之间虽有差异，但都将土壤粗分为砂土、壤土和黏土三大类。

土壤中物质的很多重要的物理、化学性质和物理、化学过程都与土壤质地密切相关。

2) 土壤矿物质的化学组成

土壤矿物质元素的相对含量与地球表面岩石圈的平均含量及其化学组成相似。氧、硅、铝、铁、钙、钠、钾和镁八大元素的含量约占百分之九十六，其余元素含量甚微，含量多在千分之一以下，甚至低于百万分之一或更低，称为微量元素或痕量元素。

2. 土壤有机质

土壤有机质是指土壤中所有含碳的有机物，包括动植物残体、微生物体及其分解合成的各种有机物，约占土壤干重的1%～10%，在土壤肥力、环境保护和农业可持续发展等方面都有着重要的作用和意义。

土壤有机质按其分解程度分为新鲜有机质、半分解有机质和腐殖质。腐殖质是指新鲜有机质经过微生物分解转化所形成的具有多种功能团、芳香族结构的酸性高分子化合物，一般占土壤有机质总量的 70%～90%，具有表面吸附、离子交换、络合缓冲作用、氧化还原作用及生理活性等性能，对污染物在土壤中的迁移、转化都有深刻的影响。

3. 土壤微生物

土壤微生物的种类很多，有细菌、真菌、放线菌、藻类和原生动物等。土壤微生物不仅是土壤有机质的重要来源，更重要的是对进入土壤的有机污染物的降解及无机污染物的形态转化起着主导作用，是土壤净化功能的主要贡献者。土壤微生物数量巨大，1 g 土壤中就有几亿到几百亿个。土壤受到污染时，土壤微生物数量、组成和代谢将受到影响，可作为反映土壤质量的指标。

4. 土壤水

土壤水是土壤中各种形态水分的总称，存在于土壤孔隙中，影响着土壤中许多化学、物理和生物学过程，对土壤形成、物质的迁移转化过程起着极其重要的作用。

土壤水并非纯水，而是含有复杂溶质的稀溶液，溶质包括可溶性无机盐、可溶性有机物、无机胶体及可溶性气体等。土壤溶液是植物生长所需水分和养分的主要供应源。

土壤水来源于大气降雨、降雪、地表径流和农田灌溉，若地下水位接近地表面(2～3 m)，也是土壤水的来源之一。

5. 土壤空气

土壤空气是存在于未被水占据的土壤孔隙中的气体，来源于大气、生化反应和化学反应产生的气体(如甲烷、硫化氢、氢气、氮氧化物等)。

土壤空气成分与近地表大气有一定的区别：一般土壤空气含氧量比大气少，二氧化碳含量高于大气；而土壤通气不良时，还会含有较多的还原性气体，如 CH_4 等。

5.1.2　土壤环境背景值

土壤环境背景值又称土壤本底值，是指土壤在自然成土过程中未受人类社会行为干扰和破坏时，土壤自身的化学元素的组成和含量。但由于人类对环境的干扰越来越大，目前已很难找到绝对未受人类活动影响的土壤。因此，土壤背景值只能代表土壤某一发展、演变阶段的一个相对意义上的数值。

各国都很重视土壤背景值的研究，世界各国都已进行了土壤元素背景值的调查和研究工作。我国也将土壤背景值研究列入国家重点科技攻关项目，并出版了《中国土壤元素背景值》专著。表 5-1 摘录了部分元素的背景值。土壤背景值是土壤污染评价、污水灌溉和作物施肥不可缺少的依据。

表 5-1　土壤(A 层*)部分元素的背景值

元素	算术平均值	标准偏差	几何平均值	几何标准偏差	95%置信度范围值	元素	算术平均值	标准偏差	几何平均值	几何标准偏差	95%置信度范围值
As	11.2	7.86	9.2	1.91	2.5～33.5	K	1.86	0.463	1.79	1.342	0.94～2.97
Cd	0.097	0.079	0.074	2.118	0.017～0.333	Ag	0.132	0.098	0.105	1.973	0.027～0.409
Co	12.7	6.4	11.2	1.67	4.0～31.2	Be	1.95	0.731	1.82	1.466	0.85～3.91
Cr	61.0	31.07	53.9	1.67	19.3～150.2	Mg	0.78	0.433	0.63	2.080	0.02～1.64
Cu	22.6	11.41	20.0	1.66	7.3～55.1	Ca	1.54	1.633	0.71	4.409	0.01～4.80
F	478	197.7	440	1.50	191～1012	Ba	469	134.7	450	1.30	251～809
Hg	0.065	0.080	0.040	2.602	0.006～0.272	B	47.8	32.55	38.7	1.98	9.9～151.3
Mn	583	362.8	482	1.90	130～1786	Al	6.62	1.626	6.41	1.307	3.37～9.87
Ni	26.9	14.36	23.4	1.74	7.7～71.0	Ge	1.70	0.30	1.70	1.19	1.20～2.40
Pb	26.0	12.37	23.6	1.54	10.0～56.1	Sn	2.60	1.54	2.30	1.71	0.80～6.70
Se	0.290	0.255	0.215	2.146	0.047～0.993	Sb	1.21	0.676	1.06	1.676	0.38～2.98
V	82.4	32.68	76.4	1.48	34.8～168.2	Bi	0.37	0.211	0.32	1.674	0.12～0.88
Zn	74.2	32.78	67.7	1.54	28.4～161.1	Mo	2.0	2.54	1.20	2.86	0.10～9.60
Li	32.5	15.48	29.1	1.62	11.1～76.4	I	3.76	4.443	2.38	2.485	0.39～14.71
Na	1.02	0.626	0.68	3.186	0.01～2.27	Fe	2.94	0.984	2.73	1.602	1.05～4.84

* A 层指土壤表层或耕层。

注：本表摘自中国环境监测总站编著的《中国土壤元素背景值》，第 87 页。

土壤背景值的表示方法国内外没有统一的规定，常用的有：用土壤样品算术平均值($\bar{x}$)表示；用算术平均值加减一个或两个标准偏差(s)，即用$\bar{x}\pm s$或$\bar{x}\pm 2s$表示；用几何平均值($\bar{x}_g$)加减一个几何标准偏差(s_g)，即用$\bar{x}_g\pm s_g$表示。我国土壤元素背景值的表达方法是：对测定值呈正态分布或近似正态分布的元素，用$\bar{x}$表示数据分布的集中趋势，用s表示数据的分散度，用$\bar{x}\pm 2s$ 表示 95%置信度数据的范围值；当元素测定值呈对数正态分布或近似对数正态分布时，用$\bar{x}_g$表示数据分布的集中趋势，用s_g表示数据分散度，用$\bar{x}_g/(s_g^2-\bar{x}_g s_g^2)$表示 95%置信度数据的范围值。

5.1.3 土壤污染概述

土壤污染是指进入土壤的污染物超过土壤的自净能力或在土壤中的积累量超过土壤基准量，给土壤生态系统造成危害的现象。

土壤污染物种类繁多，按其性质大体可分为无机污染物和有机污染物。无机污染物主要是重金属(如汞、镉、铬、铅、镍、砷等)、放射性元素(如锶、铯和铀等)、营养元素(氮、磷、硫、硼等)和其他无机污染物(酸、碱、盐等)。有机污染物主要包括有机农药、多环芳烃(PAHs)、多氯联苯(PCBs)、多氯二苯并二噁英/呋喃(PCDD/Fs)、矿物油、废塑料制品等。

土壤污染物的来源有自然源和人为源。自然源包括矿床中元素和化合物的自然扩散、火山爆发、森林火灾等。人为源是土壤污染物的主要来源，包括工业“三废”的排放、化肥农药不合理的使用、污(废)水灌溉、大气沉降等。

根据土壤发生的途径，可将土壤污染分为水体污染、大气污染、农业污染和固体废弃物污染等几种类型。

土壤污染具有：①隐蔽性和潜伏性；②持久性和难恢复性；③判定的复杂性等特点。

5.2 土壤样品的采集与制备

土壤环境监测，一般包括布点、采样、样品制备、分析方法、结果表征、资料统计和质量评价等内容。

5.2.1 监测方案的制订

土壤环境监测方案的制订与大气和水环境质量监测方案类似，本节将根据《土壤环境监测技术规范》(HJ/T 166—2004)对布点、采样、样品处理、样品测定、环境质量评价、质量保证等内容进行介绍。

1. 监测分类及目的

1) 农田土壤环境质量监测

农田土壤环境质量监测目的是考察用于种植各种粮食作物、蔬菜、水果、纤维和糖类作物、油料作物、花卉、药材、草料等作物的农业用地土壤质量，评价农用地土壤污染是否存在影响食用农产品质量安全、农作物生长的风险。

2) 建设项目土壤环境评价监测

建设项目土壤环境评价监测的目的是考察城乡住宅和公共设施用地、工矿用地、交通水利设施用地、旅游用地和军事设施用地等土壤质量，评价建设用地土壤污染是否存在影响居住、工作人群健康的风险，加强建设用地土壤环境监管，保障人居环境安全。

3) 土壤污染事故监测

由于废气、废水、废物、污泥对土壤造成了污染，或者使土壤结构与性质发生了明显的变化，或者对作物造成了伤害，需要调查分析主要污染物，确定污染的来源、范围和程度，为行政主管部门采取对策提供科学依据。

4) 区域土壤环境背景监测

区域土壤环境背景监测的目的是考察区域内不受或未明显受现代工业污染与破坏的土壤

原来固有的化学组成和元素含量水平。通过分析测定土壤中某些元素的含量，确定这些元素的背景值水平和变化，了解元素的丰缺和供应状况，为保护土壤生态环境、合理施用微量元素及地方病病因的探讨与防治提供依据。

2. 采样前期准备

1) 资料收集

收集包含监测区域的交通图、土壤图、地质图、大比例尺地形图等资料，供制作采样工作图和标注采样点位用。

自然环境方面的资料：监测区域土类、成土母质等土壤信息资料；监测区域气候资料(温度、降水量和蒸发量)、水文资料；监测区域遥感与土壤利用及其演变过程方面的资料等。

社会环境方面的资料：工农业生产布局；工程建设或生产过程对土壤造成影响的环境研究资料；土壤污染事故的主要污染物的毒性、稳定性及如何消除等资料；土壤历史资料和相应的法律(法规)；监测区域工农业生产及排污、污灌、化肥农药施用情况资料。

2) 现场信息调查

现场踏勘，将调查得到的信息进行整理和利用。

3) 采样器具准备

(1) 工具类：铁锹、铁铲、圆状取土钻、螺旋取土钻、竹片及适合特殊采样要求的工具等。

(2) 器材类：全球定位系统、罗盘、照相机、卷尺、铝盒、样品袋、样品箱等。

(3) 文具类：样品标签、采样记录表、铅笔、资料夹等。

(4) 安全防护用品：工作服、工作鞋、安全帽、手套、药品箱等。

(5) 采样用车辆。

3. 监测项目与频次选择

土壤监测项目根据监测目的确定。背景值调查研究的监测项目较多，而污染事故调查仅测定可能造成土壤污染的项目。监测项目分常规项目、特定项目和选测项目，监测频次与其相应。

常规项目是指土壤环境质量相关标准中所要求控制的污染物，包括镉、汞、砷、铅、铬、铜、镍和锌。特定项目是根据当地环境污染状况，确认在土壤中积累较多、对环境危害较大、影响范围广、毒性较强的污染物，或者污染事故对土壤环境造成严重不良影响的物质，具体项目由各地自行确定。选测项目包括影响产量项目、污水灌溉项目、POPs 与高毒类农药和其他项目，一般包括新纳入的在土壤中积累较少的污染物、环境污染导致土壤性状发生改变的土壤性状指标及生态环境指标等，由各地自行选择测定。选测项目包括铁、锰、钾、有机质、氮、磷、硒、硼、氟化物、氰化物、苯、挥发性卤代烃、有机磷农药、PAHs、全盐量等。

监测频次原则上按表 5-2 执行，常规项目可按当地实际情况适当降低监测频次，但不可低于 5 年 1 次，选测项目可适当提高监测频次。

表 5-2　监测项目和频次

项目类别		监测项目	监测频次
常规项目	基本项目	pH、阳离子交换量	每 3 年一次，农田在夏收或秋收后采样
	重点项目	镉、铬、汞、砷、铅、铜、锌、镍、六六六、滴滴涕	

续表

<table>
<tr><th colspan="2">项目类别</th><th>监测项目</th><th>监测频次</th></tr>
<tr><td colspan="2">特定项目(污染事故)</td><td>特征项目</td><td>及时采样，根据污染物变化趋势决定监测频次</td></tr>
<tr><td rowspan="4">选测项目</td><td>影响产量项目</td><td>全盐量，硼、氟、氮、磷、钾等</td><td rowspan="4">每 3 年一次，农田在夏收或秋收后采样
*在《土壤环境质量 农用地土壤污染风险管控标准(试行)》(GB 15618—2018)中，规定了镉、汞、砷、铬、铅的风险管控值范围；将六六六总量、滴滴涕总量、苯并[a]芘列为选测项目，并规定了这些物质的土壤污染风险筛选值</td></tr>
<tr><td>污水灌溉项目</td><td>氰化物、六价铬、挥发酚、烷基汞、苯并[a]芘、有机质、硫化物</td></tr>
<tr><td>POPs 与高毒类农药</td><td>苯、挥发性卤代烃、有机磷农药、PCBs、PAHs 等</td></tr>
<tr><td>其他项目</td><td>结合态铝(酸雨区)、硒、钒、氧化稀土总量、钼、铁、锰、镁、钙、钠、铝、硅、放射性比活度等</td></tr>
</table>

4. 布点原则与样品测定方法选择

1) 布点原则

农用地土壤污染调查监测点位布设和样品采集执行《土壤环境监测技术规范》(HJ/T 166—2004)等相关技术规定要求。建设用地土壤环境调查与监测按《土壤环境质量 建设用地土壤污染风险管控标准(试行)》(GB 36600—2018)、《建设用地土壤污染状况调查 技术导则》(HJ 25.1—2019)、《建设用地土壤污染风险管控和修复监测技术导则》(HJ 25.2—2019)及相关技术规定要求执行。

随机原则：为了达到采集的监测样品具有好的代表性，必须避免一切主观因素，使组成总体的个体有同样的机会被选入样品，即组成样品的个体应当是随机地取自总体。

等量原则：在一组需要相互之间进行比较的样品应当由同样的个体组成，否则样本大的个体所组成的样品，其代表性会大于样本少的个体组成的样品。

坚持“哪里有污染就在哪里布点”的原则，优先布设在污染重、影响大的地方。

避开人为干扰大、土壤失去代表性的点，如田边、路边、沟边、粪坑(堆)周围，以及土壤流失严重或表层土被破坏处。

2) 样品测定方法选择

样品测定分析应按照规定的方法进行。分析方法包括标准方法(即仲裁方法)、土壤环境质量标准中选配的分析方法、由权威部门规定或推荐的方法和自选等效方法。选用自选等效方法时应做标准样品验证或对比实验，其检出限、准确度、精密度不低于相应的通用方法要求水平或待测物准确定量的要求。

5. 土壤环境质量评价与质量保证

土壤环境质量评价涉及评价因子、评价标准和评价模式。评价因子数量与项目类型取决于监测的目的和条件。评价标准常采用国家土壤环境质量标准、区域土壤背景值或部门(专业)土壤质量标准。评价模式常用污染指数法或与其有关的评价方法。

1) 评价参数

用于评价土壤环境质量的参数有土壤单项污染指数、土壤综合污染指数、土壤污染积累指数、土壤污染物超标倍数、土壤污染样本超标率、土壤污染面积超标率和土壤污染分级标准等。各参数计算公式如下：

$$\text{土壤单项污染指数}=\frac{\text{污染物实测值}}{\text{污染物质量标准值}} \tag{5-1}$$

$$\text{土壤综合污染指数}=\sqrt{\frac{(\text{平均单项污染指数})^2+(\text{最大单项污染指数})^2}{2}} \tag{5-2}$$

$$\text{土壤污染积累指数}=\frac{\text{污染物实测值}}{\text{污染物背景值}} \tag{5-3}$$

$$\text{土壤污染物超标倍数}=\frac{\text{污染物实测值}-\text{污染物质量标准值}}{\text{污染物质量标准值}} \tag{5-4}$$

$$\text{土壤污染样本超标率}(\%)=\frac{\text{超标样本总数}}{\text{监测样本总数}}\times 100 \tag{5-5}$$

$$\text{土壤污染面积超标率}(\%)=\frac{\text{超标点面积之和}}{\text{监测总面积}}\times 100 \tag{5-6}$$

$$\text{土壤污染分级标准}(\%)=\frac{\text{某项污染指数}}{\text{各项污染指数之和}}\times 100 \tag{5-7}$$

2) 评价方法

土壤环境质量评价一般以土壤单项污染指数为主，但当区域内土壤质量作为一个整体与区域外土壤质量比较时，或一个区域内土壤质量在不同历史阶段比较时，应用土壤综合污染指数评价。土壤综合污染指数全面反映了各污染物对土壤的不同作用，同时又突出了高浓度污染物对土壤环境质量的影响，适用于评价土壤环境的质量等级。表 5-3 为《农田土壤环境质量监测技术规范》(NY/T 395—2012)划定的土壤污染分级标准。

表 5-3　土壤污染分级标准

土壤级别	土壤综合污染指数($P_{综}$)	污染等级	污染水平
1	$P_{综}\leqslant 0.7$	安全	清洁
2	$0.7< P_{综}\leqslant 1.0$	警戒线	尚清洁
3	$1.0< P_{综}\leqslant 2.0$	轻污染	土壤污染已超过背景值，作物开始受到污染
4	$2.0< P_{综}\leqslant 3.0$	中污染	土壤、作物均受到中度污染
5	$3.0< P_{综}$	重污染	土壤、作物受污染已相当严重

此外，可以根据《土壤环境质量　农用地土壤污染风险管控标准(试行)》(GB 15618—2018)等新标准的某一单项指标对其直接评价，确认是否存在风险，以及风险的高低。

3) 质量保证

质量保证和质量控制的目的是保证所产生的土壤环境质量监测资料具有代表性、准确性、精密性、可比性和完整性。质量控制涉及监测的全部过程(详见第 10 章)。

6. 分析记录及监测报告要求

分析记录要求内容齐全，填写翔实，字迹清楚。

记录测量数据，要采用法定计量单位，土壤样品测定一般保留三位有效数字，含量较低的镉和汞保留两位有效数字，并注明检出限数值。分析结果的有效数字的位数不可超过方法检出限的最低位数(见第 10 章)。

监测报告应包含报告名称，监测单位或实验室名称，报告编号，报告每页和总页数标识，采样地点名称，采样时间，分析时间，检测方法，监测依据，评价标准，监测数据，单项评价，总体结论，监测仪器型号和生产地，检出限(未检出时需列出)，采样点示意图(或照片)，采样(委托)者，分析者，报告编制、复核、审核和签发者及时间等内容。

5.2.2 土壤样品采集

样品采集一般按三个阶段进行：

前期采样：根据背景资料与现场考察结果，采集一定数量的样品分析测定，用于初步验证污染物空间分异性和判断土壤污染程度，为制订监测方案(选择布点方式和确定监测项目及样品数量)提供依据，前期采样可与现场调查同时进行。

正式采样：按照监测方案，实施现场采样。

补充采样：正式采样测试后，发现布设的样点没有满足总体设计需要，则要进行增设采样点补充采样。

面积较小的土壤污染调查和突发性土壤污染事故调查可直接采样。

1. 基础样品数量

1) 由均方差和绝对偏差计算样品数

用式(5-8)可计算所需的样品数：

$$N=t^2s^2/D^2 \tag{5-8}$$

式中，N 为样品数；t 为选定置信水平(土壤环境监测一般选定为 95%)一定自由度下的 t 值(从有关统计学书中查获)；s^2 为均方差，可从先前的其他研究或者从极差 $R[s^2=(R/4)^2]$估计；D 为可接受的绝对偏差。

2) 由变异系数和相对偏差计算样品数

式(5-8)可变为

$$N=t^2(\mathrm{CV})^2/m^2 \tag{5-9}$$

式中，CV 为变异系数，%，可从先前的其他研究资料中估计；m 为可接受的相对偏差，%，土壤环境监测一般限定为 20%～30%。没有历史资料、土壤变异程度不太大的地区，CV 一般可用 10%～30%粗略估计，有效磷和有效钾的 CV 可取 50%。

2. 采样点布设

1) 合理划分采样单元

在污染调查的基础上，选择一定数量能代表被调查地区的地块作为采样单元(0.13～0.2 hm^2)(1 hm^2≈666.7 m^2, 余同)。土壤环境背景值监测一般根据土壤类型和成土母质划分采样单元；土壤质量监测或土壤污染监测可按照土壤接纳污染物的途径(如大气污染、农灌污染或综合污染等)，参考土壤类型，作物种类和耕作制度等因素划分采样单元，并设对照采样单元。

2) 采样点

由于土壤在空间分布上具有一定的不均匀性，所以在同一采样单元内，应多点采样，并均匀混合，使之具有代表性。一般要求每个采样单元不得少于 3 个采样点。

3) 采样网格

区域土壤环境调查按调查的精度不同，可从 2.5 km、5 km、10 km、20 km、40 km 中选择网距布点，区域内的网格结点数即为土壤采样点数量。

网格间距 L 按式(5-10)计算：

$$L=(A/N)/2 \tag{5-10}$$

式中，L 为网格间距；A 为采样单元面积；N 为采样点数。

A 和 L 的量纲要相匹配，如 A 的单位是 km^2，则 L 的单位就为 km。根据实际情况可适当减小网格间距，适当调整网格的起始经纬度，避开过多网格落在道路或河流上，使样品更具代表性。

对于大气污染物引起的土壤污染，采样点应以污染源为中心，并根据风向、风速及污染强度系数等选择在某一方向或某几个方向上进行。采样点的数量和间距，一般是按照“近密远疏”设置。对照点应设在远离污染源、不受其影响的地方。对于由城市污水或被污染的河水灌溉而引起的土壤污染，采样点应根据水流的路径和距离来考虑。

4) 布点方法

(1) 随机布点法。

a. 简单随机。将监测单元分成网格，每个网格编上号码，决定采样点样品数后，随机抽取规定的样品数的样品，其样本号码对应的网格号，即为采样点。随机数的获得可以利用掷骰子、抽签、查随机数表的方法。简单随机布点是一种完全不带主观限制条件的布点方法[图 5-1(a)]。

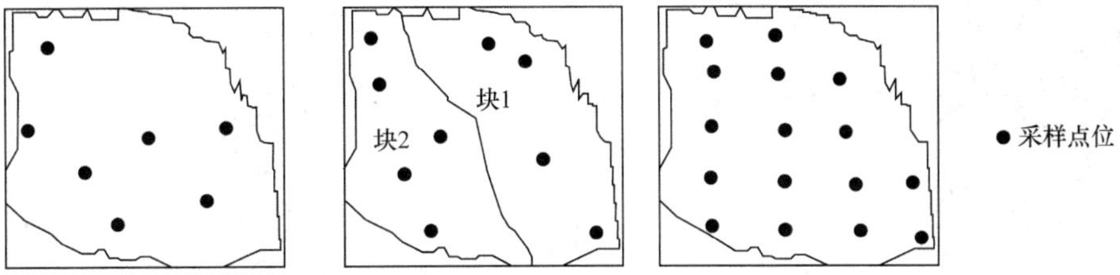

(a) 简单随机布点　　(b) 分块随机布点　　(c) 系统随机布点

图 5-1　布点方式示意图

b. 分块随机。如果监测区域内的土壤有明显的几种类型，则可将区域分成几块，每块内污染物较均匀，块间的差异较明显。将每块作为一个监测单元，在每个监测单元内再随机布点。在正确分块的前提下，分块随机布点的代表性比简单随机布点好[图 5-1(b)]。

c. 系统随机。将监测区域分成面积相等的几部分(网格划分)，每网格内布设一采样点。如果区域内土壤污染物含量变化较大，系统随机布点比简单随机布点所采样品的代表性要好[图 5-1(c)]。

(2) 对角线布点法。

此法适宜面积小、地势平坦的污水灌溉或受污染的水灌溉的田块。对角线至少三等分，以等分点为采样点。若土壤差异性大，可增加等分点。

(3) 梅花形布点法。

此法适用于面积小、地势平坦、土壤较均匀的田块，中心点设在两对角线相交处，一般设 5～10 个采样点。

(4) 棋盘式布点法。

此法适用于中等面积、地势平坦、地形开阔，但土壤较不均匀的田块，一般设 10 个以上的采样点；也适用于受固体废物污染的土壤，因为固体废物分布不均匀，采样点应设 20 个以上。

(5) 蛇形布点法。

此法适用于面积较大、地势不很平坦、土壤不够均匀的田块，布设采样点数目较多。

3. 采样深度与采样量

1) 采样深度

采样深度根据监测目的来确定。一般了解土壤污染状况，只需取 15 cm 表层土壤和表层以下 15～30 cm 的土样；如果要了解土壤污染深度，则应按土壤剖面层次分层采样。土壤剖面指地面向下的垂直土体的切面。典型的自然土壤剖面分为 A 层(表层，淋溶层)、B 层(亚层，淀积层)、C 层(风化母岩层、母质层)和底岩层(图 5-2)。土壤剖面采样时，需在特定采样地点挖掘一个 1 m×1.5 m 的长方形土坑，深度在 2 m 以内(一般为 1 m)，一般要求达到母质或潜水处(图 5-3)。然后根据土壤剖面颜色、结构、质地、松紧度、温度、植物根系分布等划分土层，并进行仔细观察，将剖面形态、特征自上而下逐一记录。然后在各层最典型的中部自下而上逐层用小铲切取一片片土壤样品，每个采样点的取土深度和取样量应一致，根据监测目的可取分层试样或混合样。用于重金属项目分析的样品，需将接触金属采样器的土壤弃去。

图 5-2　土壤剖面示意图

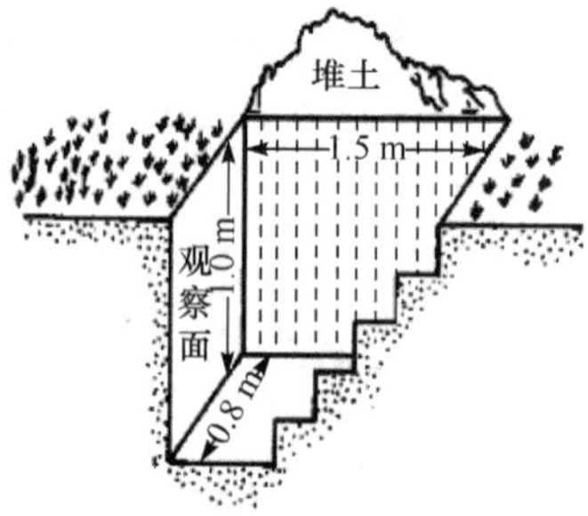

图 5-3　土壤剖面挖掘示意图

对污染场地的土壤监测要特别注意可能的污染源所在位置、可能的污染物穿透深度与扩散范围，需要了解地下水流动方向、各土层的厚度、污染物本身性质等，从而制订采样深度与采样点位，有时需要采样深度达 10 m 以上，以确定污染物的扩散深度。污染场地土壤采样非常复杂，需要根据污染场地实际情况制订采样方案。

2) 采样量

采样量视分析测定项目而定，一般只需要 1～2 kg 土样。多点采集的混合土壤样品可在现场或实验室内反复按四分法弃取，留至所需土样量，装入塑料袋或布袋中，贴上标签(地点、土壤深度、日期、采样人姓名)，做好记录。

4. 采样时间

采样时间随测定项目而定。为了解土壤污染情况，可随时采样测定；如需掌握土壤上植物受污染的情况，可依季节或作物收获期采集土壤和植物样品，一年中在同一地点采集两次进行对照。对于环境影响跟踪监测项目，可根据生产周期或年度计划实施土壤质量监测。每次采样尽量保持采样点位置的固定，以确保测试数据的有效性和可比性。

5. 土壤背景值样品采集

土壤背景值调查采样前要摸清当地土壤类型和分布规律。采样点选择应包括主要类型土壤，并远离污染源。同一类型土壤应有 3～5 个以上采样点。同一样点并不强调采集混合样，而是选取发育典型、代表性强的土壤采样，同时应考虑母质对土壤背景值的影响。

土壤背景值样品需挖掘剖面进行采集，每个剖面采集 A、B、C 层土样(图 5-2)，在各层中心部位自下而上采样。剖面发育不完整的土壤，采集表土层(0～20 cm)、中土层(20～50 cm)和底土层(50～100 cm)附近的样品。

污染场地的土壤监测较为复杂，需按照《建设用地土壤污染状况调查 技术导则》(HJ 25.1—2019)执行。

5.2.3　土壤样品前处理及其保存

1. 土壤样品的干燥与保存

1) 土样的风干

采集的土样应及时摊铺在塑料薄膜上或瓷盘内于阴凉处风干。在风干过程中，应经常翻动，压碎土块，除去石块、残根等杂物；要防止阳光直射和尘埃落入，避免酸、碱等气体的污染。测定易挥发或不稳定项目需用新鲜土样。

2) 磨碎和过筛

风干后的土样用有机玻璃或木棒碾碎后，过 2 mm 孔径筛，去除较大沙砾和植物残体，用作土壤颗粒分析及物理性质分析。若沙砾含量较多，应计算它占整个土壤的百分数。用作化学分析，则需使磨碎的土样全部通过孔径为 1 mm 或 0.5 mm 的筛子。分析有机质、全氮项目，应取部分已过 2 mm 筛的土样，用玛瑙研钵继续研细，使其全部通过 60 目筛(0.25 mm)。测定 Cd、Cu、Ni 等重金属的土样，必须全部过 100 目尼龙筛。将研磨过筛后的样品混合均匀、装瓶、贴上标签、编号、储存。

3) 土样的保存

将风干土样或标准土样等储存于洁净的玻璃或聚乙烯容器内，在常温、阴凉、干燥、避阳光、石蜡密封条件下保存。一般土样保存期为半年至一年，标样或对照样品则需长期妥善保存。

2. 土样的预处理

土样的预处理主要有消解法和提(浸)取法。前者一般适用于元素的测定，后者适用于有机污染物和不稳定组分的测定，以及组分的形态分析。

1) 土样的消解法

(1) 碱熔法。

将土样与碱混合，在高温下熔融。常用的有碳酸钠熔融法或偏硼酸锂($LiBO_2$)熔融法。该法操作简便快速，样品分解完全；但有些重金属如 Cd、Cr 等在高温下易损失，引入了大量可溶盐，在原子吸收仪的喷燃器上会结晶析出并导致火焰的分子吸收，使结果偏高。

(2) 酸溶法。

酸溶法又称酸分解法、酸消解法(见第 3 章)，是测定土壤重金属最常选用的方法。土样消解常用的混合酸体系有王水、硝酸-硫酸、硝酸-高氯酸、硝酸-硫酸-高氯酸、硝酸-硫酸-磷酸、盐酸-硝酸-氢氟酸-高氯酸等。其中盐酸-硝酸-氢氟酸-高氯酸体系能破坏土壤矿物质，消解较为彻底，但在消解的过程中应控制好温度和时间。

2) 土样的提(浸)取法

(1) 有机污染物的提取。

根据相似相溶的原理，尽量选择与待测物极性相近的有机溶剂作为提取剂。提取剂必须能将土样中待测物充分提取出来；且与样品能很好地分离，不影响待测物的纯化与测定；不能与样品发生作用，毒性低；沸点在 45～80℃为好。当单一溶剂提取效果不理想时，可用两种或两种以上溶剂配成混合提取剂。

常用有机溶剂有丙酮、二氯甲烷、甲苯、环己烷、正己烷、石油醚等。

a. 振荡提取：称取一定量的土样于标准口三角瓶中加入适量的提取剂振荡，静置分层或抽滤、离心分出提取液，样品再重复提取 2 次，分出提取液，合并，待净化。

b. 超声波提取：称取一定量的土样置于烧杯中，加入适量提取剂，超声提取，真空过滤或离心分出提取液，固体物再用提取剂提取 2 次，分出提取液合并，待净化。

c. 索氏提取：适用于从土壤中提取非挥发及半挥发有机污染物。准确称取一定量土样放入滤纸筒中，再将滤纸筒置于索氏提取器中。在有 1～2 粒干净沸石的 150 mL 圆底烧瓶中加 100 mL 提取剂，连接索氏提取器，加热回流一定的时间即可。

d. 加速溶剂萃取法：加速溶剂萃取是在温度(50～200℃)和压力[1000～3000 psi(1 psi= 6.89476×10^3 Pa)或 10.3～20.6 MPa]下用溶剂萃取固体或半固体样品的新颖样品前处理方法。加速溶剂萃取法有机溶剂用量少、速度快、效率高、选择性好和基体影响小，已被美国环境保护署(EPA)列为标准方法。

近年来，吹扫蒸馏法(用于提取易挥发性有机化合物)、超临界流体提取法(SFE)都发展很快。尤其是 SFE 法由于其快速、高效、安全性(不需有机溶剂)，是具有很好发展前途的提取法。

(2) 无机污染物的提取。

土壤中易溶无机物组分和有效态组分可用酸或水提取。

3) 土样的净化和浓缩

使待测组分与干扰物分离的过程为净化。当用有机溶剂提取样品时，一些干扰杂质可能与待测物一起被提取出来，将会影响检测结果，甚至使定性定量无法进行，因而提取液必须经过净化处理。

土样经提取后，常采用的净化浓缩方法有柱层析法、蒸馏法、氮吹浓缩或 K-D 浓缩法。

5.3 土壤污染物分析

5.3.1 土壤样品含水率和 pH 测定

1. 含水率

无论风干土样还是新鲜土样，测定污染物含量时都需要测定土壤含水率，以便计算按照烘干土样为基准的测定结果。

1) 风干土样水分的测定

取小型铝盒在 105℃恒温箱中烘烤约 2 h，移入干燥器内冷却至室温，称量，准确至 0.001 g。用角勺将风干土样拌匀，舀取约 5 g，均匀地平铺在铝盒中，盖好，称量，准确至 0.001 g。将铝盒盖揭开，放在盒底下，置于已预热至(105±2)℃的烘箱中烘烤 6 h。然后取出，盖好，移入干燥器内冷却至室温(约 20 min)，立即称量。风干土样水分的测定应做两份平行测定。

2) 新鲜土样水分的测定

将盛有新鲜土样的大型铝盒在分析天平上称量，准确至 0.01 g。揭开盒盖，放在盒底下，置于已预热至(105±2)℃的烘箱中烘烤 12 h。然后取出，盖好，移入干燥器内冷却至室温(约 30 min)，立即称量。新鲜土样水分的测定应做三份平行测定。

$$水分(\%)=\frac{m_1-m_2}{m_1-m_0}\times 100 \tag{5-11}$$

式中，m_0 为烘干空铝盒质量，g；m_1 为烘干前铝盒及土样质量，g；m_2 为烘干后铝盒及土样质量，g。

2. pH 测定

土壤 pH 是土壤酸碱度的强度指标，是土壤的基本参数之一，对土壤养分及重金属的形态和有效性有重要的影响。土壤 pH 过高或过低，均影响植物的生长。

采用电位法测定土壤 pH 是将 pH 玻璃电极和甘汞电极(或复合电极)插入土壤悬液或浸出液中构成一原电池，测定其电动势值，再换算成 pH。在酸度计上测定，经过标准溶液校正后则可直接读取 pH。

水土比例对 pH 影响较大，尤其是石灰性土壤，稀释效应的影响更为显著，水土比 2.5∶1 较为适宜。酸性土壤除测定水浸土壤 pH 外，还应测定盐浸 pH，即以 1 mol/L KCl 溶液浸提土壤 H^+后用电位法测定。

测定 pH 的土壤样品应保存于密闭玻璃瓶中，防止空气中的氨、二氧化碳及酸、碱性气体的影响。风干土壤和潮湿土壤测得的 pH 有差异，尤其是石灰性土壤，风干作用使得土壤中大量二氧化碳损失，导致 pH 偏高，因此风干土壤的 pH 为相对值。

5.3.2　土壤重金属污染物分析

土壤中金属化合物的测定方法与水中金属化合物的测定方法基本相同，仅在预处理方法和测定条件方面有差异，故在此仅做简要介绍。

1) 铅、镉

铅和镉是动物、植物非必需的有毒有害元素，可在土壤中积累，并通过食物链进入人体。其测定方法多用原子吸收光谱法和原子荧光光谱法。

2) 铜、锌

铜和锌是植物、动物和人体必需的微量元素，可在土壤中积累，当其含量超过最高允许浓度时，将会危害生态系统。测定土壤中的铜和锌广泛采用火焰原子吸收分光光度法(GB/T 17138—1997)。

3) 总铬

由于各类土壤成土母质不同，铬含量差别很大，我国土壤铬含量背景值一般为 20～

200 mg/kg。铬在土壤中主要以三价和六价两种形态存在，三价铬和六价铬可以相互转化，其存在形态和含量取决于土壤 pH 和污染程度等。六价铬化合物迁移能力强，其毒性和危害大于三价铬。

土壤中铬的测定方法主要有火焰原子吸收光谱法、分光光度法和等离子体发射光谱法等。

4) 镍

土壤中的镍为植物生长所需元素，也是人体必需的微量元素之一。当土壤中镍累积至含量超过允许量后，会使植物中毒。某些镍的化合物如羟基镍毒性很强，具有强致癌性。

土壤中镍的测定方法有火焰原子吸收光谱法、分光光度法和等离子体发射光谱法等，其中火焰原子吸收光谱法应用较为普遍。

5) 总汞

天然土壤中汞含量很低，一般为 0.1～1.5 mg/kg，其存在形态有单质汞、无机化合态汞和有机化合态汞，其中，挥发性强、溶解度大的汞化合物易被植物吸收，如氯化甲基汞、氯化汞等。汞及其化合物一旦进入土壤，绝大部分被耕层土壤吸附固定。被测汞超过《土壤环境质量 农用地土壤污染风险管控标准(试行)》(GB 15618—2018)风险管控值(最高允许风险浓度)时，原则上这种土壤不可进行作为农作物或果实的生产活动。当汞的浓度介于风险筛选值与风险管控值时，应采取农艺措施，减小汞的土壤浓度或减少其向农作物体内的输运，并加强食品检测，确保农作物的产品中汞的含量在食品标准的范围内。

土壤中汞的测定方法广泛采用冷原子吸收光谱法和冷原子荧光光谱法。

6) 总砷

土壤中砷的背景值一般在 0.2～40 mg/kg，而受砷污染的土壤，砷的质量浓度可高达 550 mg/kg。砷在土壤中以五价和三价两种价态存在，大部分被土壤胶体吸附或与有机物络合、螯合，或与铁、铝或钙等离子形成难溶性砷化合物。砷是植物强烈吸收和积累的元素，土壤砷污染后，农作物中砷含量必然增加，从而危害人和动物健康。

土壤中砷的测定方法有二乙胺基二硫代甲酸银分光光度法、新银盐分光光度法和氢化物发生-非色散原子荧光光谱法等。

5.3.3 土壤有机污染物分析

1. 六六六和滴滴涕

环境激素是指环境中存在的能影响人体内分泌功能的物质。如 PCBs、四氯二苯并-*p*-二噁英(TCDD)、多氯二苯并呋喃(TCDF)、多氯二苯并噁英(PODD)、DDT、滴滴伊(DDE)等化学物质是非极性、难分解的，它们以激素的形式对生物体产生作用，使生物体出现内分泌失衡、生殖器畸形、精子数量减少、乳腺癌发病率上升等现象，并可能会对下一代产生不良影响。六六六和 DDT 等农药也表现出雌激素的作用。

土壤样品中的六六六和 DDT 农药残留量的分析可以采用气相色谱法(GB/T 14550—2003)：土壤样品经丙酮-石油醚提取，浓硫酸净化除去干扰物质，用电子捕获检测器(ECD)检测，根据色谱峰的保留时间定性，外标法定量。气相色谱法(GB/T 14550—2003)的检出限为 0.049～4.87 μg/kg。

1) 提取

准确称取 20 g 土壤置于小烧杯中，加蒸馏水 2 mL，硅藻土 4 g，充分混匀，无损地移入滤纸筒内，上部盖一片滤纸，将滤纸筒装入索氏提取器中，加入 100 mL 石油醚-丙酮(1∶1)，用 30 mL 石油醚-丙酮(1∶1)浸泡土样 12 h 后在 75～95℃恒温水浴上加热提取 4 h，待冷却后，将提取液移入 300 mL 的分液漏斗中，用 10 mL 石油醚分三次冲洗提取器及烧瓶，将洗液并入分液漏斗中，加入 100 mL 硫酸钠溶液，振摇 1 min，静止分层后，弃去下层丙酮水溶液，留下石油醚提取液待净化。

2) 净化

净化适用于土壤、生物样品。在分液漏斗中加入石油醚提取液体积的十分之一的浓硫酸，振摇 1 min，静置分层后，弃去硫酸层(注意：用硫酸净化过程中，要防止发热爆炸，加硫酸后，开始要慢慢振摇，不断放气，然后再剧烈振摇)，按上述步骤重复数次，直至加入的石油醚提取液二相界面清晰均呈无色透明为止。然后向弃去硫酸层的石油醚提取液中加入其体积量一半左右的硫酸钠溶液，振摇十余次，待其静置分层后弃去水层。如此重复至提取液呈中性时止(一般 2～4 次)，石油醚提取液再经装有少量无水硫酸钠的筒型漏斗脱水，滤入适当规格的容量瓶中，定容，供气相色谱测定。

3) 测定

配制标准溶液后自动进样测定，根据标准溶液和样品溶液的气相色谱图中各组分的保留时间和峰高(或峰面积)分别进行定性和定量分析。外标法定量。

2. 苯并[a]芘

苯并[a]芘是多环芳烃类中致癌性最强的化合物。自然土壤中，这类物质的本底值很低，但当土壤受到污染后，便会产生严重危害。许多国家都进行过土壤中苯并[a]芘含量调查，得出其残留浓度取决于污染源的性质与距离，公路两旁的土壤中，苯并[a]芘含量为 2.0 mg/kg；而在炼油厂附近土壤中为 200 mg/kg；被煤焦油、沥青污染的土壤中，其含量高达 650 mg/kg。土壤中苯并[a]芘的测定，对于评价和防治土壤污染具有重要意义。

土壤中苯并[a]芘的测定方法有紫外分光光度法、荧光光谱法、高效液相色谱法等。

紫外分光光度法：称取过 0.25 mm 孔径筛的土壤样品于锥形瓶中，加入三氯甲烷，50℃水浴上充分提取，过滤，滤液在水浴上蒸发近干，用环己烷溶解残留物，制成苯并[a]芘提取液。将提取液进行两次氧化铝层析柱分离纯化和溶出后，在紫外分光光度计上测定 350～410 nm 波段的吸收光谱，依据苯并[a]芘在 365 nm、385 nm 和 403 nm 处有三个特征吸收峰进行定性分析。测量溶出液对 385 nm 紫外线的吸光度，对照苯并[a]芘标准溶液的吸光度进行定量分析。该方法适用于苯并[a]芘质量浓度大于 5 μg/kg 的土壤样品，若其质量浓度小于 5 μg/kg 可采用荧光光谱法。

高效液相色谱法是以有机溶剂(如二氯甲烷)提取土壤样品(如索氏提取、超声提取、加速溶剂提取等)，提取液经净化、浓缩、定容后，以高效液相色谱仪测定，一般采用荧光检测器。

5.4　土壤污染监测实例

金桔是一种生长在南方的水果，对气候有着特殊的要求，在金桔生长及成熟期，为防止雨水和冬季气温低对金桔的伤害，果农用农膜对金桔树进行连片覆盖，时间长达 5～6 个月。长期大量使用农膜，其中的增塑剂邻苯二甲酸酯会对土壤和金桔造成污染。2011 年，桂林市环境监测中心站对中华人民共和国环境保护部指令性农村环境质量试点监测村进行了桔园土壤及金桔中邻苯二甲酸酯污染调查，研究农膜中邻苯二甲酸酯对金桔园土壤和金桔的污染特征，为土壤环境和金桔水果食品安全风险管理提供必要信息。

1. 调查村基本情况

桂林市农村环境质量试点监测村全村 46 户 178 人；耕地面积 12.47 hm^2，其中水田 4.27 hm^2，旱地 8.2 hm^2；果园 23.2 hm^2，主要种植金桔。

2. 采样布点及样品采集

金桔园土壤设 5 个监测点，土壤采样按照《全国土壤污染状况调查土壤样品采集(保存)技术规定》的要求进行，用玻璃瓶装样，送回实验室冷冻(−20℃)保存。金桔采样按《新鲜水果和蔬菜 取样方法》(GB/T 8855—2008)进行，在金桔果品成熟期采集 3 个样品，与土壤监测点位相同。

3. 样品处理

土壤样品经过自然风干后，研磨并过 60 目筛，分析时称取 20 g 样品，用 50 mL 丙酮和 50 mL 二氯甲烷混合溶剂在超声清洗器中萃取 30 min，取 60 mL 萃取液先用无水硫酸钠除水，再过已经活化的佛罗里硅土柱，用 1∶1 丙酮和正己烷溶剂洗脱，收集洗脱液，用旋转蒸发仪、氮吹仪浓缩至近干，正己烷定容 1 mL，待测。

取 1 kg 新摘未损坏的金桔样品，去籽，用粉碎机打碎成糊状，分析时称取 50 g 样品，用 100 mL 正己烷在超声清洗器中萃取 1 h，取 50 mL 萃取液用无水硫酸钠除水，过 0.45 μm 滤膜，用旋转蒸发仪、氮吹仪浓缩至近干，正己烷定容 1 mL，待测。

4. 分析方法

使用 GC/MS 进行定性定量分析。

5. 监测结果

1) 邻苯二甲酸酯(PAEs)监测情况

调查的 6 种 PAEs，金桔园 5 个土壤监测点邻苯二甲酸二甲酯(DMP)、邻苯二甲酸二乙酯(DEP)、邻苯二甲酸二正辛酯(DOP)、邻苯二甲酸丁基苄酯(BBP)都未检出；邻苯二甲酸二丁酯(DBP)、邻苯二甲酸二(2-乙基己基)酯(DEHP)全都有检出。3 个金桔样中均未检出 DMP、DOP、BBP；但都检出 DEHP、DBP、DEP。PAEs 监测结果见表 5-4。金桔、土壤中 PAEs 对比监测结果见表 5-5。

表 5-4 PAEs 监测结果 (单位：mg/kg)

监测类别	DBP		DEHP		DEP		∑PAEs	
	平均值	浓度范围	平均值	浓度范围	平均值	浓度范围	平均值	浓度范围
土壤	0.133	0.018～0.250	0.111	0.014～0.182	未检出	未检出	0.244	0.083～0.432
金桔	0.014	0.013～0.015	0.042	0.025～0.058	0.004	0.001～0.008	0.060	0.045～0.074

表 5-5　金桔、土壤中 PAEs 对比监测结果　(单位：mg/kg)

监测点位	监测类别	DEHP	DBP	DEP	∑PAEs
1#	金桔	0.025	0.013	0.008	0.046
	土壤	0.109	0.215	未检出	0.324
	$金桔_{PAEs}/土壤_{PAEs}$	0.229	0.060	—	—
2#	金桔	0.058	0.015	0.001	0.074
	土壤	0.080	0.112	未检出	0.192
	$金桔_{PAEs}/土壤_{PAEs}$	0.725	0.134	—	—
3#	金桔	0.048	0.015	0.001	0.063
	土壤	0.182	0.250	未检出	0.432
	$金桔_{PAEs}/土壤_{PAEs}$	0.264	0.060	—	—

2) PAEs 浓度特征

此次调查，金桔园土壤 PAEs 总量(∑PAEs)浓度范围为 0.083～0.432 mg/kg，各土壤监测点中 DBP 浓度值均比 DEHP 浓度值高。金桔样中∑PAEs 浓度范围为 0.045～0.074 mg/kg，单个 PAEs 浓度都遵循 DEHP>DBP>DEP 的规律。

由表 5-4 和表 5-5 可知，金桔园土壤中 DBP 浓度高于 DEHP 浓度，但金桔中则相反，1#、2#、3#监测点金桔与土壤 DBP 比值在 0.1 左右，而 DEHP 比值都在 0.2 以上，2#监测点金桔与土壤 DEHP 比值更是高达 0.725。因此，金桔果实对 PAEs 的吸收除了金桔树根系吸收土壤中 PAEs 并转移到果实外，更主要的吸收途径可能是通过果实外表皮直接吸收塑料大棚农用薄膜中的 PAEs 蒸气。

我国尚无用于土壤 PAEs 的污染评价标准，参照美国土壤中 PAEs 的控制标准来评价金桔园土壤 PAEs 污染情况，评价结果见表 5-6 和表 5-7。我国现有食品、食品添加剂中 DBP 的最大残留量标准，但尚无水果 PAEs 的最大残留量标准。参照食品最大残留量标准来评价金桔中 PAEs 的残留情况，评价结果见表 5-7。通过最大残留量标准评价可知，金桔中 DEHP、DBP 浓度远低于食品最大残留量标准。通过污染评价可知，金桔园土壤 DEHP 浓度全部达到控制标准；2 个土壤监测点 DBP 浓度达标，3 个监测点超标，最大超标倍数为 2.09 倍。

表 5-6　土壤中 PAEs 污染评价结果

监测点位	DBP		DEHP	
	浓度值/(mg/kg)	达标情况	浓度值/(mg/kg)	达标情况
金桔园 1#	0.215	超标 1.65 倍	0.109	达标
金桔园 2#	0.112	超标 0.38 倍	0.080	达标
金桔园 3#		达标	0.014	达标
金桔园 4#		达标	0.170	达标
金桔园 5#		超标 2.09 倍	0.182	达标
评价标准	0.081		4.25	

表 5-7 金桔中 PAEs 污染评价结果

监测点位	DBP		DEHP	
	浓度值/(mg/kg)	达标情况	浓度值/(mg/kg)	达标情况
金桔园 1#	0.013	达标	0.025	达标
金桔园 2#	0.015	达标	0.058	达标
金桔园 3#	0.015	达标	0.048	达标
评价标准	0.3		1.5	

6. 结论

(1) 桂林市农村环境质量试点监测村金桔园土壤，5 个监测点 DMP、DEP、DOP、BBP 都未检出；DBP、DEHP 全部都有检出。3 个金桔样中都未检出 DMP、DOP、BBP，但都检出 DEHP、DBP、DEP。

(2) 金桔园土壤中 DBP 的浓度值比 DEHP 的浓度值高，但金桔中 DEHP 的浓度值比 DBP 的浓度值高。金桔果实对 PAEs 的主要吸收途径是果皮直接吸收 PAEs 蒸气。

(3) 参照美国土壤中 PAEs 的控制标准，金桔园 5 个土壤监测点 DEHP 浓度全部达标；2 个监测点 DBP 浓度达标，3 个监测点超标，最大超标倍数为 2.09 倍。

(4) 参照国家食品 PAEs 最大残留量标准，金桔中 DEHP、DBP 浓度远低于食品最大残留量限值。

思考题与习题

1. 简述土壤的组成及形成过程。
2. 土壤背景值的调查对环境保护和环境科学有什么意义？
3. 土壤污染监测布点原则是什么？有哪几种布点方法？各适用于哪种情况？
4. 根据监测目的，环境监测可以分为哪几类？各类监测内容有什么不同？
5. 根据环境污染监测目的，怎样确定采样深度？为什么需要多点采集混合土样？
6. 怎样加工制备风干土壤样品？不同检测项目对土壤样品的粒度要求有什么不同？
7. 对土壤样品进行预处理的目的是什么？怎样根据监测目的性质选择预处理方法？
8. 用盐酸-硝酸-氢氟酸-高氯酸处理土壤样品有什么优点？应注意什么问题？
9. 怎样用玻璃电极测定土壤样品的 pH？测定过程中应注意哪些问题？
10. 土壤监测样品的质量保证应包括哪几个方面？
11. 土壤样品酸分解有哪几种体系？
12. 土壤中镉的测定，分解试样时，在驱赶 $HClO_4$ 时，为什么不可将试样蒸至干涸？
13. 土壤和沉积物样品中测定汞时，有哪几种测定方法？
14. 简述用火焰原子吸收分光光度法测定土壤样品中总铬的原理，为什么需要用富燃型(还原型)空气-乙炔火焰？
15. 怎样用气相色谱法对土壤样品中的六六六和滴滴涕的异构体进行定性和定量分析？

16. 用火焰原子吸收分光光度法测定土壤中镍。称取风干土壤 0.5000 g(含水 7.2%)，经消解后定容至 50.0 mL，用标准曲线法测得此溶液镍含量为 30.0μg，求被测土壤中镍含量。

17. 有一地势平坦的田块，由于用废水灌溉，土壤被铅、汞及苯并[a]芘污染，试设计一个监测方案，包括布设采样点，采集土样，土样制备和预处理及分析方法的选择。

第6章

固体废物监测

本章导读

地球上每天都会产生各种各样的垃圾，有生活垃圾、工农业生产的废弃物，占据了大量的土地资源，其中有的废弃物由于具有腐蚀、易燃易爆、高毒性等危害特性，处置不当将会对生态环境造成严重的影响，因此需要对产生的各种废弃物开展监测，为选择合理处置方法提供依据。本章简要介绍固体废物的概念和种类，重点介绍了危险废物的定义和危害特性，目的是让读者了解固体废弃物的采样和检测方法，尤其是掌握危险废物危害特性的鉴别方法，以及固体废弃物填埋和焚烧处置过程中需要重点监测的污染物。

6.1 固体废物概述

6.1.1 固体废物污染概况

固体废物是指在生产、生活和其他活动过程中产生的污染环境的固态、半固态废弃物质。不能排入水体的液态废物和不能排入大气的置于容器中的气态物质，由于多具有较大的危害性，一般归入固体废物管理体系。

固体废物按其组成可分为有机废物和无机废物；按其形态可分为固态废物、半固态废物和液态(气态)废物；按其污染特性可分为危险废物和一般废物等；按其来源可分为矿业的、工业的、城市生活的、农业的和放射性等。固体废物中，对环境影响最大的是工业固体废物和生活垃圾。

中国工业固体废弃物近年来增长很快，据统计，2016年，214个大中城市一般工业固体废物产生量达到14.8亿t，综合利用量仅8.6亿t。2022年，排放源统计调查范围内一般工业固体废物产生量为41.1亿t，综合利用量为23.7亿t，处置量为8.9亿t；工业危险废物产生量为9514.8万t，利用处置量为9443.9万t。

6.1.2 危险废物的鉴别和特性

1. 危险废物的特征

危险废物是指列入《国家危险废物名录》或者根据国家规定的危险废物鉴别标准和鉴别方法认定的具有危险特性的废物。

从危险废物的特性看，它对人体健康和环境保护潜伏着巨大危害，如引起或助长人类和动植物死亡率增加；引起各种疾病的增加；降低对疾病的抵抗力；在管理不当时会给人类健康或环境造成现实的或潜在危害等。我国于 1998 年 1 月 4 日颁布，同年 7 月 1 日实施的《国家危险废物名录》中罗列了 47 个类别、175 种废物来源和约 626 种常见危害组分或废物名称。《国家危险废物名录(2021 年版)》自 2021 年 1 月 1 日起施行。共计列入 467 种危险废物，较《国家危险废物名录(2016 年版)》减少了 12 种。

由于上述定义没有量值规定，因此在实际使用时往往根据废物具有潜在危害的特性及各种标准实验方法对其进行定义和分类。这些特性包括：易燃性、腐蚀性、反应性、放射性、浸出毒性、急性毒性(包括口服毒性、吸入毒性和皮肤吸收毒性)及其他毒性(包括生物蓄积性、刺激或过敏性、遗传变异性、水生生物毒性和传染性等)。

依照《废弃危险化学品污染环境防治办法》，列入《危险化学品名录》的化学品废弃后属于危险废物，不需要鉴别。疑似危险废物的，由环保部门委托有资质的检测机构依照《危险废物鉴别标准 毒性物质含量鉴别》(GB 5085.6—2007)鉴别标准进行危险特性鉴别。

2. 美国对危险废物的定义

美国将废物列入危险废物名录中时考虑四条准则：①废物中包含有毒的化学物质，在缺乏法规管理的情况下，将导致对人体健康和环境的危害；②废物中包含急性毒性化学品物质，即使含量很低，这类物质对人体和环境的危害也是致命的；③废物通常表现出以下任何一种危害特性：易燃性、腐蚀性、反应性和毒性；④在国会制定的相关法律中，这些废物会被定义为危险废物。凡是符合上述四条中任何一条的废物都被列入危险废物名录。由此产生的危险废物名录包含四种类型，每种类型都有一个危险废物编号，具体定义与标准见表 6-1。

表 6-1 美国危险废物定义与鉴别标准

序号	危险废物的特性及定义		鉴别值
1	易燃性	闪点低于定值，或经过摩擦、吸湿、自发的化学变化有着火的趋势，或在加工、制造过程中发热，在点燃时燃烧剧烈而持续，以致管理期间会引起火灾	美国材料与试验协会(ASTM)法，闪点低于 60℃
2	腐蚀性	对接触部位作用时，使细胞组织、皮肤有可见性破坏或不可治愈的变化；使接触物质发生质变，使容器泄漏	$pH>12.5$ 或 $pH<2$ 的液体；在 55.7℃以下对钢制品腐蚀深度大于 0.64 cm/a
3	反应性	通常情况下不稳定，极易发生剧烈的化学反应，与水剧烈反应，或形成可爆炸的混合物，或产生有毒的气体、臭气，含有氰化物或硫化物；在常温、常压下即可发生爆炸反应，在加热或有引发源时可爆炸，对热或机械冲击有不稳定性	
4	放射性	由于核反应而能放出α、β、γ射线的废物中放射性核素含量超过最大允许放射性比活度	^{226}Ra 放射性比活度≥370000 Bq/g
5	浸出毒性	在规定的浸出或萃取方法的浸出液中，任何一种污染物的浓度超过标准值。污染物指镉、汞、砷、铅、铬、硒、银、六氯苯、甲基氯化物、毒杀芬、2,4-D 和 2,4,5-T 等	美国 EPA/EP(浸出程序)法实验，超过饮用水 100 倍
6	急性毒性	一次投给实验动物的毒性物质，半数致死量(LD_{50})小于规定值	美国国家职业安全与卫生研究所实验方法口服毒性 LD_{50}≤50 mg/kg 实验动物，吸入毒性 LD_{50}≤2 mg/L，皮肤吸收毒性 LD_{50}≤200 mg/kg 实验动物
7	水生生物毒性	用鱼类做实验，96 h 半数存活浓度(TL_m)小于规定值	96 h TL_m<1000 mg/L

续表

序号	危险废物的特性及定义		鉴别值
8	植物毒性		半数存活浓度 TL_m<1000 mg/L
9	生物积累性	生物体内富集某种元素或化合物达到环境水平以上，实验时呈阳性结果	阳性
10	遗传变异性	由毒性引起的有丝分裂或减数分裂细胞的脱氧核糖核酸或核糖核酸分子的变化所产生的致癌、致畸、致突变的严重影响	阳性
11	刺激性	使皮肤发炎	皮肤发炎≥8 级

3. 中国对危险废物的定义

目前，中国对危险废物的鉴别方法有三种：①名录法，即根据名录查阅待判定的固体废物是否列入在名录中，如果名录中已经列入则可判定其为危险废物，但不能就未列入名录的判定其不是危险废物。②检测法，对未列入名录的危险废物进行检测，结果高于鉴别标准则可以判定是为危险废物，低于标准的不一定是危险废物。前两种鉴别都属于肯定性单项判别，鉴别方法是结果的充分非必要条件。③专家判定法，前两种都无法判定的由国家级别部门组织专家认定其是否是危险废物，鉴别方法是结果的充分必要条件。

我国规定的危险废物特性如下：

(1) 急性毒性：能引起小鼠(大鼠)在 48 h 内死亡半数以上者，并参考制定有害物质卫生标准的实验方法，进行半致死剂量(LD_{50})实验，评定毒性大小。

(2) 易燃性：含闪点低于 60℃的液体，经摩擦或吸湿和自发的变化具有着火倾向的固体，着火时燃烧剧烈而持续，以及在管理期间会引起危险。

(3) 腐蚀性：含水废物，或本身不含水但加入定量水后其浸出液的 pH≤2 或 pH≥12.5 的废物，或最低温度为 55℃对钢制品的腐蚀深度大于 0.64 cm/a 的废物。

(4) 反应性：当具有下列特性之一者：不稳定，在无爆震时就很容易发生剧烈变化；和水剧烈反应；能和水形成爆炸性混合物；和水混合会产生毒性气体、蒸气或烟雾；在有引发源或加热时能爆震或爆炸；在常温、常压下易发生爆炸和爆炸性反应；根据其他法规所定义的爆炸品。

(5) 放射性：含有天然放射性元素的废物，放射性比活度大于 3700 Bq/kg 者；含有人工放射性元素的废物或者放射性比活度(Bq/kg)大于露天水源限制浓度的 10～100 倍(半衰期>60 天)者。

(6) 浸出毒性：按规定的浸出方法进行浸取，当浸出液中有一种或者一种以上有害成分的浓度超过表 6-2 所示鉴别标准的物质。

表 6-2　中国危险废物浸出毒性鉴别标准(GB 5085.3—2007)(节选)

序号	项目	浸出液的最高允许质量浓度/(mg/L)	序号	项目	浸出液的最高允许质量浓度/(mg/L)
1	汞	0.1(以总汞计)	6	铜	100(以总铜计)
2	镉	1(以总镉计)	7	锌	100(以总锌计)
3	砷	5(以总砷计)	8	镍	5(以总镍计)
4	铬	5(以六价铬计)	9	铍	0.02(以总铍计)
5	铅	5(以总铅计)	10	无机氟化物	100(不包括氟化钙)

(7) 传染性：含有已知或怀疑能引起动物或人类疾病的活微生物和毒素的废物。

6.2　固体废物样品采集、制备及有害特性分析

6.2.1　样品采集

为了使采集的样品具有代表性，在采集之前要调查研究生产工艺过程、废物类型、排放数量、废物堆积历史、危害程度和综合利用等情况。如果采集有害废物则应根据其有害特性采取相应安全措施。

1. 采样工具

尖头钢锹、钢尖镐(腰斧)、采样铲(采样器)、具盖采样桶或内衬塑料的采样袋。

2. 采样方案的设计

采样前，应先进行采样方案的设计，内容包括：采样目的和要求、背景调查和现场踏勘、采样程序、采样方法、安全措施、质量控制、采样记录和报告等。

1) 采样目的和要求

设计采样方案首先应明确采样的目的和要求，如特性鉴别和分类、环境污染监测、综合利用或处置、污染事故调查分析和应急监测、科学研究、环境影响评价、法律调查、法律责任及仲裁等。

2) 背景调查和现场踏勘

背景调查和现场踏勘应着重了解固体废物的产生单位、产生时间、产生形式、储存方式；种类、形态、数量和特性；实验及分析的允许误差和要求；环境污染、监测分析的历史资料；产生、堆存、处置或综合利用情况；现场及周围环境。

3) 制订具体的采样方案

采样方案内容包括采样目的和要求、采样程序、采样方法、安全措施、质量控制、采样记录和报告等。为了使采集样品具有代表性，在设计采样方案前要根据监测目的对监测对象进行背景调查和现场踏勘，调查研究生产工艺过程、废物类型、排放数量、堆积历史、危害程度和综合利用等情况。

3. 采样程序

(1) 根据固体废物批量大小确定的份样个数(由一批废物中的一个点或一个部位，按规定量取出的样品)。

(2) 根据固体废物的最大粒度(95%以上能通过的最小筛孔尺寸)确定份样量。

(3) 根据采样方法，随机采集份样，组成总样，并填写采样记录表。

4. 份样数

已知份样间的标准差和允许误差时，可按式(6-1)计算份样数：

$$n \geqslant \left(\frac{ts}{\delta}\right)^2 \tag{6-1}$$

式中，n 为份样数；s 为份样间的标准偏差；δ 为采样允许误差；t 为选定置信度下的概率。

由于公式中的 n 和 t 是相关的，计算时，先取 n 为$+\infty$，在指定的置信度下从 t 值表中查出相应的 t 值，代入公式计算出 n 的初值，再用 n 的初值在指定的置信度下查出相应的 t 值，将 t 值再代入公式计算下一个 n 值，如此不断迭代，直至算得的 n 值不变为止，此 n 值即为必要的份样数。当份样间的标准偏差或允许误差未知时，可根据批量按表 6-3 确定采样份样数。

表 6-3　批量与最少份样数

批量/[m³(液体)或 t(固体)]	最少份样数	批量/[m³(液体)或 t(固体)]	最少份样数
<5	5	500～1000	25
5～50	10	1000～5000	30
50～100	15	>5000	35
100～500	20		

5. 份样量

如表 6-4 所示，可确定每个份样应采的最小质量。所采的每个份样量应大致相等，其相对误差不大于 20%。表中要求的采样铲容量为保证一次在一个地点或部位能取到足够数量的份样量。

$$m \geqslant K \cdot d_{\max}^{\alpha} \tag{6-2}$$

式中，m 为最小份样量，kg；$d_{\max}$ 为固体废物的最大粒径，mm；K 为缩分系数；α为经验常数。

K 和α根据固体废物的均匀程度和易碎程度确定，固体废物越不均匀，K 值越大，一般情况下，推荐 K=0.06，α=1。

液态固体废物的份样量以不小于 100 mL 的采样瓶(或采样器)所容纳量为准。也可以按照表 6-4 确定最小份样量。所采的每个份样的份样量应大致相等，其相对误差不大于 20%。表中要求的采样铲容量为保证一次在一个地点或部位能取到足够的份样量。

表 6-4　最小份样量和采样铲容量

最大粒度/mm	最小份样量/kg	采样铲容量/mL	最大粒度/mm	最小份样量/kg	采样铲容量/mL
>150	30		20～40	2	800
100～150	15	16000	10～20	1	300
50～100	5	7000	<10	0.5	125
40～50	3	1700			

6. 采样点

(1) 对于堆存、运输中的固态工业固体废物和大池(坑、塘)中的液态工业固体废物，可按对角线、梅花形、棋盘式、蛇形等布点法确定采样点。

(2) 对于粉末状、小颗粒状的工业固体废物，可按垂直方向、一定深度的部位等点分布确定采样点。

(3) 对于运输车及容器内的固体废物，按表 6-5 选取所需最少采样车数(容器数)，可按上部(表面下相当于总体积的 1/6 深处)、中部(表面下相当于总体积的 1/2 深处)、下部(表面下相当于总体积的 5/6 深处)确定采样点。

表 6-5　所需最少采样车数(容器数)的确定

运输车数(容器数)	所需最少采样车数(容器数)	运输车数(容器数)	所需最少采样车数(容器数)
<10	5	50～100	30
10～25	10	>100	50
25～50	20		

(4) 在运输一批固体废物时，当运输车数不多于该批废物的规定份样数时，每车应采份样数按下式计算：

$$\text{每车应采份样数(小数应进为整数)}=\frac{\text{规定份样数}}{\text{运输车数}}$$

当运输车数多于规定份样数时，按表 6-5 确定所需最少采样车数，从所选车中随机采集一个份样。

在运输车厢中布设采样点时，采样点应均匀分布在车厢的对角线上(图 6-1)，端点距车厢角应大于 0.5 m，表层去掉 30 cm。

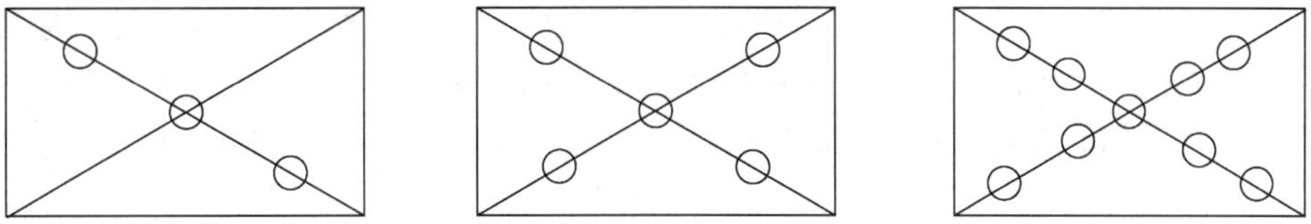

图 6-1　运输车厢中的采样点布设

(5) 在废物堆布设采样点时，在废物堆两侧距堆底 0.5 m 处画第一条横线，然后每隔 0.5 m 画一条横线；每隔 2 m 画一条横线的垂线，其交点作为采样点。按表 6-3 确定的份样数确定采样点数，在每点上 0.5～1.0 m 深度处各随机采样一份(图 6-2)。

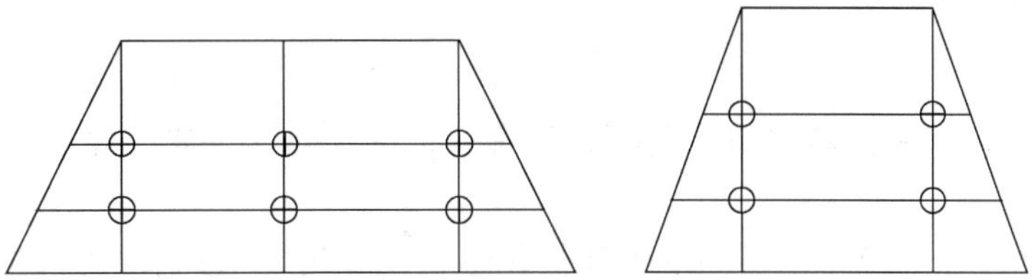

图 6-2　废物堆中采样点的布设

7. *采样方法*

(1) 简单随机采样法。

当对一批废物了解很少，且采取的份样比较分散也不影响分析结果时，对其不做任何处理，不进行分类也不进行排队，而是按照其原来状况从中随机采集份样。

(2) 系统采样法。

在一批废物以运送带、管道等形式连续排出的移动过程中，须按一定的质量或时间间隔采样，采样间隔以式(6-3)计算：

$$T \leqslant \frac{Q}{n} \tag{6-3}$$

式中，T 为采样时间 t 间隔，h；Q 为批量，t；n 为规定的采样单元数。

采第一个试样时，不能在第一间隔的起点开始，可在第一间隔内随机确定。在运送带上或落口处采样，应截取废物流的全截面。

对于一批若干容器盛装的废物，按表 6-5 选取最少容器数，并且每个容器中均随机采两个样品。

注意事项：当把一个容器作为一个批量时，就按表 6-5 中规定的最少份样数的 1/2 确定；当把 2～10 个容器作为一个批量时，就按下式确定最少容器数：

最少容器数=表 6-5 中规定的最少份样数/容器数

(3) 分层采样法。

一批废物分次排出或某生产工艺过程的废物间歇排出过程中，可分夹层采样，根据每层的质量，按比例分层采取份样。第 i 层采样份数按式(6-4)计算：

$$n_i = \frac{nQ_i}{Q} \tag{6-4}$$

式中，n_i 为第 i 层应采份样数；n 为份样数；Q_i 为第 i 层废物质量，t；Q 为总批量质量，t。

(4) 两段采样法。

当一批废物由许多车、桶、箱、袋等容器盛装时，由于各容器件比较分散，所以要分段采样。首先从该批废物总容器件数 N_0 中随机抽取 N_1 件容器，然后再从 N_1 件的每一个容器中采集 N_2 个份样。推荐当 $N_0 \leqslant 6$ 时，取 $N_1=N_0$；当 $N_0>6$ 时，N_1 按式(6-5)计算：

$$N_1 \geqslant 3\sqrt[3]{N_0} \tag{6-5}$$

推荐第二阶段的采样数 $N_2 > 3$，即 N_1 件容器中的每个容器均随机采上、中、下最少各 3 个份样。

6.2.2 样品制备和保存

1. 固体废物样品的制备

1) 制样工具

制样工具包括粉碎机、破碎机、药碾、钢锤、标准套筛、十字分样板、机械缩分器。

2) 制样要求

(1) 在制样全过程中应防止药品发生任何化学变化和污染。若制样过程中可能对样品的性质产生显著影响，则应尽量保持原来状态。

(2) 湿样品应在室温下自然干燥，使其达到适于破碎、筛分、缩分的程度。

(3) 制备的样品应过筛(筛孔为 5 mm)后，装瓶备用。

3) 制样程序

采得的原始固体试样往往数量很大，颗粒大小悬殊，组成不均匀，为了获得具有代表性的最佳量和符合实验室要求的样品，应进行样品的预处理。样品预处理通常包括风干、粉碎、筛分(筛孔 5 mm)、混合和缩分等步骤。粉碎过程中，不可随意丢弃难破碎的粗粒。

(1) 粉碎：经破碎和研磨以减小样品的粒度。粉碎可通过机械或手工完成。将干燥后的样品根据其硬度和粒径的大小，采用适宜的粉碎机械，分段粉碎至所要求的粒度。

(2) 筛分：使样品保证 95%以上处于某一粒度范围。根据样品的最大粒径选择相应的筛号，分阶段筛出全部粉碎样品。筛上部分应全部返回粉碎工序重新粉碎，不得随意丢弃。

(3) 混合：使样品达到均匀。混合均匀的方法有堆锥法、环锥法、掀角法和机械拌匀法等，使过筛的样品充分混合。

(4) 缩分：将样品缩分，以减少样品的质量。根据制样粒度，使用缩分公式求出保证样品具有代表性前提下应保留的最小质量。采用圆锥四分法进行缩分，即将样品置于洁净、平整板面(聚乙烯板、木板等)上，堆成圆锥形，将圆锥尖顶压平，用十字分样板自上压下，分成四等份，保留任意对角的两等份，重复上述操作至达到所需分析试样的最小质量(不少于 1 kg 质量)为止。

如果测定不稳定的氰化物、总汞、有机磷农药及其他有机物，则应将采集的新鲜固体废物样品剔除异物后研磨均匀，然后直接称样测定。但需同时测定水分，最终测定结果以干样表示。

2. 固体废物样品的保存

制好的样品密封于容器中保存，容器应对样品不产生吸附、不使样品变质。贴上标签备用。标签上应注明编号、废物名称、采样地点、批量、采样人、制样人、时间。特殊样品可采取冷冻或充惰性气体等方法保存。制备好的样品，一般有效保存期为三个月，易变质的试样不受此限制。最后填写采样记录表(表 6-6)，一式三份，分别存于有关部门。

表 6-6　采样记录表

样品登记号		样品名称	
采样地点		采样数量	
采样时间		废物所属单位名称	
采样现场简述			
废物产生过程简述			
样品可能含有的主要有害成分			
样品保存方式及注意事项			
样品采集人及接收人			
备注		负责人签字	

6.2.3　样品含水率和 pH 测定

1. 含水率测定

固体废物的含水率对其处理处置方法将产生影响，故含水率是固体废物的主要性质之一。

(1) 测定样品中的无机物：称取约 20 g 样品于 105℃下干燥，恒量至±0.1 g，测定水分含量。

(2) 测定样品中的有机物：样品于 60℃下干燥 24 h，测定水分含量。

(3) 测定固体废物：结果以干样品计，当污染物质量分数小于 0.1%时，以 mg/kg 表示，质量分数大于 0.1%时，则以百分数表示，并说明是水溶性或总量。

2. pH 测定

环境监测中测定固体废物 pH 采用的是玻璃电极电位法，主要仪器包括：pHS-25 型酸度计及配套电极和往复式水平振荡器。测定步骤如下：

(1) 用与待测样品 pH 相近的标准溶液(缓冲液)校正酸度计，并加以温度补偿。

(2) 对于含水量高或几乎是液体的污泥，可直接将电极插入进行测定，但测定数值至少要保持恒定 30 s 后读数；对黏稠试样可以离心或过滤后测其液体的 pH；对于粉、粒、块状样品，称取 50 g 干试样置于塑料瓶中，加入新鲜蒸馏水 250 mL，使固液比为 1∶5，加盖密封后，放在振荡器中于室温下连续振荡 30 min，静置 30 min，测上层清液的 pH。

(3) 每种样品取两个平行样品测定其 pH，差值不得大于 0.5，否则应再取 1～2 个样品重复进行测定。结果用测得 pH 范围表示。

每次测量后，必须仔细清洗电极数次方可测量另一样品的 pH。对于高 pH(10 以上)或低 pH(2 以下)，两个平行样品的 pH 测定结果允许差值不应超过 0.2。在测定 pH 的同时，应报告环境监测的温度、样品来源、粒度大小、实验过程中的异常现象，特殊情况下实验条件的改变及原因。

6.2.4 有害特性的监测方法

1. 急性毒性的初筛试验

急性毒性的初筛试验可简便地鉴别危险废物并表达其综合急性毒性，具体参照《危险废物鉴别标准 急性毒性初筛》(GB 5085.2—2007)，方法要点如下：

将 100 g 样品置于 500 mL 具塞磨口锥形瓶中，加入 100 mL 蒸馏水(固液比为 1∶1)，振荡 3 min，在常温下静止浸泡 24 h，用中速定量滤纸过滤，滤液留待灌胃实验用；以体重 18～24 g 的小白鼠(或 200～300 g 大白鼠)作为实验动物。若是外购鼠须在本单位饲养条件下饲养 7～10 d，仍活泼健康者方可使用。实验前 8～12 h 和观察期间禁食；灌胃采用 1 mL(或 5 mL)注射器，注射针采用 9 号(或 12 号)，去针头磨光，弯曲成新月形。对 10 只小白鼠(或大白鼠)进行一次性灌胃，灌胃量小白鼠不超过 0.4 mL/20 g(体重)，大鼠不超过 1.0 mL/100 g(体重)；对灌胃后的小白鼠(或大白鼠)进行中毒症状观察。记录 48 h 内实验动物的死亡数。

2. 易燃性的试验方法

鉴别易燃性是测定闪点。实验设备为闭口闪点测定仪。温度计采用 1 号温度计(−30～170℃)或 2 号温度计(100～300℃)。防护屏采用镀锌铁皮制成，高度为 550～650 mm，宽度以适用为度，屏身内壁涂成黑色。

测定步骤：按标准要求加热试样至一定温度，停止搅拌。每升高 1℃点火一次，至试样上方刚出现蓝色火焰时，立即记录温度值，该值即为闪点。闪点低于 60℃即为易燃性固体废物。操作过程的细节可参阅《闪点的测定 宾斯基-马丁闭口杯法》(GB/T 261—2021)。

3. 腐蚀性的试验方法

测定腐蚀性的方法有两种：一种是测定 pH，另一种是在 55.7℃下测定钢制品的腐蚀率。

此处介绍 pH 的测定。

仪器采用 pH 计或酸度计，具体过程见 6.2.3 节 pH 测定。每种废物取两个样平行测定，pH 差不得大于 0.15，否则应再取 1～2 个样品重复实验，取中位值报告结果。对于高 pH(>10)或低 pH(<2)的样品，两个平行样的 pH 测定结果允许差值不超过 0.2，同时还应报告环境温度、样品来源、粒度级配，实验过程的异常现象，特殊情况下实验条件的改变及原因。具体参照《危险废物鉴别标准 腐蚀性鉴别》(GB 5085.1—2007)。

4. 反应性的试验方法

反应性是指在通常情况下固体废物不稳定，极易发生剧烈的化学反应，或与水反应剧烈，或形成可爆炸性混合物，或产生有毒气体的特性。实验方法有：①撞击感度测定；②摩擦感度测定；③差热分析测定；④爆炸点测定；⑤火焰感度测定，具体测定方法见相关标准。

5. 遇水反应性的试验方法

遇水反应性包括两种测定方法：遇水升温实验和释放有害气体实验。前者是用一定量的固体废物与一定体积的水接触，在密封条件下测定固液界面的反应温度；后者指固体废物与水反应释放出有毒气体，然后测定有毒气体的浓度。

6. 浸出毒性试验

固体废物受到水的冲淋、浸泡，其中，有害成分将会转移到水相而污染地面水、地下水，导致二次污染。鉴别固体废物浸出毒性的浸出方法有水平振荡法和翻转法，均适用于固体废物中无机污染物的浸出毒性鉴别。

水平振荡法：取干基试样 100 g，置于 2 L 的具盖广口聚乙烯瓶中，加入 1 L 去离子水，将瓶子垂直固定在水平往复式振荡器上，调节振荡频率为(110±10)次/min，振幅 40 mm，在室温下振荡 8 h，静置 16 h。

翻转法：取干基试样 70 g，置于 1 L 的具盖广口聚乙烯瓶中，加入 700 mL 去离子水，将瓶子固定在翻转式搅拌机上，调节转速为(30±2)r/min，在室温下翻转 18 h，静置 30 min。

将上述两种方法得到的液体经 0.45 μm 滤膜过滤得到浸出液。浸出液按各分析项目要求进行保护，于合适条件下存储备用。每种样品做两个平行浸出实验。每瓶浸出液对欲测项目平行测定两次，取算术平均值报告结果。实验报告应包括被测样品的名称、来源、采样时间、样品粒度级配情况、实验过程的异常情况、浸出液的 pH、颜色、乳化和相分层情况等内容。

6.3 生活垃圾监测

6.3.1 生活垃圾及其分类

1. 生活垃圾的概念

生活垃圾是指城镇居民在日常生活中抛弃的固体垃圾，主要包括生活垃圾、零散垃圾、医院垃圾、市场垃圾、建筑垃圾和街道扫集物等。其中医院垃圾和建筑垃圾应予单独处理，其他通常由环卫部门集中处理，一般统称为生活垃圾。

2. 生活垃圾的分类

从垃圾的处理角度看，生活垃圾可分为可燃性垃圾、有机物垃圾和无机物垃圾。

生活垃圾是一种由多种物质组成的异质混合体，包括：①废品类：废金属、废电池、废玻璃、废塑料、废纤维类、废纸类和砖瓦类；②厨房类：饮食废物、蔬菜废物、肉类和肉骨及厨房燃料用煤、煤制品、木炭的燃余物；③灰土类：修建、清理时的土、煤、灰渣。

3. 生活垃圾的处置方法

生活垃圾的处置方法大致有焚烧(包括热解、气化)、卫生填埋和堆肥。不同的方法监测的重点和项目不同，例如，焚烧处理时，垃圾的热值是决定性参数；而堆肥处理时需要考虑垃圾的生物降解度、堆肥的腐熟程度；填埋处理时需要关注渗滤液分析和堆场周围的蝇类滋生密度等。我国颁布的《生活垃圾采样和分析方法》(CJ/T 313—2009)和《生活垃圾卫生填埋场环境监测技术要求》(GB/T 18772—2017)，分别适用于城市生活垃圾的常规调查和填埋场环境监测。

6.3.2 生活垃圾特性分析

1. 垃圾采集和样品处理

从不同的垃圾产生地、储存场或堆放场采集有整体代表性的样品，是垃圾特性分析的第一步，也是保证数据准确的重要前提。为此，应充分研究垃圾产生地的基本情况，如居民情况、生活水平、垃圾堆放时间；还要考虑在收集、运输、储存过程等可能的变化，然后制订周密的采样计划。采样过程必须详细记录地点、时间、种类、表观特性等。在记录卡传递过程中，必须有专人签署，便于核查。

2. 垃圾粒度分级

粒度采用筛分法，筛分时依次连续摇动 15 min，依次转到下一号筛子，计算每一粒度微粒所占百分比，得到垃圾的粒度分布。如果需要在试样干燥后再称量，则需在 70℃烘 24 h，然后在干燥器中冷却后筛分。

3. 淀粉的测定

垃圾在堆肥处理过程中，需要借助淀粉量分析来鉴定堆肥的腐熟程度。方法基于在堆肥过程中形成了淀粉碘化络合物。这种络合物颜色的变化与堆肥降解度相关，当堆肥降解尚未结束时，淀粉碘化络合物呈蓝色，降解结束时呈黄色。堆肥颜色变化过程是深蓝—浅蓝—灰—绿—黄。

实验试剂包括：①碘试剂：将 2 g KI 溶解到 500 mL 水中，再加入 0.08 g 碘；②36%高氯酸；③乙醇。实验步骤如下：①将 1 g 堆肥置于 100 mL 烧杯中，滴入几滴乙醇使其湿润，再加 20 mL 的 36%高氯酸；②用 90 号纹网滤纸过滤；③加入 20 mL 碘试剂到滤液中并搅拌；④将几滴滤液滴到白色板上，观察其颜色变化。

4. 生物降解度的测定

垃圾中含有大量天然和人工合成的有机物，有的容易生物降解，有的难以生物降解。目前，通过实验已经寻找出一种可以在室温下对垃圾生物降解作出适当估计的 COD 实验方法。具体步骤如下：

(1) 称取 0.5 g 已磨碎的烘干试样于 500 mL 锥形瓶中，准确加入 20 mL 重铬酸钾溶液和 20 mL 硫酸，在室温将混合物放置 12 h 且不断摇动。

(2) 依次加入约 15 mL 蒸馏水、10 mL 磷酸、0.2 g 氟化钠和 3 滴二苯胺指示剂，每加入一种试剂后必须混合均匀；用硫酸亚铁铵标准溶液滴定，在滴定过程中颜色的变化是棕绿—绿蓝—蓝绿，在等当点时呈纯绿色；用同样的方法做空白实验。

按式(6-6)计算生物降解度(BDM)：

$$\text{BDM}=\frac{(V_2-V_1)\times V\times c\times 1.28}{V_2} \tag{6-6}$$

式中，V_1、V_2 分别为试样滴定体积和空白实验滴定体积，mL；V 为重铬酸钾的体积，mL；c 为重铬酸钾的浓度，mol/L；1.28 为折合系数。

5. 热值的测定

热值表明垃圾的可燃性质，是垃圾焚烧处理的重要指标。对于生活垃圾类固体废物，单位量(1 g 或 1 kg)完全燃烧氧化时的反应热称为热值。热值分为高热值和低热值。垃圾中可燃物质的热值为高热值。但实际上垃圾中总含有一定量不可燃的惰性物质和水。当燃料升温时，这些惰性物质和水要消耗热量，同时燃烧过程中产生的水以蒸气形式挥发也要消耗热量，所以实际的热值要低得多，这一热值称为低热值。显然，低热值更接近实际情况，实际工作中意义更大。

$$H_{\text{n}}=H_0\left[\frac{100-(w_1+W)}{100-W_{\text{L}}}\right]\times 5.85W \tag{6-7}$$

式中，H_{n} 为低热值，kJ/kg；H_0 为高热值，kJ/kg；w_1 为惰性物质含量(质量分数)，%；W 为垃圾的表面湿度，%；W_{L} 为垃圾焚烧后剩余的和吸湿后的湿度，%。通常 W_{L} 对结果的准确性影响不大，因而可以忽略不计。

热值的测定方法有量热法或热耗法，测定废物热值的主要困难是要了解废物的比热容值，因为垃圾组分变化范围大，其中塑料和纸类的比热容差异大。

6.3.3 垃圾渗滤液分析

垃圾渗滤液是指垃圾本身所带水分及降水等与垃圾接触而渗出来的溶液。它提取或溶解了垃圾组成中的物质。在生活垃圾的填埋、焚烧和堆肥三大处理方法中，渗滤液主要来自于卫生填埋场。

垃圾渗滤液中有机物含量相当高，同时也含有大量可溶性无机物，其水质与一般生活污水有很大差异(表 6-7)，一旦进入环境会造成难以挽回的后果。

表 6-7 渗滤液和生活污水的组成

项目	类别			
	渗滤液		生活污水	
	第 1 年	第 2 年	浓	稀
总固体物/(mg/L)	45070	13629	1793	796
悬浮物/(mg/L)	172	220	1190	640
溶解性固体/(mg/L)	44900	13100	603	156

续表

项目	类别			
	渗滤液		生活污水	
	第1年	第2年	浓	稀
总硬度(以 $CaCO_3$ 计)/(mg/L)	22800	8930	339	204
钙(以 $CaCO_3$ 计)/(mg/L)	7200	216	239	137
镁(以 $CaCO_3$ 计)/(mg/L)	15600	8714	100	67
氨氮(以 N 计)/(mg/L)	0.0	270	53.3	24.3
有机氮/(mg/L)	104	92.4	24.6	19.2
BOD/(mg/L)	10900	908	538	385
COD/(mg/L)	76800	3042	957	329
硫酸盐 (SO_4^{2-}) /(mg/L)	1190	19	225	81
总磷酸盐 (PO_4^{3-}) /(mg/L)	0.24	0.65	11.7	7.2
氯化物(Cl^-)/(mg/L)	660	2355	312	97
钠(Na)/(mg/L)	767	1160	267	100
钾(K)/(mg/L)	68	440	24	12.3
硼(B)/(mg/L)	1.49	3.76	0.54	0.43
铁(Fe)/(mg/L)	2820	4.75	0.66	1.12
pH	5.75	7.40	8.05	7.40

1. 渗滤液的特性

渗滤液的特性决定其组成和浓度，由于不同国家、不同地区、不同季节的生活垃圾组分变化很大，而且随着填埋时间的不同，渗滤液组成和浓度也会发生变化。其特点为

(1) 成分的不稳定性，主要取决于垃圾组成。

(2) 浓度的可变性，主要取决于填埋时间。

(3) 组成的特殊性，垃圾中存在的物质，渗滤液中不一定存在。

垃圾渗滤液与一般工业废水、生活污水组成和浓度差异极大，导致监测项目有很大不同(表 6-8)。例如，在垃圾渗滤液中几乎不含有油类，因为生活垃圾具有吸收和保持油类的能力；氰化物是地表水监测中必测项目，但在填埋的生活垃圾中，各种氰化物转化为氢氰酸，并生成复杂的氰化物，以致在渗滤液中很少测到氰化物的存在；铬在填埋场因有机物的存在被还原为三价铬，从而在正常的 pH 呈中性时，被沉淀为不溶性的氢氧化物，因而在渗滤液中不易测到金属铬；汞则在填埋场的厌氧条件下生成不溶性的硫化物而被截留。

表 6-8　渗滤液组成及其通常的质量浓度范围

项目	通常的质量浓度范围	类别	
		美国威斯康星州城市固体废物的渗滤液	总体质量浓度范围
总碱度(以 $CaCO_3$ 计)/(mg/L)	0～20850	50	4～10630
铝(Al)/(mg/L)	0.5～41.8	7	<85.0

续表

项目	通常的质量浓度范围	类别	
		美国威斯康星州城市固体废物的渗滤液	总体质量浓度范围
锑(Sb)/(mg/L)	无报道	23	<2.0
砷(As)/(mg/L)	<40	34	<70.2
钡(Ba)/(mg/L)	<9.0	9	<2.0
铍(Be)/(mg/L)	未检出	23	<0.08
BOD_5/(mg/L)	9～54610	876	67～64500
硼(B)/(mg/L)	0.42～70	2	4.6～5.1
镉(Cd)/(mg/L)	<1.16	53	<0.4
钙(Ca)/(mg/L)	200～800	7	200～2100
氯化物(Cl^-)/(mg/L)	5～4350	98	2～5590
总铬(Cr)/(mg/L)	<22.5	42	<5.6
六价铬/(mg/L)	<0.06	3	未检出
COD/(mg/L)	0～89520	108	62～97900
电导率/(μS/cm)	2810～16800	352	480～24000
铜(Cu)/(mg/L)	<9.9	41	<3.56
氰化物/(mg/L)	<0.08	27	<0.04
氟化物(F^-)/(mg/L)	0.1～1.3	1	0.74
硬度(以 $CaCO_3$ 计)/(mg/L)	0.22～800	92	206～225000
铁(Fe)/(mg/L)	0.2～42000	88	0.06～1500
铅(Pb)/(mg/L)	<6.6	46	<1.2
镁(Mg)/(mg/L)	12～15600	7	120～780
锰(Mn)/(mg/L)	0.06～678	19	<20.5
汞(Hg)/(mg/L)	<0.16	24	<0.01
NH_4^+-N/(mg/L)	0～1250	28	<359
TKN/(mg/L)	无报道	32	2～1850
NO_2^--N 和 NO_3^--N / (mg/L)	0～10.29	36	<250
镍(Ni)/(mg/L)	<1.7	40	<3.3
酚/(mg/L)	0.17～6.6	20	0.48～112
总磷(P)/(mg/L)	0～130	92	0.16～53
pH	1.5～9.5	432	5.7～7.66
钾(K)/(mg/L)	2～3.770	7	31～560
硒(Se)/(mg/L)	<0.45	33	<0.038
银(Ag)/(mg/L)	<0.24	17	<0.196
钠(Na)/(mg/L)	0～8000	20	33～1240
铊(Tl)/(mg/L)	无报道	24	<0.32
锡(Sn)/(mg/L)	无报道	3	0.03～0.16
TSS/(mg/L)	6～3670	812	5～18000
硫酸盐 (SO_4^{2-}) /(mg/L)	0～84000	66	<1800
锌(Zn)/(mg/L)	0～1000	38	<162

注：TKN 表示总凯氏氮，TSS 表示总悬浮物。

2. 渗滤液的分析项目

《生活垃圾渗沥液检测方法》(CJ/T 428—2013)规定常规监测项目包括：水温、pH、色度、总固体、总溶解性固体、总悬浮性固体、硫酸盐、氨氮、凯氏氮、氯化物、COD_{Cr}、BOD_5、总磷、钾、钠、细菌总数等。测定方法基本上参照水质测定方法。

垃圾堆物周围滋生苍蝇、蚊子等各种有害生物，一般将苍蝇密度作为代表性监测项目。渗滤实验：垃圾长期堆放可能通过渗漏污染地下水和周围土地，通过渗滤模型实验有利于了解废物堆放场对地下水和周围环境的影响。通过 0.5 mm 孔径筛的固体废物装入玻璃柱中，在上面玻璃瓶中加入雨水或蒸馏水，以 12 mL/min 的速度通过管柱下端的玻璃棉流入锥形瓶内，每隔一定时间测定渗漏液中有害物质的含量，然后绘出时间-渗漏液中有害物质浓度曲线。具体步骤及模型参见相关参考文献。

6.4 固体废物监测实例

2008 年 11 月 11 日 16 时 50 分，新乡市环保局接到群众举报，获嘉县城北一村民张某委托物流配货中心从江西运回两卡车约 70 t 具有强烈蒜臭味的矿粉，倾倒在该村附近，并造成 4 名运输乘车人员出现头晕、耳鸣、恶心、呕吐等症状，运输车辆也受到严重腐蚀。当日 18 时，新乡市环境保护监测站接到市局应急办的通知，立即组织人员前往事发现场，对采集的不明固体废物连夜开展实验室分析，并迅速组织相关人员进行有关资料收集、样品分析和情况汇总调查，于 11 月 12 日 15 时将首批分析结果报出。

据调查，该废物为江西省新益农化工有限公司的废弃品硫磺渣，运来这些硫磺渣是为了提取防治杨树病虫害的试剂。江西省新益农化工有限公司不仅分文不取，还主动找来挖掘机帮助其装车，运回新乡获嘉县。

11 月 11 日 18 时 30 分，应急监测人员到达现场，佩戴个人防护用品后，立即开展现场调查，并对现场固体废弃物、环境空气进行初步检测。根据现场气味、颜色、颗粒度等性状观察，该固体废物为黄绿色、豆渣样，并有强烈的刺激性气味。通过对不明固体废物检气管分析，发现其含有乙氧基有机物，初步判断该物质为含硫的有机化学物品，事发现场空气中乙硫醇类物质的含量为百万分之二十四，下一步重点对采集到的不明固体废物及时送到市环境保护监测站。

鉴于该化合物外观为黄绿色，有强刺激性气味，实验人员对该不明固体废物先进行硫化物等指标的分析测试，通过物化分析，该化合物具有以下特性：

可燃性：取 3 g 该固体置于白纸上，最后完全燃烧，证明该固体具有可燃性。

酸碱度：取 100 g 该固体于容量瓶中，加入 1000 mL 水，于振荡器上振荡、静置，测其 pH 为 1.57。

溶解性：称取少量等量固体废物于 6 支 25 mL 比色管中，分别加入水、碱液、正己烷、二氯甲烷、丙酮、三氯甲烷各 10 mL，放置 15 h 后，发现该固体废物微溶于二氯甲烷、正己烷、丙酮，部分溶于水、碱液，可溶于三氯甲烷。

检测管测试：取少量固体废物放置于一密闭容器内，用应急监测检气管对其挥发出的气体进行测试，表明其挥发出的气体为含硫氧基的有机物。

色谱分析：①分别取正己烷、二氯甲烷、丙酮的浸出液 1 μL 注入气相色谱-质谱联用仪

(GC-MS)，参照有机磷农药的色谱条件，未检出有机磷农药；②取固体废物的水浸出液用吹扫捕集-色质联用(P & T-GC/MS)定性分析，检出一种化合物，通过图谱库对比查得此化合物分子式为 $C_6H_{15}O_3PS$，化学名称为三乙基硫代磷酸酯(*O*, *O*, *O*-triethyl-phosphorothioate)，相似度为 85%。

11 月 12 日 15 时，应急监测领导小组综合各项信息，初步判定该固体为含硫、磷的有机化学物品，确认化学名称为三乙基硫代磷酸酯。

思考题与习题

1. 什么是危险废物？其主要判别依据有哪些？
2. 如何采集固体废物样品？采集后应作怎样处理才能保存？为什么固体废物采样量与粒度有关？
3. 固体废物的 pH 测定需要注意哪些方面？
4. 什么是急性毒性实验？为什么这是测定化学物质毒性的常用方法？
5. 以急性毒性实验为例，简述化学毒物最高允许浓度的实验求证方法。
6. 鱼类毒性实验在判别水体污染情况时有什么优点？
7. 生活垃圾有什么特性？其监测指标主要有哪些？
8. 试述生活垃圾的处置方式及其监测的重点。
9. 试述高热值、低热值的定义和它们之间的关系。
10. 什么叫渗滤液？说明其主要来源和主要成分，为什么垃圾堆场年限不同，渗滤液产生量和成分也不同？

第 7 章

环境生物及生态监测

本章导读

环境污染威胁生态系统的安全和人类的身体健康，环境中的污染物种类复杂效应各不相同，且不同生物对不同污染物的响应程度不同，用来反映污染物综合效应的生物监测方法能够克服化学污染物监测的缺陷。因此，可以通过生物的分子、个体、种群等生物学参数的监测来反映环境污染的程度和环境质量的变化。本章简要介绍生物监测、生物污染监测和生态监测的概念和基本方法，重点介绍生物监测中采用的生物学参数，目的是让读者掌握生物监测的基本原理和常用的监测方法，了解自动在线生物监测系统的方法原理。

7.1 生物监测基础

7.1.1 生物监测与生物污染监测

生物监测，又称“生物测定”，是利用生物对环境污染物的敏感性反应来判断环境污染的一种手段。生物监测可补充物理、化学分析方法的不足，如利用敏感植物监测大气污染；应用指示生物群落结构、生物测试及残毒测定等方法，反映水体受污染的情况。

生物污染监测，是指对环境的生物要素受污染的程度进行监测的工作。即生物污染监测的对象是生物体，监测内容是生物体内所含环境污染物。

由于生物的生存与大气、水体、土壤等环境要素息息相关，生物从这些环境要素中摄取营养物质和水分的同时，也摄入了环境污染物并在体内蓄积。因此，生物污染监测结果可在一定程度上反映生物体对环境污染物的吸收、排泄和积累情况，从侧面反映与生物生存相关的大气污染、水体污染及土壤污染的积累性与传递性作用程度。

生物监测的重点在于利用生物个体、种群或群落的状况和变化及其对环境污染或变化所产生的反应，阐明环境污染状况。而生物污染监测的重点在于监测生物体内环境污染物。二者有一定的联系，其研究对象都是生物，生物污染监测是生物监测的内容之一(生物污染监测的内容在生物监测中常称为“生物材料检测”)。

7.1.2 生物监测的原理

一定条件下，水生生物群落和水环境之间互相联系、互相制约，保持着自然的、暂时的相对平衡关系。污染物进入水环境后，必然作用于水生生物个体、种群和群落，影响水生生态系统中固有生物种群的数量、物种组成及其多样性、稳定性、生产力及生理状况；反之，上述各种不同响应是不同水体污染状况的反映。这种互相作用的结果直观表达或通过一定的数理统计方法使受污染作用的生物反应呈现某些规律性，这就是水体污染生物监测的基本原理。

7.1.3　生物监测的特点与分类

1. 生物监测的特点

1) 生物监测的优点

(1) 能综合、真实地反映环境污染状况，对环境污染作出科学评价。环境污染通常不是由单一污染物引起，而是多种污染物同时存在形成的复合污染。因此，生物监测可以更真实、更直接地反映出多种污染物在自然条件下对生物的综合影响，从而可以更加客观、全面地评价各种环境状况。

(2) 灵敏度高，能发现早期环境污染。某些监测生物对一些污染物非常敏感，它们能够对精密仪器也难测出的一些微量污染物产生反应，并表现出相应的受害反应。此外，有些生物具有很强的富集环境污染物的能力。因此，可以利用这些高敏感、高蓄积生物作监测生物，及时检测出环境中的微量污染物，作为早期环境污染的报警器。

(3) 能连续监测污染史，反映长期的污染效果。理化监测结果只能代表取样期间的某些瞬时污染情况，而生活于一定区域内的生物却可以将该区域长期的污染状况反映出来。

(4) 成本低廉，简单易行。生物监测很少要求价格昂贵的仪器，因此，生物监测能用较少的资源(人力和经费)达到监测环境污染的目的。

2) 生物监测的局限性

生物监测不可避免地会受到监测生物所处环境、监测生物本身的生物学参数及监测人员专业水平等因素的影响。

(1) 监测生物易受各种环境因素的影响。监测生物所处环境的物理、化学和生物等因素均能使其产生各种反应，这些反应易与人为胁迫引起的反应相互混淆。因此，监测人员有时很难从监测数据区分自然环境的影响和人为胁迫的影响。

(2) 可能受到监测生物本身的生物学参数影响。监测生物不同个体间对同一种人为胁迫的反应可能在某种程度上存在差异，这些差异的产生除了受遗传背景影响外，还可能来源于个体的生理状况及发育期不同等因素影响。

(3) 费时且难确定环境污染物的实际浓度。监测生物对污染物的反应通常必须在污染物达到其靶位点(器官、组织或细胞)，造成生物的正常生理代谢功能紊乱并产生可检测症状(或效应)时才表现出来，这个过程需要一定的时间。此外，在没有精确确定浓度-反应曲线的条件下，仅根据监测生物的反应不能确定特定环境污染物的实际浓度，而只能比较各个监测点(含对照点)之间的相对污染水平。

(4) 对生物监测人员专业水平要求较高。监测人员的专业水平，尤其是生物分类基础要扎实，并且具有丰富的实践经验方可成功进行监测。生物分类是生物监测的基础，生物分类的成败影响监测结果的准确性。

2. 生物监测的分类

生物监测的方式很多，可以从以下几方面分类：

(1) 按监测生物的层次来分，主要包括形态结构监测、生理生化监测、遗传毒理监测、分子标记方法及生物群落监测等。

(2) 按监测生物的种类来分，包括动物监测、植物监测和微生物监测等。

(3) 按环境介质的种类来分，包括水体污染的生物监测、大气污染的生物监测和土壤污染的生物监测等。

(4) 按监测生物的来源来分，包括被动生物监测(PBM)和主动生物监测(ABM)两种形式。PBM 是利用生态系统中天然存在的生物体、生物群落或部分生物体对污染环境的响应来指示和评价环境质量变化；ABM 是在控制条件下将生物体(放于合适容器中)移居至监测点进行生态毒理学参数测试。

7.2 生物监测方案

7.2.1 监测目的及方案制订

1. 水体生物监测的目的和要求

对水体环境进行生物监测的主要目的是通过监测，掌握因水环境中理化因素变化导致水生生物个体行为、生理功能、形态、遗传特性等的改变或生物种群、群落和生态系统等结构和功能的改变，进而评价污染对水环境质量的影响、危害程度和变化趋势及对人体健康的潜在影响，为制订污染控制措施、维持水生生态系统健康进而维护人类健康提供科学依据。水体的生物监测是反映水环境质量状况的标准和依据，它直接反映了水环境质量变化对水生生物的影响和危害程度。

目前我国生物监测的实验方法标准化程度还不高，现有的科研成果还不足以提供可对比的、可重复的、可靠而有意义的实验数据。因此，生物监测过程中，在依据现有国家级或地方性监测标准基础上，一定要根据实际情况与当地生物分布和敏感性，在结合参考资料提供的方法基础上，选择合适的监测生物和监测指标开展生物监测。最终达到生物监测数据既能客观真实地综合反映水体环境状况和污染对水生生态系统的影响，又能为后续工作及其他同类项目的生物监测提供科学的理论依据。

2. 生物监测站位(断面)的布设原则

生物监测具有自身的局限性，在实际应用中应将其与理化监测配合运用，互为补充，即在理化监测的同时进行生物监测。因此，在生物监测过程中，监测站位(断面)的布设尽可能与理化监测断面相一致，并考虑水环境的整体性、监测工作的连续性和经济性等原则。下面分别以我国已出台的《水环境监测规范》(SL 219—2013)和《近岸海域环境监测点位布设技术规范》(HJ 730—2014)为例介绍生物监测站位(断面)的布设原则。

1) 淡水水生生物监测采样垂线(点)布设应遵循的原则

(1) 按各类水生生物生长与分布特点，布设采样垂线(点)，并与水质监测采样垂线尽可能一致。

(2) 在激流与缓流水域、城市河段、纳污水域、水源保护区、潮汐河流潮间带等代表性水域，应布设采样垂线(点)。

(3) 在湖泊(水库)的进出口、岸边水域、开阔水域、汊湾水域等代表性水域，应布设采样垂线(点)。

(4) 根据实地查勘或预调查掌握的信息，确定各代表性水域采样垂线(点)布设的密度与数量。

2) 近岸海域海洋生物监测站位布设应遵循的原则

(1) 代表性。能够客观反映一定区域内的环境状况、污染程度、范围及变化规律，反映受人类活动污染的影响，能够对海洋环境保护管理和污染治理措施进行评估。

(2) 可比性。同类型监测点位的设置条件尽可能一致，使监测点位获取的监测数据有可比性。

(3) 整体性。布设监测点位时，应综合考虑沿海区域的自然环境、人口分布、土地利用、工业布局等社会经济发展状况，从整体出发，合理布局，监测点位之间相互协调，充分反映主要污染对环境的影响。

(4) 稳定性。监测点位一经确定，原则上不应变更，确保近岸海域环境监测资料的连续性和可比性。

(5) 前瞻性。监测点位布设应综合考虑监测能力现状与发展，同时考虑沿海现状与规划，具有一定的前瞻性。

7.2.2　生物样品采集及预处理

1. 淡水水生生物样品采集与保存

1) 采样频率与时间

监测频次可为多年一次、一年一次、一年多次。年内监测，可按月监测、按季节监测、也可按径流量的年内变化周期(如丰水期、平水期和枯水期)监测。

根据水生生物的生命周期、生活史特征(如羽化期或繁殖期)、季节变化特征、监测目的等因素确定监测时间。不同监测点位宜在同一时期内开展监测，缩短不同点位监测时间的跨度，确保监测结果在时间上的统一性。受潮汐影响的河段，宜在退潮期采样。

2) 采样与保存方法

(1) 浮游生物。浮游植物定性样品采集用 25 号浮游生物网，原生动物和轮虫定性样品采集用 25 号浮游生物网，枝角类和桡足类定性样品采集用 13 号浮游生物网。定量样品采集采用分层采样，应满足以下要求：①水深小于 5 m 或者混合均匀的水体，在水面下 0.5 m 处采样；②水深 5～10 m 时，分别在水面下 0.5 m 处和透光层底部采样，取分层样品充分混合后的混合样；③水深大于 10 m 时，分别在水面下 0.5 m、1/2 透光层深度和透光层底部采样，取分层样品充分混合后的混合样。分层采样按照由浅到深的顺序进行，记录分层采样深度。采样体积：浮游植物 500 mL，原生动物和轮虫 1 L，枝角类和桡足类 5～50L，透明度较高时，宜增加采水量。枝角类和桡足类样品可经 25 号浮游生物网过滤浓缩后，将浓缩样品装入采样瓶。两类样品采集顺序应是，先采集定量样品，再采集定性样品。样品若无法及时活体观察，应加入鲁哥氏碘液或甲醛固定。

(2) 底栖大型无脊椎动物。底栖动物定性样品采集，采用三角拖网在水底拖拉一段距离，或用手抄网在岸边与浅水处采集。定量采集使用开口面积一定的采泥器采集，如彼得逊采泥器(采样面积为 1/16 m^2)。

(3) 水生维管束植物。定性样品采集，用水草采集夹、采样网和耙子采集。定量采集使用面积为 0.25 m^2、网孔 3.3 cm × 3.3 cm 的水草定量夹采集。采集样品后，去掉泥土、黏附的水生动物等，按类别晾干、存放。

(4) 鱼类。鱼类样品采用渔具捕捞。采集后应尽快进行种类鉴定，残毒分析样品应尽快取样分析，或冷冻保存。

2. 微生物样品的采集和制备

1) 所用器皿

对所用器皿、培养基等按照方法要求进行灭菌。所有操作，包括稀释过程需在无菌室或无菌操作条件下进行。

2) 水样

采集细菌学检验用水样，必须严格按照无菌操作要求进行；防止在运输过程中被污染，并应迅速进行检验。一般从采样到检验不宜超过 2 h；在 10℃以下冷藏保存不得超过 6 h。

采集江、河、湖、库等水样，可将采样瓶沉入水面下 10～15 cm 处，瓶口朝水流上游方向，使水样灌入瓶内。需要采集一定深度的水样时，用采水器采集。采集自来水样，首先用酒精灯灼烧水龙头灭菌或用体积分数为 70%的乙醇消毒，然后放水 3 min，再采集为采样瓶容积 80%左右的水量。

一般是直接将水样或稀释水样(如是污水或水样中微生物量太大)注入灭菌平皿中，加培养基即可进行相关的微生物培养实验。

3) 土样

(1) 选定取样点，按对角交叉(五点法)取样。先除去表层约 2 cm 的土壤，将铲子插入土中数次，然后取 2～10 cm 处的土壤。盛土的容器应是无菌的。将五点样品约 1 kg 充分混匀，除去碎石、植物残根等。土样取回后应尽快投入实验。

(2) 制备土壤稀释液。称土样 1 g 于盛有 99 mL 无菌水或无菌生理盐水并装有玻璃珠的三角烧瓶中，振荡 10～20 min，使土样中的菌体、芽孢或孢子均匀分散，此即为 10^{-2} 浓度的菌悬液。用无菌移液管吸取悬液 0.5 mL 于 4.5 mL 无菌水试管中，用移液管吹吸三次、摇匀，此即浓度为 10^{-3}。同样方法，依次稀释到 10^{-7}。稀释过程需在无菌室或无菌条件下进行。

4) 空气样品

空气中飘浮着各种微生物，将盛有无菌培养基的平皿放于监测点上，暴露 5 min(根据空气中微生物的多少，可以调整时间)，空气中的细菌便会落到培养基上，立即带回实验室进行待测微生物培养。

3. 植物样品的采集和制备

1) 植物样品的采集

(1) 对样品的要求。采集的植物样品要具有代表性、典型性和适时性。代表性指采集代表一定范围污染情况的植物，这就要求对污染源的分布、污染类型、植物特征、地形地貌、灌溉出入口等因素进行综合考虑，选择合适的地段作为采样区，再在采样区内划分若干采样小区，采用适宜的方法布点，确定代表性的植物。不要采集田埂、地边及距田埂、地边 2 m 以内的植物。典型性指所采集的植物部位要能充分反映通过监测所要了解的情况。根据要求分别采集植物的不同部位，如根、茎、叶、果实，不能将各部位样品随意混合。适时性指在植物不同生长发育阶段，施药、施肥前后，适时采样监测，以掌握不同时期的污染状况和对植物生长的影响。

(2) 布点方法。根据现场调查和收集的资料，先选择采样区，在划分的采样小区内，常采用梅花形布点法或交叉间隔布点法确定代表性的植物，见图 7-1($\otimes$为采样点)。

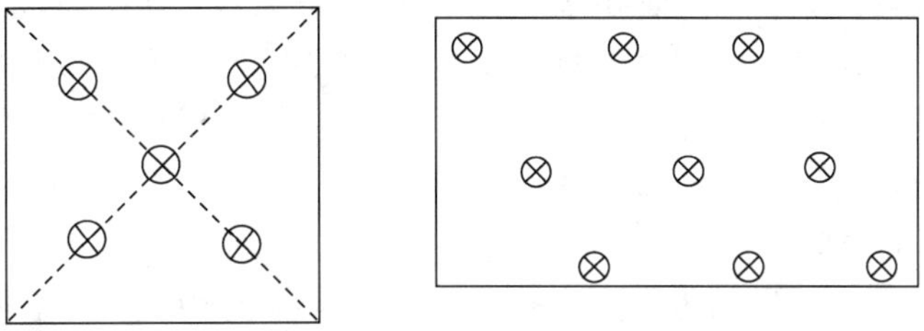

(a) 梅花形布点法　　(b) 交叉间隔布点法

图 7-1　采样点布设方法

(3) 采样方法。在每个采样小区内的采样点上分别采集 5～10 处植物的根、茎、叶、果实等，将同部位样混合，组成一个混合样；也可以整株采集后带回实验室再按部位分开处理。采集样品量要能满足需要，一般经制备后，至少有 20～50 g(干物质)样品。新鲜样品可按 80%～90%的含水量计算所需样品量。若采集根系部位样品，应尽量保持根部的完整。对一般旱作物，在抖掉附在根上的泥土时，注意不要损失根毛；如采集水稻根系，在抖掉附着泥土后，应立即用清水洗净。根系样品带回实验室后，及时用清水洗(不能浸泡)，再用纱布拭干。如果采集果树样品，要注意树龄、株型、生长势、载果数量和果实着生的部位及方向。如要进行新鲜样品分析，则在采集后用清洁、潮湿的纱布包住或装入塑料袋中，以免水分蒸发而萎缩。对水生植物，如浮萍、藻类等，应采集全株。从污染严重的河、塘中捞取的样品，需用清水洗净，挑去水草等杂物。采集后的样品装入布袋或聚乙烯塑料袋，贴好标签，注明编号、采样地点、植物名称、分析项目，并填写采样登记表。

(4) 样品的保存。样品带回实验室后，如测定新鲜样品，应立即处理和分析。当天不能分析完的样品，暂时放于冰箱中保存，其保存时间的长短，视污染物的性质及在生物体内的转化特点和分析测定要求而定。如果测定干样，则将鲜样放在干燥通风处晾干或于鼓风干燥箱中烘干。

2) 植物样品的制备

(1) 鲜样的制备。测定植物内易挥发、转化或降解的污染物(如酚、氰、亚硝酸盐等)、营养成分(如维生素、氨基酸、糖、植物碱等)，以及多汁的瓜、果、蔬菜样品，应使用新鲜样品。鲜样的制备方法是：

a. 将样品用清水、去离子水洗净，晾干或拭干。

b. 将晾干的鲜样切碎、混匀，称取 100 g 于电动高速组织捣碎机的捣碎杯中，加适量蒸馏水或去离子水，开动捣碎机捣碎 1～2 min，制成匀浆，对含水量大的样品，如熟透的番茄等，捣碎时可以不加水。

c. 对于含纤维素较多或较硬的样品，如禾本科植物的根、茎秆、叶等，可用不锈钢刀或剪刀切(剪)成小片或小块，混匀后在研钵中加石英砂研磨。

(2) 干样的制备。分析植物中稳定的污染物，如某些金属元素和非金属元素、有机农药等，一般用风干样品，其制备方法是：

a. 将洗净的植物鲜样尽快放在干燥通风处风干(茎秆样品可以劈开)，如果遇到阴雨天或潮湿气候，可放在 40～60℃鼓风干燥箱中烘干，以免发霉腐烂，并减少化学和生物化学变化。

b. 将风干或烘干的样品去除灰尘、杂物，用剪刀剪碎(或先剪碎再烘干)，再用磨碎机磨碎，谷类作物的种子样品如稻谷等，应先脱壳再粉碎。

c. 将粉碎后的样品过筛，一般要求通过 1 mm 孔径筛即可，有的分析项目要求通过 0.25 mm 孔径筛，制备好的样品储存于磨口玻璃广口瓶或聚乙烯广口瓶中备用。

d. 对于测定某些金属含量的样品，应注意避免受金属器械和筛子等污染，因此，最好用玛瑙研钵磨碎，尼龙筛过筛，聚乙烯瓶保存。

3) 分析结果表示方法

植物样品中污染物的分析结果常以干物质质量为基础表示(mg/kg 干物质)，以便比较各样品中某一成分含量的高低。因此，还需要测定样品的含水量，对分析结果进行换算。含水量常用重量法测定，即称取一定量鲜样或干样，于 100～105℃烘干至恒量，由其质量减少量计算含水量。对含水量高的蔬菜、水果等，以鲜样质量表示计算结果为好。

4. 动物样品的采集和制备

动物的尿液、血液、唾液、胃液、乳液、粪便、毛发、指甲、骨骼和组织等均可作为检验样品。

1) 尿液

动物体内绝大部分毒物及其代谢产物主要由肾经膀胱、尿道随尿液排出。尿液收集方便，因此，尿检在医学临床检验中应用广泛。尿液中的排泄物一般早晨浓度较高，可一次收集，也可以收集 8 h 或 24 h 的尿样，测定结果为收集时间内尿液中污染物的平均含量。

2) 血液

血液中有害物的浓度可反映近期接触污染物的水平，并与其吸收量呈正相关。传统的从静脉取血样的方法，其操作较烦琐，取样量大。随着分析技术的发展，减少了血样用量，用耳血、指血代替静脉血，给实际工作带来了方便。

3) 毛发和指甲

积累在毛发和指甲中的污染物(如砷、锰、有机汞等)残留时间较长，即使已脱离与污染物接触或停止摄入污染食物，血液和尿液中污染物含量已下降，而毛发和指甲中仍容易检出污染物。头发中的汞、砷等含量较高，样品容易采集和保存，故在医学和环境分析中应用较广泛。人头发样品一般采集 2～5 g，男性采集枕部头发，女性原则上采集短发。采样后，用中性洗涤剂洗涤，去离子水冲洗，最后用乙醚或丙酮洗净，室温下充分晾干后保存和备用。

4) 组织和脏器

采用动物的组织和脏器作为检验样品，对调查研究环境污染物在机体内的分布、积累、毒性和环境毒理学等方面的研究都有重要意义。但是，组织和脏器的部位复杂，且柔软、易破裂混合，因此取样操作要小心。

以肝为检验样品时，应剥去包膜，取右叶的前上方表面下几厘米处纤维组织丰富的部位作为样品。检验肾时，剥去包膜，分别取皮质和髓质部分作为样品，避免在皮质与髓质结合处采样。

检验个体较大的动物受污染情况时，可在躯干的各部位切取肌肉片制成混合样。采集组织和脏器样品后，应放在组织捣碎机中捣碎、混匀，制成浆状鲜样备用。

从对人体的直接影响考虑，一般只取水产品的可食部分进行检测。对于鱼类，取鱼的厚肉制成混合样，切碎、混匀，或用组织捣碎机捣碎成糊状，立即分析或储存于样品瓶中，置于冰箱内备用。对于虾类，取虾肉捣碎制成混合样。贝类或甲壳类，剥去外壳，取可食部分制成混合样，并捣碎、混匀，制成浆状鲜样备用。对于海藻类如海带，沿中央筋剪开，各取其半，剪碎混匀制成混合样。

5. 生物样品的预处理

由于生物样品中含有大量有机物(母质)，且所含有害物质一般都在痕量或超痕量级范围，因此测定前必须对样品进行预处理，对欲测组分进行富集和分离，或对干扰组分进行掩蔽等，常用方法类似于一般样品预处理的方法，包括样品的分解和各种分离富集方法。

1) 消解和灰化

测定生物样品中的金属和非金属元素时，通常都要将其大量的有机物基体分解，使欲测组分转变成简单的无机物或单质，然后进行测定。分解有机物的方法有湿式消解法和干灰化法。

2) 提取、分离和浓缩

测定生物样品中的农药、石油烃、酚等有机污染物时，需要用溶剂将欲测组分从样品中提取出来，提取效率的高低直接影响测定结果的准确度。如果存在杂质干扰和待测组分浓度低于分析方法的最低检出浓度问题，还要进行分离和浓缩。

7.3　生物监测常用方法

7.3.1　水环境生物监测方法

早在 20 世纪初，人们就已经开始利用水生生物对水体污染进行监测和评价。经过 100 多年的研究，证实许多水生生物个体、种群或群落的变化都可以客观地反映出水环境质量的变化规律，并总结出许多相应的监测方法。

1. 水生生物群落监测方法

水生生物群落监测方法是被动生物监测的重要组成部分。水生生物群落中生活着各种水生生物，如浮游生物、游泳生物、漂浮生物和底栖生物等，由于它们的群落结构、种类和数量的变化能反映水环境污染状况，因此可将其作为监测生物用于生物监测。根据有关生物监测规范进行水样的采集、固定、浓缩、鉴定、计数、密度计算、体积测定、生物量计算和体重测定等，最终获得各生物类群的种类和数量等相关数据。

1) 污水生物系统法

1908～1909 年，由德国的 Kolkwitz 和 Marson 首先提出了用以评价水质状况的污水生物带系统。其基本原理是受有机污染的河流，随着与污染源距离的增加，污染程度逐渐减弱，水体的理化性质发生改变，生物群落的组成也发生相应的变化。根据这一原理，将河流依据污染程度由重到轻分为四个连续的带：多污带、α-中污带、β-中污带和寡污带，每个带都有自己的物理、化学和生物学特征。后来，该系统经过许多学者的修改、补充和发展逐渐完善起来。其物理、化学与生物特征基本上如表 7-1 所示。

表 7-1 污水生物带系统

项目	多污带	α-中污带	β-中污带	寡污带
化学过程	因还原和分解显著而产生腐败现象	水和底泥里出现氧化过程	氧化过程更剧烈	因氧化使无机化达到矿化阶段
溶解氧	没有或极微量	少量	较多	很多
BOD_5	很高	高	较低	低
硫化氢的生成	具有强烈的硫化氢臭味	没有强烈硫化氢臭味	无	无
水中有机物	蛋白质、多肽等高分子物质大量存在	高分子化合物分解产生氨基酸、氨等	大部分有机物已经完成无机化过程	有机物全分解
底泥	常有黑色硫化铁存在	硫化铁氧化成氢氧化铁，底泥不呈黑色	有三氧化二铁存在	大部分氧化
水中细菌	大量存在，每毫升可达 100 万个以上	细菌较多，每毫升在 10 万个以上	数量较少，每毫升在 10 万个以下	数量少，每毫升在 100 个以下
栖息生物的生态学特征	动物都是细菌摄食者且耐受 pH 强烈变化，耐嫌气性生物，对硫化氢、氨等有强烈的抗性	摄食细菌动物占优势，肉食性动物增加，对溶解氧和 pH 变化表现出高度适应性，对氨大体上有抗性，对硫化氢耐受较弱	对溶解氧和 pH 的变化耐受较差，并且不能长时间耐腐败性毒物	对溶解氧和 pH 的变化耐受很弱，特别是对腐败性毒物如硫化氢的耐性很差
植物	硅藻、绿藻、接合藻及高等植物都没有出现	出现蓝藻、绿藻、接合藻、硅藻等	出现多种类的硅藻、绿藻、接合藻，是鼓藻的主要分布区	水中藻类少，但着生藻类多
动物	以微型生物为主，原生动物居优势	仍以微型动物占大多数	多种多样	多种多样
原生生物	有变形虫、纤毛虫、但无太阳虫、双鞭毛虫、吸管虫等出现	仍然没有双鞭毛虫，但逐渐出现太阳虫、吸管虫等	太阳虫、吸管虫中耐污性差的种类出现，双鞭毛虫也出现	鞭毛虫、纤毛虫中有少量出现

2) 生物指数法

在环境质量发生变化时，生物的种类和数量均随之发生变化，把生物种类和数量发生的这种变化用恰当的数学公式表达出来，所得的数值即为生物指数。在污水生物系统的基础上，又发展了将生物监测结果用生物指数来表示的方法，这样使监测结果更加明了，更能反映水质的变化规律。因此，用生物指数描述污染胁迫下群落结构的变化，在水环境质量生物学评价中得到广泛应用。下面介绍几种常见的生物指数。

(1) 贝克生物指数。

1955 年，贝克(Beck)利用底栖大型无脊椎动物对水体有机污染进行评价时首先采用的生物指数即贝克生物指数。贝克把底栖大型无脊椎动物分成对有机污染敏感和耐性两大类，并规定在环境条件相似的河段，采集一定面积的底栖大型无脊椎动物，并进行种类鉴定。然后根据两类数量的多少，计算生物指数：

$$\mathrm{BI} = 2nA + nB \tag{7-1}$$

式中，BI 为贝克生物指数；n 为底栖大型无脊椎动物的种类；A 为对污染敏感的生物种类数；B 为耐污染的生物种类数。

当 BI>10 时，为清洁水域；BI=1～6 时，为中等污染水域；BI=0 时，为严重污染水域。

1974 年，津田松苗在对贝克生物指数多次修改基础上，提出采样时不限定采集面积，由 4～5 人在一个点上采集 30 min，尽量把拟评价河段的各种底栖大型无脊椎动物采集完全，然后对所得生物种类进行鉴定、分类，并计算生物指数：

$$\mathrm{BI} = 2A + B \tag{7-2}$$

式中，BI 为贝克-津田生物指数；A 为不耐污染的生物种类数；B 为耐污染的生物种类数。

当 BI≥20 时，为清洁水域；10<BI<20，为轻度污染水域；6<BI≤10，为中等污染水域；0<BI≤6，为严重污染水域。

贝克生物指数法进一步演变，对底栖大型无脊椎动物赋予不同耐污值，而不是简单分为敏感生物与耐污生物，并给予各物种的相对丰度作为权重求和，计算生物指数：

$$\mathrm{BI} = \sum_{i=1}^{N_s} \frac{n_i}{N} t_i$$

式中，N_s 为物种数；n_i 为物种 i 的个体数；N 为生物个体总数；t_i 为物种 i 的耐污值，参见《水生态监测技术指南 河流水生生物监测与评价(试行)》(HJ 1295—2023)。

(2) 硅藻生物指数。

1961 年，渡道任治根据河流中采集到的硅藻对水体污染耐性的不同提出硅藻生物指数：

$$I = \frac{2A + B - 2C}{A + B - C} \times 100 \tag{7-3}$$

式中，I 为硅藻生物指数；A 为不耐污染的硅藻种类数；B 为耐污染的硅藻种类数；C 为仅在污染水域内出现的硅藻种类数。硅藻生物指数值越高，表示污染越轻；反之，表示污染越重。

1991 年，万佳等提出，硅藻生物指数 0～50 为多污带；50～100 为α-中污带；100～150 为β-中污带；150～200 为寡污带。

后来，大量研究对硅藻指数进行标准化与改良，目前已建立了数十种硅藻指数，我国目前主要使用综合硅藻指数，其计算原理，类似于生物指数演变，将不同硅藻物种赋予不同的环境敏感值与环境指示值，依据各物种的相对丰度与环境敏感值乘积作为权重，计算平均的环境指示值，作为综合硅藻指数，具体可进一步参考《水生态监测技术指南 河流水生生物监测与评价(试行)》(HJ 1295—2023)。

(3) 种类多样性指数。

种类多样性指数是反映生物群落组成特征的参数，是由群落中生物的种类数和各个种的数量分布组成的。在正常的水环境条件下，藻类的种类比较多，每个种的个体数量适当，群落结构稳定，多样性指数较高。当水体受到污染后，藻类的群落结构将发生明显变化，群落中种类数减少，敏感性种类死亡，而某些抗性强的种类能生存下去，在没有别的生物与之竞争的有利条件下，该种个体数将大量增加。所以，在清洁水体中，生物种类多，种个体数较少；在污染的水体中，生物种类少，种个体数较多。种类多样性指数就是根据这个原理，用数学公式来反映种类和数量之间的关系，以数值表示污染的程度和变化情况。种类多样性指数越高，表明群落中的生物种类越多，水质状况越好。在浮游藻类方面，最常用的是香农-韦弗多样性指数(Shannon-Weaver，1949)。除了藻类外，该多样性指数还可应用于底栖动物和原生动物等。

$$H = -\sum_{i}^{s} P_i \log_2 P_i \tag{7-4}$$

式中，H 为种类多样性指数；P_i 为第 i 种生物出现的概率(n_i/N，其中 n_i 为第 i 种生物的个体数，N 为总生物个体数)；s 为样品中生物的种数。式(7-4)用的是以 2 为底的对数，现在普遍采用自然对数计算，即

$$H = -\sum_{i}^{s} P_i \ln P_i \tag{7-5}$$

在实际应用时是以第 i 种个体数(n_i)对总个体数(N)的比 n_i/N 代替 P_i 进行计算，但一定要注意 N 要足够大，否则公式误差较大。H 值的变动范围在 0 到任何正数。评价标准因各地具体条件而异，一般规定计算结果与水体污染程度的关系：$H<1.0$，为严重污染；$1.0 \leqslant H \leqslant 3.0$，为中等污染；$H>3.0$，为清洁。

3) PFU 微型生物群落监测法(PFU 法)

(1) 方法原理。

美国弗吉尼亚工程学院及州立大学环境研究中心的 Cairns 等于 1969 年创建了聚氨酯泡沫塑料块(polyurethane foam unit，PFU)法测定微型生物的群集速度。中国科学院水生生物研究所著名原生动物学家沈韫芬院士在 20 世纪 80 年代初引进此种技术，经过多年实践研究，于 1991 年建立了我国生物监测领域自行制定的首项国家标准：《水质 微型生物群落监测 PFU 法》(GB/T 12990—1991)。

PFU 法的基本原理：将一定体积的 PFU 作为基质悬挂在水中，经过一定时间后，水体中大部分微型生物种类均可群集到 PFU 内，根据 PFU 中原生动物种类和群集速度监测水质好坏。如果群集速度慢、种类少，则水质污染严重，反之，则水质良好。另外，还可以与 PFU 中微型生物群落的组成、结构、指示种和叶绿素含量等方面相结合，综合评价水体污染状况。

(2) 测定要点。

监测江、河、湖、塘等水体中微型生物群落时，将用细绳沿腰捆紧并有重物垂吊的 PFU 悬挂于水中采样，根据水环境条件确定采样时间，一般在静水中采样约需 4 周，在流水中采样约需 2 周；采样结束后，带回实验室，把 PFU 中的水全部挤于烧杯内，用显微镜进行微型生物群落观察和活体计数。《水质 微型生物群落监测 PFU 法》中规定镜检原生动物，要求看到 85%的种类；若要求测定种类多样性指数，需取水样于计数框内进行活体计数观察。

(3) 结果表示。

微型生物群落观察和测定结果可用表 7-2 所列结构参数和功能参数表示，表中分类学参数是通过种类鉴定获得的，非分类学参数是用仪器或化学分析法测定后计算出的。群集过程三个参数的含义是：S_{eq} 为群落达平衡时的种类数；G 为微型生物群集速率常数；$T_{90\%}$为达到 90% S_{eq} 所需时间。利用这些参数即可评价污染状况。例如，清洁水体的异养性指数在 40 以下；污染指数与群落达平衡时的种类数 S_{eq} 呈负相关，与群集速率常数 G 呈正相关等。

表 7-2 微型生物群落观察和测定结果

结构参数		功能参数
分类学	① 种类数	① 群集过程(S_{eq}、G、$T_{90\%}$)
	② 指示种类	② 功能类群(光合自养者、食菌者、食藻者、食肉者、腐生者、杂食者)
	③ 多样性指数	
非分类学	① 异样性指数	① 光合作用速率
	② 叶绿素 a	② 呼吸作用速率

4) 生物环境 DNA 监测法

上述的水生生物群落监测方法往往采用生物形态学分析进行物种鉴定，该过程依赖于监测人员物种分类的专业知识储备与实际监测经验，限制了生物监测的时效性，同时，水生生物群落监测采用侵入采样方式可能造成生境的干扰或破坏，难以发现小型或难以捕捉的物种，从而使对整个群落的估算成为难题。近年来，一种新兴的科学工具，被称为环境 DNA(eDNA)，正在加速水生生物群落的监测效率。

(1) 方法原理。

环境 DNA 是指从生物体皮肤、黏液、唾液、精子、分泌物、卵、粪便、尿液、血液、根、叶、果实、花粉和腐烂体等释放出来的游离的 DNA 分子。这些 DNA 片段可以在环境中存在一段时间，因此，可以通过采集水样或土壤样本直接提取 DNA，再利用测序技术对提取的 DNA 进行定性或定量分析，依据不同物种 DNA 序列的差异性以了解该环境中存在哪些生物种类。尽管环境 DNA 是一种相对较新的测量方法，但它已被证明在生物监测方面具有巨大的潜力。

(2) 测定要点。

环境 DNA 的分析主要有 4 步：环境 DNA 样品采集，环境 DNA 提取，宏条形码扩增与测序，生物信息学分析，如图 7-2 所示。《淡水生物环境 DNA 监测技术方法》(DB32/T 4539—2023)中对环境 DNA 监测技术进行了详细介绍。环境 DNA 采样的样品类型包括水样、沉积物、生物膜以及混合生物组织。DNA 提取往往采用裂解液，并采用离心柱法和磁珠法进一步纯化 DNA 样品。环境 DNA 生物信息学分析进行物种鉴定常采用的基因有原核生物 16S 核糖体 DNA，真核生物 18S 核糖体 DNA，后生动物线粒体 12S 核糖体 DNA 与线粒体细胞色素 c 氧化酶 I。因此，在 PCR 扩展过程针对目标生物类群的不同，选择特异性一对或多对引物扩增目标序列。测定结果可以定性反映水生生物群落中物种组成，也可以采用序列相对丰度定量反映水生生物群落组成。

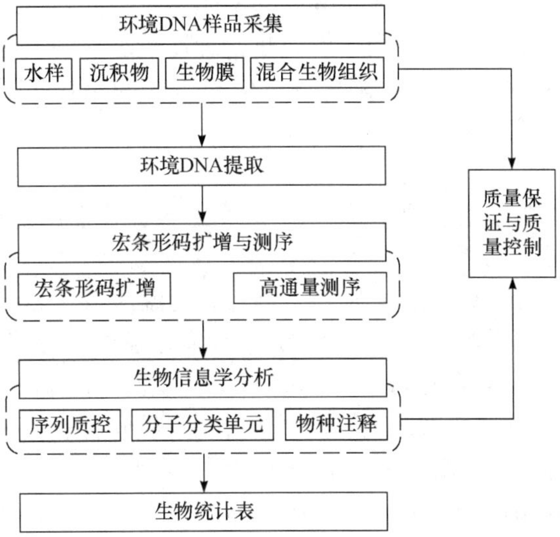

图 7-2　环境 DNA 监测技术流程

2. 生物测试法

利用水生生物的反应测定某种污染物的毒性或危害，称为水污染的生物测试。该法可用于主动生物监测和被动生物监测。生物测试有短期的急性实验(如 24 h、48 h、96 h)和长期的慢性实验(如数月或数年)等。测试方法有静水式生物测试和流水式生物测试两种。测试生物可以是一种或多种。进行测试的水生生物种类主要包括鱼类、浮游植物、浮游动物、水生昆虫和甲壳动物等。鱼类对水环境的变化反应十分灵敏，当水体的污染物达到一定浓度或强度时，就会引起一系列的中毒反应，因此鱼类应用较广泛。

常用的监测指标包括鱼类的行为变化(如对污染物的回避反应、活动形式和游泳能力的改变等)、生理变化(如呼吸、心跳、耗氧量、生长速度的改变等)和生化反应(如污染物对鱼脑胆碱酯酶和转氨酶等活性的影响)等。此外，藻类毒性实验、溞类毒性实验、鼠伤寒沙门氏菌法(Ames 实验)、发光细菌的急性毒性实验、染色体畸变实验、微核实验、姐妹染色单体交换实验、水生植物初级生产力测定及陆生高等植物种子发芽和根伸长抑制实验等均已应用于污染水环境的生物监测。

1) 水生生物毒性实验

进行水生生物毒性实验可用鱼类、溞类、藻类等，其中鱼类毒性实验应用较广泛。

鱼类对水环境的变化反应十分灵敏，当水体中的污染物达到一定浓度或强度时，就会引起系列中毒反应。例如，行为异常、生理功能紊乱、组织细胞病变，直至死亡。鱼类毒性实验的主要目的是寻找某种毒物或工业废水对鱼类的半数致死浓度与安全浓度，为制定水质标准和废水排放标准提供科学依据；测试水体的污染程度和检查废水处理效果等。有时鱼类毒性实验也用于一些特殊目的，如比较不同化学物质毒性的高低，测试不同种类鱼对毒物的相对敏感性，测试环境因素对废水毒性的影响等。下面介绍静水式鱼类急性毒性实验。

(1) 供实验鱼的选择和驯养。

金鱼来源方便，常用于实验，要选择无病、活泼、鱼鳍完整舒展、食欲和逆水性强、体长(不包括尾部)约 3 cm 的同种和同龄的金鱼。选出的鱼必须先在与实验条件相似的生活条件(温度、水质等)下驯养 7 d 以上；实验前一天停止喂食；如果在实验前四天内发生死亡现象或发病的鱼高于 10%，则不能使用。斑马鱼既是一种观赏鱼，又是我国已列入标准的实验模式动物，而且体型较小，在实验室可以实现扩繁，是一种比较理想的实验鱼类。麦穗鱼也是一种较为常用的实验鱼种，其他在一些鱼类繁殖场可得的幼鱼(鱼苗)也可以通过实验室驯养，在符合实验要求情况下作为实验鱼种。

(2) 实验条件选择。

每种浓度的实验溶液为一组，每组至少 10 条鱼。实验容器用容积约 10 L 的玻璃缸，保证每升水中鱼质量不超过 2 g。

实验溶液的温度要适宜，对冷水鱼为 12～28℃，对温水鱼为 20～28℃。同一实验中，温度变化为±2℃；实验溶液中不能含大量耗氧物质，要有足够的溶解氧，对冷水鱼 DO≥5 mg/L，对温水鱼 DO≥4 mg/L；实验溶液的 pH 应为 6.7～8.5，实验期间 pH 波动范围不得超过 0.4 个 pH 单位；硬度影响毒物毒性，一般来说，硬水可降低毒物毒性，而软水可增强毒物毒性，因此，必须注意检测实验溶液的硬度，并在报告中注明。硬度应为 50～250 mg/L(以 $CaCO_3$ 计)。

配制实验溶液和驯养鱼用的水应是未受污染的河水或湖水。如果使用自来水，必须经充分曝气才能使用。不宜使用蒸馏水。

(3) 实验步骤。

a. 预实验(探索性实验)：为保证正式实验顺利进行，须经探索性实验确定实验溶液的浓度范围，即通过观察 24 h(或 48 h)鱼类中毒的反应和死亡情况，找出不发生死亡、全部死亡和部分死亡的浓度。

b. 实验溶液浓度设计：合理设计实验溶液浓度，是实验成功的重要保证，通常选 7 个浓度(至少 5 个)，浓度间隔取等对数间距，如 10.0、5.6、3.2、1.8、1.0(对数间距 0.25)或 10.0、

7.9、6.3、5.0、4.0、3.6、2.5、2.0、1.6、1.26、1.0(对数间距 0.1)，其单位可用体积分数(如废水)或质量浓度(mg/L)表示。另设一对照组，对照组在实验期间鱼死亡率超过 10%，则整个实验结果不能采用。

c. 实验：将实验用鱼分别放入盛有不同浓度溶液和对照水的玻璃缸中，并记录时间。前 8 h 要连续观察和记录实验情况，如果正常，继续观察，记录 24 h、48 h 和 96 h 鱼的中毒症状和死亡情况，供判定毒物或工业废水的毒性。

d. 毒性判定：LD_{50} 或 LC_{50} 是评价毒物毒性的主要指标之一。鱼类急性毒性的分级标准如表 7-3 所示。

表 7-3　鱼类急性毒性的分级标准

96 h LC_{50}/(mg/L)	<1	1～10	10～100	>100
毒性分级	极高毒	高毒	中毒	低毒

求 LC_{50} 的简便方法是将实验用鱼死亡半数以上和半数以下的数据与相应实验溶液毒物(或废水)浓度绘于半对数坐标纸上(对数坐标表示毒物浓度，算术坐标表示死亡率)，用直线内插法求出。表 7-4 列出假设某废水的实验结果，图 7-3 为利用实验结果求 LC_{50} 的方法(直线内插法)。将三种实验时间实验鱼死亡半数以上和半数以下最接近半数的死亡率数值与相应废水浓度数值的坐标交点标出，并分别连接起来，再由 50%死亡率处引一横坐标的垂线，与上述三线相交，由三交点分别向纵坐标作垂线，垂线与纵坐标的交点处浓度即为 LC_{50}，可见 24 h、48 h 和 96 h 的 LC_{50} 分别为 5.2%、4.7%、4.4%。

表 7-4　鱼类实验数据结果

废水浓度(以体积分数表示)/%	每组鱼数/条	实验用鱼死亡数		
		24 h	48 h	96 h
10.0	10	10	10	10
7.5	10	9	9	10
5.6	10	7	7	9
4.2	10	1	4	4
3.2	10	0	1	1
对照组	10	0	0	0
直线内插法求 LC_{50}	—	5.2	4.7	4.4

e. 鱼类毒性实验的应用：鱼类毒性实验的一个重要目的是根据实验数据估算毒物的安全浓度，为制定有毒物质在水中的最高允许浓度提供依据。计算安全浓度的经验公式有以下几种：

$$安全浓度 = \frac{24\ \mathrm{h}\ LC_{50} \times 0.3}{[24\ \mathrm{h}\ LC_{50} / (48\ \mathrm{h}\ LC_{50})]^2} \tag{7-6}$$

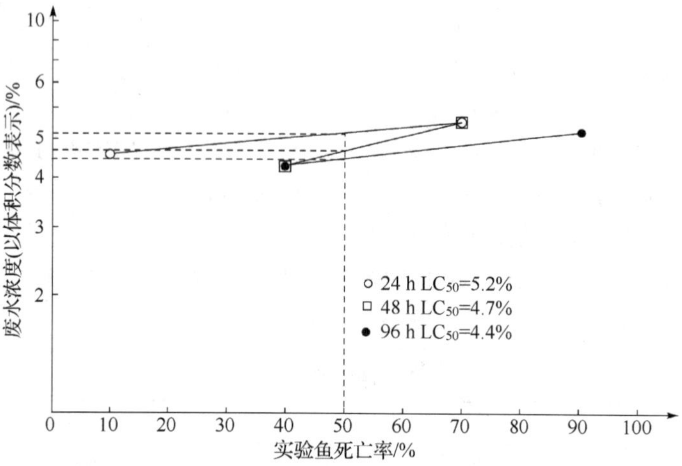

图 7-3　利用实验结果求 LC_{50} 的方法(直线内插法)

$$安全浓度=\frac{48\ \text{h}\ LC_{50}\times 0.3}{[24\ \text{h}\ LC_{50}/(48\ \text{h}\ LC_{50})]^2} \tag{7-7}$$

$$安全浓度=96\ \text{h}\ LC_{50}\times(0.1\sim0.01) \tag{7-8}$$

目前应用比较普遍的是最后一种。对易分解、积累少的化学物质一般选用的系数为 0.05～0.1，对稳定的、能在鱼体内高积累的化学物质，一般选用的系数为 0.01～0.05。

按公式计算出安全浓度后，要进一步做验证实验，特别是具有挥发性和不稳定性的毒物或废水，应当用恒流装置进行长时间(如一个月或几个月)的验证实验，并设对照组进行比较，如发现有中毒症状，则应降低毒物或废水浓度再进行实验，直到确认某浓度对鱼是安全的，即可定为安全浓度。此外，在验证实验过程中必须投喂饵料。

2) 发光细菌法

发光细菌是一类非致病的革兰氏阴性微生物，它们在适当条件下能发射出肉眼可见的蓝绿色光(450～490 nm)。当样品毒性组分与发光细菌接触时，可影响或干扰细菌的新陈代谢，使细菌的发光强度下降或不发光。在一定毒物浓度范围内，毒物浓度与发光强度呈负相关线性关系，因而可使用生物发光光度计测定水样的相对发光强度来监测毒物的浓度。

国家标准《水质 急性毒性的测定 发光细菌法》(GB/T 15441—1995)中，以氯化汞作为参比毒物表征废水或可溶性化学物质的毒性，也可用半数有效浓度(EC_{50})，即发光强度为最大发光强度一半时的废水浓度或可溶性化学物质的浓度来表征；选用明亮发光杆菌 T_3 亚种(*Photobacterium phosphoreum* T_3 spp.)作为发光细菌。因该菌是一种海洋细菌，故水样和参比毒物溶液应含有一定浓度的氯化钠。

目前，常采用新鲜发光细菌培养法和冷冻干燥发光菌粉制剂法。

3) 水生生物在线监测

水生生物在线监测方法常用于水环境污染监测，由于用肉眼很难准确观察到微型水生生物的运动行为，所以实际监测中引入了新型的在线生物监测仪(又称生物早期预警系统，BEWS)。BEWS 工作的基本原理是通过对水生生物行为活动的变化来推断与之对应的环境质量的变化，由此感知污水对水生生物产生的胁迫。所以在线生物监测技术的发展依赖于 BEWS 的发展。现今的生物监测技术根据传感器类型可分为电场磁场和声波等形式。

目前，国内外在线生物监测中，细胞及分子水平主要采用体内和体外实验相结合的方法。水生生物在水环境的暴露实验中，通过其细胞效应及内部特征性分子的分子效应的改变来实现对水体污染物的检测。在个体水平上，因为水生生物的行为生态变化是其生理、生化指标变化的外在表现并且便于观察，所以通过对水生生物行为生态变化程度的测定就能快速简便地进行水质安全性评价。

用于在线生物监测的仪器可通过录像追踪和图像分析，得到生物运动行为及方式，也可通过测试管内电场、磁场等变化通过持续自动监测分析，获得生物运动行为及方式变化。目前，可以在水体的各个不同层次进行在线生物监测。

作为生物指示物的水生生物从无脊椎到脊椎动物不胜枚举，如脊椎动物中的鱼类，无脊椎动物中的蚤类、蚓类等。淡水水生生物监测仪是比较成熟的在线监测仪中的一种，它是利用测试管内水生生物对电场的影响来感知其行为生态变化，然后通过信号转换器，将电信号转换成图像来加以分析的，几乎可以利用所有水生生物在水体的不同层次进行在线生物监测。

3. 致突变和致癌物检测

致突变和致癌物也称诱变剂，其检测方法有微核测定法、埃姆斯(Ames)实验法、染色体畸变实验法等。

微核测定法原理基于：生物细胞中的染色体在复制过程中常会发生一些断裂，在正常情况下，这些断裂绝大多数能自行愈合，但如果受到外界诱变剂的作用，就会产生一些游离染色体断片，形成包膜，变成大小不等的小球体(微核)，其数量与外界诱变剂强度成正比，可用于评价环境污染水平和对生物的危害程度。该方法所用生物材料可以是植物或动物组织或细胞。植物广泛应用紫露草和蚕豆根尖。紫露草以其花粉母细胞在减数分裂过程中的染色体作为诱变剂的攻击目标，把四分体中形成的微核数作为染色体受到损伤的指标，评价受危害程度。蚕豆根尖细胞的染色体大，DNA 含量多，对诱变剂反应敏感。

Ames 实验是利用鼠伤寒沙门氏菌(*Salmonella typhimurium*)的组氨酸营养缺陷型菌株发生回复突变的性能来检测被检物是否具有致突变性。这种菌株均含有控制组氨酸合成的基因，在不含组氨酸的培养基中不能生长，但如果存在致突变物时，便作用于菌株的 DNA，使其特定部位发生基因突变而恢复为野生型菌株，能在无组氨酸的培养基中生长。考虑到许多物质是在体内经代谢活化后才显示出致突变性的，Ames 等采用了在体外加入哺乳动物肝微粒体酶系统(S-9 混合液)使被检物活化的方法，提高了实验的可靠性。

染色体畸变实验是依据生物细胞在诱变剂的作用下，其染色体数目和结构发生变化，如染色单体断裂、染色单体互换等，以此检测诱变剂及其强度。

4. 叶绿素 a 的测定

叶绿素是植物光合作用的重要光合色素，常见的有叶绿素 a、叶绿素 b、叶绿素 c、叶绿素 d 四种类型，其中叶绿素 a 是一种能将光合作用的光能传递给化学反应系统的唯一色素，叶绿素 b、叶绿素 c、叶绿素 d 等吸收的光能均是通过叶绿素 a 传递给化学反应系统的。通过测定叶绿素 a，可掌握水体的初级生产力，了解河流、湖泊和海洋中浮游植物的现存量。实验表明，当叶绿素 a 质量浓度升至 10 μg/L 以上并有迅速增加的趋势时，就可以预测水体即将发生富营养化。因此，可将叶绿素 a 含量作为评价水体富营养化并预测其发展趋势的指标之一。

叶绿素 a 的测定方法有高效液相色谱法、分光光度法和荧光光谱法。高效液相色谱法精确度高，但操作步骤烦琐。目前最常用的是分光光度法和荧光光谱法。

1) 分光光度法测定叶绿素 a

叶绿素 a 的最大吸收峰位于 663 nm，在一定浓度范围内，其吸光度与浓度符合朗伯-比尔定律，可根据吸光度-浓度之间的线性关系，计算叶绿素 a 的浓度。叶绿素 b、叶绿素 c 和提取液浊度的干扰可通过分别在 645 nm、630 nm 和 750 nm 处测得的吸光度校正。水样中的浮游植物采用过滤法富集，用有机溶剂提取其中的叶绿素。

根据所用提取液的不同，叶绿素 a 的分光光度法测定可分为丙酮法、甲醇法和乙醇法等。我国一直沿用丙酮法。近年来国际上从萃取效果和安全保障等方面考虑，已逐渐改用乙醇法。

2) 荧光光谱法测定叶绿素 a

方法原理：当丙酮提取液用 436 nm 的紫外线照射时，叶绿素 a 可发射 670 nm 的荧光，在一定浓度范围内，发射荧光的强度与其浓度成正比，因此，可通过测定样品丙酮提取液在 436 nm 紫外线照射时产生的荧光强度，定量测定叶绿素 a 的含量。

该方法灵敏度比紫外-可见分光光度法高约两个数量级，适合藻类比较少的贫营养化湖泊或外海中叶绿素 a 的测定。但是分析过程中易受其他色素或色素衍生物的干扰，并且不利于野外快速测定。

5. 微囊藻毒素的测定

1) 微囊藻毒素的毒性和结构

水体中产毒藻类主要为蓝藻，如微囊藻、鱼腥藻和束丝藻等，其中，微囊藻可产生肝毒素，导致腹泻、呕吐、肝肾等器官的损坏，并有促瘤致癌作用；鱼腥藻和束丝藻可产生神经毒素，损害神经系统，引起惊厥、口舌麻木、呼吸困难，甚至呼吸衰竭。微囊藻毒素(microcystin, MC)是蓝藻产生的一类天然毒素，是富营养化淡水水体中最常见的藻类毒素，也是毒性较大、危害最严重的一种。目前已发现的微囊藻毒素有 70 多种，其中微囊藻毒素 MC-LR 是最常见、毒性最大的一种，结构如图 7-4 所示。

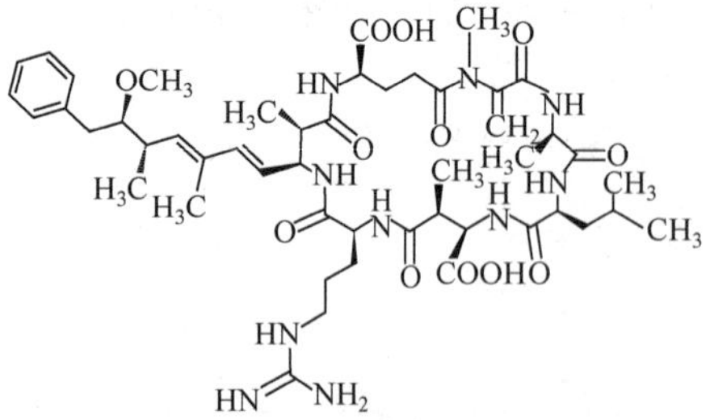

图 7-4　微囊藻毒素 MC-LR 的结构

世界卫生组织在《饮用水水质标准》(第二版)中规定，MC-LR 在生活饮用水中的限值为 1 μg/L；我国现行的《生活饮用水卫生标准》(GB 5749—2022)和《地表水环境质量标准》(GB 3838—2002)中均规定 MC-LR 的限值为 1 μg/L。

2) 微囊藻毒素的检测方法

目前常用的微囊藻毒素的检测方法有生物(生物化学)测试法和物理化学检测法两类，其不同点在于检测原理、样品预处理的复杂程度，以及检测结果的表达形式。微囊藻毒素的几种检测方法的比较列于表 7-5。

表 7-5　微囊藻毒素的几种检测方法的比较

检测方法	优点	缺点	检出限
生物测试法	操作简单，结果直观，快捷，可检测未知的新毒素	耗用量大，灵敏度和专一性不高；无法准确定量，不能辨别毒素的异构体类型；实验动物的饲养管理费用高；工作量大；存在动物权益问题	用半致死量和致死量衡量
细胞毒性检测技术	灵敏度高	工作量大	10～20 ng/mL
酶联免疫吸附(ELISA)法	可检测到毒素的不同同系物，商品试剂盒的出现大大方便了操作，灵敏度高	对多种同系物的识别需要广谱抗体	0.1 ng/mL
蛋白磷酸酶抑制分析法	反映各种毒素的总量，检测灵敏高且测定时间较短，干扰小	不能区分特异性的同系物，需要新配制放射性底物，放射性底物处理困难	2.5 ng/mL
高效液相色谱法	不同毒素可进行精确的定性和定量	灵敏度低，毒素需预处理，技术含量高，标准样品价格贵，各实验室的检测程序与条件差别大	0.1 ng/mL
液相色谱-质谱法	快速、准确、灵敏度高，可测定不同藻类毒素的异构体	技术含量高，预处理过程复杂	0.1 ng/mL

《水中微囊藻毒素的测定》(GB/T 20466—2006)中规定采用高效液相色谱法和间接竞争酶联免疫吸附法测定饮用水、湖泊水、河水及地表水中的微囊藻毒素。《生活饮用水标准检验方法　第 8 部分：有机物指标》(GB/T 5750.8—2023)中也规定采用高效液相色谱法测定生活饮用水及其水源水中的微囊藻毒素。

6. 水生细菌学检测法

当水体受到人畜粪便、生活污水或某些工农业废水污染后，水中微生物的种类和数量会发生一定程度的变化。因此，对水体进行微生物学检测，对于了解水体受污染的性质和程度及对于流行病的防治都是非常重要的。在实际工作中，经常以检验细菌总数，特别是检验作为粪便污染的大肠菌群和粪链球菌等指示菌，来间接判断水的卫生学质量。

总大肠菌群(total coliform)也称为大肠菌群(coliform 或 coliform group)。大肠菌群是一群需氧和兼性厌氧的、能在 37℃培养 24 h 内使乳糖发酵产酸产气的革兰氏阴性无芽孢杆菌，包括埃希氏菌属、柠檬酸杆菌属、肠杆菌属、克雷伯氏菌属等。

粪大肠菌群(fecal coliform)是指能够在 44.5℃(44～45℃)发酵乳糖的大肠菌群，也称耐热性大肠菌群(thermotolerant coliform)。粪大肠菌群也包括同样的 4 个属，但以埃希氏菌属为主。

粪大肠菌群与粪便中大肠杆菌数目直接相关，在外界环境中不易繁殖，作为粪便污染指示菌意义更大。我国目前水质标准中规定的总大肠菌群(cfu/100 mL)：饮用水不得检出；游泳池水(个/mL)<18；地表水(个/L)中一级≤200、二级≤2000、三级≤10000。其中，cfu(colony forming unit，集落形成单位)是指单位体积、单位质量检样中菌落形成单位。

大肠菌群的测定可用平板计数法或最大或然数法。最大或然数计数又称稀释培养计数，适用于测定在一个混杂的微生物群落中虽不占优势，但却具有特殊生理功能的类群。其特点是利用待测微生物的特殊生理功能的选择性来摆脱其他微生物类群的干扰，并通过该生理功能的表现来判断该类群微生物的存在和丰度。本法特别适合测定土壤微生物中的特定生理群

(如氨化、硝化、纤维素分解、固氮、硫化和反硫化细菌等)的数量和检测污水、牛奶及其他食品中特殊微生物类群(如大肠菌群)的数量，缺点是只适于进行特殊生理类群的测定，结果也较粗放，只有在某种原因不能使用平板计数法时才采用。细菌总数(total bacteria count)是指环境中被测样品，在一定条件下培养后所得的 1 mL 或者 1 g 检样中所含的细菌菌落总数。细菌总数主要反映环境中异养型细菌的污染度，也间接反映一般营养性有机物的污染程度。我国《生活饮用水卫生标准》(GB 5749—2022)规定，1 mL 自来水中细菌总数不得超过 100 个。

《生活饮用水标准检验方法 第 12 部分：微生物指标》(GB 5750.12—2023)中规定细菌总数的测定方法，以无菌操作方法用 1 mL 灭菌吸管吸取混合均匀的水样(或稀释水样)注入灭菌平皿中，倾注约 15 mL 已熔化并冷却到 45℃左右的营养琼脂培养基，并旋摇平皿使其混合均匀。待营养琼脂培养基冷却凝固后，翻转平皿，置于 36℃恒温箱内培养 48 h，然后进行菌落计数。用肉眼或借助放大镜观察，对平皿中的菌落进行计数。

7.3.2 空气污染生物监测方法

利用生物对大气污染物的反应，监测有害气体的成分和含量，以了解大气的环境质量状况。大气污染的生物监测包括动物监测和植物监测。由于动物对环境的趋性和管理困难，目前尚未形成一套完整的动物监测方法，但一般能起到指示环境污染的作用。由于植物有位置固定，管理方便且对大气污染物敏感等特点，大气污染物的植物监测被广泛应用。

1. 监测方法介绍

空气中污染物多种多样，有些可以利用指示植物或指示动物监测。而植物分布范围广、容易管理，有不少植物品种对不同空气污染物反应很敏感，在污染物达到人和动物受害浓度之前就能显示受害症状。空气污染还会对植物种群、群落的组成和分布产生影响，并能被植物吸收后积累在体内。利用上述种种反应和变化监测空气污染，已较广泛地用于实践中。当然，这种方法也有其固有的局限性。例如，植物对污染因子的敏感性随生活在污染环境中时间的延长而降低、专一性差、定量困难、费时等。

2. 利用植物监测

1) 指示植物及其受害症状

指示植物是指受到污染物的作用后能较敏感和快速地产生明显反应的植物，可以选择草本植物、木本植物及地衣、苔藓等。空气污染物一般通过叶面上的气孔或孔隙进入植物体内，侵袭细胞组织，并发生一系列生化反应，从而使植物组织遭受破坏，呈现受害症状。这些症状虽然随污染物的种类、浓度，以及植物的品种、暴露时间不同而有差异，但仍具有某些共同特点，如叶绿素被破坏、细胞组织脱水，进而发生叶面失去光泽，出现不同颜色(黄色、褐色或灰白色)的斑点，叶片脱落，甚至全株枯死等异常现象。

(1) SO_2 指示植物及其受害症状。

对 SO_2 敏感的指示植物较多，如紫花苜蓿、一年生早熟禾、芥菜、堇菜、百日草、大麦、荞麦、棉花、南瓜、白杨、白蜡树、白桦树、加拿大短叶松、挪威云杉及苔藓、地衣等。

植物受 SO_2 伤害后，初期典型症状为失去原有光泽，出现暗绿色水渍状斑点，叶面微微有水渗出并起皱。随着时间的推移，出现绿斑变为灰绿色，逐渐失水干枯，有明显坏死斑出现等症状；坏死斑有深有浅，但以浅色为主。阔叶植物急性中毒症状是叶脉间有不规则的坏死斑，伤害严重时，点斑发展成为条状、块斑，坏死组织和健康组织之间有一失绿过渡带。单子叶植物在平行叶脉之间出现斑点状或条状坏死区。针叶植物受伤害后，首先从针叶尖端开始，逐渐向下发展，呈现红棕色或褐色。

硫酸雾危害症状为叶片边缘光滑，受害轻时，叶面上呈现分散的浅黄色透光斑点；受害严重时则成空洞，这是由于硫酸雾以细雾滴附着于叶片上所致。

(2) 氮氧化物的指示植物及其受害症状。

对 NO_2 较敏感的植物有烟草、番茄、秋海棠、向日葵、菠菜等。NO_x 对植物构成危害的浓度要大于 SO_2 等污染物。一般很少出现 NO_x 浓度达到能直接伤害植物的程度，但它往往与 O_3 或 SO_2 混合在一起显示出危害症状，首先在叶片上出现密集的深绿色水侵蚀斑痕，随后这种斑痕逐渐变成淡黄色或青铜色。损伤部位主要出现在较大的叶脉之间，但也会沿叶缘发展。

(3) 氟化氢的指示植物及其受害症状。

常见对氟化氢污染的指示植物有唐菖蒲、郁金香、葡萄、玉簪、金线草、金丝桃树、杏树、雪松、云杉、慈竹、池柏、南洋楹等。一般植物对氟化物气体很敏感，其危害特点是先在植物的特定部位出现伤斑，如单子叶植物和针叶植物的叶尖、双子叶植物和阔叶植物的叶缘等。开始这些部位发生萎黄，然后颜色转深形成棕色斑块，在发生萎黄组织与正常组织之间有一条明显的分界线，随着受害程度的加重，斑块向叶片中部及靠近叶柄部分发展，最后，叶片大部分枯黄，仅叶主脉下部及叶柄附近仍保持绿色。此外，氟化物进入植物叶片后不容易转移到植物的其他部位，在叶片中积累，因此，通过测定植物叶片中氟的含量便可以说明空气中氟污染的程度。

(4) 光化学氧化剂的指示植物及受害症状。

O_3 的指示植物有矮牵牛花、菜豆、洋葱、烟草、菠菜、马铃薯、葡萄、黄瓜、松树、美国白蜡树等。植物受到 O_3 伤害后，初始症状是叶面上出现分布较均匀、细密的点状斑，呈棕色或褐色；随着时间的延长，逐渐褪色，变成黄褐色或灰白色，并连成一片，变成大片的块斑。针叶植物对 O_3 反应是叶尖变红，然后变为褐色，进而褪为灰色。针叶面上有杂色斑。

PAN 的指示植物有长叶莴苣、瑞士甜菜及一年生早熟禾等，它们的叶片对 PAN 敏感，但对 O_3 却表现出相当强的抗性。PAN 伤害植物的早期症状是在叶背面上出现水渍状斑或亮斑，继而气孔附近的海绵组织细胞被破坏并被气窝取代，结果呈现银灰色、褐色。受害部分还会出现许多“伤带”。

(5) 持久性有机污染物的指示植物及受害症状。

对 POPs 敏感的植物有地衣、苔藓，以及某些植物的叶等。空气中的 POPs 从污染源排放到积累于地衣中至少需要 2～3 年的时间，因此，利用不同时间采集的地衣进行空气污染的时间分辨监测时，其分辨率在 3 年左右。利用不同地区地衣中 POPs 分布模式间的差异可进行污染源的追踪。苔藓没有真正的根、茎、叶的分化，不具有维管组织，仅靠茎叶体从周围空气中吸收养料，故苔藓能指示空气 POPs 的污染状况，而不受土壤条件差异的影响。研究表明，树叶中 POPs 的含量与空气 POPs 的含量呈线性相关。其中，松柏类针叶由于表面积大、脂含量高、气孔下陷、生活周期长，对 POPs 的吸附容量大，在空气 POPs 污染监测中的应用最广，所涉及的化合物包括 PAHs、PCBs、有机氯农药(OCPs)、PCDD/Fs 等。

2) 监测方法

(1) 栽培指示植物监测法。

如果监测区域生长着被测污染物的指示植物，可通过观察记录其受害症状特征来评价空气污染状况；但这种方法局限性较大，而盆栽或地栽指示植物的方法比较灵活，利于保证其敏感性。该方法是先将指示植物在没有污染的环境中盆栽或地栽培植，待生长到适宜大小时，移至监测点，观察它们的受害症状和程度。例如，用唐菖蒲监测空气中的氟化物，先在非污染区将其球茎栽培在直径 20 cm、高 10 cm 的花盆中，待长出 3～4 片叶后，移至污染区，放在污染源的主导风向下风向侧不同距离(如 5 m、50 m、300 m、500 m、1150 m、1350 m)处，定期观察受害情况。几天之后，如发现部分监测点上的唐菖蒲叶片尖端和边缘产生淡棕黄色片状伤斑，且伤斑部位与正常组织之间有一明显界线，说明这些监测点所在地已受到严重污染。根据预先实验获得的氟化物浓度与伤害程度的关系，即可估计出空气中氟化物的浓度。如果一周后，除最远的监测点外，都发现了唐菖蒲不同程度的受害症状，说明该地区的污染范围至少达 1150 m。

研究发现：花叶莴苣较黄瓜对 SO_2 敏感，在同等 SO_2 浓度条件下，黄瓜出现初始受害症状的时间大约是花叶莴苣的 4 倍。

也可以使用植物监测器测定空气污染状况。该监测器由 A、B 两室组成，A 室为测量室，B 室为对照室。将同样大小的指示植物分别放入两室，用气泵将污染空气以相同流量分别打入 A、B 室的导管，并在通往 B 室的管路中串接一活性炭净化器，以获得净化空气。经过一定时间后，即可根据 A 室内指示植物出现的受害症状和预先确定的与污染物浓度的相关关系估算空气中污染物的浓度。

(2) 植物群落监测法。

该方法是利用监测区域植物群落受到污染后，各种植物的反应来评价空气污染状况。进行该工作前，需要通过调查和实验，确定群落中不同种植物对污染物的抗性等级，将其分为敏感、抗性中等和抗性强三类。如果敏感植物叶部出现受害症状，表明空气已受到轻度污染；如果抗性中等植物出现部分受害症状，表明空气已受到中度污染；如果抗性中等植物出现明显受害症状，有些抗性强的植物也出现部分受害症状时，则表明空气已受到严重污染。同时，根据植物呈现受害症状的特征、程度和受害面积比例等判断主要污染物和污染程度。

对排放 SO_2 的某化工厂附近植物群落受害情况的调查结果见表 7-6。可见，对 SO_2 污染抗性强的一些植物如枸树、马齿苋等也受到伤害，说明该厂附近的空气已受到严重污染。

表 7-6　对排放 SO_2 的某化工厂附近植物群落受害情况的调查结果

植物	受害情况
悬铃木、加拿大白杨	80%～100%叶片受害，甚至脱落
桧柏、丝瓜	叶片有明显大块伤斑点，部分植株枯死
向日葵、葱、玉米、菊、牵牛花	50%左右叶面积受害，叶脉间有点、块状伤斑
月季、蔷薇、枸杞、香椿、乌桕	30%左右叶面积受害，叶脉间有轻度点、块状伤斑
葡萄、金银花、枸树、马齿苋	10%左右叶面积受害，叶片上有轻度点状伤斑
广玉兰、大叶黄杨、栀子花、蜡梅	无明显症状

有关植物监测大气污染的研究及植物在环境质量评价中的应用和发展是比较快的，使用方法也比较多，除了上面的方法外，还有下面的两种。

(3) 地衣、苔藓监测法。

比较低等的地衣和苔藓对环境要素的变化非常敏感，特别是 SO_2 和 HF。SO_2 年平均浓度

体积比在 0.015×10^{-6}～0.105×10^{-6} 时就可以使地衣绝迹，SO_2 的浓度体积比超过 0.017×10^{-6} 时大多数苔藓植物便不能生存。因此在测定多因素共同作用的环境质量的变化方面，地衣和苔藓类有相当高的利用价值，尤其是生长在树干、石壁上的地衣和苔藓类用来监测大气环境质量十分有效。因为它不受土壤差异的影响，没有其他水分和营养来源的稀释和干扰作用，能客观地反映大气质量，另外它分布广阔，种类多，常绿植物，所以全年包括冬季均能显示受污染的影响。因此，1968 年在荷兰举行的大气污染对动植物影响的讨论会上，推荐地衣和苔藓为大气污染指示植物。利用地衣和苔藓来进行监测有两种常用方法：

a. 树木调查法。通过调查生长在树干上的地衣和苔藓的种类与数量就可以知道大气污染程度，一般选用街道树比较合适。此方法可用地衣生长量的盖度来表示空气污染情况。

b. 苔藓监测器法。苔藓植物反应敏感，易于培养栽培，可以做成小型监测空气毒物装置，能监测几种污染物的相乘或拮抗作用的总反应结果，具有小型、廉价、使用简单的优点，缺点是不能测出污染物的浓度，反应慢。

(4) 年轮监测法。

乔木的年轮就像自身的履历表，忠实地记录着生长时期的气候环境状况的变化及污染情况，利用一种称为“生长锥”的工具插入树干取出样品，再进行测量分析，可以了解各生长时期的污染情况。更先进的方法是根据射线穿透的难易，依各年轮材质不同而具有不同穿透力的特性反映到照片上，分析照片，对污染程度做出评价。

3. 利用动物监测

利用动物监测空气污染虽然受到客观条件的限制而应用不多，但也有不少学者进行了相关研究。例如，人们很早就用金丝雀、金翅雀、老鼠、鸡等动物的异常反应(不安、死亡)来探测矿井内的瓦斯毒气。美国多诺拉事件调查表明，金丝雀对 SO_2 最敏感，其次是狗，再次是家禽；日本学者利用鸟类与昆虫的分布来反映空气质量的变化；保加利亚一些矿区用蜜蜂监测空气中金属污染物的浓度等。

在一个区域内，利用动物种群数量的变化，特别是对污染物敏感动物种群数量的变化，也可以监测该区域空气污染状况。例如，一些大型哺乳动物、鸟类、昆虫等的迁移，以及不易直接接触污染物的潜叶性昆虫、虫瘿昆虫、体表有蜡质的蚧类等数量的增加，说明该地区空气污染严重。

4. 利用微生物监测

空气不是微生物生长繁殖的天然环境，故没有固定的微生物种群，它主要通过土壤尘埃、水滴、人和动物体表的干燥脱落物、呼吸道的排泄物等方式带入空气中。空气中微生物区系组成及数量变化与空气污染有密切关系，可用于监测空气质量。

室内空气中的致病微生物是危害人体健康的主要因素之一，特别是在温度高、灰尘多、通风不良、日光不足的情况下，生存时间较长，致病的可能性也较大，在室内空气卫生标准中都规定了微生物最高限值指标。因为直接测定病原微生物有一定困难，故一般推荐细菌总数和链球菌总数作为室内空气细菌学的评价指标。

空气中细菌总数测定过程：将采集到空气微生物暴露的培养基带到实验室，在 37℃恒温箱中培养 24 h，计数每个平皿表面的菌落数，由于一个菌落由一个细菌繁殖而来，菌落总数便可认为是细菌总数。

7.3.3 土壤污染生物监测方法

土壤中常见的污染物有重金属(镉、铜、锌、铅)、石油类、农药和病原微生物等。土壤受到污染后，生活在其中的生物的活力、代谢特点、行为方式、种类组成、数量分布、体内污染物及其代谢产物的含量等均会受到影响。因此，根据土壤中生物的这些特征变化可以监测土壤的污染程度。

1) 土壤污染的植物监测

土壤污染后，植物产生的反应主要表现：叶片上出现伤斑；生理代谢异常，如蒸腾速率降低、呼吸作用加强、生长发育受阻；植物化学成分改变等。植物的根、茎、叶均可出现受害症状，如铜、镍、钴会抑制新根伸长，形成像狮子尾巴一样的形状；无机农药常使作物叶柄或叶片出现烧伤的斑点或条纹，使幼嫩组织出现褐色焦斑或破坏；有机农药严重伤害时，叶片相继变黄或脱落，开花少，延迟结果，果实变小或籽粒不饱满等。因此，通过对指示植物的观测可确定土壤污染类型及程度。

土壤监测的指示植物有：蕨类植物(铜污染)；细小糠穗、狐茅、紫狐茅、黄花草、酸模、长叶车前，以及多种紫云英、紫堇、遏蓝菜(锌污染)；地衣等(砷污染)；芒箕骨、映日红、铺地蜈蚣等(酸性土壤)；蜈蚣草、柏木等(石灰性土壤)；碱蓬、剪刀股等(碱性土壤)。

2) 土壤污染的动物监测

土壤中的原生动物、线形动物、软体动物、环节动物、节肢动物等是土壤生态系统的有机组成部分，具有数量大、种类多、移动范围小和对环境污染或变化反应敏感等特点。通过对污染区土壤动物群落结构、生态分布和污染指示动物的系统研究，可监测土壤污染的程度，为土壤质量评价提供重要依据。蚯蚓、原生动物、土壤线虫、土壤甲螨等均可作为指示动物监测土壤污染。

蚯蚓是土壤中生物量最大的动物类群之一，在维持土壤生态系统功能中起着不可替代的作用。在污染土壤中，一些敏感的蚯蚓种群消失，能够耐受污染物的种群保留下来，从而导致蚯蚓在种群密度和群落结构上发生明显的变化。

土壤原生动物生活在土表凋落物和土壤中，环境的变化会导致原生动物群落组成和结构迅速变化，例如，在铅锌矿采矿废物污染土壤中，原生动物群落物种多样性显著下降，导致群落中大量不耐污种类消失，因此，土壤原生动物可作为土壤污染的指示动物。

线虫是土壤中最为丰富的无脊椎动物，在土壤生态系统腐屑食物网中占有重要地位。它具有形态的特殊性，食物的专一性，分离鉴定相对简单，以及对环境的各种变化，包括污染的胁迫效应能做出比较迅速的反应等特点，可将线虫作为土壤污染效应研究的生物指标。

甲螨是蜱螨类中的优势类群，在土壤中数量多、密度大、极易采得。甲螨口器发达，食量大，通过摄食和移动，可广泛接触土壤中的有害物质。当土壤环境发生变化时，它们的种类和数量会发生变化，可以利用甲螨类监测土壤污染。

3) 土壤污染的微生物监测

土壤是自然界中微生物生活最适宜的环境，它具有微生物所需要的一切营养物质，以及微生物进行繁殖、维持生命活动所必需的各种条件。目前已发现的微生物都可以从土壤中分离出来，因此土壤被称为“微生物的大本营”。

土壤受到污染后，其中的微生物群落结构及其功能就会发生改变。通过测定污染物进入土壤前后的微生物种类、数量、生长状况，以及生理生化变化等特征，就可以监测土壤受污染的程度。

土壤细菌总数的测定方法：将用土壤稀释液接种的试管或平皿倒置于(36±1)℃恒温箱内培养(48±2)h。到达规定培养时间，应立即计数。如果不能立即计数，应将平板放置于 0～4℃，但不得超过 24 h。肉眼观察平板，必要时用放大镜检查。记下各平板的菌落总数，求出同稀释度的各平板平均菌落数。

7.3.4 生物监测实例——太湖梅梁湾浮游生物的监测

1) 简介

太湖位于长江下游，靠近上海(北纬 30°05′～32°08′，东经 119°08′～121°55′)，面积 2338 km^2，平均水深约 2.0 m，是一个典型的大型浅水湖泊。梅梁湾位于西太湖北部，靠近无锡市，是富营养化程度较严重的湖区之一，面积 100 km²，平均水深 1.8 m。有两条河流间江和梁溪河与之相通，这两条河的水流方向随着太湖和长江之间的水位差变化而不定，有时是河流流向太湖，有时是湖水倒灌入河。无锡市和常州市的污水主要是通过这两条河流进入梅梁湾，进而向南扩散。

2) 监测方法

选取 9 个采样点，其中 0 号点位于梁溪河口，6 号点位于间江口，这两个采样点是用来定量监测河道的污染物排放入湖的情况。1 号点～5 号点从北向南较均匀地分布在梅梁湾中，7 号和 8 号点位于开敞的西太湖中，用于比较梅梁湾和西太湖的差异。

监测自 1991 年 10 月至 2002 年 12 月，每月采样一次。1991 年之前的数据参考资料。水样用一根 2 m 长的中空塑料管采集后在实验室内按照湖泊富营养化监测规范分析总氮(TN)和总磷(TP)。浮游植物叶绿素 a 经 90%热乙醇萃取后用分光光度法测定，结果用劳伦森(Lorenzen)公式计算。

浮游植物样品用鲁戈试液固定沉淀 48 h 后进行显微镜分类计数，种类鉴定参照国内淡水藻类检索表。浮游植物生物量根据细胞体积的测定计算而得，1 mm^3 细胞体积换算成 1 mg 鲜重生物量(biomass)。

3) 监测结果

1991～2002 年，共检测出 74 种浮游植物，包括 4 个主要门类：蓝藻 16 种、硅藻 16 种、绿藻 28 种和鞭毛藻类 14 种。多种微囊藻(*Microcystis* spp.)不仅是蓝藻门类中的优势种类，而且是整个浮游植物中的优势种类。除微囊藻之外，水华项圈藻(*Anabaenaflos-aquae*)、颗粒直链硅藻(*Aulacoseira granulata*)、隐藻(*Cryptomonas* spp.)和多种绿藻，主要是栅藻(*Scendesmus*)和细丝藻(*Planctonema*)是各自门类中的优势种类。

蓝藻一直是太湖浮游植物的优势种群(1988～1995 年)，见表 7-7。同时，生物量随年际变化而波动(2.05～6.45 mg/L)。在 1996 年和 1997 年，尽管总浮游植物生物量一直在增加，优势种类却发生了细微的变化，绿藻(细丝藻)和蓝藻(微囊藻)成为太湖共同的优势种类。1998 年由于微囊藻的大量暴发而使生物量达到最高(9.742 mg/L)。1998 年以后，蓝藻仍然是优势种类，生物量也在年际之间波动变化。2000 年太湖蓝藻门全年均能发现，全湖性分布。湖面上 3 月底便可见少量条状水华，7 月、8 月达到高峰，湖水呈黏糊状，一直要延续到 11 月初。据测定，优势种：铜绿微囊藻(*M. aeruginosa*)、水华微囊藻(*M. flos-aquae*)和粉末微囊藻(*M. pulverea*)，标志湖泊已呈富营养水平，高峰期间(7 月、8 月)，数量高达 8×10^7 个 cells/L 以上，10 月仍达 1×10^7 个 cells/L 以上。

表 7-7 太湖浮游植物优势种群和总生物量的长期变化

年份	浮游植物总生物量/(mg/L)	浮游植物优势种群(类)	年份	浮游植物总生物量/(mg/L)	浮游植物优势种群(类)
1960*	1.175	绿藻 green algae	1996	5.904	蓝藻 cyanobacteria (*Microcystis*) 绿藻 green algae (*Planctonema*)
1981*	2.995	硅藻 diatoms	1997	6.83	蓝藻 cyanobacteria (*Microcystis*) 绿藻 green algae (*Planctonema*)
1988*	6.45	蓝藻 cyanobacteria	1998	9.742	蓝藻 cyanobacteria (*Microcystis*)
1991	2.05	蓝藻 cyanobacteria (*Microcystis*)	1999	3.244	蓝藻 cyanobacteria (*Microcystis*)
1992	3.25	蓝藻 cyanobacteria (*Microcystis*)	2000	3.625	蓝藻 cyanobacteria (*Microcystis*)
1993	3.838	蓝藻 cyanobacteria (*Microcystis*)	2001	7.386	蓝藻 cyanobacteria (*Microcystis*)
1994	3.389	蓝藻 cyanobacteria (*Microcystis*)	2002	3.794	蓝藻 cyanobacteria (*Microcystis*)
1995	4.11	蓝藻 cyanobacteria (*Microcystis*)			

* 数据来自孙顺才和黄漪平(1993)。

7.4 生态监测

7.4.1 生态监测定义、类型及内容

环境问题不仅仅是污染物引起的人类健康问题，还包括自然环境的保护和生态平衡，以及维持人类繁衍、发展的资源问题。环境监测正从一般意义上的环境污染因子监测向生态监测拓宽，生态监测已成为环境监测的重要组成部分。

1. 生态监测的定义

生态监测是在地球的全部或局部范围内观察和收集生命支持能力数据，并加以分析研究，以了解生态环境的现状和变化。

联合国环境规划署在《环境监测手册》中提出，生态监测是一种综合技术，是通过地面固定的监测站或流动观察队、航空摄影及太空轨道卫星获取包括环境、生物、经济和社会等多方面数据的技术。因此，生态监测是运用具有可比性的方法，在时间或空间上对特定区域范围内生态系统或生态系统组合体的类型、结构、功能，以及组成要素等进行系统的测定和观察的过程，监测的结果用于评价和预测人类活动对生态系统的影响，为合理利用资源、改善生态环境和自然保护提供决策依据。与其他监测技术相比，生态监测是一种涉及学科多、综合性强和更复杂的监测技术。

2. 生态监测的类型及内容

从不同生态系统的角度出发，生态监测可分为城市生态监测、农村生态监测、森林生态监测、草原生态监测及荒漠生态监测等。这种分类方式突出了生态监测对象的价值尺度，旨在通过生态监测获得关于各生态系统生态价值的现状资料、受干扰(主要指人类活动的干扰)程度、承受影响的能力、发展趋势等。从生态监测的对象及其涉及的空间尺度，可将其分为宏观生态监测和微观生态监测两大类。

只有把宏观和微观两种不同空间尺度的生态监测有机地结合起来，并形成生态监测网，才能全面地了解生态系统受人类活动影响发生的综合变化。

7.4.2　生态监测任务及特点

1. 生态监测的任务

生态监测的任务包括以下几个方面：①对生态系统现状及因人类活动所引起的重要生态问题进行动态监测；②对人类的资源开发和环境污染物引起的生态系统组成、结构和功能的变化进行监测，从而寻求符合我国国情的资源开发治理模式及途径；③对被破坏的生态系统在治理过程中的生态平衡恢复过程进行监测；④通过监测数据的积累，研究各种生态问题的变化规律及发展趋势，建立数学模型，为预测预报和影响评价打下基础；⑤为政府部门制定有关环境法规，进行有关决策提供科学依据；⑥支持国际上一些重要的生态研究及监测计划，如 GEMS(全球环境监测系统)、MAB(人与生物圈计划)、ICBP(国际地圈-生物圈计划)等，加入国际生态监测网。

2. 生态监测的特点

生态监测不同于环境质量监测，生态学的理论及检测技术决定了它具有以下几个特点：

(1) 综合性：生态监测是一门涉及多学科(包括生物、地理、环境、生态、物理、化学、数学信息和技术科学等)的交叉领域，涉及农、林、牧、副、渔、工等各个生产领域。

(2) 长期性：自然界中生态变化的过程十分缓慢，而且生态系统具有自我调控功能，一次或短期的监测数据及调查结果不可能对生态系统的变化趋势作出准确的判断，必须进行长期的监测，通过科学对比，才能对一个地区的生态环境质量进行准确的描述。

(3) 复杂性：生态系统是自然界中生物与环境之间相互关联的复杂的动态系统，在时间和空间上具有很大的变异性，生态监测要区分人类的干扰作用(污染物的排放、资源的开发利用等)和自然变异及自然干扰作用(如干旱和水灾)比较困难，特别是在人类干扰作用并不明显的情况下，许多生态过程在生态学的研究中也不十分清楚，这使得生态监测具有复杂性。

(4) 分散性：生态监测平台或生态监测站的设置相隔较远，监测网络的分散性很大。同时由于生态过程的缓慢性，生态监测的时间跨度也很大，所以通常采取周期性的间断监测。

7.4.3　生态监测方案

开展生态监测工作，首先要确定生态监测方案，其主要内容是：明确生态监测的基本概念和工作范围，并制订相应的技术路线，提出主要的生态问题以便进行优先监测，确定我国主要生态类型和微观生态监测的指标体系，依据目前的分析水平，选出常用的监测指标分析方法。

1. 生态监测方案的制订及实施程序

生态监测技术路线和方案的制订大体包含以下几点：资源、生态与环境问题的提出，生态监测平台和生态监测站的选址，监测内容、方法及设备的确定，生态系统要素及监测指标的确定，监测场地、监测频率及周期描述，数据(包括监测数据、实验分析数据、统计数据、文字数据、图形及图像数据)的检验与修正、质量与精度的控制、建立数据库、信息或数据输出、信息的利用(编制生态监测项目报表，针对提出的生态问题进行统计分析、建立模型、动态模拟、预测预报、各种评价、制订规划和政策)。生态监测方案的制订及实施程序可按图 7-5 所示过程进行。

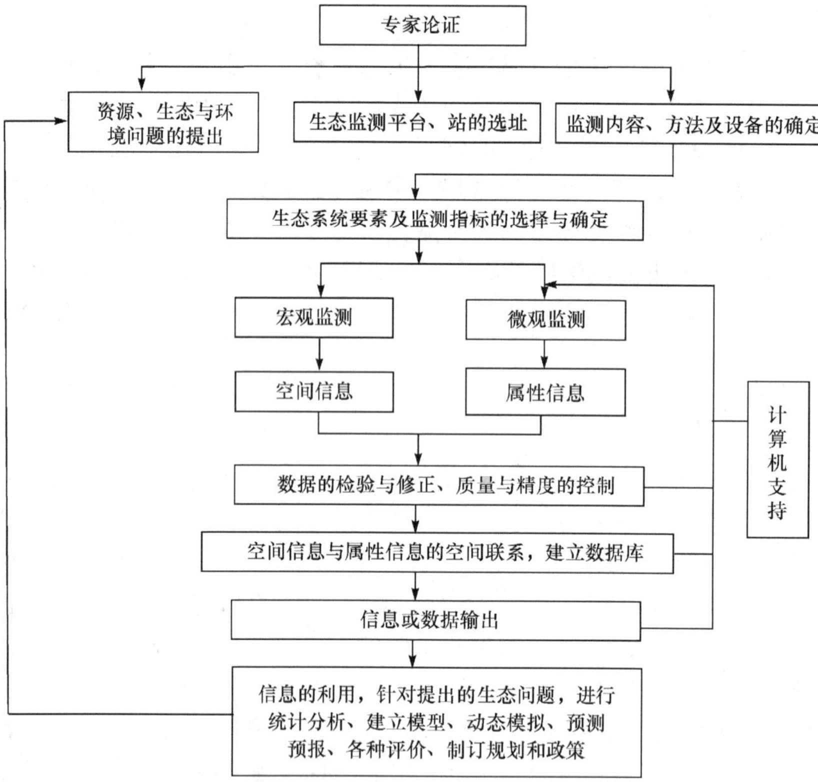

图 7-5 生态监测方案的制订及实施程序

2. 生态监测平台和生态监测站

生态监测平台是宏观生态监测工作的基础，它以遥感技术作支持，并具备容量足够大的计算机和宇航信息处理装置。生态监测站是微观生态监测工作的基础，它以完整的室内外分析、观测仪器作支持，并具备计算机等信息处理系统。生态监测平台及生态监测站的选址必须考虑区域内生态系统的代表性、典型性和对全区域的可控性。一个大的监测区域可设置一个生态监测平台和数个生态监测站。

3. 生态监测频率

生态监测频率应视监测的区域和监测目的而定。一般全国范围的生态环境质量监测和评价应 1～2 年进行一次；重点区域的生态环境质量监测每年进行 1～2 次；特定目的的监测，如沙尘天气监测和近岸海域的赤潮监测要每天进行一次或数次，甚至采取连续自动监测的方式。

7.4.4　生态监测指标及方法

1. 生态监测指标确定原则

选择生态监测指标时应遵循如下原则：①生态监测指标的确定应根据监测内容充分考虑指标的代表性、综合性及可操作性；②不同监测站间同种生态系统的监测必须按统一的生态监测指标体系进行，尽量使监测内容具有可比性；③各监测站可依监测项目的特殊性增加特定的指标，以突出各自的特点；④生态监测指标体系应能反映生态系统的各个层次和主要的生态环境问题，并应以结构和功能指标为主；⑤宏观生态监测可依监测项目选定相应的数量指标和强度指标，微观生态监测指标应包括生态系统的各个组分，并能反映主要的生态过程。

2. 生态监测指标及其质量评价

生态监测指标要体现生态环境的整体性和系统性、本质特征的代表性和环境保护的综合性。

1) 宏观生态监测指标的选择

对于宏观生态监测，一级指标应选：优劣度、稳定度或脆弱度；二级指标应选：生物丰度指数、植被覆盖指数、水网密度指数、土地退化指数、污染负荷指数。各项二级指标可根据不同情况分别赋予不同的权重，各项评价指标的权重见表 7-8。各项评价指标赋予的权重并非固定不变，应根据实际情况加以调整。

表 7-8　各项评价指标的权重

评价指标	生物丰度指数	植被覆盖指数	水网密度指数	土地退化指数	污染负荷指数
权重	0.25	0.2	0.2	0.2	0.15

生态环境质量的优劣可用生态指数(ecological index，EI)来评价，EI 可按下式计算：

EI=0.25×生物丰度指数+0.2×植被覆盖指数+0.2×水网密度指数+0.2×土地退化指数+0.15×污染负荷指数

生物丰度指数、植被覆盖指数、水网密度指数、土地胁迫指数、污染负荷指数的计算方法见《生态环境状况评价技术规范》(HJ/T 192—2015)。

根据 EI 的大小，将生态环境分为五级，即优、良、一般、较差和差，生态环境分级标准见表 7-9。

表 7-9　生态环境分级标准

级别	优	良	一般	较差	差
生态指数	EI≥75	55≤EI<75	35≤EI<55	20≤EI<35	EI<20
指数状态	植被覆盖度高，生物多样性丰富，生态系统稳定	植被覆盖度较高，生物多样性较丰富，适合人类生存	植被覆盖度中等，生物多样性处于一般水平，较适合人类生存，但有不适合人类生存的制约性因子出现	植被覆盖度较差，严重干旱少雨，物种较少，存在明显限制人类生存的因素	条件恶劣，人类生活受到限制

2) 不同类型生态监测站(各类生态子系统)

地球上的生态系统从宏观角度可划分为陆地和水生两大生态系统。陆地生态系统包括森林生态系统、草原生态系统、荒漠生态系统和农田生态系统。水生生态系统包括淡水生态系统和海洋生态系统。每种类型的生态系统都具有多样性，它不仅包括了环境要素变化的指标和生物资源变化的指标，还包括人类活动变化的指标。

一般来说，陆地生态监测站(农田生态系统、森林生态系统和草原生态系统等)的指标体系分为气象、水文、土壤、植物、动物和微生物六大要素；水生生态监测站(淡水生态系统和海洋生态系统)的指标体系分为水文气象、水质、底质、游泳动物、浮游植物、浮游动物、微生物、着生藻类和底栖生物八大要素。除上述自然指标外，指标体系的选择要根据生态监测站各自的特点、生态系统类型及生态干扰方式，同时兼顾以下三方面：人为指标(人文景观、人文因素等)、一般监测指标(常规生态监测指标、重点生态监测指标等)和应急监测指标(包括自然因素和人为因素造成的突发性生态问题)。

根据监测指标确定的原则，两类生态系统的监测项目分别见表 7-10 和表 7-11。

表 7-10　陆地生态系统的监测项目

要素	常规指标	选择指标
气象	气温、湿度、风向、风速、降水量及分布、蒸发量、地面及浅层地温、日照时数	大气干、湿沉降物及其化学组成，大气(森林、农田)或林间(森林)CO_2浓度及动态，林冠径流量及化学组成(森林)
水文	地表径流量、径流水化学组成：酸度、碱度、总磷、总氮及 NO_2^-、NO_3^-、农药(农田)、径流水总悬浮物	附近河流水质，泥沙流失量及颗粒组成，农田灌水量、入渗量和蒸发量(农田)
土壤	有机质、养分总量：总磷、总氮、总钾、速效磷、速效钾、pH、交换性酸及其组成、交换性盐基离子及其组成、阳离子交换量、颗粒组成及团粒结构、平均密度、含水量、孔隙率、透水率等	CO_2 释放量(稻田测 CH_4)、农药残留量、重金属残留量、盐分总量、水田氧化还原电位、化肥和有机肥施用量及化学组成(农田)、元素背景值、生命元素含量、沙丘动态(荒漠)
植物	种类及组成，种群密度，现存生物量，凋落物及分解率，地上部分生产量，不同器官的化学组成：粗灰分、氮、磷、钾、钠、有机物、水分和光能的收支	珍稀植物及其物候特征(森林)，可食部分农药、重金属、NO_2^-和 NO_3^- 含量(农田)，可食部分粗蛋白、粗脂肪含量
动物	动物种类及种群密度，土壤动物生物量，热值，能量和物质的收支，化学成分：灰分、蛋白质、脂肪、总磷、钾、钠、钙、镁	珍稀野生动物的数量及动态，动物灰分、蛋白质、脂肪、必需元素含量，体内农药、重金属等残留量(农田)
微生物	种类及种群密度、生物量、热值	土壤酶类型，土壤呼吸强度，土壤固氮作用、元素含量与总量

表 7-11　水生生态系统的监测项目

要素	常规指标	选择指标
水文气象	日照时数、总辐射量、降水量、蒸发量、风速、风向、气温、湿度、大气压、云量、云形、云高及可见度	海况(海洋)、入流量和出流量(淡水)、入流和出流水的化学组成(淡水)、水位(淡水)、大气干湿沉降物量及组成(淡水)
水质	水温、颜色、气味、浊度、透明度、电导率、残渣、氧化还原电位、pH、矿化度、总氮、亚硝酸盐氮、硝酸盐氮、氨氮、总磷、总有机碳、溶解氧、化学需氧量、重金属(镉、汞、砷、铬、铜、锌、镍)、农药	油类
底质	氧化还原电位、pH、粒度、总氮、总磷、有机质、甲基汞、重金属(总汞、砷、铬、铜、锌、镉、铅、镍)、农药	硫化物、COD、BOD_5
游泳动物	个体种类和数量、年龄和丰度、现存量、捕捞量和生产力	体内农药、重金属残留量、致死剂量和亚致死剂量、酶活性(P-450 酶)

续表

要素	常规指标	选择指标
浮游植物	群落组成、定量分类数量分布(密度)、优势种动态、生物量、生产力	体内农药、重金属残留量、酶活性(P-450 酶)
浮游动物	群落组成、定性分类、定量分类数量分布、优势种动态、生物量	体内农药、重金属残留量
微生物、着生藻类和底栖生物	细菌总数、细菌种类、大肠菌群及分类、生化活性定性分类、定量分类、生物量动态、优势种	体内农药、重金属残留量

3. 生态监测指标的测定方法

根据各类生态系统监测指标的内容，所用监测方法分为水文、气象参数观测法，理化参数测定法，生物调查和生物测定法等不同类型，可分别选用相应规范化方法测定，如《水和废水监测分析方法》(第四版)、《地表水和污水监测技术规范》(HJ/T 91—2002)、《土壤环境监测技术规范》(HJ/T 166—2004)、《水环境监测规范》(SL 219—2013)、《海洋监测规范 第 7 部分：近海污染生态调查和生物监测》(GB 17378.7—2007)等。如无规范化方法，可从相关的监测资料中选择适宜的方法测定。

各生态监测站相同的监测指标应按统一的采样、分析和测定方法进行，以便各监测站间的数据具有可比性和可交流性。

4. 生态监测方法与技术

生态监测应以空中遥感监测为主要技术手段，地面对应监测为辅助措施，结合地理信息系统 GIS 和 GPS 技术，完善生态监测网，建立完整的生态监测指标体系和评价方法，达到科学评价生态环境状况及预测其变化趋势的目的。目前应用的生态监测方法有地面监测、空中监测和卫星监测，以及一些新技术、新方法。

1) 地面监测方法

在所监测区域建立固定监测站，由人徒步或车、船等交通工具按规定的路线进行定期测量和收集数据。它只能收集几千米到几十千米范围内的数据，而且费用较高，但这是最基本也是不可缺少的手段。地面监测采样线一般沿着现存的地貌，如小路、家畜和野畜行走的小道。采样点设在这些地貌相对不受干扰一侧的生境点上，监测断面的间隔为 0.5～1.0 km。收集数据包括植物物候现象、高度、物种、种群密度、草地覆盖，以及生长阶段、生长密度、木本植物的覆盖；观察动物活动、生长、生殖、粪便及残余食物等。

2) 空中监测方法

一般采用 4～6 架单引擎轻型飞机，每架飞机由 4 人执行任务：驾驶员、领航员和两名观察记录员。首先绘制工作区域图，将坐标图覆盖所研究区域，典型的坐标是 10 km×10 km 一小格。飞行速度大约 150 km/h，高度大约 100 m，观察记录员前方有一观察框，视角约 90°，观察地面宽度约 250 m。现在还有无人机可以载有摄像系统与记录设备进行特定区域的空中对地面的观测，数据可即时传输给地面台站处理，加以补充观测，也可一次性完成观测。

3) 卫星监测方法

利用地球资源卫星监测大气、农作物生长状况、森林病虫害、空气和地表水的污染情况等。例如，在地球上空 900 km 轨道上运行的地球资源卫星，每隔 18 天通过地球表面同一地点一次，从传感器获得照片或图像，其分辨率可达 10 m。通过解析图片可获得所需资料，将不同时间同一地点的图片进行分析，可监测油轮倾覆后油污染扩散情况、牧场草地随季节的变化，以及进行大范围内季节性生产力的评估等。

卫星监测的最大优点是覆盖面广，可以获得人难以到达的高山、丛林的资料。由于目前资料来源增加，因而费用相对降低。但这种监测方法难以了解地面细微变化。因此，地面监测、空中监测和卫星监测相互配合才能获得完整的资料。

4) 遥感监测技术

生态监测的核心是遥感监测技术的应用。“遥感”即“遥远的感知”，遥感技术就是根据电磁辐射(发射、吸收、反射)的理论，应用各种光学、电子学和电子光学探测仪器对远距离目标所辐射的电磁波信息进行接收记录，再经过加工处理，并最终成像，从而对环境地物进行探测和识别的一种综合技术。

遥感技术具有以下特点：①不需要采样而直接可以进行区域性的跟踪测量；②快速进行污染源的定点定位；③污染范围的核定；④大气生态效应；⑤污染物在水体、大气中的分布、扩散等变化。具体包括以下典型监测技术：

(1) 摄影遥感监测技术。

必须采用影像移动补偿技术，最简单的方法是在曝光时移动胶片，使胶片与影像同步移动。还可以将照相摄影装置设计成扫描系统，在系统中有一旋转镜面指向目标物并接受其射来的电磁辐射能，将接收到的能量送给光电倍增管产生相应的电脉冲，该信号再被调制成电子束，转换成可被摄影胶片感光的发光点，从而得到扫描所及区域的影像。

(2) 红外扫描遥感技术。

红外扫描遥感技术是指采用一定的方式将接收到的监测对象的红外辐射能转换成电信号或其他形式的能量，然后加以测量，获知红外辐射能的波长和强度，借以判断污染物种类及其含量。

遥感技术可以监测城市中的大气污染、水污染、地面污染、固体废物堆场污染和热污染，进行土壤侵蚀与地面水污染负荷产生量估算、生物栖息地评价和保护、工程选址及防护林保护规划和建设。遥感技术由于具有时间、空间和光谱的广域覆盖能力，是获取环境信息的强有力手段，已成为环境保护最重要的监测手段之一。

5) “3S”技术

生态监测是以宏观监测为主，宏观监测和微观监测相结合的工作。对结构与功能复杂的宏观生态环境进行监测，必须采用先进的技术手段。其中，生态监测平台是宏观生态监测的基础，它必须以“3S”技术作为支持。“3S”技术即遥感(remote sensing，RS)、全球定位系统(global positioning system，GPS)与地理信息系统(geographic information system，GIS)三项技术的集合。

遥感包括卫星遥感和航空遥感。它可以提供的生态环境信息为：土地利用与土地覆盖信息(几何精度可有 30 m、10 m、5 m、1 m 不同级别)；生物量信息(植被种类、长势、数量分布)；大气环流及大气沙尘暴信息，气象信息(云层厚度、高度、水蒸气含量、云层走势等)。遥感具有观测范围广、获取信息量大、速度快、实用性好及动态性强等特点，可以节约大量的人力、物力、资金和时间，以较少的投入获得常规方法难以获得的资料，这些资料受人为因素的影响较小，比较可靠。

全球定位系统是利用便携式接收机与均匀分布在空中的 24 颗卫星中的 4 颗进行无线电测距而对地面进行三维定位的测试技术。测试点的精度分为十米级、米级、亚米级多种，测试速度可达 1 秒/点，全年可以满足生态环境实地调查的需要。还可用于实时定位，为遥感实况数据提供空间坐标，用于建立实况环境数据库，并同时为遥感实况数据发挥校正、检核的作用。

地理信息系统是将各类信息数据进行集中存储、统一管理、全方位空间分析的计算机系统。使用这项技术，可以结合遥感、全球定位系统的数据和多种地面调查数据，按照各种生态模型，测算各种生态指数，预报、统计沙尘暴的发生、发展走向及危害覆盖区域。这一技术还可以在生态环境机理研究的基础上，构建机理模型，定量、可视化地模拟生态演化过程，在计算机上进行虚拟调控实验。

以上三项技术形成了对地球进行空间观测、空间定位及空间分析的完整技术体系。它能反映全球尺度的生态系统各要素的相互关系和变化规律，提供全球或大区域精确定位的宏观资源与环境影像，揭示岩石圈、水圈、大气圈和生物圈的相互作用和关系。

“3S”技术是宏观生态监测发展的方向，也是其发展的技术基础，在今后较长的一个时期内，遥感将在生态监测中得到最广泛的应用，地理信息系统作为“3S”技术的核心将发挥更大的作用。传统的监测手段只能解决局部问题，而综合且准确、完整的监测结果必然要依赖“3S”技术。利用“3S”技术进行生态监测时还要注意 RS、GPS、GIS 三项技术的结合，单独利用其中任何一项技术很难对生态环境进行综合监测和评价。

我国国家民用空间基础设施陆地观测卫星共性应用支撑平台项目已于 2018 年启动，在已有站点设施和资源基础上，完成真实性检验场网布局和改扩建，建成由 24 个光学卫星真实性检验站、6 个电磁卫星比测校验场、6 个综合实验场、1 个基准与综合实验室及 1 个应用共性技术支撑服务系统组成的业务化的国家级应用支撑体系。

7.5　生态监测实例——京津冀地区 $PM_{2.5}$ 季节性变化特征

7.5.1　研究区域概况

随着我国社会经济的快速发展，特别是城市化进程的加快，大气污染日显突出，特别是我国首都北京及其周边地区，雾霾天气日益加重，大气中颗粒物浓度越来越高，尤其是冬季雾霾严重影响人们的生活、工作与出行等。

京津冀北倚燕山，西靠太行，东临渤海，地势由北西向南东倾斜，西北部为山区、丘陵和高原，中部和东南部为广阔的平原，东部为海洋，多个水系在天津汇聚为海河东流入海，土地面积约为 9 万 km^2，人口总数约为 6000 万，2012 年地区生产总值约为 5.21 万亿元，产业以冶金工业、汽车工业、电子工业、机械工业、物流、旅游为主，是全国主要的高新技术和重工业基地。京津冀地区为我国四大工业区之一，也是东北地区与中原、华北地区进行交通联络的必经之地。

长期以来，京津冀地区大气受煤烟型污染、沙尘污染的困扰。近年来，虽然通过努力传统型大气污染的恶化态势有所遏制，但这些历史性问题还未能得到根本解决。与此同时，随着城市建设的快速发展和人民物质生活水平的提高，以机动车尾气为主体的新型排放源导致京津冀大气污染的性质发生了根本性变化。煤烟型污染、沙尘污染与机动车尾气污染发生叠加，形成了新的复合型大气污染，其中以 $PM_{2.5}$ 为重要组成。

7.5.2 研究方法

为揭示 $PM_{2.5}$ 季节性变化规律，以及时空的动态变化的特征，中国科学院地理科学与自然资源研究所利用美国国家航空航天局(NASA)极地轨道卫星地球观测系统(EOS)的 Terra 和 Aqua 中等分辨率数据(MODIS)，利用中国环境监测总站(CNEMC)通过“全国城市空气质量实时发布平台”发布每小时更新一次的地面 $PM_{2.5}$ 测量值，京津冀地区共有 79 个监测点的数据作为地面实测数据收入研究参照数据集。开发了一种使用机器学习方法的 $PM_{2.5}$ 检索方法，该方法基于 NASA 地球观测系统的 Terra 和 Aqua 低轨绕极卫星上 MODIS 中的气溶胶数据，以及 NASA 地球观测系统的近地气象数据，结合地面 $PM_{2.5}$ 观测数据，对京津冀地区 2015 年的 $PM_{2.5}$ 建立并优选了数据模型，同时比较了来自 Terra 和 Aqua 卫星传感器的气溶胶数据。结果表明，Aqua 数据集的性能优于 Terra 数据集，从而获得了 2015 年京津冀每天的 $PM_{2.5}$ 数据集。其中，河北的中南部是 $PM_{2.5}$ 最为严重的区域，北京的 $PM_{2.5}$ 在整个区域处于中等水平；季节上，是夏季 $PM_{2.5}$ 最低，冬季最高，这与气候和冬季取暖分不开；北京 $PM_{2.5}$ 在季节平均水平上来看，夏季低于 50ppm，而冬季高于 75ppm；河北中南部冬季明显高于 100ppm，少数区域可能大于 150ppm；天津因靠近渤海湾等因素，其大气中 $PM_{2.5}$ 明显低于北京；河北的北部因其地势高，工业少、人口低等，其 $PM_{2.5}$ 最低，为全区域最优。

7.5.3 研究结论

在这项研究中，通过聚集 MODIS 气溶胶数据、地球气象参数和地面观测来估算 $PM_{2.5}$ 的地表浓度。运用训练集和测试数据集使得 EOS 的 Terra 和 Aqua 在京津冀的数据模型完全具有可比性，建立的方法用于 2015 年京津冀地区的 $PM_{2.5}$ 反演与监测，其精度较高，能够显示出很好的监测结果，也显示出利用遥感对地面实况 $PM_{2.5}$ 观测具有很大的潜力。

思考题与习题

1. 生物监测的基本任务是什么？
2. 《生物监测技术规范(水环境部分)》规定了哪些测定项目？
3. 简述生物监测的依据。
4. 水生生物监测断面的布设原则是什么？
5. 污水系统生态监测的理论基础是什么？
6. 什么是指示生物及生物指数？
7. 环境 DNA 监测技术原理与主要步骤是什么？
8. 生物污染监测的内涵是什么？其作用和意义是什么？它与“生物监测”有什么区别和联系？
9. 生物样品有哪些预处理方法？
10. 用一根无菌移液管接种几个浓度的水样时应从哪个浓度开始？为什么？
11. 琼脂平板接种后，为什么要倒置培养？
12. 植物样品采集的一般原则是什么？制备植物的干样品有哪些基本步骤？
13. 在线生物监测有哪些特殊意义？目前已有哪些在线生物监测方法？
14. 遥感监测可以应用于环境监测的哪些方面？

第 8 章

物理污染监测

本章导读

除了化学污染和生物污染外，噪声、辐射、光等物理污染的危害也越来越受到广泛的重视，这些污染主要通过能量因素的变化影响生态系统和人体健康，这一类物理性污染也称为“能量污染”。本章重点介绍了物理监测中噪声和放射性污染监测的原理和方法，让读者了解噪声监测和放射性监测所使用监测仪器的工作原理，通过监测实例掌握环境噪声和放射性的测量方法和评价方法。

8.1 噪声监测

8.1.1 噪声的危害

声音的本质是波动，受作用的空气发生振动，当振动频率在 20～20000 Hz 时，作用于人的耳鼓膜而产生的感觉称为声音。声音由物体的振动产生，以波的形式在一定的介质(如固体、液体、气体)中传播。

噪声是指发声体做无规则振动时发出的声音，通常所说的噪声污染是人为造成的。从生理学观点来看，凡是干扰人们休息、学习和工作及对人们所要听的声音产生干扰的声音，即不需要的声音，统称为噪声。当噪声对人及周围环境造成不良影响时，就形成噪声污染。噪声不但会对听力造成损伤，还能诱发多种致癌致命的疾病，也对人们的生活工作有所干扰。噪声污染对人、动物、仪器仪表及建筑物均构成危害，其危害程度主要取决于噪声的频率、强度及暴露时间。

8.1.2 噪声的物理特征与度量

1. 声音的产生

人耳听觉系统所能感受到的信号称为声音。从物理学观点来看，声音是一种机械波，是机械振动在弹性介质中的传播。

机械振动是声波产生的根源，弹性介质的存在是声波传播的必要条件。弹性介质可以是气体、液体和固体，声波在上述介质中传播，相应地称为空气声、液体声和固体声。声波在空气和液体中传播，传播介质的质点振动方向和声波传播方向相同，称这种波为纵波。声波在固体中传播，质点的振动方向和声波传播方向可能相同，称为纵波，也可能垂直，则称为横波。

2. 描述噪声的基本物理量

描述噪声可采用两种方法：一是对噪声进行客观量度，即将噪声作为物理扰动，用描述声波客观特性的物理量来反映；二是对噪声进行主观评价，因为噪声涉及人耳的听觉特性，根据听者感觉的刺激来描述。

噪声的客观度量用声压、声强和声功率等物理量表示。声压和声强反映了声的强弱，声功率反映了声源辐射噪声的大小。声压、声强和声功率等物理量的变化范围非常大，可以在六个数量级以上，同时由于人体听觉对声信号强弱刺激的反应不是线性的，而是呈对数比例关系，所以实际应用中采用对数标度，以分贝(dB)为单位，即分别为声压级、声强级和声功率级等无量纲的量来度量噪声。

级是物理量相对比值的对数。分贝是级的一种无量纲单位。对于声强、声功率等反映功率和能量的物理量，分贝数等于两个量比值的常用对数乘以 10。如两个声功率值分别为 W_1 和 W_2，则分贝数为 $n=10\lg(W_1/W_2)$。

对于声压、质点振动速度等描述声场、电磁场等的物理量，分贝数等于两个量比值的常用对数乘以 20。当两个声压值分别为 P_1 和 P_2 时，声压级为 $n=20\lg(P_1/P_2)$。采用级进行噪声计量，可以使数值变化缩小到适当范围，与人耳的感觉接近。

1) 声压、声压级

由于声波的存在而产生的压力增值即为声压，单位是帕(Pa)。声波在空气中传播时，形成压缩和稀疏交替变化，所以压力增值是正负交替变化的。但通常所讲的声压是取均方根值，称为有效声压，故实际上总是正值。

声压级的数学表达式为

$$L_P=20\lg(P/P_0) \tag{8-1}$$

式中，L_P 为声压 P 的声压级，dB；P_0 为基准声压，Pa。

噪声测量中，基准声压通常采用 $P_0=2\times10^{-5}$ Pa，这一数值是正常人耳对 1000 Hz 声音所能听到的最低声压。

声压级是反映声信号强弱的最基本参量，例如，当一个声压为 0.1 Pa(即百万分之一大气压)，它的声压级为

$$L_P=20\lg(P/P_0)=20\lg(0.1/2\times10^{-5})=74(\text{dB}) \tag{8-2}$$

2) 声功率、声功率级

声功率是指单位时间内声波通过垂直于传播方向某指定面积的声能量。在噪声检测中，声功率是指声源总声功率，单位是“瓦”，记作 W。

声源声功率级的数学表达式为

$$L_W=10\lg(W/W_0) \tag{8-3}$$

式中，L_W 为声功率 W 的声功率级，dB；W_0 为基准声功率，噪声检测中，采用 $W_0=10^{-12}$ W。

3) 声强、声强级

声强是指单位时间内，声波通过垂直于传播方向单位面积的声能量，单位是“瓦/米^2”，记作 W/m^2。声强级的数学表达式为

$$L_I = 10\lg(I/I_0) \tag{8-4}$$

式中，L_I 为声强 I 的声强级，dB；I_0 为基准声强，噪声检测中，采用 $I_0=10^{-12}\text{W/m}^2$，这一数值是与基准声压 2×10^{-5} Pa 相对应的声强。

对于球面波和平面波，声压与声强的关系是

$$I=P^2/\rho c \tag{8-5}$$

式中，ρ 为空气密度，若以标准大气压与 20℃时空气密度和声速值代入，得 ρc=408 国际单位，也称瑞利，称为空气对声波的特性阻抗。

3. 噪声的叠加

两个以上独立声源作用于某一点，就会产生噪声的叠加。

声能量是可以代数相加的，设两个声源的声功率分别为 W_1 和 W_2，那么总声功率 $W_{总}=W_1+W_2$。当两个声源在某一点的声强为 I_1 和 I_2 时，叠加后的总声强 $I_{总}=I_1+I_2$。但声压不能直接相加，因为有

$$I_1 = \frac{P_1^2}{\rho c} \qquad I_2 = \frac{P_2^2}{\rho c} \qquad P_{总} = \sqrt{P_1^2 + P_2^2} \tag{8-6}$$

以分贝为单位进行运算时，不能简单地相加，而应按对数法则进行。声压级为 L_{P_1} 和 L_{P_2} 分别叠加，有

$$\left(\frac{P_1}{P_0}\right)^2 = 10^{\frac{L_{P_1}}{10}} \qquad \left(\frac{P_2}{P_0}\right)^2 = 10^{\frac{L_{P_2}}{10}}$$

因此总声压级为

$$L_P = 10\lg\frac{P_1^2 + P_2^2}{P_0^2} = 10\lg\left(10^{\frac{L_{P_1}}{10}} + 10^{\frac{L_{P_2}}{10}}\right) \tag{8-7}$$

如果 $L_{P_1} = L_{P_2}$，即两个声源的声压级相等，则总声压级为 $L_P = L_{P_1} + 10\lg 2 \approx L_{P_1} + 3(\text{dB})$，也就是说，作用于某一点的两个声源声压级相等，其合成的声压级比一个声源的声压级增加 3 dB。当有几个不同声压级的声源叠加时，应按由大到小的顺序将声压级值排列，求出两相邻声压级的差值 $(L_{P_1} - L_{P_2})$，查表 8-1，求得分贝增值 ΔL_P，再将 L_{P_1} 与 ΔL_P 相加，求得 L_{P_1} 和 L_{P_2} 叠加后的声压级值 $L_{P_{12}}$，再与 L_{P_3} 按同样方法叠加，依次类推，最后得到的即是总声压级值。

表 8-1　分贝增值表

ΔL_P / $L_{P_1}-L_{P_2}$ (小数位) / $L_{P_1}-L_{P_2}$ (整数位)	0	0.1	0.2	0.3	0.4	0.5	0.6	0.7	0.8	0.9
0	3.0	3.0	2.9	2.9	2.8	2.8	2.7	2.7	2.6	2.6
1	2.5	2.5	2.5	2.4	2.4	2.3	2.3	23	2.2	2.2
2	2.1	2.1	2.1	2.0	2.0	1.9	1.9	1.9	1.8	1.8

续表

ΔL_P / $L_{P_1}-L_{P_2}$(小数位) / $L_{P_1}-L_{P_2}$(整数位)	0	0.1	0.2	0.3	0.4	0.5	0.6	0.7	0.8	0.9
3	1.8	1.7	1.7	1.7	1.6	1.6	1.6	1.5	1.5	1.5
4	1.5	1.4	1.4	1.4	1.4	1.3	1.3	1.3	1.2	1.2
5	1.2	1.2	1.2	1.1	1.1	1.1	1.1	1.0	1.0	1.0
6	1.0	1.0	0.9	0.9	0.9	0.9	0.9	0.8	0.8	0.8
7	0.8	0.8	0.8	0.7	0.7	0.7	0.7	0.7	0.7	0.7
8	0.6	0.6	0.6	0.6	0.6	0.6	0.6	0.6	0.5	0.5
9	0.5	0.5	0.5	0.5	0.5	0.5	0.5	0.4	0.4	0.4
10	0.4									
11	0.3									
12	0.3									
13	0.2									
14	0.2									
15	0.1									

掌握了两个声源的叠加，就可以推广到多个声源的叠加，只需逐次两两叠加即可，而与叠加次序无关。例如，有 8 个声源作用于某一点，声压级分别为 70 dB、70 dB、75 dB、82 dB、90 dB、93 dB、95 dB、100 dB，它们合成的总声压级可以任意次序查表 8-1 而得。任选两种叠加次序如下：

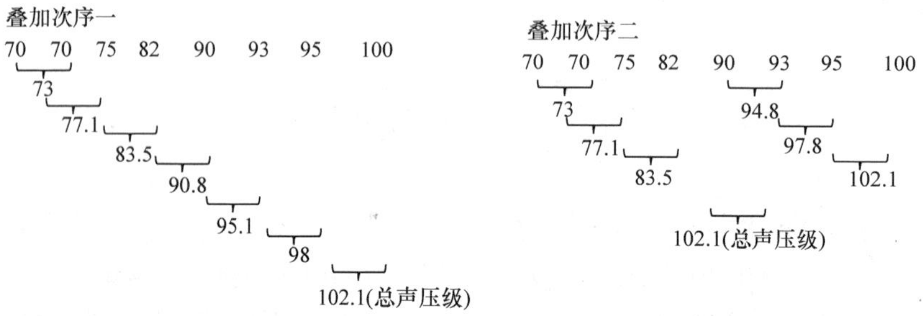

应该指出的是，若是两个相同频率的单频声源叠加，根据波的叠加原理，会产生干涉现象，即需要考虑叠加点各自的相位，不过这种情况在实际环境噪声检测中几乎不会碰到。

8.1.3 噪声的物理量和主观听觉的关系

噪声包括客观的物理现象(声波)和主观感觉两个方面，但最终判别噪声的是人耳。所以确定噪声的物理量和主观听觉的关系十分重要。不过这种关系相当复杂，因为主观感觉牵涉到复杂的生理机构和心理因素。这类工作是用统计方法在实验基础上进行研究的。

1. 响度和响度级

1) 响度(N)

人的听觉与声音的频率有非常密切的关系，一般来说两个声压相等而频率不相同的纯音听起来是不一样响的。响度是人耳判别声音由轻到响的强度等级概念，它不仅取决于声音的强度(如声压级)，还与它的频率及波形有关。响度的单位称为“宋”，1 宋的定义是声压级为 40 dB，频率为 1000 Hz，且来自听者正前方的平面波形的强度。如果另一个声音听起来比这个大 n 倍，即声音的响度为 n 宋。

2) 响度级(L_N)

响度级的概念也是建立在两个声音的主观比较上的。定义 1000 Hz 纯音声压级的分贝值为响度级的数值，任何其他频率的声音，当调节 1000 Hz 纯音的强度使之与该声音一样响时，则 1000 Hz 纯音的声压级分贝值即为这一声音的响度级值。响度级的单位称为“方”。

利用与基准声音比较的方法，可以得到人耳听觉频率范围内一系列响度相等的声压级与频率的关系曲线，即等响曲线，该曲线为国际标准化组织所采用，所以又称 ISO 等响线。

等响线上不同频率的声音，听起来感觉一样响，而声压级是不同的。人耳对 1000～4000 Hz 的声音最敏感。对低于或高于这一频率范围的声音，灵敏度随频率的降低或升高而下降。例如，一个声压级为 80 dB 的 20 Hz 纯音，它的响度级只有 20 方，因为它与 20 dB 的 1000 Hz 纯音位于同一条等响曲线上。同理，与它们一样响的 10000Hz 纯音声压级为 30 dB。

3) 响度与响度级的关系

根据大量实验得到，响度级每改变 10 方，响度加倍或减半。它们的关系可用式(8-8)表示：

$$N = 2^{\frac{L_N - 40}{10}} \quad \text{或} \quad L_N = 40 + 33\lg N \tag{8-8}$$

响度级的合成不能直接相加，而响度可以相加。例如，两个不同频率而都具有 60 方的声音，合成后的响度级不是 60+60=120(方)，而是先将响度级换算成响度进行合成，然后再换算成响度级。本例由 60 方相当于响度 4 宋，所以两个声音响度合成为 4+4=8(宋)，而 8 宋按数学计算可知为 70 方。

2. 计权声级

上面所讨论的是指纯音(或狭频带信号)的声压级和主观听觉之间的关系，但实际上声源所发出的声音几乎都包含很广的频率范围。为了能用仪器直接反映人的主观响度感觉的评价量，有关人员在噪声测量仪器——声级计中设计了一种特殊滤波器，称为计权网络。通过计权网络测得的声压级，已不再是客观物理量的声压级，而称为计权声压级或计权声级，简称声级。通用的有 A、B、C 和 D 计权声级。

A 计权声级是模拟人耳对 55 dB 以下低强度噪声的频率特性；B 计权声级是模拟 55～85 dB 的中等强度噪声的频率特性；C 计权声级是模拟高强度噪声的频率特性；D 计权声级是对噪声参量的模拟，专用于飞机噪声的测量。计权网络是一种特殊滤波器，当含有各种频率的声波通过时，它对不同频率成分的衰减是不一样的。A、B、C 计权网络的主要差别是在于对低频成分衰减程度，A 衰减最多，B 其次，C 最少。A、B、C、D 计权的特性曲线见图 8-1，其中 A、B、C 三条曲线分别近似于 40 方、70 方和 100 方三条等响曲线的倒转。由于计权曲线的频率特性是以 1000 Hz 为参考计算衰减的，因此以上曲线均重合于 1000 Hz，后来实践证明，A 计权声级表征人耳主观听觉较好，故近年来 B 和 C 计权声级较少应用。A 计权声级为 L_{PA} 或 L_A，其单位用 dB(A)表示。

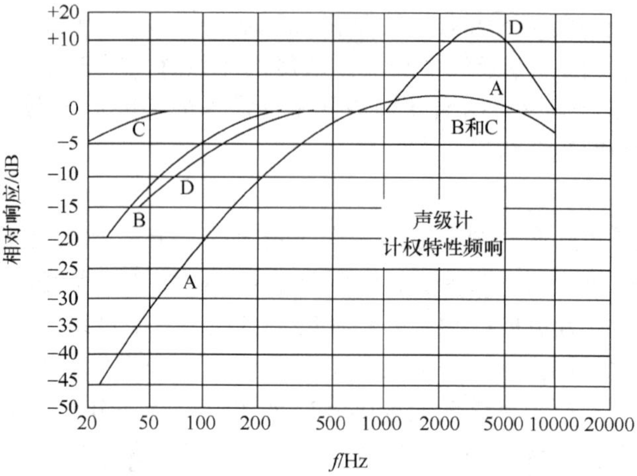

图 8-1 A、B、C、D 计权特性曲线

3. 等效连续声级、噪声污染级和昼夜等效声级

1) 等效连续声级

A 计权声级能够较好地反映人耳对噪声的强度与频率的主观感觉，因此对一个连续的稳态噪声，它是一种较好的评价方法，但对一个起伏的或不连续的噪声，A 计权声级就显得不合适了。例如，交通噪声随车辆流量和种类而变化；又如，一台机器工作时其声级是稳定的，但由于它是间歇工作，与另一台声级相同但连续工作的机器对人的影响就不一样。因此提出了一个用噪声能量按时间平均方法来评价噪声对人影响的问题，即等效连续声级，符号“L_{eq}”或“$L_{Aeq.T}$”。它是用一个相同时间内声能与之相等的连续稳定的 A 声级来表示该段时间内噪声的大小。例如，有两台声级为 85 dB 的机器，第一台连续工作 8 h，第二台间歇工作，其有效工作时间 4 h。显然作用于操作工人的平均能量是前者比后者大一倍，即大 3 dB。因此，等效连续声级反映在声级不稳定的情况下，人实际所接受的噪声能量的大小，它是一个用来表达随时间变化的噪声的等效量。

$$L_{Aeq.T}=10\lg\left[\frac{1}{T}\int_0^T 10^{0.1L_{PA}}\,dT\right] \tag{8-9}$$

式中，L_{PA} 为某时刻 t 的瞬时声级，dB(A)；T 为规定的测量时间，s。

如果数据符合正态分布，其累积分布在正态概率纸上为一直线，则可用下面近似公式计算：

$$L_{Aeq.T}\approx L_{50}+d^2/60,\quad d=L_{10}-L_{90}$$

式中，L_{10}、L_{50}、L_{90} 为累积百分声级。其中，L_{10} 为测定时间内，10%的时间超过的噪声级，相当于噪声的平均峰值；L_{50} 为测量时间内，50%的时间超过的噪声级，相当于噪声的平均值；L_{90} 为测量时间内，90%的时间超过的噪声级，相当于噪声的背景值。

累积百分声级 L_{10}、L_{50} 和 L_{90} 的计算方法有两种：其一是在正态概率纸上画出累积分布曲线，然后从图中求得；另一种简便方法是将测定的一组数据(如 100 个)，从大到小排列，第 10 个数据即为 L_{10}，第 50 个数据即为 L_{50}，第 90 个数据即为 L_{90}。

2) 噪声污染级

许多非稳态噪声的实践表明，涨落的噪声所引起人的烦恼程度比等能量的稳态噪声要大，并且与噪声暴露的变化率和平均强度有关。经实验证明，在等效连续声级的基础上加上一项表示噪声变化幅度的量，更能反映实际污染程度。用这种噪声污染级评价航空或道路的交通噪声比较恰当。故噪声污染级(L_{NP})计算式为

$$L_{NP} = L_{eq} + K\sigma \tag{8-10}$$

式中，K 为常数，对交通和飞机噪声取值 2.56；σ为测定过程中瞬时声级的标准偏差，即

$$\sigma = \sqrt{\frac{1}{n-1}\sum_{1}^{n}(L'_{PA} - L_{PA})^2} \tag{8-11}$$

$$L'_{PA} = \frac{1}{n}\sum_{i=0}^{n} L_{PA_i} \tag{8-12}$$

式中，L_{PA_i} 为测得第 i 个瞬时 A 声级；L'_{PA} 为所测声级的算术平均值；n 为测得总数。

3) 昼夜等效声级

考虑夜间噪声具有更大的烦扰程度，故提出一个新的评价指标——昼夜等效声级(也称日夜平均声级)，符号“L_{dn}”。它是表达社会噪声一昼夜间的变化情况，表达式为

$$L_{dn} = 10\lg\left[\frac{16\times 10^{0.1L_d} + 8\times 10^{0.1(L_n+10)}}{24}\right] \tag{8-13}$$

式中，L_d 为白天的等效声级，时间是从 6: 00～22: 00，共 16 h；L_n 为夜间的等效声级，时间是从 22: 00 至第二天的 6: 00，共 8 h。昼间和夜间的时间，可依地区和季节不同而稍有变化。

为了表明夜间噪声对人的烦扰更大，计算夜间等效声级这一项时应加上 10 dB 的计权。

4. 噪声的频谱分析

1) 频谱

声音通常是由许多不同频率、不同强度的分音叠加而成的。不同的声音，其含有的频率成分及各个频率上的分布是不同的，这种频率成分与能量分布的关系称为频谱。将噪声的强度(声压级)按频率顺序展开，使噪声的强度成为频率的函数，并考查其波形，称为噪声的频谱分析(或频率分析)。图 8-2 是几种典型噪声源的频谱。图 8-2(a)是由频率离散的分音组成的线状谱；图 8-2(b)是由频率在一定范围内连续的分音组成的连续谱；图 8-2(c)是由线状谱和连续谱叠加而成的复合谱。噪声的声谱通常为连续谱和复合谱。

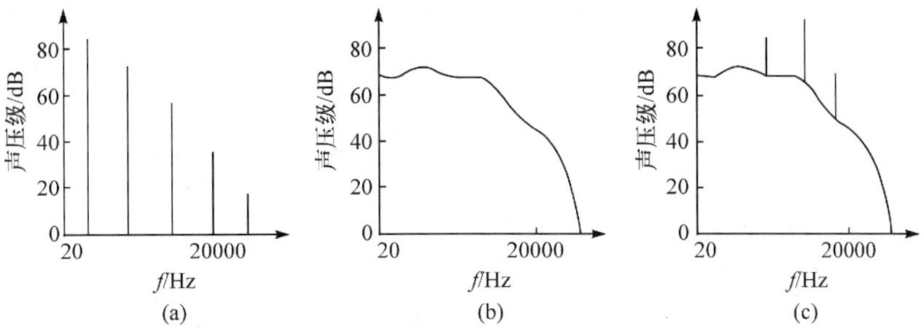

图 8-2　声音的三种频谱

2) 频程

可听声的频率范围为 20～20000 Hz，低于 20 Hz 的称为次声，高于 20000 Hz 的称为超声。

为方便起见，常在连续频率范围内划分为若干个频带，频带上限频率和下限频率之差称为频带宽度，它与中心频率的比值称为频带相对宽度。

对噪声作频谱分析时，通常采用两种类型：保持频带宽度相对恒定或者保持频带相对宽度恒定。在频率变化不大的范围内作频谱分析，一般采用恒定带宽，所用带宽较窄，为 4～20 Hz 的数量级。而在宽广的频率范围内作频谱分析时，一般采用恒定相对带宽，常采用的是倍频程数 n。倍频程数 n 与频率的关系式为

$$2^n = \frac{f_2}{f_1} \qquad n = \log_2 \frac{f_2}{f_1} \tag{8-14}$$

式中，f_1、f_2 为频带的上下限频率，Hz；n 为正实数。当 n=1 时，称为倍频程；n=2 时，称为 2 倍频程；n=1/3 时，称为 1/3 倍频程。其中倍频程和 1/3 倍频程较常用。

各倍频程的中心频率 f_m 是指上下限频率的几何平均值，即

$$f_m = \sqrt{f_1 \cdot f_2} \tag{8-15}$$

常用的倍频程和 1/3 倍频程的上下限频率值和中心频率值列于表 8-2。

表 8-2　常用的倍频程和 1/3 倍频程的频率值　　(单位：Hz)

倍频程			1/3 倍频程		
下限频率	中心频率	上限频率	下限频率	中心频率	上限频率
			14.1	16	17.8
11	16	22	17.8	20	22.4
			22.4	25	28.2
			28.2	31.5	35.5
22	31.5	44	35.5	40	44.7
			44.7	50	56.2
			56.2	63	70.8
44	63	88	70.8	80	89.1
			89.1	100	112
			112	125	141
88	125	177	141	160	178
			178	200	224
			224	250	282
177	250	355	282	315	355
			355	400	447
			447	500	562
355	500	710	562	630	708
			708	800	891
			891	1000	1122
710	1000	1420	1122	1250	1413
			1413	1600	1778

续表

倍频程			1/3 倍频程		
下限频率	中心频率	上限频率	下限频率	中心频率	上限频率
1420	2000	2840	1778	2000	2239
			2239	2500	2818
			2818	3150	3548
2840	4000	5680	3548	4000	4467
			4467	5000	5623
			5623	6300	7079
5680	8000	11360	7079	8000	8913
			8913	10000	11220
			11220	12600	14130
11360	16000	22720	14130	16000	17780
			17780	20000	22390

3) 频谱分析

噪声频谱能够清晰地表示出一定频带范围内的声压级分布情况，从中可以了解噪声的成分和性质，这就是频谱分析。频谱分析有助于了解声源特性，频谱中各峰值所对应的频率(带)就是某声源造成的，找到了主要峰值声源就为噪声控制提供了依据。

8.1.4　噪声的测量仪器

噪声测量仪器主要有：声级计、频率分析仪、实时分析仪、声强分析仪、噪声级分析仪、噪声剂量计、自动记录仪、噪声记录仪。

声级计是在噪声测量中最基本和最常用的一种声学仪器，它不仅具有不随频率变化的平直频率响应，可用来测量客观量的声压级，还有模拟人耳频响特性的 A、B 和 C(有的还有 D)计权网络，可作为主观声级测量。它的“快”“慢”挡装置可对涨落较快噪声做适当反应，以反映和观察噪声性质。

1. 声级计的分类

(1) 按精度分：根据最新国际标准 IEC 61672—1：2002 和国家计量检定规程 JJG 188—2017，声级计分为 1 级和 2 级两种。在参考条件下，1 级声级计的准确度±0.7 dB，2 级声级计的准确度±1 dB(不考虑测量不确定度)。

(2) 按功能分：分为测量指数时间计权声级的常规声级计，测量时间平均声级的积分平均声级计，测量声暴露的积分声级计(以前称为噪声暴露计)。另外有的具有噪声统计分析功能的称为噪声统计分析仪，具有采集功能的称为噪声采集器(记录式声级计)，具有频谱分析功能的称为频谱分析仪。

(3) 按大小分：台式、便携式、袖珍式。

(4) 按指示方式：模拟指示(电表、声级灯)、数字指示、屏幕指示，图 8-3 是两种便携式声级计。

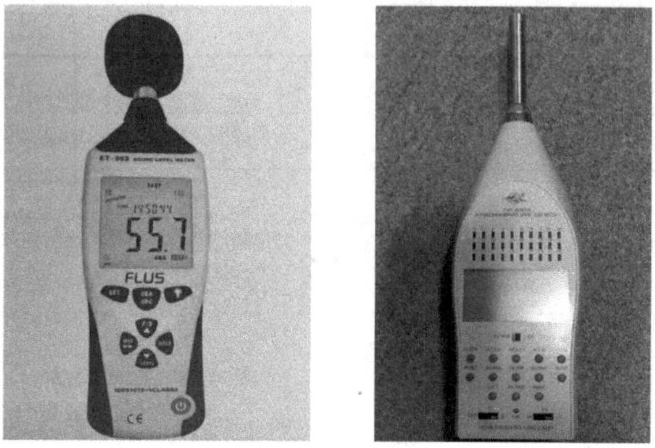

图 8-3　两种便携式声级计

2. 声级计构造及工作原理

声级计的基本构造与工作原理示意图如图 8-4 所示。

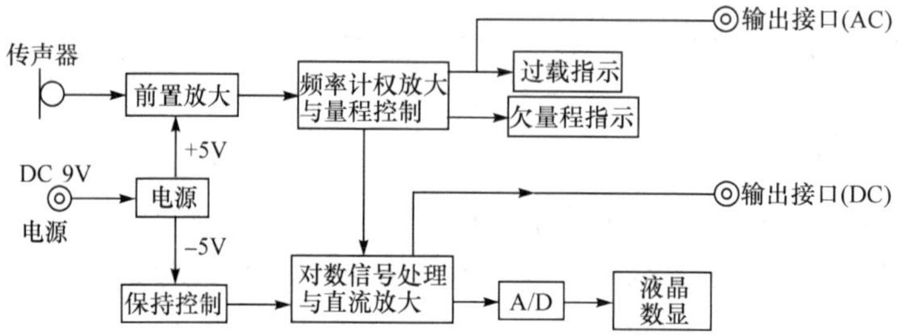

图 8-4　声级计的工作原理框图

(1) 传声器：用来把声信号转换成电信号的换能器，在声级计中一般均用测试电容传声器，它具有性能稳定、动态范围宽、频响平直、体积小等特点。电容传声器由相互紧靠着的后极板和绷紧的金属膜片所组成，后极板和膜片在电气上互相绝缘，构成以空气为介质的电容器的两个电极。两电极上加有电压(极化电压 200 V 或 28 V)，电容器充电，并储存电荷。当声波作用在膜片上时，膜片发生振动，使膜片与后极板之间距离变化，电容也变化，于是产生一个与声波成比例的交变电压信号，送到后面的前置放大器。

(2) 前置放大器：由于电容传声器电容量很小，内阻很高，而后级衰减器和放大器阻抗不可能很高，因此中间需要加前置放大器进行阻抗变换。前置放大器通常由场效应管源极跟随器，加上自举电路，使其输入电阻达到几千兆欧以上，输入电容小于 3 pF，甚至 0.5 pF。

(3) 衰减器：将大的信号衰减，提高测量范围。

(4) 计权放大器：将微弱信号放大，按要求进行频率计权(频率滤波)，A、B、C 及 D 频率计权频率响应。声级计中一般均有 A 计权，另外也可有 C 计权或不计权(Zero，简称 Z)及平直特性(F)。

(5) 有效值检波器：将交流信号检波整流成直流信号，直流信号大小与交流信号有效值成比例。检波器要有一定的时间计权特性，在指数时间计权声级测量中，“F”特性时间常数为 0.125 s，“S”特性时间常数为 1 s。在时间平均声级中，进行线性时间平均。通常的检波器都是模拟检波器，这种检波器动态范围小，温度稳定性差。

(6) 电表：模拟指示器，用来直接指示被测声级的分贝数。

(7) A/D：将模拟信号变换成数字信号，以便进行数字指示或送中央处理器(CPU)进行计算、处理。

(8) 数字指示器：以数字形式直接指示被测声级的分贝数，读数更加直观。数字显示器件通常为液晶扩散场响应显示(LCD)或发光数码管显示(LED)，前者耗电少，后者亮度高。采用数字指示的声级计又称为数显声级计，如 AWA5633D/P 数显声级计。

(9) CPU：中央处理器(单片机)，对测量值进行计算、处理。

(10) 电源：一般是直流/直流(DC/DC)转换器，将供电电源(电池)进行电压变换及稳压后，供给各部分电路工作。

(11) 打印机：打印测量结果，通常使用微型打印机。

8.1.5 噪声的监测

噪声的常用监测指标包括：噪声的强度，即声场中的声压；噪声的特征，即声压的各种频率组成成分。

1. 测量仪器

所有测量仪器均应符合相应标准，使用前必须校准。①测量噪声级时，使用精密和普通声级计，如需测量噪声频谱，需要声级计上配滤波器；②测量等效声级时，使用积分声级计；③测量脉冲噪声则使用脉冲声级计；④测量声强或分析噪声信号时使用声强计、实时分析仪等。

2. 测量条件

(1) 测量中要考虑背景噪声的影响。当所测噪声高出背景噪声不足 10 dB 时，应按规定修正测量结果；当所测噪声高出背景噪声不足 3 dB 时，测量结果不能作为任何依据，只能作为参考。

(2) 当环境天气风速大于四级时，应停止室外测量。

(3) 测量时要避免高温、高湿、强磁场、地面和墙面反射等因素的影响。

3. 读取法

(1) 稳态噪声用慢挡读取指示值或等效声级。

(2) 周期性变化噪声用快挡读取最大值并读取随时间变化的噪声值，也可以测量等效声级。

(3) 脉冲噪声读取其峰值和脉冲保持值或测量等效声级。

(4) 无规则变化噪声应测量若干时间段内的等效声级及每个时间段内的最大值。

4. 测量位置(主要指测量传声器所在位置)

1) 户外测量

当要求减小周围的反射影响时，则应尽可能在离任何反射物(除地面)至少 3.5 m 外测量，离地面的高度大于 1.2 m 以上，必要而有可能时置于高层建筑上，以扩大可监测的地域范围。但每次测量其位置、高度保持不变。使用监测车辆测量，传声器最好固定在车顶上。

2) 建筑物附近的户外测量

这些测量点应暴露于所需测试的噪声环境中的建筑物外。若无其他规定，测量位置最好离外墙 1～2 m，或全打开的窗户前面 0.5 m(包括高楼层)。

3) 建筑物内的测量

这些测量应在所需测试的噪声影响的环境中建筑物内进行。测量位置最好离墙面或其他反射面至少 1 m，离地面 1.2～1.5 m，离窗 1.5 m。

5. 测量时间

1) 时间段的划分

测量时间分为昼间(6: 00～22: 00)和夜间(22: 00 至次日 6: 00)两部分。具体时间，可依地区和季节不同，上述时间可由县级以上人民政府按当地习惯和季节变化划定。

2) 测量日的选择

测量一般选择在周一至周五的正常工作日，如果周六、日及不同季节环境噪声有显著差异，必要时可要求做相应的测量或长期连续测量。

8.1.6 噪声的标准

环境噪声标准(environment noise standard)是为保护人群健康和生存环境，对噪声容许范围所作的规定。制定原则，应以保护人的听力、睡眠休息、交谈思考为依据，应具有先进性、科学性和现实性。环境噪声基本标准是环境噪声标准的基本依据。

1. 环境噪声基本标准

较强的噪声对人的生理与心理会产生不良影响。在日常工作和生活环境中，噪声主要造成听力损失，干扰谈话、思考、休息和睡眠。根据国际标准化组织的调查，在噪声级 85 dB 和 90 dB 的环境中工作 30 年，耳聋的可能性分别为 8%和 18%。在噪声级 70 dB 的环境中，谈话就感到困难。对工厂周围居民的调查结果认为，干扰睡眠、休息的噪声级阈值，白天为 50 dB，夜间为 45 dB。

我国提出了环境噪声容许范围：夜间(22: 00 至次日 6: 00)噪声不得超过 30 dB，白天(6: 00～22: 00)不得超过 40 dB。

2. 中国国家标准

中国现行的国家标准为《声环境质量标准》(GB 3096—2008)和《社会生活环境噪声排放标准》(GB 22337—2008)两大标准。其中，《声环境质量标准》规定了五类声环境功能区的环境噪声限值及测量方法，适用于声环境质量评价与管理，但不适于机场周围区域受飞机通过(起飞、降落、低空飞越)噪声的影响；《社会生活环境噪声排放标准》规定了营业性文化场所和商业经营活动中可能产生环境噪声污染的设备、设施边界噪声排放限值和测量方法，适用于其产生噪声的管理、评价和控制。

8.2 放射性与辐射监测

8.2.1 放射性与辐射

地球上所有物质形态各异、特征不同，但都是由各种元素组成的。迄今为止，已发现 100

多种元素，其中天然元素占绝大部分，只有小部分由人工制得。

组成元素的基本单位是原子。有些元素的原子核不稳定，在不受外界因素(温度、压力等)影响下，能够自发地改变核结构，而转变成另一种核，这种现象称为核衰变。在发生核衰变的同时，不稳定核总是伴随着放射出带电或不带电的粒子，这种衰变称为放射性衰变，能够产生放射性衰变的元素，称为放射性元素。由原子核放射出来的各种粒子称为核辐射，也即通常所说的放射性。

8.2.2　放射性的表征与测量仪器

1. 放射性的表征

放射性以放射性强度、照射量、吸收剂量、剂量当量来表征。

1) 放射性强度

物质的放射性强度的单位，一居里(Ci)以一克镭衰变成氡的放射强度为定义。在国际单位制(SI)中，放射性强度单位用贝克勒尔(Becquerel)表示，简称贝可，为 1 s 内发生一次核衰变，符号为 Bq。为方便使用，$1\ \text{Bq} = 1\ \text{dps} = 2.703\times10^{-11}\ \text{Ci}$。

2) 照射量

照射量(X)表示 X 或γ射线在空气中产生电离大小的物理量。

$$X = \mathrm{d}Q/\mathrm{d}m \tag{8-16}$$

式中，$\mathrm{d}Q$ 是指质量为 $\mathrm{d}m$ 的体积单元的空气中，光子释放的所有电子(负电子和正电子)在空气中全部被阻时，形成的同一种符号(正或负)的离子的总电荷的绝对值，单位是库仑/千克(C/kg)，旧单位是伦琴(R)。

$$1\ \text{R} = 2.58 \times 10^{-4}\ \text{C/kg} \tag{8-17}$$

照射量率：指单位时间内的照射量。

3) 吸收剂量

吸收剂量(D)是单位质量的物质对辐射能的吸收量，即

$$D = \mathrm{d}\varepsilon/\mathrm{d}m \tag{8-18}$$

式中，$\mathrm{d}\varepsilon$与 $\mathrm{d}m$ 分别为受电离辐射作用的某一体积元中物质的平均能量与物质的质量，单位是 Gy(戈瑞)，$1\ \text{Gy} = 1\ \text{J/kg}$。

吸收剂量适用于任何电离辐射和任何物质，是衡量电离辐射与物质相互作用的一种重要的物理量。

吸收剂量率：指单位时间内的吸收剂量，单位为 Gy/s。

4) 剂量当量

在人体组织中某一点处的剂量当量 H(单位为希沃特 Sv，$1\ \text{Sv} = 1\ \text{J/kg}$)等于吸收剂量与其他修正因数的乘积，即

$$H = DQN$$

式中，Q 为品质因子，也称为线质系数，不同电离辐射的 Q 值列于表 8-3；N 为其他修正系数，是吸收剂量在时间或空间上分布不均匀性修正因子的乘积，对外照射源通常取 N=1。

表 8-3 线质系数与照射类型、射线种类的关系

照射类型	射线种类	线质系数
外照射	X、γ、e	1
	热中子及能量小于 0.005 MeV 的中能中子	3
	中能中子(0.02 MeV)	5
	中能中子(0.1 MeV)	8
	快中子(0.5～10 MeV)	10
	重反冲核	20
内照射	β^-、β^+、X、γ、e	1
	α	10
	裂变碎片、α发射中的反冲核	20

2. 测量仪器

放射性是指自发地改变核结构转变成另一种核，并在核转变过程中放射出各种射线的特性。这些射线都属于电离辐射范围，是引起放射性危害的根源，同时也可利用这些电离辐射的不同对放射性物质进行测量。放射性探测器的定义：利用放射性辐射在气体、液体或固体中引起的电离、激发效应或其他物理、化学变化进行辐射探测的器件称为放射性探测器。放射性辐射探测的基本过程：①辐射粒子射入探测器的灵敏部位；②入射粒子通过电离、激发等效应而在探测器中沉积能量；③探测器通过各种机制将沉积能量转换成某种形式的输出信号。

1) 辐射探测器类型

按其探测介质类型及作用机制主要分为气体探测器、闪烁探测器和半导体探测器。

(1) 气体探测器。

气体探测器以气体为工作介质，是由入射粒子在其中产生的电离效应引起输出信号的探测器。气体探测器通常包括 3 类处于不同工作状态的探测器：电离室、正比室和 G-M 管。它们的共同特点是通过收集射线穿过工作气体时产生的电子-正离子对来获得核辐射的信息。

(2) 闪烁探测器。

闪烁探测器是利用辐射在某些物质中产生的闪光来探测电离辐射的探测器。闪烁探测器的典型组成：闪烁体、光导、光电倍增管、管座及分压器、前置放大器、磁屏蔽及暗盒等。

(3) 半导体探测器。

带电粒子在半导体探测器的灵敏体积内产生电子-空穴对，电子-空穴对在外电场的作用下迁移而输出信号。其探测原理和气体电离室类似，有时也称为固体电离室。

2) 常见电离辐射探测器

(1) 个人辐射检测仪。

个人辐射检测仪(personal radiation detector，PRD)体积小巧，用于佩戴在人体躯干上测定佩戴者所受 X 和γ辐射外照射个人剂量当量和个人剂量当量率，主要用于放射性工作人员的个人防护。它能设置报警值以声、光或振动进行报警，测量能量范围为 50 keV～1.5 MeV。

图 8-5 为两种个人辐射检测仪。

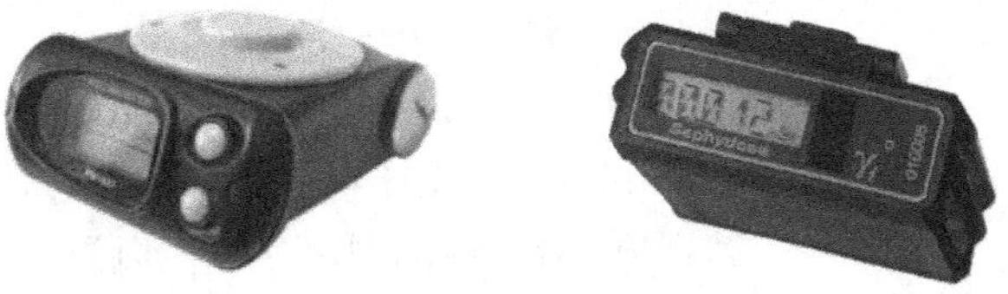

图 8-5　两种个人辐射检测仪

(2) 携带式 X、γ 辐射剂量率仪。

携带式 X、γ 辐射剂量率仪(hand-held gamma search detector，HGSD)可由电池供电，质量小，可携带测量，是口岸最常用的 X 和γ辐射测量仪器。该仪器包括一个或几个 X 和γ辐射探测器，测量能量范围为 50 keV～3 MeV，响应时间不超过 8 s；通常设有报警功能，可以作为监测仪使用；测量辐射剂量率的灵敏度、准确度都比 PRD 高很多，其测量的剂量率值可以作为原始结果来判断被测物的放射性水平，有些仪器可以通过改换探头来测量表面污染或中子辐射。

图 8-6 为两种携带式 X、γ 辐射剂量率仪。

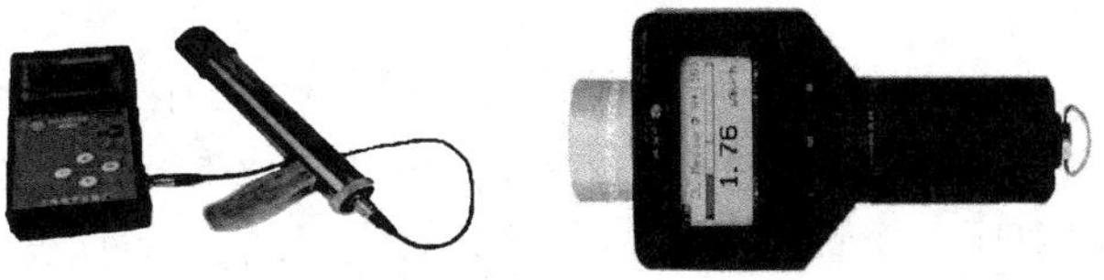

图 8-6　两种携带式 X、γ 辐射剂量率仪

携带式能谱仪(hand-held radionuclide identification device，HRID)，外形和 HGSD 基本一致，区别是在 HGSD 上加装了能谱的测量功能，通常采用 NaI(Tl)闪烁体作为探头材料。NaI(Tl)材料的探测效率高，可以做能量响应，可测能谱，但能量分辨率低，所以 HRID 可以在现场做大致的核素定性。

(3) 通道式 X 和 γ 辐射监测仪。

通道式 X 和 γ 辐射监测仪(fixed radiation portal monitor，FRPM)主要用来探测车辆、人员、行李和邮件的放射性，有时也称为门式或固定式放射性监测系统。与携带式相比，固定式 X 和 γ 辐射剂量率仪一般采用塑料闪烁体做探测部件，探测灵敏度更高。它的探测能量范围应在 50 keV～7 MeV，至少应达到 80 keV～1.5 MeV，通常可设置报警预值以配合自动监测工作，有些配有中子探测器，可对中子进行监测。

图 8-7 为两款通道式辐射监测仪。

图 8-7　两款通道式辐射监测仪

(4) 表面污染监测仪。

表面污染监测仪(alpha/beta surface contamination monitors)主要用于测量现场的货物表面有无放射性物质及其强度。α射线的射程短，所以测量时必须紧挨被测物体表面，但同时又不能使探头碰到被测物体表面，以防止探头表面受到损坏和污染。射线的射程稍远，但监测仪和被测物体也不能太远，具体距离应和仪器刻度时的距离相等。

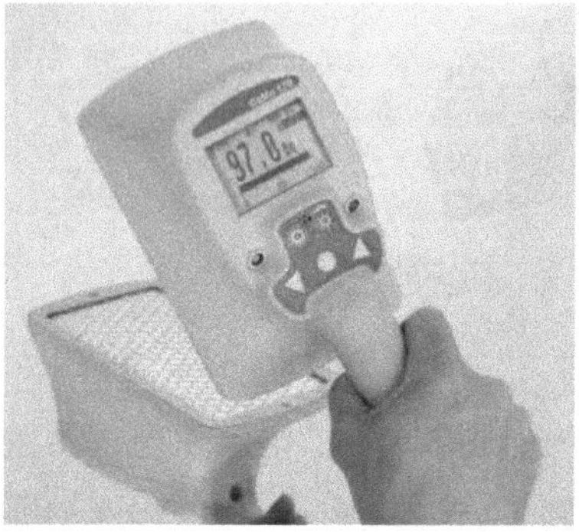

图 8-8 α、β表面污染监测仪

图 8-8 为α、β表面污染监测仪。

(5) 中子检测仪。

中子检测仪(hand held neutron search detectors)为测量现场中子计数或剂量的便携式或佩戴式仪器。由于中子不带电，不能直接测量，一般是通过中子和物质进行核反应或弹性碰撞来检测中子，常用的检测器是充有 ^{3}He 和 BF_3 的气体正比计数管。由于中子辐射出现的情况很少，所以中子检测仪一般并不单独购置，而是作为其他仪器的附加功能来配置。

(6) 高纯锗γ能谱仪。

高纯锗γ能谱仪(gamma spectrometers)是通过测量分析γ能谱来测定被测物所含的放射性核素和含量。一般地说，任何一种γ辐射探测器，都是基于γ射线与探测器灵敏体积内介质的相互作用，即通过光电效应、康普顿效应和电子对效应(要求相对误差 Er>1.02 MeV)等作用机制而损失能量，这些能量被用来在锗晶体中产生空穴-电子对，在外加反向偏压所形成的电场作用下，空穴-电子对做定向运动，使得所产生的电荷得到收集，形成探测器输出端的基本的电信号，以供后面的电子学线路记录、处理与分析。

高纯锗探测器可以看成一个反向偏压下工作的巨大晶体二极管，由单个事件所产生的信号脉冲与其外接电路(通常为前置放大器)的输入端特性有关，等效电路如图 8-9(a)所示。

图 8-9(b)中 C 为探测器电容，它与电缆分布电容及前置放大器输入端特效电容相连接，R 为前放输入阻抗，负载电阻 R 两端的脉冲信号 $V(t)$的上升前沿取决于探测器的电荷收集时间 t_c，对同轴型高纯锗探测器而言，在液氦温度下，脉冲信号后沿取决于外电路的 RC 常数，一般 $RC \gg t_c$。

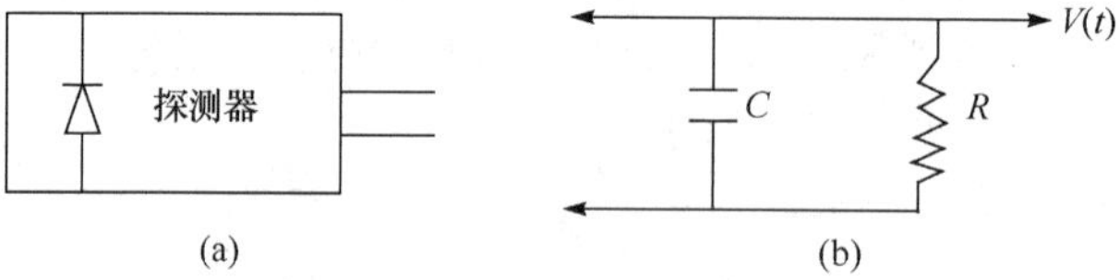

图 8-9 高纯锗γ能谱仪的信号传输

探测的射线进入灵敏区，产生电离，生成大量的电子-空穴对，在外加电场作用下，电子和空穴分别迅速向正负两极漂移、被收集，在输出电路中形成脉冲电信号。

(7) 低本底α、β测量仪。

低本底α、β测量仪(low background alpha and/or beta measuring instruments)和α、β表面污染监测仪不同，它是用来准确测量样品中总α、总β比活度的仪器，通常用于实验室的检验。样品在测量前需要制样过程，以满足仪器测量的需要。

(8) 其他仪器。

车载式辐射检测仪的探测方式和通道式的一致，但其探测器安装在车辆上，可移动探测；将光学成像和γ剂量率分布梯度图像进行叠加的γ相机，可以以照片的形式，非常清晰直观地显示观测地区放射源(热点)所在的位置；将探测器安装在抓斗或龙门吊上的装置，可以在抓取和吊装货物时直接对货物进行放射性测量。

8.2.3　环境中的辐射

在自然界中，辐射源可分为地球以外的和地球上的两大类。地球以外的来自宇宙空间，称为宇宙射线，地球上的则是存在于自然界中的放射性物质形成的地球表面的辐射，称为天然辐射。

1. 环境中的辐射来源

1) 宇宙射线

宇宙射线是一种来自宇宙空间的高能粒子流，一般将其分为初级宇宙射线和次级宇宙射线两种。初级宇宙射线是指从星际空间发射到地球大气层上部的原始射线，其组成比较恒定，83%～89%是质子，9%是氦核(α粒子)，此外还有极少量的重粒子、高能电子、光子和中微子。这种初级宇宙射线从各个方向均匀地向地球照射，其强度随太阳活动周期呈周期性变化。

当初级宇宙射线和地球大气中元素的原子核相互作用时，会产生中子、质子、介子及许多其他反应产物(宇生核素)，如 ^{3}H、^{7}Be、^{22}Na 等，通称为次级宇宙射线。

2) 天然放射性核素

天然放射性核素是指存在于地球表面各种介质(土壤、岩石、水和大气)中的放射性核素，也包括来自各种生物体内的放射性核素。这些天然放射性核素，可分为中等质量和重天然放射性核素两类。

中等质量天然放射性核素是指原子序数小于 83 的天然放射性核素，主要有 ^{40}K、^{50}V、^{89}Rb、^{115}In、^{138}La、^{147}Pm 和 ^{176}Lu 等，它们在岩石圈中含量很低，但半衰期较长。

重天然放射性核素是指原子序数大于 83 的天然放射性核素，分为铀镭系、钍系和锕系。它们大部分是α辐射体，也有β辐射体，还有伴随着原子核的α或β衰变而同时放射出γ射线。这三个系列衰变到最终形成的稳定原子核都是铅的同位素。了解各类环境的天然放射性本底，对于确定污染，找出污染来源，具有重要的意义。

(1) 土壤和岩石中的放射性核素。

土壤和岩石中的天然放射性核素是环境中放射性核素的主要来源。土壤中放射性物质含量变化很大，主要与土壤的种类、土壤中胶体组分的含量及耕作状况有关。土壤和岩石中的天然放射性核素主要是原生放射性核素，即铀系、钍系和锕系中的放射性核素。天然放射性核素在土壤和岩石中的典型含量见表 8-4。

表 8-4　土壤和岩石中主要天然放射性核素的含量

核素	土壤中含量	岩石中含量
U	1×10^{-4}～1.8×10^{-3} g/kg	—
^{238}U	—	0.4～2.6 μCi/g
Th	2.3×10^{-3}～1.4×10^{-2} g/kg	—

续表

核素	土壤中含量	岩石中含量
^{232}Th	6.76×10^{-10} Ci/kg	0.15～2.4 μCi/g
Ra	1.1×10^{-10}～1.9×10^{-9} g/kg	—
^{226}Ra	—	0.4～2.9 μCi/g
K	0.8×10^{-9}～2.4×10^{-8} Ci/kg	—
^{40}K	1×10^{-8} Ci/kg	2.3～30 μCi/g

(2) 水源中的放射性核素。

水源中的天然放射性与该水源流经地域的地壳中天然放射性含量有关。地下水是岩石和土壤中放射性核素的“搬运”者，凡是地壳中天然放射性核素含量高的地区，地下水中的天然放射性核素活度浓度也高。

各种水源中 ^{226}Ra 及其子体的浓度参见表 8-5。

表 8-5　不同水源中 ^{226}Ra 及其子体浓度($\times3.7$ Bq/m^3)

水源	^{226}Ra	^{222}Rn	^{210}Pb	^{210}Po
矿泉、深井水	1～10	10^4～10^5	<0.1	0.02
地下水	0.1～1.0	10^2～10^3	<0.1	0.01
地表水	<1.0	10	<0.1	—
雨水	—	10^3～10^5	0.5～3	0.5

(3) 大气中的天然放射性核素。

大气中的天然放射性，主要有地壳中存在的铀、钍在衰变过程中产生并散发在大气中的元素的气态子体 ^{222}Rn、^{220}Rn 与氚气，其他天然放射性核素的含量甚微。氡、氚气从地壳中释放出来以后，其衰变产物完全是金属元素，很容易吸附在气溶胶微粒上，形成放射性气溶胶，它对人体影响较大，具有重要的生物学意义。

室内空气中的放射性物质浓度比室外高，主要由于室内建筑物和地面析出的氡气的贡献，加之室内通风不好，造成氡的积聚。室内天然γ辐射水平依建筑材料、地面材料的种类而定，参见表 8-6。

表 8-6　住房内空气中的氡、氚浓度(10^{-14} Ci/L)

建筑物类型	氡	氡子体	氚	氚子体
农村土房	33.5	74.8	14.1	2.34
水泥地砖瓦房	38.8	12.6	6.2	3.0
旧式砖瓦房	49.6	122.5	8.5	5.2
水磨石地混凝土楼房	57.0	148.0	10.5	2.0
地下室	172.8	417.6	15.8	4.3
室外大气	16.8～70.4	—	0.16	—

(4) 动植物组织中的天然放射性核素。

动植物组织的天然放射性主要来自 ^{40}K，此外还有 ^{226}Ra、^{14}C、^{210}Pb 和 ^{210}Po 等。陆地生物组织中 ^{40}K 平均含量约为 2.4×10^{-9} Ci/kg 鲜重。各种不同的动、植物组织中 ^{40}K 含量相差很大，豆科植物约为 1×10^{-8} Ci/kg，谷类一般为 2×10^{-9} Ci/kg。

由于钾在器官和组织中分布不均，动物组织中红细胞所含的 ^{40}K 的浓度最高，其余依次是脑、肌肉、肝、肺和骨。人体内钾的含量约占成人体重的 0.2%，其 ^{40}K 总含量约为 10.4×10^{-8} Ci。

此外，部分食品中含有镭，如大米、牛肉、蔬菜、海产品等。通过食物进入人体中的 ^{226}Ra 有 80%～85%集中于骨骼内。

综上所述，由于宇宙射线、地壳本身所含的各种天然放射性核素，构成了居住环境的天然辐射。

2. 放射性污染

因科学技术发展而增加的环境中的放射性，可分为天然放射性核素污染与人工放射性核素污染两大类。

1) 天然放射性核素污染

(1) 铀矿山开采、加工、水冶、地浸、铀精制等一系列活动，使天然放射性物质铀、镭及其子体进入大气、水体中，在有限范围内污染环境，也可能污染河流并将污染扩散至下游沿岸地区。

水冶对环境的污染尤为显著。20 世纪 40、50 年代建成的水冶厂因废水排入河流、湖泊，导致放射性水平高到不能作为饮用水源的事例在一些国家均有发生。水冶厂也会对空气造成污染，尤其是尾矿坝上方氡气浓度较高，同时居民住宅的 γ 辐射水平也有很大增高。此外，利用污染河水灌溉的土壤，其农作物含镭量也较高，甚至放养在污染地区的奶牛所产的奶含镭量也很高。

(2) 煤中含有痕量的全部原生放射性核素及其衰变产物，特别是 ^{40}K 和 ^{232}Th 系与 ^{238}U 系的衰变系列。表 8-7 中将煤和地壳中的放射性对比予以说明。

表 8-7　煤和地壳中的放射性　(单位：Bq/kg)

核素	典型煤	地层(平均值)	核素	典型煤	地层(平均值)
^{40}K	100	400	^{238}U 系	20	25
^{232}Th 系	10	25	^{235}U 系	1	1

燃煤电站在煤燃烧过程中，煤中含有的痕量放射性核素部分被收集于炉底灰中，部分存在于飞灰中，而存在于煤中的氡同位素则几乎完全以气态形式被释放到大气中。

为了具体说明，对于一座煤燃烧速率为 4 t/(GW · a)的发电厂，在合理假设的前提下，放射性核素的典型释放率参见表 8-8。

表 8-8　一座现代燃煤电站可能释放的放射性量

核素	释放率/[GBq/(GW · a)]	核素	释放率/[GBq/(GW · a)]
^{40}K	4	^{232}Rn	80
^{232}Th 系	0.4	^{210}Pb-^{210}Po	8
^{238}U-^{226}Ra 系	0.8	^{235}U 系	0.04

注：1 GBq/(GW · a)=31.7 Bq/(S · GW)。

从烟囱排放出来的气载颗粒物可直接沉积到地面上或通过雨雪沉积到地面上，将计算得到的燃煤电站气载流出物的地面沉积率与纯属天然来源的沉积率作比较，其结果列于表 8-9 中。

表 8-9　放射性物质的沉积量

核素	燃煤电站/GW	天然沉积率/[Bq/(m^2 · a)]	核素	燃煤电站/GW	天然沉积率/[Bq/(m^2 · a)]
^{40}K	3	4	^{210}Po	6	20
^{238}U-^{226}Ra	0.6	0.3	^{232}Th 系	0.791	0.3
^{210}Pb	6	100	^{235}U 系	0.03	0.01

燃烧灰可作为建筑构件混凝土的骨料，也可用作道路的填料。作为填料时，灰中的放射性物质将使地面的γ辐射场升高；沉积在地面上的燃烧灰受风扰动时，再悬浮的微粒可能被吸入或沉积在农作物上而进入食物链；用粉煤灰或煤渣生产的轻型建筑砌块会提高建筑物的γ外照射水平，更重要的是增加氡及其衰变产物的浓度，使之超过户外的水平。

(3) 磷酸盐矿开发造成的污染。矿石开采和加工过程中将矿石中的 ^{238}U 和它的衰变产物重新分配到磷酸盐工业产生的产品、副产物和废物中。生产 1t 磷酸盐相应排入大气的 ^{238}U 约为 2.3×10^6Bq，^{222}Rn 估算为 1.5×10^6 Bq。湿法生产磷酸的工厂的下风向空气中总α放射性平均浓度有所升高，附近的居民由于放射性飘移和在地面沉降吸入颗粒物造成内照射。同样，在施用磷肥多的土壤上生长的粮食作物中 ^{238}U 放射系的天然放射性核素的浓度略有增加。此外，湿法和热法磷酸厂产生的副产物磷石膏和硅酸钙渣若作为建筑材料、铁路道砟和铺路沥青，会使环境中的放射性水平有所升高。

2) 人工放射性核素污染

(1) 核爆炸对环境的污染。

核试验对环境的污染包括裂变产物、未裂变的核装料和感生放射性物质，它们在相当长的时间内共同对环境造成污染。其中，^{90}Sr、^{137}Cs 为监测核试验对环境污染所必不可少的核素。

(2) 核工业和核动力对环境的污染。

核工业包括原子能反应堆、原子能核电站、核动力舰艇等。正常运行的核电站对环境的污染主要来自排放的放射性废液与废气。在环境样品中主要监测 I、Kr、Xe、^{3}H、^{14}C 及活化产物。轻水堆核电站多建在沿海和大的江河边上，利用海水作为最终热井，因此，对海洋的热污染也成为环境监测关注的热点。核动力舰艇，尤其是核潜艇产生的放射性活化产物也对海洋造成污染。

(3) 同位素应用对环境的污染。

放射性同位素在医学上，工业、农业和科学研究领域均得到广泛的应用，但最终都会产生不同形式的放射性废物，如处理不当，也会对环境造成污染。

8.2.4　辐射的监测

1. 辐射的监测概述

辐射的监测是指为评价或控制辐射(包括电离辐射和非电离辐射，如微波、激光及紫外线等)或放射性物质的照射，对剂量或污染所进行的测量及对测量结果的解释。

国家环境保护总局 2001 年发布的《辐射环境监测技术规范》将辐射的监测分为辐射环境

质量监测与辐射污染源监测。

辐射环境质量监测的目的是积累环境辐射水平数据；总结环境辐射水平变化规律；判断环境中放射性污染及其来源；报告环境质量状况。辐射污染源监测的目的是监测污染源的排放情况；核验排污单位的排放量；检查排污单位的监测工作及其效能；为公众提供安全信息。

2. 辐射的监测方法

辐射的监测方法有定期监测和连续监测。定期监测的一般步骤是采样、样品预处理、样品总放射性或放射性核素的测定；连续监测是在现场安装放射性自动监测仪器，实现采样、预处理和测定自动化。对环境样品进行放射性测量和对非放射性环境样品监测过程是一样的。

3. 辐射监测类型

按照监测对象可分为

(1) 现场监测：对放射性物质生产或应用单位内部工作区域所做的监测。

(2) 个人剂量监测：对放射性专业工作人员或公众做内照射和外照射的剂量监测。

(3) 环境监测：天然本底、核试验、核企业、生产和使用放射性核素及其他场所的监测。

主要测定的放射性核素为α放射性核素，如 ^{226}Ra、^{222}Rn、^{235}U 等；β放射性核素，如 ^{134}Cs、^{137}Cs、^{131}I 和 ^{60}Co 等。

辐射的采样通常在辐射源可能影响到的地区约 80 km 范围内布设采样点。对大气、土壤和植物监测可以采用网格或扇形布点法。对水体的监测参考水样采集的布点法。根据具体情况可加大布点密度。

监测频率依环境污染的情况而定。常规监测可 1 年 2 次或每季度 1 次。若监测排放源情况时，应根据排放周期的变化、放射性核素的半衰期、环境介质的稳定情况及统计学的要求而定。核素半衰期短，采样频率应高，可连续采样或每日采样 1 次，而对半衰期长的放射性核素，测量频率可以减少，且可将几次采集的样品混合，进行一次性的测定。

4. 污染源监测

监测环境条件应符合行业标准和仪器标准中规定的使用条件。测量记录表应注明环境温度、相对湿度。可使用各向同性响应或有方向性电场探头或磁场探头的宽带辐射测量仪。采用有方向性探头时，应在测量点调整探头方向以测出测量点最大辐射水平。测量仪器工作频带应满足待测场要求，仪器应经计量标准定期鉴定。

在辐射体正常工作时间内进行测量，每个测点连续测 5 次，每次测量时间不应小于 15 s，并读取稳定状态的最大值。若测量读数起伏较大时，应适当延长测量时间。测量位置取作业人员操作位置，距地面 0.5 m、1 m、1.7 m 三个部位。辐射体各辅助设施(计算机房、供电室等)作业人员经常操作的位置，测量部位距地面 0.5 m、1 m、1.7 m。测量位置还包括辐射体附近的固定哨位、值班位置等。

求出每个测量部位平均场强值(若有几次读数)，最好是 RMS 平均值。根据各操作位置的 E 值(H、Pd)按国家标准《电磁环境控制限值》(GB 8702—2014)或其他部委制定的“安全限值”作出分析评价。

5. 环境质量监测

环境样品各式各样，包括水源、土壤、生物样品与气溶胶。不同的核素有不同的分析方法，甚至同一种核素也有数种分析测定方法。

1) 样品的采集

环境放射性监测样品的采集，要具有代表性并能反映环境中放射性水平变化的一些环境介质。

样品采集量一般应根据样品中放射性活度水平和探测仪器的灵敏度来决定，其最小采样量可按式(8-19)估算：

$$V = \frac{A_0}{2.22A} \tag{8-19}$$

式中，V 为最小采样量，L 或 kg；A_0 为探测仪器的灵敏度，衰变数/min；A 为样品中放射性浓度估计值，10^{-2} Bq/L 或 10^{-2} Bq/kg。

采集各种样品时，应在每一个样品标签上和记录本中准确地记录采集样品者的姓名、日期(小时)、地点。如果为水样，还需要记录采样水面下深度、水温、水位、流速和气象条件等。

采集的样品，若放射性活度较高，可直接制成样品源进行测量。如果样品的放射性浓度低，则需要预先将样品进行浓缩，然后再制成样品源进行测量。

采集样品的基本原则是样品具有代表性。因此，应针对环境的具体情况，可能污染源的性质及排放时间、污染的大致范围等制订出采样计划，包括采样时间、采样频度、样品个数、样品数量(体积或质量)、布点位置(采样布点图)等。

(1) 水样的采集。

大气沉降物及各种生产活动产生的放射性废物，都可能对水源造成污染。水源是环境放射性监测首先考虑的项目。

采水工具一般可用玻璃器皿或塑料制品，容器须经仔细清洗，确保无放射性污染。在采样现场，用待采之水清洗容器 2～3 次后，采集一定量的水样供分析测定用。

浅水采样时，注意不要触动底泥使水变浑浊；深水区采样时，不取表层水，尤其是湖泊、水池的表层水中悬浮物较多，还含有有机物，通常可于水面下一定深度(如 0.5 m)处取样；如水深很深，应考虑在不同深度取样。湖泊或河流较宽时，可取数个水样。河流则在一个断面上的河心和两岸边取水样。采样时，应及时在样品桶(瓶)上贴好标签。

采样后向水样内投加少许盐酸或硝酸使样品酸化(pH=2)，以减少器壁对放射性核素的吸附和防腐，采样容器用后应仔细清洗，以避免放射性核素的交叉污染。水样保存一般不得超过 2 个月。

(2) 土壤样品的采集。

采样点应选在地势平坦，具有良好渗透性，未受明显的放射性污染的地方，同时要兼顾土壤类型和成土母质，采样应在 10 m×10 m 范围内在四角和中心采集五点的土壤；每点取长宽各 10 cm，深为 20 cm 的土壤，将采集的五点土壤去掉石块、杂草等，用四分法混合取 2 kg 装入采样袋中待测量用。

(3) 大气采样。

一般采集近地面 1.5 m 高处的大气、采样点应选在空旷地，避开建筑物 50 m 左右。

空气采样装置由采样头，抽气动力和记录采集体积的流量计三部分组成。采样头由金属、塑料或有机玻璃制成，具有一定面积的圆锥形滤头，以固定和支持过滤材料。抽气动力可用真空抽气泵，流量计要求能准确地记录抽取空气的体积，选用过滤材料(如聚苯乙烯薄膜、纤维薄膜、玻璃薄膜等)时，应对滤材做过滤效率测试。

大气采样总体积不应少于 10000 L，采样期间应同时记录采样的起、止时间和气象条件。

(4) 生物样品的采集。

根据监测目的确定采样地点及采样品种，采样后用水洗净，在室内将表面水分晾干，称量，然后切成小段。在 110℃下烘干，再转入(或分次转入)瓷蒸发皿中在电热板上碳化，无烟后放入马弗炉内在 400～450℃下灰化成灰白色灰样。

2) 样品的制备

样品制备的目的主要是浓集对象核素、去除干扰核素、将样品的物理形态转换成易于进行放射性检测的形态。常用的制备方法有衰变法、共沉淀法、灰化法、电化学法及其他方法(有机溶剂溶解法、萃取法、离子交换法等)。

(1) 水样。

准确量取一定体积(1～2 L)待测水样于事先酸化过的烧杯内蒸发浓缩，待样品体积浓缩到 50 mL 左右时，将其移入 100 mL 瓷坩埚内继续蒸发，同时用少量蒸馏水将烧杯洗涤数次，分次加入瓷坩埚内，蒸干、置于马弗炉内在 500℃下灰化 1～2 h，取出，冷却后称量(事先将坩埚称量)，然后用骨匙将灰样磨碎，研细，混匀，称取部分灰分(一般不超过 300 mg)置于测量盘内，用骨匙轻轻压平，放在低本底测量仪上测定。

若水样浑浊，应在采样后自然澄清，取一定体积的上清液按上述同样方法制样，进行总放射性活度测定；沉淀物则转入已称量的坩埚或蒸发皿内，蒸干、灰化，再进行总活度测定。

(2) 土壤样品。

称取已研细(或 40 目分样筛下过筛)的样品灰 300 mg，用骨匙轻轻压平(也可用无水乙醇将灰分湿润后在红外灯下烤干)，制成薄薄的、厚度均匀的样品源，测量其放射性活度。

(3) 植物样品。

由于采集的植物(蔬菜)品种不同，灰化温度也不一样，一般应由低温逐步升至高温，最后保持在 400～450℃，并经常观察，防止烧结。灰化后若灰分仍为灰黑色，则应将灰取出放冷后，用 6 N[1 N=(1 moL/L)÷离子价数]硝酸或 6 N 亚硝酸钠溶液将灰分润湿，晾干后立即灰化。将灰化完全的样品放至室温，称总灰重。用骨匙或研钵将灰分捣细并混合均匀，封装在聚乙烯袋中以备作总放射性活度测量。

3) 质量保证措施

通过对监测过程的全面控制如监测过程的组织管理、参与人员的素质要求与岗位培训，仪器设备的管理与维护，样品采集，布点与频度设计，分析过程的质量控制，监测数据的记录、复核与审核等，以保证测量结果的代表性、准确性和可靠性。

8.2.5 辐射的标准

环境电磁波容许辐射强度标准分为二级，以电磁波辐射强度和频段特性对人体可能引起潜在性不良影响的阈下值为界分级。

一级标准为安全区，指在该环境电磁波强度下长期居住、工作、生活的一切人群(包括婴儿、孕妇和老弱病残者)，均不会受到任何有害影响的区域；新建、改建或扩建电台、电视台和雷达站等发射天线，在其居民覆盖区内，必须符合“一级标准”的要求(表 8-10)。

表 8-10 工作人员、居民年最大容许剂量当量

受照射部位		职业性放射性工作人员的年最大容许剂量当量①/Sv	放射性工作场所、相邻及附近地区工作人员和居民的年最大容许剂量当量①/Sv	广大居民年最大容许剂量当量②/Sv
器官分类	器官名称			
第一类	全身、性腺、红骨髓、眼晶体	5×10^{-2}	5×10^{-3}	5×10^{-4}
第二类	皮肤、骨、甲状腺	3.0×10^{-1}	3×10^{-2}②	1×10^{-2}
第三类	手、前臂、足踝	7.5×10^{-1}	7.5×10^{-2}	2.5×10^{-2}
第四类	其他器官	1.5×10^{-1}	1.5×10^{-2}	5×10^{-3}

①露天水源地的限制浓度是为广大居民规定的，其他人员也适用此标准；②放射性工作场所空气中的最大容许浓度值是为职业放射性工作人员规定的，工作时间按每周 40 h 计算。

二级标准为中间区，指在该环境电磁波强度下长期居住、工作和生活的一切人群(包括婴儿、孕妇和老弱病残者)可能引起潜在性不良反应的区域；在此区内可建造工厂和机关，但不许建造居民住宅、学校、医院和疗养院等，已建造的必须采取适当的防护措施。

超过二级标准地区，对人体可带来有害影响；在此区内可作绿化或种植农作物，但禁止建造居民住宅及人群经常活动的一切公共设施；如在此区内已有这些建筑，则应采取措施，或限制辐射时间。

放射性同位素在放射性工作场所以外地区空气中的限制浓度，按表 8-11 放射性工作场所空气中的最大容许浓度乘以表 8-12 所列比值控制计算。国际放射防护委员会提出了个人剂量限值的建议值，见表 8-13。

表 8-11 放射性同位素在露天水源中的限制浓度和放射性工作场所空气中的最大容许浓度

放射性同位素		露天水源中限制浓度①/(Bq/L)	放射性工作场所空气中最大容许浓度②/(Bq/L)
名称	符号		
氚	^{3}H	1.1×10^{4}	1.9×10^{2}
铍	^{7}Be	1.9×10^{4}	3.7×10^{1}
碳	^{14}C	3.7×10^{3}	1.5×10^{2}
硫	^{35}S	2.6×10^{2}	1.1×10^{1}
磷	^{32}P	1.9×10^{2}	2.6
氩	^{41}Ar	—	7.4×10^{1}
钾	^{42}K	2.2×10^{2}	3.7
铁	^{55}Fe	7.4×10^{3}	3.3×10^{1}
钴	^{60}Co	3.7×10^{2}	3.3×10^{-1}
镍	^{59}Ni	1.1×10^{3}	1.9×10^{1}
锌	^{65}Zn	3.7×10^{2}	2.2
氪	^{85}Kr	—	3.7×10^{2}
锶	^{90}Sr	2.6	3.7×10^{-2}
碘	^{131}I	2.2×10^{1}	3.3×10^{-1}

续表

放射性同位素		露天水源中限制浓度①/(Bq/L)	放射性工作场所空气中最大容许浓度②/(Bq/L)
名称	符号		
氙	^{131}Xe	—	3.7×10^{2}
铯	^{137}Cs	3.7×10^{1}	3.7×10^{-1}
氡	^{220}Rn③	—	1.1×10^{1}
	^{222}Rn	—	1.1
镭	^{226}Ra	1.1	1.1×10^{-3}
铀	^{235}U	3.7×10^{1}	3.7×10^{-3}
钍	^{232}Th	3.7×10^{-1}	7.4×10^{-3}

①露天水源地的限制浓度是为广大居民规定的，其他人员也适用此标准；②放射性工作场所空气中的最大容许浓度值是为职业放射性工作人员规定的，工作时间按每周 40 h 计算；③矿井下的 ^{222}Rn 子体或 ^{226}Ra 子体的 α 潜能值不得大于 4×10^{4} MeV/L。

表 8-12　比值控制

放射性同位素	比值	
	放射性工作场所相邻及附近地区	广大居民区
^{3}H、^{35}S、^{41}Ar、^{85}Kr、^{131}Xe	1 月 30 日	1/300
^{14}C、^{55}Fe、^{59}Ni、^{65}Zn、^{90}Sr、^{226}Ra	1 月 30 日	1/200
其他同位素	1 月 30 日	1/100

表 8-13　国际放射防护委员会建议的个人剂量限值

人员类别	基本极限值/(mSv/a)		
职业型个人	非随机效应	眼晶体	150
		其他组织	500
		全身均匀照射	50
	随机效应	全身均匀照射	50
		不均匀照射	≤50

8.3　物理污染监测实例

8.3.1　交通噪声监测实例

宜宾市一条高速公路建设拆迁不到位导致公路运行过程中引发噪声扰民，并最终诉诸法律，当地人民法院委托四川省环境监测中心站开展纠纷监测。本案例旨在通过分析此次纠纷监测的共性和特性，探讨此类监测及评价的技术要点和疑点。

1. 事件来源

纠纷发生在内江—宜宾高速公路第二期工程自贡至宜宾段，该路段高速公路横跨宜宾江北城区，双向四车道，1999 年 12 月建成通车，建设时对江北城区相关区域进行了拆迁。位于宜宾江北城区的原制材厂部分职工宿舍(本次纠纷中受影响的对象)属于当时的拆迁范围，由于种种原因，紧邻高速公路的该部分宿舍未能实现拆迁而保留居住。2010 年该宿舍部分居民就噪声污染一事对该高速公路开发公司提起诉讼，地方人民法院受理了此案并委托四川省环境监测中心站开展此案纠纷监测。

2. 现场调查

四川省环境监测中心站接受委托后派技术人员进行了现场调查。噪声监测的对象为紧邻高速公路的原制材厂 3 栋职工宿舍楼，即岷江西路 125 号 26 栋、16 栋、15 栋。该 3 栋宿舍楼楼高分别为 6 层、4 层、5 层，走向与高速公路走向呈 90°垂直，3 栋宿舍楼间距均为 10 m。与宿舍楼紧邻的高速公路属宜宾二桥引桥，桥高约 15 m。

3 栋宿舍楼与高速公路桥最近距离为 6～13.7 m。26 栋宿舍楼下有一个建筑用工具堆放场，高速公路桥下空地被用作周边居民活动用地，该两处场所在特定时间段对该 3 栋宿舍楼有一定噪声影响，除此之外，宿舍楼周边未见其他明显噪声源。经调查发现，在有车辆通行时，宿舍楼上的噪声影响人体感受较为明显。

3. 监测及评价

根据现场调查，结合委托监测内容，依据《声环境质量标准》(GB 3096—2008)、《声学 环境噪声的描述、测量与评价 第 2 部分：环境噪声级测定》(GB/T 3222.2—2022)的规定，四川省环境监测中心站制订了噪声监测方案，并依据监测方案进行监测和评价。

(1) 监测布点：依据《声环境质量标准》规定，针对噪声敏感建筑物，点位布设选择在户外距离墙壁或窗户 1 m 处进行布点。每栋宿舍楼顶楼远、中、近各布设 3 个监测点(将宿舍楼各单元按与高速公路的距离由近到远定义为近端、中端、远端)，在 3 栋宿舍楼距高速公路最近的单元(近端)自上而下均匀布设 3 个监测点位；同时，在距 26 栋宿舍楼最近的高速公路桥桥边 0.2 m 处布设了一个交通噪声监测点。

(2) 监测项目：监测项目为敏感点环境噪声等效声级 L_{eq} 及道路交通噪声等效声级 L_{eq}，并同步记录车流量。

(3) 监测频次：监测的噪声类型为交通运输噪声，监测路段车流量较大，依据《声环境质量标准》，经优化确定噪声监测频次为连续监测 2 天，每天昼间监测 2 次，夜间监测 1 次，每次监测时间为 20 min。

(4) 监测仪器：本次监测使用 AWA6218B 型积分声级计(精度为 2 型)，测量前后使用活塞发声校准器校准，示值偏差小于 0.5 dB。

(5) 监测条件：监测时，监测地无雨雪、无雷电，风速小于 5 m/s，该路段高速公路处于正常运行状态。

4. 监测结果及评价

监测结果显示，两日各监测点的测值变化不大，因此取其中一日的监测数据进行分析评价。

所取日监测结果见表 8-14～表 8-16。《中华人民共和国环境噪声污染防治法》规定居民区环境噪声白天不得超过 55 dB，夜间不得超过 45 dB。本次噪声监测结果评价如下。

表 8-14 3 栋宿舍近端各楼层监测点测值 [单位：dB(A)]

楼层	26 栋			16 栋			15 栋		
	6	4	2	4	3	1	5	4	2
昼间	64.5	62.6	60.9	63.6	60.9	60.2	64.9	62.2	59.3
夜间	64.3	59.7	54.8	59.1	58.1	57.0	58.8	57.9	55.3

表 8-15 3 栋宿舍楼顶楼近、中、远端监测点测值 [单位：dB(A)]

距离	26 栋			16 栋			15 栋		
	近	中	远	近	中	远	近	中	远
昼间	64.5	63.5	62.3	63.6	56.4	55.4	64.9	60.0	56.8
夜间	64.3	62.8	60.0	59.1	57.5	54.4	58.8	55.2	52.9

表 8-16 交通噪声及车流量监测值

时间段	噪声 L_{eq}/dB	车流量/辆
昼间	75.6	1320
夜间	74.6	870

由表 8-14 可以看出交通噪声昼夜均超标；可以看出 26 栋、16 栋、15 栋宿舍楼监测点昼夜间环境噪声均超标，只有 16 栋远端昼间接近标准。各楼层及单元受影响程度不同，其受影响程度分布特点如下：

(1) 受噪声随距离增加而衰减的特性及高速公路桥桥体自身对噪声的屏蔽双重因素的影响，楼层高度高于或接近于高速公路桥桥面的顶楼受噪声影响最大，随着楼层的降低，受影响程度逐渐变小。

(2) 受噪声随距离增加而衰减的特性影响，3 栋宿舍楼顶楼监测点，随着相对于高速公路距离的增加，受影响程度逐渐降低。

由此，得出如下评价结论：受内宜高速公路运行的影响，宿舍楼层夜间环境噪声超标，其中楼层高度高于或接近于高速公路桥桥面的顶楼受噪声影响最大，随着楼层的降低或高速公路距离的增加，受影响程度逐渐降低。

8.3.2 放射性监测实例

2011 年 3 月 11 日，日本近海发生里氏 9.0 级强烈地震，福岛核电站受损发生核泄漏向太平洋排放 1 万多吨污水，放射性物质含量是法定标准的 500 倍。日本核污染除了通过大气和海洋影响其他国家和地区外，还可能在海运中通过船舶、集装箱和货物将核污染带给对方的港口和城市。针对日本核泄漏污染可能产生的影响，东山出入境检验检疫局在所辖东山港进行为期 3 个月的放射性监测工作，旨在掌握东山港区环境放射性基本情况，判断港区是否受到日本核辐射污染，并为口岸放射性监测工作提供科学依据。

1. 监测地点

东山港区散货码头：此次调查选择码头卸货区、码头堆场区、检疫查验科办公室 3 个监测点。

监测日期为 2011 年 3 月 15 日～6 月 15 日，这次调查历经 3 个月时间，基本涵盖了福岛泄漏事故发生、发展的整个时间段。期间以 15 天为单位对口岸监测点辐射值进行监测，每 15 天监测次数不少于 10 次，取平均值，分别记为 T1、T2、T3、T4、T5、T6。

2. 监测方法

参照国家质量监督检验检疫总局制定的《国境卫生检疫放射性监测管理 暂行规程》，福建出入境检验检疫局核与辐射作业指导书(ZWJ16-08 口岸核与辐射监测)。

使用美国安全环境国际公司(SE International Inc)生产的 Inspector 放射性污染剂量仪。每个监测点选取 6 个测量点进行测量；室外按 20 m×20 m 的交叉点作为测量点；室内选择测量点可选取四角及中央点，但四角需离墙 1 m 以上。

选择晴天，雨后 6 h 和地面无积水时实施检测。测量校正监测仪后，对每个测量点进行 10 次测量读值，每次读值间隔 10 s，取平均值。辐射剂量仪探头灵敏中心置于距地面 1 m 高度处测量。

3. 监测结果与统计方法

应用 SPSS16.0 软件作统计分析，平均辐射值以 $\overline{X} \pm S$ 表示，均数比较采用重复测量设计的方差分析，双侧检验，$P<0.05$ 认为差异有统计学意义。各监测点不同时间段放射性监测结果，见表 8-17。

表 8-17　各监测点不同时间段放射性监测结果 ($\overline{X} \pm S$)

时间段	码头	堆场	办公室
T1	0.189±0.033	0.307±0.027	0.137±0.020
T2	0.191±0.015	0.317±0.025	0.140±0.016
T3	0.184±0.033	0.300±0.023	0.152±0.029
T4	0.192±0.018	0.303±0.014	0.133±0.024
T5	0.190±0.018	0.308±0.010	0.135±0.010
T6	0.205±0.015	0.314±0.016	0.138±0.012
合计	0.192±0.004	0.308±0.004	0.139±0.004

对码头、堆场、办公室三个地点放射性进行比较，F=525.845，P<0.001，各测量点间放射值存在差异。进一步用最小显著性差异(least significant difference, LSD)法作两两比较，放射值：堆场>码头>办公室，P 均小于 0.001。

监测过程中，不同监测点间测量放射值存在差异，且放射值：堆场>码头>办公室。堆场地面材质为花岗岩，花岗岩本身存在天然放射性，有研究表明花岗岩的天然放射性为 0.32 μSv/h，与本次监测数值相近，推测堆场放射性最高的主要原因为堆场花岗岩地面的天然放射性。而码头的放射值高于办公室的原因推测为露天场所宇宙射线放射性高于室内，具体原因尚需进一步地研究。三个场所测定放射值均未超过东山口岸放射性本底值 0.180 μSv/h(2008

年本底调查数据)的 3 倍及 1 μSv/h 的放射性超标上限。同组不同时间点放射值比较，各时间点间放射值差别不具有显著性(P>0.05)，说明随着时间的变化，各个监测点的放射值未发生明显的变化。从监测结果可以判定，东山港区未受到日本放射性污染影响。

思考题与习题

第一部分：请回答各题对与错。

1. 一列平面波在传播过程中，横坐标不同的质点，位相一定不同。
2. 同一种吸声材料对任一频率的噪声吸声性能都是一样的。
3. 普通的加气混凝土是一种常见的吸声材料。
4. 对于双层隔声结构，当入射频率高于共振频率时，隔声效果就相当于把两个单层墙合并在一起。
5. 在声波的传播过程中，质点的振动方向与声波的传播方向是一致的，所以波的传播就是媒质质点的传播。
6. 对任何两列波在空间某一点处的复合声波来讲，其声能密度等于这两列波声能密度的简单叠加。
7. 吸声量不仅与吸声材料的吸声系数有关，而且与材料的总面积有关。
8. 分贝是计算噪声的一种物理量。
9. 对室内声场来讲，吸声性能良好的吸声设施可以设置在室内任意一个地点，都可以取得理想的效果。
10. 噪声对人的干扰不仅和声压级有关，而且和频率也有关。
11. 共振结构也是吸声材料的一种。
12. 当受声点足够远时，可以把声源视为点声源。
13. 吸声量不仅和房间建筑材料的声学性质有关，还和房间壁面面积有关。
14. 室内吸声降噪时，无论把吸声体放在什么位置，效果都是一样的。
15. 多孔吸声材料对高频噪声有较好的吸声效果。
16. 在设计声屏障时，材料的吸声系数应在 0.5 以上。
17. 道路交通噪声监测时，同时应记下车流量和路长、路宽等，其中路宽的计算包括行车道、绿化隔离带和非机动车道。

第二部分：问答与计算题。

18. 如何区分稳态噪声和非稳态噪声？
19. 设一人单独说话时声压级为 65 dB，现有 10 人同时说话，则总声压级为多少？
20. 城市道路交通噪声测量点位如何选择？
21. 某超市全市白天平均等效声级为 55 dB，夜间全市平均等效声级为 45 dB，问全市昼夜平均声级为多少？
22. 如某车间待测机器噪声和背景噪声在声级计上的综合值为 104 dB，待测机器不工作时背景噪声读数为 100 dB，求待测机器实际的噪声值。
23. 现对某一噪声功能达标区中一固定源进行调查及测量，其边界噪声级最高点处测得值为 65.8 dB(A)，背景噪声为 60.3 dB(A)。求该测点修正后的噪声值。
24. 辐射监测包括下列哪些监测？

① 个人监测	② 工作场所监测	③ 流出物(源项)监测	④ 环境监测
⑤ 事故监测	⑥ 水体监测	⑦ 大气监测	⑧ 生物监测

25. 通过测量，已知空气中某点处照射量为 6.45×10^{-3} C/kg，求该点处空气的吸收剂量。
26. 在 ^{60}Co γ射线照射下，测得水体模内某点的照射量为 5.18×10^{-2} C/kg，试计算同一点处水的吸收剂量(^{60}Co γ射线能量为 1.25 MeV)。

第 9 章

环境应急监测

本章导读

突发环境污染事件的发生往往在短时间内直接威胁公众的身体健康或造成局部环境质量的急剧恶化，甚至生态灾难。对突发环境污染事件的监测对于快速有效地处置污染事故，减少事故带来的危害和损失具有非常重要的作用。突发环境污染事件的监测方法要体现快速、简便和可靠的特点。本章简要介绍突发环境污染事件的定义、危害和分级，以及应急监测技术的要求和简易的监测方法，目的是让读者了解应急监测的作用和意义，掌握应急监测预案制订和监测方法的选择。

环境应急监测是指在突发环境污染事件的紧急情况下，为快速查明环境污染状况而实施的环境监测。在环境污染事件发生后，应急监测人员以最快的速度赶赴事件现场，通过采用小型、便携、简易、快速的环境监测仪器、装备及一定的分析手段，在尽可能短的时间内获取污染物种类、浓度、影响范围及可能的扩散趋势等重要信息，为环境应急响应行动(人员疏散、污染源控制、污染消除、应急终止及环境恢复等)提供支持。实施应急监测是做好突发性环境污染事件处置工作的前提和关键，也是突发环境污染事件应急处置与善后处理中始终依赖的基础工作。

9.1 突发环境污染事件

突发环境污染事件简称环境事件，也称为环境安全事件。生态环境部《国家突发环境事件应急预案》将突发环境事件定义为：突发环境事件是指由于污染物排放或自然灾害、生产安全事故等因素，导致污染物或放射性物质等有毒有害物质进入大气、水体、土壤等环境介质，突然造成或可能造成环境质量下降，危及公众身体健康和财产安全，或造成生态环境破坏，或造成重大社会影响，需要采取紧急措施予以应对的事件，主要包括大气污染、水体污染、土壤污染等突发性环境污染事件和辐射污染事件。这一表述包括以下三层含义：①突发环境事件首先是环境污染或生态破坏事件，否则不能称为突发环境事件，从大量的统计资料看，95%以上的突发环境事件属于污染事件；②突发环境事件是突然发生的，普通的环境污染不宜称为突发环境事件；③突发环境事件在短时间内直接威胁公众的安全健康或造成局部环境质量急剧恶化，甚至生态灾难，这是突发环境事件的显著特征。

9.1.1　突发环境污染事件的类型

对于环境事件的分类，国内外没有统一的规定。国内的一些专业文献资料，包括政府环保部门的应急预案曾对突发环境事件进行过分类，根据环境事件发生原因、主要污染物特征、环境事件表现形式等归纳起来可分为以下 8 种类型。

1) 有毒有害物质污染地表水或地下水

在生产活动过程中因使用、储存、运输或处置不当，导致有毒有害物质进入地表水或地下水。此外，不达标的生产废水、生活废水长期大量排放，也会造成受纳水体的严重污染。

2) 毒气污染事件

生产、储存或运输氯(液氯)、氨(液氨)、氰化氢、硫化氢、氯化氢(盐酸)、苯、甲苯、二甲苯、甲醛及剧毒农药等有毒气体或易挥发性有毒液体的管道或容器，一旦大量泄漏，必然急剧污染周围空气，直接威胁公众的生命安全与健康。

3) 火灾、爆炸、交通事故引起污染事件

通常被称为次生性环境事件，主要指易燃易爆的危险化学品或危险废物意外发生火灾、爆炸事故，突然造成空气、水体污染。消防水携带危险化学品或危险废物直接排入受纳水体，也属于此类事件。

4) 油污染事件

矿物油(含废矿物油)在生产、储存、运输、使用过程中意外泄漏，引起水体(含海水)或陆地污染。

5) 放射性污染事件

放射性物质丢失、被盗或失控，以核辐射方式造成直接危害公众生命安全与健康的污染事件。

6) 海洋环境污染事件

海上船舶、钻井平台因撞击、倾覆事故造成矿物油等危险化学品泄漏至海洋，引起海洋污染事件。

7) 自然灾害

如地震、洪水、台风等造成的次生性环境污染或生态破坏事件。

8) 人为破坏引起的环境事件

我国较为传统的分类方法是将环境污染事件分为六大类：水污染事件、大气污染事件、土壤污染事件、生态环境破坏事件、放射性污染事件、噪声与振动危害事件。这种分类方法便于污染事故与污染源的识别、统计。

9.1.2　突发环境污染事件的分级

突发性环境污染事件分级是分级响应的首要判断依据。国务院 2014 年 12 月 29 日发布并实施的《国家突发环境事件应急预案》，按突发事件的严重性、紧急程度及影响程度将突发性环境事件分为：特别重大突发环境事件、重大突发环境事件、较大突发环境事件和一般突发环境事件 4 个等级。

1. 特别重大突发环境事件

凡符合下列情形之一的，为特别重大突发环境事件：

(1) 因环境污染直接导致 30 人以上死亡或 100 人以上中毒或重伤的。

(2) 因环境污染疏散、转移人员 5 万人以上的。

(3) 因环境污染造成直接经济损失 1 亿元以上的。

(4) 因环境污染造成区域生态功能丧失或该区域国家重点保护物种灭绝的。

(5) 因环境污染造成设区的市级以上城市集中式饮用水水源地取水中断的。

(6) Ⅰ、Ⅱ类放射源丢失、被盗、失控并造成大范围严重辐射污染后果的；放射性同位素和射线装置失控导致 3 人以上急性死亡的；放射性物质泄漏，造成大范围辐射污染后果的。

(7) 造成重大跨国境影响的境内突发环境事件。

2. 重大突发环境事件

凡符合下列情形之一的，为重大突发环境事件：

(1) 因环境污染直接导致 10 人以上 30 人以下死亡或 50 人以上 100 人以下中毒或重伤的。

(2) 因环境污染疏散、转移人员 1 万人以上 5 万人以下的。

(3) 因环境污染造成直接经济损失 2000 万元以上 1 亿元以下的。

(4) 因环境污染造成区域生态功能部分丧失或该区域国家重点保护野生动植物种群大批死亡的。

(5) 因环境污染造成县级城市集中式饮用水水源地取水中断的。

(6) Ⅰ、Ⅱ类放射源丢失、被盗的；放射性同位素和射线装置失控导致 3 人以下急性死亡或者 10 人以上急性重度放射病、局部器官残疾的；放射性物质泄漏，造成较大范围辐射污染后果的。

(7) 造成跨省级行政区域影响的突发环境事件。

3. 较大突发环境事件

凡符合下列情形之一的，为较大突发环境事件：

(1) 因环境污染直接导致 3 人以上 10 人以下死亡或 10 人以上 50 人以下中毒或重伤的。

(2) 因环境污染疏散、转移人员 5000 人以上 1 万人以下的。

(3) 因环境污染造成直接经济损失 500 万元以上 2000 万元以下的。

(4) 因环境污染造成国家重点保护的动植物物种受到破坏的。

(5) 因环境污染造成乡镇集中式饮用水水源地取水中断的。

(6) Ⅲ类放射源丢失、被盗的；放射性同位素和射线装置失控导致 10 人以下急性重度放射病、局部器官残疾的；放射性物质泄漏，造成小范围辐射污染后果的。

(7) 造成跨设区的市级行政区域影响的突发环境事件。

4. 一般突发环境事件

凡符合下列情形之一的，为一般突发环境事件：

(1) 因环境污染直接导致 3 人以下死亡或 10 人以下中毒或重伤的。

(2) 因环境污染疏散、转移人员 5000 人以下的。

(3) 因环境污染造成直接经济损失 500 万元以下的。

(4) 因环境污染造成跨县级行政区域纠纷，引起一般性群体影响的。

(5) Ⅳ、Ⅴ类放射源丢失、被盗的；放射性同位素和射线装置失控导致人员受到超过年剂量限值的照射的；放射性物质泄漏，造成厂区内或设施内局部辐射污染后果的；铀矿冶、伴生矿超标排放，造成环境辐射污染后果的。

(6) 对环境造成一定影响，尚未达到较大突发环境事件级别的。

上述分级标准有关数量的表述中，“以上”含本数，“以下”不含本数。

9.2　环境应急监测概况

生态环境应急监测(以下简称应急监测)是生态安全体系的重要组成部分，是深入打好污染防治攻坚战的重要支撑，是生态环境突发事件应急处置和生态环境损害鉴定评估的重要基础。环境污染事件应急监测要求应急监测人员快速赶赴现场，根据事故现场的具体情况布点采样，利用快速监测手段判断污染物的种类，给出定性、半定量和定量监测结果，确认污染事故的危害程度和污染范围等。所以，在环境应急监测方面，不仅要熟谙各类污染事件的监测对象，掌握简便快速、准确可靠的监测技术方法，还要对应急监测中可用的仪器设备的性能、适用范围、使用方法等了如指掌，编制好各类污染事件的应急监测预案，定期举行应急监测演练，以便在污染事件突发时，快速准确地做好环境应急监测工作。

9.2.1　环境应急监测的作用

针对突发环境污染事件的特殊性，现场应急监测的作用体现在以下几方面。

1) 对事件特征予以表征

迅速提供污染事件的初步分析结果，如污染物的释放量、形态及浓度，估计向环境扩散的速率、受污染的区域和范围、有无叠加作用、降解速率及污染物的特点(包括毒性、挥发性、残留性等)。

2) 为制订处置措施快速提供必要的信息

提供高度准确的应急监测数据及其他信息，根据初步分析结果，迅速提出适当的应急处理处置措施，或者能为决策者及有关方面提供充分的信息，以确保对事件做出迅速有效的应急反应，将事件的有害影响降至最低限度。

3) 连续、实时地监测事件的发展态势

有助于评估事件对公众和环境卫生的影响及整个受影响地区产生的后果随时间的变化，有助于污染事件的有效处理。必要时对原拟定要采取的措施进行实时的修正。

4) 为实验室分析提供第一信息源

因现场监测设备条件所限，有时不能及时确认事件所涉及的化学物质种类，现场测试结果可为进一步的实验室分析提供有价值的第一手信息源，如正确的采样地点、采样范围、采样方法、采样数量及分析方法等。

5) 为环境污染事件后的恢复计划提供充分的信息和数据

6) 为事件的评价提供必需的资料

应急监测信息包括污染物的名称、性质、处理处置方法、急救措施及解毒剂等，可为将来预防类似事件的发生或发生后的处理处置措施提供极为重要的参考资料。

9.2.2 环境应急监测的要求

突发环境污染事件的污染程度和范围具有很强的时空性，决定了应急监测工作的特殊性，如往往要分析各类样品，但浓度分布非常不均匀；在采样、分离、测定方面须快速确定方案，却可能受到客观条件限制，影响大范围迅速监测；有时没有完全适用的分析方法来测定某些事件污染物；需要快速、连续监测等。在事件的不同阶段，应急监测的任务和作用各异。因此，一个好的现场快速监测方案或器材必须在“时间尺度把握”和“空间尺度把握”方面，具备以下特殊要求。

1) 技术简单有效

现场监测要求立刻回答“是否安全”这样的问题，长时间不能获得分析结果就意味着灾难的发生。所以分析方法应快速，分析结果应直观、易判断，必须是最可靠且便捷的监测技术，以便达到更快地动用各种仪器设备、迅速有效地进行较全面的现场应急监测的目的。

2) 方法可靠

能迅速判断污染物种类、浓度、污染范围，所以分析方法最好具有快速扫描功能，并具有较好的灵敏度、准确度和再现性。当发生污染事件时，环境样品可能很复杂且浓度分布极不均匀。因此，分析方法的选择性及抗干扰能力要好。分析方法的操作步骤要简便，不需专业知识和人才，甚至不经训练就能掌握。

3) 器材易携带

由于污染事件时空变化大，所以要求监测器材要轻便、易于携带，采样与分析方法应满足随时随地均可测试的现场监测要求。

4) 试剂耗材

试剂用量少、稳定性要好。测量器具最好是一次性使用，避免用后进行刷洗、晾干、收存等处理工作。

5) 费用经济

不需采用特殊的取样和分析测量仪器，不需电源或可用电池供电。简易检测器材的成本要低、价格要便宜，以利于推广。

6) 后方保障

由于现场监测的仪器、设备及技术大多数比较快速、简便，因此一般需要在污染事件发生区域，利用环境监测条件较好的实验室，对现场采样送达实验室后进行极为可靠的定性与定量分析，以确保前方快速监测的数据能及时、准确地发布，并在需要时可以纠偏。

9.2.3 环境应急监测的工作程序

应急监测工作程序是指各级应急监测队伍从接到应急监测指令开始，到应急监测终止全过程的工作流程。

1) 应急监测启动

应急监测值班人员接到突发环境事件报警并简要了解现场污染情况，或接到上级环境应急管理部门下达的应急监测指令后，立即上报应急监测领导小组。应急监测领导小组立即启动应急监测预案，下达应急监测预先号令，收拢人员，集结待命。

2) 应急监测准备

在应急监测领导小组的指挥下，各专业组根据职责和分工，在最短的时间内做好出发前的准备工作。

根据现场情况需要，经上级环境应急管理部门批准后，通知其他环境应急监测部门协助做好应急监测工作。

3) 事故现场调查与队伍行进

现场调查组派员以最快的速度赶赴现场，根据已知事件的信息提出初步应急监测方案，并提出隔离警戒区域范围及应急处置建议。

应急监测队伍按指定路线和要求时限赶赴事故现场，并保持与上级环境应急管理部门和现场人员的联系。行进途中，可根据条件做好应急监测仪器设备的预热和调试工作。

4) 现场采样与监测

领导小组对应急监测初步方案进行审核，根据现场情况确认监测对象、监测点位、监测项目、监测频次等，向各监测组部署监测任务。当事故现场污染物不明或难以查清时，要在进行现场调查的同时，综合协调组通过技术系统查询尽快确定应急监测方案，必要时进行专家咨询。各专业监测调查组按应急监测方案和技术规范的要求对可能被污染的空气、水体、土壤以及生态等进行应急监测和全过程动态监控，随时掌握污染事故的变化情况，并立即将监测结果交质量保障组汇总审核。后勤保障组迅速完成电力系统、气象系统和照明设施的安装架设。

5) 应急监测报告

质量保障组对监测数据进行汇总审核后，立即交综合协调组编写应急监测报告。应急监测报告要对应急监测结果、污染事件发生地点、发生时间、污染范围、污染程度进行必要的分析评价和说明，并提出消除或减轻污染物危害的措施和建议。应急监测报告经三级审核后上报上级环境应急管理部门。

6) 跟踪监测

对环境污染事件发生后滞留在水体、土壤、作物等环境中短期内不易消除、降解的污染物，要进行必要的跟踪监测和生态监测调查。

7) 应急监测终止和评估

突发环境事件的威胁和危害得到控制或消除后，根据环境应急现场指挥部门下达的应急终止命令，由现场应急监测负责人宣布应急监测终止。若事件现场全部监测点位的污染物连续 3 次监测结果达到评价标准或要求，或者连续 3 次监测结果均恢复到本底值或背景点位水平，现场应急监测负责人可以向环境应急现场指挥部门提出应急监测终止建议，经批准后宣布应急监测终止。

应急监测终止后，应急监测部门应及时总结评估应急监测工作的经验及失误，必要时应对本部门应急监测预案进行修订。评估内容主要包括：①应急监测响应启动是否及时到位；②应急监测现场工作是否符合要求；③应急监测日常保障是否满足需要；④应急监测过程中发现的主要问题及措施建议。

9.2.4　环境应急监测预案

1. 应急监测预案的概念

环境污染事件发生突然、来势凶猛，如果事件发生时，没有一套实用有效的指导性文件，应急监测工作人员很难做到有条不紊地开展应急监测工作。因此，为了提高环境应急监测能力，确保监测人员能从容应对，针对区域内具体情况，编制相应的应急监测预案就显得尤为重要。环境应急监测预案是突发环境事件应急预案体系的一部分，属于专项预案。

应急监测预案是针对可能的突发环境事件，为保证快速、高效、有序地开展应急监测，及时为应急处置提供决策依据，降低环境污染事故损失而预先制订的应急监测计划或方案。

编制应急监测预案的目的是适应突发环境事件应急处置的需要，有效预防、及时控制和消除污染和生态破坏事故的危害，维护社会稳定，保障公众生命和国家、公民的财产安全，保护环境。

应急监测预案的基本要求是具有科学性、实用性、协调性、完整性和权威性。应急监测预案是一个完整的体系，编制应急监测预案时要周全地考虑各方面的因素，内容既要完整，又要简洁明了。

2. 应急监测预案的分类

通常区域内会存在多种潜在突发环境事件类型，如大气、水体、土壤等综合或单一要素的污染事件，固定污染源或移动污染源，已知或未知污染物等情形。

因此，在编制应急监测预案时必须进行合理策划、统筹兼顾，既要有综合应急监测预案来总体安排部署应急监测工作，还要有针对易发环境事件或重点危险源的专项应急监测预案，形成一套符合地方应急实际的应急监测预案体系。

1) 综合应急监测预案

综合应急监测预案是应急监测部门的一个整体框架预案，从总体上阐述应急监测的指导思想、工作原则、组织机构、职责任务、响应程序等主要工作思路与要求。综合应急监测预案可以系统全面地反映本部门应急监测体系中的人员队伍、任务分工、制度文件、技术规定、仪器配置、后勤保障等内容要求，是本部门应急监测工作的基础和纲领性文件。综合应急监测预案具有较强的适用性，既能针对一般性的突发环境事件，又能对难以预料、较为复杂的突发环境事件的应急监测起到指导作用。目前，各级生态环境监测部门制订的应急监测预案大多以综合应急监测预案为主。

2) 专项应急监测预案

专项预案是针对某种具体的、特定类型的突发环境情况，如危险物质泄漏、爆炸，发生某一自然灾害等而制订的应急监测预案。专项预案在综合预案的基础上，充分考虑了某特定环境事件的特点，对应急监测的人员队伍、仪器设备、监测技术等进行更具体的阐述，具有较强的针对性。尽管目前各级生态环境监测部门制订的专项应急预案较少，但随着环境应急监测工作的不断发展，涵盖多种类型的专项应急监测预案体系将逐步得到完善。

(1) 不同污染类型的专项预案。

应针对大气、水体、土壤等应急监测对象制订专项预案，形成相对独立的应急监测队伍、仪器设备管理、监测技术储备、后勤保障装备等专项模块。一旦突发环境事件，可根据污染类型，选择抽调相应的人员、仪器、装备等专项模块，组成应急监测分队赶赴事件现场实施应急监测。

(2) 重点危险源的专项预案。

针对辖区内重点危险源，着重分析其危险化学品的生产、储存、运输、使用情况，并结合污染事故的历史发生情况或易发环节，制订重点危险源的专项预案，形成应急监测初步方案。此类预案的关注重点主要包括：根据重点危险源及其危险品情况，分析预测易发污染事故的生产工艺环节，可能突发环境事件的方式类型和污染物的种类、性质、数量等，筛选判定应急监测项目、应急监测仪器和应急监测方法；根据危险源所在的地理位置、附近环境敏感点以及周围地形地貌和水文、气象等情况，研判突发环境事件后污染物在大气、水体、土壤中的扩散情况，确定应急监测点位和应急监测频次等。

(3) 针对重大活动、疫情和灾害等的专项预案。

为保障城市举办重大活动期间的环境安全，往往需要针对活动的特点、场所等，分析判断可能会发生的突发环境事件类型、污染物种类等，专门制订相关应急监测预案。疫情和灾害的应急监测预案，则是为应对一些重大流行疫情或重大自然灾害带来的环境污染问题，保障环境应急监测工作的顺利实施而制定的。如之前我国各地防治“新冠”疫情期间的应急监测，汶川“5・12”抗震救灾期间的环境应急监测等。

3. 应急监测预案涵盖的要素

突发性环境事件应急监测的完整过程包括应急监测日常准备过程和应急监测现场实施过程。

应急监测备战状态是在辨识和评估潜在的重大危险、事故类型、发生可能性、发生过程、事故后果及影响严重程度的基础上，对应急监测的职责、人员、监测技术、装备、设施及指挥与协调等方面预先作出的具体计划和储备安排。

应急监测实战状态包括接警启动、现场监测、监测终止三个环节。其中现场监测是三个环节中最为重要的一环，要求在最短的时间内赶赴现场，通过快速有效的监测分析，准确判定污染物的种类、浓度、污染范围和可能的危害程度，为及时、正确处理处置污染事件和制订环境恢复措施提供科学依据。同样，接警启动和监测终止也是应急监测的重要内容，是应急监测预案中不可缺少的重要环节。接警启动应明确相应的工作程序和工作任务，监测终止应明确应急监测终止的条件。

因此，一个完整的应急监测预案必须包含以下重点要素。①总体要求：制订预案的目的、任务；制订预案的指导思想、适用范围。②日常准备：应急监测组织机构和职责；应急监测资源及监测能力；应急监测人员的培训和演练；应急监测制度；应急监测技术支持。③现场实施：应急监测接警启动程序；事件现场调查；应急监测方案制订；现场监测分析；质量保证；数据处理；提供监测报告等。④应急监测终止：终止条件；终止程序。

9.3　环境应急监测的实施

环境应急监测工作涉及面广、程序较多，涵盖许多环境监测工作内容。一旦突发环境事件，环境应急监测部门应立即启动应急监测预案，迅速实施现场应急监测。应急监测实施是应急监测工作的核心内容，一切应急监测准备工作都是为了保证一旦突发环境事件，能够顺利实施完成现场应急监测任务。应急监测实施主要包括应急监测的接警与启动、现场调查、方案制订、现场采样监测、质量保证与数据处理、监测报告出具、应急监测终止等工作环节。

9.3.1　应急监测的接警、启动与现场调查

1. 应急监测的接警

当环境应急监测部门接到上级下达的应急监测指令或突发环境事件的报警后，应立即启

动应急监测预案。由应急监测领导小组按照上级要求，立即部署应急监测任务，做好各项应急监测的准备工作。

突发环事件事发突然、情况复杂，难以预料会何时发生，也难以有针对性地携带监测仪器、防护装备、后勤保障物资等应急监测装备赶赴现场。因此接警就是应急监测工作启动实施的依据，是应急监测的一个重要工作环节，对于初步了解突发环境事件性质、污染物种类、数量和污染程度等信息，有针对性地做好相关应急监测准备，保障应急监测工作顺利实施具有重要意义。

应急监测接警有两种方式，一种是由上级应急管理部门直接下达任务指令，另一种是由应急监测值班人员接到突发环境事件的报警。

应急监测接警的主要任务包括三个方面：①了解突发环境事件的基本信息。接警时应详细了解和记录事件的发生时间、地点等基本情况，判定事件性质(如爆炸、泄漏、超标排放、非法倾倒等)、污染物种类和性质、危险特点等；涉及企业突发环境事件的，应调取事发企业的环境应急预案。初步判断突发环境事件的类型、等级和主要应急监测指标，为做好应急监测人员、仪器设备、后勤保障装备和应急车辆等的各项准备工作提供第一手的基础信息资料。②接受应急监测任务指令。按照上级环境应急管理部门的指令要求，根据突发环境事件有关信息，立即启动实施应急监测预案，组织实施应急监测任务，集结应急监测队伍和应急监测装备，各应急监测小组立即进入“战时”状态。③上报突发环境事件警情。第一时间将了解到的突发环境事件有关信息向值班领导和上级环境应急管理部门报告，并根据初步判断的突发环境事件等级提出应急监测响应等级建议。

2. 应急监测的启动

环境应急监测部门接到上级下达的应急监测任务指令后，立即按照本部门应急监测工作制度，启动应急监测预案，部署应急监测任务，协调指挥应急监测各相关小组开展准备工作。应急监测的启动主要包括以下内容：①快速下达任务，迅速集结应急监测人员。②针对污染类型，做好各项应急监测准备。如查询污染源信息、准备应急监测、做好应急监测后勤保障等。③派出现场调查组，先行赶赴事件现场开展调查。④根据事件级别，联系相关应急监测部门支援。⑤奔赴事件现场，做好途中相关准备工作。如对仪器设备开机预热、校准，查询打印污染物的危险特性等。

3. 应急监测的现场调查

应急监测现场调查是应急监测队伍到达事件现场后，首先开展的一项重要工作任务。通过现场调查，监测人员可以掌握现场污染程度和污染范围，确定主要污染物、拟定应急监测方案，对于客观、准确地反映事件污染程度、范围和变化趋势，保证顺利实施完成应急监测工作具有重要意义。现场调查的主要内容有事件基本情况、环境污染情况、周围环境敏感点分布情况调查。

1) 事件基本情况调查

突发环境事件基本情况调查的主要目的是全面掌握污染源和主要污染物，通过详细了解事件污染源头，从而掌握主要污染物的种类、性质、规模等情况，为分析污染现状和预测污染态势提供基本信息资料。突发环境事件基本情况调查的主要内容包括：事件发生的地点、时间，事件的性质和发生原因，事故源的生产、使用、储存、运输等主要信息。突发环境事件基本情况调查，首先应确定事件性质属固定污染源还是流动污染源引发的环境事件，再深入查找事件发生原因，掌握突发环境事件的整体情况和关键污染环节。从而判断出主要污染物的种类、性质、危害。

2) 环境污染情况调查

环境污染情况调查的主要目的是了解事件造成的污染程度、扩散范围和变化趋势等，以判断应急监测相应级别；确定应急监测方案中的监测点位、监测频次等要素。主要调查内容包括污染危害、污染状况以及已采取的应急处置措施等。污染状况调查主要包括污染途径、范围及扩散趋势等内容。突发环境事件按污染物排放方式不同，主要有大气环境污染事件、水环境污染事件和土壤污染事件，相应的环境污染途径和污染范围主要为大气、水体和土壤等环境要素。污染途径可能为其中的单一途径，也可能是其中的多种途径并存。

不同类型突发环境事件的发生原因和造成危害各不相同，其相应的应急处置措施也有所不同。通常情况下，大致可分为大气污染、水体污染和危废污染等三种应急处置类型。

(1) 大气污染突发环境事件的应急处置措施。①疏散人员：根据污染物危害程度和扩散速度、方向，采取人员疏散措施，并划定警戒范围，防止无关人员进入；②切断污染源：如有阀门控制，由专业抢险人员进入污染区域并关闭污染源头，如不能实施阀门控制，则由消防等部门进行洗消等专业处理。

(2) 水体污染突发环境事件的应急处置措施。①对固定污染源，应将污水尽可能拦截进入事故应急池，防止污水与洗消水进入地表水和地下水；②对流动污染源，周围没有事故应急池，应采取挖坑、筑坝等临时措施对污水进行拦截，防止污水与洗消水进入地表水和地下水；③对已进入河道中的污水，应采取多级围堰或堤坝等措施，防止污染扩散或进入饮用水水源地等环境敏感区域；④对周边土壤造成污染的，应挖取被污染土壤，交专业处置部门进行处理。

(3) 危废污染突发环境事件的应急处置措施。一旦突发危废污染事件，必须第一时间进行拦截和固化储存，尽可能避免对环境造成污染，对拦截下来的危险废物交有资质的专业机构处理。

3) 周围环境敏感点分布情况调查

突发环境事件的危害主要表现在对周围生态环境的破坏和对周围人群健康的影响。关于敏感点的确定，国家有关环境法律法规都有所规定。环境敏感区域是指依法设立的各级各类自然、文化保护地，主要包括：自然保护区 、风景名胜区、世界文化和自然遗产地、饮用水水源保护区；基本农田保护区、基本草原、森林公园、地质公园、重要湿地、天然林、珍稀濒危野生动植物天然集中分布区，重要水生生物的自然产卵场、越冬场和洄游通道，天然渔场、资源性缺水地区、水土流失重点防治区、沙化土地封禁保护区、封闭及半封闭海域、富营养化水域；以居住、医疗卫生、文化教育、科研、行政办公等为主要功能的区域，文物保护单位，具有特殊历史、文化、科学、民族意义的保护地。

突发环境事件应急监测工作中，现场调查的时间非常紧迫，因此，现场调查对象必须要重点突出，紧紧围绕突发环境事件对周围人群、生态环境、社会经济等可能造成的危害因素，选取确定环境敏感点。现场调查内容要满足应急监测、处置工作的需要，尽可能详细地了解环境敏感点的位置、距离、规模，为确定应急监测点位、监测频次提供基础依据。

9.3.2　应急监测方案的制订

环境应急监测方案是指在突发环境事件后，由环境应急监测部门依据现场查明的污染等有关情况，组织编制的用于指导环境应急监测工作有序开展的实施方案。环境应急监测方案是对整个环境应急监测的内容、过程、方法和要求做出的指导大纲，是实施环境应急监测的主要技术依据，也是环境应急监测工作成功的关键环节。是否科学、合理、周密地编制环境应急监测方案，关系到整个环境应急监测工作能否顺利、有效实施。

1. 应急监测方案的主要内容

应急监测方案通常由五部分组成。①前言：包括任务由来、监测目的、编制依据等；②事件简介：包括事件发生的时间、地点、原因等基本情况，污染源性质和排污环节、污染物性状和危害、事发点及周围环境状况、环境敏感点分布等情况；③监测内容：包括监测点位布设、采样监测频次、监测项目、采样器具及设备、监测仪器、分析方法、报告编制发布、质量保证措施、评价标准和方法、应急监测终止条件、任务分工等；④后勤保障：包括车船等交通保障、通信、数据和电力保障、安全防护保障等；⑤问题建议，针对监测能力、后勤保障及部门协调方面存在的问题及工作建议等。

应急监测方案的编制与一般性环境监测方案相比，具有时间要求更为紧迫、内容要求更为详尽、技术要求更为严格等特点。

2. 应急监测点位的布设

监测点位的布设是应急监测方案的重要内容，点位的代表性、科学性和完整性是影响应急监测数据的重要因素。点位的布设秉持覆盖全面、功能齐全、操作便捷、适时调整的基本原则。根据污染物排放的方式、污染区域的特性和应急监测方案的要求，采样人员应进行具体点位布设并选取采样点。

1) 污染源监测点位布设

突发环境事件应急监测中，在污染源附近布设控制监测点位，对于掌握污染源的排放强度，采用扩散模型预测污染扩散范围和变化趋势，具有非常重要的作用。

污染源大气监测布点。应根据现场的具体情况，在确保安全的情况下，尽可能在固定污染源和流动污染源的附近布设点位。对于固定污染源产生或泄漏污染物的生产装置、反应容器、处理设施等，应分别布设采样点。

污染源污水监测布点。污染发生后，必须在全面掌握与污染源污水排放有关的工艺流程、污水类型、排放规律、污水管网走向等情况的基础上确定采样点位。第一类污染物采样点位一律设在车间或车间处理设施的排放口或专门处理此类污染物设施的排口。第二类污染物采样点位一律设在排污单位的外排口。进入集中式污水处理厂和进入城市污水管网的污水采样点位应根据生态环境主管部门或应急指挥部的要求确定。

2) 大气监测点位布设

(1) 布点注意事项。

由于在突发大气环境事件中，污染物的分布通常不均匀，时空变化差异比较大，因此采样点的布设对准确判断污染物的浓度分布、污染范围与程度等极为重要。在具体确定点位时应考虑以下因素：①大气的监测应以事故地点为中心，在下风向按一定间隔的扇形或圆形布点，监测点位应覆盖整个污染影响区域，污染重的区域应适当增加布点；②在事故点的上风向适当位置布设对照点，同时在可能受污染影响的居民住宅区或人群活动区等环境敏感点必须设置采样点；③为反映污染物对人体的影响危害，采样点高度应设在距离地面 1.5～2.0 m

处，并根据污染物的特性进行适当调整；④采样过程中应密切注意风向变化，及时调整采样点位置，避免高大建筑物及树木等的遮挡。

(2) 事件不同时期布点方法。

突发大气环境事件的整个发展过程，因污染物浓度和污染范围变化较大，可以较为清晰地分为事件初期、事件中期和事件后期三个阶段，相应的采样点布设也有较大不同。

在事件初期阶段，人们对突发事件情况了解不多，采样点位布设时，应根据污染物种类、气象条件选择合适的污染扩散模型，通过对污染源排放强度的初步监测或估算，预测事件污染影响范围，根据现场风速大小，主要采用扇形布点法和圆形布点法，结合事件发生地的地形地物、大气稳定度及其他自然条件，对采样点进行适当调整。

在事件中期阶段，应急监测人员已基本掌握泄漏源有关信息以及气象条件和周围地理信息，并已获取部分监测数据，有助于大气监测点位的调整布设。大气监测点位应分布于整个事件影响区域，但在应急监测过程中，事件现场情况不断变化，还要根据污染物扩散情况、监测结果及气象条件(如风速、风向等)的变化，适时调整采样点位置和数量。

在事件后期阶段，事件现场已被基本控制，污染物的泄漏或释放已被基本断绝，污染影响区域的污染物逐步消散，对区域内的人员已经不会构成严重危害。此时，监测点位应作必要的调整，采样点一般布设在事件现场、事发地周围的环境敏感点(如居民区、学校等人群聚居区)以及资源保护区等具有代表性的位置。

3) 地表水监测点位布设

(1) 布点注意事项。

对于突发水环境事件，其监测点位的布设应考虑以下因素：①监测点位设置一般以突发环境事件发生地及其附近区域为主，根据水流方向、扩散速度(或流速)和现场具体情况(如地形地貌等)进行布点监测，同时应测定流量，且点位的布设应分布于整个事件污染影响区域；②监测点位布设应考虑事件发生地周围的环境敏感点，如湖泊、水库、饮用水水源地及取水口、水产养殖区等敏感水域，以及人口分布较为密集的居民区、学校、医院和其他人群聚集的公共区域；③对于地表水或地下水污染，应在事件发生地、事件发生地下游布设控制断面和消减断面，同时在上游一定距离布设对照断面；若流速小或基本静止，可根据污染物特性在不同水层采样；④监测点位布设应考虑突发环境事件的污染物性质，根据污染物不同特性采取相应的布点方式。例如，对于漂浮于水面的油类物质，只需在水面布设监测点；对于可溶于水的危险化学品，应根据水的深度，在不同水层布点采样；对于沉于水底的危险化学品，在泄漏到水体后的初始阶段，随着水流的作用边漂移、边下沉，所以除根据水体的深度在不同水层布点外，还需要对底泥进行采样分析。

(2) 地表水的布点方法。

对江、河、沟、渠等的监测布点，应在事发地附近的污水进入地点布设控制监测点位；根据污水扩散情况，在其下游布设适当数量的消减监测点位，在事故发生地上游一定距离布设对照监测点位，在事故影响区域内饮用水取水口和农灌区取水口处必须设置环境敏感点位；点位设置尽可能与当地水文监测断面一致，以便利用其水文参数，实现水质监测与水量监测的结合；应避开死水区、回水区、排污口处，尽量选择顺直河段、河床稳定、水流平稳、水面宽阔、无急流、无浅滩处。①对照点位原则上应设在水系源头处或未受污染的上游河段，须能反映水系未受污染时的背景值；②控制断面应设在污水汇入河流地点的下游，污水与河水基本混匀处，用来反映污染事故排放的污水对水质的影响；③削减断面应设置在控制断面下游，主要污染物浓度有显著下降处，主要反映河流对污染物的稀释净化情况；④依据行政区域划分设置的断面，如入境断面、出境断面、交界断面等；⑤在入河(海)口、河流交汇处、闸(坝、堰)等特定位置前后布设监测断面。

对湖(库)的采样点布设应以事故发生地为中心，按水流方向在一定间隔的扇形或圆形布点，同时根据水流流向，在其上游适当距离布设对照断面(点)；必要时，在湖(库)出水口和饮用水取水口处设置采样断面(点)。各监测断面应根据水面宽度、水深及污染物的特性布设监测垂线。①湖泊、水库通常只设监测垂线，如有特殊情况 可参照河流的有关规定设置监测断面；②湖(库)区的不同水域，如进水区、出水区、深水区、浅水区、岸边区，按水体类别设置监测垂线；③湖(库)区若无明显功能区别，可用网格法均匀设置监测垂线；④监测垂线上采样点的布设一般与河流的规定相同，但对有可能出现温度分层现象时，应做水温、溶解氧的探索性实验后再定；⑤受污染物影响较大的重要湖泊、水库，应在污染物主要迁移途径上设置控制断面。

4) 地下水监测点位布设

地下水的监测布点应以事故地点为中心，根据本地区地下水流向采用网格法或辐射法布设监测井采样，重要水源或污染严重地区适当加密，同时视地下水为主要补给来源，在垂直于地下水流的上方向设置对照监测井采样。①在事故地点周围，且以地下水为饮用水源的居民点取水处应设置采样点；②对区域地下水构成影响较大的地区，如污水灌溉区、地下水回灌区、大型矿山排水地区等，应设置采样点；③当事故废水沿河渠排放或渗漏以带状污染扩散时，应根据河渠的状态、地下水流向和所处的地质条件，采用网格布点法设垂直于河渠的监测线。

5) 土壤监测点位布设

根据污染物的颜色、印迹和气味，结合地势、风向等因素初步界定污染事故对土壤的污染范围。对土壤的监测应以事故地点为中心，按一定间隔的圆形或梅花形布点方法或根据地形采用蛇形布点方法进行布点，同时在布设对照点采集背景土壤样品，并根据污染物的特性在不同深度采样，必要时在事故地附近采集作物样品。

对于固体污染物抛撒、泄漏的污染类型，污染物通常会附着于土壤表层。因此，在污染物收集完毕后布设土壤采样点位，采集表层 5 cm 的土壤样品，采样点位数一般不少于三个。对于液体污染物倾翻、泄漏的污染类型，污染物会向低洼处流动，同时向下方和两侧渗透、扩散。因此，在事故发生点附近布设点位，采样深度较深；在污染物扩散、渗透范围内布设点位，离事故发生点相对远处采样深度较浅。总采样点不少于五个，每个采样点应分层采样。对于爆炸污染类型，以放射性同心圆方式在爆炸影响范围内布点。总采样点不少于五个，爆炸中心应分层采样，其余应采集 0～20 cm 表层土。

6) 河流、湖库底质监测点位布设

根据污染物在水中的溶解度、密度等特性，对易沉积于水底的污染物，可与地表水的点位布设相结合，选取部分点位开展底质监测。在底质堆积分布状况未知的情况下，采样地点要均衡设置，除在主要污染源附近、河口部位外，还应选择由于地形及潮汐原因造成堆积以及底质恶化的地点，增设采样点。

3. 监测频次的确定

1) 监测频次确定的原则

突发环境事件中泄漏的污染物进入环境后，随着扩散、稀释、降解、沉降和应急处置措施的采取，其浓度会逐渐变化，呈下降趋势。为随时掌握突发环境事件的污染程度、污染范围和变化趋势，需要在事发、事中和事后等不同阶段实时进行连续的现场采样监测。根据突发环境事件在不同阶段的污染变化情况，其监测频次也有所不同。根据现场污染状况及其变化情况，监测频次的确定主要依据以下几点基本原则：①监测频次应根据突发环境事件污染程度确定。在事件发生初期和中期阶段应适当加密监测频次，待确定污染物变化规律或污染物浓度变化趋于稳定后，可逐步减少监测频次。②根据对污染扩散趋势的分析判断，在污染团到达的时间和区域内应适当加密监测频次，未到达和已经过的时间和区域内可以适当减少频次。③根据事件发生地附近的环境敏感点分布，对周围的环境敏感点应适当加密监测频次。④综合分析现场监测能力、监测资源以及点位距离和采样的便利性，以此确定有效的监测频次。尽可能用最少的监测频次获取足够的数据信息，以准确反映污染物的变化趋势。

2) 监测频次确定的要求

(1) 大气环境事件。

事件发生地。事件发生初期，应实施连续监测或在监测能力和条件允许的情况下进行持续加密监测，待污染物浓度逐步下降后相应减少监测频次。

环境敏感点。事件发生初期，在监测能力和条件允许的情况下进行持续加密监测，待污染物浓度逐步下降后相应减少监测频次。

下风向控制点。事件发生初期，在监测能力和条件允许的情况下进行持续加密监测，待污染物浓度逐步下降后相应减少监测频次。

上风向控制点。应急监测期间，每天监测 2～3 次。

(2) 地表水环境事件。

江、河污染发生地。事件发生初期，应实施连续监测或在监测能力和条件允许的情况下进行持续加密监测，待污染物浓度逐步下降后相应减少监测频次。

江、河下游控制点。在污染团到达的时间和区域内应适当加密监测频次，未到达和已经过的时间和区域内可以适当减少频次。

湖、库污染发生地及污染水域。由于湖、库的水体较为稳定，采样频次每天可不少于 2 次。

环境敏感点。在污染团到达的时间和区域内应适当加密监测频次，未到达和已经过的时间和区域内可以适当减少频次。

上游对照点。应急初期每天监测 1 次，随着污染物浓度逐步下降后相应减少监测频次。

(3) 地下水环境事件。

地下水污染发生地。事件发生初期每天监测 1～2 次，事件发生中后期可每周监测 1 次。

地下水流经区域沿线水井。事件发生初期每天监测 1～2 次，事件发生中后期可每周监测 1 次。

上游对照点。应急初期每天监测 1 次，随着污染物浓度逐渐下降后相应减少监测频次。

(4) 土壤环境事件。

土壤污染发生地。应急初期每天监测 1～2 次，视应急处置措施进展情况逐步减少频次。

对照点。为了解土壤背景值情况，应急监测期间至少监测 1 次。

4. 监测项目的选定

突发环境事件发生的偶然性和成分的复杂性，往往造成污染物种类和性质难以辨别，无法直接确定应急监测项目。因此，在紧急和复杂的突发环境事件现场，如何快速判别污染物，迅速确定应急监测项目，是实施应急监测工作的重点和难点。

1) 监测项目的选定方法

现场调查询问是确定污染物和监测项目的主要方法和途径。

对于已知污染物情况，如对于部分固定污染源和移动污染源发生的爆炸、泄漏等污染事件，可通过报警人报告或询问事件当事人，及时掌握事件的主要污染物。此时，可直接将该污染物作为主要监测项目。

对于未知污染物情况，可通过以下现场调查的方法和途径进行确认。①污染物的特征气味、颜色、挥发性和遇水反应等化学特性；②事件现场周围可能产生污染的排放源的生产、环保、安全记录等；③污染物对周围环境、作物的影响，以及人员或动物中毒后的特殊症状等；④事件现场周围的空气、水质自动监测站和污染源在线监测系统等；⑤小检测试纸、快速检测管、便携(直读)式监测仪器等现场快速分析手段等；⑥难以现场快速确认的污染物，应快速采集样品，经实验室定性分析后确定。

对于污染物的衍生物，确定主要污染物后，应同时考虑该污染物在环境中的化学反应，特别是遇水后发生的化学反应等，对可能产生的有毒有害反应副产物、衍生物等一同列入监测项目中。

2) 常见应急监测项目

突发环境事件中涉及的污染物和危险化学品种类繁多、成分复杂，现场监测资源和能力有限，应优先选择应急监测项目，具体可以参照以下原则：一是按历史资料统计的引发环境污染事件频率较高、较为常见的污染物；二是生态环境与应急部门明确应严格监管的易燃易爆和毒性较大、危害较大的危险化学品。

(1) 常见环境事件污染物。

突发环境事件中所涉及的应急监测项目主要包括大气、水质和土壤等环境要素中的无机污染物、重金属和有机污染物等，大约有 80 项。

大气环境污染事件中常见应急监测项目：一氧化碳、二氧化硫、氮氧化物、颗粒物、二硫化碳、氨、氯气、氯化氢、氟化氢、硫化氢、氯磺酸、氰化物、汞、甲醇、甲醛、乙醇、乙烯、乙酸乙酯、苯、苯系物、萘、苯胺、二甲基硫醚、邻氯氯苄、石油烃类、可燃气体、丙烯腈、非甲烷总烃、挥发性有机物(VOCs)等。

水环境污染事件中常见应急监测项目：水温、色度、溶解氧、悬浮物、溶解性总固体、全盐量、pH、COD、氨氮、总氮、总磷、总硬度、硝酸盐氮、亚硝酸盐氮、钠离子、有机氯农药、邻氯氯苄、硝酸、甲醛、甲醇、氰化物、氯化物、氟化物、硫化物、挥发酚、柴油、汽油等石油类；苯、甲苯、乙苯、二甲苯、二硝基苯、苯并芘、联苯、二联苯醚等苯系物；六价铬、总铬、铁、锰、铜、锌、汞、砷、铅、镉、镍、银、铍等重金属。

土壤环境污染事件中常见应急监测项目：pH、总铬、六价铬、铜、铅、锌、镉。

(2) 重点监管危险化学品。

为加强对危险化学品的监督管理，环境保护部和国家安全生产监督管理总局分别制定了《重点环境管理危险化学品目录》(环办〔2014〕33 号)和《重点监管的危险化学品名录》(首批，安监总管三〔2011〕95 号；第二批，安监总管三〔2013〕12 号)，筛选了部分生产使用量大或者用途广泛的危险化学品，并列入重点监管目录，加强其生产、使用和运输过程中的监督管理。

9.3.3　现场采样技术

突发环境事件应急监测的现场采样，是指在应急监测方案确定后，应急监测人员依据方案，在监测点位采集污染样品的过程，是应急监测现场的一个重要环节。

当前，环境监测采样技术方法已针对污染物的不同类型和特性，形成了较为系统的环境监测采样技术方法体系，也开发应用了适合不同采样条件的各种类型的采样器材。突发环境事件的污染往往瞬间爆发，污染程度、范围和扩散情况复杂，污染核心区具有一定的危险性等。因此，应急监测的采样应当针对现场污染实际情况，综合考虑选用合理的采样技术方法，同时应加强对新型采样手段和采样平台的应用，如无人机、无人船等，逐步向应急监测采样的自动化、现代化发展。

1. 采样的准备

1) 制订采样计划

制订采样计划是实施现场采样的一项重要基础性工作。一个内容详细、要求明确的采样计划是做好现场采样工作的重要前提保证。应急监测人员实施现场采样前，应该依据应急监测方案初步制订采样计划，主要包括采样点位、采样频次、监测项目以及采样方法、采样器材、采样人员、任务分工、质量保证措施和必要的安全防护措施等。必要时，各水、气、土等专项监测组可根据具体现场情况制订更加详细的采样实施计划。

2) 采样器材准备

各应急监测部门应配备专用的应急监测采样器材。采样器材主要是指采样器、样品容器、样品标签、采样记录表格等。在应急监测的采样准备工作中，采样器材还应包括进入污染区域时所必需的安全防护设备、在采样同时所需的必要简易快速检测器材，以及需要实验室测定分析时的样品运输工具。事件发生地附近水、气环境自动监测站等的相关信息资料也需要准备。

2. 采样的实施

1) 大气样品采集

目前，随着电化学传感器和便携色谱、光谱、质谱等技术不断发展成熟，大气污染物的应急监测多以现场直读式、便携式的快速监测仪器为主，常规大气样品采集方法在应急监测中的应用已越来越少。但在一些特殊情况下，如遇到难以定性的未知污染物或没有现场分析方法的污染物时，仍然需要采用常规大气样品采集方法采样后，送回实验室进行定性定量分析，作为现场分析仪器的后备或补充。

在大气应急监测采样中，常用的采样方法主要有直接采样法和浓缩采样法两种。其中直接采样包括注射器采样、采气袋采样、采样管采样、真空瓶采样、苏玛罐采样等，浓缩采样包括溶液吸收、滤纸滤膜阻留、固体吸附剂阻留等。常规大气采样方法还有低温冷凝法、静电沉降法、自然积集法、扩散渗透法等，这些方法在应急监测现场难以操作实施或难以在应急监测工作中及时有效采集样品，且所涉及监测因子可由其他采样或现场分析方法得出，所以在此不再介绍。

2) 水质样品采集

水质采样是应急监测中一项非常重要的工作环节。在目前的水质应急监测中，虽然许多便携式、直读式现场监测仪器已得到广泛应用，但受现场环境条件限制和不同监测项目所用测试仪器的操作要求，许多现场测试工作仍然需要在样品采集后再集中开展。

在水环境应急监测中，突发环境事件污染源的污染物排放没有固定规律，污水的浓度和流量都随时间、地点的改变而呈非稳态变化。对此，在通常情况下，应急监测时应采集瞬时样品，即从水体中不连续地随机(就时间和地点而言)采集样品，以掌握污染物浓度的最高值、最低值和变化数据，从而在较短时间内确定水体污染范围、程度和扩散趋势，为及时掌握水质变化规律、采取应急处理措施提供数据支持。在特殊情况下，如对影响事件处置判断的重要监测项目，应采集现场平行样，同时进行现场快速测定和实验室分析，且采样量应满足留样要求。

3) 土壤样品采集

在突发环境事件的应急监测中，应根据事件周围土壤的污染范围，对受到污染的土壤进行表层采样或分层柱状采样。对固体污染物抛撒、泄漏的污染类型，应采集表层 5cm 的土壤样品。对于液体污染物倾翻、泄漏的污染类型，应考虑污染物向低洼处流动及向下方和两侧渗透、扩散作用，需分层采样。对污染事件发生较长时间，为了解污染物在土壤中的垂直分布，应沿土壤剖面层次分层取柱状样。

3. 样品管理

样品管理的目的是保证应急监测样品的采集、保存、运输、接收、分析、处置工作有序进行，确保应急监测样品在流转过程中始终处于受控状态。

1) 样品标志

应急监测样品应以一定的方法进行分类，如按环境要素分类，并在样品标签和现场采样记录单上记录相应的唯一性标志。

应急监测样品标志在样品采集、运输、保存和交接过程中，应注意以下主要事项：①样品标志至少应包含样品编号、采样地点、监测项目、采样时间、采样人等信息，对有毒有害、易燃易爆样品特别是污染源样品，应用特别标志(如图案、文字)加以注明；②样品唯一性标识应明示在样品容器较为醒目且不影响正常监测的位置；③样品流转过程中，不得随意更改样品唯一性编号；④在实验室测试过程中由测试人员及时做好分样、移样的样品标识转移，并根据测试状态及时做好相应的标记，分析原始记录应记录样品唯一性编号。

2) 样品保存

除现场测定项目外，对需送实验室进行分析的应急监测样品，应选择合适的存放容器和样品保存方法进行存放和保存。①对易燃易爆及有毒有害的应急样品，必须分类存放，保证安全；②对于影响事件处置判断的重要监测项目，测试结果异常样品，应按样品保存条件要求保留至应急监测任务结束。留样样品应有留样标识；③应急监测样品在保存期间应专门存放于应急监测样品保存间，并按规定样品保存条件分类保存。保存间应有防水、防盗和保密措施，并保持清洁、通风、无腐蚀的存放环境。

3) 样品运送和交接

现场难以分析的样品或根据应急处置需要而需送实验室进行分析的样品，应立即送实验室进行分析，尽可能缩短运输时间，避免样品在保存和运输过程中发生变化。应急监测样品应由专门人员运送。装箱时应用泡沫塑料等分隔，以防样品破损和倒翻。每个样品箱内应有相应的样品采样记录单或送样清单。对易挥发的化合物或高温不稳定的化合物，注意低温冷链保存运输，在条件允许情况下可用车载冰箱或机制冰块降温保存，还可采用食用冰或大量深井水(湖水)、冰凉泉水等临时降温措施。

运送样品人员如果不是现场采样人员，则采样人员和运送样品人员之间应进行样品交接，并作好记录。样品送交实验室时，双方应有交接手续，核对样品编号、样品名称、样品性状、样品数量、保存剂加入情况、采样日期、送样日期等信息，确认无误后在送样单或接样单上签字。对有毒有害、易燃易爆或性状不明的应急监测样品，特别是污染源样品，送样人员在送实验室时应告知接样人员或实验室人员样品的危险性，接样人员同时向实验室人员说明样品的危险性，实验室分析人员在分析时应注意安全。

4) 样品处置

对应急监测样品应留样，直至事故处理完毕。对含有剧毒或大量有毒有害化合物的样品，特别是污染源样品，不应随意处置，应作无害化处理或送有资质的处理单位进行无害化处理。

9.4　环境应急监测的方法和装备

9.4.1　应急监测技术方法概况

在环境污染事件突然发生时，选用合适的监测方法和仪器设备，开展相应的现场应急监测是环境应急监测工作的核心内容之一。常用的应急监测技术包括以下几个方面：①传感器监测：通过传感器对环境参数进行实时监测，如空气质量、水质等；②移动监测：采用移动监测车对环境进行移动监测，可实现对环境参数的实时监测；③遥感监测：通过卫星、飞机等遥感手段对环境参数进行监测，具有覆盖面广、实时性强的特点；④生物监测：通过生物对环境参数的响应，对环境参数进行监测，如植物生长、动物行为等。

现场应急监测方法要求包括：①现场可监测的项目，应首选对样品前处理要求低、可直接读数，能给出定性、半定量或定量检测结果的快速标准分析方法。无标准分析方法的项目，优先选择检测结果准确程度高的快速检测方法和检测仪器。现场无法测定的项目，应迅速送至实验室分析。②可根据实际情况，利用事件现场周围的环境质量自动监测站和污染源在线监测系统等作为补充监测手段。也可采用生物监测、无人机监测、激光雷达探测等新型监测技术手段辅助监测。③对于影响事件处置、司法鉴定或损害评估判定结果的关键样品，应优先采用国家标准或行业标准方法测定。④当需要开展跨界联合监测或多地、多部门联动监测时，各监测方应统一采用应急监测现场指挥部确定的应急监测方法。不能统一监测方法的，应作好方法间的比对验证。

9.4.2　环境应急监测的装备

1. 环境应急监测装备分类

根据环境污染事件的类型及常见污染物的种类，环境事件应急监测装备主要分为以下几类：

(1) 金属元素毒物指标的监测装备：包括原子吸收仪、原子荧光仪、测汞仪、等离子体发射光谱仪、X 射线荧光光谱仪、电化学检测仪器、水质试纸等。

(2) 无机污染物指标的监测装备：包括分光光度计、pH 计、溶解氧仪、离子色谱仪、水质试纸、气体检测管、便携式多参数检测仪、便携式多参数气体测试仪等。

(3) 有机毒物指标的监测装备：气相色谱仪、液相色谱仪、气相色谱-质谱联用仪、液相色谱-质谱联用仪、傅里叶转换红外分光光度计、快速气相色谱/表面声波检测仪、便携式质谱仪、水质试纸、气体检测管等。

(4) 生物毒性指标的监测装备，如便携式生物毒性测试仪等。

(5) 放射性环境污染事件应急监测设备。

(6) 环境应急监测车及交通工具。

(7) 个体应急防护装备。

(8) 通信联络设备及技术支持系统。

(9) 供电、照明设备。

(10) 环境事件现场取证及办公设备。

2. 典型环境应急监测装备及功能

1) 快速定性、半定量分析试纸

(1) 快速定性分析试纸可判定多种离子成分。

(2) 快速半定量分析试纸可快速半定量地测定水中多种离子的含量。

2) 快速检测管类

环境快速应急检测管及其对应的监测项目见表 9-1。

表 9-1 快速检测管及监测项目

序号	名称	监测项目
1	水质检测管	pH、Cr^{6+}、氰化物、Cu^{2+}
2	比长式水质检测管	Cu^{2+}、Pb^{2+}、Zn^{2+}、氟化物
3	气体检测管	CO、CO_2、SO_2、Cl_2、NH_3、H_2S、HCl、PH_3、苯、甲苯、二甲苯、氯乙烯、苯乙烯、甲醛等
4	比长式气体检测管	CO、CO_2、SO_2、Cl_2、NH_3、H_2S、HCl、PH_3、苯、甲苯、二甲苯、氯乙烯

3) 便携式现场监测仪

(1) 袖珍式爆炸和有毒有害气体检测仪，见表 9-2。

表 9-2 袖珍式爆炸和有毒有害气体检测仪

序号	名称	监测项目
1	袖珍式爆炸和有毒有害气体检测仪	CH_4、CO、H_2S、NO、NO_2、SO_2、O_2、HCN、HCl、HF、硅烷和氟利昂
2	袖珍式 PID 气体检测仪	VOCs、NH_3、PH_3、CO、H_2S、SO_2、可燃气体
3	袖珍式单一气体检测仪	O_2 检测仪、H_2S 检测仪、CO 检测仪、SO_2 检测仪
4	便携式多参数气体检测仪	O_2、H_2S、CO、Cl_2、SO_2、HCN 等
5	DELTA1600-S 型便携式尾气分析仪	两组分(CO + HC)、三组分(CO + HC + NO)、五组分(CO + HC + NO + O_2 + CO_2+空燃比)

注：PID 代表光离子化检测器。

(2) 配备 PID、ECD 等检测器的便携式 GC 仪，具有 1×10^{-9} 级灵敏度，除可测定有机物外，还可测定无机物，如 NH_3、H_2S、PH_3、I_2、NO、AsH_3。

(3) 便携式红外光谱仪。典型仪器如 Gasmet 多组分便携式红外分光光谱仪、MIRANAN

SanphIRe 系列便携式红外光谱仪、Hazmalt ID 型便携式红外分光光谱仪等。

(4) 便携式 GC-MS 联用仪。典型仪器有 HAPSITE 型便携式 GC-MS 联用仪、Spectra Trak 型便携式 GC-MS 联用仪。

(5) 便携式分光光度计。可测定多种重金属、无机物、金属盐类等参数。

(6) 便携式 IC 仪。可测定多种阳离子(如 NH_4^+、K^+、Na^+等)和阴离子(如 Cl^-、NO_3^-、NO_2^-、PO_4^{3-}等)。

(7) 其他便携式水质检测仪。如便携式溶解氧测定仪、便携式 pH 测定仪、便携式电导率分析仪、便携式浊度计、便携式 BOD 测定仪、便携式 COD 测定仪、便携式多参数水质测定仪等。

(8) 便携式快速环境水质分析箱。如便携式水质分析手提箱、野外实验必需的用具及选配的试剂包等；化学测试组件箱可灵活监测氯化物、余氯、氟化物、氰化物、磷酸盐、硅酸盐、氨氮、亚硝酸盐、硝酸盐、亚硫酸盐、硫酸盐、甲醛、酚类、苯胺、油类及毒性试验等。

(9) 便携式采样器。如大气采样器，粉尘采样器，地表水、污水、地下水采样器等。

(10) 便携式放射性分析仪。

4) 实验室仪器与器材

实验室仪器与器材包括：常规紫外-可见分光光度计、原子吸收分光光度计、气相色谱仪、高效液相色谱仪、离子色谱、红外光谱仪、等离子发射光谱仪、等离子发射光谱-质谱联用仪、气相色谱-质谱联用仪等，以及采样袋、标准物质、标准气体、各种试剂等。

5) 个体防护装备

用于突发环境事件现场指挥、处置人员个体防护的装备，包括防化服、过滤式防毒面具、自给式呼吸器、活性炭口罩、护目镜、耐酸碱手套、耐酸碱雨鞋、急救药品、担架等。

6) 通信网络设备与技术支持系统

包括对讲机、固定通信电话设备、车载对讲机、车载电话、手机、车载电脑无线上网系统、卫星 VSAT(甚小孔径地球站)通信系统、手持式全球定位系统、化学事件应急处置数据库系统、专家决策支持系统、区域环境安全评价科学预警系统、扩散模拟系统、数码相机、笔记本电脑、打印机、彩色扫描仪、图形显示器等。

思考题与习题

1. 突发事件和突发性环境污染事故有什么关系？
2. 突发性环境污染事故现场监测的目的和任务是什么？
3. 为什么在突发性环境污染事故中必须及时向公众发布信息，告知污染物种类、性质及其防治方法？
4. 为什么需要环境应急监测预案与方案？
5. 应急监测有哪些方法？
6. 简述简易监测的特点，它与连续自动监测间的关系和作用如何？
7. 水质应急监测中，在事故现场怎样进行采样？
8. 应急监测报告包括哪些主要内容？
9. 应急监测有什么要求？
10. 核电厂场内核事故应急计划，场外核事故应急计划内容规定有哪些？

11. 拟定一次某河流饮用水水源地的异味突发事件的应急监测方案与处置措施。

12. 相比于常规例行环境监测，环境污染事故应急监测有哪些特殊要求?

13. 对于重大环境污染事故，你认为除了现场应急仪器设备检测外，是否需要当地的环境监测站或中心的一些仪器设备相配合?

第10章

环境监测的质量保证

本章导读

环境监测的质量保证和质量控制贯穿于环境监测的全过程，是环境监测中十分重要的技术工作和管理工作，直接影响数据的获得和评价结果的可靠性。环境监测的质量控制不仅包括实验室内部的质量控制还包括实验室间的质量控制。本章简要介绍环境监测质量保证的意义和内容，主要的控制参数和评价方法，重点介绍实验室数据的处理、误差的分析、质量控制图的制作。目的是让读者通过本章的学习深刻领会环境监测质量保证的要求，如何在监测工作中做好实验室内部和实验室间的质量控制。

10.1 环境监测质量保证的要求

环境监测是准确地测取数据、科学地解析数据和合理地综合运用数据的过程，其目的都是为环境管理服务。我国和世界各国环境监测标准体系中，对各种环境要素中各类污染物的监测技术规范中，均有环境监测质量保证和质量控制的强制性规定。

10.1.1 监测数据的质量要求

环境监测是科学性很强的工作，监测质量的优劣集中反映在数据上。从某种意义上说，环境监测的数据具有一定的法律效力。监测数据的质量常以代表性、准确性、精密性、可比性和完整性来评价。分别介绍如下：

1) 代表性

代表性是指在采样点、生产过程或环境条件中某些参数变化时，所采集样品能真实地反映实际情况的程度，指在具有代表性的时间、地点，并根据确定的目的获得典型的环境数据的特性。

2) 准确性

准确性是指测定值与客观环境的真值的符合程度。它是反映分析方法或测量系统存在的系统误差和随机误差两者的综合指标。准确度用绝对误差和相对误差表示。

3) 精密性

精密性是指测定结果达到要求的平行性、重复性和再现性的特性。它反映分析方法或测量系统所存在随机误差的大小。标准偏差、相对标准偏差等可用来表示精密度。数据的精密性进一步还可由以下三方面表达。

(1) 平行性：平行性是指在同一实验室中，当分析人员、分析设备和分析时间都相同时，用同一分析方法对同一样品进行双份或多份平行样测定，其测定结果之间的符合程度。

(2) 重复性：重复性是指在同一实验室内，当分析人员、分析设备和分析时间三个因素中至少有一项不同时，用同一分析方法对同一样品进行的两次或两次以上的测定，其结果之间的符合程度。

(3) 再现性：再现性是指在不同实验室(分析人员、分析设备，甚至分析时间都不相同)，用同一分析方法对同一样品进行多次测定，其结果之间的符合程度。

4) 可比性

可比性是指在一定置信度的情况下，一组数据与另一组数据可比较的特性，主要是比较数据的等效性。对数据出现的重复性趋势或明显的问题，应加以分析确认，并且要评价它们对整个监测数据的影响。它要求各实验室之间对同一样品的监测结果应相互可比，也要求每个实验室对同一样品的监测结果应该达到相关项目之间的数据可比，相同项目在没有特殊情况时，历年同期的数据也是可比的。在此基础上，还应通过标准物质和标准方法的准确度量值传递与追溯系统，以实现国家间、行业间、实验室间的数据一致、可比。

5) 完整性

完整性是指监测得到的有效数据的量与在正常条件下所期望得到的数据的比较。它强调的是完成整个的工作计划，保证按预期计划取得在时间、空间上有系统性、周期性和连续性的有效样品，且完整地获得这些样品的监测结果及有关信息。

监测数据的准确性、精密性主要体现在实验室内分析测试方面，代表性、完整性突出在现场调查、优化布点及样品采集、保存、运输和处理等过程，可比性则是监测中全过程的综合反映。为了保证监测数据的科学、准确、公正，满足政府、社会、客户的要求，需要建立一套完整的质量体系，使得各项质量活动处于受控状态。环境监测质量控制是指为达到监测计划所规定的监测质量，对监测过程采用的控制方法。环境监测质量控制的要点如表 10-1 所示。

表 10-1　环境监测质量控制要点

监测系统保证	质量控制要点	质量控制目的
布采样点环节	① 监测目标系统的控制 ② 监测点位点数的优化控制	空间代表性、可比性
采样环节	① 采样次数和采样频率优化 ② 采样工具、方法的统一规范化	时间代表性、可比性
运输储存系统	① 样品的运输过程控制 ② 样品固定保存控制	可靠性、代表性
样品前处理环节	① 回收率 ② 预浓集系数、分离度	准确度、可靠性
分析测试系统	① 分析方法准确度、精密度、检测范围控制 ② 分析人员素质及实验室间质量的控制	准确度、精密度、可靠性、可比性
数据处理系统	① 数据整理、处理及精密检验控制 ② 数据分布、分类管理制度的控制	可靠性、可比性、完整性、科学性
综合评价环节	① 信息量的控制 ② 成果表达控制 ③ 结论完整性、透彻性及对策控制	真实性、完整性、科学性、适用性

10.1.2　环境监测质量保证工作措施

环境监测质量保证是指为保证监测数据的准确、精密、有代表性、完整性及可比性而采取的措施，是环境监测中十分重要的技术工作和管理工作。它包含了保证监测结果正确、可靠的全部技术手段和管理程序，是科学管理环境监测工作的有效措施。

在人工采样的不连续的环境监测中，质量保证工作涉及以下各个方面。

(1) 监测点位的布设应根据监测对象、污染物的性质、分析方法及具体条件，按中华人民共和国生态环境部颁布的有关技术规范及规定进行。原则上点位经过优化确定后基本不变，如确需变更时，须经环境保护行政主管部门批准并报上级监测站备案。国控网络站变更监测点位时，须经中华人民共和国生态环境部批准并报中国环境监测总站备案。

(2) 采样频次、时间和方法应根据监测对象和分析方法的要求，按中华人民共和国生态环境部颁布的有关技术规范及规定进行。点位的时空分布应能够正确地反映所监测地区主要污染物的浓度水平、波动范围及其变化规律。

(3) 采样人员必须严格按照采样操作规程采样，并认真填写采样记录，采样后按规定的方法进行保存，尽快运送至实验室进行分析，途中防止破损、沾污和变质，每一环节应有明确的交接手续，最后经质控人员核查无误后再行签收。

(4) 样品分析测试时应优先选用国家标准方法和最新版本的环境监测分析方法。采用其他方法时，必须进行等效性实验，并报省级以上监测站(包括省级)批准备案。分析人员在开展新项目(包括本人未做过的项目)监测之前，要向质控人员提交基础实验报告。

(5) 实验室内部质量控制采用自控和他控两种方式：①分析人员可根据实际情况选用绘制质控图、插入明码质控样或作加标回收实验等方法进行自控；②凡能做平行样、质控样的分析样品，质控人员在采样或样品加工分装过程中应编入 10%～15%的密码平行样或质控样。样品数不足 10 个时，应做 50%～100%密码平行样或质控样。

(6) 实验室间的质量控制采取下列方式：①各实验室配置的标准品应与国家的标准物质进行比对实验；②上级站应经常对下级站进行抽样考核；③上级站组织下级站对某些样品的部分监测项目进行实验室间互查。

(7) 监测数据的计算、检验及异常值的剔除等应按国家标准、《环境监测技术规范》及监测分析质量保证手册中的规定方法进行。

(8) 各实验室在报出分析数据的同时，应向质控室提交相应的质控数据，待质控负责人审核无误后，全部数据方可认为有效，经三级审核，业务站长签字后数据生效。

10.1.3　环境监测质量保证体系及程序

1. 环境监测质量保证体系

质量保证是在影响数据有效性的所有方面，采取一系列的有效措施，将监测误差控制在允许范围内，即环境监测质量保证包括了保证环境监测数据正确可靠的全部活动和措施，称之为环境监测质量保证体系，如图 10-1 所示，表明质量保证不仅是实验室分析的质量控制，还包括采样质量控制、运输保存质量控制、报告数据的质量控制等各个监测过程的质量控制，以及影响它的各个方面。

2. 环境监测质量保证程序

实验室内的质量保证程序应以实验室内质量控制为中心，包括分析方法确定、实验室准备及样品加工处理等过程，如图 10-2 所示。

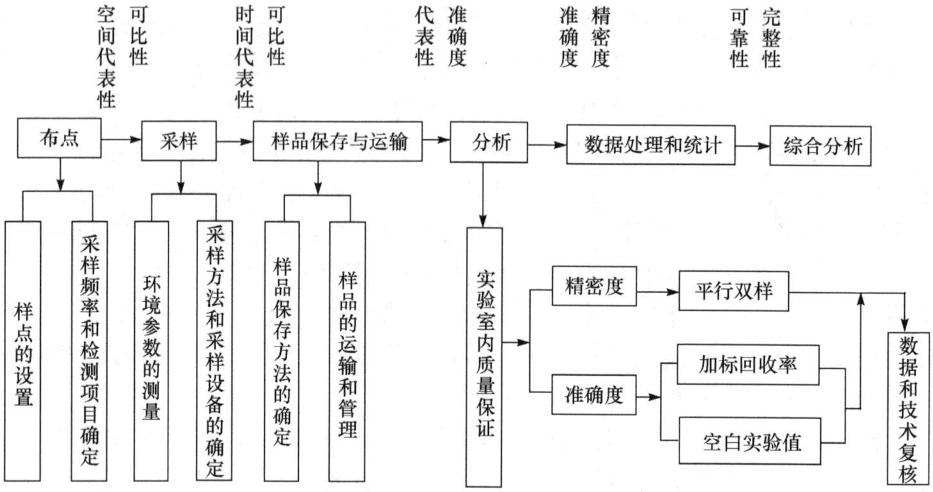

图 10-1　环境监测质量保证体系

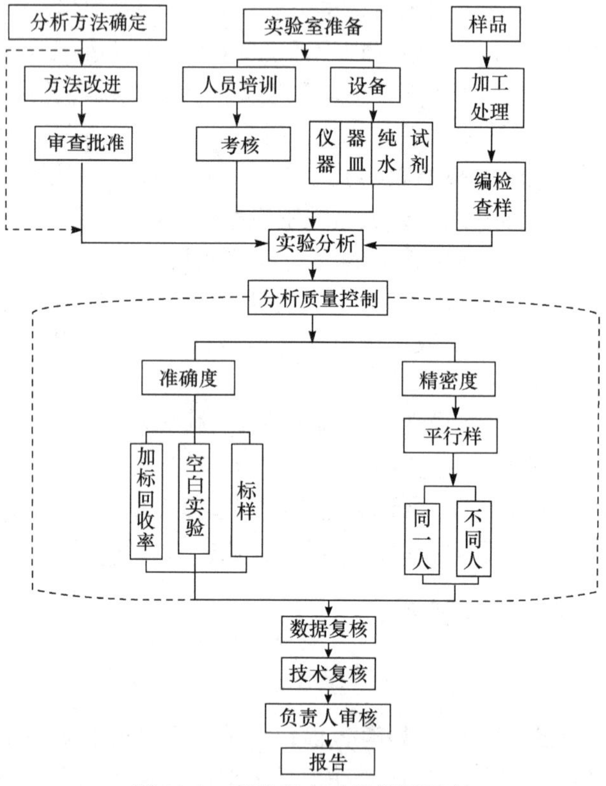

图 10-2　实验室内质量保证程序

10.2　监测数据的统计处理和结果表达

10.2.1　基本概念

1. 误差

环境监测分析的任务是为了准确地测定各种环境中的化学成分或污染物的含量，因此对分析结果的准确度有明确的要求。但是，受到分析方法、测量仪器、试剂药品、环境因素及分析人员自身等方面的局限，使得测定结果与真实值不一致。因此，在分析测定的全过程中，必然存在分析误差。

1) 误差来源

误差是分析结果(测定值)与真实值之间的差值。根据误差的性质和来源，可将误差分为系统误差和偶然误差。

(1) 系统误差。

系统误差是由分析过程中某些经常发生的确定因素造成的。在相同条件下重复测定时系统误差会重复出现，而且具有一定的方向性，即测定值比真实值总是偏高或偏低。因此，系统误差易于发现，其大小可以估计，可以加以校正。所以，系统误差又称为可测误差。

系统误差有如下几种形式：方法误差、仪器误差、试剂误差、恒定的个人误差、恒定的环境误差。系统误差可以通过采取不同的方法进行校正，如校准仪器，进行空白实验、对照实验和回收实验，制定标准规程等，尽量减小系统误差。

(2) 偶然误差。

偶然误差是由分析过程中一些偶然的因素造成的，如测定时温度的变化、电压的波动、仪器的噪声、分析人员的判断能力等，由此所引起的误差有时大、有时小、有时正、有时负，没有什么规律性，难以发现和控制。因此，偶然误差又称随机误差或不可测误差。

2) 误差的表示方法

(1) 绝对误差和相对误差。

绝对误差是指测定值与真值之差，即

$$\text{绝对误差} = \text{测定值} - \text{真值} \tag{10-1}$$

相对误差是指绝对误差与真值之比，常用百分数表示，即

$$\text{相对误差} = \frac{\text{绝对误差}}{\text{真值}} \times 100\% \tag{10-2}$$

绝对误差和相对误差均能反映测定结果的准确度，误差越小越准确。

(2) 绝对偏差和相对偏差。

绝对偏差是指某一测定值与多次测量的平均值之差，即

$$\text{绝对偏差} = \text{测定值} - \text{平均值} \tag{10-3}$$

相对偏差是指绝对偏差与平均值之比，常用百分数表示，即

$$\text{相对偏差} = \frac{\text{绝对偏差}}{\text{平均值}} \times 100\% \tag{10-4}$$

(3) 极差。

极差是指对同一样品测定值中最大值与最小值之差，表示误差的范围，即

$$\text{极差} = \text{最大值} - \text{最小值} \tag{10-5}$$

(4) 标准偏差和相对标准偏差。

标准偏差又称为均方根偏差，表达式如下：

$$s=\sqrt{\frac{\sum(x_i-\overline{x})^2}{n-1}} \tag{10-6}$$

式中，s 为标准偏差；x_i 为每次测定值，i=1, 2, 3, ⋯, n；$\overline{x}$ 为平均值；n 为测定次数。

相对标准偏差(relative standard deviation, RSD)，也称变异系数(coefficient of variation, CV)，即标准偏差在平均值中所占的百分数，计算公式如下：

$$\mathrm{RSD}=\frac{s}{\overline{x}}\times 100\% \tag{10-7}$$

2. 总体、样本和平均数

1) 总体和个体

研究对象的全体称为总体，其中一个单位称为个体。总体中的一部分称为样本，样本中含有个体的数目称为此样本的容量，记作 n。例如，测定某流域水体中某种污染物的浓度，该流域全部水体为总体，实际布设的有限个水质监测点为从总体中取出的样本，监测点的数量为样本的容量。

2) 平均数

平均数代表一组变量的平均水平或集中趋势，样本观测中大多数测量值靠近平均数。平均数包括算术均数、几何均数、中位数等。其中，算术均数，简称均数，最常用的平均数，又有样本均数、总体均数等不同的表示方法。

样本均数定义为

$$\overline{x}=\frac{\sum x_i}{n} \tag{10-8}$$

总体均数定义为

$$\mu=\frac{\sum x_i}{n}\quad(n\to\infty) \tag{10-9}$$

当变量呈等比关系，常用几何均数，其定义为

$$x=(x_1,x_2,x_3,\cdots,x_n)^{\frac{1}{n}}=\lg^{-1}\left(\frac{\sum \lg x_i}{n}\right) \tag{10-10}$$

计算酸雨 pH 的均数，就是计算雨水中氢离子活度的几何均数。

3) 中位数和众数

中位数：将各数据按大小顺序排列，位于中间的数据即为中位数，测量次数若为偶数则取中间两数的平均值。

众数：一组数据中出现次数最多的一个数据。

平均数表示集中趋势，当监测数据符合正态分布时，其算术均数、中位数和众数三者重合。

3. 正态分布

在某些情况下，环境监测数据呈正态分布。如一个稳定均匀的水样进行重复多次的平行测定结果。许多污染物在土壤、水体、大气中的分布呈对数正态分布或与之相近，所以将监

测数据进行变量的数学运算(如对数运算)后，数据分布也呈正态分布。同一实验室对某一环境样品做多次平行测定，则测量数据一般符合正态分布规律，也就是通常所说的高斯分布，某值出现的概率密度与该测量值、总体平均值、标准偏差、随机偏差等有关。

正态分布的概率密度函数可以用式(10-11)表示：

$$\varphi(x)=\frac{1}{\sigma\sqrt{2\pi}}\mathrm{e}^{\frac{-(x-\mu)^2}{2\sigma^2}} \tag{10-11}$$

式中，x 为此分布中随机抽出的样本测定值；μ为总体均值；σ为总体标准偏差，它反映了数据的离散程度。由正态分布的概率密度函数可以画出正态分布图(图 10-3)。

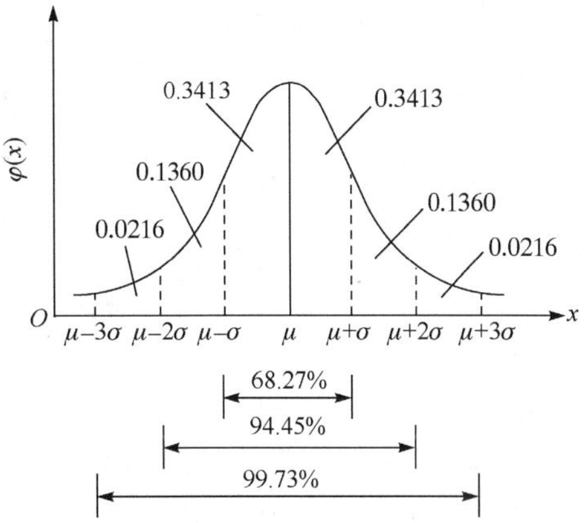

图 10-3　正态分布情况图

正态分布曲线说明：①小误差出现的概率大于大误差出现的概率，即误差的概率与误差的大小有关；②大小相等、符号相反的正负误差出现的数目接近相等，故曲线对称；③出现大误差的概率很小；④多次测定以后的算术均值是可靠的数值。

10.2.2　监测数据的处理

在分析处理和运用数据之前，往往要进行数据检验，以判断和剔除离群值。数据检验要遵循一定的数字修约规则和计算规则。

1. 有效数字

有效数字是指数据中所有的准确数字和数据的最后一位可疑数字，是直接从实验中测量得到的。例如，用滴定管进行滴定操作，滴定管的最小刻度是 0.1 mL，如果滴定分析中用去标准溶液的体积为 10.15 mL，前三位 10.1 是从滴定管的刻度上直接读出来的，而第四位 5 是在 10.1 和 10.2 刻度中间用眼睛估计出来的。显然，前三位是准确数字，第四位不太准确，称为可疑数字，但这四位都是有效数字，该有效数字的位数是四位。

有效数字与通常数学上一般数字的概念是不同的。一般数字仅反映数值的大小，而有效数字既反映测量数值的大小，还反映一个数值测量的准确程度。例如，用分析天平称得某试样的质量为 0.4980 g，是四位有效数字，它不仅说明了试样的质量，也表明了最后一位 0 是可疑的，有±0.0001 g 的误差。

有效数字的位数说明了仪器的种类和精密程度。例如，用 g 作单位，分析天平可以准确到小数点后第四位数字，而用台秤只能准确到小数点后第二位数字。

对于数字“0”，可以是有效数字，也可以不是有效数字，这依赖于其在数字中的位置。

例如，0.0525，三位有效数字(第一个非零数字前的“0”不是有效数字)；

0.5025，四位有效数字(非零数字中间的“0”是有效数字)；

5.0250，五位有效数字(非零数字后的“0”是有效数字)。

2. 数字的修约规则

在处理数据时，涉及各测量值的有效数字位数可能不同，因此，应按照下面所述的计算规则，确定各测量值的有效数字位数。各测量值的有效数字位数确定后，就要将它后面多余的数字舍弃。舍弃多余数字的过程称为“数字修约”过程，遵循的规则称为“数字修约规则”，现在通行数字修约规则如下。

当测量值中被修约的那个数字等于或小于 4 时，该数字舍去；等于或大于 6 时，进位；等于 5 而且 5 的右面数字不全为零时，进位；等于 5 时而且 5 的右面数字全为零时，如进位后测量值末位数是偶数则进位，如舍去后末位数是偶数则舍去。例如，将下列测量值修约为三位有效数字时，结果如下：

4.0433 —— 4.04

4.0463 —— 4.05

4.0483 —— 4.05

4.0353 —— 4.04

4.0350 —— 4.04

4.0650 —— 4.06

数字修约时，只允许对原测量值一次修约到所需的位数，不能分次修约。例如，将 15.4546 修约到四位有效数字时，应该为 15.45，不可以先修约为 15.455，再修约为 15.46。

3. 数字的运算规则

有效数字的运算结果所保留的位数应遵守下列规则。

(1) 加减法。几个数据相加减后的结果，其小数点后的位数应与各数据中小数点后位数最少的相同。在运算时，各数据可先比小数点后位数最少的多留一位小数，进行加减，然后按上述规则修约。

例如，0.0121、1.5078 和 30.64 三个数据相加，各数据中小数点后位数最少的为 30.64(两位)则先将 0.0121 修约为 0.012，将 1.5078 修约为 1.508，然后相加，即 0.012+1.508+30.64=32.160，最后按小数点后保留两位修约，得 32.16。

(2) 乘除法。几个数据相乘除后的结果，其有效数字的位数应与各数据中有效数字位数最少的相同，在运算时先多保留一位，最后修约。

例如，0.0121、3.42361、50.3426 三个数据相乘，即

$$0.0121\times3.42361\times50.3426=0.0121\times3.424\times50.34=2.085606336=2.09$$

当数据的第一位有效数字是 8 或 9 时，在乘除运算中，该数据的有效数字的位数可多算一位，如 9.645 应看作五位有效数字。

(3) 乘方和开方。一个数据乘方和开方的结果，其有效数字的位数与原数据的有效数字位数相同。例如，$(6.83)^2=46.6489$，修约为 46.6。

(4) 对数。在对数运算中，所得结果的小数点后位数(不包括首数)应与真数的有效数字位数相同。

(5) 常数(如 π、e 等)和系数、倍数等非测量值，可认为其有效数字位数是无限的。在运算中可根据需要取任意位数都可以，不影响运算结果。例如，某质量的 2 倍，0.124g×2=0.248g，结果取三位有效数字。

(6) 求四个或四个以上测量数据的平均值时，其结果的有效数字的位数增加一位。

(7) 误差和偏差的有效数字最多只取两位，但运算过程中先不修约，最后修约到要求的位数。

10.2.3　监测结果统计处理

1. 离群值检验及可疑数据的取舍

在一组平行实验所得的结果数据中，常常会有个别数据和其他数据相差很大。有的数据明显歪曲实验结果，影响全组数据平均值的准确性，当测定次数不太多时，影响尤为显著，这种数据称为“离群数据”。可能会歪曲实验结果，但尚未经检验断定其是离群数据的测量数据称为“可疑数据”。在数据处理时，必须剔除离群数据以使测定结果更符合客观实际。正常数据总有一定分散性，如果人为地删去一些误差较大但并非离群的测量数据，由此得到精密度很高的测量结果并不符合客观实际。因此对可疑数据的取舍必须遵循一定的原则。测量中发现明显的系统误差和过失误差，由此而产生的数据应随时剔除。而可疑数据的取舍应采用统计方法判别，即离群数据的统计检验，常用的有格鲁布斯(Grubbs)检验法、狄克逊(Dixon)检验法和标准偏差法，前两种方法可参考数理统计方法，标准偏差法对可疑数据进行取舍比较便捷：

$$\left|\frac{\text{可疑值}-\text{平均值(可疑值除外)}}{\text{标准偏差(可疑值除外)}}\right| \geqslant 3\text{ 时，该数据应予剔除}$$

2. 分析数据的统计学表示——平均值的置信区间

一个分析结果的“置信区间”是指在一定的置信概率(置信度)条件下，误差不会超出平均值两旁的数值范围。在此范围内，对平均值的正确性有一定程度的置信。可用式(10-12)来表示置信区间的大小：

$$\text{置信区间}\ \bar{x} \pm L = \bar{x} \pm \frac{t \times s}{\sqrt{n}} \tag{10-12}$$

式中，t 为检验值；s 为样本标准偏差；n 为样本数；L 为平均值可能偏离的范围。t 值随置信度和测定次数的变化而变化，t 值表可参考数理统计相关教材。当 n 一定时，置信度越大，t 越大，数值范围越大。置信度过大并无实际意义，通常，置信度 P 取 95%。

3. 回归分析

在环境监测中经常需要做校准曲线，以及需要考察两参数间的相关性等。最简单的单一组分测定的线性校正模式可用一元线性回归。数据一元线性回归采用最小二乘法，该法就是要求所有数据的绝对误差的平方和最小。

如果 x 与 y 之间的关系呈直线趋势，则可用一条直线方程来描述这二者间的关系，即

$$y = a + bx \tag{10-13}$$

式(10-13)称为一元线性回归方程，其中 b 为回归方程的斜率；a 为回归方程的截距。变量 x、y 的线性关系的密切程度用相关系数(r)表示。r 的数值范围是 $0 \leqslant |r| \leqslant 1$，可有以下三种情况。

(1) $r=0$，y 和 x 不相关。

(2) $|r|=1$，y 与 x 有确定的线性函数关系；$r=+1$ 时 y 和 x 完全正相关，$r=-1$ 时 y 和 x 完全负相关。

(3) 多数情况下有 $0<|r|<1$，表明 y 与 x 有一定的相关关系。$|r|$ 越接近于 0，y 与 x 相

关性越差，数据点越分散；$|r|$越接近于 1，y 与 x 相关性越好，数据点越接近回归直线。

在环境监测中，校正曲线的相关系数只舍不入，保留到小数点后出现非 9 的一位，如 0.99989 应为 0.9998，如果小数点后都是 9，最多保留 4 位。用线性回归方程计算结果时，要求$|r|\geqslant 0.999$。对某些分析方法，如石墨炉原子吸收光谱(GFAAS)、IC、ICP-AES、GC、GC-MS、ICP-AES-MS 法等，应检查测量信号与浓度的线性关系，当$|r|\geqslant 0.999$ 时，可用回归方程处理；若$|r|<0.999$，而测量信号与浓度确实存在一定的线性关系，可用比例法计算结果。

10.2.4 监测数据的结果表述

综合分析评价是环境监测质量保证的最终环节，它以综合技术为手段，完成监测数据向环境质量定性结论和防治污染对策的转变。环境监测成果一般有两种表述形式，一种是实测结果数据型，另一种是评价结果文字型。前者主要是在综合分析阶段只对各种监测数据分类、筛选、整理，不作评价，属于监测成果的汇编；后者则是质量评价报告书的形式。无论采用哪种方式，监测成果的表述应遵循准确性、及时性、科学性、可比性的原则。

1. 监测数据的结果

1) 用算术平均值 $(\bar{x})$ 表示测量结果与真值的集中趋势

测量过程中排除系统误差和过失后，只存在随机误差，根据正态分布的原理，当测定次数无限多 $(n\to+\infty)$ 时的总体均值(μ)应与真值(x_t)很接近，但实际测量次数有限。因此，样本的算术平均值是表示测量结果与真值的集中趋势，是表达监测结果的最常用的方式。

2) 用算术平均值和标准偏差 $(\bar{x}\pm s)$ 表示测量结果的精密度

算术平均值代表集中趋势，标准偏差表示离散程度。算术平均值代表性的大小与标准偏差的大小有关，即标准偏差大，算术平均值代表性小，反之亦然，故而监测结果常以 $(\bar{x}\pm s)$ 表示。

3) 用$(\bar{x}\pm s$，CV)表示结果

标准偏差大小还与所测均值水平或测量单位有关。不同水平或单位的测量结果之间，其标准偏差是无法进行比较的，而变异系数是相对值，故可在一定范围内用来比较不同水平或单位测量结果之间的差异。例如，用镉试剂分光光度法测量镉，当镉质量浓度小于 0.1 mg/L 时，标准偏差和变异系数分别为 7.3%和 9.0%。

2. 监测数据的解析

孤立的数据只能说明监测对象目前的环境状况，而环境质量的好坏及其变化趋势却很难看得出来。此外，对大尺度空间范围，单凭少量孤立数据来说明环境问题则几乎不可能。这就需要引入环境监测数据的解析工作。环境监测数据的解析包括三方面：概括、分析和解释。概括是指数据的归纳方式；分析是将数据计算出所需要的参数为解释数据服务；解释是指数据的意义。

任何一份环境质量状况报告都不可能引用全部原始监测数据，只能选取代表性的数据来说明环境质量问题。因此出现了哪些数据具有“代表性”的问题，为此，必须对大量的原始监测数据进行概括，概括方法主要有频数分布概括法、中心趋势概括法、分散度概括法、空间概括法等。

监测数据的分析包括数据集的完整性分析、数据分布规律的分析、数据的时间序列分析、对照环境条件的分析、污染变化趋势的定量分析等。

3. 环境质量图

用不同的符号、线条或颜色来表示各种环境要素的质量或各种环境单元的综合质量的分布特征和变化规律的图称为环境质量图。环境质量图既是环境质量研究的成果，又是环境质量评价结果的表示方法。好的环境质量图不但可以节省大量的文字说明，而且具有直观、可以量度和对比等优点，有助于了解环境质量在空间上的分布原因和在时间上的发展趋向。这对进行环境规划和制订环境保护措施都有一定的意义。

环境质量图有多种分类法，按所表示的环境质量评价项目可分为单项环境质量图、单要素环境质量图、综合环境质量图；按不同区域可分为城市环境质量图、工矿区环境质量图、农业区环境质量图、旅游区环境质量图、自然区环境质量图；按时间可分为历史环境质量图、现状环境质量图及环境质量变化趋势图等；按编制方法不同，又分为定位图、等值线图、分级统计图和网格图等。各种环境质量图是根据制图的目的不同而选择不同参数、标准和方法绘制出来的，下面介绍常用的几种。

(1) 等值线图。

等值线图又称等量线图，是以相等数值点的连线表示连续分布且逐渐变化的数量特征的一种图形。等值线是用于连接各类等值点(如高程、温度、降雨量、污染或大气压力)的线。线的分布显示表面值的变化方式。值的变化量越小，线的间距就越大。值上升或下降得越快，线的间距就越小。在一个区域内，根据一定密度测点的测定资料，用内插法画出等值线。这种图可以表示在空间分布上连续的和渐变的环境质量，一般用来表示大气、海、湖和土壤中各种污染物的分布。典型的例子如图 10-4 所示。

(2) 点的环境质量表示法。

在确定的测点上，用不同形状或不同颜色的符号表示各种环境要素及与其有关的事物。典型的例子如图 10-5 所示。

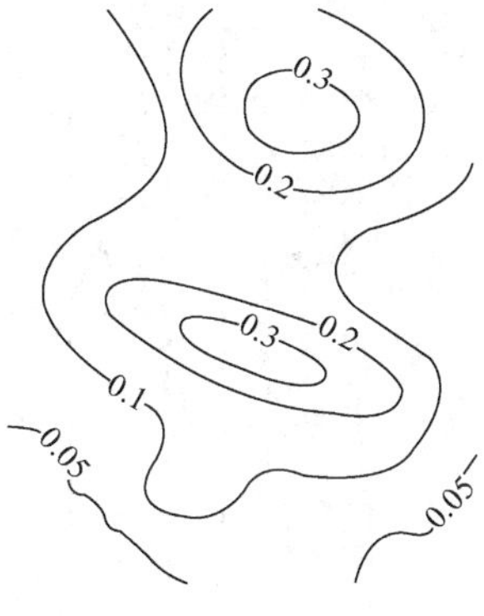

图 10-4　SO_2 污染的等浓度表示图

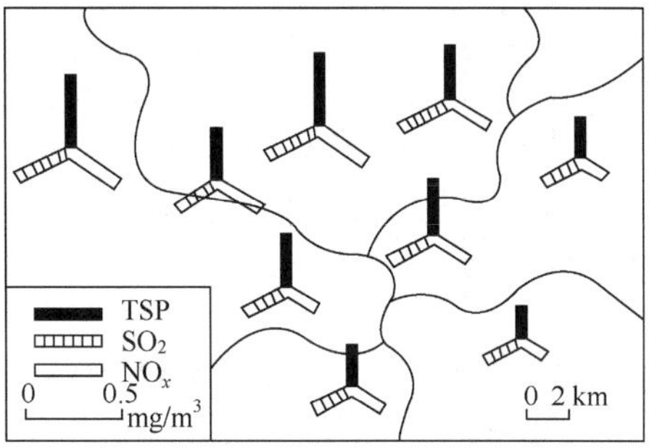

图 10-5　某环境监测点的大气环境质量

(3) 区域的环境质量表示法。

将规定的范围，如一个区间段、一个水域、一个行政区域或功能区域的某种环境要素的质量、综合质量，以及可以反映环境质量的综合等级，用各种不同的符号、线条或颜色表示出来，可以清楚地看到环境质量的空间变化。典型的例子如图 10-6 所示。

(4) 时间变化图。

时间变化图可表示各种污染物含量在时间上的变化(如日变化、季节变化、年变化等)。典型的例子如图 10-7 所示。

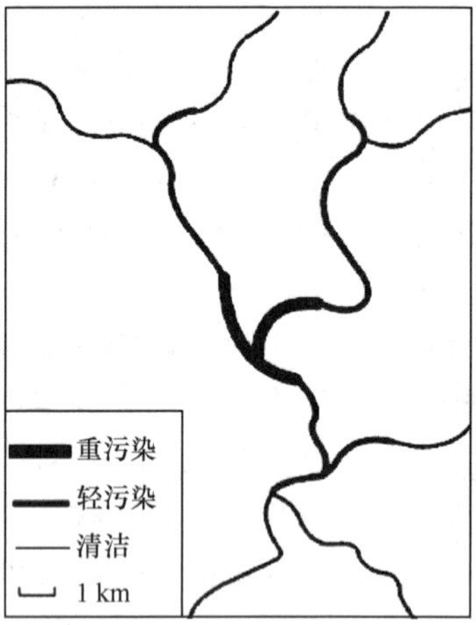

图 10-6 某河流水环境质量

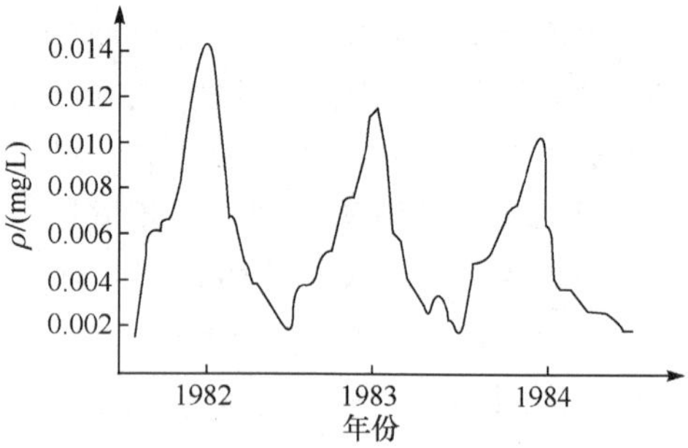

图 10-7 某水域酚质量浓度时间变化图

(5) 相对频率图。

当污染物浓度变化较大时，常以相对频率表示某一种浓度出现机会的多少。典型的例子如图 10-8 所示。

(6) 网格图。

把被评价的区域分成许多正方形(或矩形)网格，用不同的晕线或颜色将各种环境要素按评定级别在每个网格中算出，或在网格中注明数值，城市环境质量评价图常用此法，如图 10-9 所示。

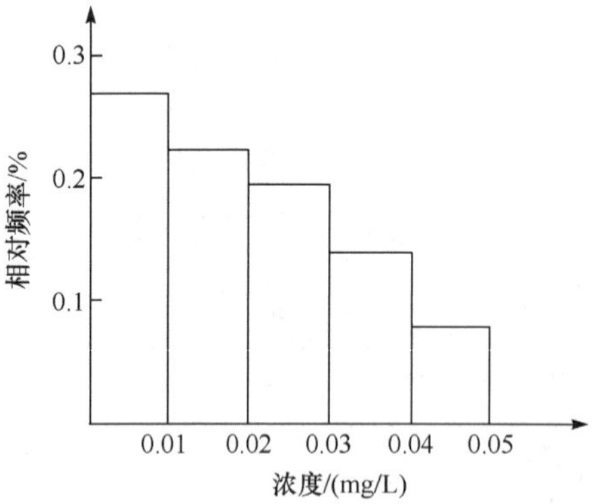

图 10-8 某污染物质量浓度的相对频率图

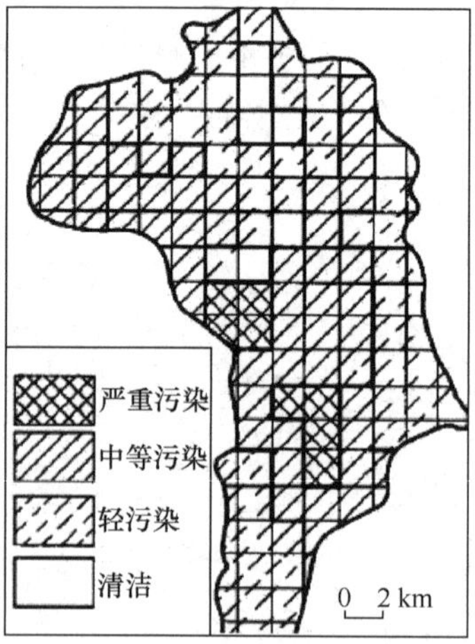

图 10-9 某城市环境质量评价图

10.3 环境监测质量控制

环境监测质量控制是指为达到监测计划所规定的监测质量而对监测过程中相关环节采用

的实施控制方法，通常包括监测过程质量控制、实验室内质量控制和实验室间质量控制。

10.3.1　环境监测过程的质量控制

监测过程质量控制，包括样品布点、采集、处理、保存和运输等过程的质量控制，以及在监测数据结果表述中的质量保证检查单。

1. 布点过程的质量控制

无论在水质监测还是大气监测过程中，监测布点是保证反映被监测区域真实状况的前提。在实际监测过程中，较之于其他环节的错误，监测点位布设错误或不当，给监测数据质量带来的误差要严重得多。若监测布点不当，即使后续的监测过程科学而严谨，得到的数据也可能毫无意义，甚至得出错误的结论。所以，为了保证监测质量，在制订监测计划时，首先要根据监测任务制订出布点质量控制措施，以使布点方案尽量合理，并根据环境条件和环境污染状况的变化，及时对监测点位的布设进行经常性的检查和调整，使之能不断地满足监测任务的需要。

在布点过程中要严格遵循监测规范中规定的原则。

为保证质量控制措施有效实施，在实际工作中要求建立监测点位档案和监测点代表性检查制度，即每个监测点位都应建立点位卡，监测卡应每年填写一次，分析核对一次，借以把握监测点的变动情况、建立起完整的基础资料，为进一步优化布点服务。对所布设监测点、数目、点位应定期组织检验，并在优化设计方法上进行不断改进。

2. 采样过程的质量控制

采样过程是一个复杂的综合过程，主要由样品采集、样品处理、样品运输、样品交接等环节构成，这其中每一个过程有不同的质量控制内容。对采样过程进行质量控制是环境监测质量保证工作的重要组成部分。采样环节既与布点环节有关，又与其他环节紧密相连，既是空间代表性的继续，又是时间代表性的主要决定因素，采样环节的差错会导致前后诸多环节努力的无效。因此，由样品采集、样品处理、样品运输、样品交接等环节构成的采样过程，是全程质量控制环节中的重要一环。

1) 样品采集过程

(1) 采样地点符合优化布点要求。

(2) 采样工具符合技术规范要求，水质采样过程中，对采样器、采样容器(一般为硬质玻璃和有机玻璃材料)等，应按要求区别使用，并尽量做到定点、定项目、定容器，以防交叉污染。

(3) 采样频率要符合有关技术规定，水质、大气样品的采集，要分清污染源性质，如连续均匀排放的污染源、不均匀连续排放污染源、周期性无组织排放等，根据排放规律、生产工艺周期特点，确定采样频率。

(4) 采集样品量要足够充分，在采样过程中，要注意采集样品的量能够满足测试目的要求。在采集样品前，要系统综合地考虑方法检出限及评价标准等因素，确定水质样品采样体积、大气样品采样时间等。

2) 样品处理与保存过程

(1) 样品采集后，要按照各种样品中特征污染物对固定剂、温度的要求进行保存、固定或现场监测。

(2) 防止样品的二次污染。

3) 样品运输过程

(1) 对需现场监测的项目，如水体中 pH、DO、温度、电导率等要现场监测。

(2) 对不能现场监测的项目，运输途中要做到尽快运到实验室，防止泄漏、污染等情况发生。运输途中还应注意保管好样品及盛有样品的容器，避免损坏。

4) 样品交接过程

(1) 实行采样记录制度，在采样过程中，除对采样人员进行必要的技术培训外，还要求采样人员认真填写采样记录。

(2) 实行采样送检表制度，在技术规定的基础上，根据不同样品、不同分析方法的要求，编制采样人员易于执行的采样程序。为了明确采样质量保证责任，应实行样品送检表制度。

3. 质量保证检查单

监测结果是由采样人员、分析人员及负责汇集、整理、分析和解释数据的人员共同协作的产物。工作中采用质量保证检查单是一项有效的措施。

检查单是根据监测中各个步骤列出的表格，工作人员在工作过程中及时填写，连同样品、分析数据一起交给负责汇集整理的人员进行处理。表 10-2 是美国艾奥瓦州环境质量部制定的质量保证检查单之一，在空气监测中使用大流量采样器采样过程中根据实际情况填写。

表 10-2　空气监测中大流量采样器采样检查单(滤纸鉴定、制备与分析部分)

调制处理环境的类型__________，干燥柜__________，空调室__________
① 平衡时间：__________h
② 平衡时间的长短是否一致：是__________否__________
③ 是否规定有允许的最短平衡时间：是__________否__________，若是，规定时间为__________h
④ 分析天平室有无温度、湿度控制：温度：有__________无__________，湿度：有__________无__________
⑤ 如果使用空调室，相对湿度：__________，温度范围：__________，温度：__________
⑥ 如果使用干燥柜，为进行可能的更换，多长时间检查一次干燥剂：__________
关键因素：颗粒物的吸水性是不同的，美国国家环境保护局的研究结果表明，相对湿度为 80%时，其质量可增加 15%；相对湿度高于 55%时，湿度与质量之间呈指数关系。滤纸应在相对湿度低于 50%的环境中平衡。

质量保证检查单上的条目是根据对数据质量的影响区分的，每一条目代表下述一种类型的影响。

关键因素：总是影响着采样结果，并且是不可补救的。

主要因素：很可能对采样结果有不利影响，但并不总是不可补救的。

次要因素：通常对数据没有影响，只是作为一种好的习惯做法。

除了这三项代表影响性质的因素以外，质量保证检查单上还有某些细目，如质量控制点，特别列出这些细目是要说明对这些细目必须按规定进行质量控制检查。质量保证检查单不仅可用来记录质量保证计划的有效性，而且能把工作人员和管理人员的注意力集中在那些可能存在的薄弱环节上。质量保证检查单把质量控制因素规定并区分为关键因素、主要因素和次要因素，当条件有限不能马上改善全部不足之处时，这种规定和区分是很有价值的。

10.3.2　实验室内的质量控制

实验室内部质量控制是指实验室工作人员，采用一定的方法和步骤，连续评价实验室工作的可靠程度，旨在监控本实验室常规工作的准确度和精密度，提高本实验室常规工作中批内、批间样本检测的一致性，以确定实验结果是否可靠，可否发出报告的一项工作。

1. 基本概念

1) 准确度、精密度和灵敏度

(1) 准确度。

准确度是用一个特定的分析程序所获得的分析结果(单次测定值或重复测定值的均值)与假定的或公认的真值之间符合程度的度量。它是反映分析方法或测量系统存在的系统误差和偶然误差两者的综合指标，并决定其分析结果的可靠性。准确度用绝对误差和相对误差表示。

(2) 精密度。

精密度是指用一个特定的分析程序在受控条件下重复分析均一样品所得测定值的一致程度，它反映分析方法或测量系统所存在的偶然误差的大小。它的大小通常可用极差、标准偏差或相对标准偏差来表示。

在讨论精密度时，常用到平行性、重复性和再现性等术语。

通常实验室内精密度是指平行性和重复性的总和，而实验室间精密度(即再现性)通常用分析标准溶液的方法来确定。

(3) 灵敏度。

灵敏度是指一个分析方法或分析仪器在被测物质改变单位质量或单位浓度时所引起的响应量变化的程度，反映了该方法或仪器的分辨能力。灵敏度可因实验条件的改变而变化，但在一定的实验条件下，灵敏度具有相对稳定性。

在实际工作中，可用校准曲线的斜率来度量灵敏度的高低。

2) 检出限和测定限

(1) 检出限。

检出限是指一个分析方法对被测物质在给定的可靠度内能够被检出的最小质量或最低浓度。检出限通常是相对于空白测定而言。在环境监测中，检出限常用最小检出量的绝对量来表示，如 0.1 μg；也常用最低检出质量浓度来表示，如 0.01 mg/L 等。要注意，如果实验操作条件改变(如取样体积改变)，则最低检出质量浓度也会产生变化。

(2) 测定限。

测定限分为测定下限和测定上限。测定下限是指在测定误差能满足预定要求的前提下，用特定方法能够准确地定量测定待测物质的最小浓度或量；测定上限是指在测定误差能满足预定要求的前提下，用特定方法能够准确地定量测定待测物质的最大浓度或量。

最佳测定范围也称为有效测定范围，是指在测定误差能满足预定要求的前提下，特定方法的测定下限到测定上限之间的浓度范围。

方法运用范围是指某一特定方法检测下限至检测上限之间的浓度范围。显然，最佳测定范围应小于方法适用范围。

3) 对照实验和空白实验

(1) 对照实验。

对照实验是指一般进行某种实验以阐明一定因素对一个对象的影响和处理效应或意义时，除了对实验所要求研究因素或操作处理外，其他因素都保持一致，并把实验结果进行比较的实验。

通常，一个对照实验分为实验组和对照组。实验组，是接受实验变量处理的对象组。对照组也称控制组，对实验假设而言，是不接受实验变量处理的对象组。至于哪个作为实验组，哪个作为对照组，一般是随机决定，这样从理论上说，由于实验组与对照组无关变量影响是相等、平衡的，故实验组与对照组两者之差异，则可认定为是来自实验变量的效果，这样实验结果是可信的。

(2) 空白实验。

空白实验是指用纯水或其他介质代替试样的测定。其所加试剂和操作步骤与样品测定完全相同。空白实验应与试样测定同时进行。空白实验所得的响应值称为空白实验值，其大小及分散程度对分析结果的精密度和分析方法的检出限都有很大影响，并在一定程度上反映了一个环境监测实验室及其分析人员的水平，如实验用水、化学试剂纯度、滴定终点误差等。当空白实验值偏高时，应全面检查空白实验用水、试剂的空白、量器和容器是否沾污，仪器的性能及环境状况等。在常规分析中，每次测定两份全程序空白实验平行样，其相对偏差一般不大于 50%，取其平均值作为同批试样测量结果的空白校正值。用于标准系列的空白实验，应按照标准系列分析程序相同操作，以获得标准系列的空白实验值。

4) 平行样

平行样是指在环境监测和样品分析中，包括两个或两个以上相同子样的样品。只包含两个相同子样的样品称为平行双样。采集和测定平行样是实施环境监测质量保证的一项措施。平行样的测定结果在一定程度上反映了测试的精密度水平。

原则上试样都应该做平行样测定。当一批试样数量较多时，可随机抽取 10%～20%的试样进行平行样测定；当同批试样数较少时，应适当增大平行样测定率，每批(5 个以上)中平行样以不少于 5 个为宜。

分析人员在分取样品平行测定时，对同一样品同时分取两份，也可由质控员将所有待测试样，包括平行样重新排列编号形成密码样，交分析人员测定，最后报出测定结果，由质控员将密码对号按要求检查是否合格。一般来说，平行样测定结果的相对偏差不应大于标准方法或统一方法所列相对标准偏差的 2.83 倍。

5) 加标回收率

在样品中加入标准物质，测定其回收率，以确定准确度。加标回收率的定义可用式(10-14)表示：

$$\text{加标回收率} = \frac{\text{加标试样测定值} - \text{试样测定值}}{\text{加标值}} \times 100\% \tag{10-14}$$

通常加入的标准物质的量应与待测物质的浓度水平接近为宜。加标回收率越接近 100%，说明方法越准确。污水样品中污染物浓度波动性大，加标量难以控制，即使用纯水配制的质控样测定很准确，实际上也难以真正达到质控要求。在实际监测工作中，过分强调加标回收，不仅不实用，还会增加监测人员的负担。

6) 校准曲线

校准曲线是用于描述待测物质的浓度或含量与相应的测量仪器的响应量或其他指示量之间定量关系的曲线。校准曲线包括“工作曲线”(绘制校准曲线的标准溶液的分析步骤与样品的分析步骤完全相同)和“标准曲线”(绘制校准曲线的标准溶液的分析步骤与样品的分析步骤相比有所省略，如省略样品的预处理)。监测中常用标准曲线的直线部分。某一方法标准曲线的直线部分所对应的待测物质浓度(或含量)的变化范围，称为该方法的线性范围。

2. 质量控制图的绘制和使用

内部质量控制是实验室分析人员对分析质量进行自我控制的过程。一般通过分析和应用某种质量控制图或其他方法来控制分析质量。

对经常性的分析项目常用控制图来控制质量。质量控制图的基本原理是每一个方法都存在着变异，都受到时间和空间的影响，即使在理想的条件下获得的一组分析结果，也会存在一定的随机误差。但当某一个结果超出了随机误差的允许范围时，运用数理统计的方法，可以判断这个结果是异常的、不可信的。质量控制图可以起到这种监测的仲裁作用。因此实验室内质量控制图是监测常规分析过程中可能出现误差、控制分析数据在一定的精密度范围内、保证常规分析数据质量的有效方法。

质量控制图一般采用直角坐标系，横坐标代表抽样次数或样品序号，纵坐标代表作为质量控制指标的统计值。质量控制图的基本组成如图 10-10 所示。

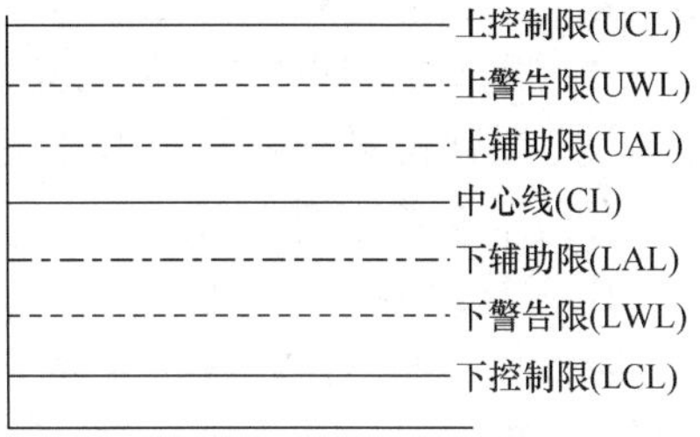

图 10-10　质量控制图的基本组成

预期值——图中的中心线。

目标值——图中上、下警告线(限)之间区域。

实测值的可接受范围——图中上、下控制线(限)之间区域。

辅助线——在中心线两侧与上、下警告线(限)之间各一半处。

质量控制图的类型有很多种，如均数控制图、均数-极差控制图、移动均值-差值控制图、多样控制图等。但目前最常用的是均数控制图和均数-极差控制图。

3. 精密度控制

1) 平行性控制

定量分析中若只进行一次单独测定是无法判断精密度好坏的。一般都是进行 2～3 次平行测定取平均值报告数据，这样做既节省了时间，又能够反映一定的精密度。

平行测定的合格标准没有统一规定，可以参照《水和废水监测分析方法》提出的三项标准进行考察。

2) 重复(现)性控制

在实际监测分析中，通过重复测定待测样品来控制精密度是不现实的。在重复性控制中，一般都要用到质量控制样品。质量控制样品也简称质控样，是事先制作的一种具有与环境样品组成及性质相似的样品，它们的含量已经过多次测定，真值已知。在环境样品测定的同时测定这些质控样，如果质控样的测定结果与其真值的符合程度在允许误差的范围内，那么可以认为该次实验的重复测定过程受控，则环境样品的分析结果也就与其自身真值的符合程度在其允许误差的范围内。环境监测中每次都要求使用质控样，如果质控样测定不符合要求，则认为环境样品分析也不符合要求。

3) 再现性控制

再现性控制一般是通过分发统一质控样来进行控制的。由于再现性是由多个实验室用同一分析方法分析同一样品所得结果之间的符合程度。所以，再现性的控制方法和重复性的控制方法类似，即采用实验室之间的协作实验定值的质控样来进行控制。

再现性控制也可以通过样品外检，由其他合格实验室进行分析，由此说明再现分析结果的可比性如何。

4. 准确度控制

准确度的控制分为终端控制和阶段控制两种方法。

1) 终端控制

(1) 分析环境标准物质。分析环境标准物质是控制准确度的最好方法。因为环境标准物质的浓度与组成都和环境样品相似，并且真值已知(我国标准化名称为“保证值”)。

(2) 比较实验。对同一样品用不同的分析方法作验证比较，记录下验证方法和标准方法(或准确度高的方法)的测定数据平均值，两种分析方法测定结果的误差限若落在允许范围内，则说明验证方法符合要求，可以用于正式分析。

(3) 测定加标回收率。如果样品的基体组成简单，目的元素的含量不是很低，可以选用加标回收率来评价准确度。加标量一般是样品含量的 1～2 倍，加标测定率为样品总数的 20%，测定合格率要求达到 90%。

2) 阶段控制

阶段控制的方法较多：如标准曲线的绘制和线性校正、标准曲线的全程校正、回归直线的精密度检验、标准溶液检验、空白值检验等。

(1) 标准曲线的绘制和线性校正。

在比较测定中，由测定纯试剂绘制的工作曲线称为标准曲线，对标准曲线进行线性校正，或分析全过程后的工作曲线称为校准曲线。采用纯物质分析测得的 n 对数据，用最小二乘法处理得到一条回归直线即为标准曲线。其质量保证的一般要求为：浓度点至少为 6 点(含 0 浓度点)；相关系数满足 $r>0.999$；截距与 0 无显著差异。

(2) 标准曲线的全程校正。

以标准曲线中的原浓度点作样品点，进行全程分析处理，得到新的校正曲线：再将它与原有的标准曲线作对比检验，如两条回归直线无显著差异，则可用标准曲线作为分析用的工作曲线。

(3) 标准溶液检验。

标准溶液的浓度或含量是否准确，是标准曲线质量好坏的前提。以水为例，检验方法是用标准溶液与标准水样进行对比检验。根据样品的含量水平，在校准曲线上取某个浓度点(低浓度样品应取中下水平点)，使标准溶液与标准水样浓度相等，各自平行测定 6 次以上($n\geq6$)，对测定结果进行 t 检验。若检验结果表明标准溶液不合格，则改用标准水样代替标准溶液作标准曲线，而将标准溶液作为样品进行分析测定。

(4) 空白值检验。

每次测定需平行测定全程空白值。空白值与样品的测定要有一致性，如随机取器皿，所引入的试剂量、溶液 pH、消解温度、消解时间等条件，都要与样品分析一样。空白值的变动范围可用质量控制图来进行控制。

5. 加标回收法

加标回收法，即在样品中加入标准物质，通过测定其回收率以确定测定方法准确度的方法，多次回收实验还可以发现方法的系统误差。

用加标回收率在一定程度上能反映测定结果的准确度，但有局限性。这是因为样品中某些干扰因素对测定结果具有恒定的正偏差或负偏差，并均已在样品测定中得到反映，而对加标结果就不再显示其偏差，也就是说，加标回收可能是良好的。此外，加入的标准与样品中待测物在价态或形态上的差异、加标量的多少和样品中原有浓度的大小等，均影响加标回收结果。因此，当加标回收率令人满意时，不能肯定测定准确度无问题；但当其超出所要求的范围时，则可肯定测定准确度有问题。

在一批试样中，随机抽取 10%～20%的试样进行加标回收测定；当同批试样较少时，应适当加大测定率。每批同类型试样中，加标试样不应少于 2 个。分析人员在分取样品的同时，另分取一份，并加入适量的标样。也可由质控员对抽取的试样加入自备的质控标样，形成密码加标样(包括编号和加标量)，交给分析人员测定，最后报出测定结果，由质控员对号计算后，按相关要求检查是否合格(对每一个测得的回收率分别进行检查，对均匀性较好的样品，不应超出标准方法或统一方法所列的回收率范围)。

采用加标回收法时，应注意加标量不能过大，一般为试样含量的 0.5～2 倍，且加标后的总含量不应超过测定上限；加标物的浓度宜较高，体积应很小，一般以不超过原始试样体积的 1%为好，用以简化计算方法。如测平行加标样，则加标样与原始样应预先随机配对编号。

10.3.3　实验室间的质量控制

实验室间质量控制常用于协作实验(指为了某个特定目的，按照一个预定的程序，组织一定数量的实验室进行合作研究，如分析方法的标准化、标准物质的协作定值、组织协作实验完成某项质量调查或科研任务等)、仲裁实验、分析人员的测试技术评定、实验室的分析质量评价等方面。

实验室间质量控制的目的是检查实验室是否存在着系统误差，以及系统误差的大小是否对分析结果产生根本性影响，以便让实验室人员及时纠正分析中存在的问题。它通常包括实验室质量考核、标准溶液的比对、实验室误差测试等方面。实验室间质量控制通常由某一系统的中心实验室、上级机关或权威单位负责，也可由有经验的实验室或分析人员负责主持。

1. 实验室质量考核

由负责单位根据所要考核项目的具体情况，制订具体实施方案。

考核内容有：分析标准样品或统一样品；测定加标样品；测定空白平行，核查检测下限；测定标准系列，检查相关系数和计算回归方程，进行截距检验等。通过质量考核，最后由负责单位对实验室的数据进行统计处理后作出评价予以公布。各实验室可以从中发现所存在问题并及时纠正。

2. 实验室误差测验——双样法

通过不定期地对有关实验室进行误差测验，确认实验室间是否存在系统误差及系统误差的大小、方向，以及对分析结果的可比性是否有显著性影响。常用的误差测验方法是双样法，又称为约顿(Youden)法。

1) 基本假设

(1) 在所有实验室中，室内随机误差基本相同。

(2) 任何一个实验室在分析两个成分极相似的样品时，其室内的系统误差基本相同。

在已经执行了实验室内部质量控制程序的前提下，上述基本假设是合理的。有了这个基本假设，就可用两份相似样品的分析结果来估计存在的随机误差和系统误差。

2) 绘图及图形判断

(1) 样品测试。

将两份待测组分浓度不同(相差约 5%)但组成极相似的样品 X 和 Y 同时分发给至少 5 个实验室，各实验室对样品进行单次测定，X 和 Y 的测定结果分别用 x_i 和 y_i (其中 i 代表实验室编号)表示，并在规定日期内将测定结果上报给中心实验室。

(2) 绘图。

建立 x-y 直角坐标系，x 轴和 y 轴分别代表一定范围内样品 X 和 Y 中待测物的浓度。计算所有实验室测定结果的均值 $\bar{x}$ 和 $\bar{y}$，并在坐标系中画出 $\bar{x}$ 值垂直线和 $\bar{y}$ 值水平线。两线将图分成 4 个象限，其交点($\bar{x}$, $\bar{y}$)可以视为目标值。最后将各实验室的测定结果(x_i, y_i)点在图中相应位置，标上实验室代号，如图 10-11 所示。

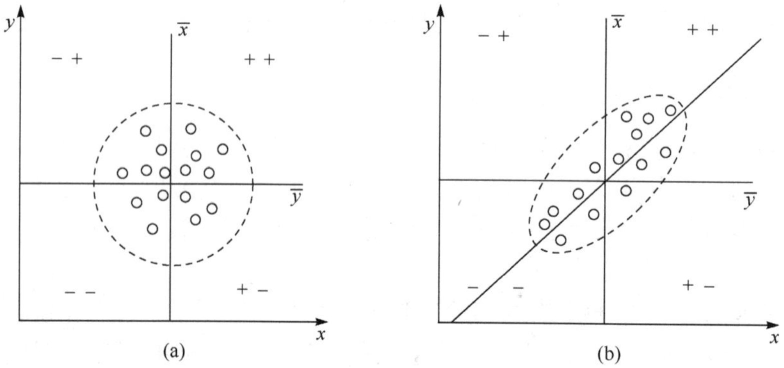

图 10-11　实验室误差测验法双样图

(3) 图形判断。

a. 如果各实验室间不存在系统误差，则代表各实验室测定值的点应随机地分布在 4 个象限中，并大致构成一个以($\bar{x}$, $\bar{y}$)为中心的圆，如图 10-11(a)所示。

b. 如果实验室间存在系统误差，则各实验室对两个相似样品的测定值应双双偏高或双双偏低，代表各实验室测定值的点将主要分布在“++”和“−−”这两个象限内，形成一个与横轴方向约成 45°角倾斜的椭圆形，如图 10-11(b)所示。

c. 根据各点到 45°斜线的距离，可以度量随机误差的大小；而根据各点在 45°斜线上的投影到($\bar{x}$, $\bar{y}$)的距离，可以度量各实验室的系统误差。

3. 标准溶液的比对

标准溶液是相对分析方法赖以确定测试结果的基准物质，其质量如果不可靠，将使测定结果的准确性受到直接影响。国家一级、二级站要配备本实验室的标准参考溶液(可购买国家标准物质或自制)，并与上一级站的标准参考物进行比对和量值追踪。比对定值的标准参考溶液发放给下一级站使用。各监测站分析人员采用上级中心监测站(或实验室)的标准溶液(浓度已经与标准物质比对过的，简称标准物质)，作为自己配制的标准溶液的比对标准，按照所用的分析方法，对各自标准溶液的浓度同时测定，对测定结果进行比较，以检验和校正各自标准溶液的浓度，并设法使之与上级标准物质的浓度一致。

实验室间标准溶液的比对主要按如下的程序进行。

实验室标准溶液与标准参考溶液的比对实验。将上级站发放的标准参考溶液(A)与实验室的等配制浓度的标准溶液(B)，同时各取 n 份样品测定，按式(10-15)和式(10-16)计算，并对测定值作 t 检验。

标准参考溶液测定值 A_1、A_2、…、A_n，平均值 $\overline{A}$，标准差 S_A；实验室标准溶液测定值 B_1、B_2、…、B_m，平均值 $\overline{B}$，标准差 S_B；计算出统计量。

$$S_{A-B}=\sqrt{\frac{(n-1)(S_A^2+S_B^2)}{2n-2}} \tag{10-15}$$

$$t=-\frac{\left|\overline{A}-\overline{B}\right|}{S_{A-B}\sqrt{n/2}} \tag{10-16}$$

当 $t \leqslant t_{0.05(n-1)}$ 时的临界值，二者无显著差异；当 $t > t_{0.05(n-1)}$ 时的临界值，则实验室标准溶液存在系统误差。

4. 实验室质量控制指标

环境监测质量控制措施是保障数据质量的有效手段，回收率、相对误差、相对偏差、检出限等是日常监测工作中常用的质量控制指标，是衡量不同的实验室、分析方法和分析人员效能的一个相对标准，在实际检测工作中具有重要指导意义。质量控制人员职责是保证测试数据质量的，对质量控制指标的准确性要有更严格的要求。表 10-3 列举了实验室部分监测项目的质量控制指标。

表 10-3 监测实验室质量控制指标

项目	含量范围/(mg/L)	精密度/%		准确度/%			监测分析方法
		室内 (d_i/x)	室间 (d_i/x)	加标回收率	室内相对误差	室间相对误差	
COD_{Cr}	5～50	≤20	≤25	—	≤±15	≤±20	重铬酸钾法
	50～100	≤15	≤20	—	≤±10	≤±15	重铬酸钾法
	> 100	≤10	≤15	—	≤±5	≤±10	重铬酸钾法
总氮	0.025～1.0	≤10	≤15	90～100	≤±10	≤±15	过硫酸钾氧化-紫外 SP 法
	> 1.0	≤5	≤10	95～105	≤±5	≤±10	过硫酸钾氧化-紫外 SP 法

续表

项目	含量范围/(mg/L)	精密度/%		准确度/%			监测分析方法
		室内(d_i/x)	室间(d_i/x)	加标回收率	室内相对误差	室间相对误差	
总磷	＜0.025	≤25	≤30	85～115	≤±15	≤±10	SP 法，IC 法
	0.025～0.6	≤10	≤15	90～110	≤±10	≤±15	SP 法，IC 法
	＞0.6	≤5	≤10	80～120	≤±10	≤±10	IC 法
总铅	＜0.05	≤30	≤35	85～115	≤±15	≤±20	AAS 法
	0.05～1.0	≤25	≤30	90～110	≤±10	≤±15	双硫腙 SP 法，ASV 法，AAS 法
	＞1.0	≤15	≤20	85～115	≤±6	≤±15	AAS 法
总氰化物	＜0.05	≤20	≤25	90～110	≤±15	≤±20	异烟酸-吡唑啉酮 SP 法
	0.05～0.5	≤15	≤20	90～110	≤±10	≤±15	吡啶-巴比妥酸 SP 法
	＞0.5	≤10	≤15	85～115	≤±10	≤±15	硝酸银滴定法
总砷	＜0.05	≤20	≤30	90～110	≤±15	≤±20	新银盐 SP 法，Ag-DDCSP 法
	＞0.05	≤10	≤15	85～115	≤±10	≤±15	Ag-DDCSP 法
总汞	＜0.001	≤30	≤40	90～110	≤±15	≤±20	CV-AAS，CV-AFS
	0.001～0.005	≤20	≤25	90～110	≤±10	≤±15	CV-AAS，CV-AFS
	＞0.005	≤15	≤10	—	≤±10	≤±15	CV-AAS，CV-AFS，双硫腙 SP 法
BOD_5	＜3	≤25	≤30	—	≤±25	≤±30	稀释法(20℃±1℃)
	3～100	≤20	≤25	—	≤±20	≤±25	稀释法(20℃±1℃)
	＞100	≤15	≤20	85～115	≤±10	≤±15	稀释法(20℃±1℃)
总镉	＜0.005	≤20	≤25	90～110	≤±15	≤±20	AAS，GFAAS
	0.005～0.1	≤15	≤20	90～110	≤±10	≤±15	双硫腙 SP 法，ASV 法
	＞0.1	≤10	≤15	85～115	≤±10	≤±15	AAS，单扫描极谱法
六价铬总铬	＜0.01	≤15	≤20	90～110	≤±10	≤±15	二苯碳酰二肼 SP 法
	0.01～0.1	≤10	≤15	90～110	≤±5	≤±10	二苯碳酰二肼 SP 法
	＞0.1	≤5	≤15	85～115	≤±5	≤±10	硫酸亚铁铵滴定法
挥发酚	＜0.05	≤25	≤30	85～115	≤±15	≤±20	4-氨基安替比林 SP 法
	0.05～1.0	≤15	≤20	90～110	≤±10	≤±15	4-氨基安替比林 SP 法
	＞1.0	≤10	≤15	90～110	≤±10	≤±15	4-氨基安替比林 SP 法，溴化滴定法

10.4 标准分析方法和环境标准物质

10.4.1 标准分析方法

在环境监测分析中，同一个测定项目往往有多种可供选择的分析方法，方法的原理不同，使用的仪器种类、型号不同，对操作的要求不同，导致分析结果的灵敏度、精密度、准确度等都不同。这样，就有可能导致测定同一项目时，产生的数据结果之间没有可比性。因此，有必要通过某种程序，使这些不同的分析方法在测定同一项目时的数据结果仍然具有可比性，这种活动就称为分析方法的标准化活动。标准化活动的结果，就使这些分析方法成为测定这一项目的标准分析方法。

1. 标准分析方法的要求和条件

标准分析方法又称为分析方法标准，是技术标准中的一种，它是由权威机构对某分析项目的分析所作的统一规定的技术准则和各方面共同遵守的技术依据。它是一种标准文件。

1) 标准分析方法的要求

标准分析方法的选定要符合这样一些要求：分析方法必须要达到规定要求的检出限；分析方法要能够满足足够小的随机误差和系统误差；分析方法对各种环境样品的分析结果要能够得到相近的精密度和准确度；分析方法必须考虑到技术能力、现实条件、推广使用的可能性等方面。

2) 标准分析方法的条件

标准分析方法必须要满足下列几个条件：按照规定的程序编制；按照规定的格式编写；方法的成熟性得到公认，并通过协作实验确定方法的误差范围；由权威机构审批，并用文件的形式发布。

编制和推行标准分析方法，是为了保证分析结果的重复性、再现性和准确性，无论采用任何标准分析方法、在任何地方、由任何人、通过任何仪器进行某一项目的分析，不但同一实验室的分析人员分析同一样品的结果一致，而且不同实验室的分析人员分析同一样品的结果也能够达到一致，由此实现了不同分析方法之间或同一分析方法不同人员的分析结果之间，分析结果的数据完全具有可比性。

2. 分析方法标准化

使某种分析方法成为标准分析方法的论证过程，称为分析方法的标准化。标准化过程包含标准化实验和标准化组织管理，这项工作具有高度的政策性、经济性、技术性、严密性及连续性，要有严密的组织机构。由于这些机构所从事工作的特殊性，因而要求它们的职能和权限必须受到标准化条例的约束。

1) 标准化实验

标准化实验是指经人们严密设计，用来评价一种分析方法性能的实验。一个分析方法的性能属性有很多，主要有精密度、准确度、灵敏度、检出限等，此外还有专一性、选择性、依赖性、实用性等方面。当然，不可能做到所有的方法性能都能达到最佳属性。每一种分析方法要根据分析项目、分析目的等，确定哪种属性是最主要的、哪些是次要的、哪些是不可以随便更改的、哪些又是可以折中的。

环境监测分析通常以痕量分析为主，并以分析结果描述环境质量好坏，所以分析的精密度、准确度、灵敏度、检出限等都是关键问题。因此，标准化活动的结果必须给出分析结果的表达方法、分析方法的精密度和准确度指标，对样品的种类、数量、分析次数、分析人员、分析条件等作出一系列的规定，还要明确分析过程的质量保证措施等，并对分析方法的性能作出公正的评价。

2) 标准化组织管理

标准化工作是一项具有高度政策性、技术性、严密性和连续性的工作，因此，开展此项工作必须建立严格的组织机构。由于这些机构所从事工作的特殊性，要求它们的职能和权限必须受到标准化条例的约束。图 10-12 为我国标准化工作的组织管理系统。

目前，标准的发展趋向于国际相互统一。ISO 组成了五个有关环境技术委员会 TC146(空气质量)、TC147(水质)、TC190(土壤质量)、TC200(固体废弃物)、TC207(环境管理)，每个 TC(委员会)下设若干 SC(分技术委员会)，每个分技术委员会负责一类方法的制订。

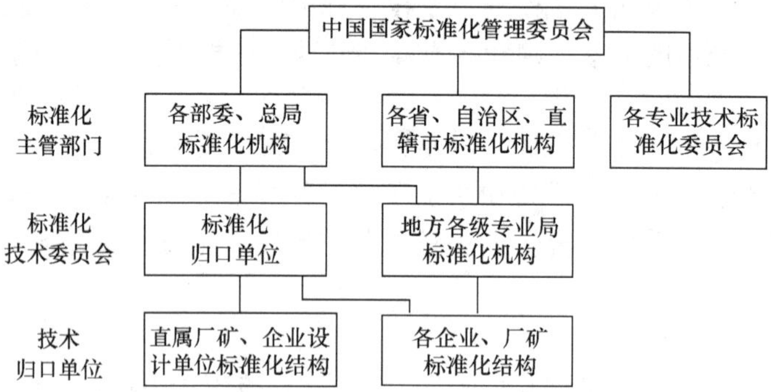

图 10-12　我国标准化工作的组织管理系统

10.4.2　监测实验室间的协作实验

分析工作中的协作实验，就是由足够数目的实验室，为了一个确定的目的，遵循一个已经确定的程序，共同进行的一项研究活动。它广泛地应用于分析方法的标准化、分析方法的研究、标准物质的定值和实验室间的分析质量控制等方面。例如，分析方法标准化活动中协作实验，一般是为了组织有广泛代表性的、具有足够数目的实验室，使用有代表性的试样，按照一个已经确定的程序，共同完成对一个确定的分析方法的精密度和准确度的估计(也称分析方法的分析)，看其是否符合分析要求。如果不能符合要求，还必须更改方法使之符合要求。

协作实验的数据处理包括：数据整理和列表、实验室之间方差一致性检验(应统一检验方法)、实验室之间平均值一致性检验(应统一检验方法)、计算实验室内(室间)精密度、准确度、不确定度等。对于方差或平均值离群的实验室，则要求其核查数据，重做实验。也可进行实验室内单值一致性检验，如果发现单值离群，则剔除离群单值后，将剩余单值求平均值和方差，再次进行实验室方差和平均值一致性检验。如果最后仍属于离群方差或平均值，则剔除该实验室的分析数据。

10.4.3　环境标准物质

1. 基体和基体效应

在环境样品中，各种污染物的含量一般在 10^{-6} 或 10^{-9} 甚至 10^{-12} 级水平，而大量存在的其他物质则称为基体。

由于基体组成不同，因物理、化学性质差异而给实际测定中带来的误差，称为基体效应。为了避免基体效应，在环境监测分析中有必要采用环境标准物质。

2. 环境标准物质的定义

标准物质是指已准确地确定了一个或多个特性量值，很均匀、稳定的物质。特性量值是指物质的物性、化性(主体和痕量物质的量)、工作参数等，有最接近真值的保证值，统一量值的计算标准。

环境标准物质是标准物质中的一类，是指按规定的准确度和精密度确定了某些物理特性值或组分含量值，在相当长时间内具有可被接受的均匀性和稳定性，并在组成和性质上接近于环境样品的性质。

作为环境监测过程中质量保证的物质基础，环境标准物质的意义首先在于使监测工作建立起测量的溯源性，即把环境监测结果与国家标准或国家基准联系起来，使其具有上溯到国际单位制基本单位的准确可靠的量值。其次，标准物质使得监测结果具有可比性，保证在不同时间和不同空间获得的监测结果一致、相容。

3. 环境标准物质的分类

世界各国的标准物质有上千种，在分类和等级上尚未统一。

1) 国际纯粹与应用化学联合会的分类

IUPAC 将环境标准物质分为：原子量标准的参比物质、基准标准物质、一级标准物质、工作标准物质、二级标准物质、标准参考物质。

2) 按照审批权限分类

按照审批权限可将环境标准物质分为：国际标准物质、国家一级标准物质、地方(或部级)标准物质。

3) 按基体种类与样品的接近程度分类

(1) 基体标准物质。基体与样品基本相同。

(2) 模拟标准物质。两者基本相近。例如，水样痕量标准物质，在纯水中加入一定量的天然水成分(Na^+、K^+、Ca^{2+}、Mg^{2+}、Cl^-、SO_4^{2-}、微量元素)和稳定剂。

(3) 合成标准物质。此类标准物质不能直接使用，使用之前要先按一定的程序将它转化成所需要的标准。例如，SO_2、NO_2 的渗透管是一种标准气源，使用时根据需要选择流量和载气，配制出与被测样品基体及含量相近的标准气体。

(4) 代用标准物质。当选择不到类似的基体时，可选择与被测成分含量相近的其他基体物质。

4) 我国标准物质的分类及其规定

我国的标准物质是指已确定其一种或几种特性，用于校准测量器具、评价测量方法或确定材料特性量值的物质，可分为两级，即一级标准物质、二级标准物质。

(1) 一级标准物质。

一级标准物质(primary reference material) 是指采用绝对测量方法或其他准确、可靠的方法测量标准物质的特性量值，测量准确度达到国内最高水平并附有证书的标准物质，该标准物质由国务院计量行政部门批准、颁布并授权生产。一级标准物质的定级条件：

a. 用绝对测量法或两种以上不同原理的准确可靠的方法定值。在只有一种定值方法的情况下，用多个实验室以同种准确可靠的方法定值。

b. 准确度具有国内最高水平，均匀性在准确度范围之内。

c. 稳定性在一年以上或达到国际上同类标准物质的先进水平。

d. 包装形式符合标准物质技术规范的要求。

(2) 二级标准物质。

二级标准物质(secondary reference material) 是指采用准确、可靠的方法或直接与一级标准物质相比较的方法测量标准物质的特性量值，测量准确度满足现场测量的需要并附有证书的标准物质，该标准物质经国务院有关业务主管部门批准并授权生产。二级标准物质的定级条件：

a. 用与一级标准物质进行比较测量的方法或一级标准物质的定值方法定值。

b. 准确度和均匀性未达到一级标准物质的水平，但能满足一般测量的需要。

c. 稳定性在半年以上，或能满足实际测量的需要。

d. 包装形式符合标准物质技术规范的要求。

4. 环境标准物质的特点

(1) 良好的基体代表性。环境标准物质是直接用环境样品或模拟环境样品制得的混合物，其基体组成与环境样品的基体组成相似。

(2) 高度的均匀性。这是标准物质成为测量标准的基本条件，也是传递准确度的必要条件。气态和液态的均匀性容易保证，但固态的均匀性则须经过采样、干燥、研磨、筛分、混匀、辐照消毒及分装等一系列加工程序保证。

(3) 良好的稳定性。良好的稳定性和长期保存性，通常要求其稳定性在一年以上。

(4) 含量准确。环境标准物质中主要成分的含量，是用两种以上相互独立且准确度已知的可靠方法，由两个以上的分析人员独立分析确定的。

5. 环境标准物质的选择

选择标准物质要遵循以下原则：标准物质基体组成的选择；标准物质准确度应比被测样品预期达到的准确度高 3～10 倍；标准物质浓度水平的选择；标准物质取样量不得小于标准物质证书中规定的最小取样量。

6. 环境标准物质的制备

理想的标准物质应该直接从环境样品中采集，通过协作实验对其中的各种组分进行定量，对均匀度和稳定性进行测定，然后作为标准物质使用。由于环境样品组成十分复杂，其中许多组分很不稳定，要对环境样品中的所有组分进行准确定量还有一定困难，因此，环境标准物质一般是用人工合成的方法来制备的。环境标准物质通常按以下几个步骤进行制备。

(1) 根据环境监测的需要，确定所要制备的标准物质相对应的环境样品类型，调查这些样品的组成和浓度，据此确定标准物质的组成。

(2) 按所确定的组成和浓度范围，制备模拟环境样品，进行均匀度和稳定性实验。固体标准物质的均匀度和液体、气体标准物质的稳定性(特别是痕量成分)是关键性的指标。稳定性实验是在保存条件下对模拟环境样品中待测组分的含量进行定期的持续测定，了解其变化情况，如发生超过规定变化，则需要改变保存条件，调整组成含量。

(3) 在以上研究基础上，制备相当数量(50 kg 以上)的环境标准物质，分装和包装后，再次进行稳定性实验。

(4) 对制备的环境标准物质确定保证值。保证值是通过已经排除了系统误差，用准确度比实际使用方法更高的分析方法测定所得的值，这是最接近于真值的标准物质特征量值。确定保证值是通过一定数量的权威实验室进行协作实验，数据按统计处理所得。最后经国家标准化管理委员会审查，报国家计量局批准后，方可供用户使用。

制备标准物质所用试剂的级别、纯度，天平的准确度和精密度，保存容器的性能，测定方法的精密度和准确度，以及操作环境等均有一定的要求。

7. 环境标准物质的作用

标准物质是一种对测量数据可比性与一致性起着重要作用的最主要的化学计量标准，是量值传递与溯源的重要手段。环境标准物质被广泛应用于环境监测，其基本用途有三种：用作与未知物质同时进行分析的“控制物质”；用作校准仪器的“标准物质”；用作发展新技术或考核实验室及分析者的“已知物质”。具体来说环境标准物质有如下作用。

(1) 直接用环境标准物质与环境样品一起比较分析，作为分析测定的标准依据。

(2) 校正并标定分析测定仪器、标准曲线的截距和斜率等。

(3) 为新的分析技术与分析方法的研究提供真值依据。

(4) 检验和测定分析方法的精密度、准确度、灵敏度及检出限指标，即进行“分析方法的分析”，以实现分析方法的标准化。

(5) 以一级标准物质作为真值，控制二级标准物质及质量控制样品的制备和定值，使之能够符合规定要求，也可以为新的标准物质的研制与生产提供保证。

(6) 评价和考核实验室内及实验室之间的分析质量，以及进行监测数据仲裁等。

10.4.4　环境监测的质量控制样品

标准物质的研制周期长、技术性强、难度高、工作量大，致使其价格昂贵。这些都给标准物质的研制、使用和推广带来一定的困难。此外，环境样品的种类繁多，基体变化大，组成复杂，在很多情况下难以找到与实际样品在浓度、基体和结构状态上都很相近的标准物质。

国际标准化组织定义质量控制样品为“一种其一个或多个特性值足够均匀稳定的物质或材料，很好地确定了预期的用途，用于保持和监控测量系统”。

质量控制样品的每个测量参数都应该有准确已知的浓度；样品可以是多参数的，能够进行多种项目的分析；样品具有一定的均匀性，稳定期应在一年以上；应防止样品从储存容器中蒸发和泄漏。在设计质量控制样品时应考虑实际样品的浓度范围，如废水排放的高浓度和降水中的低浓度、方法的检出限、排放许可证或标准中规定的限值等。

质量控制样品多数是由人工合成的。它所具有的“真值”是经过准确计算得到的。这一点与合成标准物质的定值不同。合成标准物质的定值是根据实际测定的结果，由统计处理完成的。而质量控制样品在制备后要委托一些实验室检验样品制备的准确性，如果实测结果与制备值的允许误差范围不能吻合，必须舍弃这批样品，而不能采用测定值来修正真值的做法。检验真值所采取的方法与常规监测实际样品测定的方法是一致的。因此，在质量控制样品的使用说明中应指明该样品适用的方法。这一点也是与标准物质不同的。这就决定了质量控制样品主要是用于控制精密度的，而传递和控制监测准确度则应以标准物质为基准。质量控制样品对每个实验室的质量控制能够起到质量保证的作用，质量控制样品可以检查校准曲线、技术方法、分析仪器、分析人员等方面的工作。

思考题与习题

1. 环境监测为什么需要质量保证和质量控制？它们分别包括哪些内容？

2. 什么是环境监测数据的“五性”？它对于环境监测有什么重要意义？

3. 名词解释：准确度、精密度、灵敏度。

4. 试述误差产生的原因和减少误差的方法。

5. 分析方法检出限和测定下限的主要区别是什么？两者之间的关系如何？

6. 按有效数字运算规则计算下列各式。

(1) 36.5627+3.42+2.368+0.23412

(2) 873.2+15.365−14.325−11.1453

(3) 5.3546×6.78

(4) 64.2+0.02654×56.21÷2.356

7. 一组化学法测定水中铜含量的数据如下：1.230、1.235、1.241、1.191、1.231、1.238、1.216、1.219、1.210、1.199，共测量 10 次。试作可疑数据的检验，并用置信度为 95%的置信区间表示分析结果。

8. 对 A 样品测定结果为 8.21、8.47、8.56、8.38、8.42、8.29、8.64、8.53，$t_{0.05(7)}=2.365$，推算在 95%置信水平下，平均值的置信区间。

9. 用移液管移取 HCl 溶液 25.00 mL，用 0.1000 mol/L NaOH 标准溶液滴定，用去 30.00 mL。已知移液管移取溶液时的标准偏差 $s_1=0.02$ mL，读取滴定管读数的标准偏差 $s_2=0.01$ mL。求标定 HCl 溶液时的标准偏差。

10. 环境监测实验室内部质量控制包括哪些内容？

11. 试述质量控制图的意义及其应用。

12. 什么是空白实验？什么是全程序空白实验？为什么要做这两种实验？

13. 什么是基体效应？为什么在环境监测中必须考虑基体效应的影响？采用什么方法消除基体效应？

14. 监测实验室间协作实验的目的是什么？

15. 滴定管的一次读数误差是 0.01 mL，如果滴定时用去标准溶液 2.50 mL，则相对误差为多少？如果滴定时用去标准溶液为 25.10 mL，相对误差又为多少？分析两次测定的相对误差，能够说明什么问题？

参考文献

陈浩，汪圣尧. 2022. 仪器分析. 4 版. 北京：科学出版社.

陈玲，王颖，部洪文. 2023. 现代环境分析技术. 3 版. 北京：科学出版社.

陈玲，赵建夫. 2021. 环境监测. 3 版. 北京：化学工业出版社.

邓勃. 2007. 应用原子吸收与原子荧光光谱分析. 2 版. 北京：化学工业出版社.

郭旭明，韩建国. 2014. 仪器分析. 北京：化学工业出版社.

郭英凯. 2015. 仪器分析. 2 版. 北京：化学工业出版社.

黄一石，吴朝华. 2020. 仪器分析. 4 版. 北京：化学工业出版社.

柯以侃. 2013. ATC 007 紫外-可见吸收光谱分析技术. 北京：中国质检出版社，中国标准出版社.

李国刚. 2010. 突发性污染事故应急监测案例. 北京：中国环境科学出版社.

李丽华，杨红兵. 2014. 仪器分析. 2 版. 武汉：华中科技大学出版社.

梁力丽. 2014. 仪器分析. 2 版. 武汉：武汉大学出版社.

刘凤枝，刘潇威. 2007. 土壤和固体废弃物监测分析技术. 北京：化学工业出版社.

刘刚，徐慧，谢学俭，等. 2021. 大气环境监测. 2 版. 北京：科学出版社.

盛龙生，苏焕华，郭丹萍. 2005. 色谱质谱联用技术. 北京：化学工业出版社.

孙福生. 2011. 环境分析化学. 北京：化学工业出版社.

王鹏. 2011. 环境监测. 北京：中国建筑工业出版社.

王强，杨凯. 2015. 烟气排放连续监测系统(CEMS)监测技术及应用. 北京：化学工业出版社.

王世平. 2015. 现代仪器分析原理与技术. 北京：科学出版社.

王小如. 2005. 电感耦合等离子体质谱应用实例. 北京：化学工业出版社.

魏福祥，韩菊，刘宝友. 2011. 仪器分析原理及技术. 2 版. 北京：中国石化出版社.

武汉大学. 2018. 分析化学(下册). 6 版. 北京：高等教育出版社.

奚旦立. 2018. 环境监测. 5 版. 北京：高等教育出版社.

姚开安，赵登山. 2017. 仪器分析. 2 版. 南京：南京大学出版社.

应红梅. 2013. 突发性水环境污染事故应急监测响应技术构建与实践. 北京：中国环境出版社.

曾元儿，陈丰连，曹骋. 2021. 仪器分析. 北京：科学出版社.

张寒琦. 2020. 仪器分析. 3 版. 北京：高等教育出版社.